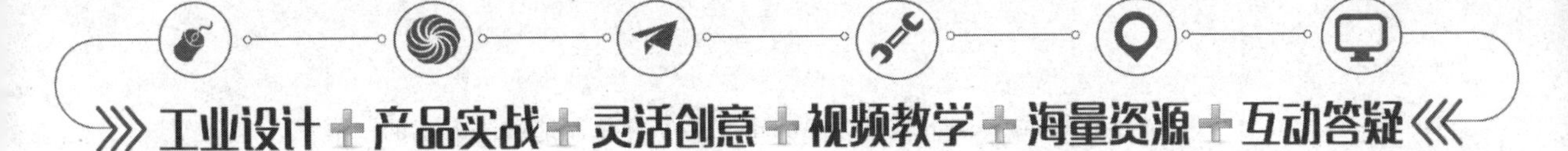

Alias 2018

产品设计从入门到精通

设计之门在线教育 编著

机械工业出版社
CHINA MACHINE PRESS

Autodesk Alias Design 软件是 Autodesk 数字样机制造解决方案的一部分，也是一款行业领先的汽车设计和造型软件，大多数全球领先的汽车设计工作室争相采用这款软件。该软件为整个造型定义流程（从概念草图到 A 级曲面）提供了一整套完备的可视化和分析工具。

全书共 10 章，从入门基础操作，到软件建模功能指令的运用，再到行业的项目实施，知识内容由易到难、技术特点由少到多，逐步有向读者展示了 Alias 软件在建模过程中的思路和方法。

本书涵盖目前工业设计领域里最顶尖、最受欢迎的软件 Alias Design 2018 的学习方法和实际使用，收录具有代表性的产品，结合详细的制作步骤，配合生动的图文信息，演示了从制作到输出照片级逼真图像的详细步骤与流程。

本书定位于大中专院校工业设计等相关专业的学生，或者从事产品造型设计、CG 领域的工作人员和自学读者，以及各类三维设计培训班中的学员。

图书在版编目（CIP）数据

Alias 2018 产品设计从入门到精通/设计之门在线教育编著. —北京：机械工业出版社，2017. 10

ISBN 978-7-111-58275-5

Ⅰ. ①A… Ⅱ. ①设… Ⅲ. ①工业产品—造型设计—计算机辅助设计—应用软件 Ⅳ. ①TB472-39

中国版本图书馆 CIP 数据核字（2017）第 253772 号

机械工业出版社（北京市百万庄大街 22 号 邮政编码 100037）

策划编辑：丁 伦 责任编辑：丁 伦

责任校对：丁 伦 封面设计：子时文化

责任印制：孙 炜

保定市中画美凯印刷有限公司印刷

2018 年 1 月第 1 版第 1 次印刷

185mm×260mm · 21. 25 印张 · 544 千字

0001—3000 册

标准书号：ISBN 978-7-111-58275-5

定价：79. 90 元（附赠海量资源，含教学视频）

凡购本书，如有缺页、倒页、脱页，由本社发行部调换

电话服务	网络服务
服务咨询热线：010-88361066	机 工 官 网：www. cmpbook. com
读者购书热线：010-68326294	机 工 官 博：weibo. com/cmp1952
010-88379203	金 书 网：www. golden-book. com
封面无防伪标均为盗版	教育服务网：www. cmpedu. com

前 言

Autodesk Alias Design（简称 Alias）软件是 Autodesk 数字样机制造解决方案的一部分，也是一款行业领先的汽车设计和造型软件，为整个造型定义流程提供了一整套完备的可视化和分析工具。2017 年，Autodesk 公司隆重推出具有里程碑意义的 Alias 2018 版本。

■ 本书内容

本书图文并茂，讲解深入浅出、贴近工程，把众多专业和软件知识点，有机地融合到每章的具体内容中。

全书共 10 章，具体内容如下。

□ 第 1 章：主要介绍 Alias 2018 软件基本操作与设置，是入门知识。

□ 第 2 ~ 5 章：主要面向初学者，介绍常用的曲线、曲面及曲面分析的命令和工具，并用它们制作出非常逼真且具有美感的产品。

□ 第 6、7 章：主要介绍了 Alias 的基本渲染功能。着重演示如何高效快速地制作出照片级的设计方案来传达设计者的设计意图。

□ 第 8 ~ 10 章：主要介绍了 Alias 在数码类科技产品、时尚生活类产品和交通工具类产品等领域的实战设计。由易到难，逐步有向读者展示 Alias 软件在建模过程中的思路和方法。

■ 本书特色

本书的体例结构严谨合理，内容编排利于阅读，实例叙述详尽而实用，能够开拓读者思路并提高阅读兴趣，使其掌握方法，提高对知识综合运用的能力。

本书收录了具有代表性的产品，结合详细的制作步骤，配有生动的图文信息，演示了从制作到输出照片级逼真图像的详细步骤与流程。

本书定位于大中专院校工业设计等相关专业的学生，或者从事产品造型设计、CG 领域的工作人员和自学读者，以及各类三维设计培训班中的学员。

■ 作者信息

本书由设计之门在线教育精心策划并组织编写，其中，桂林电子科技大学艺术与设计学院陈旭教授担任主编，参与编写的还有罗凯、刘金刚、王俊新、董文洋、张学颖、鞠成伟、杨春兰、刘永玉、金大玮、陈旭、黄晓瑜、田婧、王全景、黄成、闫伍平、戚彬、张庆余、赵光、刘纪宝、王岩、郝庆波、任军、秦琳晶、黄建峰等，他们为本书提供了大量的实例和素材，在此诚表谢意。

感谢您选择了本书，希望我们的努力对您的工作和学习有所帮助，也希望您把对本书的意见和建议告诉我们。

目　录

前　言

第 1 章　Alias 2018 操作入门 …… 1

第 1 节　Alias 2018 概述 …… 2
一、Alias 2018 专业设计工具 …… 2
二、Alias 2018 界面 …… 6
第 2 节　使用工具和菜单 …… 11
一、工具的使用 …… 11
二、设置工具或菜单项的选项 …… 12
三、使用标记菜单 …… 13
第 3 节　选择与取消选择 …… 14
一、选择选项设置 …… 14
二、工具箱中的选择工具 …… 16
第 4 节　管理视图窗口 …… 16
一、使用预设窗口布局 …… 16
二、自定义窗口布局 …… 17
三、保存与载入视图窗口布局 …… 18
四、最大化工作区域 …… 19
第 5 节　自定义工具架 …… 19
一、管理工具架 …… 19
二、自定义工具 …… 21
三、自定义标记菜单 …… 26
四、创建和编辑热键（快捷键） …… 28
五、定义系统颜色 …… 29
六、鼠标与键盘的习惯操作 …… 30
第 6 节　构建参考工具 …… 31
一、【Point】（创建参考点）工具 …… 31
二、【Vector】（创建参考向量）工具 …… 32
三、【Plane】（创建参考平面）工具 …… 33
四、设置平面与切换坐标系 …… 35
五、【Grid Preset】（预设栅格设置）工具 …… 35
第 7 节　练习题 …… 36

第 2 章　构建与编辑曲线 …… 37

第 1 节　Alias 曲线概述 …… 38
一、曲线的定义 …… 38
二、曲线的分类 …… 38
三、曲线的连续性 …… 43
第 2 节　构建 Alias 曲线 …… 45
一、基本曲线 …… 45
二、【New Curves】（新建曲线） …… 47
三、【New Curve on - surface】（新建面上曲线） …… 49
四、【Text】（文本曲线） …… 50
第 3 节　曲线编辑 …… 51
第 4 节　曲线构建训练 …… 57
第 5 节　练习题 …… 67

第3章 构建基本曲面…… 68

第1节 创建基本体 …… 69
第2节 【Planar surfaces】(平面填充曲面) …… 73
一、【Set Planar】(平面填充) …… 73
二、【Bevel】(倒角填充) …… 74
第3节 基本型曲面 …… 76
一、【Revolve】(旋转曲面) …… 76
二、【Skin】(放样曲面) …… 77
三、【Multi-Surface Draft】(多曲面)(包括拉伸与延伸) …… 79
第4节 基本曲面建模训练 …… 85
第5节 练习题…… 108

第4章 构建高级曲面 …… 109

第1节 【Swept Surfaces】(扫掠曲面)工具…… 110
一、【Rail surface】(路径扫描曲面) …… 110
二、【Extrude】(管状曲面) … 116
第2节 【Boundary Surfaces】(边界曲面)工具 …… 118
一、【Square】(四边曲面)…… 119
二、【Multi Blend】(多边混合曲面)…… 122
第3节 【Multi - Surface Blend】(过渡曲面)工具 …… 123
一、【Surface Fillet】(表面圆角)…… 124
二、【Freeform Blend】(自由混合曲面) …… 127
三、【Profile Blend】(配置文件混合曲面)…… 129
四、【Round】(多曲面圆角) …… 131
第4节 【Rolled Edge】(卷状边缘曲面)工具…… 133
一、【Fillet Flange】(圆角凸缘)…… 133
二、【Tube Flange】(管状凸缘)…… 135
三、【Tubular Offset】(管状偏移) …… 136
第5节 【CrvNet 】(网络曲面)工具…… 138
一、【New】(创建新的曲线网络)…… 139
二、更改曲线网络中曲线的连续性…… 140
三、在曲线网络中添加曲线…… 141
四、在曲线网络中添加塑形曲线 … 142
五、调整塑形曲线…… 143
六、锁定或解锁曲线网络边…… 144
七、更改塑形曲线对曲线网络曲面产生的影响…… 145
八、曲线网络工具箱中的其他工具…… 147
第6节 高级曲面建模训练…… 148
第7节 练习题…… 166

第5章 编辑与分析曲面 …… 167

第1节 曲面编辑…… 168
一、创建面上曲线…… 168
二、剪切曲面…… 171
三、布尔操作…… 174

第 2 节 【Align】（对齐）工具…… 179
第 3 节 曲面分析…………………… 188
一、【Cross Section Editor】（通过断面线曲率梳检测曲面） …… 188
二、【Surface Continuity】（曲面连续性） ………………………… 193
第 4 节 曲面编辑工具应用案例——电磁炉建模…………………… 196
第 5 节 练习题…………………………… 213

第 6 章 渲染模型

第 6 章 渲染模型 …………………………………………………… 214
第 1 节 渲染概述…………………… 215
一、渲染工作流程…………………… 215
二、渲染控制面板…………………… 216
三、渲染的参考工具………………… 222
第 2 节 添加材质…………………… 223
一、材质类型………………………… 223
二、材质球参数……………………… 224
三、纹理……………………………… 226
第 3 节 灯光………………………… 229
第 4 节 硬件渲染训练……………… 229
第 5 节 练习题……………………… 241

第 7 章 制作动画

第 7 章 制作动画 …………………………………………………… 242
第 1 节 动画基础…………………… 243
一、帧和关键帧……………………… 243
二、设置关键帧……………………… 243
三、时间滑块………………………… 244
四、参数控制窗口…………………… 245
五、动作窗口………………………… 246
第 2 节 动画设计…………………… 249
一、转盘动画………………………… 249
二、创建关键帧动画………………… 250
三、【Autofly】动画 ……………… 259
四、创建运动路径动画……………… 261
第 3 节 其他动画相关知识………… 265

第 8 章 数码科技产品设计案例

第 8 章 数码科技产品设计案例 ………………………………………… 269
项目实战 手机产品设计…………… 270
设计练习 苹果造型电话座机设计 … 285

第 9 章 时尚生活产品设计案例

第 9 章 时尚生活产品设计案例 ………………………………………… 286
项目实战 吸尘器产品设计………… 287
设计练习 剃须刀产品设计………… 307

第 10 章 交通工具产品设计案例

第 10 章 交通工具产品设计案例 ……………………………………… 308
第 1 节 车头挡泥板设计…………… 309
第 2 节 座椅部分设计……………… 311
第 3 节 车轮设计…………………… 317
第 4 节 发动机部分建模…………… 321
第 5 节 车头设计…………………… 326
第 6 节 排气管设计………………… 330
设计练习 豪华跑车设计…………… 334

第 1 章

Alias 2018 操作入门

Alias 是一套专业工业设计和模拟动画软件，起初由加拿大 Alias/wavefront（现被Autodesk公司收购）公司开发。

要想学好 Alias，必须花些时间来了解其如何表示场景和模型（外部和内部），以及如何使用菜单和工具创建和编辑模型数据。本章我们将介绍 Alias 2018 最新版软件的基本情况及其基础操作方法。

案例展现

ANLIZHANXIAN

案 例 图	描 述
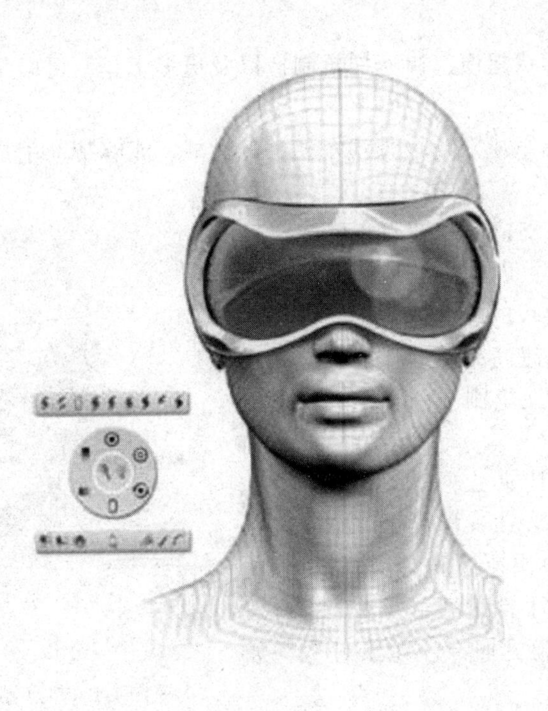	Alias 2018 是目前该软件最新的版本。除了主窗口以外，所有的工具栏、工具架、控制面板都可以通过双击收缩为一条标题栏。而且可以设置 Auto Hide（自动隐藏），只要光标接近标题栏，该面板即会还原，当光标离开面板，又会再次收起。当拖动一个面板接近到窗口、别的工具栏或屏幕边沿时会自动吸附。吸附到另外的工具栏边沿时，两个工具栏会变成一组，可以同时进行设置。在这个版本中，大部分重要的建模命令的控制面板都有适当的调整，在控制人性化方面有所增强，增加了大量的控制杆，免去以前需要打开控制窗口才能设定的麻烦

第 1 节 Alias 2018 概述

Autodesk 公司的 Alias 软件是目前唯一一种能够满足整个工业设计流程中独特创意需求的设计软件。它采用行业领先的草图、建模和可视化工具优化设计流程，从而在简单的环境中将创意更加快速地转变为可见的结果。

Alias 提供了从早期的创意草图绘制、2D/3D 概念模型的构建、设计过程中模型数据的动态修改及交互可视化、汽车设计领域里逆向工程的扫描数据处理及 A 级曲面的创建与评估，一直到最终模型所需的生产加工数据等各个阶段的设计工具，是目前世界上最先进的工业设计软件之一，也是全球汽车设计、产品设计行业首选的设计工具之一。

一、Alias 2018 专业设计工具

Alias 采用行业领先的草图绘制、建模和可视化工具，能够极大优化创意设计流程，让用户快速将创意转变为现实。Alias 软件提供了完整的行业设计能力，可以满足用户的如下需求。

- 概念探索。
- 设计建模。
- 精确曲面建模。
- 逆向工程设计。
- 可视化与交流。
- 协作与互操作性。

1. 设计建模

Alias 提供了曲面建模、动态形状建模、快速样机制造以及更多工具，可以帮助您自如地完成消费品设计。

Alias 寻找更有效的创新解决方案应对与设计演示相关的挑战。能够帮助用户探究各种替代方案、检验想法和解决问题。

完备的草图和插图工具集——支持用户在真正的数字草图绘制环境中进行绘图、捕捉创意，以及有效地沟通设计工艺。Alias 软件提供的工具拥有专业级的绘图能力，支持用户进行概念插图绘制、图像编辑和创建高品质的作品，这些工具包括铅笔、标记、橡皮擦、自定义笔刷、色彩编辑与强大的图像合成工具。

直观的绘图界面——轻松地从其他二维应用转换到 Alias 软件，享受更加轻松、自然的绘图。Alias 提供了一个可以在光标下显示的热点界面，支持用户快速访问常用画笔控制，从而提高工作效率。热点界面包含了常用的主要功能，有效减少了键盘操作的频率，这样就能更加专注手头任务，如图 1-1、图 1-2 所示。

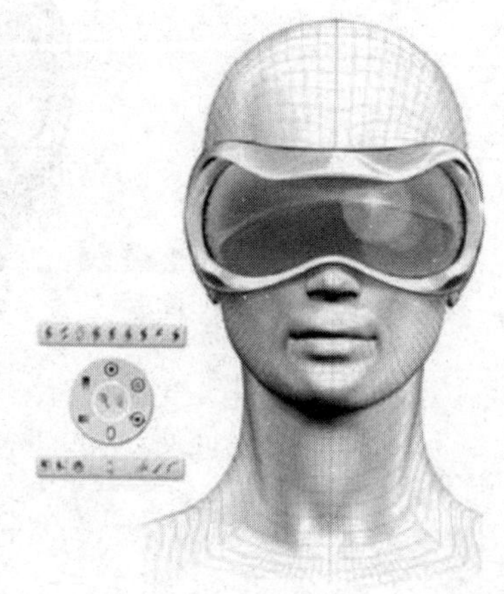

图 1-1　热点界面

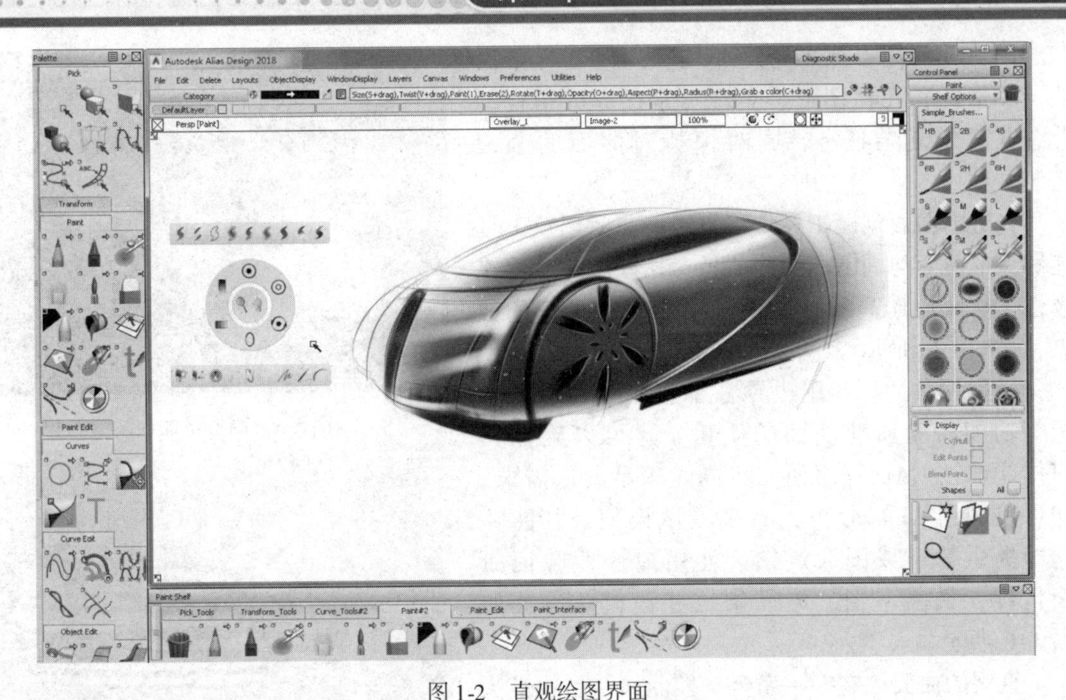

图 1-2 直观绘图界面

动态造型建模——在设计流程的各个阶段试验各种造型。能够快速对模型进行操作，从而探究各种三维外形，而不用重建几何图形，或在设计审阅中进行实时变更，如图 1-3 所示。可以利用以下强大的工具动态调整对象的形状。

- 晶格：通过处理围绕对象创建的自定义晶格，对几何图形进行雕刻。
- 弯曲：利用曲线弯曲几何图形，并控制变形。
- 扭曲：围绕单轴曲线扭曲几何图形。
- 适配变形：使几何图形变形，与另一曲面的形状相匹配。

灵活建模——充分利用多种曲面建模技术来构建和可视化任何形状。Autodesk Alias 软件集成了快速、可重复的曲线建模工具，并且支持用户直接雕刻三维模型，如图 1-4 所示。

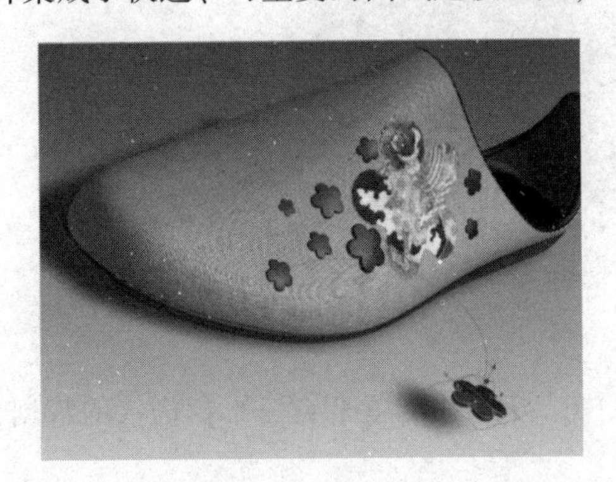

图 1-3 动态造型建模

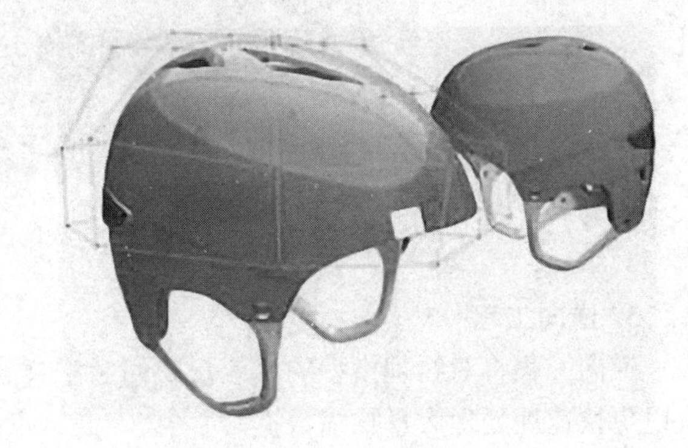

图 1-4 灵活建模

2. 精确曲面建模

利用 Alias，能够创建高质量的曲面模型，包括 A 级曲面。使用单跨距贝塞尔曲线

（Bezier）几何图形或多跨距非均匀理性 B 样条曲线（NURBS）几何图形。实现日常任务的半自动化，并简化复杂任务，同时保持对曲面的全面控制。

先进的曲面创建工具——先进的曲面创建工具能够保证曲面与周围曲面的位置、切线或曲率的连续性，从而创建高质量曲面和可以投入生产的数据，如图 1-5 所示。

图 1-5　高质量曲面

模型评估——利用边界补丁、曲率和半径分析等功能检验所建曲面的质量。这可以确保几何体能够被 CAD 程序使用，同时满足制造需求。您可以利用 Alias 分析工具来调试模型，其能够立即提供数字或图表反馈，让用户快速验证曲面情况，如曲率图、斑马条纹和拔模角等，如图 1-6 所示。

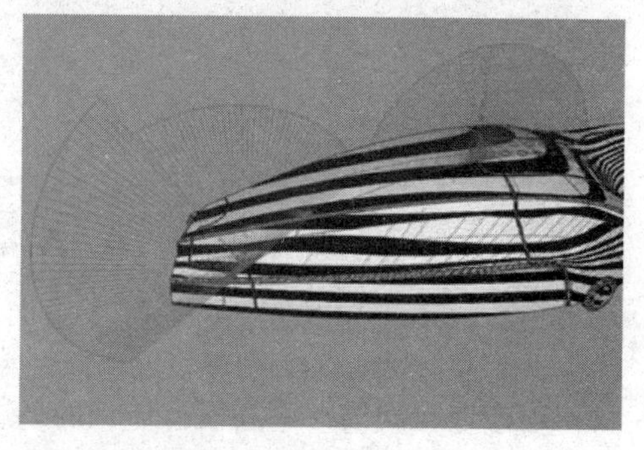

图 1-6　模型评估

直观的曲面控制——完全掌控曲面，创建最优质的几何图形。选择单跨 Bezier 几何图形或多跨 NURBS 几何图形，然后定义跨距的数量和曲线与曲面的跨度，如图 1-7 所示。

图 1-7　直观的曲面控制

3. 逆向工程

逆向工程将对物理模型的修改反映回数字样机中，导入并配置来自三维扫描仪的数据，可以更快速地处理大量扫描数据。

扫描数据工作流程——导入和配置来自三维扫描仪的数据，对消费产品或汽车模型进行可视化和逆向工程操作。Alias 的剪切、平滑、自动孔填充和网格缩减等工具可以帮助用户简化或删除数据。该软件能够处理包括数百万个多边形的大数据模型，因此用户能够对模型的整体形状和外形进行提取和评估，以更少的时间创建和更新曲面模型。这种专门工具可以帮助用户快速从扫描数据中提取特征信息，如图 1-8 所示。

曲面重建——自动完成扫描数据填充孔的多步流程。Alias 软件可以通过生成网片补丁，利用用户定义的剖面来识别外部曲率，如图 1-9 所示。

图 1-8 形状和外形的提取和评估

图 1-9 曲面重建

4. 可视化与交流

Alias 中包含用于创建逼真图像、环境和渲染图的工具。

实时可视化——利用实时的可视化反馈，Alias 软件能够减少对耗时的渲染图的需求。不用全软件渲染，即可保存任何建模窗口的高清晰图像。阴影可以让模型更加逼真，有助于对曲面和设计造型进行高效评估。该软件支持材质颜色、纹理、光晕、白炽光、凹凸和置换，如图 1-10 所示。

具有照片级真实感的渲染图——Alias 软件中近乎照片级的渲染功能支持您创建用于打印、视频、动画或交互式演示的图像。Alias 的光线投射和光线追踪渲染器支持环境阴影遮罩计算（软阴影）和高动态范围成像（HDRI）功能，可以营造更加逼真的效果，如图 1-11 所示。

图 1-10 实时可视化

图 1-11 具有照片级真实感的渲染图

注释工具——轻松评估和审核设计。充分利用整个屏幕空间，只使用需要的界面元素。Alias 软件提供了一整套注释工具，其中包括书签、全屏功能、铅笔和标记笔。

参考数据工作流程——参考管理器支持审核大量的三维几何体，以及直接对详细的数字模型进行交互式处理，同时保持交互性能。利用快速加载和阴影选项，如诊断着色、透明与可视化剖切面，能够生成并比较多个设计方案，确保满足管理工程与设计审核的需求。

5. 流程整合

Alias 2018 能够与 Autodesk Inventor 或第三方 CAD 软件交换数字化设计数据。

利用快速、高质量的 CAD 转换器将数据转换成符合行业标准的数据（例如 DXF™、IGES 和 STEP)，以便与工程设计团队交换数字化设计数据。还可以使用 Autodesk DirectConnect 数据转换器，将 Alias 集成到开发流程中，实现与 CAD 软件包（例如 CATIA、Pro/ENGINEER、SolidWorks 等）的双向数据交换，如图 1-12 所示。

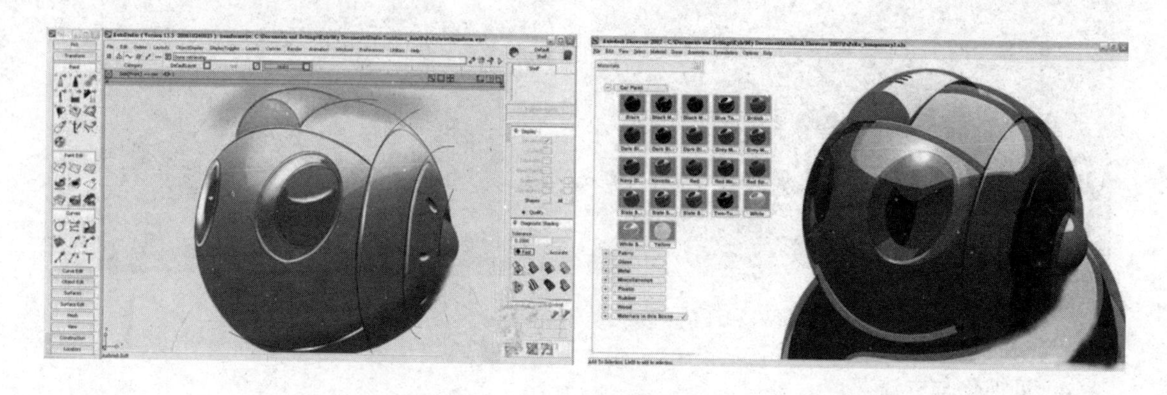

图 1-12　数据的交换

二、Alias 2018 界面

Alias 2018 是目前最新的版本。除了主窗口以外，所有的工具栏、工具架、控制面板都可以通过双击收缩为一条标题栏。而且可以设置【Auto Hide】（自动隐藏)，只要光标接近标题栏，该面板即会还原，当光标离开面板，又会再次收起。当拖动一个面板接近到窗口、别的工具栏或屏幕边沿时会自动吸附。吸附到另外的工具栏边沿时，两个工具栏会变成一组，可以同时设置。在这个版本中大部分重要的建模命令的控制面板都有适当的调整，控制人性化方面进行有所增强，增加了大量的控制杆，免去以前需要打开控制窗口才能设定的麻烦。

完成 Alias 的激活后，在 Windows 系统窗口中启动 Alias 2018，弹出启动界面。

稍后打开 Alias 2018 的工作界面，如图 1-13 所示。

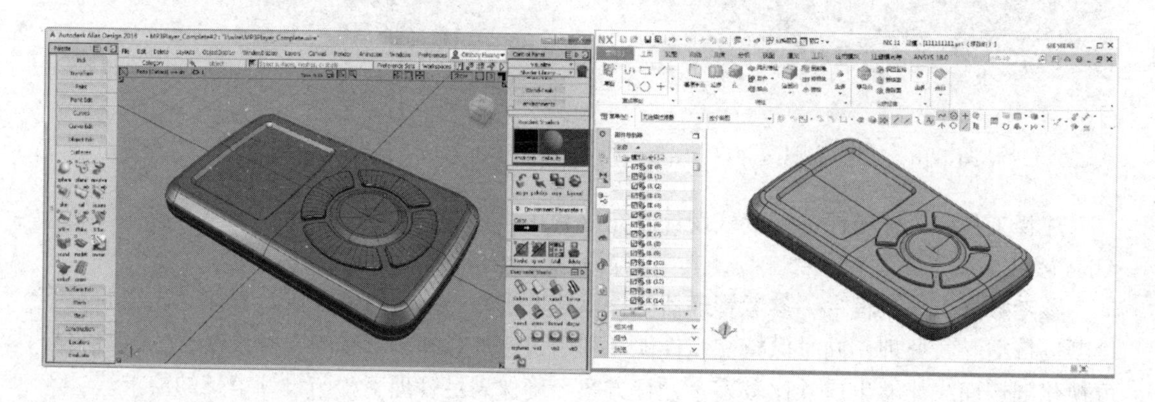

图 1-13　Alias 2018 工作界面

Alias 2018 界面主要包括以下部分。

- 工具箱：可以对位置进行自定义。
- 菜单栏：位于顶端。
- 窗口区域：占据了界面大部分空间，位于中部（第一次启动 Alias 时，此区域可能包含正交视图窗口，也可能不包含）。
- 工具架：可以对位置进行自定义。
- 控制面板：位于右侧。

1.【Palette】（工具箱）

【Palette】（工具箱）中包括 Alias 绝大部分的建模工具，根据各种工具类型划分成不同的工具选项卡。例如【Curves】选项卡包含用于创建新曲线的工具，【Curve Edit】选项卡包含用于编辑现有曲线和调整其形状的工具，如图 1-14 所示。

技巧点拨	如果没有看到【Palette】（工具箱），您可以在菜单栏中执行【Windows】|【Palette】命令打开它。或者通过单击【Preferences】|【Interface】|【Palette/Shelves Layout】命令右侧图标❐命令（必须是单击❐图标），在随后弹出的【Palette/Shelves Layout】对话框中设置工具箱、工具架的位置，如图 1-15 所示。

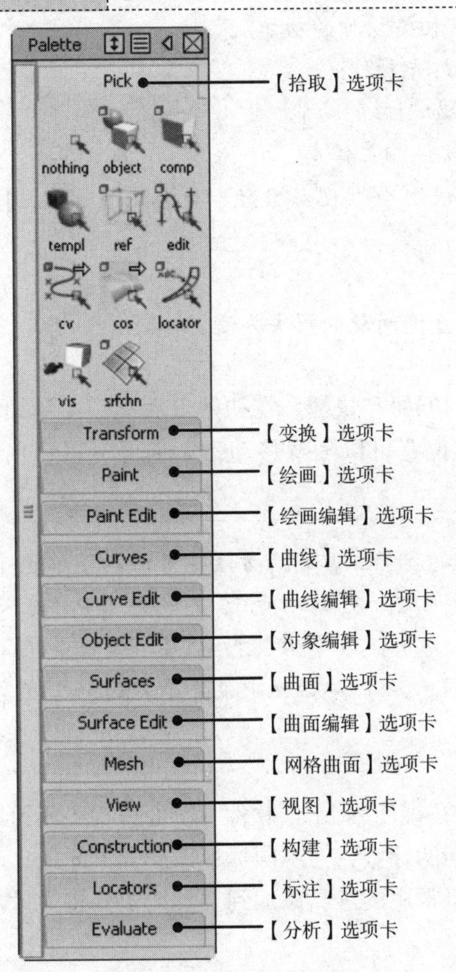

图 1-14 【Palette】（工具箱）

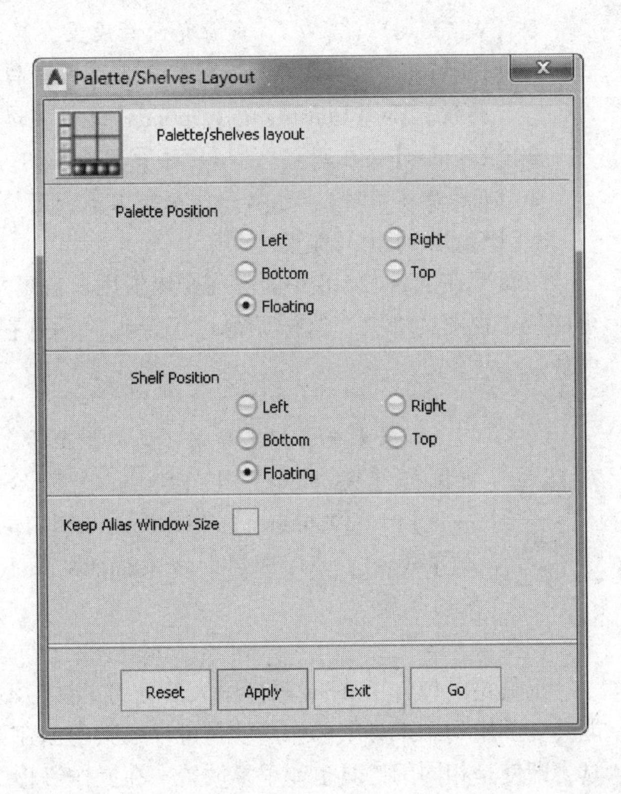

图 1-15 【Palette/Shelves Layout】对话框

2. 菜单栏

菜单栏的位置在主要工作窗口的顶部，包括了 Alias 的许多功能。但是这些功能不直接作用于3D 工作区。

菜单操作如下。

- 单击，拖拽光标选中菜单中某一功能。
- 通过单击菜单使其停留在屏幕上，这样选择菜单功能时就很方便。
- 双击菜单，重新选择该菜单条中的上次使用过的命令。

下面是菜单栏中各个菜单主要功能的介绍。

- 【File】（文件）：包括打开文件、保存文件和以各种格式输出文件的功能。
- 【Edit】（编辑）：复制和粘贴以及其他编辑物体的功能。
- 【Delete】（删除）：删除物体、窗口和灯光渲染等功能。
- 【Layouts】（布局）：安排窗口、视点等功能。
- 【ObjectDisplay】（显示）：以不同设置显示物体的功能。
- 【WindowDisplay】（视窗）：以各种方式显示工作区内物体的功能。
- 【Layers】（图层）：建立和改变层的功能。
- 【Canvas】（画布）：2D 模式下，画布的建立及相关操作的功能。
- 【Render】（渲染）：设定渲染、材质、贴图、灯光功能。
- 【Animation】（动画）：设定关键帧和为物体添加动画的功能。
- 【Windows】（窗口）：负责界面的设置，显示软件相关信息。
- 【Preference】（设置）：打开首选设置窗口，设定个性化参数值，包括【Hot keys】（热键）和【Construction Options】（构建选项）等。
- 【Utilities】（应用）：包括插件管理等工具。
- 【Help】（帮助）：包括一些在线文本，可随时查询问题的解决办法。

3. 【Shelves】（工具架）

工具架在 Alias 2018 中能够完全体现用户自定义的方便与快捷。在初始界面下，工具架可能位于视图的中央，这样显得过于杂乱，不过它的位置可以随意移动，大小也可以自由缩放。

技巧点拨	如果未能看到工具架，类似于上面介绍的打开工具箱的方法，可以在菜单栏中执行【Windows】｜【Shelves】命令打开它。另外，也可以单击【Preferences】｜【Interface】｜【Palette/Shelves Layout】命令右侧按钮❐（必须是单击❐图标），在随即弹出的【Palette/Shelves Layout】对话框中设置工具箱、工具架的位置。

工具箱中包含了 Alias 软件里大部分的工具，不过在仅使用 Alias 软件一次的过程中不可能会全部用到。工具架的作用就是可以在其中创建不同的标签，在不同标签下放置不同的工具，即使是相同的工具也能重复放置。在操作过程中将常用的工具添加到工具架中，将大大提高建模等操作的速度。

在下一章的自定义界面中将会着重讲到工具架的使用。在这里就简单介绍一下工具架的基本操作。

- 在工具架的标题栏上单击鼠标左键（中键有同样的效果，不过一般习惯使用左键），工具架的标题栏会由灰色变为蓝色，表明它处于激活状态。对工具架执行任何相关的操作，它都会处于激活状态。
- 在工具架的标题栏处按住鼠标左键拖动，可以移动工具架。如果同时按下键盘上的<Shift>键，工具架会在适当的位置吸附在 Alias Design 菜单栏之上，如图 1-16 所示。

图 1-16　工具架吸附在菜单栏顶部

- 在工具架的标题栏上按住鼠标右键不动，会弹出一个快捷菜单，如图 1-17 所示。

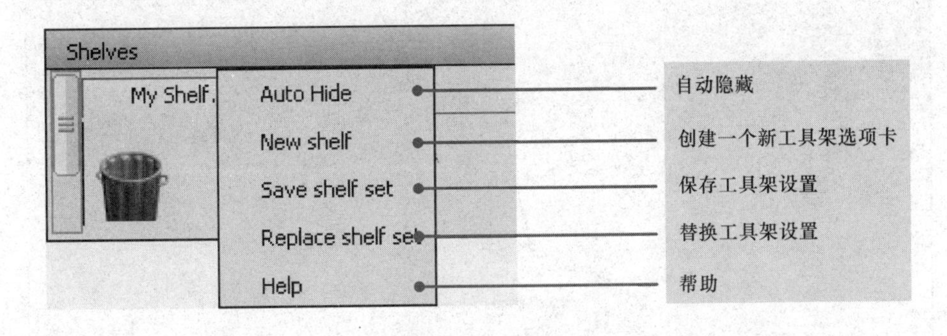

图 1-17　工具架右键菜单

- 在每个工具架的标签下都会出现一个类似于垃圾桶的图标，按住鼠标中键拖动工具架中的工具到此图标上可以删除工具。当然也可以在工具架标签上按住鼠标中键，将整个工具标签包括其下的所有工具拖动到此图标上进行删除。

另外，在下面讲到的控制面板的上部有一个精简的工具架。它的使用方法与大工具架大同小异，可以用来放置一些常用工具。

4. 【Control Panel】（控制面板）

控制面板位于整个 Alias 软件界面的右方，它可以使整个界面保持有序，并能够大大提高工作效率。执行菜单栏中【Windows】|【Control Panel】命令，可以隐藏或显示控制面板。

控制面板在 Alias 软件中包含四个预设面板。分别为【Default】面板、【Modeling】控制面板、【Paint】控制面板和【Visualize】控制面板。这些预设面板可以在控制面板标题栏下方的下拉菜单中进行选择。默认情况下为【Default】默认面板，控制面板显示为哪一种类型，取决于在进入 Alias 软件之前所选择的工作场景，如图 1-18 所示。

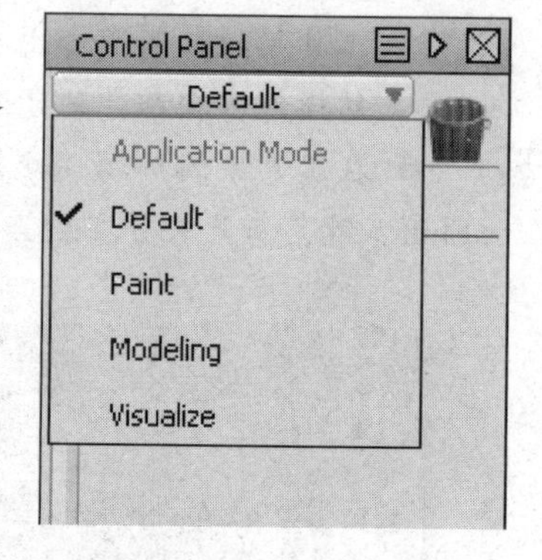

图 1-18　控制面板类型菜单

技巧点拨	也可以在菜单栏中执行【Preferences】|【Workflows】命令，在【Workflows】的子菜单中进行选择。如果在控制面板的菜单中选择不同的预设控制面板，只会引起当前控制面板的变化，而在菜单栏中选择【Workflows】命令，则会引起工具箱、工具架以及控制面板同时发生变化。

5. 工作区域

Alias 软件的工作区域也称为工作窗口，和大部分软件一样，它位于菜单栏正下方的区域。在进入 Alias 软件界面之后，默认状态下工作区域将呈现一个透视窗口，创建模型以及进行渲染等操作均是在此窗口中完成。以下是工作窗口的简要介绍（以透视窗口为例），如图 1-19 所示。

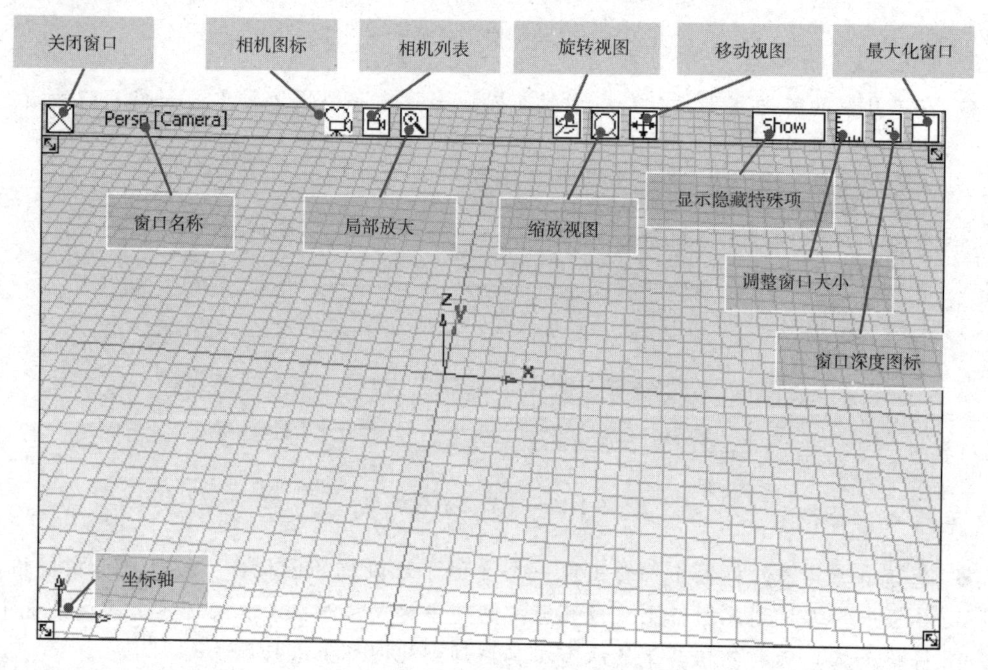

图 1-19　视图窗口

技巧点拨	通过单击相机图标可以选择相机，在为相机编辑创建动画的时候会用到。局部放大工具可以在现有的视图上放大查看视图中某个对象的局部。

第 2 节 使用工具和菜单

Alias 工具位于工具箱中，并根据各自功能的不同以及针对不同的对象类型进行了分组。

使用工具虽然是很简单的操作，但如果能注意各工具在 Alias 里的使用习惯，学会应用 Alias 系统中提供的各种小工具，以及不同的鼠标键的不同功能，这在以后的学习过程中将会事半功倍。

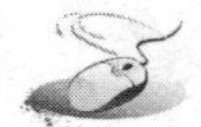

一、工具的使用

本节介绍 Alias 中工具的使用方法。

1. 直接使用工具

在【Palette】(工具箱)、【Shelves】(工具架) 以及【Control Panel】(控制面板) 中，单击需要的工具。Alias 工具分为两个类型：瞬时工具和连续工具。

- 瞬时工具：如【Pick nothing】(取消选择) 工具，此工具在操作完成后将还原为【Pick nothing】前一个的工具或菜单项。
- 连续工具：如【Pick object】(选择物体) 工具，此工具在使用一次后，仍会处于选择状态，可以继续使用。

2. 使用右键菜单中的工具

使用鼠标右键单击工具箱或工具架的标题标签，然后从弹出的菜单中选择工具命令，如图 1-20 所示。

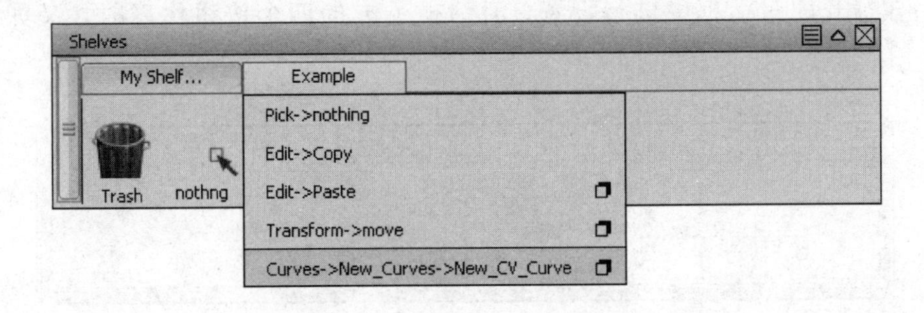

图 1-20 右键菜单选择工具命令

3. 使用子工具箱中的工具

在工具箱中的一些工具图标中可以看到，有的工具图标的右角有一个黄色箭头，此黄色箭头表示包含子工具箱。

鼠标左键按住该工具图标将显示子工具箱，然后可以在子工具箱上选择需要的工具，如图 1-21 所示。

技巧点拨	也可以在工具箱或工具架的标题标签上单击右键，然后在弹出的菜单中的子菜单中选择工具，如图 1-22 所示。

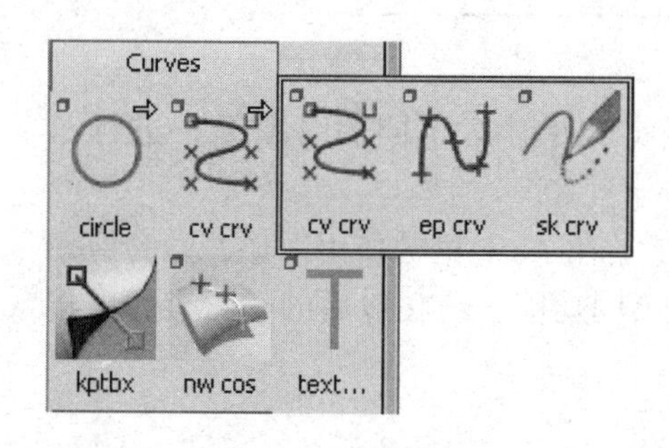

图 1-21　在子工具箱中选择工具

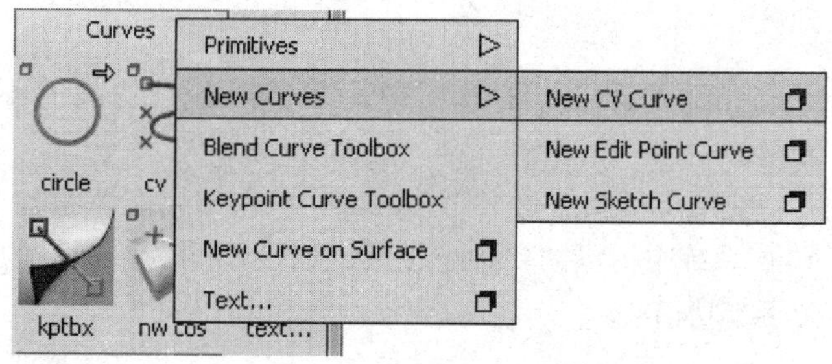

图 1-22　在子菜单中选择工具

二、设置工具或菜单项的选项

有的工具图标的左上角和某些菜单项名称旁边有一个❐图标，它叫作对话框图标，表示该工具或菜单项中包含对话框及相关选项，并且可以进行设置。

1. 工具的设置选项

打开工具的设置对话框（或控制窗口）有以下几种方法。

- 双击工具图标。
- 按住键盘上的【Shift】键，单击工具图标。
- 在工具所属的工具标签标题处右键单击，在弹出的菜单中单击该工具名称旁边的❐图标。

然后在打开的对话框中进行设置。对话框下方的四个按钮代表的含义如图 1-23 所示。

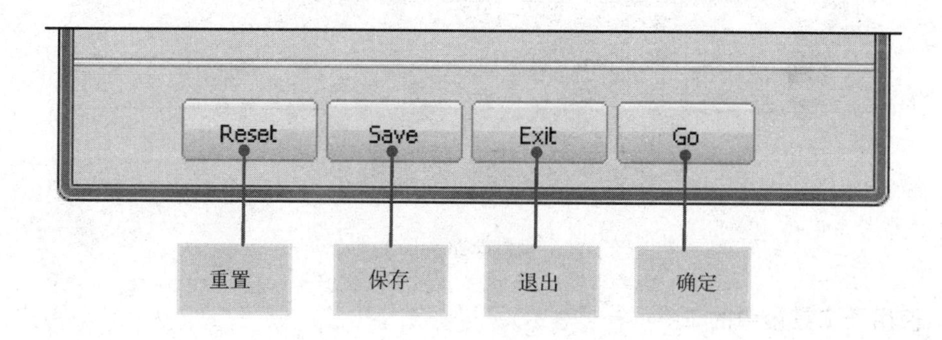

图 1-23　对话框按钮含义

2. 设置菜单项的选项

找到需要设置的菜单项，单击其名称旁边的对话框图标❐，如图 1-24 所示。

技巧点拨	按住【Shift】键的同时单击菜单项，同样可以打开菜单项的设置对话框。

3. 对数值选项微调

在 Alias 中，文本字段和滑块控件均具有微型滑块的功能，此功能可用于对任何数值选项进行微调。

按住键盘上的【Alt】键，单击对话框中的数值字段，鼠标指针变为一个双向箭头，然后左右拖动进行微调，如图 1-25 所示。

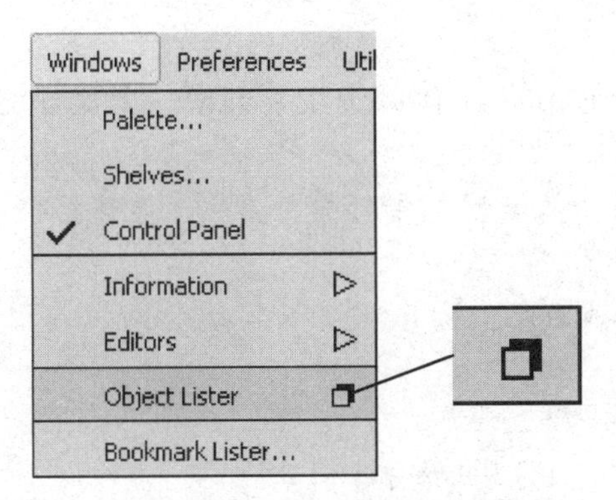

图 1-24　单击图标

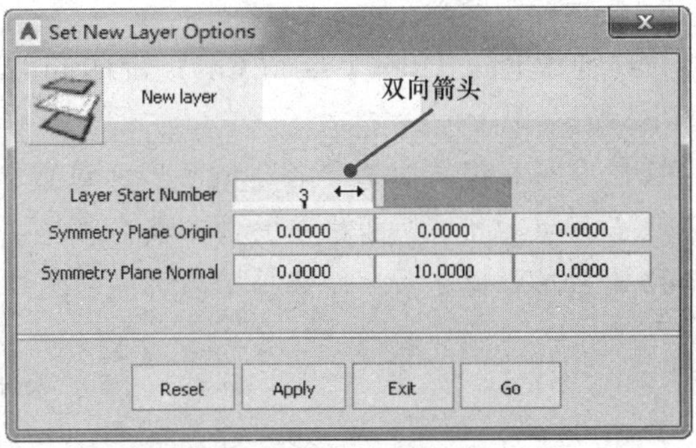

图 1-25　微调数值选项

三、使用标记菜单

本节介绍如何使用标记菜单。

1. 调出标记菜单

按住键盘上的【Shift】＋【Ctrl】键的同时，在 Alias 界面中，单击鼠标左键或者右键会弹出一个临时菜单，称为标记菜单，如图 1-26、1-27 所示。

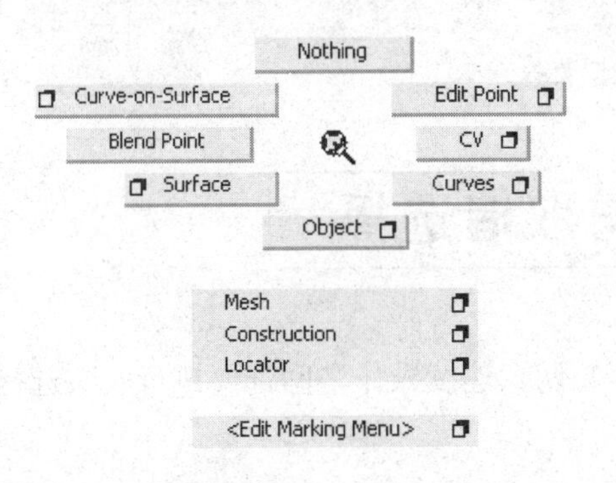

图 1-26　鼠标左键标记菜单

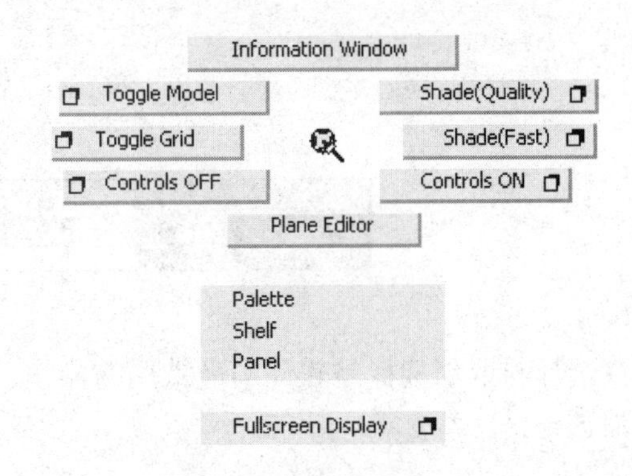

图 1-27　鼠标右键标记菜单

按住【Shift】+【Ctrl】键的同时，单击鼠标中键，会弹出如图1-28所示的中键标记菜单。

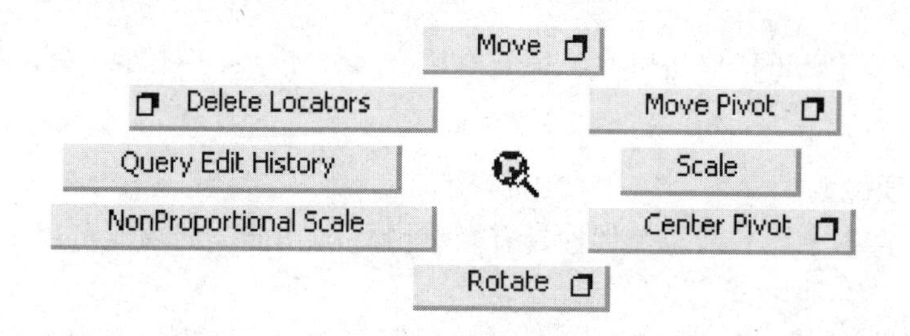

图1-28 鼠标中键标记菜单

2. 使用标记菜单

按住键盘上的【Shift】+【Ctrl】键的同时，在Alias工作区中按下其中一个鼠标键，会弹出标记菜单。

01 按住鼠标键并向工具名称拖动，标记菜单的中心与鼠标指针的位置之间会连接出一条黑色的粗线，粗线扫过的工具名称将会亮显。

02 释放鼠标键之后，即选择了名称亮显的工具或命令，如图1-29所示。

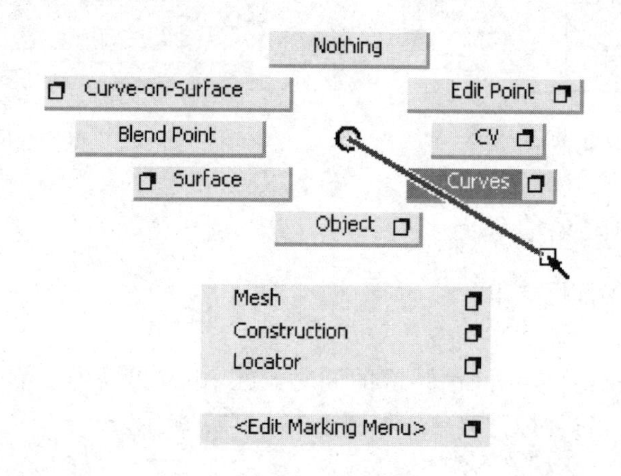

图1-29 使用标记菜单

第3节 选择与取消选择

选择与取消选择是软件中最常用的操作，甚至每两个连续操作之间都要执行一次选择或取消选择。

一、选择选项设置

在选择工具处于激活状态下，单击鼠标键，即可选择或取消选择对象。

如果要大量选择对象，可以按住鼠标键，在需要选择的对象周围拉出一个选择框进行选择，如图1-30所示。

在选择的操作过程中，每个不同的鼠标键具有不同的功能。单击菜单栏中【Preferences】|【Selection Options】命令右侧图标❐，打开【Selection Options】对话框，如图1-31所示。

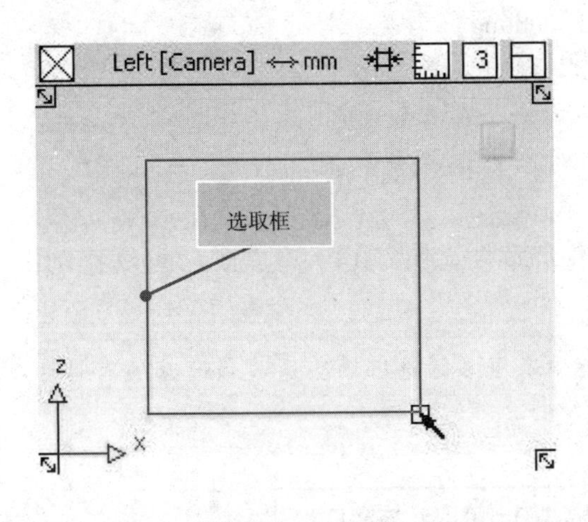

图1-30　选择框

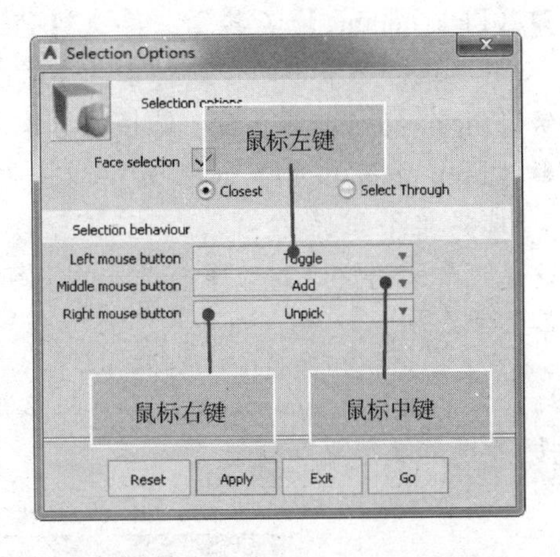

图1-31　【Selection Options】对话框

对话框中各个选项的含义如下。

- 【Face selection】复选框：如果勾选此选项，则可通过单击线框内部选择曲面。
- 【Closest】单选项：在按下鼠标时，光标处距离相机最近的对象会被选中。
- 【Select Through】复选框：在按下鼠标时，会计算光标选择的对象相对于相机的位置。如果任何边或曲线在光标之下，则将优先于曲面内部选择边。

每个鼠标键的设置包括四个不同的选项，如图1-32所示。

【Pick】：仅选取的对象会被选中，其他所有对象均不被选中。在视图空白处单击会取消选择所有对象。

【Unpick】：只能对处于选中状态下的对象使用，选取某个选中的对象时会取消选择该对象。

【Add】：选取某个未选中的对象时会选中该对象，选择某个已经选中的对象时不会有任何效果。

【Toggle】：选取某个未被选中的对象时会选中该对象，选取某个选中的对象时会取消选择该对象，也就是在选取与取消选取之间切换。

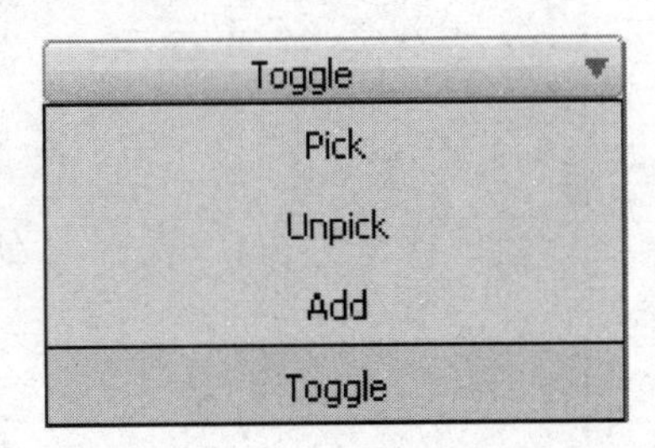

图1-32　鼠标键选项设置

技巧点拨　在视图窗口中创建几个物体，然后对选择选项进行不同的设置。在视图窗口中熟悉选择操作，可以更快地理解各个选项的含义。

二、工具箱中的选择工具

选择工具位于【Palette】（工具箱）最上方的【Pick】（选择）工具标签中，如图 1-33 所示。针对不同类型的对象有不同类型的选择工具。

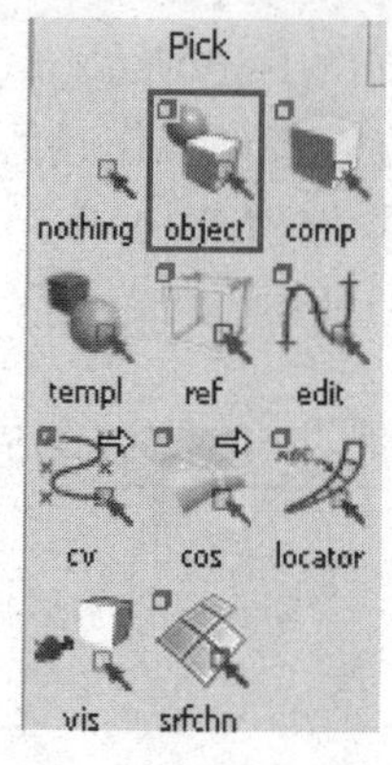

图 1-33　选择工具

- 【Pick nothing】工具：单击【Pick nothing】工具，将取消选择场景中的任何对象或者对象的任何部分。
- 【Pick object】工具：选择或取消选择一个或多个对象。
- 【Pick component】工具：从一组对象中选择或取消选择单个组件。

这是三个最为常用的选择工具，关于其他的选择工具会在以后的章节中介绍。

技巧点拨	【Pick component】工具对话框中有很多筛选选项，通过筛选选项有时可以使选取变得更加便捷。

第 4 节　管理视图窗口

建模时合理地使用视图窗口，能有效提高建模效率，同时也便于管理和操作模型对象。

一、使用预设窗口布局

在 Alias 默认的界面中，单独存在一个【Perspective】（透视图）窗口（可以按下 <F8> 键显示），如图 1-34 所示。

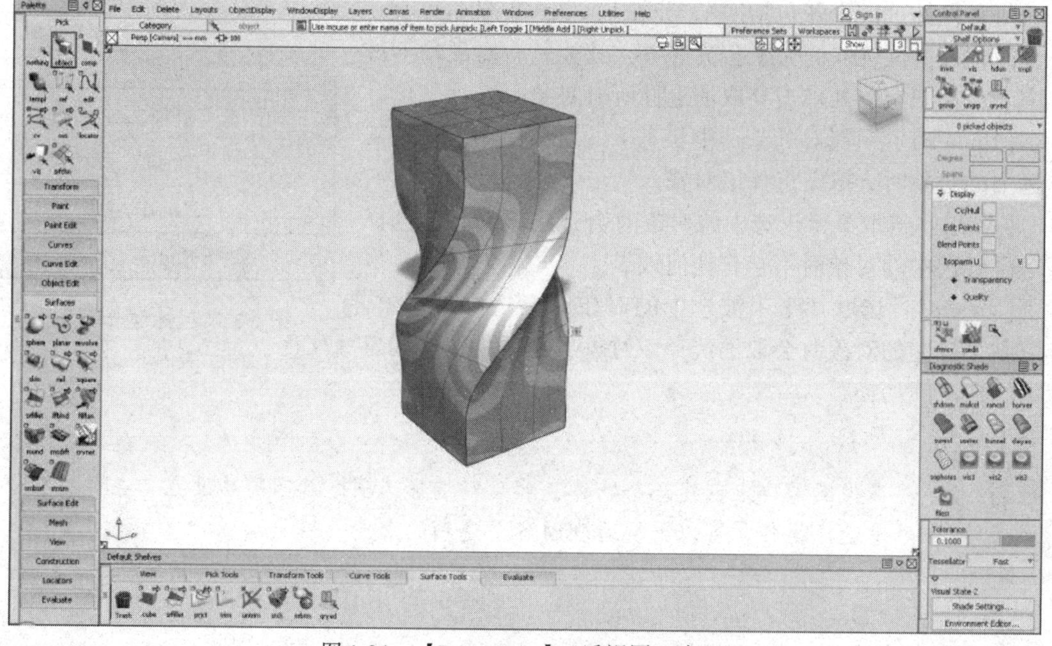

图 1-34　【Perspective】（透视图）窗口

在菜单栏【Layouts】子菜单中有几种不同的预设窗口布局选项。在刚开始学习时，最为常用的就是【Layouts】|【All Windows】|【All Windows】窗口布局（可以按下【F9】显示），如图1-35所示。

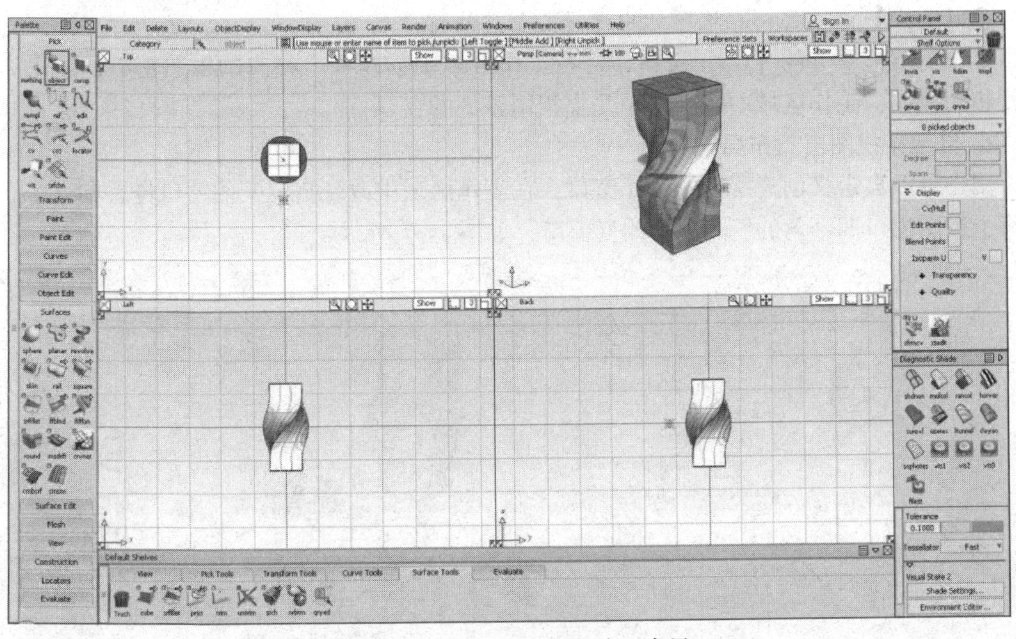

图1-35　【All Windows】窗口布局

技巧点拨	在【Layouts】|【All Windows】的子菜单中有多种不同的窗口布局，可以选择适合工作类型或者个人偏好的窗口布局。

在【Layouts】菜单中，选择一个独立的视图窗口，可以在工作区域中创建相应的视图，并处于最大化状态。如果工作区域中存在此视图窗口，则只会将其最大化。

二、自定义窗口布局

本节将介绍如何自定义窗口布局。

1. 创建新的视图窗口

按住【Shift】键执行菜单栏中【Layouts】|【New Window】命令，或者单击【New Window】对话框图标❐，打开【Window Options】（窗口选项）对话框，如图1-36所示。

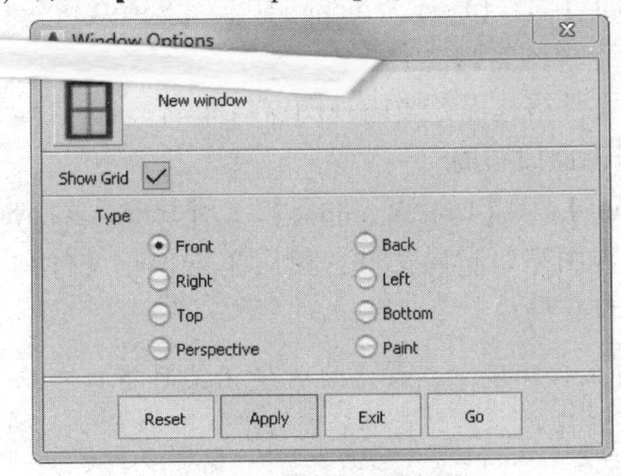

图1-36　窗口选项对话框

对话框中各个选项的含义如下。

- 【Show Gird】复选框：勾选此复选框，将在创建的新窗口中显示网状栏格，反之将不显示。
- 【Type】选项组：在选项组中选择要创建的窗口类型。

单击对话框下方的【Go】按钮，将在工作区域中创建一个相应的视图窗口，如果重复执行相同操作，工作区域中将会出现几个相同类型的窗口。

2. 自定义视图窗口布局

用户可以自定义创建所需的工作窗口，在工作区域中改变自定义的窗口位置和大小，拖动每个视图窗口四个角的图标，改变窗口，如图 1-37 所示。

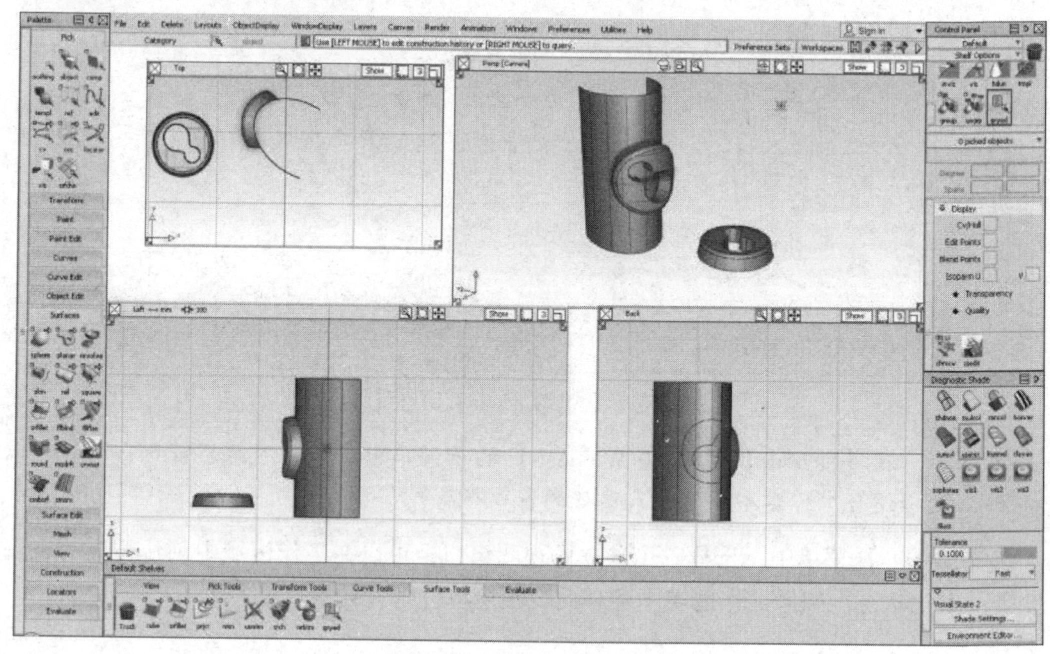

图 1-37　自定义窗口布局

三、保存与载入视图窗口布局

可以将设置完成的布局保存，并在之后载入保存的布局进行应用。

1. 保存当前视图窗口布局

执行菜单栏中【Layouts】|【User Windows】|【Save Current Layout】命令，在打开文件浏览器中，选择要保存视图窗口文件的位置并命名。然后单击位于文件浏览器下方的【保存】按钮，Alias 将以文件格式保存当前视图窗口布局。

2. 载入已经保存的视图窗口布局

执行菜单栏中【Layouts】|【User Windows】|【Retrieve Layout】命令，在打开的文件浏览器中选择要载入的视图窗口布局文件，然后单击位于文件浏览器下方的【打开】按钮，即载入保存的视图窗口布局。

技巧点拨	可能在某种工作环境下，需要经常使用某种窗口布局，所以自定义需要的窗口布局之后，进行保存，并在需要的时候载入，这样可以为以后的工作节省时间。

四、最大化工作区域

单击菜单栏中【Layout】|【Full Screen】命令旁的图标❐命令，打开【Full Screen Display Options】最大化工作区域选项对话框，如图 1-38 所示。

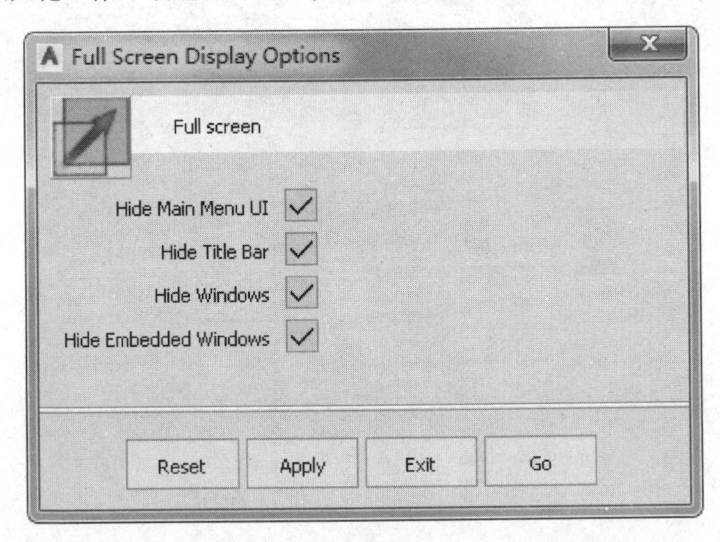

图 1-38　【Full Screen Display Options】对话框

对话框中各个复选框的含义如下。

- 【Hide Main Menu UI】：隐藏主菜单界面。
- 【Hide Title Bar】：隐藏标题栏（包括视图窗口标题栏）。
- 【Hide Windows】：隐藏视图窗口。
- 【Hide Embedded Windows】：隐藏嵌入式视图窗口。

在最大化工作区域选项对话框中勾选所要隐藏的选项，然后单击对话框下方的【Go】按钮，即可将视图窗口最大化显示。

第 5 节　自定义工具架

这里提到的工具架，[illegible]以理解为用户自己的工具箱。与工具箱不同的是，工具架中的工具可以复制、删除，还可以在工具架中建立很多选项卡，将不同[illegible]分开放置。还有一个较为新鲜的功能就是在工具架中放置位于菜单栏中的命令，这将大大提高工作效率。当然，对工具架的自定义改动同样可以保存为文件格式，在需要时进行加载使用。

一、管理工具架

管理工具架可以从熟悉工具架的布局操作开始，对工具架中的选项卡以及选项卡名称等进行调整。工具架标题栏的左边是名称，右边有三个按钮。关于工具架标题栏以及工具架选项的介绍如图 1-39、1-40 所示。

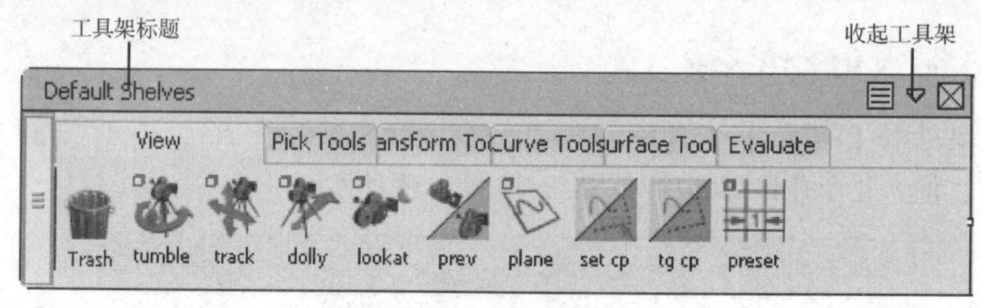

图 1-39　工具架标题栏

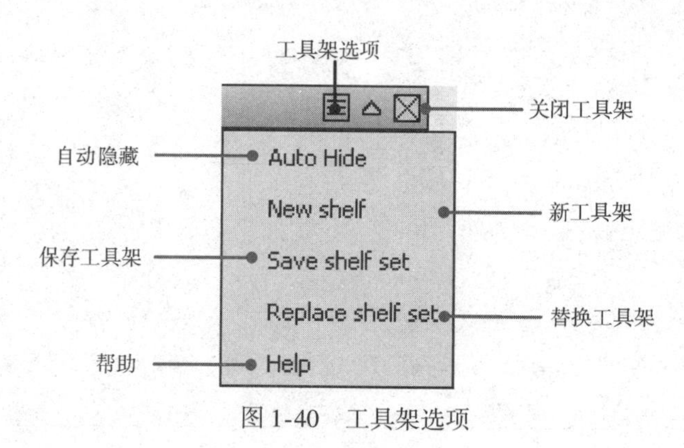

图 1-40　工具架选项

1. 创建新的工具架

鼠标左键按住工具箱标题栏上中工具架选项按钮，在弹出的菜单中选择【New Shelf】命令，弹出【Confirm】对话框，提示创建一个工具架，在为工具架命名后，单击对话框中【OK】按钮，即在工具架中创建了一个新的工具架选项卡，若不命名的话，默认名称为【Shelf】，如图 1-41 所示。

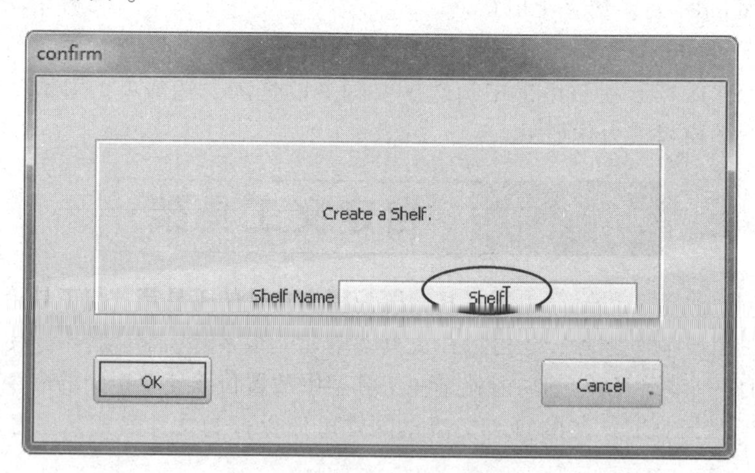

图 1-41　创建新的工具架

2. 保存工具架

按住鼠标左键单击工具箱标题栏的工具架选项按钮，在弹出的菜单中选择【Save Shelf Set】命令后，弹出【保存文件】对话框，选择要保存文件的位置，并输入文件名称，单击【保存】按钮，保存当前的工具架设置（建议保存在默认位置）。

3. 加载已保存的工具架集

鼠标左键按住工具箱标题栏的工具架选项按钮，在弹出的菜单中选择【Replace Shelf Set】命令后，弹出【加载文件】对话框，选择需要加载的工具架集，在对话框下方单击【打开】按钮，加载的工具架集将替换当前工具架设置。

技巧点拨	在工具架标题栏的空白处，按住鼠标右键同样可以打开工具架选项菜单。

4. 重命名工具架选项卡

按住键盘上的【Shift】键，双击需要重命名的工具架选项卡标题。弹出【重命名】对话框，在【Shelf Name】栏中输入要更改的名称（英文），单击对话框下方的【OK】按钮，确定重命名，如图 1-42 所示。

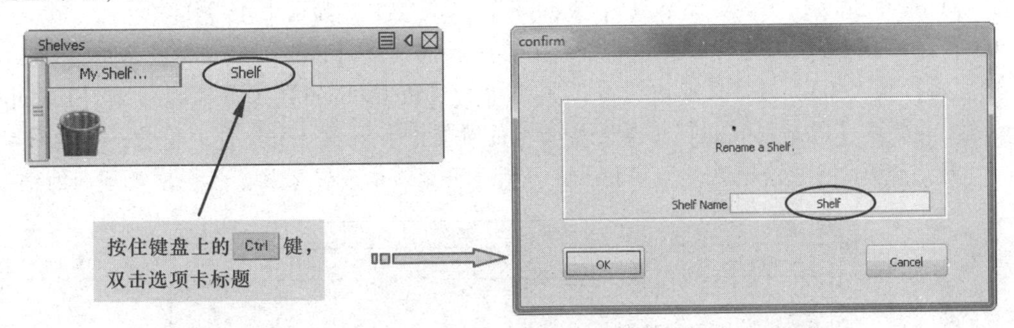

图 1-42　重命名工具架选项卡

5. 移除工具架

鼠标中键按住要移除的工具架选项卡的标题，拖动到位于左侧的垃圾桶图标上，此时垃圾桶图标边框将亮显，释放鼠标即执行删除命令。

- 如果选择移除的工具架中没有工具或菜单栏命令，选[illegible]的工具架将直接被删除。
- 如果选择移除工具架中有工具或菜单栏命令，此时将弹[illegible]个对话框，提示如果删除此工具架，工具架中的工具将一并被删除，单击对话框[illegible]【Yes】按钮，删除工具架。如果不希望再次出现此对话框，则勾选对话框下方的【[illegible]】复选框。如图 1-43 所示。

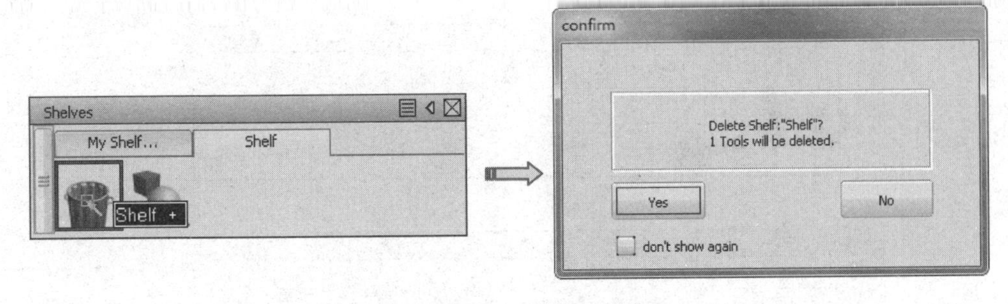

图 1-43　移除工具架

二、自定义工具

创建一个新的工具架，命名为【Example】，下面将在这个示例工具架上演示添加工具的操作，如图 1-44 所示。

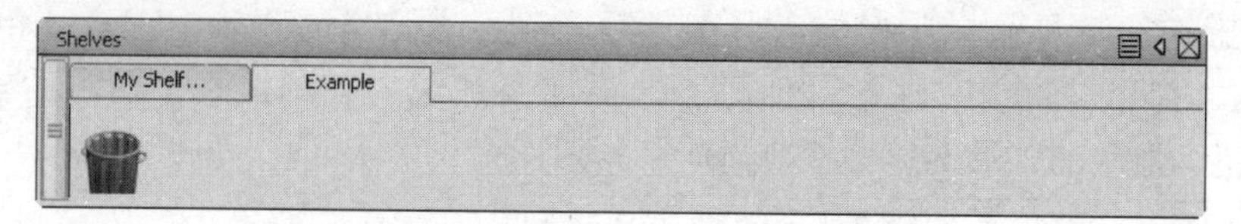

图 1-44　创建一个新的工具架

1. 将工具添加到工具架

01 在【Palette】(工具箱) 中，任意选择一个工具（在这里，以【Pick】工具标签下的【Pick nothing】工具为例）。

02 按住鼠标中键拖动【Pick nothing】工具图标到工具架窗口，释放鼠标，即把【Pick nothing】工具添加到【Example】工具架中，如图 1-45 所示。

03 在【Example】工具架中添加第二个工具的时候（以【Pick】工具标签下的【Pick object】为例），按住鼠标中键将工具箱中的【Pick object】工具拖动到【Example】工具架中【Pick nothing】工具图标上的时候，会出现一个红色的箭头，稍稍移动位置，箭头的方向会随之发生变化，在显示不同箭头的时候释放鼠标会出现不同的结果。

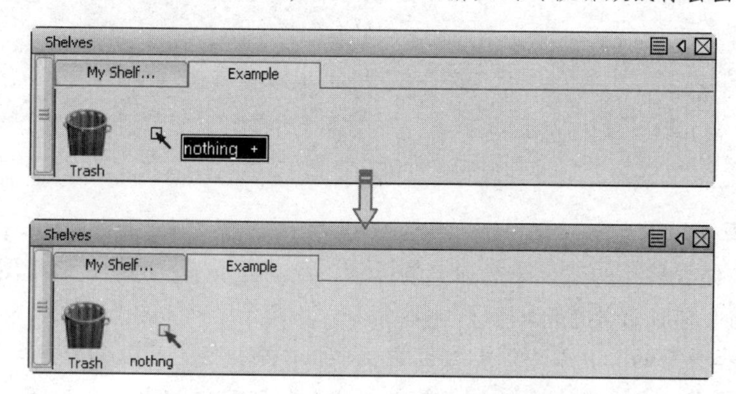

图 1-45　将工具添加到工具架

- 指向左侧的箭头，表示【Pick object】工具将会放置在【Pick nothing】工具的左侧，如图 1-46 所示。

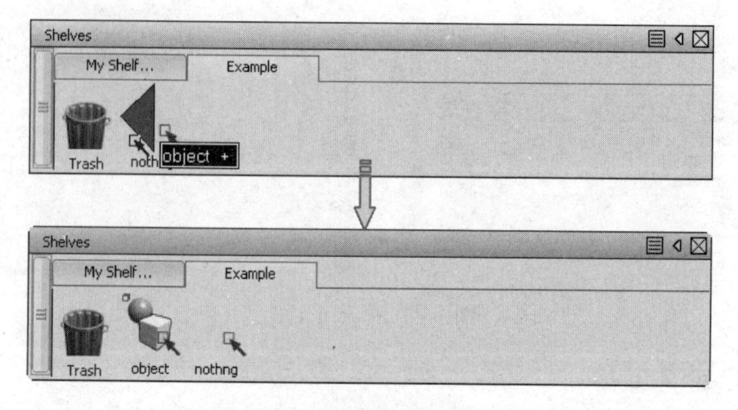

图 1-46　向工具架中添加工具

● 指向右侧的箭头，表示【Pick object】工具将会放置在【Pick nothing】工具的右侧，如图1-47所示。

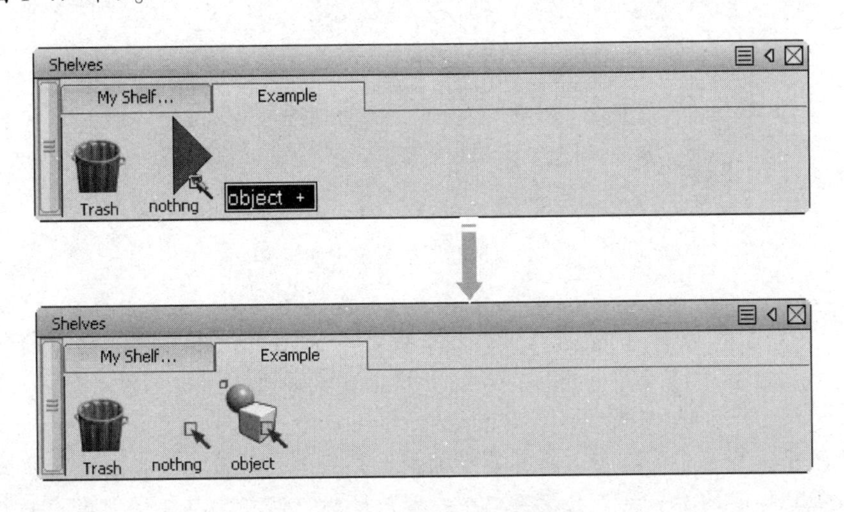

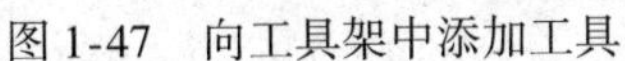
图1-47 向工具架中添加工具

● 指向上方的箭头，表示【Pick object】工具将在【Pick nothing】工具处创建一个层叠菜单，释放鼠标的时候会弹出一个对话框，为创建的这个层叠菜单命名，单击对话框下方的【OK】按钮确定，如图1-48所示。

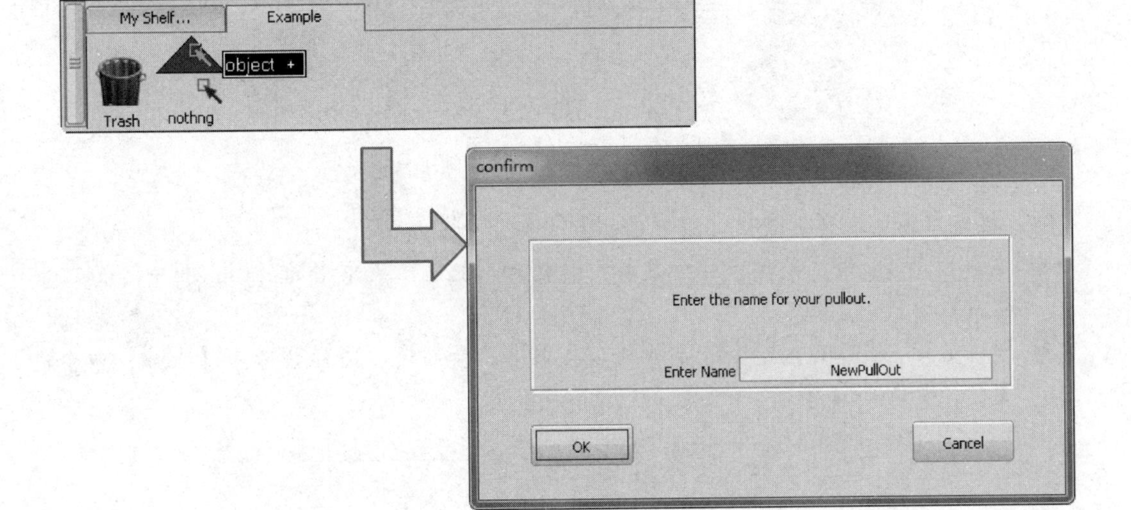

图1-48 创建层叠菜单

● 此时【Pick nothing】工具图标的右上角出现一个表示存在层叠菜单的标记。如需使用【Pick object】工具，在工具架中【Pick nothing】工具图标处长按鼠标左键，在弹出的层叠菜单中选择【Pick object】工具，如图1-49所示。

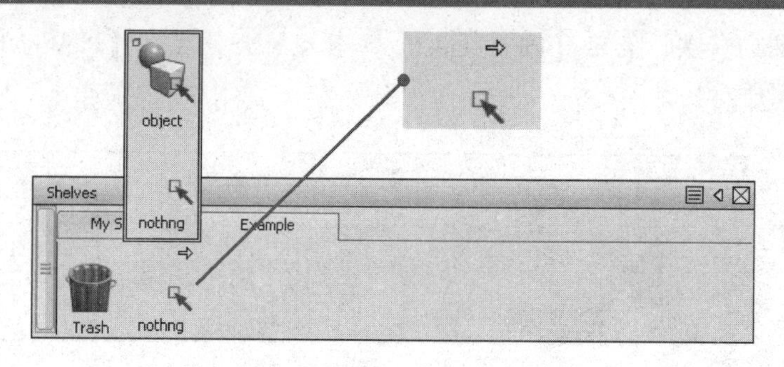

图 1-49　选择层叠菜单中的工具

技巧点拨	除了可以将【Palette】（工具箱）中的工具添加到工具架内之外，位于【Control Panel】（控制面板）中的常用工具也可以添加到工具架中。

04 若想将工具箱中的整个工具标签添加到工具架中，则按住鼠标中键拖动工具箱的某一工具标签的标题到工具架窗口中，释放鼠标，即在工具架中创建了一个新的工具架选项卡，如图 1-50 所示（这里以【Transform】工具标签为例）。

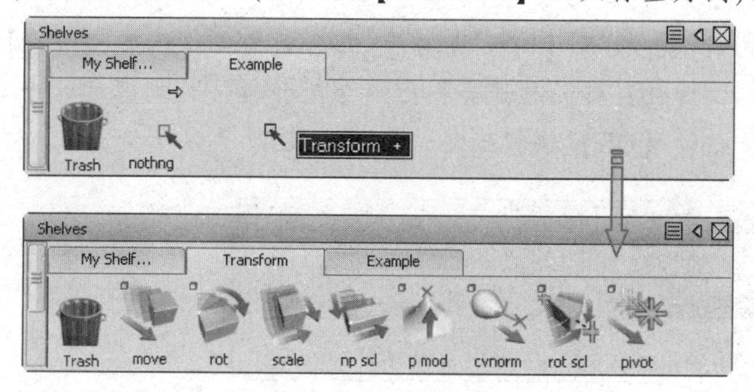

图 1-50　将整个工具标签添加到工具架

05 将菜单项添加到工具架（以【Copy】命令为例）。

- 单击打开【Edit】菜单，按住鼠标中键拖动【Edit】菜单中的【Copy】命令到工具架窗口中。
- 释放鼠标，【Copy】命令即添加到工具架中，新创建的图标即为【Copy】命令的图标，如图 1-51 所示。

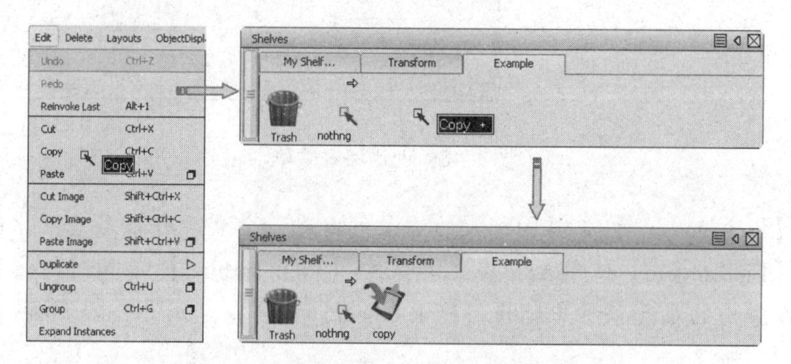

图 1-51　将菜单栏中命令添加到工具架

技巧点拨	同将整个工具标签添加到工具架中一样，也可以将整个【Edit】菜单（或其他菜单）添加到工具架中。

2. 移除工具架中的工具或命令

鼠标中键按住工具架中的工具或图标，拖动到工具架左侧的垃圾桶图标上，此时垃圾桶图标的边框将会亮显，释放鼠标，即可移除工具，如图1-52所示。

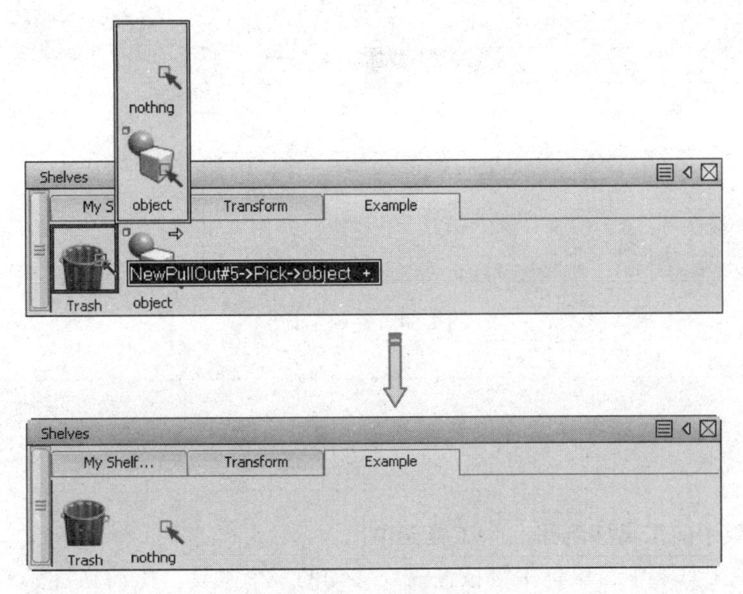

图1-52 移除工具

3. 重命名工具架中的工具或命令

按住键盘上的【Ctrl】键，在需要命名的工具图标上双击，弹出【confirm】（确认）对话框，在文本框中输入工具新的名字（英文），单击对话框下方的【OK】按钮确定，如图1-53所示。

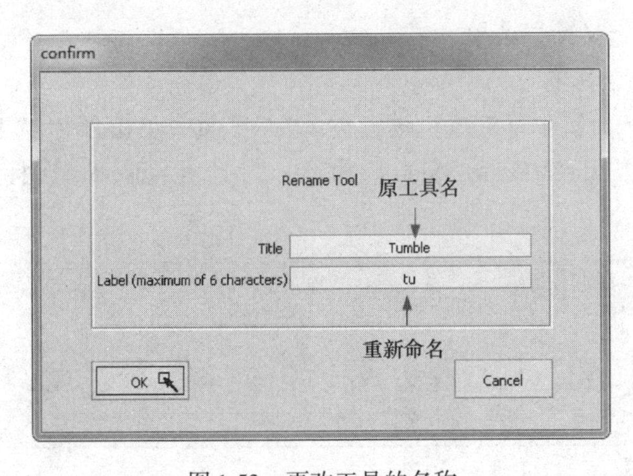

图1-53 更改工具的名称

4. 复制工具架中的工具或命令

按住键盘上的【Ctrl】键，按住鼠标中键，拖动需要复制的工具图标到合适的位置释放鼠标中键，原来的工具即被复制，如图 1-54 所示（这里以【Move】工具为例）。如果要删除不需要的工具，可以按作鼠标中键拖动工具图标到工具架的垃圾桶图标上。

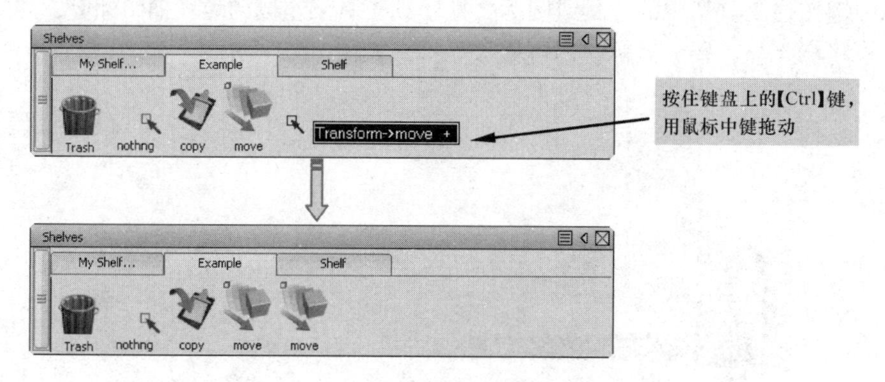

图 1-54　复制工具

技巧点拨	依照类似的方法，可以复制整个工具架，您不妨一试。

5. 将工具架中的工具移到另一个工具架中

在其中一个工具架中，鼠标中键按住需要移动的一个工具，拖动到目标工具架的选项卡标签上，释放鼠标后此工具即被移动到另一个工具架中。

技巧点拨	按住键盘上的【Ctrl】键，然后鼠标中键拖动需要复制的工具图标到目标工具架的选项卡工具标签上，释放鼠标中键，此工具即被复制到目标工具架中。

三、自定义标记菜单

下面介绍如何自定义标记菜单。

1. 打开标记菜单工具架

按住键盘上的【Ctrl】＋【Shift】键，在 Alias 界面中单击鼠标左键。在弹出的标记菜单中选择最底部的【Edit Making Menu】命令，打开【Selection】标记菜单工具架，如图 1-55所示。

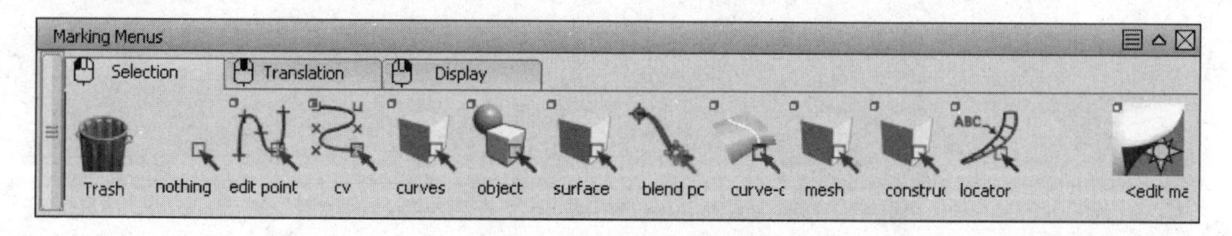

图 1-55　打开左键标记菜单工具架

技巧点拨	在菜单栏中执行【Preferences】|【Interface】|【Making menus】命令，也可打开标记菜单工具架。

左键标记菜单与标记菜单工具架对应关系，如图1-56所示。

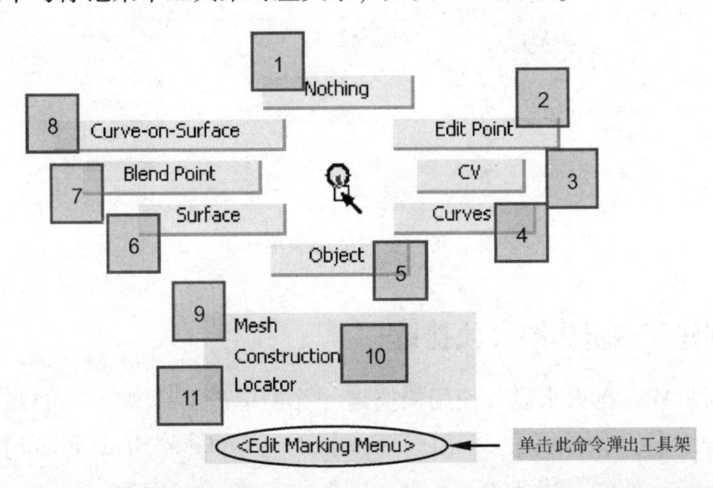

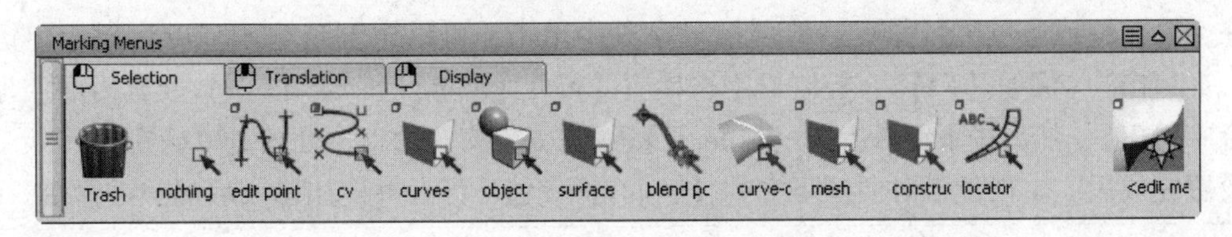

图1-56　左键标记菜单与标记菜单工具架对应关系

标记菜单工具架中的工具从左往右依次排列，对应标记菜单中从最上面的命令开始顺时针旋转排列的八个命令。多余的工具在标记菜单的下方自上而下依次排列。

2. 更改标记菜单选项

双击位于左键标记菜单工具架【Selection】中的【Edit Making Menu】工具图标，打开【Marking Menu Options】（标记菜单选项）对话框，如图1-57所示。

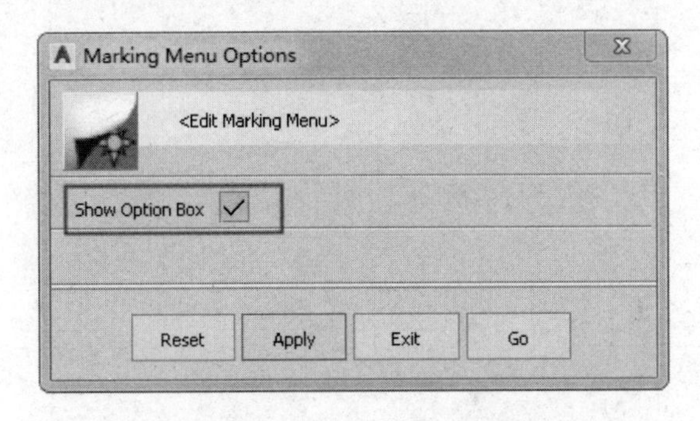

图1-57　【Marking Menu Options】对话框

【Show Option Box】（显示对话框图标）选项用于设置是否在标记菜单中显示工具命令右侧的小方框（表示该工具可以设置，并且能够打开设置对话框），如图 1-58 所示。

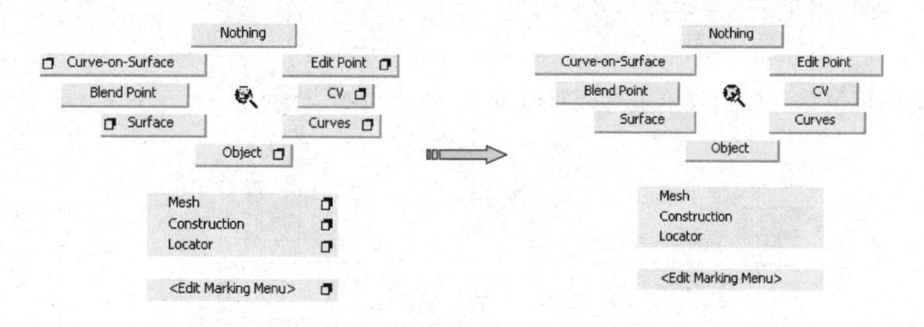

图 1-58　更改标记菜单选项

四、创建和编辑热键（快捷键）

对于长期使用 Alias 的人来说，使用快捷键（无需单击工具图标）可以提高建模效率。

执行菜单栏中【Preferences】|【Interface】|【Hotkeys/Menu Editor】命令，打开热键/菜单编辑对话框，如图 1-59 所示。

在工具名称或菜单项名称右侧的可编辑字段中单击，可以用键盘输入字母（对于单键热键）、功能键（例如【F4】）、控制键字符串（【Alt】【Shift】和/或【Ctrl】及其后面字母的组合字符串），然后按下键盘上的【Enter】键或在编辑窗口的空白处单击以确定。

设置完成后，单击位于对话框下方的【Apply】按钮，保存并应用修改后的热键命令。

技巧点拨	如果设置热键时，只输入单个字母，则仅当启用单键热键时才能使用该热键。在菜单栏中执行【Preferences】|【Interface】|【Toggle Single Hotkeys】命令，开启或关闭单键热键。

图 1-59　热键/菜单编辑对话框

五、定义系统颜色

执行菜单栏中【Preferences】|【Interface】|【User Colors】命令，打开自定义颜色设置对话框。对话框中各选项含义介绍如图1-60所示。

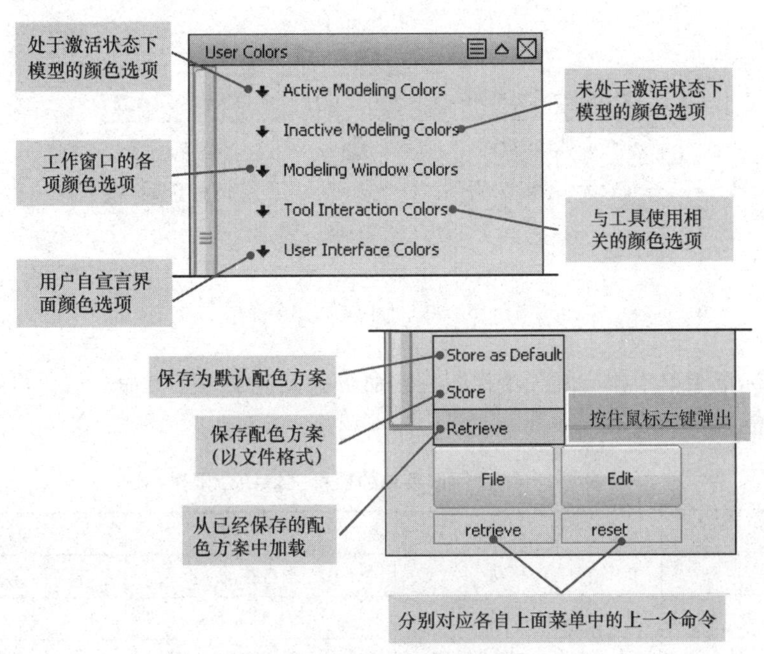

图1-60　颜色设置对话框

在颜色设置对话框中，在标签下选择一项展开，在展开的菜单中选择位于元素名称右侧的颜色块，单击打开调色窗口，在调色窗口中修改所选元素的颜色，随后颜色会自动应用于当前设计环境中，如图1-61所示。

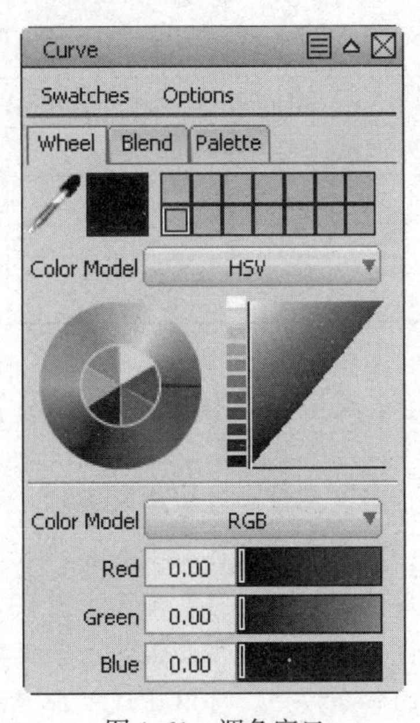

图1-61　调色窗口

六、鼠标与键盘的习惯操作

鼠标上的三个键，在不同指令中具有不同的功能。当按住【Ctrl】+【Shift】键，并单击鼠标中键时，显示中键标记菜单，如图 1-62 所示。

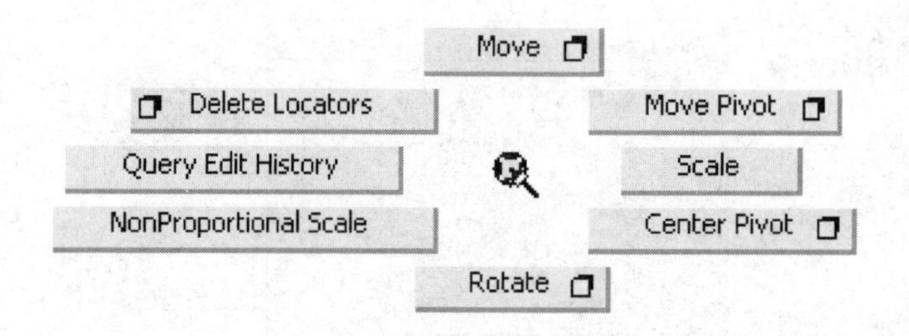

图 1-62　鼠标中键标记菜单

执行中键标记菜单中相应的 3 个视图控制命令和其他 3 个工具命令后，再结合鼠标三键进行操作，功能效果见表 1-1。

表 1-1　结合标记菜单的鼠标三键指令操作

指　令	左　键	中　键	右　键
Move	自由移动	平行移动	垂直移动
Rotate	绕 X 轴旋转	绕 Y 轴旋转	绕 Z 轴旋转
Scale	自由缩放	平行缩放	垂直缩放

当按住【Alt】+【Shift】键，结合鼠标三键在不同的视图窗口中可执行以下操作，见表 1-2。

表 1-2 键鼠操作

窗口类型	鼠标键	操　作
正交窗口：Top、Left、Back	鼠标左键	无
	鼠标中键	平移视图
	鼠标右键	缩放视图
透视窗口：Perspective	鼠标左键	旋转视图
	鼠标中键	平移视图
	鼠标右键	缩放视图

键盘的常用操作如下。

- 在开启单键热键的情况下，需要按下键盘上的【Tab】键，或者单击提示行，才能在提示行中输入字符。
- 若要进入相对定位模式，则在三维坐标前输入 r。
- 若要进入绝对定位模式，则在三维坐标前输入 a。
- 使用逗号或空格分隔坐标值。
- 对于大多数变换工具来说，可以按下方向键使对象变换少许距离。
- 在视图窗口右下方出现的命令按钮，可以通过单击空格键来执行。

第6节 构建参考工具

在【Palette】（工具箱）中【Construction】工具标签下存在6个工具，3个构建参考工具、两个控制工具和一个设置工具。

这些工具并不复杂，使用熟练之后，会起到事半功倍的效果，如图1-63所示。

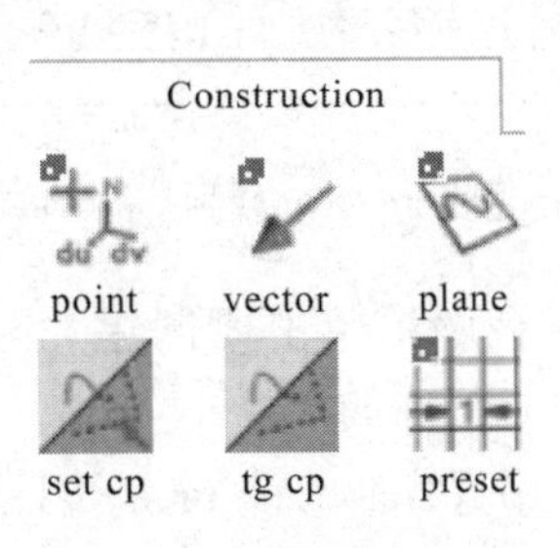

图1-63 构建工具

一、【Point】（创建参考点）工具

上图中已经提到【Point】（创建参考点）工具，双击【Point】工具图标，打开对话框，可以看到其中只有一个【Show Name】选项，如图1-64所示。

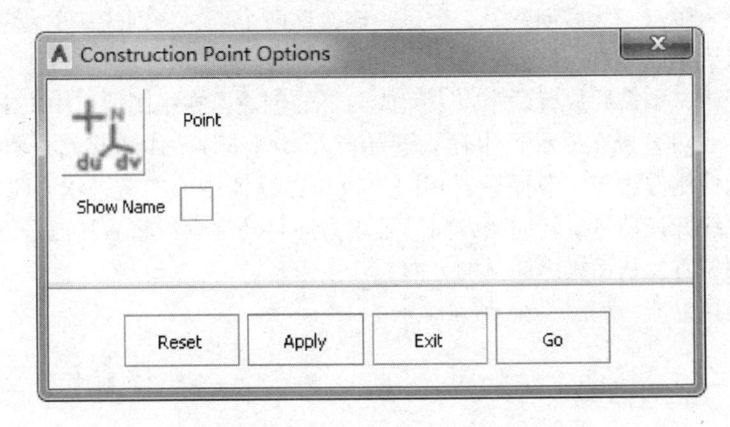

图1-64 创建参考点工具对话框

【Show Name】选项控制着在视图窗口中是否显示该参考点的名称。默认情况下参考点的名称为【Point#（数字符）】，可以通过选择该点，然后执行【Windows】｜【Information】｜【Information Window】命令（或按下【Ctrl】+【5】），在打开的信息窗口中进行更改，如图1-65所示。

技巧点拨	这里着重说明的不是对点的名称的更改，而是强调使用信息窗口为某些对象添加特殊标记，或者更改其他属性。在图1-64所示的对话框中可对点的位置进行更改，并会在视图窗口中进行同步更新。

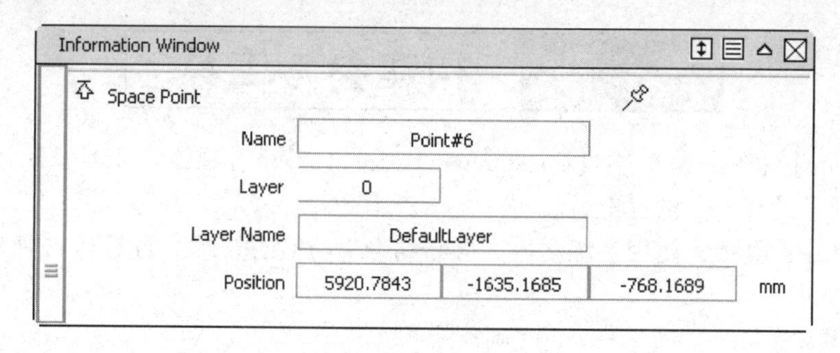

图 1-65 【Information Window】（信息窗口）

选择【Point】工具，然后在视图中单击要创建关键点的位置，也可以开启捕捉功能放置参考点，还可以在提示行中输入精确的坐标。

创建一条空间曲线的时候，使用【New CV curve】工具难以确定曲线的走向，这时候可以使用【Point】工具在要创建曲线的首尾点放置两个参考点，然后选择【New Edit Point Curve】工具开启捕捉功能，将曲线的首尾点放置在参考点处，然后移动 CV 点，这样就很方便了。

二、【Vector】（创建参考向量）工具

【Vector】（创建参考向量）工具的对话框中也仅有一个【Show Name】选项，它的工作流程是先创建一个点，然后创建另一个点，连接这两个点，将创建一个参考向量，向量方向是从第一个点到第二个点。

在使用过程中，不需要放置两个点来完成向量的创建，在视图窗口中单击并拖动，放置起始点的位置（也可直接在提示行中输入起始点精确坐标），伴随起始点将出现一个操纵器，该操纵器的使用方法与一般操纵器相同。拖动操纵器中心的蓝色 X 标记，可以移动向量起点。单击弧线并拖动可旋转向量方向。若单击向量的终点，将激活向量终点，拖动可以调整向量末端的位置，从而操纵向量的方向。

创建向量的操纵器，如图 1-66 所示。

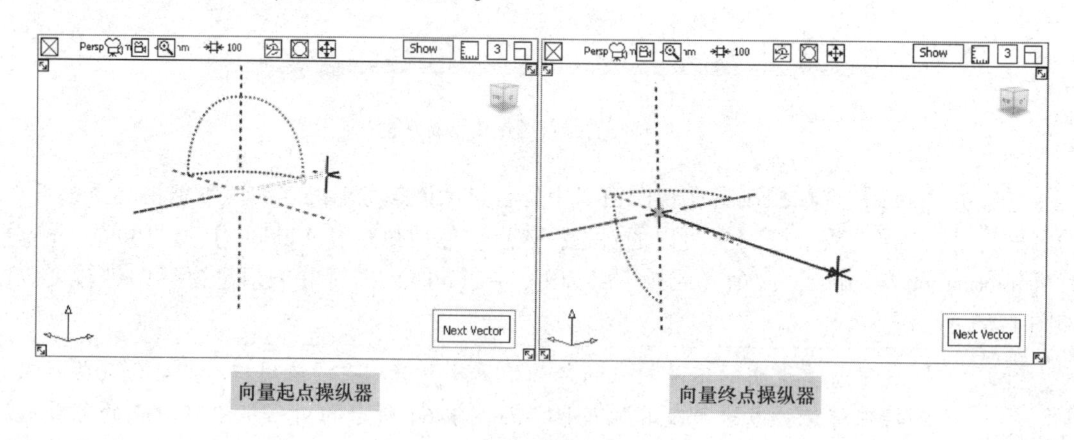

图 1-66 创建参考向量

 三、【Plane】（创建参考平面）工具

相对于刚才讲到的两个构建工具，【Plane】（创建参考平面）工具则更为常用。双击【Plane】工具图标，打开【Construction Plane Options】对话框，如图1-67所示。

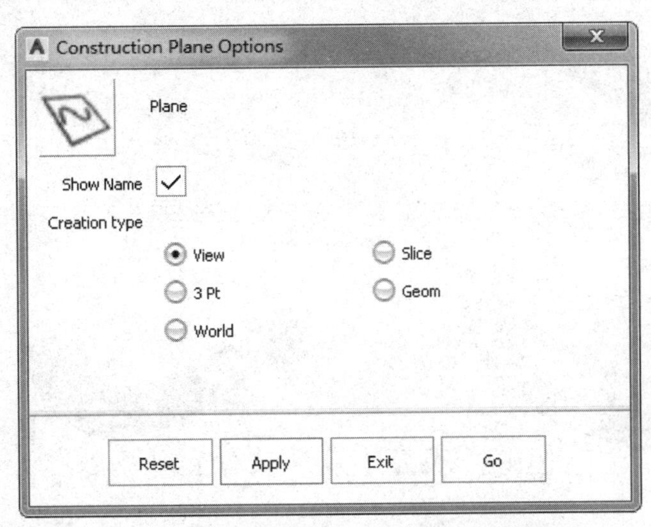

图1-67 【Construction Plane Options】对话框

对话框中各个选项的含义如下。

- 【Show Name】：显示参考平面名称。
- 【Creation type】：创建类型（即通过何种方式创建参考平面）。

【Creation type】创建类型共有如下五种。

- 【View】：以与视图向量垂直的平面作为参考平面，参考平面的中心点需要通过输入坐标，或在视图中单击并拖动来指定。
- 【Slice】：需要指定两个点，第三个点被置于视点位置，相当于是从边缘查看将要创建的参考平面。
- 【3 Pt】：常规的3点式创建参考平面，指定三个点，然后依这三个点定义一个参考平面。
- 【Geom】：依此种类型创建参考平面时，需要将参考平面的中心点捕捉到几何体，此时参考平面的Z轴的方向与曲面的法线或曲线的切线一致。
- 【World】：指定参考平面的中心点，参考平面三个坐标轴的方向与世界轴一致。可以将该点捕捉到任意几何体。

每个创建的参考平面都会出现一个操纵器，使用操纵器可以移动、缩放、旋转参考平面。下面着重介绍以【Slice】【3Pt】【Geom】类型创建参考平面的方法。

1. 以【Slice】类型创建参考平面

图1-68所示为关于YZ平面对称的圆管曲面。要想在其端口创建一个参考平面，需要将视图转换为【Back】（或【Front】）正交视图。然后使用捕捉功能在端口的边缘线上指定参考平面的两点，最终参考平面创建完成。如果圆管曲面未与YZ平面或其他坐标轴平面垂

直，则可以选用下面的这两种方法来完成。

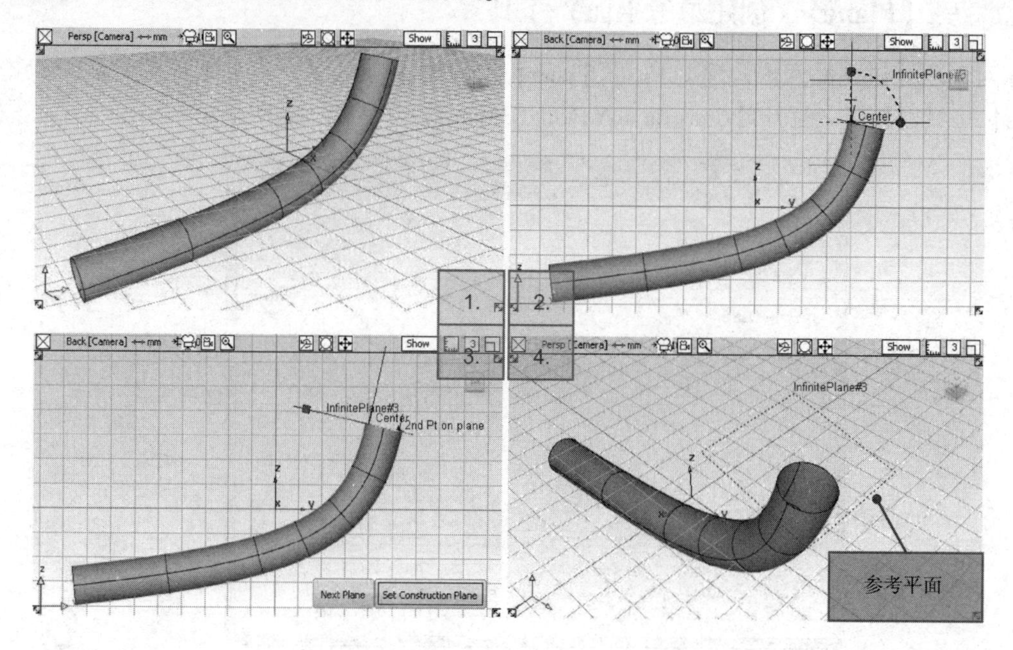

图 1-68　以【Slice】类型创建参考平面

2. 以【3 Pt】类型创建参考平面

在【Plane】工具控制窗口中选择【3 Pt】选项，然后单击【Go】按钮。在圆管曲面的一端边缘上使用捕捉功能，指定三个参考点，参考平面即创建完成，如图 1-69 所示。

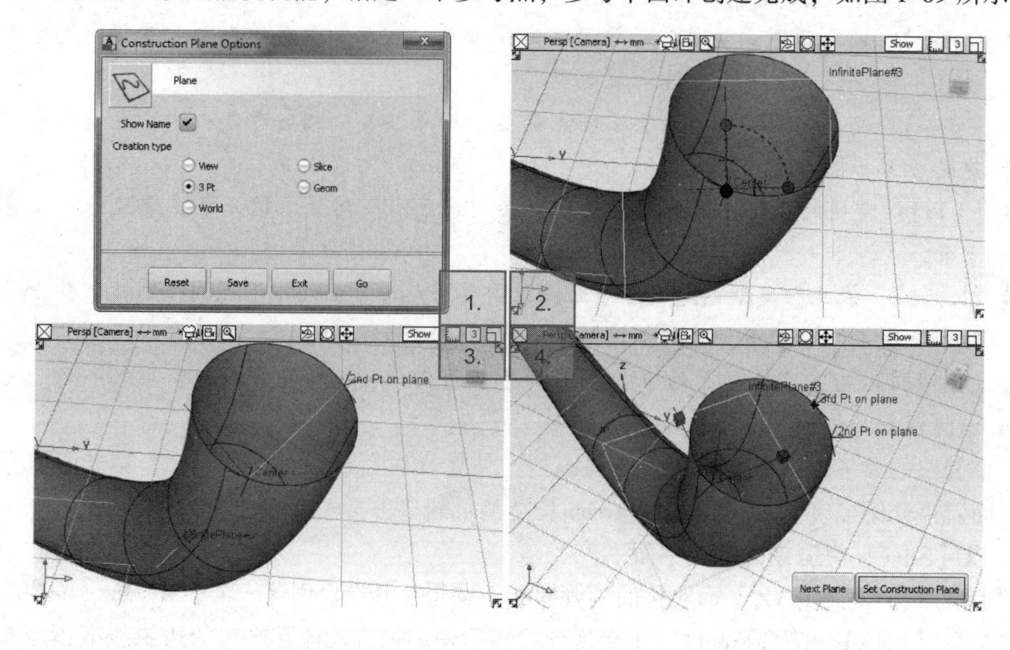

图 1-69　以【3 Pt】类型创建参考平面

3. 以【Geom】类型创建参考平面

在【Plane】工具选项窗口中选择【Geom】类型，单击【Go】按钮。在视图窗口中将参考平面中心点捕捉到圆管曲面的U等参曲线上，然后拖动到圆管曲面的顶端，参考平面即创建完成，如图1-70所示。

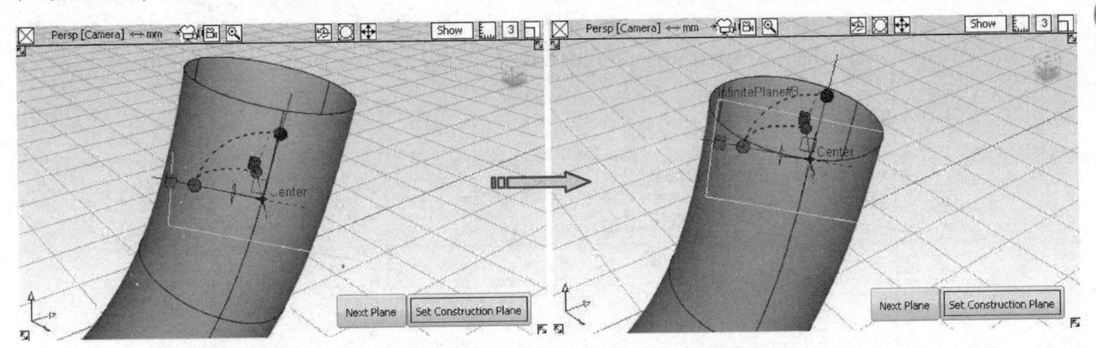

图1-70 以【Geom】类型创建参考平面

以不同类型创建参考平面各有优点，以上创建的三个参考平面位于同一位置，但是有着不同的中心点。中心点的不同将影响参考平面坐标轴的位置。

每个参考平面创建完成之后，视图下方会出现如下两个按钮。

- 【Next Plane】：保留当前参考平面，继续创建下一个参考平面。
- 【Set Construction Plane】：将该参考平面设置为构建平面，等同于下面要讲到的【Set Construction Plane】工具。

技巧点拨	将参考平面设置为构建平面之后，世界坐标轴将隐藏，整个工作场景会来到构建平面上，鼠标的一些使用习惯，对构建平面同样适用。

四、设置平面与切换坐标系

单击【Set Construction Plane】工具图标可将选取的参考平面设置为构建平面（也可先选择工具，然后在视图窗口中单击选取参考平面）。

单击【Toggle Construction Plane】工具图标可退出构建平面，回到世界坐标系。在世界坐标系处于激活状态时，单击【Toggle Construction Plane】工具图标将回到构建平面。

技巧点拨	使用【Toggle Construction Plane】工具在世界坐标系与上一次使用的构建平面间进行切换。如果视图窗口中的参考平面未设置为构建平面，则单击该工具图标将不会有任何作用。

五、【Grid Preset】（预设栅格设置）工具

双击【Grid Preset】工具图标，打开【Preset Grid Options】对话框，如图1-71所示。对话框中各选项含义如下。

- 【Windows】（窗口）：选择【All】选项将在所有窗口中起作用，若选择【Current】选项，仅仅在激活的窗口中起作用。

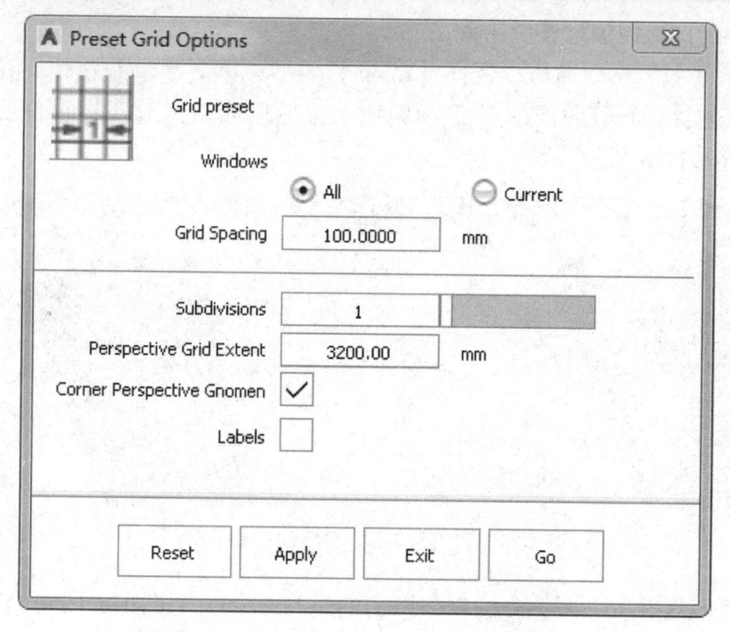

图 1-71 【Preset Grid Options】对话框

- 【Grid Spacing】（栅格间距）：设置栅格之间的跨度间距。
- 【Subdivisions】（细分量）：设置栅格线之间细分的数量。
- 【Perspective Grid Extent】（透视栅格长度）：设置透视窗口中总栅格占据的大小。
- 【Corner Perspective Gnomen】（透视窗口边角指针）：设置显示透视窗口倒角处的指针。
- 【Labels】（标记）：对栅格线进行标注（仅限于正交窗口）。

设置完毕后，单击对话框下方的【Go】按钮，如果在【Windows】选项组中选择了【All】选项，则所作设置将在所有窗口中应用，如果选择【Current】选项，则设置仅在当前窗口中应用。

第 7 节　练　习　题

问答题：

1. 【ViewCube】工具在什么位置，它的作用是什么？
2. 如何旋转、平移、缩放视图？
3. 怎样使选取的对象充满整个窗口？
4. 关注点有什么作用？
5. 工具箱（或是工具架）不见了，如何打开？在何处设置工具箱、工具架的位置？
6. 怎样更改工具架上工具的名称？
7. 如何微调某些选项的数值？
8. 在提示行中怎样切换相对值与绝对值的输入？
9. 除了单击视图右下方的【Go】按钮之外，还有什么快捷的方法可以起到同样的作用？
10. 如果菜单项或工具从界面中消失了该怎么办？

第 2 章

构建与编辑曲线

在构建模型中用到的知识往往与数学相关概念紧密联系，一个完整的模型由面构建而成，面则是由曲线得来，曲线又是由点组成。在 Alias 里同样如此。在空间中放置不同的点，从而创建曲线，通过移动不同的点来修改曲线，这正是本章主要涉及的内容。

案例展现

ANLIZHANXIAN

案 例 图	描 述
	在 Alias 软件中，曲线是一种常见的几何对象，扮演着十分重要的角色。是一切曲面构建的基础，从曲面的生成角度来说，曲面自身的空间走向和平滑质量直接决定了最终曲面模型的质量。 Alias 中的曲线包括直线、弧线、抛物线、Bezier（贝赛尔）线、过渡线等
	完成本章练习后，您将学会运用曲线建立旋转物体的方法，并掌握［Revolve］［Skin］等工具的使用以及镜像、移动等命令的操作

第 1 节　Alias 曲线概述

如何利用 Alias 创建曲面？这是许多初学者面临的最棘手的困惑，因此下面介绍一下曲面与曲线的关系。另外再详细介绍 Alias 曲线的相关功能与应用。

一、曲线的定义

在 Alias 系统中，曲线是一种常见的几何对象，扮演着十分重要的角色。它是一切曲面构建的基础，而曲面的空间走向和平滑质量直接决定了最终曲面模型的质量。

Alias 中的曲线分别有：直线、弧线、抛物线、Bezier（贝赛尔）线、过渡线等，如图 2-1所示。

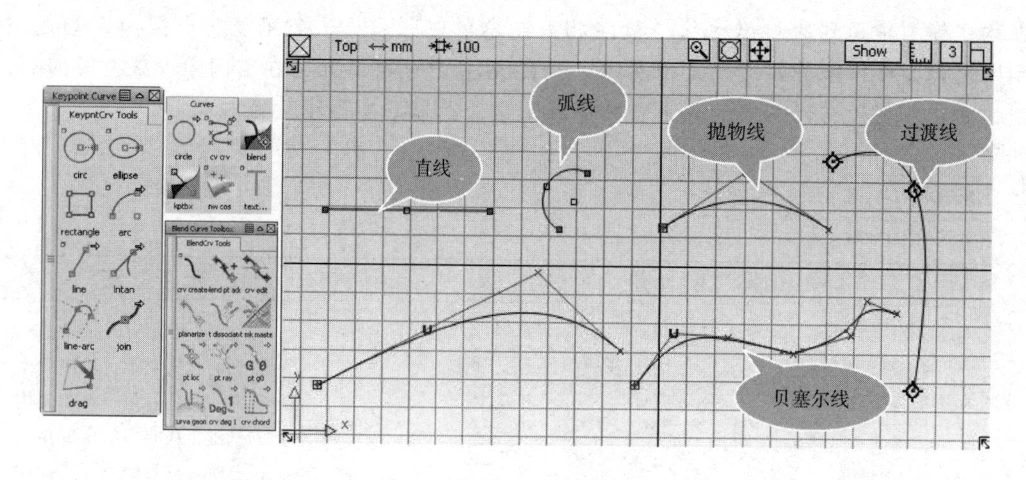

图 2-1　Alias 曲线

二、曲线的分类

根据数学公式定义，曲线可分为单一曲线和复合曲线两种，单一曲线是由 2 个数据点组成的，复合曲线则是由多个数据点组成，图 2-2 表示曲线在空间表示的坐标方程式。

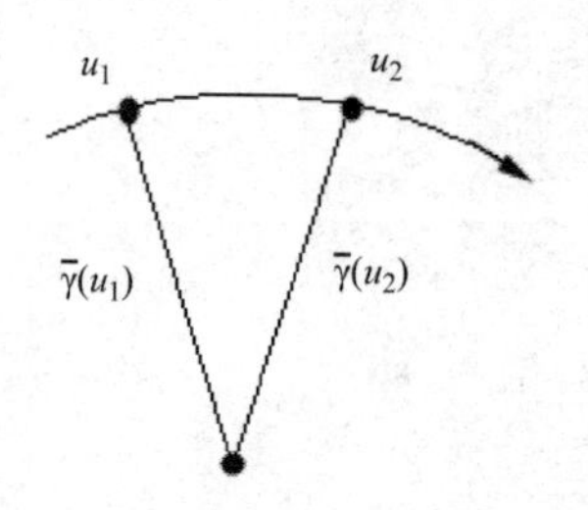

图 2-2　曲线的空间坐标方程式

不规则的曲线可以使用多项式来表达。由于不规则的曲线数据点数众多，而它的幂数会变得很大，导致曲线在计算过程中耗时很长，容易造成不稳定，所以在实际工作中往往把它们分割成数段小的曲线，这些小线段称为曲线线段，每一小线段使用较低阶的多项式来近似计算就行了，最后我们再把这些小线段两端连接起来即可。

NURBS 是 Alias 中进行建模的曲线和曲面的表达法。NURBS 的含义是非统一均分有理性 B 样条曲线（Non – Uniform Rational B – Splines ）。

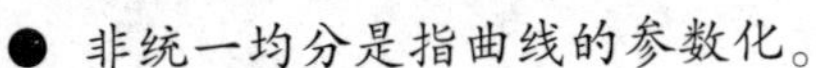

- 非统一均分是指曲线的参数化。
- 有理指其内在的数学表示。
- B 样条曲线是指采用参数表示法的分段多项式曲线。

根据曲线用途来分，Alias 中常见的主要用来生成曲面的曲线分为三种：一般 NURBS 曲线、过渡曲线和关键点曲线，后两者是根据用途划分的特殊 NURBS 曲线，比普通的 NURBS 曲线记录了更多的信息和限定性条件。在一定条件下，它们可以转化为普通的 NURBS 曲线，所以在本质上是一样的。

1. 一般 NURBS 曲线

Alias NURBS 曲线通常包含以下元素：【CV】（Control Vertex）点、【Hull】（外壳线）、【EP】（Edit Point）编辑点、【Degree】（阶数）、【Span】（跨距）。

（1）【CV】（Control Vertex）点

除了曲线首尾的两点外，一般都是分布在曲线主体的两侧，它是调节曲线形状最基本、最重要的手段。第一个 CV 点外形呈方块形，表示曲线的起点；第二个 CV 点外形呈字母【U】形，表示曲线的递增方向，即 U 方向，其他的 CV 点则是用【X】表示，如图 2-3 所示。

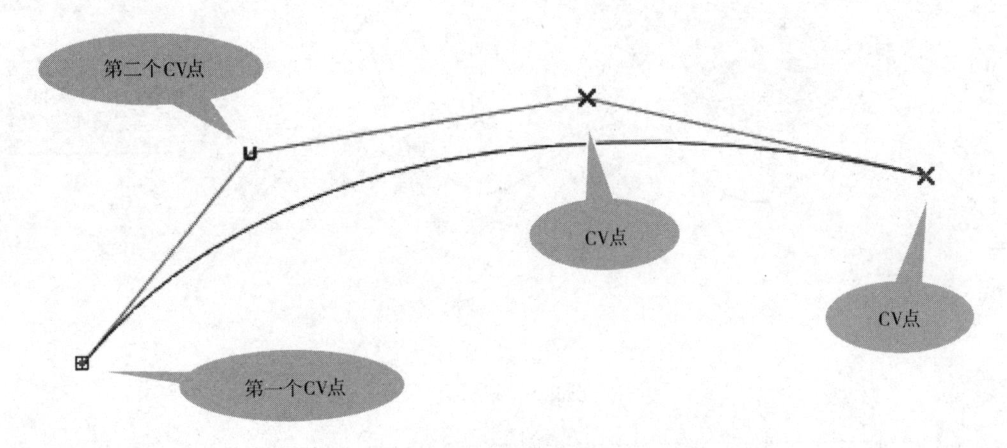

图 2-3　曲线的 CV 点

技巧点拨	每个曲线的一个跨距始终有固定的 CV 点数量。CV 点的数量等于曲线的阶数加一，比如阶数是 3 的曲线，每个跨距有且只能有 4 个 CV 点。

（2）【Hull】（外壳线）

为了显示曲线 CV 点的先后顺序关系，曲线上的各 CV 点依次连接成线，称为外壳线。在选择其中一个 CV 点时，连接它的外壳线会亮显，以提供选择的反馈信息，如图 2-4 所示。

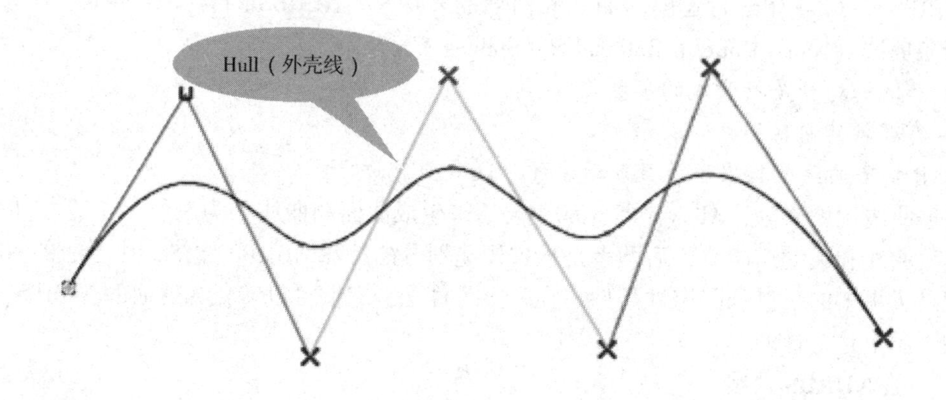

图 2-4　外壳线

（3）【EP】（Edit Point）编辑点

EP 编辑点位于曲线的主体之上，用来确定曲线上的跨距数，如图 2-5 所示。一条曲线最少含有两个 EP 点，即起始编辑点和终止编辑点。编辑点的存在主要用来显示曲线的跨距数。

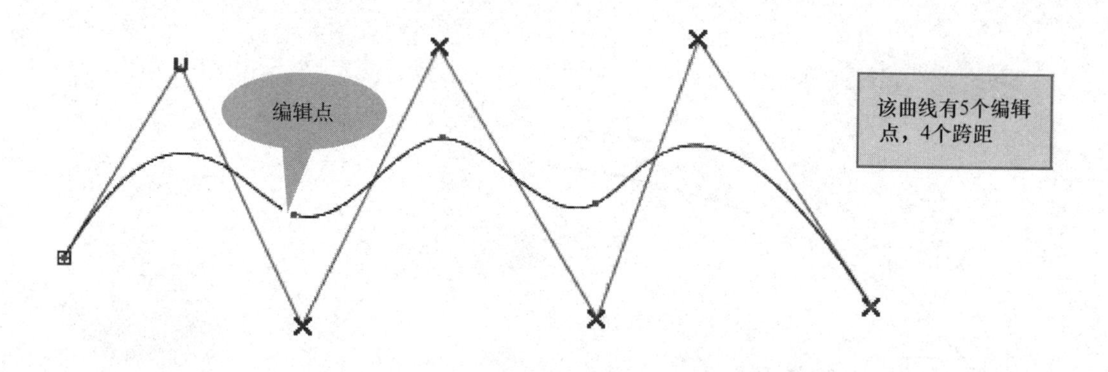

图 2-5　编辑点

技巧点拨

可以删除编辑点以改变曲线的跨距数，但是这会改变曲线的形状。也可在曲线的中间插入编辑点，从而添加更多的 CV 点以更好地控制曲线。

虽然也可以通过移动调整曲线的形状，但是一般不会这样做，因为 Alias 不会真正地移动编辑点本身，而是通过移动 CV 点间接地改变曲线的形状，所以编辑点相对于曲线一直处于固定的位置。

(4)【Degree】(阶数)

【Degree】(阶数)是曲线或曲面的数学特性，每条曲线的每个跨距 CV 点数量受曲线阶数的约束。

- 一阶的曲线创建出来的是直线。
- 可以用一个跨度的二阶的曲线创建出抛物线。
- 三阶曲线是 Alias 中默认的曲线阶数。
- 更高阶的曲线可以创建出更加平滑的曲线。

(5)【Span】(跨距)

【Span】(跨距)反映曲线的复杂程度，对于单跨距的曲线，阶数是一定的，曲线上的 CV 点也是固定的。对于多跨距的曲线来说，曲线上的 CV 点数量并不能简单地做加法，因为在 Alias 中绘制一条长的曲线时，Alias 实际是将多个曲线跨距接合在一起。上一个曲线跨距的最后一个 CV 点成为下一个曲线跨距的第一个 CV 点，从而在曲线段之间产生非常平滑的过渡。

2. 过渡曲线

在【Palette】(工具箱)中单击位于【Curves】工具标签中的【Blend】图标，打开【Blend Curve Toolbox】(过渡曲线工具箱)，如图 2-6 所示。

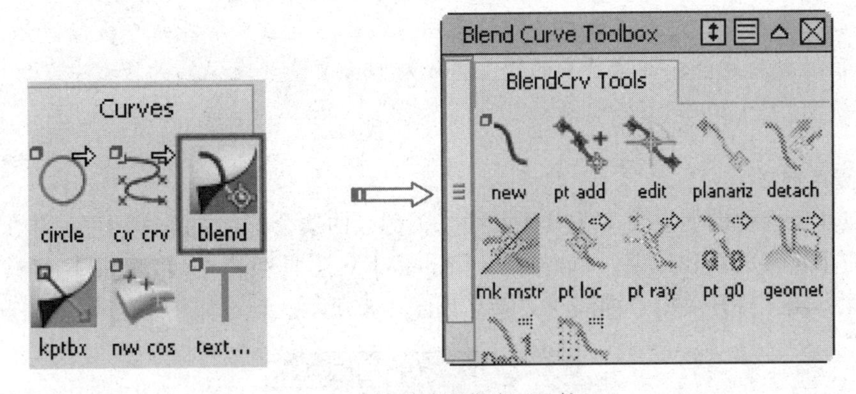

图 2-6　打开过渡曲线工具箱

使用过渡曲线，可以通过指定曲线形状的约束来创建曲线。过渡曲线同样为 NURBS 曲线，只不过过渡曲线为确定曲线形状和操纵曲线提供了更高级、更简单的方法，它会根据不同的约束来自动计算符合约束的曲线的形状。与普通 NURBS 曲线不同的是，过渡曲线是通过上面的过渡点来控制的，如图 2-7 所示。

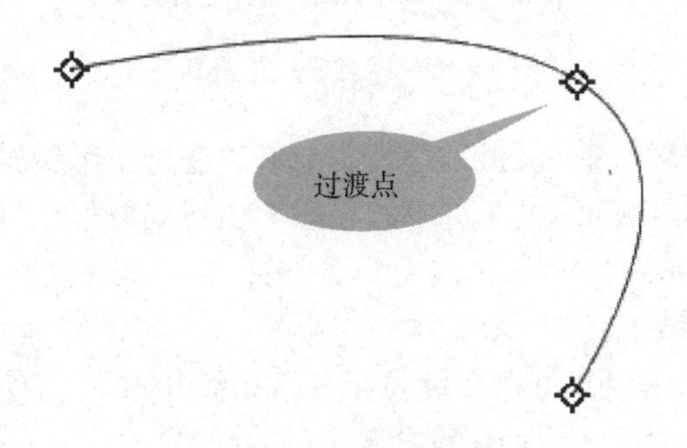

图 2-7　过渡曲线

可以对过渡曲线设置多种约束条件。

- 过渡曲线应通过空间中的哪些点。
- 过渡曲线应与哪些曲面相切。
- 过渡曲线应与哪些现有曲线相交。
- 过渡曲线在某个点应沿着哪个方向行进。

过渡曲线的约束是通过对过渡点创建约束来实现的，所有过渡点的约束主要有三种类型。

- 位置：强制过渡点通过空间中的位置（在最初放置过渡点时创建的默认约束类型）。
- 方向：强制曲线通过过渡点在空间中的位置，并沿着特定的世界空间方向行进，又包含两个小的类型。

  定向：设置曲线切线的实际方向。需要指定过渡点处的切线方向时使用此类型。

  平行：设置一条直线，曲线沿着该直线通过过渡点。此类型更容易实施，并且可以获得更好的曲线连续性。
- 几何体：强制曲线通过曲线或曲面上的某个点，并沿着相对于该曲线或曲面的某个方向行进。

技巧点拨	这些关于过渡点曲线的解释有些难懂，需要在实际操练中慢慢体会，熟练应用过渡曲线会在创建复杂的模型，或对曲面质量要求很高的模型中发挥出很大的作用。

3. 关键点曲线

关键点曲线保留的信息要多于其他曲线。关键点曲线会记住关系和约束，并在编辑关键点曲线时应用这些关系和约束。单击位于【Palette】（工具箱）的【Curves】工具标签中的【Kptbx】图标，打开关键点曲线工具箱，如图 2-8 所示。

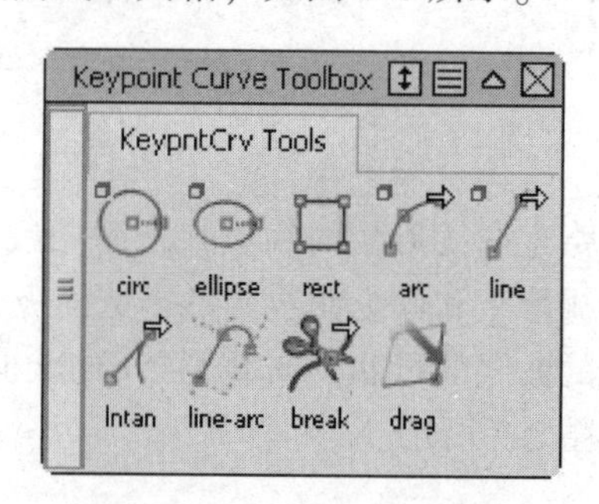

图 2-8 关键点曲线工具箱

在创建一条关键点曲线（arc 圆弧）之后，如需改变这条关键点曲线的参数（以改变圆弧的半径为例），可以在这条曲线处于选中的状态下执行菜单栏中【Windows】|【Information】|【Information Window】命令（或按下【Ctrl】+【5】），打开【Information Window】（信息窗口），如图 2-9 所示。

在【Attributes】属性栏中，可以在圆弧半径数值框中输入精确的半径值，在扫掠角度数值框中输入精确的角度值，从而创建符合要求的曲线。

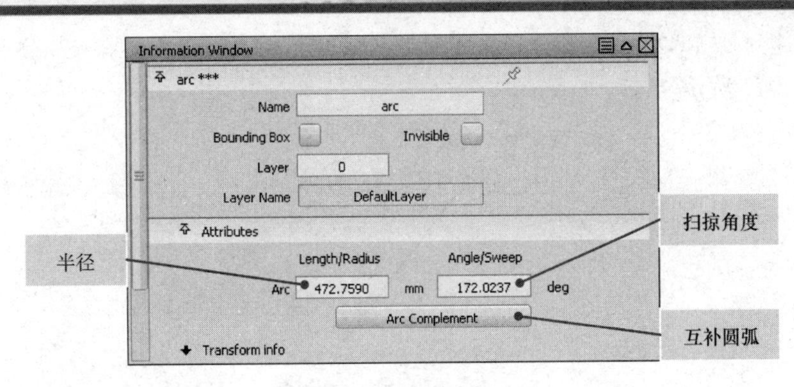

图 2-9　圆弧信息窗口

三、曲线的连续性

连续性是对两个曲线或曲面相互连接情况的描述。连续性的级别越高，曲线或曲面的相互连接处就越平滑。若要实现高级别的连续性和灵活性，可以使用增大曲线或曲面的阶数的方法。

下面列出了 Alias 中的五种连续性类型：G0 到 G4。其中 G3 和 G4 连续性只适用于过渡曲线。

● 位置连续性（G0）：两条曲线的端点完全重合，如图 2-10 所示。

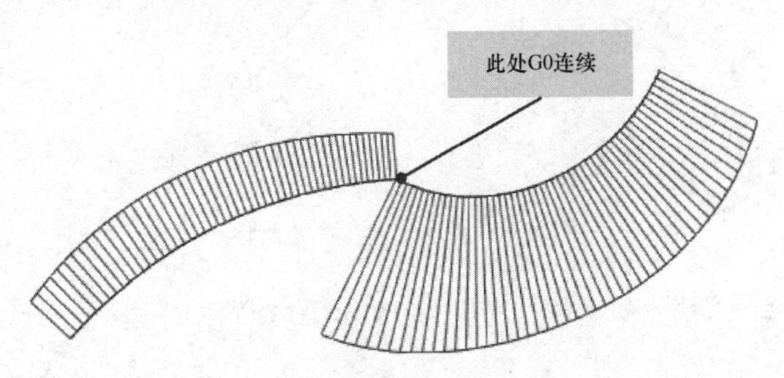

图 2-10　位置连续性

● 切线连续性（G1）：在保持位置连续性的同时，两条曲线在公共端点处有相同的切线，看起来就是两条曲线在端点处向着同一方向行进，但是却有着不同的曲率变化率，如图 2-11 所示。

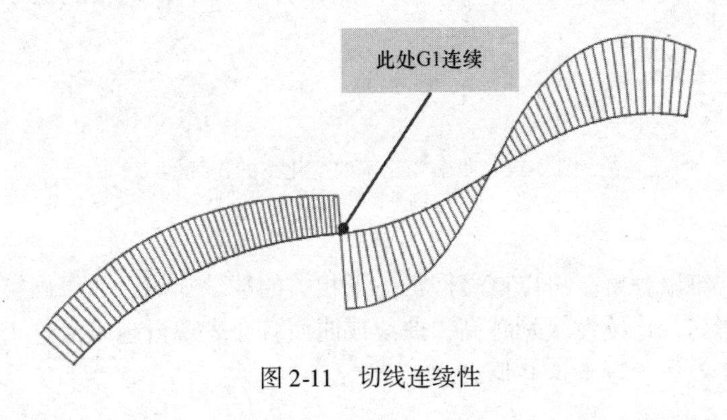

图 2-11　切线连续性

● 曲率连续性（G2）：在保持切线连续性的同时，两条曲线在接合处有着相同的曲率，如图 2-12 所示。

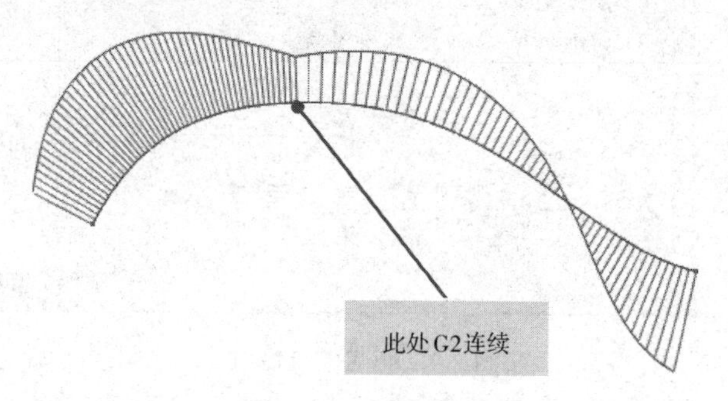

图 2-12　曲率连续性

● 曲率变化率的连续性（G3）：保证曲率连续性的同时，曲率变化率也要相同，如图 2-13 所示。

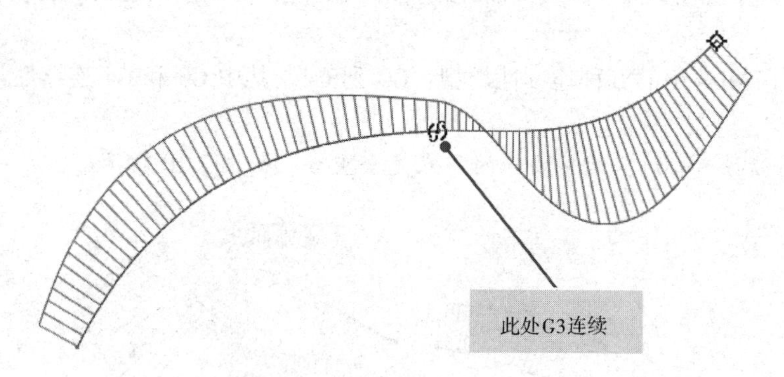

图 2-13　曲率变化率的连续性

● 曲率变化率的变化率的连续性（G4），如图 2-14 所示。

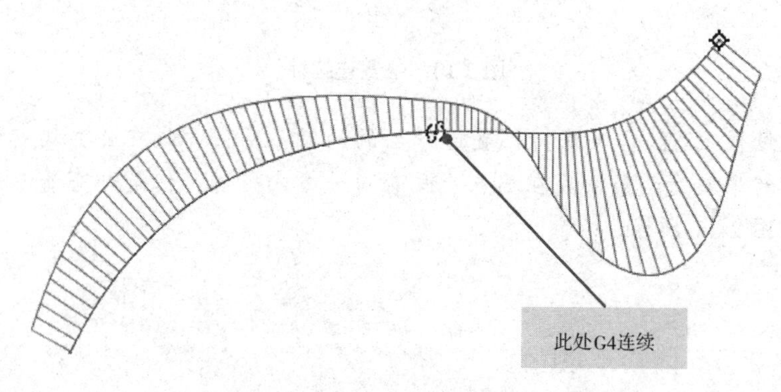

图 2-14　曲率变化率的变化率的连续性

如果这些名词难以理解，可以试着回忆一下相关的数学知识，如果确实无法理解也没有关系，只要能够明白，连续性级别越高，曲线或曲面就会表现得越光滑这个概念即可，在后面的学习中会逐步熟悉、理解这些概念。

第2节　构建 Alias 曲线

在上一节的讲解中，着重介绍了过渡曲线以及关键点曲线，而在这一节中将会讲最常用的几种曲线工具。

一、基本曲线

本节介绍基本曲线的构建方法。

1.【Circle】(圆形曲线)

【Circle】（圆形曲线）工具位于【Palette】（工具箱）的【Curves】工具标签中。双击工具图标，打开其选项设置对话框，如图 2-15 所示。

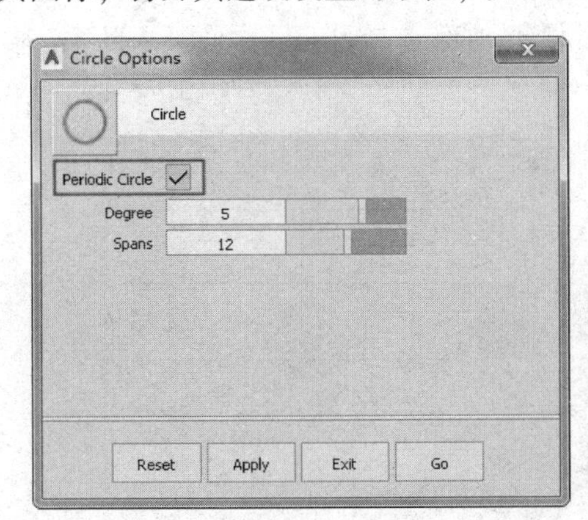

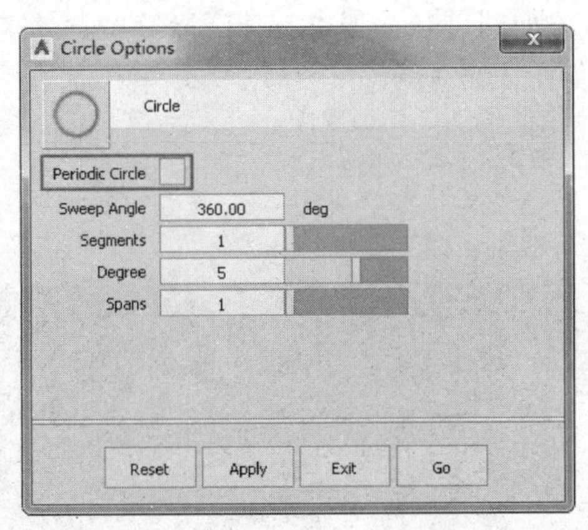

图 2-15　圆形曲线选项设置对话框

在圆形曲线选项设置对话框中，勾选或取消勾选【Periodic Circle】复选框时，会出现一些变化。勾选该选项时，使用该工具在视图中可创建一条闭合的圆形曲线，其第一个跨距和最后一个跨距重叠。取消勾选此选项时将创建一个开放的圆形曲线，仅第一个 CV 点和最后一个 CV 点相重合，可以通过移动最后一个 CV 点展开圆形曲线。

下面是对话框中其他选项的含义。

- 【Degree】：圆形曲线的阶数。
- 【Spans】：圆形曲线的跨度。
- 【Sweep Angle】：圆形曲线围绕圆心旋转的角度。

技巧点拨	您可以设置不同的选项，并在正交视图中创建几个圆形曲线，通过观察它们的区别来理解各个选项的含义。

2.【Sweeps】(扫描控制曲线)

在工具箱中的【Curves】工具标签下，左键按住【Circle】工具图标或者右键单击该图标，在弹出的菜单中选择【Sweeps】图标，工作区域中将弹出【SweepsControl】（扫描曲线控制）对话框，如图 2-16 所示。

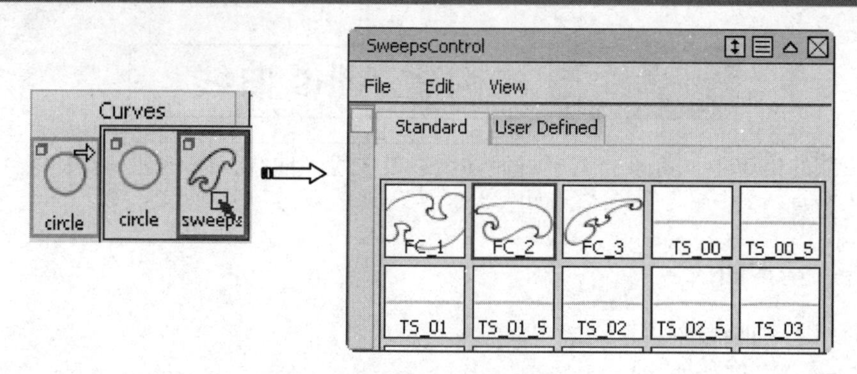

图 2-16　扫描曲线控制对话框

【Standard】标签中是系统提供的标准曲线，直接可以调出使用。当然您也可以将绘制的曲线添加到【User Definded】标签中（在对话框顶部选择【Edit】|【Add Sweep】命令），如图 2-17 所示。

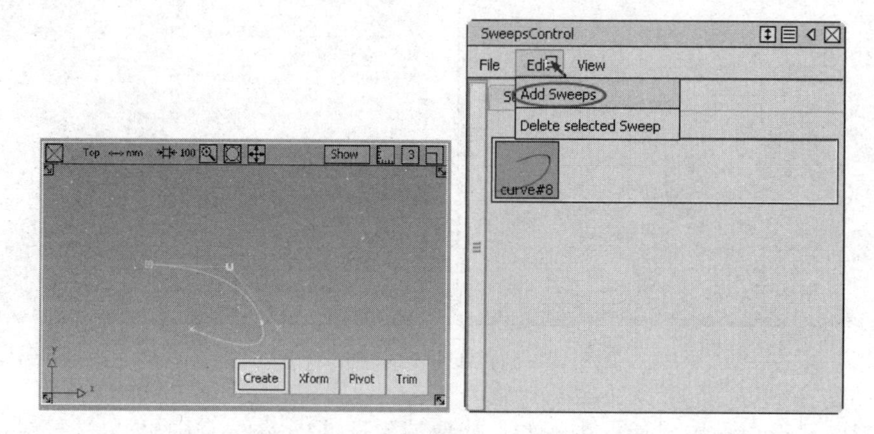

图 2-17　添加自定义的曲线到标签中

如果要删除标签中的曲线，则选中列表中的曲线，执行【Edit】|【Delete selected Sweep】命令即可。

在激活的视窗右下方将显示 4 个曲线控制按钮，如图 2-18 所示。

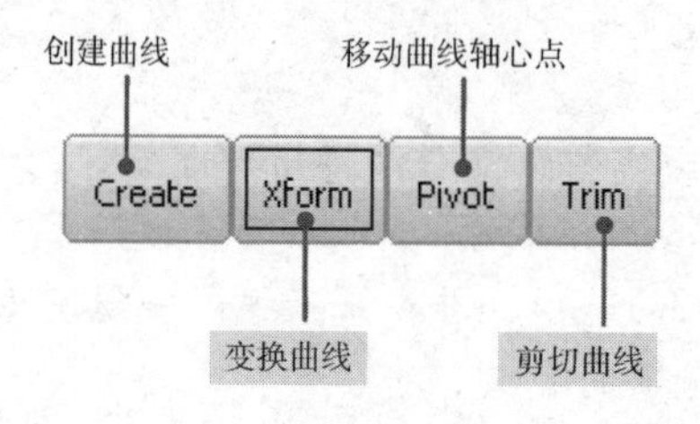

图 2-18　曲线控制按钮

默认选中的是【Create】按钮，可以在视窗中放置标准曲线，然后通过【Xform】、【Pivot】和【Trim】按钮来编辑标准曲线的形状、方向、位置以及修剪曲线。

技巧点拨	曲线标准库支持导入其他已保存的标准库曲线，并可以创建自定义标准曲线。这些命令位于曲线标准库对话框标题栏下方的菜单栏中。

二、【New Curves】（新建曲线）

本节介绍如何新建曲线。

1.【New CV Curve】（创建 CV 控制点样条曲线）

右键单击位于工具箱上的【Curves】标签，在弹出的菜单中单击【New Curves】|【New CV Curves】对话框图标，也可在工具标签中右键单击【New CV Curve】工具，选择【CV CRV】，此时【New CV Curve】图标变成了【CV CRV】图标，如图2-19所示。

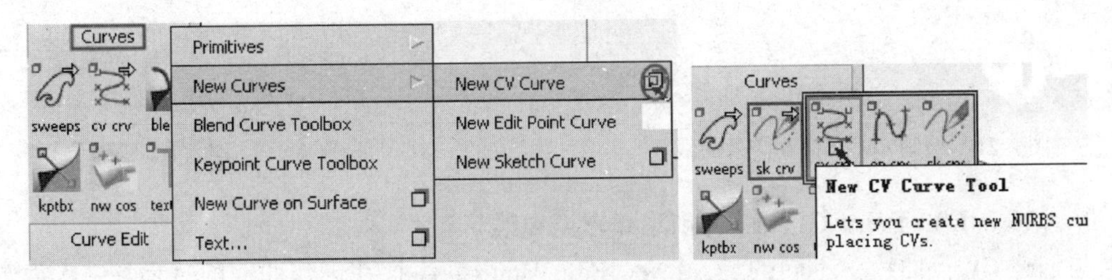

图2-19　选择【New CV Curve】

双击【CV CRV】图标，打开【New CV Curve Options】对话框，如图2-20所示。

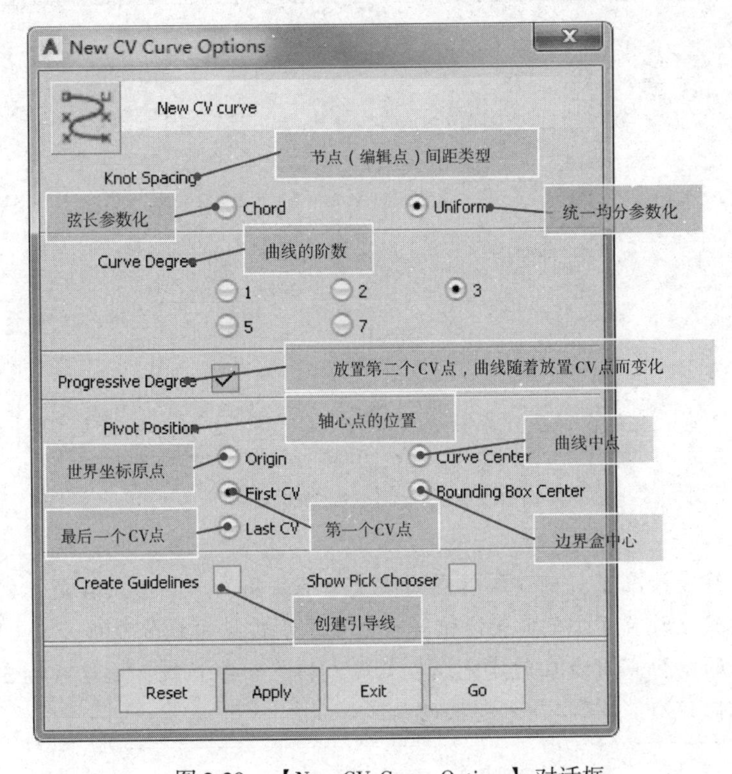

图2-20　【New CV Curve Options】对话框

在对话框中设置完参数之后，单击对话框下方的【Go】按钮，然后在视图中依次放置CV点，创建一条曲线，如图2-21所示。单击视窗右下角的【Next Curve】按钮，可以继续绘制第二条样条曲线。

当仅有两个CV点时，绘制的曲线为直线，如图2-22所示。单击视窗右下角的【Next Curve】按钮，可以连续绘制多条直线。

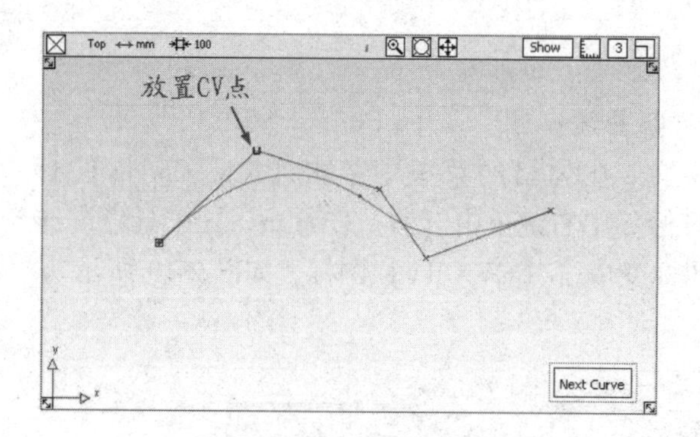

图2-21　绘制CV控制点样条曲线

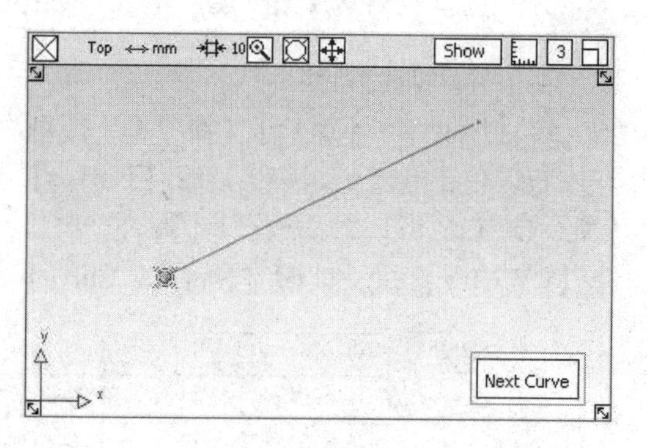

图2-22　绘制直线

2.【New Edit Point Curve】（创建编辑点曲线）

与创建CV点曲线，不同的是，【New Edit Point Curve】在创建曲线的过程是一次放置两个CV点来创建曲线，如图2-23所示；而【New CV Curve】是放置一个CV点来创建曲线。

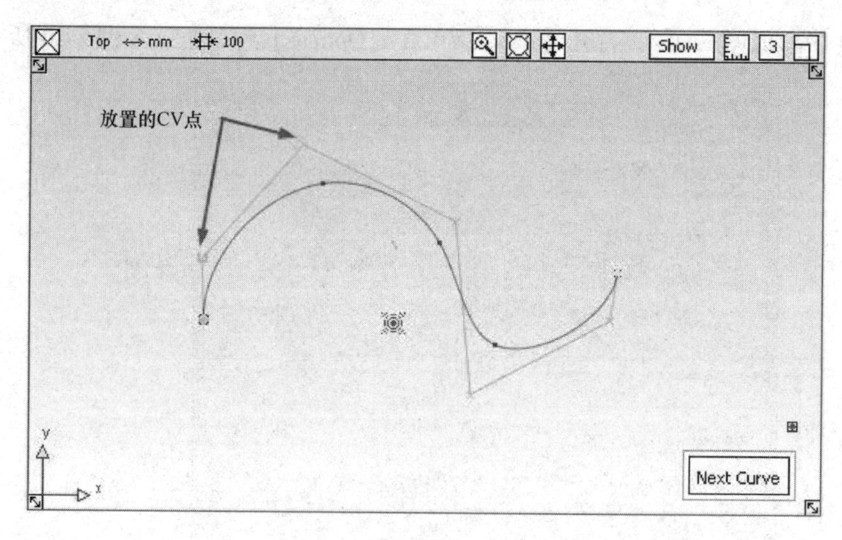

图2-23　绘制编辑点曲线

技巧点拨

在很多情况下，创建编辑点曲线是个很实用的工具，尤其是在创建单跨度曲线的时候，放置两个CV点就相当于放置了编辑点曲线阶数加一的CV点。此外，单跨度的编辑点曲线在创建完成后呈现出的是一条直线，通过对称方法调整曲线CV点时，可以很轻松得到想要的曲线形状。

3.【New Sketch Curve】（创建手绘曲线）

此工具可以快速得到一条与所期望的曲线相似的平滑曲线。双击【SK CRV】图标，弹出【New Sketch Curve Options】对话框，如图 2-24 所示。

在对话框中，其他选项与以上的曲线大同小异，仅仅多了控制绘制曲线与创建曲线的相近程度的选项，以及控制曲线的最大跨距数选项。

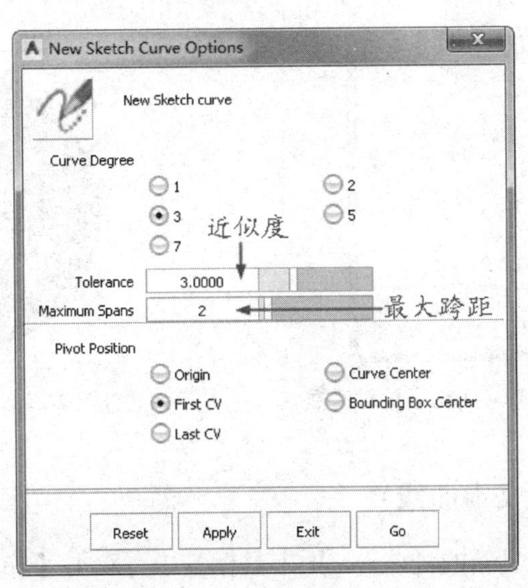

图 2-24 选项对话框

设定完成选项后，在视窗中以手绘的形式来确定曲线（轨迹）大致形状，完成手绘后释放鼠标，系统会自动对手绘轨迹进行拟合，得到新的样条曲线，如图 2-25 所示。

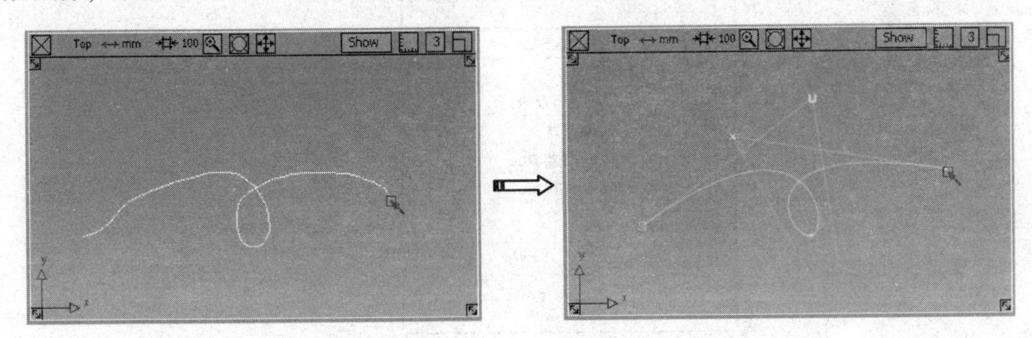

图 2-25 手绘曲线

三、【New Curve on – surface】（新建面上曲线）

面上曲线是依附在曲面上通过放置曲线编辑点来建立的，主要用来修剪曲面。它可以通过一些工具来间接创建，也可以在曲面上直接创建。

在工具箱【Curves】标签下选择【NW COS】图标，弹出【New Curve on Surface Options】对话框，如图 2-26 所示。设定对话框中的选项后，在视图中单击选取一个曲面。紧接着在选取的该曲面上，通过单击不同的鼠标键放置要创建面上曲线的其他点。

在这个时候，不同的鼠标键有着不同的功能。

- 鼠标左键：在曲面上自由放置。
- 鼠标中键：在曲面上放置一个与上一个点具有相同 U 坐标的点。
- 鼠标右键：在曲面上放置一个与上一个点具有相同 V 坐标的点。

如图 2-27 所示，在圆球曲面上创建一条面上曲线。

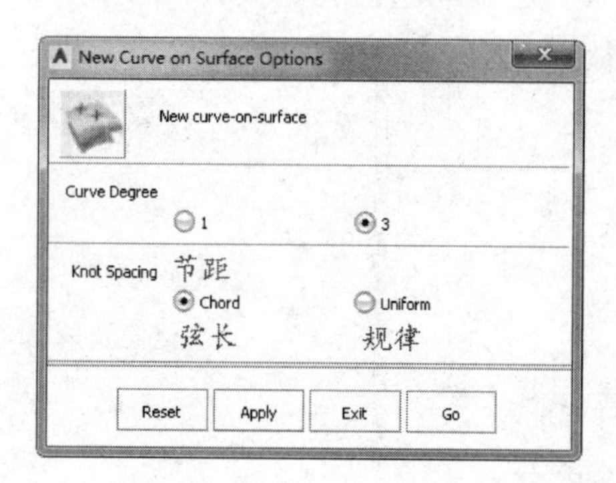

图 2-26 【New Curve-on-Surface Options】对话框

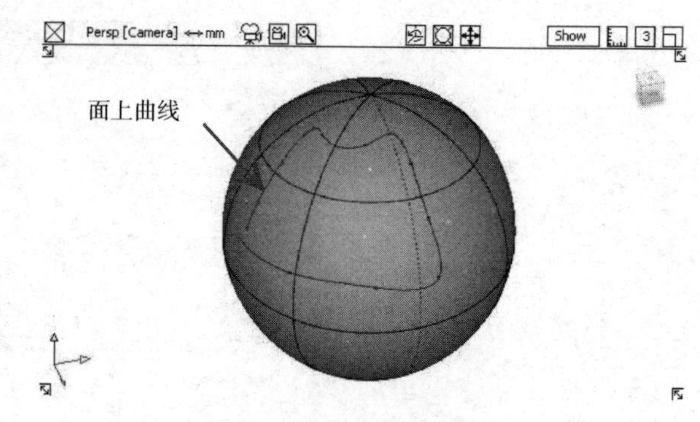

图 2-27 创建面上曲线

四、【Text】（文本曲线）

文本曲线工具位于工具箱的【Curves】工具标签中，双击【Text】图标，打开【Text Options】对话框，如图 2-28 所示。

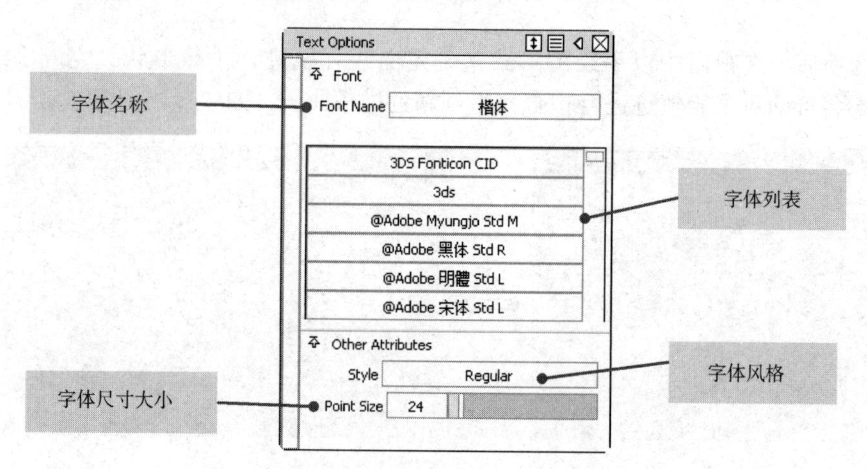

图 2-28 【Text Options】对话框

设置文本选项后，在视窗中单击，在单击的位置会出现一个输入文本标记，然后用键盘输入文字，文字会自动显示在视窗中，如图 2-29 所示。

Alias 2018

图 2-29 创建文本曲线

技巧点拨	Alias不支持多字节语言输入，所以不能直接创建中文文本曲线。每一个单独的字母符号也并不是单独的一条完整曲线，而是多条曲线组合在一起，系统对它们进行了成组操作。

第3节　曲线编辑

创建出一条曲线后，这条曲线不一定能刚好满足需要，因此还要对曲线进行编辑，这里将涉及Alias中的曲面编辑工具。右键单击【Curves Edit】工具标签，会弹出含有所有曲线编辑工具的菜单，如图2-30所示。

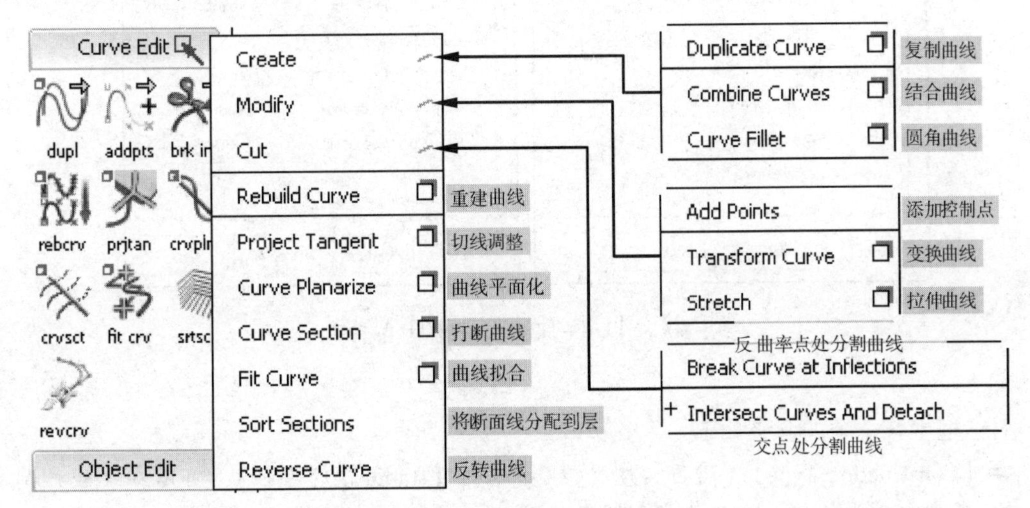

图2-30　曲线编辑工具菜单

下面我们仅介绍常用的几种曲线编辑工具。

1.【Fillet Curves】(圆角曲线)

【Fillet Curves】工具用来为两条已知曲线创建倒角，使两条曲线之间具有平滑的过渡。首先在视图中创建两条曲线，然后选择【Fillet Curves】工具，在视图中依次选取两条曲线，在提示行中用键盘输入倒角的半径值，然后单击视图右下方的【Accept】（确认）按钮，完成圆角，如图2-31所示。

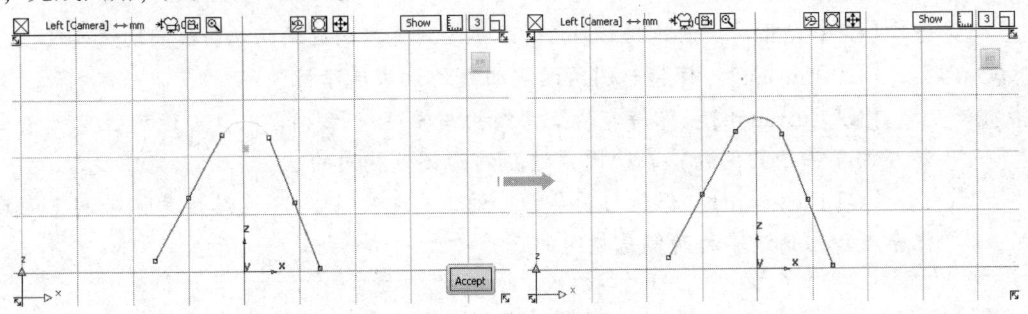

图2-31　为两条曲线创建倒角

技巧点拨	您也可以按住鼠标键在视图中拖动，调整倒角角度的大小。另外，在需要单击【Accept】按钮的时候，按下键盘上的空格键会更为便捷。

双击【Fillet Curves】工具图标，打开【Fillet Curves Control】（圆角曲线管理）对话框，如图 2-32 所示。

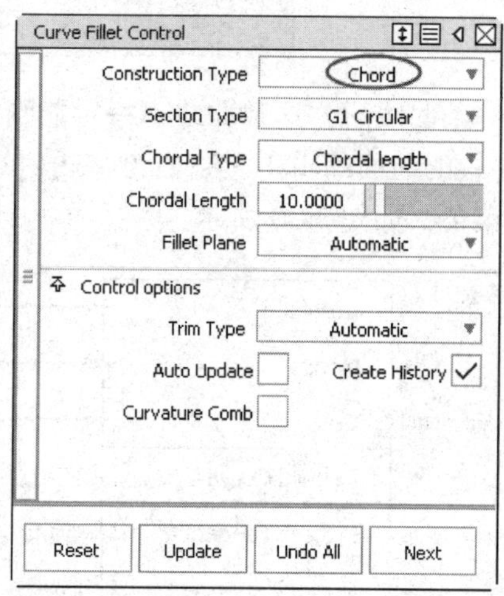

图 2-32 【Fillet Curves Control】对话框

对话框中各选项的含义如下。

- 【Construction Type】（圆角构建类型）：选择【Radius】（半径），可以在此处控制圆角中心的半径值，但不能控制圆角的宽度。选择【Chord】（弦长），可以控制圆角的两个端点之间的距离（但不是半径）。选择【Chordal Length】（或【Tangent Length】），可以设置要保持的距离。
- 【Section Type】（相切连续性类型）：其中包括【G0 Chamfer】（倒斜角）、【G1 Circular】（G1 圆形圆角）、【G1 Tangent】（G1 相切连续）、【G2 Curvature】（G2 曲率连续）、【G3 Curvature】（G3 连续）。

技巧点拨	【G0 Chamfer】：在两组曲面之间创建一个倒角。此类型仅保持与圆角两端曲线的位置连续性。 【G1 Circular】：创建圆形圆角。此类型可保持与圆角两端曲线的切线连续性。 【G1 Tangent】：保持与圆角两端曲线的切线连续性。 【G2 Curvature】：保持与两条曲线的曲率连续性（G2）。G2 连续性意味着曲率（曲率半径的倒数）在跨圆角边界的两侧是相同的。 【G3 Curvature】：保持与两条曲线的 G3 连续性。G3 连续性意味着曲率的变化率在跨圆角边界的两侧是相同的。

- 【Curvature Side】（曲率侧）：仅当【Section Type】选项设置为【G2 Curvature】或【G3 Curvature】时，此选项才可用，如图 2-33 所示。

- 【Center radius】（半径）：用于设置【Radius】构建类型，且具有【G1 Circular】断面类型的圆角中心处的半径（沿弧长测量）。
- 【Form Factor】（调整圆角的形状）：指定圆角外壳线的内侧和外侧 CV 臂的长度间比率。值的范围从 0.1 到 2.0。值越小，圆角弯曲得越尖锐。
- 【Chordal Type】（弦类型）：针对于【Chord】构建类型，选择用于定义圆角的值为【Tangent length】或【Chordal length】。

  【Tangent length】：切线段的长度。

  【Chordal length】：圆角的两条边之间的距离。

  【Fillet Plane】（圆角平面）：包括【Automatic】和【Specify】两种。

  【Automatic】：使用自动确定的圆角平面。
- 【Specify】：可以使用圆角平面选项或圆角平面操纵器指定圆角平面。
- 【Fillet Plane Optims】：仅当将【Fillet Plane】设置为【Specify】时，这些选项才可用，如图 2-34 所示。

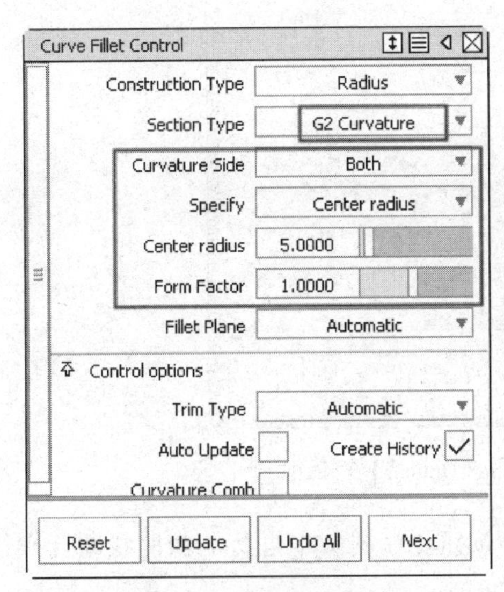

图 2-33　G2 连续时的选项

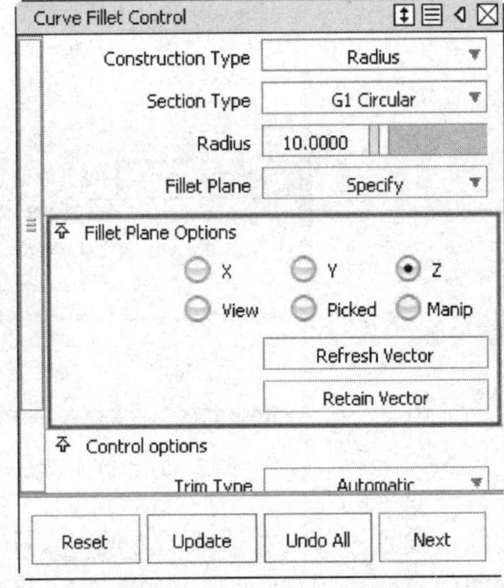

图 2-34　Fillet Plane 选项

【X】、【Y】和【Z】：选择其中的一个选项可沿对应坐标轴指定向量。

【View】：选择该选项可指定垂直于当前视图的向量，该向量不会在视窗中绘制。如果当前视图发生更改，则单击【Refresh Vector】按钮更新该向量。

【Picked】：如果选择该选项，可以在【Picked Vector】中指定现有向量的名称，或拾取视图中的向量用于定义拉伸方向。

【Manip】：在视图中手动修改操纵器来更新向量方向时，将自动选择此选项。

【Refresh Vector】：仅在选择【View】选项时才会出现该按钮。修改视图后，单击该按钮可以更新向量。

【Retain Vector】：在视窗中，单击该按钮，创建向量构建对象，否则指定的向量方向将由该工具使用，但不会看到向量对象，也不能重新使用该向量。

- 【Trim Type】：用于设置修剪类型，包括【Automatic】和【Off】两种。

【Automatic】：自动修剪原始曲面，使其重新到达接触线的位置。

【Off】：不修剪原始曲面。

- 【Auto Update】（自动更新）：在更改选项时自动更新圆角曲面，如果关闭此选项，可在要更新曲线时单击【Update】（更新）按钮。
- 【Curvature Comb】（曲率梳）：在生成的曲面间显示曲率精梳图。
- 【Create History】（创建历史）：保存【Combine curve】历史供以后编辑。如果勾选了【Create History】选项，则在编辑原始曲线时，将自动更新圆角。

2. 【Curve Section】（打断曲线）

此工具同样位于【Palette】（工具箱）的【Curve Edit】工具标签中，双击图标，打开其选项设置对话框，如图 2-35 所示。

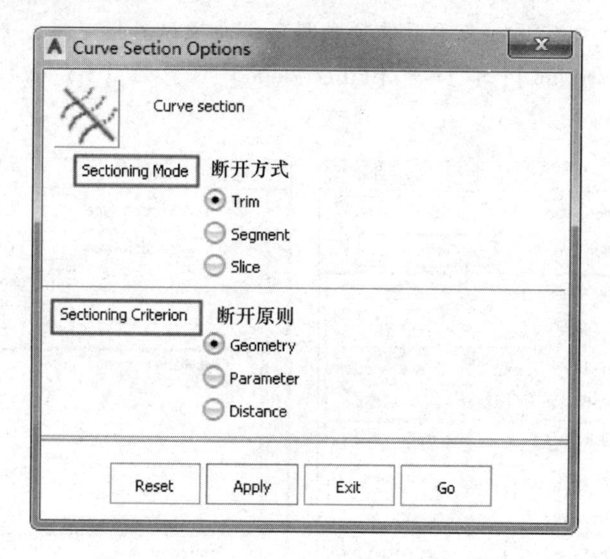

图 2-35 【Curve Section Options】对话框

采用默认设置，单击对话框下方的【Go】按钮。在视图中进行一次曲线断开操作（应先确保视图中有两条相交曲线），如图 2-36 所示。

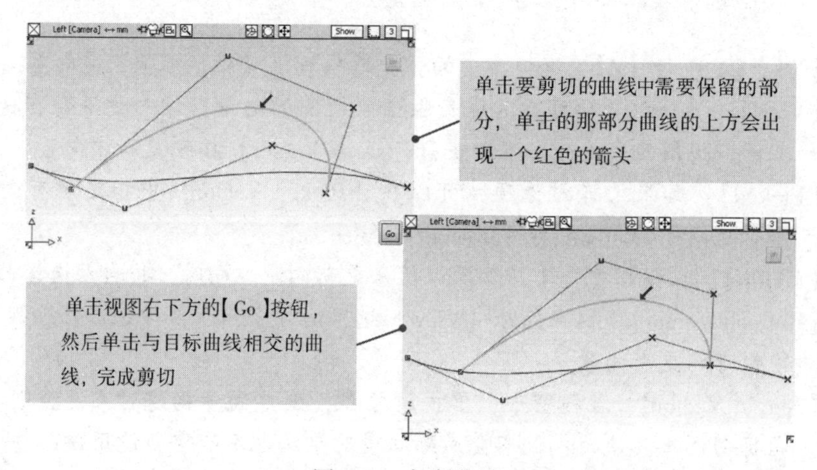

图 2-36 打断曲线

在该工具对话框中，【Sectioning Mode】含有三种不同的类型。

- 【Trim】：通过删除位于相交点之外的曲线部分来修剪曲线。单击的曲线部分将会保留。
- 【Segment】：使曲线在交点处打断，将一条完整的曲线分割为几条曲线，如图2-37所示。

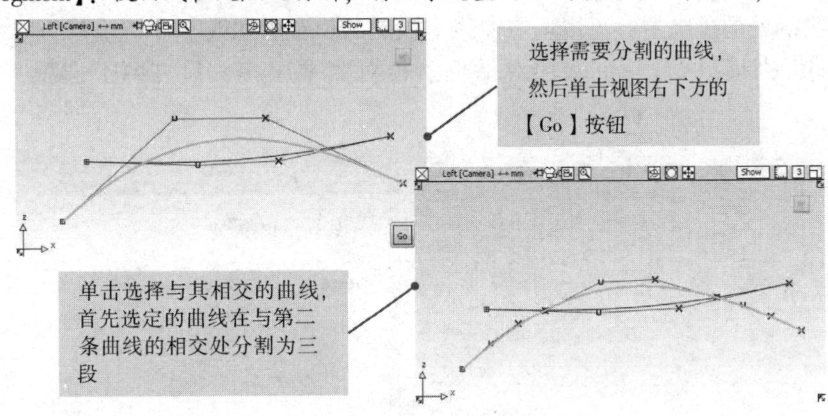

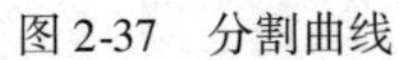
图2-37 分割曲线

- 【Slice】：效果取决于【Slice Creation Mode】的选项。

  【Create Curve】：创建通过交点的曲线。

  【Insert Edit Points】：在相交处插入新端点。

  【Insert Points】：在相交处插入参考点。

在对话框中，【Sectioning Criterion】同样包含三个不同的选项。

- 【Geometry】：使用自由曲线、曲面或构建平面，在相交处执行剪切操作。
- 【Parameter】：在每条曲线上的指定参数处执行剪切操作。
- 【Distance】：在距离每条曲线起点的指定距离处执行剪切操作。

3. 【Stretch】（拉伸曲线）

【Stretch】（拉伸曲线）工具用于通过移动连接到曲线的控制柄来拉伸曲线或重塑曲线形状。使用此工具时可将目标曲线想象成为一条富有弹性的橡皮筋，移动上面的控制柄会使曲线发生“弹性形变”，从而修改曲线的形状。

使用此工具之前，要确保视图中存在一条需要修改的曲线。然后选择工具，再选取那条曲线（也可以先选取曲线，再选择工具）。此时的曲线两端会分别出现一个控制柄，如图2-38所示。

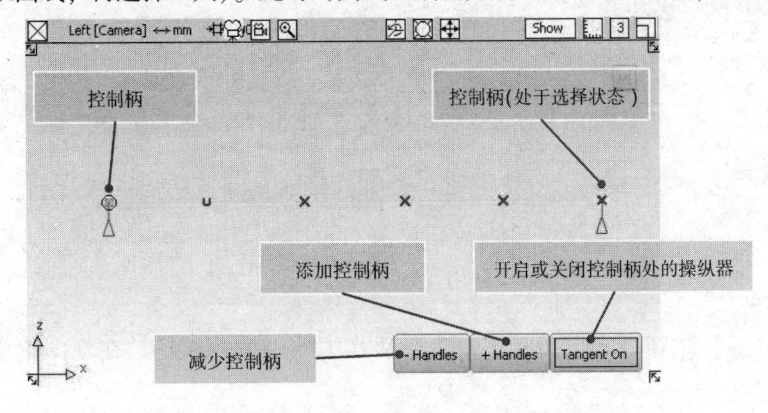

图2-38 使用【Stretch】工具

在工具初始化状态下，调节位于两端的控制柄，可以拉伸收缩曲线。一般情况下，需要改变的是曲线的外形，此时单击【+Handles】按钮将在曲线上添加更多的控制柄即可，拖动控制柄即可调节曲线的形状，如图2-39所示。

开启控制柄处的操纵器，可以调节曲线上该点的位置和切线。

【Stretch】工具也有一个选项对话框，相对简单很多，只有两个选项，如图2-40所示。

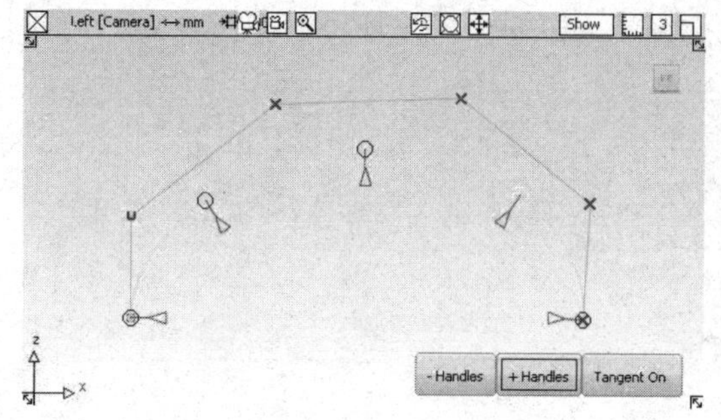

图2-39　修改曲线的形状

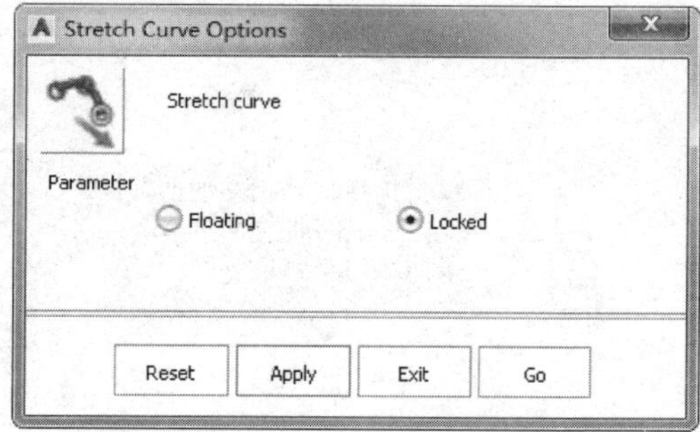

图2-40　【Stretch】工具选项对话框

关于这两个选项的含义如下。

- 【Floating】：控制柄在曲线上的位置可以来回滑动。
- 【Locked】：控制柄在曲线的位置处于锁定状态。

4. 【Transform Curve】（变换曲线）

【Transform Curve】是一个提供集平移、缩放及旋转为一身的曲线变换工具。

首先在【Left】正交视图中创建一条曲线，选择【Transform Curve】工具，在视图中选取曲线，此时曲线的两端分别出现一个控制柄，并且在当前视图的右下方出现三个按钮。如图2-41所示。

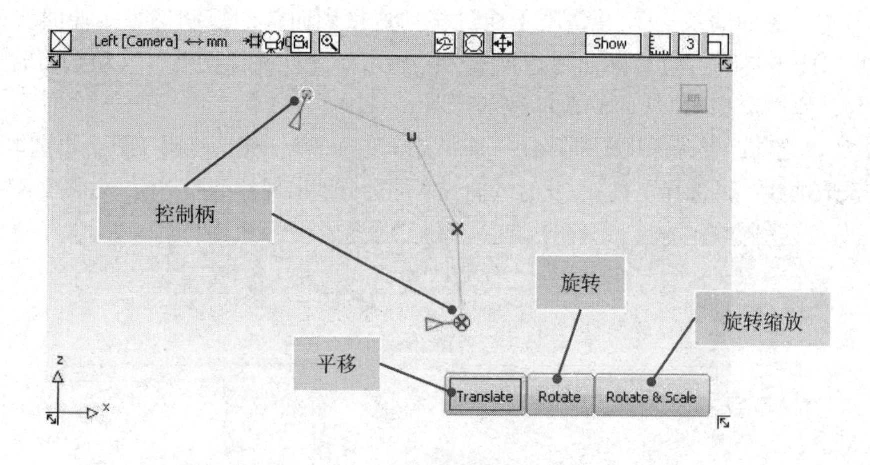

图2-41　使用【Transform Curve】工具

当【Translate】按钮处于选中状态时，激活其中的一个控制柄，在视图中拖动鼠标，将移动曲线整体。

当【Rotate】按钮处于选中状态时，激活其中一个控制柄将出现旋转操纵器，如图2-42所示。

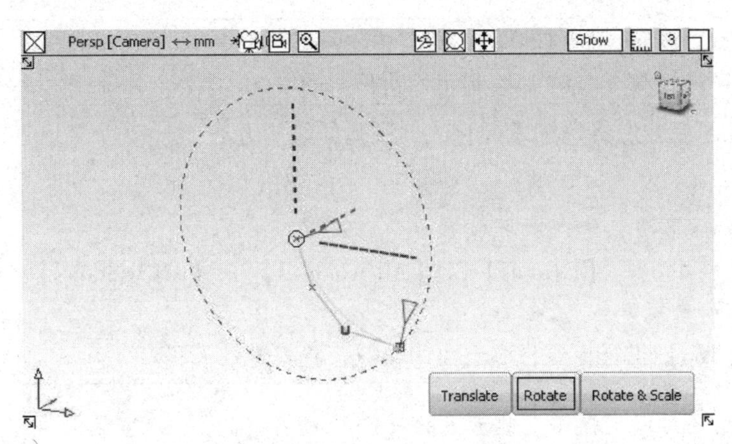

图2-42　旋转曲线操纵器

技巧点拨	该操纵器包括三个坐标轴（X、Y和Z），还有一个虚线圆。拖动鼠标，曲线上选定的控制柄将沿该虚线圆旋转，在默认情况下，操纵器将在曲线所在的平面中绘制该圆。单击三个坐标轴之一，将旋转平面更改为与该坐标轴垂直的平面。

当【Rotate&Scale】按钮处于选中状态时，激活其中一个控制柄，然后在视图中拖动，曲线会围绕另一个控制柄处旋转，并根据两个控制柄之间的距离，整条曲线会放大或缩小，在这过程中，曲线的大致形状不会发生改变。

5.【Add Points】（添加控制点）

将控制点添加到现有曲线的操作如下。

01 在【Palette】（工具箱）中选择【Pick CV】工具，然后选择需要添加CV点的曲线上的第一个或是最后一个CV点。

技巧点拨	如果需要在当前曲线的端点处添加CV点，则要选择端点的CV点；如果需要在当前曲线的末端添加CV点，可以选取除端点CV点外的任意CV点。 另外，如果只想在曲线的末端添加CV点，则选中整条曲线再使用【Add Points】工具，也能产生同样的效果。

02 选择【Add Points】工具，曲线的端点或者尾点的CV点处于激活状态，然后在视图中单击放置更多的CV点。

将编辑点添加到现有曲线与将CV点添加到曲线上有所不同，将编辑点添加到现有曲线上时，需要使用位于【Palette】（工具箱）的【Pick】工具标签中【Pick Edit Point】工具，选择端点或者末端的编辑点，然后使用【Add Points】工具。

第4节　曲线构建训练

下面通过几个经典的案例，对前面讲解的内容进行一个梳理、巩固。

案例 1 绘制正六边形

练习文件路径：examples \ Ch02 \ Ch02_ 01. wire
演示视频路径：视频 \ Ch02 \ 绘制正六边形 . avi

完成本次练习后，您将熟练掌握直线、圆弧的绘制方法。

操作步骤

01 启动 Alias 软件，进入新环境界面中。

02 在菜单栏中执行【Layouts】|【All windows】|【All windows】命令，工作区域中显示所有视窗。

03 单击【Top】视窗标题栏右上角的按钮，将视窗最大化。

> **技巧点拨** 您还可以直接按下键盘上的【F5】键将【Top】视窗最大化。

04 在【Palette】（工具箱）的【Curves】标签下双击【Circle】图标，弹出【Circle Options】对话框。在对话框中勾选【Periodic Circle】复选框，设置【Degree】为 5，【Span】为 6，单击【Go】按钮确定，如图 2-43 所示。

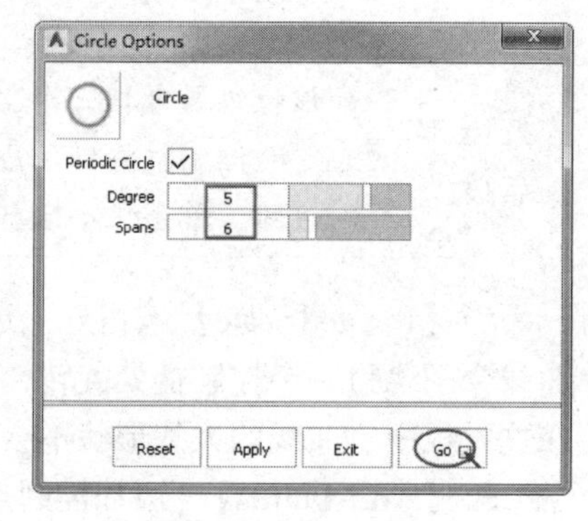

图 2-43 设置圆参数

05 在【Top】视窗中单击，创建一个带有操纵器的圆形曲线。激活操纵器上面的立方体（蓝色、绿色和红色小立方体分别为空间中 3 个方向的缩放控制操纵点），然后再激活圆形曲线中心的蓝色方块，用鼠标进行拖动，对圆进行等比缩放，达到合适的大小后释放鼠标，如图 2-44 所示。

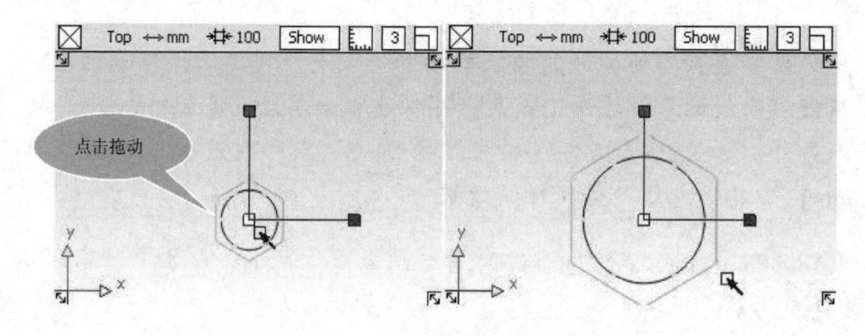

图 2-44 缩放圆形

> **技巧点拨** 操纵器中心的控制点（星形）随着外围的正方体和球体的确定而变化。如果先单击激活的是正方体，那么中心控制点将变成正方形；同理，若先激活的是球体，则中心控制点将会变为球形，若激活箭头，则会变成星形。如图 2-45 所示。

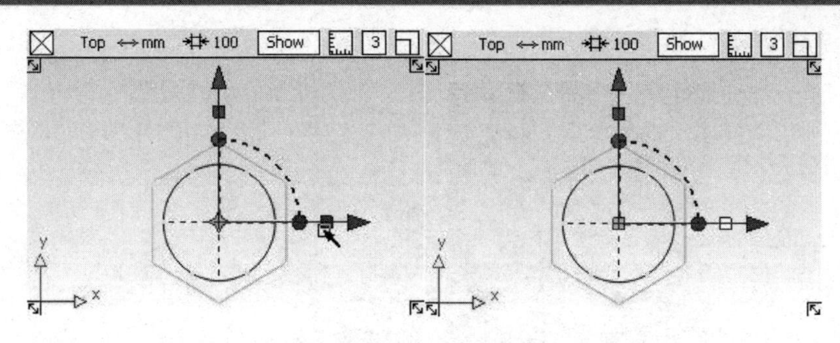

图 2-45　操纵器的使用

06 在【Palette】（工具箱）的【Curves】标签中单击【Keypoint Curve Toolbox】图标，打开关键点曲线工具箱，在关键点曲线工具箱中鼠标左键按住【line】图标，在其展开的工具集中选择【polyline】（多折线）工具，如图 2-46 所示。

07 按住键盘上的【Ctrl】键不放以对曲线 CV 或编辑点进行捕捉，在刚绘制的圆形曲线上，依次在 6 个编辑点上单击，最后单击多折线的端点，正六边形即绘制完成，如图 2-47 所示。

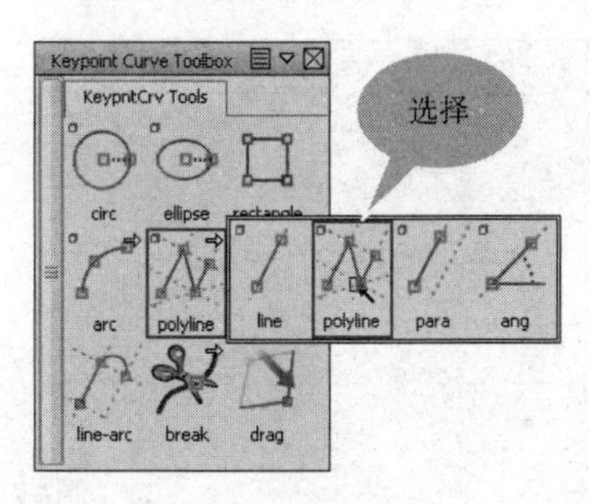

图 2-46　选择工具

图 2-47　绘制正六边形

友情提示	进行到这里，您会发现此时圆形的外壳线轮廓即为一个正六边形，所以同样可以通过捕捉 CV 点完成绘制。 这里还有一个更为简单的方法，如果您熟知 Alias 中【Degree】（阶数）的含义，就可以直接在圆形曲线控制窗口把【Degree】设为 1，跨距设为 6，然后在窗口中通过等比缩放直接绘制正六边形。

案例 2　绘制咖啡杯曲线

练习文件路径：examples \ Ch02 \ Ch02_ 02. wire

演示视频路径：视频 \ Ch02 \ 绘制咖啡杯曲线 . avi

完成本次练习后，您将学会运用曲线建立旋转物体的方法，并应掌握【Revolve】、【Skin】等工具的使用以及镜像、移动等命令的操作，本例要完成的曲线如图 2-48 所示。

操作步骤

01 启动 Alias 软件，进入新环境界面中。

02 在菜单栏执行【Layouts】|【All windows】|【All windows】命令，工作区域中

显示所有视窗。

图 2-48　咖啡杯原图与曲线模型

03　单击【Left】视窗标题栏右上角的按钮将视窗最大化。

04　在【Palette】（工具箱）的【Curves】标签中单击【New CV curve】工具图标，按住键盘上的【Alt】键不放，在【Left】视窗下方单击并移动，确定曲线的端点在 Z 轴上。释放【Alt】键，在左视窗单击并移动，确定 CV 点，绘制一条曲线，如图 2-49 所示。

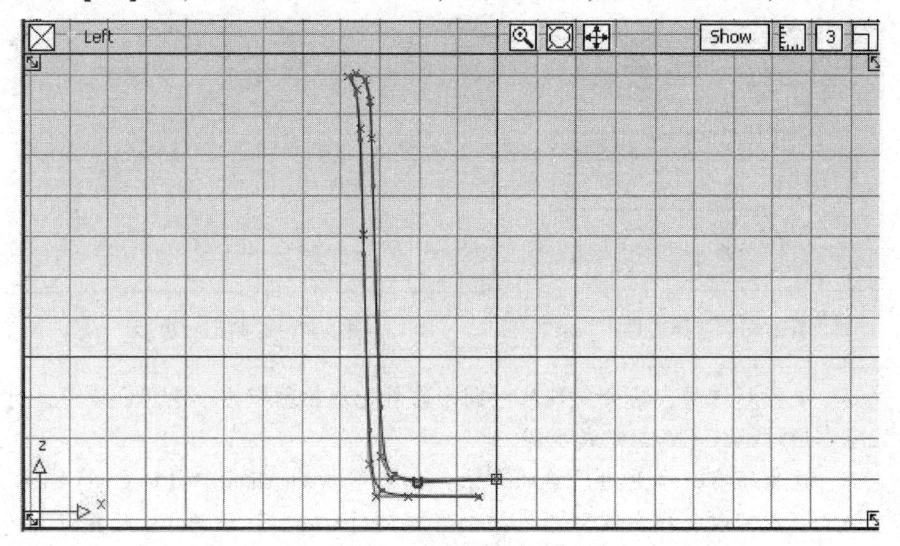

图 2-49　绘制咖啡杯曲线

技巧点拨	在绘制曲线的过程中，熟练地使用曲线、网格捕捉功能是非常重要的。按住【Alt】键是对网格进行捕捉，按住【Ctrl】键是对曲线 CV 点、编辑点进行捕捉，按住【Ctrl】+【Shift】键是对曲线进行捕捉。您也可以通过单击命令信息提示行右侧（位于菜单栏下方）的按钮激活捕捉功能。

05　按住键盘上【Ctrl】+【Shift】键，在【Left】视窗按住鼠标左键，调出【Making Menus】标记菜单，向上移动鼠标，选择【Nothing】并释放鼠标，取消曲线绘制，如图 2-50 所示。

06　按住键盘上【Ctrl】+【Shift】键，在视窗中按住鼠标左键，继续使用标记菜单，向右移动鼠标，选择【CV】并释放鼠标。然后按住键盘上【Ctrl】+【Shift】键，在视窗中单击鼠标中键，向上移动鼠标，选择【Moving】并释放鼠标，如图 2-51 所示。

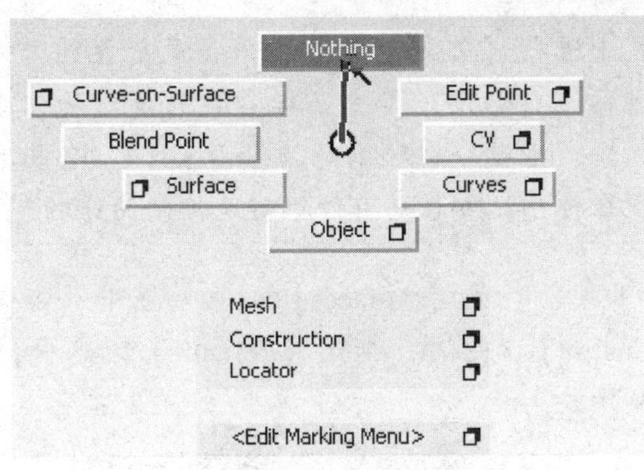

图 2-50 使用标记菜单

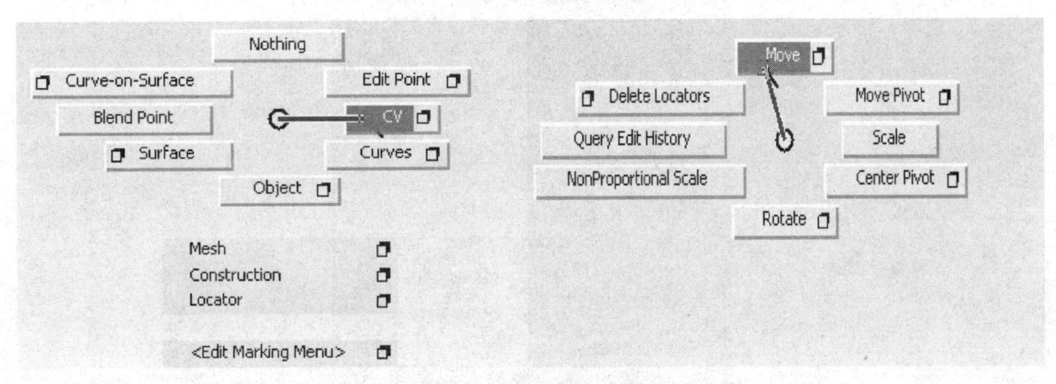

图 2-51 使用标记菜单

技巧点拨	在 Alias 中，使用【Move】工具时要注意，它会记录用户的上一个选择操作，如果选择了【Pick object】工具之后选择【Move】工具，那么将会对整条曲线进行移动。另外，熟练掌握标记菜单的操作会大大提高工作效率。

07 选择刚才绘制曲线上的 CV 点，配合曲线、网格捕捉功能，修改绘制的曲线，确定曲线的端点和终点都在坐标 Z 轴上，如图 2-52 所示。

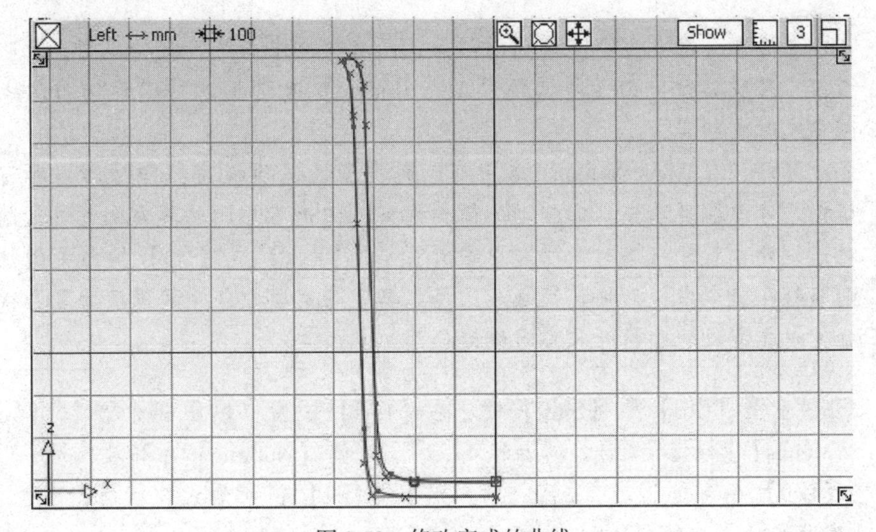

图 2-52 修改完成的曲线

技巧点拨

在平面视图中进行【Move】操作，单击鼠标左键是对物体自由移动，单击鼠标中键是对物体平行移动，单击鼠标右键则是对物体垂直移动，在三维视图中，鼠标的左、中、右键分别控制对物体沿X、Y、Z轴移动。在上一步的移动曲线过程中，配合使用这些技巧可以很好地控制曲线的形状。

08 在【Palette】（工具箱）的【Surfaces】工具标签中双击【Revolve】工具图标，打开【Revolve Control】对话框，勾选【Periodic】复选框，进行参数设置，具体参数设置如图2-53所示。

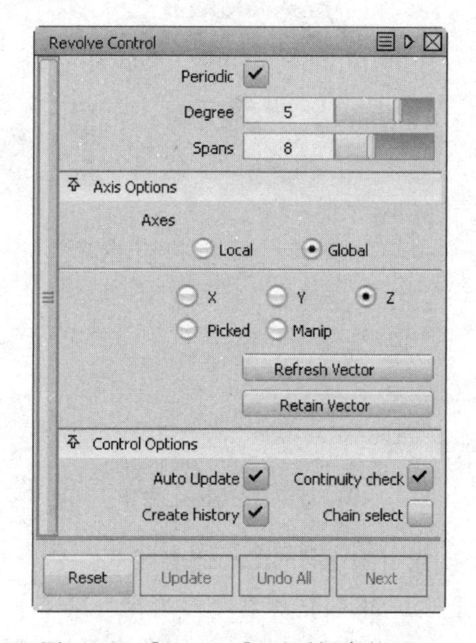

图2-53 【Revolve】对话框参数设置

09 关闭【Revolve Control】对话框。单击【Left】视窗中的曲线，曲线围绕世界坐标Z轴旋转成型。

技巧点拨

在这里，您也可以不关闭对话框，而直接单击曲线，旋转成型，此时若在对话框中修改参数，由于勾选了【Auto Update】复选框，所以旋转面曲线会在视图中及时更新。

另外，在Alias Automotive中有两种类型的选项视窗，即对话框和窗口。对话框是可以在屏幕中来回移动的简单视窗，但是不能调整其大小或进行隐藏。当对话框处于打开状态时，除非单击【Save】【Exit】或【Go】按钮关闭视窗，否则不能在视窗中执行任何操作或选择工具。而窗口中包含的选项要复杂得多，而且可以在窗口处于打开状态时继续使用工具。

10 按住键盘上【Ctrl】+【Shift】键，在【Left】视窗中按住鼠标左键，调出【Making Menus】（标记菜单），向上移动鼠标，选择【Nothing】后释放鼠标。

11 在【Left】视窗右上方单击按钮，退出【Left】视窗最大化状态，在各个视窗中观察曲线模型，如图2-54所示。

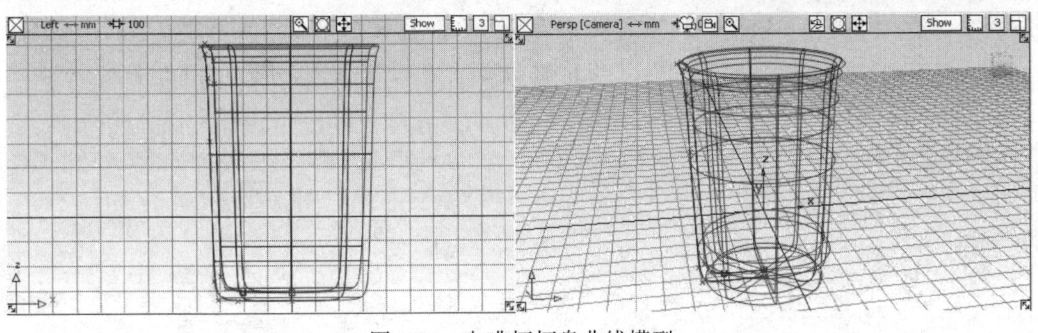

图 2-54　咖啡杯杯身曲线模型

12　按下键盘上的【F6】键，最大化【Left】视窗。在【Palette】（工具箱）的【Curves】工具标签下选择【New CV curve】工具。

13　在【Left】视窗杯身曲线附近，绘制一条新的曲线，通过使用【Move】工具、捕捉功能进行修改，确保曲线的端点、终点位于Z轴，完成杯套曲线绘制，如图2-55所示。

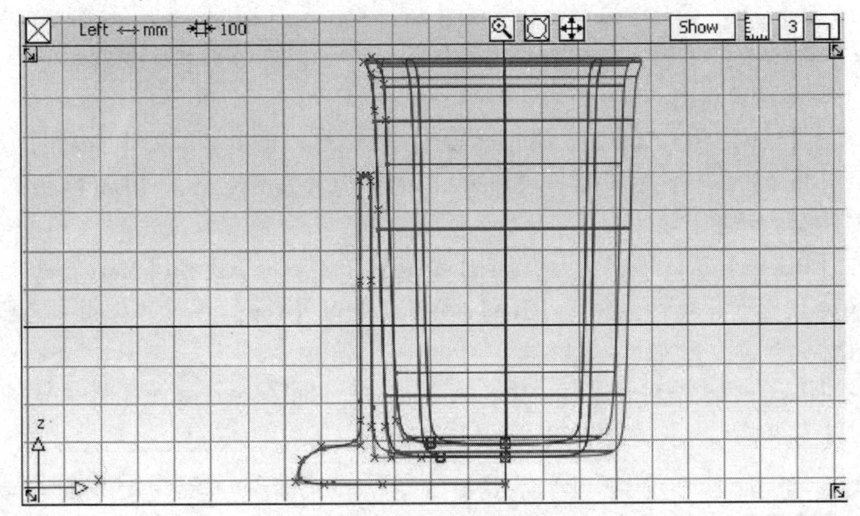

图 2-55　绘制杯套曲线

14　再次在【Palette】（工具箱）中【Surfaces】工具标签下双击【Revolve】工具图标，打开【Revolve Control】对话框，设置参数，如图2-56所示。

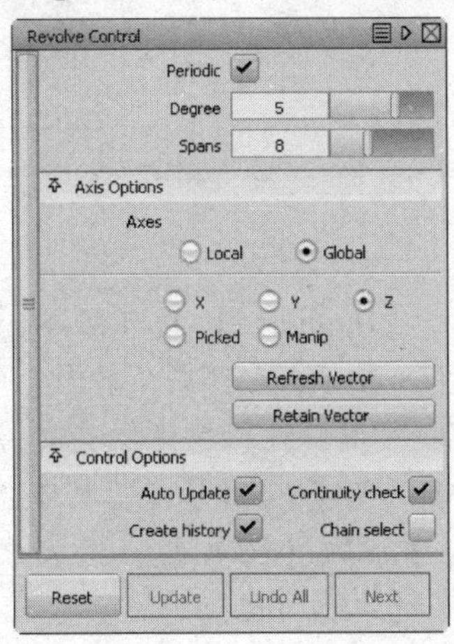

图 2-56　【Revolve Control】参数设置

15 关闭【Revolve Control】对话框，在【Left】视窗中单击杯套曲线，旋转成型，用标记菜单取消选择。单击【Left】视窗右上角的按钮，取消【Left】视窗最大化状态，如图2-57所示。

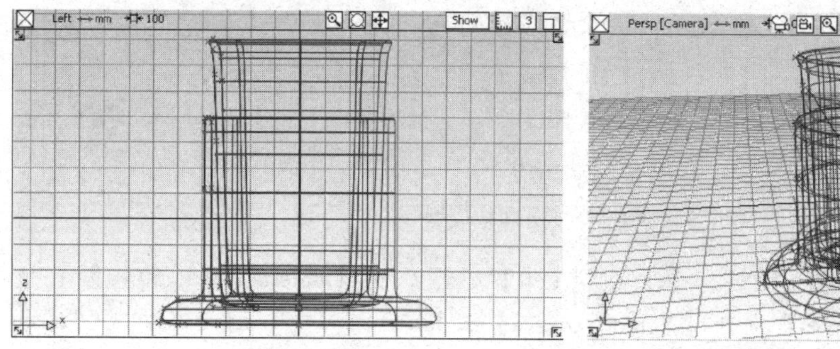
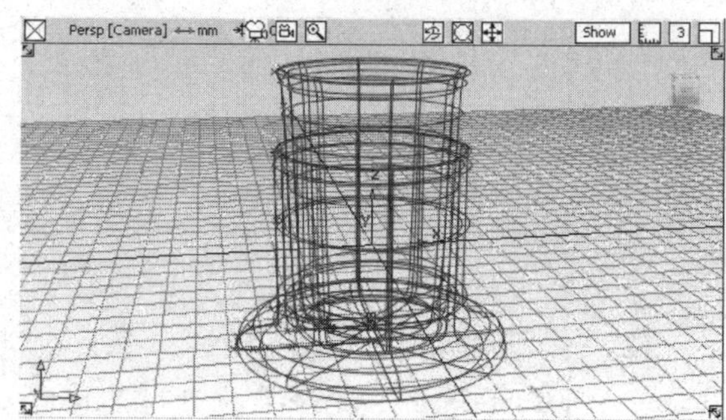

图2-57　咖啡杯杯身、杯套曲线模型

16 回到【Left】视窗，按下键盘上的【F5】键，将【Left】视窗最大化。选择【New CV curve】工具，在杯套右边绘制两条曲线，确保两条曲线的端点、终点与杯身模型曲线相交，取消选择，继续操作，如图2-58所示。

17 单击【Left】视窗按钮，退出【Left】视窗最大化状态。在【Palette】（工具箱）的【Pick】工具标签下单击【Pick object】工具图标，在【Left】视窗中选择刚刚绘制的两条曲线。

18 在【Palette】（工具箱）栏的【Transform】工具标签下选择【Move】工具。单击【Top】视窗标题栏，激活【Top】视窗（此时【Top】视窗边缘由白色框线包围，表示此视窗为当前活动视窗）。

19 在【Top】视窗中按住鼠标右键，向下移动，选中的曲线跟随鼠标垂直移动，移动结束后释放鼠标，如图2-59所示。

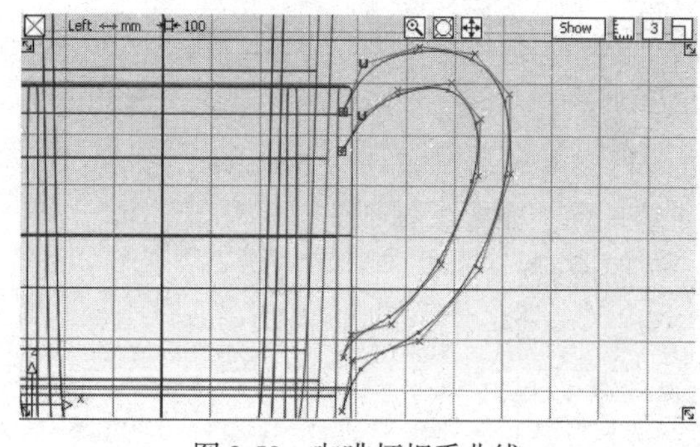

图2-58　咖啡杯把手曲线

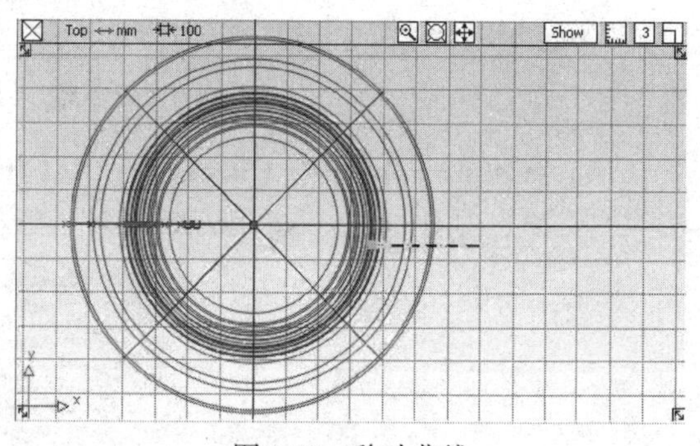

图2-59　移动曲线

20 单击菜单栏中【Edit】|【Duplicate】|【Mirror】右边的图标，打开【Mirror Options】（镜像选项）对话框，设置参数，如图2-60所示。

21 单击【Go】按钮，选中的两条曲线即被镜像复制，如图2-61所示。

22 使用标记菜单，取消选择。在【Palette】（工具箱）的【Surfaces】工具标签下选择【Skin】工具。按下键盘上的【F8】键，最大化透视视窗，转动视角，放大视图，使得咖啡杯曲线在合适的视角位置。

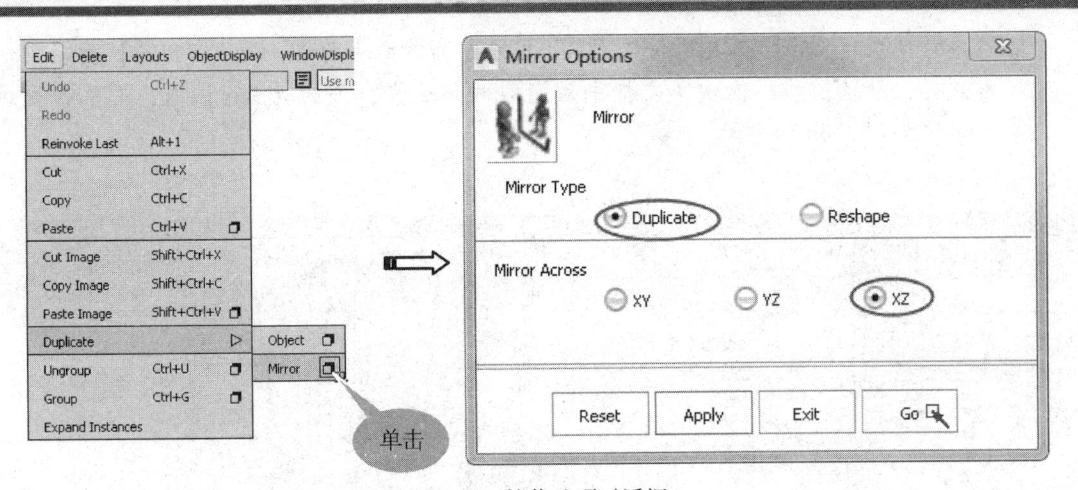

图 2-60　镜像选项对话框

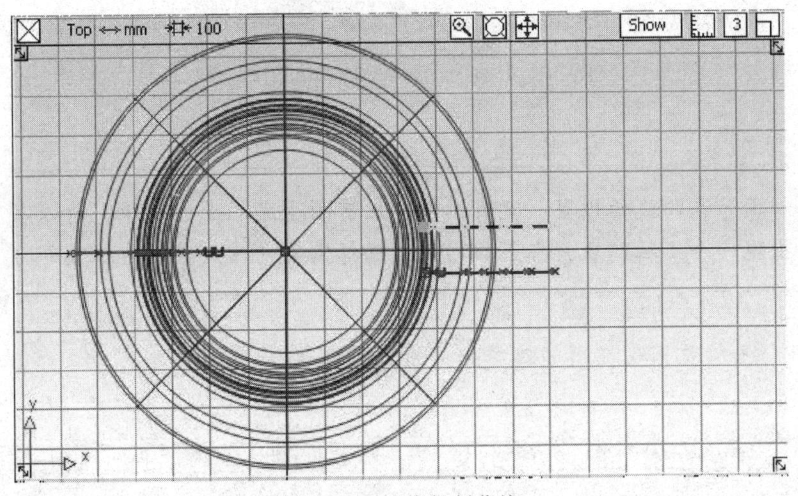

图 2-61　镜像复制曲线

23　依次单击内侧的两条曲线，生成【Skin】面，取消选择，继续使用【Skin】工具，依次单击外侧的两条曲线，生成另一个【Skin】面，取消选择，如图 2-62 所示。

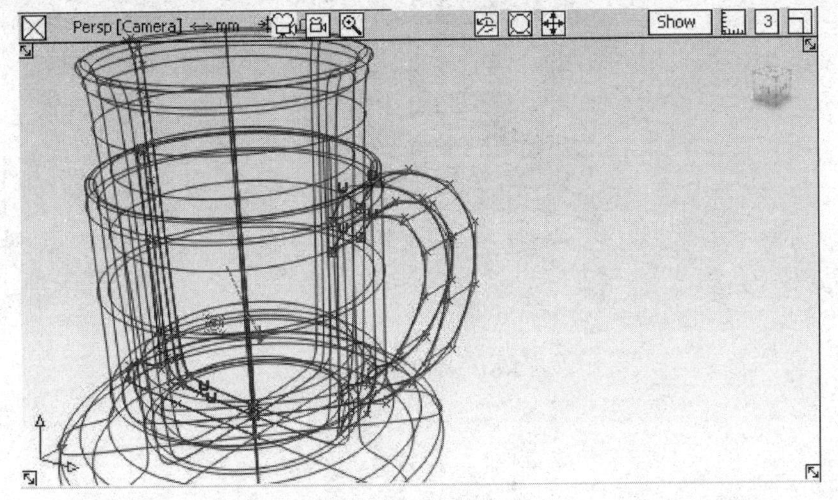

图 2-62　使用【Skin】工具

24 继续使用【Skin】工具，依次单击把手前面的两条曲线，形成【Skin】面。取消选择，继续操作，依次单击把手后侧的两条曲线，形成【Skin】面，把手各面封闭，如图2-63所示。

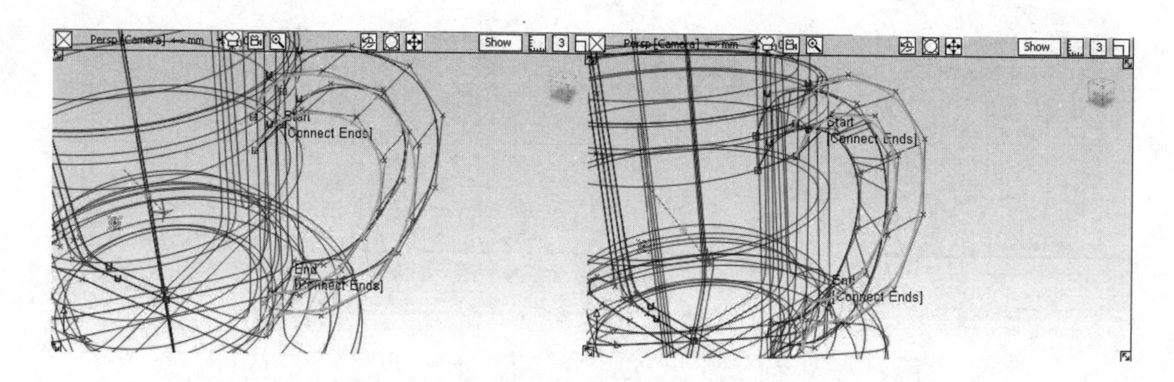

图2-63　封闭把手

技巧点拨	由于在曲线的位置，既有曲线，又有刚生成的面的边缘，所以在单击的时候会出现一个下拉列表，在下拉列表中选择需要的曲线或是边缘线即可。

25 至此，咖啡杯曲线模型创建完成，如图2-64所示。

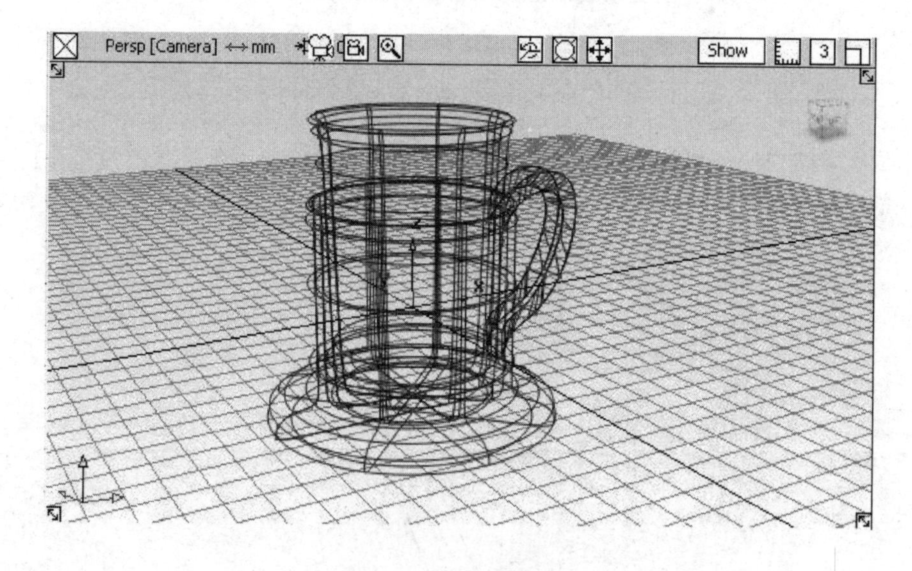

图2-64　咖啡杯整体曲线

第5节　练　习　题

练习：茶壶造型

本练习的完成模型如图2-65所示。

练习步骤：

01　使用旋转成型功能，创建茶壶的主体部分。

02　使用蒙皮曲面工具创建壶嘴曲面。

03　使用圆环体创建把手。

04　使用其他基本体为模型添加装饰。

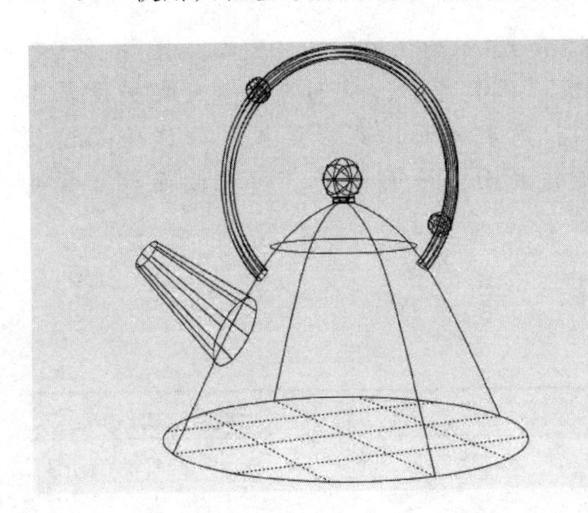

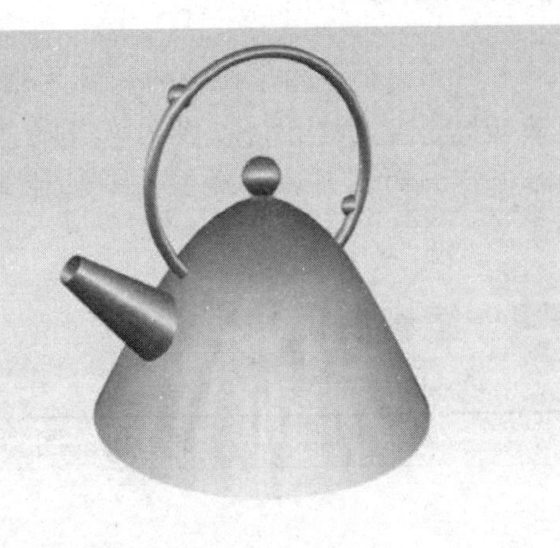

图2-65　练习模型

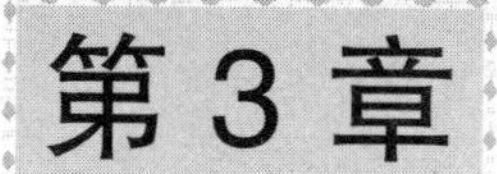

第3章

构建基本曲面

本章导读

上一章我们介绍了曲面的构建基础——曲线。在本章中，我们将详细介绍关于基本曲面的概念及构建方法。我们常说的基本曲面、简单曲面，其实是基于曲线轮廓进行扫掠而得到的系列曲面类型，如拉伸曲面、旋转曲面、平面曲面、扫掠曲面、放样曲面等。

案例展现

ANLIZHANXIAN

案例图	描述
	完成本次练习后，您将熟练掌握使用基本型曲面工具构建三维模型的方法，并能够熟练运用移动、缩放等变换操作
	完成本次练习后，您将熟练掌握使用【Skin】、【Extrude】等曲面工具创建三维模型的方法，并对 Alias 建模的方法思路有更深的了解

第1节　创建基本体

Alias中没有实体概念，只有NURBS曲面。在工具箱的【Surfaces】标签下包含用于创建基本体（曲面）的工具，如图3-1所示。

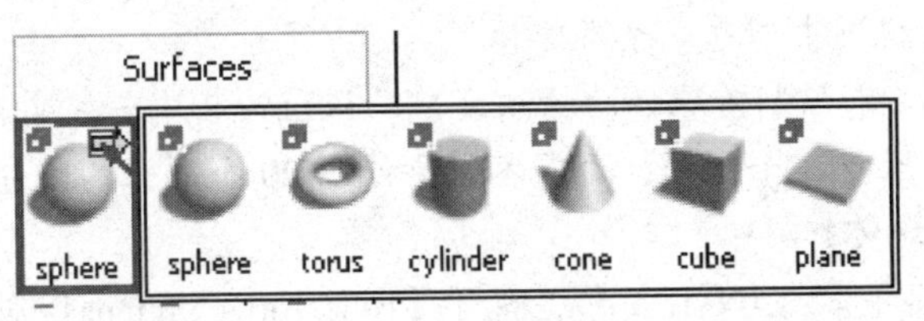

图3-1　基本体工具

1.【Sphere】(球体)

双击【Sphere】工具图标，打开【Sphere Options】（球体选项）对话框，如图3-2所示。

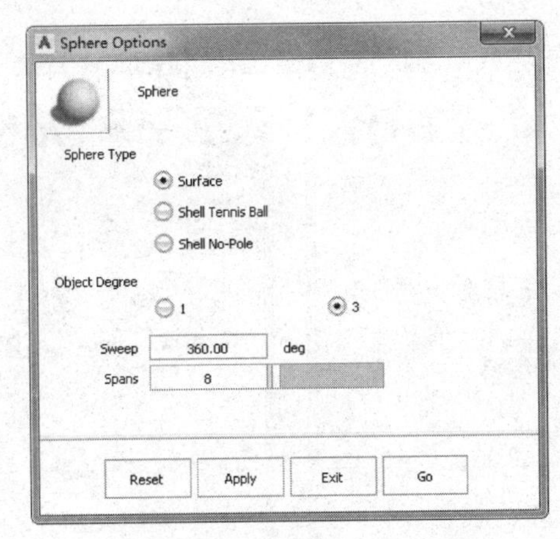

图3-2　【Sphere Options】对话框

【Sphere Type】（球体类型）中包含三个选项。

- 【Surface】：这是最常用的类型，基于单个NURBS曲面创建的球体。
- 【Shell Tennis Ball】：通过两个缝合为一个类似于网球的壳的曲面创建球体。
- 【Shell No-Pole】：通过八个缝合为一个壳的曲面创建球体。

关于【Shell】（壳）的介绍，在曲面编辑一章会详细讲解。这三种不同类型的球体如图3-3所示。

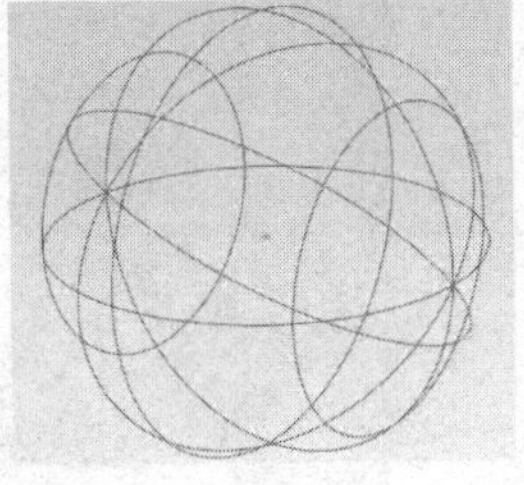

【Surface】

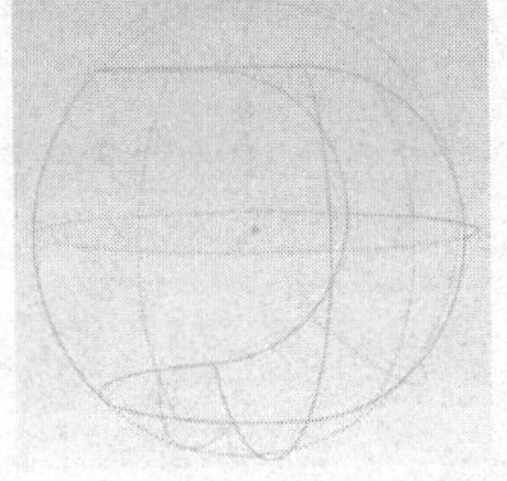

【Shell Tennis Ball】

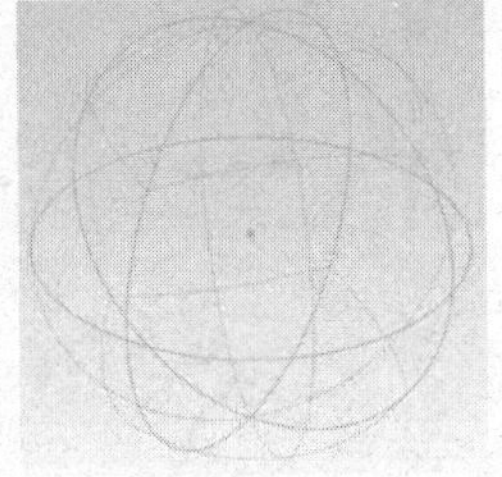

【Shell No-Pole】

图3-3　以不同类型创建球体

对话框中下面的几个选项是针对选定的【Sphere Type】（球体类型）的，用于控制曲面的阶数、旋转角度和曲面细分数。

- 【Object Degree】（曲面阶数）：对于球体而言，如果选用1阶，那么创建的将不是球体，而是多面体。
- 【Sweep】（旋转角度）：可以理解为过球心的截面线扫掠的角度大小。如果设为180度，则可以在视图中创建一个半球体。
- 【Span】（细分）：控制着球体的精细度。默认值为8，若要创建一个可用的基本体形状，通常需要至少4个细分，通常不需要使用20个以上的细分。

2. 【Torus】（圆环体）

双击【Torus】（圆环体）工具图标，打开【New Torus Options】对话框，如图3-4所示。对话框中各选项含义如下。

- 【Sweep】（旋转角度）：围绕径向基本体的中心旋转的度数。
- 【Size】（尺寸）：用于控制圆环体的尺寸，包括【Absolute】（绝对尺寸）和【Relative】（相对尺寸）。
- 【Ring Thickness】（圆环截面厚度）：仅当选择【Relative】选项时才可用，如图3-5所示。

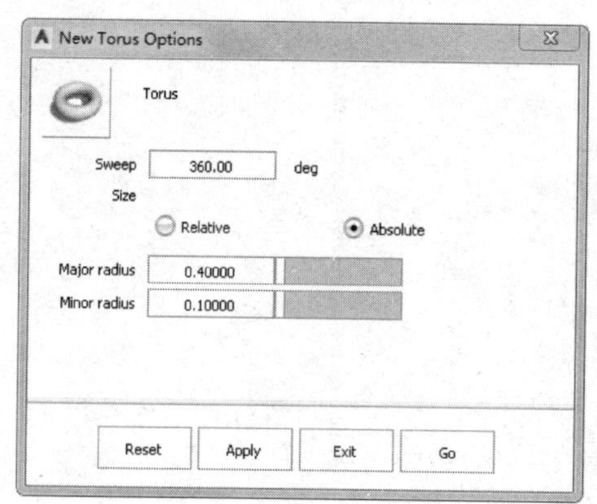

图3-4 【New Torus Options】对话框

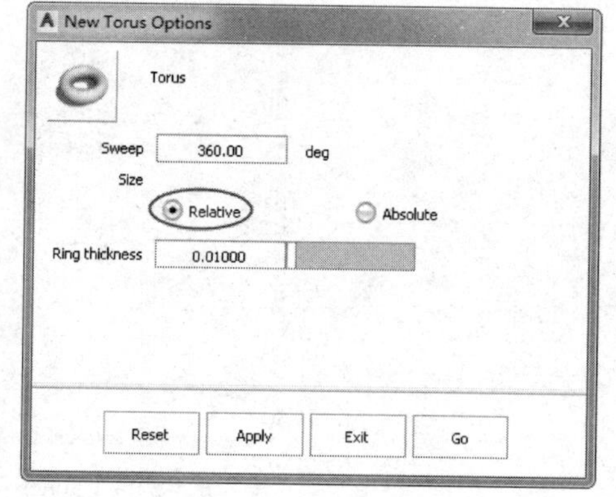

图3-5 相对尺寸选项

> **技巧点拨** 相对于整个圆环体的直径（固定不变）而言，厚度越接近于0.5，截面越大，也就是圆环体中间的孔越小；越接近于0，截面越小；当为0.5时，没有孔，如图3-6所示。圆环截面厚度值不能等于0，0尺寸不能创建圆环体。

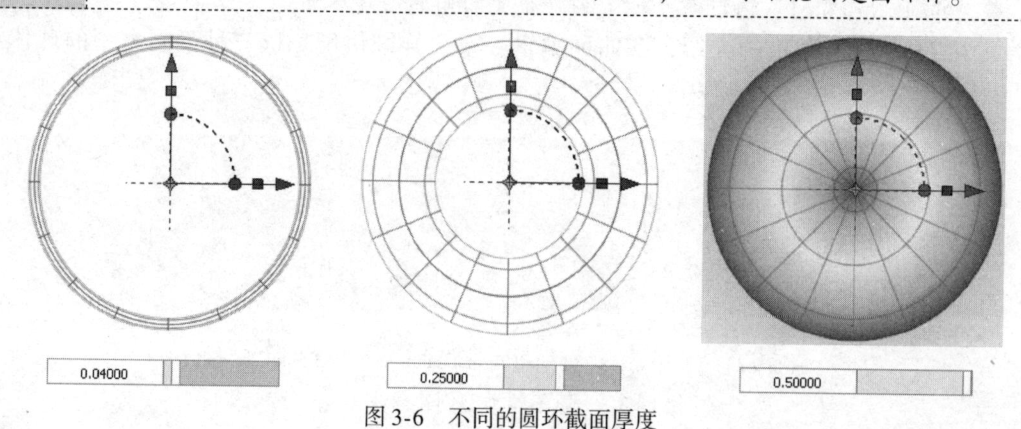

图3-6 不同的圆环截面厚度

- 【Major radius】（圆环体半径）：环状体中心与管状体中心之间的距离，如图 3-7 所示。
- 【Minor radius】（圆环截面半径）：管体截面半径，如图 3-7 所示。

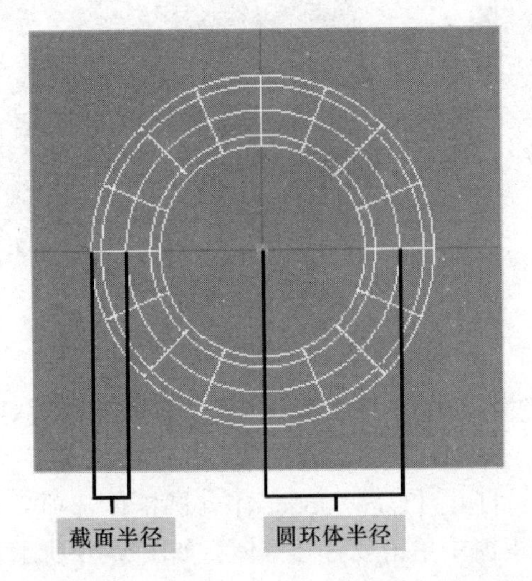

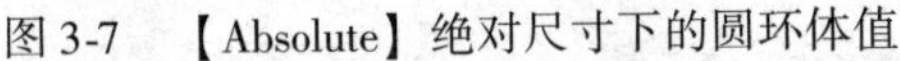

图 3-7 【Absolute】绝对尺寸下的圆环体值

3. 【Cylinder】（圆柱体）

双击【Cylinder】（圆柱体）工具图标，打开【Cylinder Options】（圆柱体选项）对话框，如图 3-8 所示。

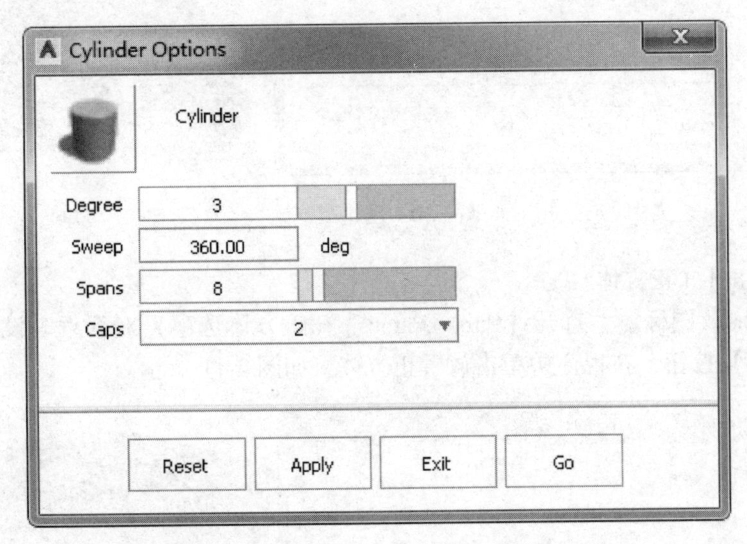

图 3-8 【Cylinder Options】对话框

前面已介绍过的选项在此就不作介绍了。圆柱体选项对话框中多了一个【Caps】选项。

- 【Caps】（加盖）：圆柱体两端的“盖子”，在【Caps】选项的下拉列表中可以选择 0、1 或 2。0 表所示不加盖；1 表所示其中一端加盖；2 表示两端均加盖，如图 3-9 所示。

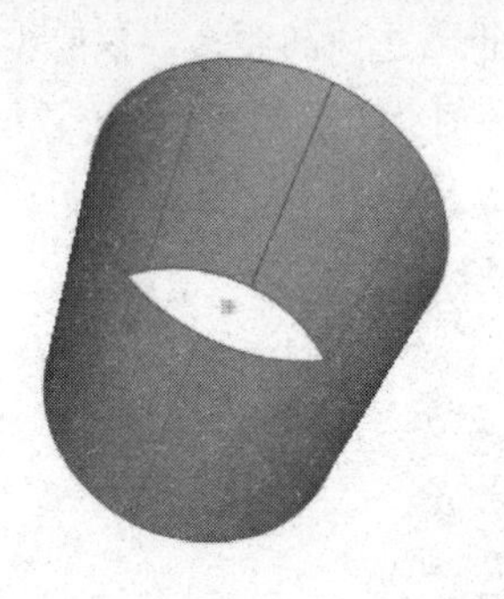
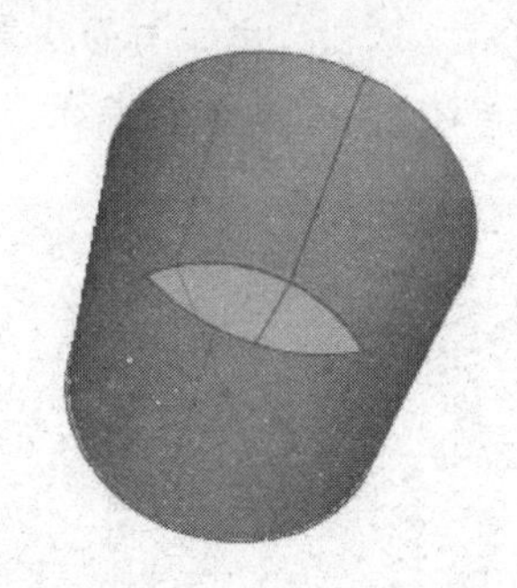
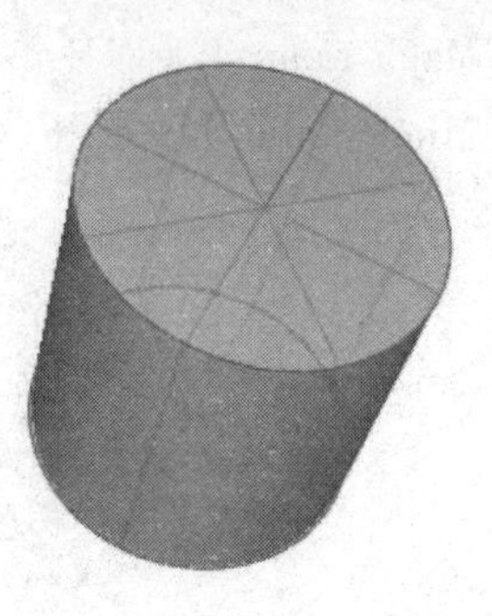

图 3-9　左 =0，中 =1，右 =2

4. 其他基本体

对于其他的基本体，您可以在练习中逐步了解。它们的选项对话框中的选项大同小异。

（1）【Cone】（圆锥体）

双击【Cone】图标，打开【Cone Options】（圆锥体选项）对话框。设置圆锥体选项后，单击【GO】按钮，在视窗中单击放置圆锥体，如图 3-10 所示。

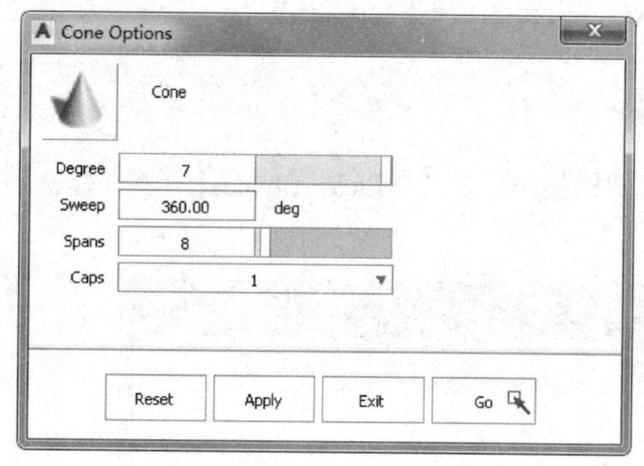

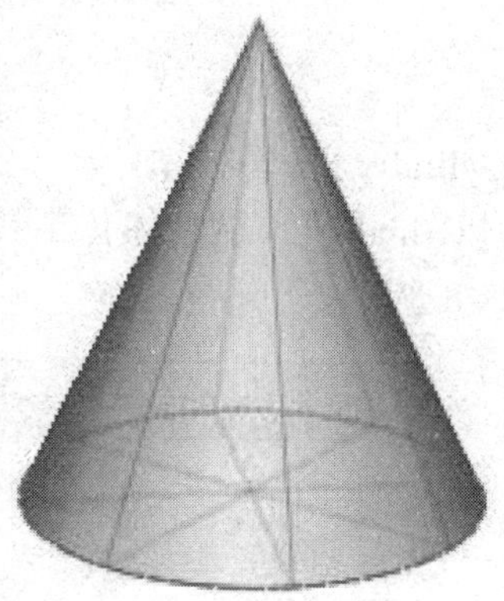

图 3-10　创建圆锥体

（2）【Cube】（正方体）

双击【Cube】图标，打开【Cube Options】（正方体选项）对话框。设置正方体选项后，单击【GO】按钮，在视窗中单击放置正方体，如图 3-11 所示。

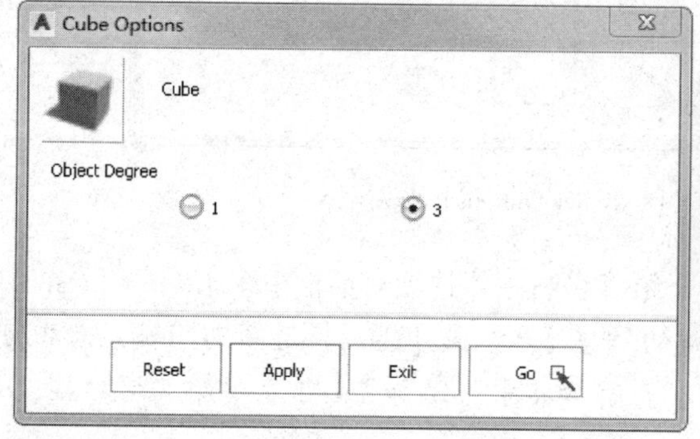

图 3-11　创建正方体

（3）Plane 平面

双击【Plane】图标，打开【Plane Options】（平面选项）对话框。设置平面体选项后，单击【GO】按钮，在视窗中单击放置平面，如图 3-12 所示。

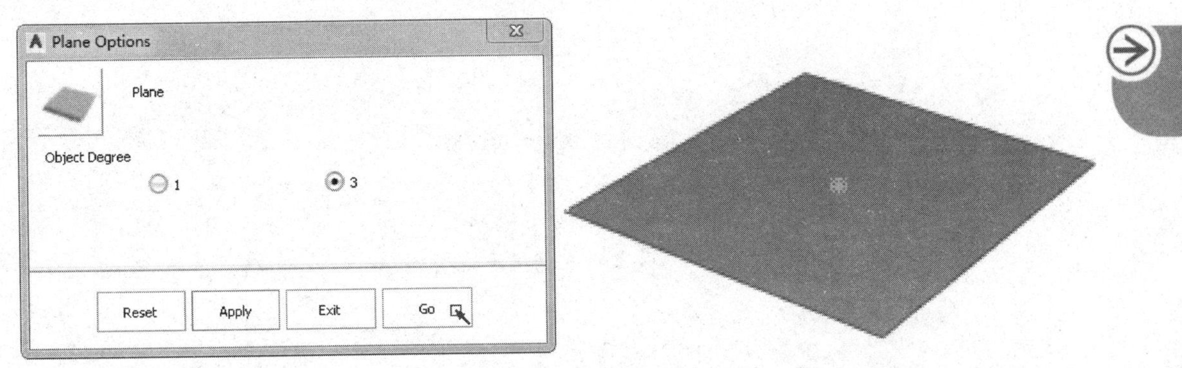

图 3-12　创建平面

第 2 节　【Planar surfaces】（平面填充曲面）

Alias 提供了两个创建填充类型的曲面工具。这与前面介绍的平面基本体是完全不同的创建类型。

一、【Set Planar】（平面填充）

该工具位于工具箱的【Surface】工具标签中，它是以一组闭合的曲线为边界创建平面。双击工具图标，打开【Planar Surface Options】对话框，如图 3-13 所示。

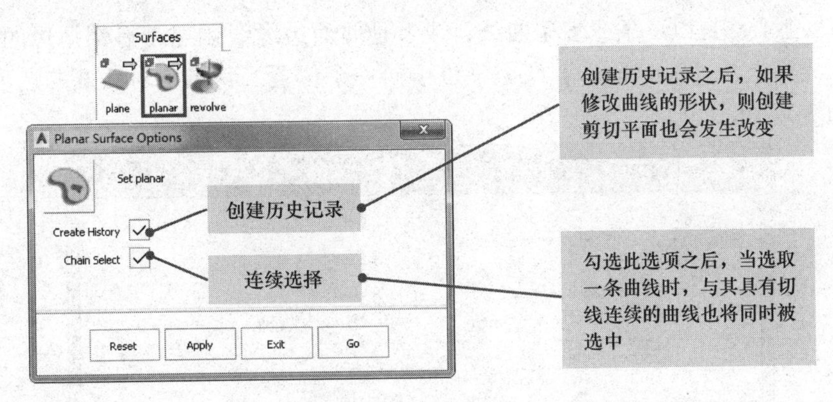

图 3-13　【Planar Surface Options】对话框

> **技巧点拨**　在使用此工具的过程中，需要保证这组闭合曲线位于同一个平面内，因为在该工具的内部执行的命令是先以这组曲线所在的平面创建一个平面，然后以这组曲线为剪切曲线，剪去多余的部分。

【Set Planar】工具可以创建如图 3-14 所示的填充曲面，两曲线相交，填充并集区域。填充方法是：依次选择两个封闭曲线，然后按下【Enter】键即可。

如果有两条封闭曲线，形成包含关系，那么【Set Planar】工具可以填充两条曲线之间的区域，如图 3-15 所示。

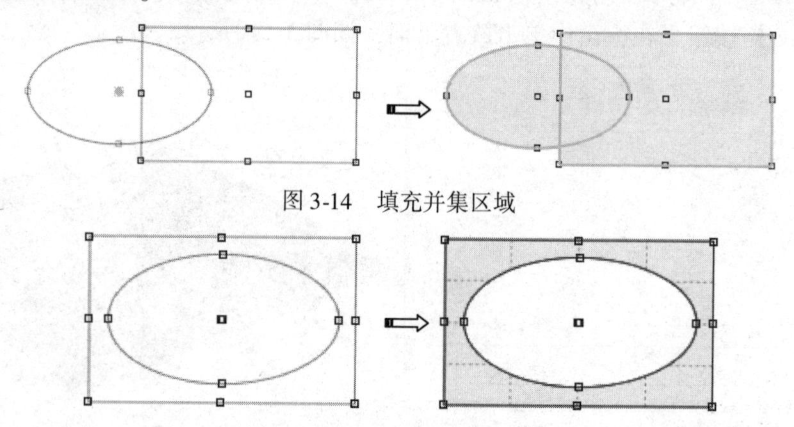

图 3-14　填充并集区域

图 3-15　形成包含关系的填充

如果有多个封闭曲线，且都没有形成相交或包含，那么【Set Planar】工具将填充所有封闭的曲线形成曲面，如图 3-16 所示。

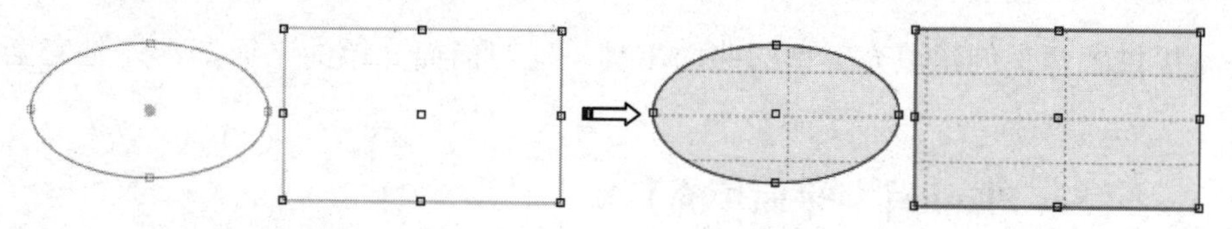

图 3-16　独立填充封闭曲线

二、【Bevel】(倒角填充)

【Bevel】工具是以一条或多条曲线，或者是曲面边缘线创建带有倒角边的填充曲面。该工具在工具箱中与【Set Planar】工具位于同一个位置。其选项对话框的选项设置相对复杂，如图 3-17 所示。

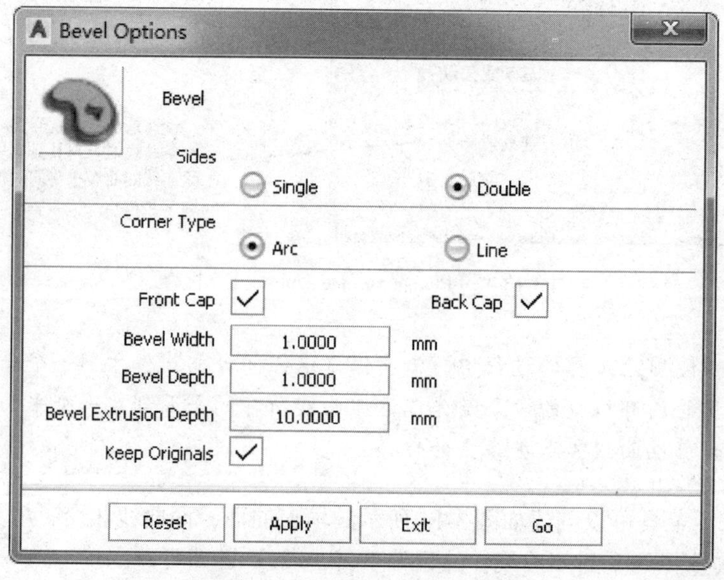

图 3-17　【Bevel Options】对话框

对话框中各选项含义如下。

● 【Sides】（侧边倒角类型）：包括【Single】和【Double】两种。

【Single】：只为填充曲面的一个边创建倒角。

【Double】：为填充曲面的两个边创建倒角。

【Corner Type】（拐角类型）：包括【Arc】和【Line】两种。

【Arc】：圆形倒角。

【Line】：直线倒角。

● 【Front Cap】（前面加盖）和【Back Cap】（后面加盖）：创建一个面，对填充曲面的前/后端封口。

● 【Bevel Width】（宽度）、【Bevel Depth】（深度）、【Bevel Extrusion Depth】（挤出深度）：设置倒角参数的初始值。

● 【Keep Originals】（保留原始）：不删除用于创建曲面的原始曲线。

创建一条圆形曲线，使用默认设置做倒角拉伸曲面，如图 3-18 所示。

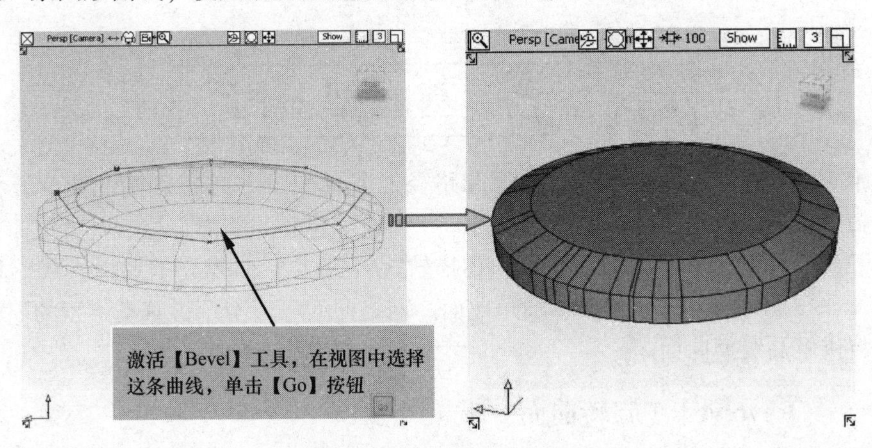
Persp [Camera]
Show
3
100
激活【Bevel】工具，在视图中选择
这条曲线，单击【Go】按钮

图 3-18　创建倒角拉伸曲面

技巧点拨	【Bevel】工具所创建的填充曲面，是拉伸曲面的一种特例，因为加盖填充后可以在垂直的方向挤出新曲面。

选择曲线，单击【Go】按钮之后，可以通过不同的鼠标键来更改各数值参数，也可以用键盘输入精确的数值。

● 拖动鼠标左键可以更改倒角宽度。

● 拖动鼠标中键可以更改倒角深度。

● 拖动鼠标右键可以更改拉伸深度。

● 在提示行中输入用空格隔开的倒角宽度、倒角深度和拉伸深度数值，可以精确地设置这些值（负值代表反向）。

不同的选项设置，会出现不同的结果，如图 3-19 所示，列出了在几种不同的选项设置下创建的不同的倒角拉伸曲面。

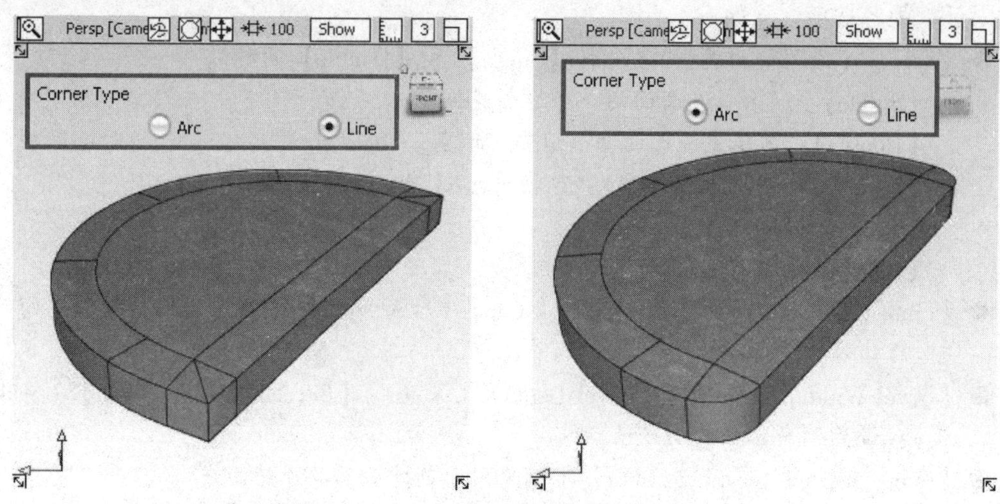

图 3-19　不同的选项设置下创建的不同类型曲面

第 3 节　基本型曲面

在三维软件中，我们通常把基于轮廓和路径（或者矢量方向）创建的曲面统称为扫掠型曲面。扫掠型曲面包括两种子类型，一种是仅由轮廓建立的曲面，称为基本型曲面，如旋转、拉伸、放样等；另一种是基于轮廓和扫描轨迹（路径）而建立的曲面，我们称之为高级型曲面，如扫描曲面、过渡曲面、圆角曲面、网格曲面等。本章讲解基本型的曲面，在后续章节中将讲解高级型曲面。

 一、【Revolve】（旋转曲面）

通过绕坐标轴扫掠曲线，沿旋转圆弧扫掠圆弧或沿旋转圆弧扫掠曲线，创建旋转曲面。最后两个方法可用于创建车辆侧窗，如图 3-20 所示。

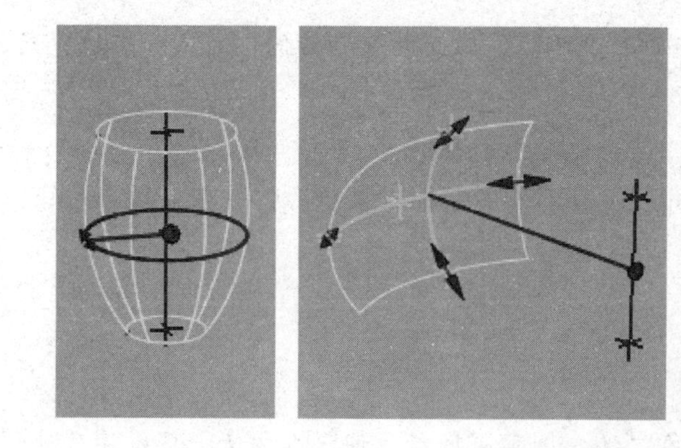

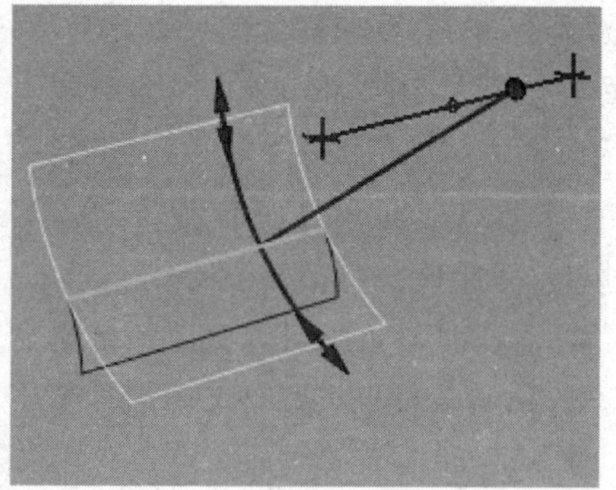

图 3-20　3 种创建旋转曲面的方法

在上一章创建咖啡杯曲线的过程中，用到了这个旋转工具。双击【Revolve】图标，打开【Revolve Control】（旋转控制）对话框，如图 3-21 所示。

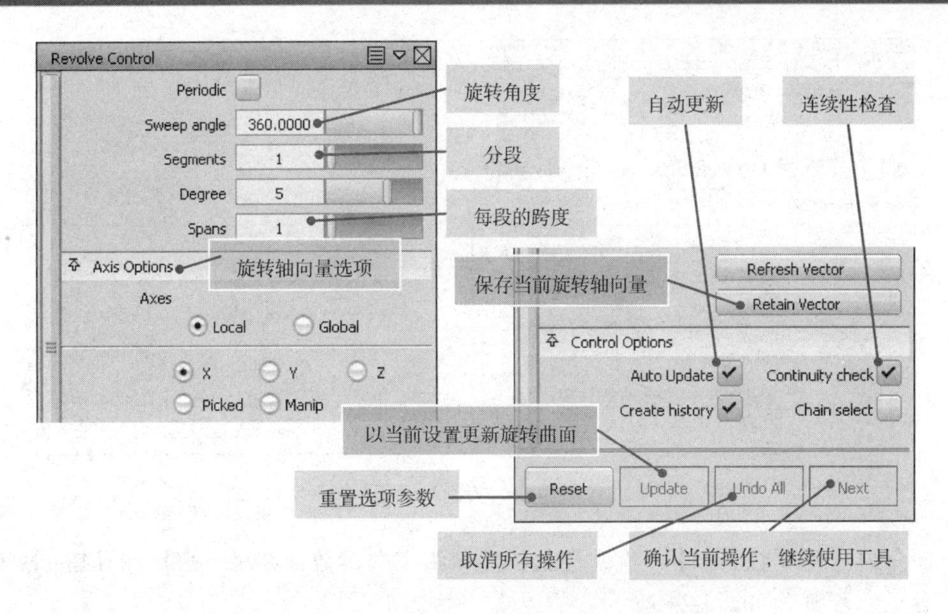

图 3-21　【Revolve Control】对话框

二、【Skin】（放样曲面）

【Skin】工具是利用连接一系列的轮廓曲线来创建放样曲面，如图 3-22 所示。

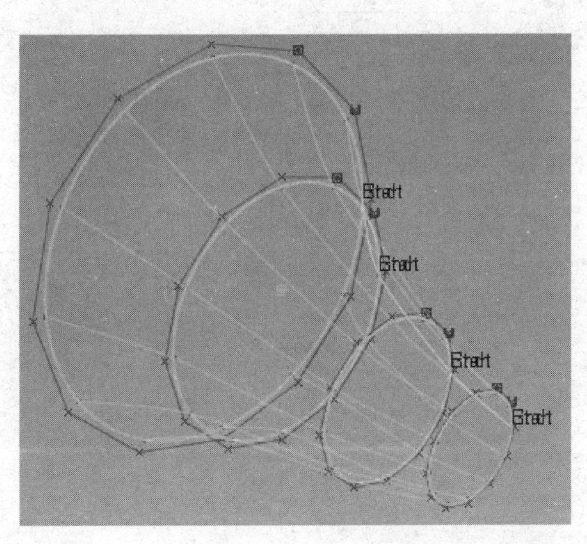

图 3-22　放样曲面

首先介绍一下【Skin】工具的控制对话框，如图 3-23 所示。

技巧点拨	其他未标注的选项会在后面的曲面工具中介绍。

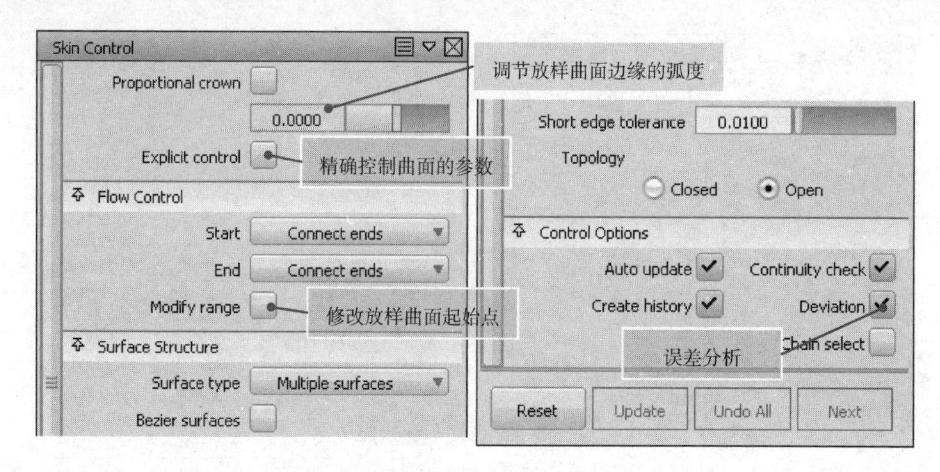

图 3-23　控制对话框

下面介绍【Flow Control】（流动控制）选项组中的参数，在【Start】和【End】下拉列表中均有三个选项，如图 3-24 所示。

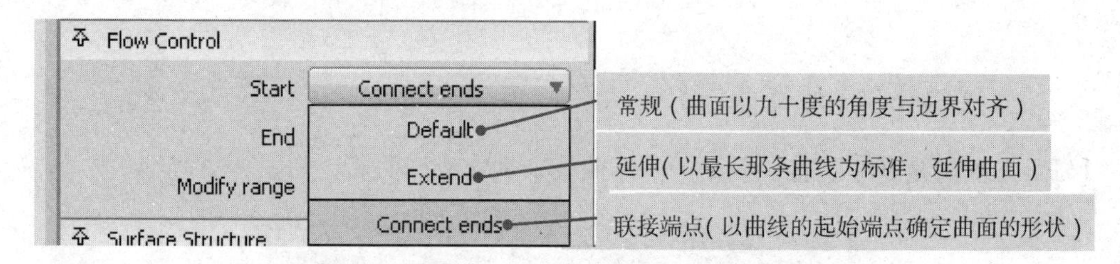

图 3-24　【Flow Control】选项组

如果勾选【Modify range】复选框，则在每条曲线上将出现控制箭头，拖动箭头可自由设置每条曲线的起始和终止点，如图 3-25 所示。

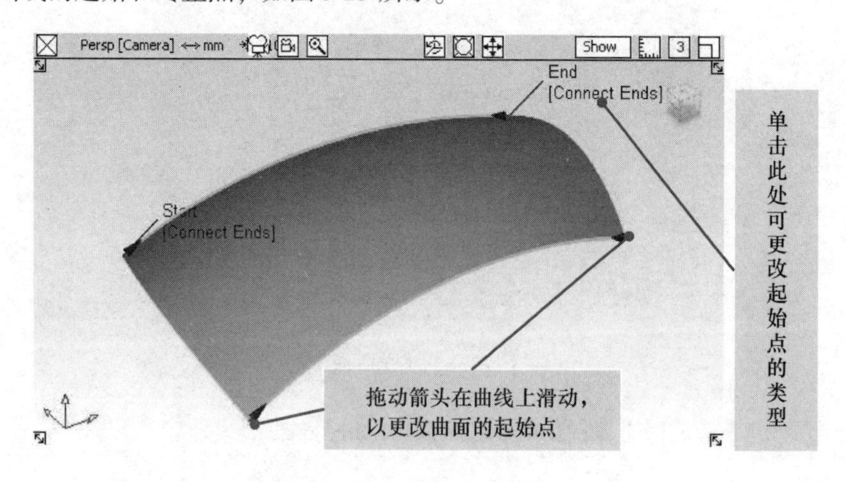

图 3-25　在视窗中控制方向

下面就采用不同的选项设置，创建不同的放样曲面，如图 3-26 所示。

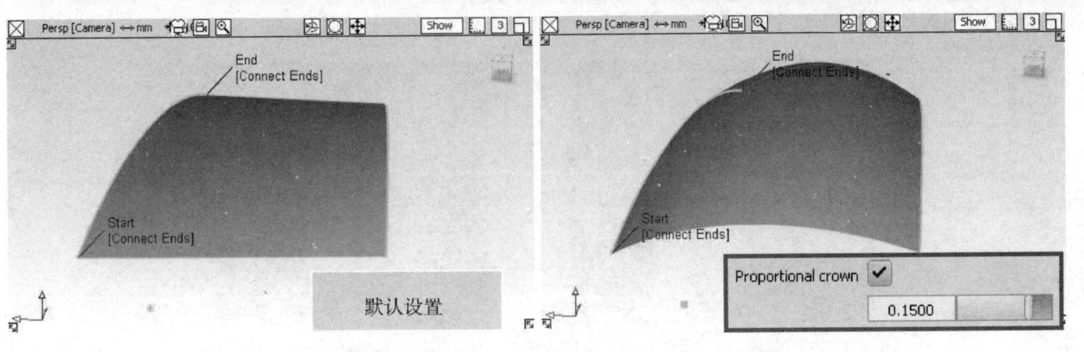

图 3-26　创建放样曲面

 三、【Multi-surface Draft】（多曲面）（包括拉伸与延伸）

使用【Multi-surface Draft】工具，可以向指定的方向延伸曲线而生成延伸曲面，或者拉伸一组与原始曲面的法线成一定角度的曲线，生成一个或多个拉伸曲面。双击【msdrft】图标，打开【Multi-surface Draft Control】（多曲面草图控制）对话框，如图 3-27 所示。

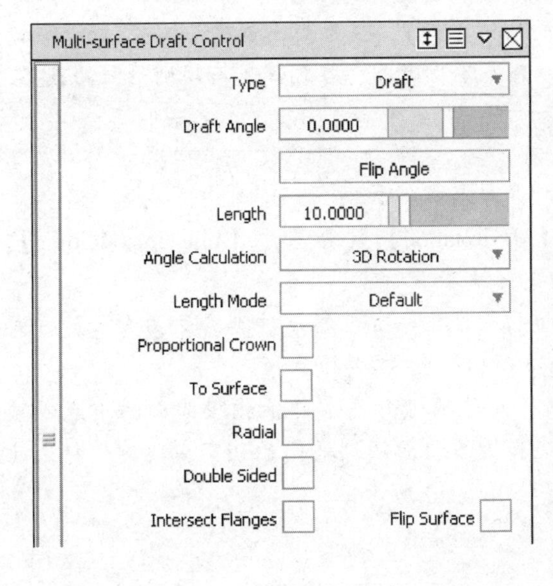

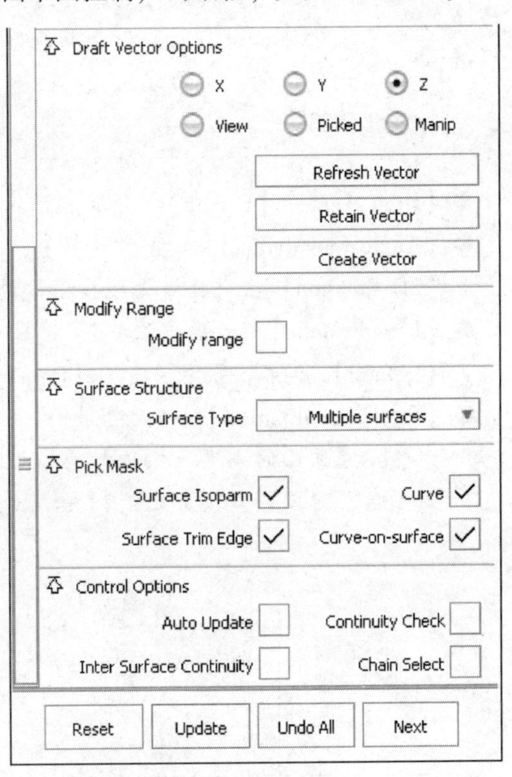

图 3-27　【Multi-surface Draft Control】对话框

- 【Type】:【Type】（类型）包含两个选项，【Normal】与【Draft】，如图 3-28 所示。

  【Normal】（标准）模式：即沿曲线拉伸出曲面，创建与基本曲面的法线成指定角度向外延伸的曲面。默认情况下，新曲面垂直于基本曲面。

  【Draft】（草图）模式：创建与指定的拉伸方向矢量成一定角度向外延伸的曲面。默认情况下，该曲面与拉伸向量平行。

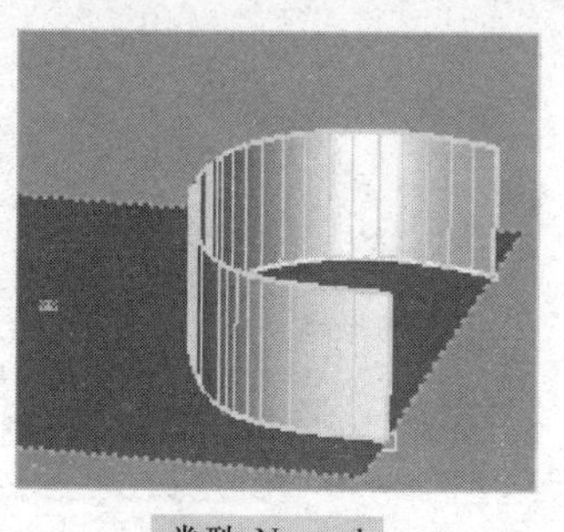

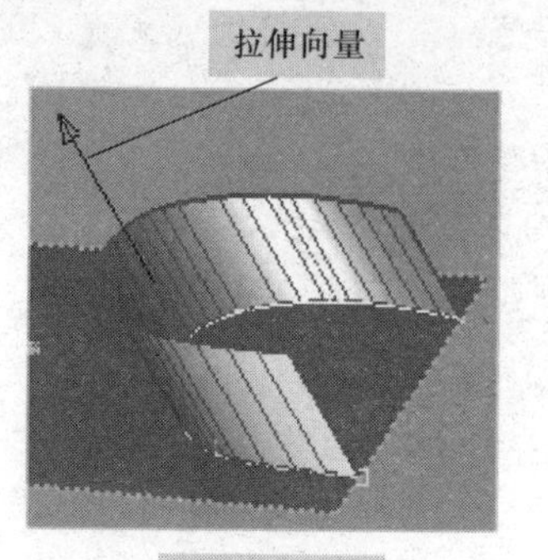

图 3-28 【Normal】与【Draft】

技巧点拨

其实两者并没有太大的区别，区别只在于工具初始化的拉伸方向不同，如果选择【Normal】模式，则工具的使用只能限于与面相关的曲线，它的默认拉伸方向垂直于原始曲面（即沿曲面此处的法线方向），在为曲面创建凸缘的时候不必过多调整拉伸曲面的方向，因此可以省下不少时间，在创建具有规则形状的产品中很常用。

- 【Draft Angle】【Length】：分别表示拉伸角度与拉伸长度。
- 【Angle Calculation】（角度计算）：【3D Rotation】计算基于【Injection Molding】。【2D Rotation】生成具有大拔模角度的更好结果。
- 【Length Mode】（长度方法）：定义曲面的长度方法。包括延伸部分的曲面长度方式【Default】和投影高度方式（【Projected】），如图 3-29 所示。
- 【Proportional Crown】（顶部比例）：选择此选项可升高或降低拔模曲面的中点或顶部，以便曲面的高度或拱顶与原始曲线和拔模曲面顶部之间的距离成比例。勾选此选项后，可以设置顶部比例相关参数，如图 3-30 所示。

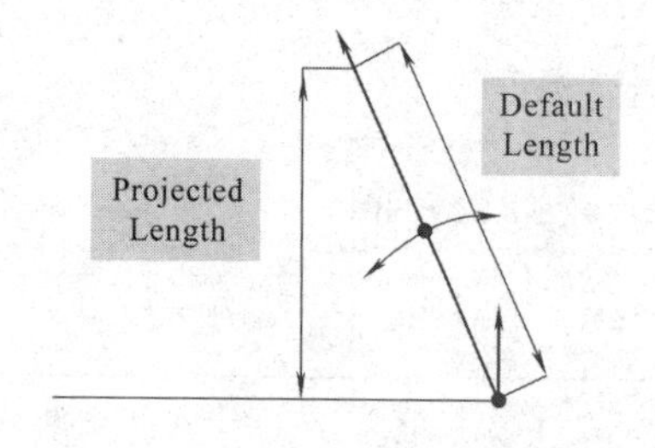

图 3-29 【Length Mode】（长度方法）

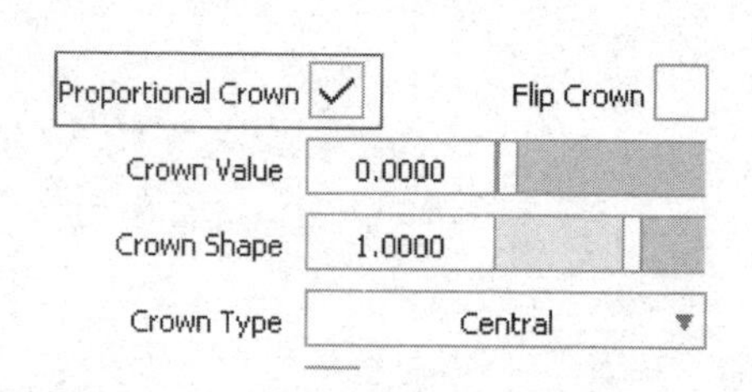

图 3-30 【Proportional Crown】选项

【Crown Value】：控制拱顶的高度。该值对应于两条轨道之间距离的百分比。滑块范围为 0.0 到 0.1，但可以在数值框中输入更大的值。

【Crown Shape】：将曲面的阶数从 2 增加到 3，从而提供两行位于中心的 CV 点。如果值小于 1，则将使这些 CV 点靠近曲面的边，如果为正值，则将这些 CV 点靠近中心。

【Flip Crown】：翻转拱顶的方向。单击【Proportional Crown】操纵器的箭头，可直接在模型上翻转拱顶的方向。

选择【Crown Type】（顶部类型）：选择【Central】（中间）选项，V 方向上的第一个和最后一个 CV 点跟随拔模角度和拔模曲面中间的曲面拱顶。选择【End】（结束）选项，第一个 CV 点跟随拔模角度，拱顶的高度相对于拔模角度从最后一个 CV 点测量，如图 3-31 所示。

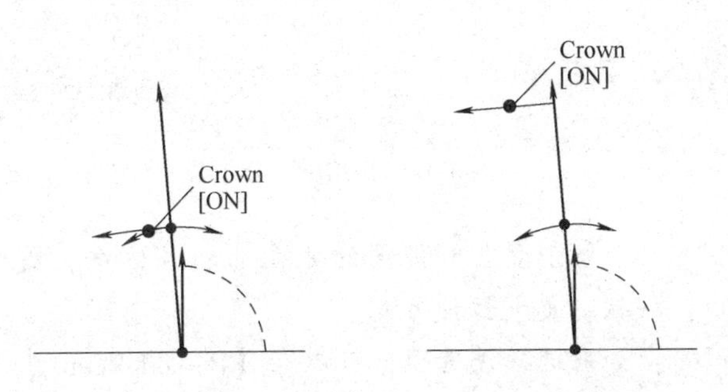

图 3-31　【Crown Type】（顶部类型）

- 【To Surface】（到曲面）：勾选此选项，创建到曲面的拔模。
- 【Radial】（径向）：勾选此选项，将拔模分析确定为径向，以此创建出径向延伸曲面，如图 3-32 所示。

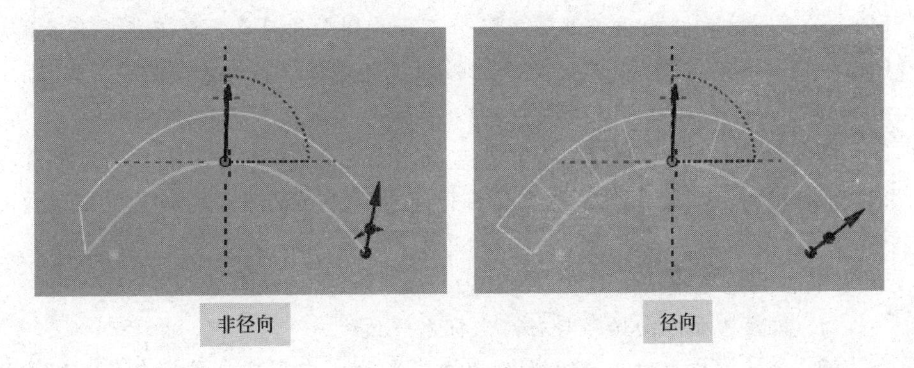

图 3-32　径向延伸

- 【Double Sided】（双侧拉伸）：在曲线的两侧创建拉伸曲面。勾选此选项的时候，会在该选项的后面同步出现一个【Single Surface】选项，如果勾选此选项，则创建一个单独的拉伸曲面，如果不勾选，则将在曲线的两侧创建两个独立的拉伸曲面。
- 【Intersect Flanges】（拐角）：当两个拉伸曲面相交或未接触时，启用此选项，会在倒角曲面处进行不同的运算，进行修剪或延伸，以使它们正确地连接到倒角处，如图 3-33所示。
- 【Filip Surface】（反转曲面）：反转新曲面的方向。

【Draft Vector Options】（拔模向量选项）选项组中参数含义如下。

- 【X】【Y】【Z】：选择以上三个坐标轴之一，以便指定沿该坐标轴的拉伸方向。

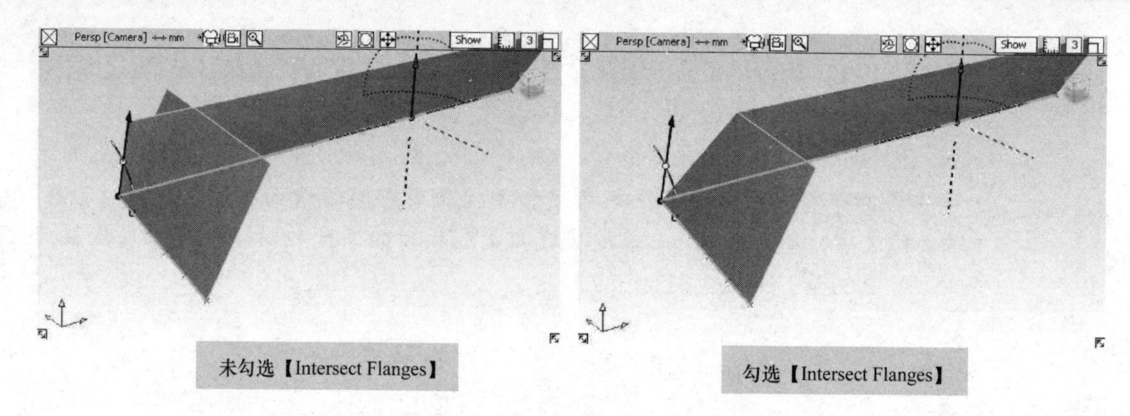

未勾选【Intersect Flanges】　　勾选【Intersect Flanges】

图 3-33　拐角的制作

- 【View】（视图）：以垂直于当前视图的方向为拉伸方向，更改视图后，可以单击【Refresh Vector】按钮，更新拉伸方向。
- 【Picked】（拾取）：如果选择该选项，可以在【Picked Vector】字段中指定现有向量的名称，或拾取视图中的向量。此向量定义拉伸方向。
- 【Manip】（操纵）：在视图中手动修改操纵器来更新拉伸方向时，将自动选择此选项。
- 【Retain Vector】（更新向量）：单击此按钮可以以此拉伸方向创建一个向量。
- 【Retain Vector】（保留矢量）：在视图窗口中，单击该按钮，创建向量构建对象，否则指定的向量方向将由该工具使用，但不会看到向量对象，也不能重新使用该向量。
- 【Create Vector】（创建向量）：单击此按钮可创建拔模拉伸方向向量。

技巧点拨

如果在对话框中将【Type】设置为【Draft】并将【Draft Vector Options】设置为【X】【Y】或【Z】，则工具将使用构建平面的 X、Y 和 Z 坐标轴（如果设置了一个坐标轴）。

将应用以下规则。

1. 拔模曲面方向始终与当前坐标系一致。

2. 如果拔模曲面在一组坐标（构建平面）中创建，稍后在另一组中进行查询编辑，则可以单击【Refresh Vector】按钮来更新拔模方向。

【Modify Range】（修改范围）选项组，如图 3-34 所示，参数含义如下。

- 【Modify range】（修改范围）：选中此选项时，对话框中出现【Start】和【End】滑块，且箭头操纵器将显示在拔模曲面上。拖动这些箭头可修改拔模曲面在输入曲线上延伸的范围。如果未选中此选项，则拔模曲面将延伸到输入曲线的端点。
- 【Start】（开始）、【End】（结束）：使用这些滑块可修改拔模曲面的范围。【Start】和【End】参数值范围为 0.0 和 1.0，如图 3-35 所示。

【Surface Structure】（曲面结构）选项组中参数含义如下。

- 【Surface Type】（曲面类型）：包括【Multiple Surfaces】类型和【Single surface】类型。

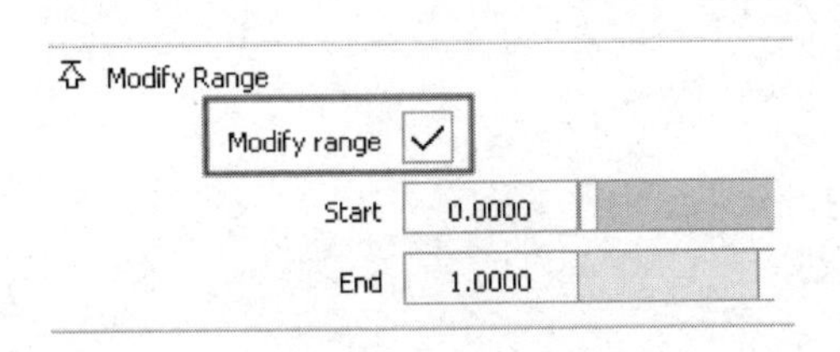

图 3-34　【Modify Range】（修改范围）选项

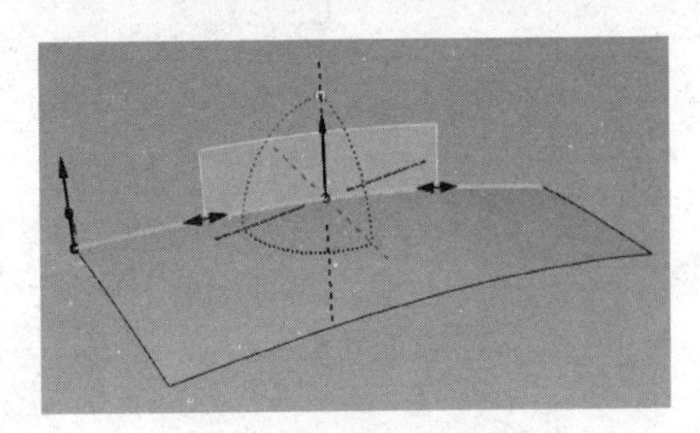

图 3-35　拔模曲面的范围

【Multiple Surfaces】（多曲面）：创建的拉伸面由多个曲面组成（系统自动将其成组）。勾选【Bezier surfaces】选项的情况下，这些多个曲面将分为统一参数的单跨距曲面。

【Single surface】（单曲面）：创建的拉伸曲面为一个独立整体曲面。

【Pick Mask】（拾取遮罩）选项组中参数含义如下。

- 【Surface Isoparm】：曲面的 Iso 等参线。
- 【Curve】：一般曲线。
- 【Surface Trim Edge】：曲面的剪切边缘。
- 【Curve－on－surface】：面上曲线。

【Control Options】（控制选项）选项组中参数含义如下。

- 【Auto Update】（自动更新）：如果启用此选项，则可以在修改选项值或者调整操纵器时自动重新计算和显示新曲面。
- 【Inter Surface Continuity】（表面连续性）：如果选中此选项，则在输出曲面之间显示连续性标注，指示这些曲面是否保持切线连续性。绿色【T】标注指示曲面保持切线连续性，而红色/黄色【T】标注指曲面未保持切线连续性。
- 【Tangent Angle Maximum】（最大切角）：只有选中【Inter Surface Continuity】时，此选项才可用。它用于从检查中排除倒角。如果在沿共享边界的任意检查点上，曲面法线之间的角度大于此值，则不会报告沿该边界的切线连续性。默认值为30. 0度。
- 【Continuity Check】（连续性检查）：启用此选项，可以检查新创建的曲面与原始曲面之间的位置连续性。绿色【P】表示存在位置连续性。
- 【Chain Select】（链选择）：如果选中此选项，选择曲面曲线时，还将选择与其切线连续的所有其他曲面的曲线。

在视图中创建几条曲线，跟随下面的讲解进行操作。首先介绍一下操纵器的使用，如图 3-36所示。

上图的拉伸类型是在【Draft】模式下，对于多条曲线的同时拉伸，可以依次在视图中选取，也可以直接用选取框圈选。

- 预设的拉伸方向一共有 6 个，分别为 X、Y、Z 的正负轴方向。单击每个预设方向虚线，可以更改拉伸方向。
- 鼠标左键单击并按住弧状的曲线拖动，可以旋转更改拉伸方向，此时拉伸方向指示箭头会同步做出回应。

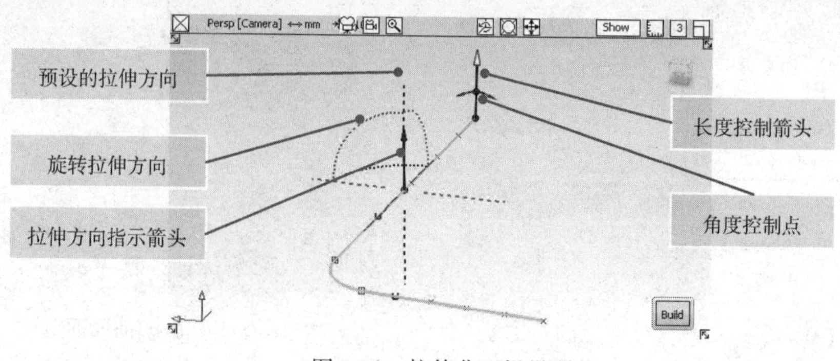

图 3-36　拉伸曲面操纵器

- 单击长度控制箭头可以激活控制箭头，然后在视图中拖动，可以增大或减小拉伸曲面的长度。
- 拖动角度控制点，则会更改拉伸曲面的角度。

单击视图下方的【Build】按钮，创建拉伸曲面，此时拉伸曲面仍处于选中状态，您可以继续更改拉伸曲面的各项参数（在视图中直接更改，也可以打开对话框进行更改），然后单击视图下方的【Update】按钮更新设置。

技巧点拨

在长度控制箭头处于激活的状态下，您可以在提示行中输入确切的数值。设置角度控制的方法与此相同。在 Alias 中，类似的设置一般都可以采用这种方法。

单击拉伸曲面方向箭头，可以切换到相反的位置，也可以通过勾选与取消勾选对话框中【Flip】选项来完成。

如果在对话框的【Control Options】（控制选项）选项组中勾选了【Auto Update】选项，则对拉伸曲面的各选项做出的更改将自动完成更新。

按住键盘上【Shift】键并单击拉伸原始曲线，可以在单击处创建一个新的控制器以调节此处拉伸的长度和角度。如果要删除该控制器，则按住【Shift】键，单击这个控制器，如图 3-37所示。

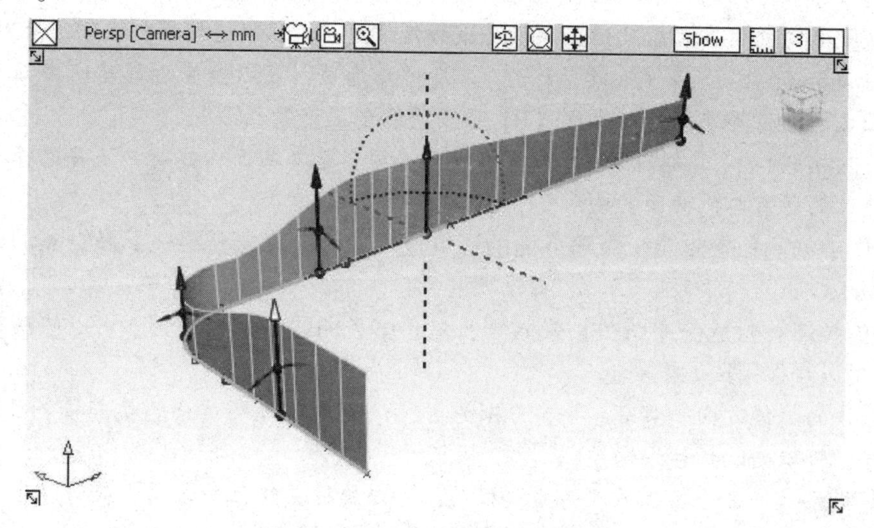

图 3-37　创建具有变化的拉伸曲面

相对于【Draft】模式来说，【Normal】模式下不会出现太多的操纵器和选项，如图 3-38 所示。

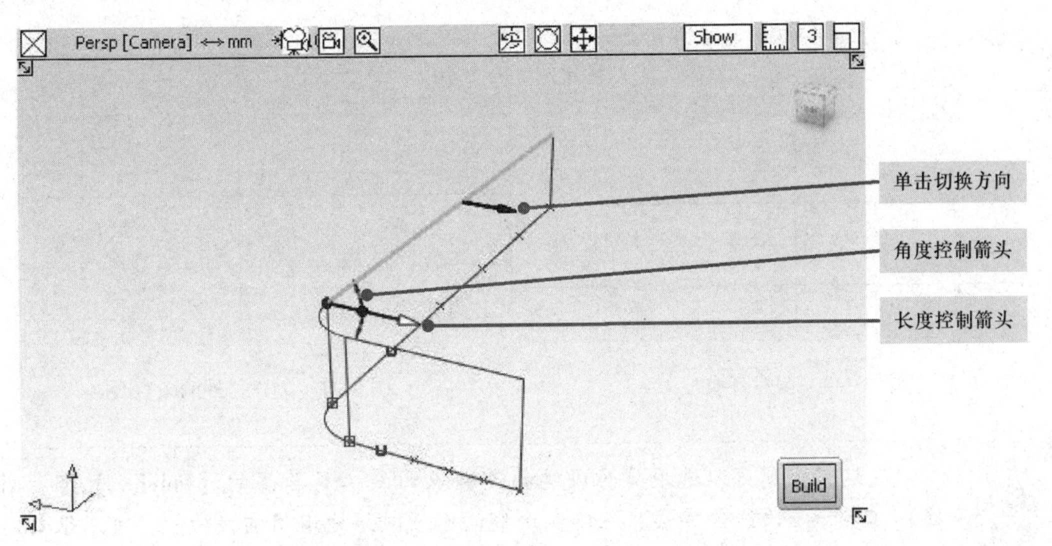

图 3-38 【Normal】模式下创建延伸曲面

第 4 节 基本曲面建模训练

下面通过几个不同类型的经典案例，应用一些简单的曲面工具建立三维模型，帮助读者熟悉基本曲面工具的操作及设计技巧。

案例 1 立式玻璃桌

练习文件路径：examples \ Ch03 \ table. wire

演所示视频路径：视频 \ Ch03 \ 立式玻璃桌建模 . avi

完成本次练习后，您将熟练掌握基本型曲面工具构建三维模型的方法，并能熟练运用移动、缩放等变换操作，立式玻璃桌如图 3-39 所示。

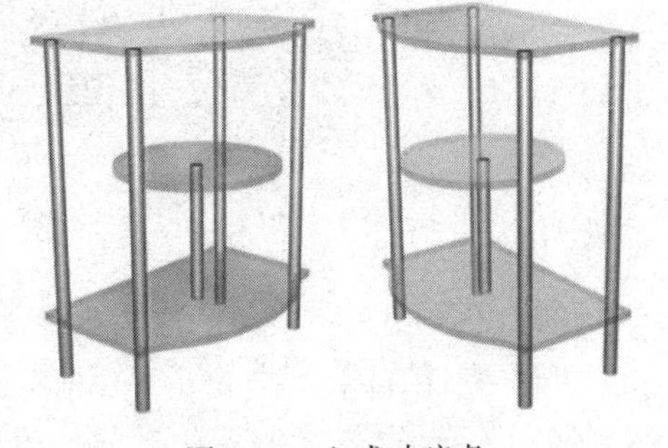

图 3-39 立式玻璃桌

操作步骤

01 启动 Alias 软件，进入新环境界面。

02 在菜单栏执行【Layouts】|【All windows】|【All windows】命令，工作区域中显示所有视图窗口。

03 按下键盘上【F5】键，将【Top】窗口最大化。

04 在【Palette】（工具箱）的【Curves】标签中单击【Keypoint Curve Toolbox】图标，打开关键点曲线工具箱。

05 在关键点曲线工具箱中单击【Line】（直线）工具图标，在【Top】窗口中创建一条关键点直线，如图 3-40 所示。

06 继续使用【Line】（直线）工具，捕捉刚创建曲线的关键点，创建两条直线，如图3-41所示。

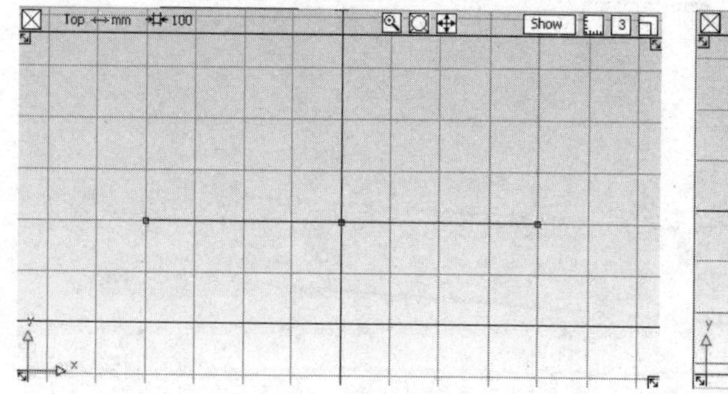

图3-40 创建直线

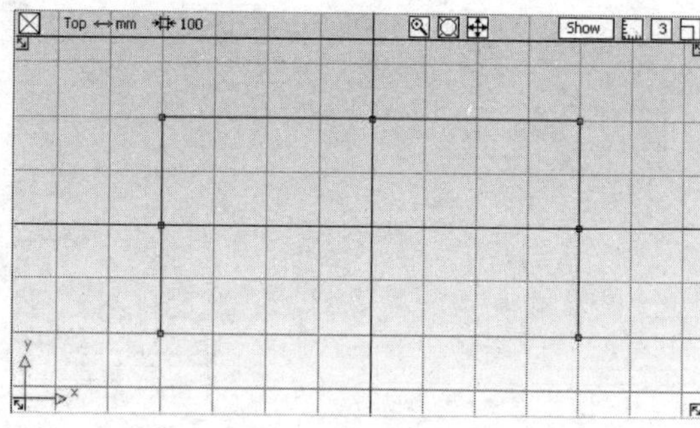

图3-41 创建另外两条直线

技巧点拨 在这里，您可以选用前面讲过的关键点曲线工具箱里的【Polyline】（多折线）工具一次绘制完成，在绘制曲线的时候熟练地运用捕捉功能，可以很好地控制曲线的形状。

07 在【Palette】（工具箱）的【Curves】工具标签中按住鼠标右键，弹出曲线菜单，单击【New Curves】|【New CV Curve】右侧的小方框，打开选项对话框。如图3-42所示。

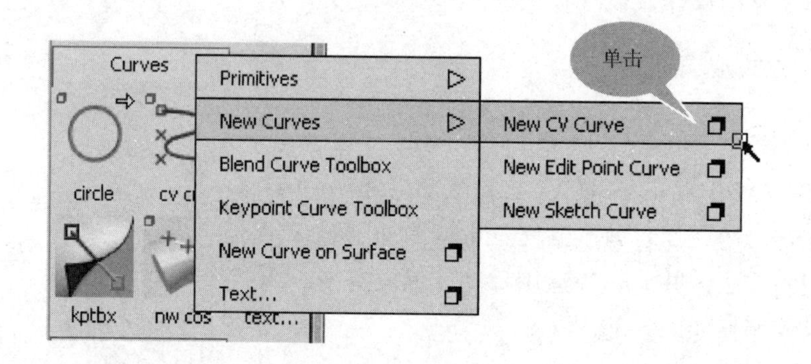

图3-42 打开选项对话框

08 在弹出的CV点曲线选项对话框中设置曲线阶数，如图3-43所示。

09 在【Top】窗口中，按住键盘上的释放【Ctrl】键不放，捕捉刚刚创建的直线的端点（不需要进行捕捉的时候记得释放【Ctrl】键），在窗口中单击拖动放置6个CV点（因为所选曲线为五阶，所以需要至少放置6个CV点才可以创建出一条五阶曲线）。

10 在鼠标左键标记菜单中选择【CV】，在鼠标中建标记菜单中选择【Move】，通过移动刚创建的曲线的CV点，调整曲线的形状，如图3-44所示。

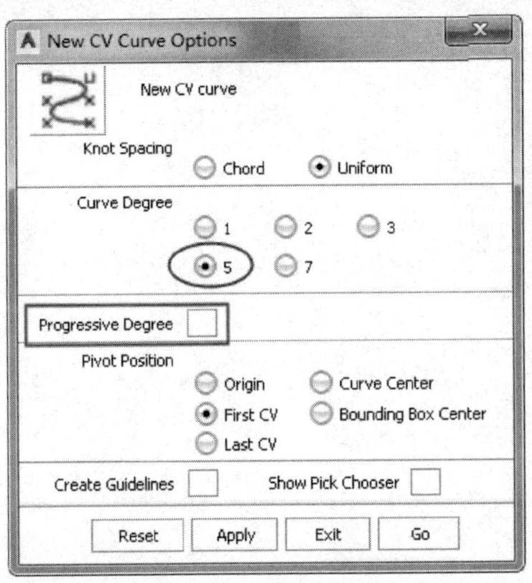

图 3-43　CV 点曲线参数设置

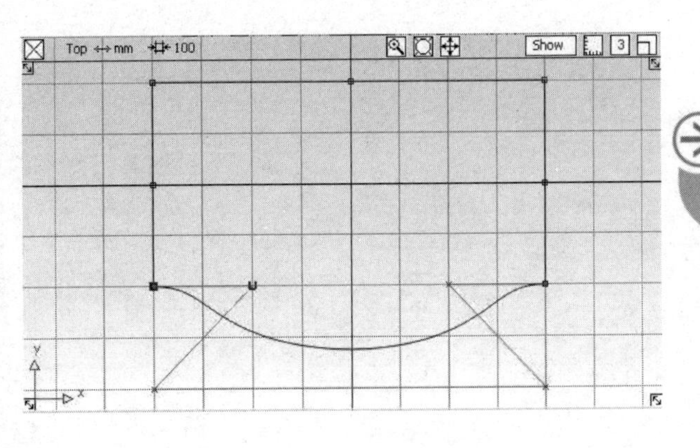

图 3-44　创建完成的曲线

11 双击【Palette】（工具箱）的【Surfaces】工具标签中的【msdrft】工具图标，打开【Multi - surface Draft】对话框，设置参数，如图 3-45 所示。

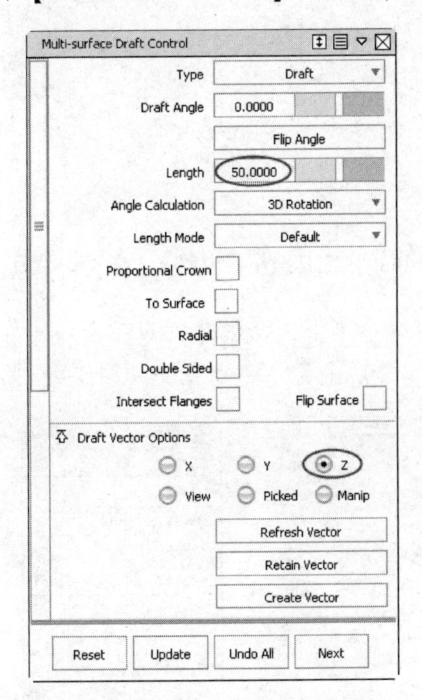

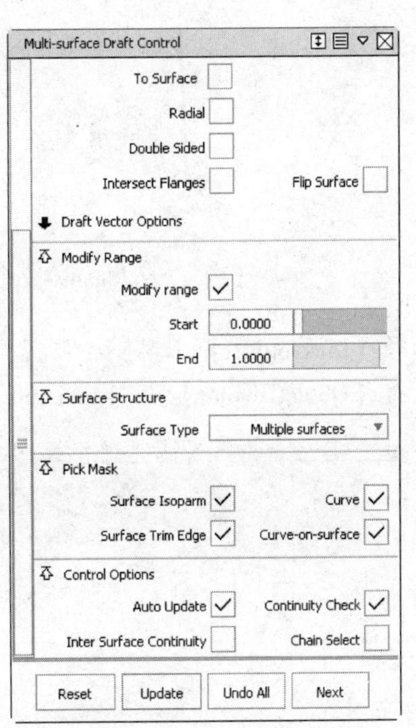

图 3-45　【Multi-surface Draft】参数设置

12 关闭对话框，按下键盘上的【F8】键，最大化显示透视窗口，在透视窗口中依次单击创建的四条曲线，形成拉伸曲面，如图 3-46 所示。

13 单击右侧向上的控制箭头，箭头颜色变为白色，上下移动鼠标，调整拔模面的高度，执行左键标记菜单中的【Pick Nothing】命令，取消选择，准备下一步操作。【Multi - surface Draft】工具操纵器的使用如图 3-47 所示。

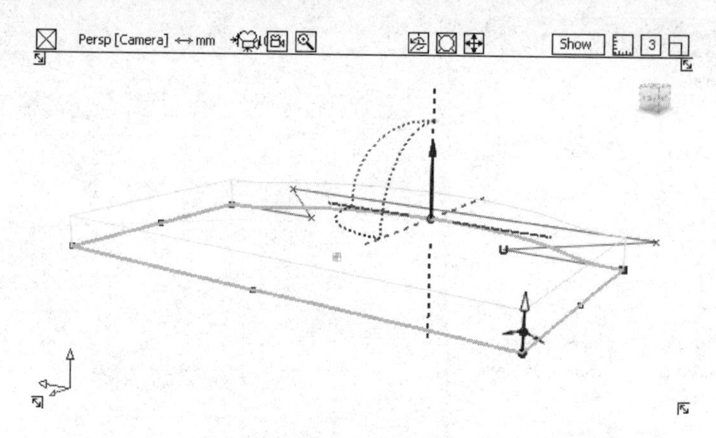

图 3-46　创建玻璃桌面

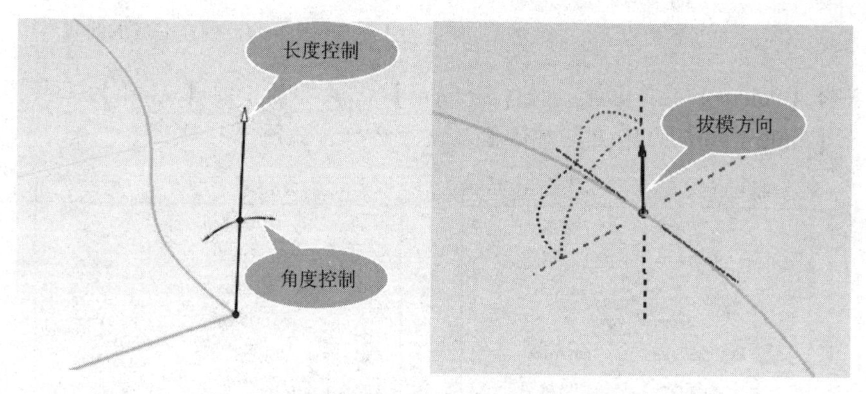

图 3-47　【Multi - surface Draft】工具操作器说明

14　选择【Pick object】工具，在视图窗口中单击选择创建的四条曲线，在菜单栏中执行【ObjectDisplay】|【Invisible】命令，隐藏四条曲线，如图 3-48 所示。

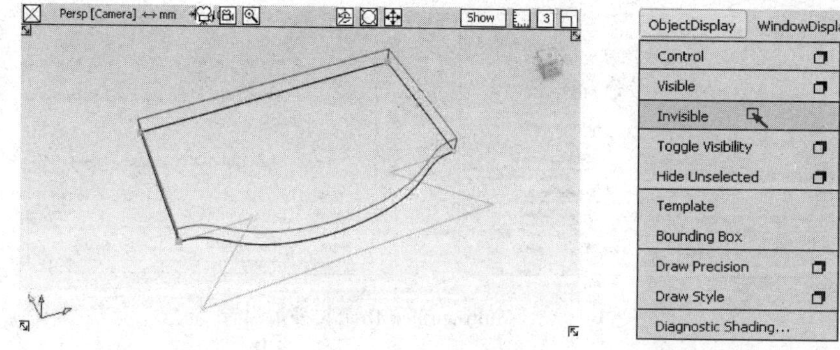

图 3-48　隐藏曲线

15　接下来封闭上下两面，单击【Palette】（工具箱）的【Surfaces】标签中的【Square】图标，在透视窗口中依次单击上面的四条边缘曲线，形成上封面。采用同样的方法，依次单击下边缘的四条曲线，形成玻璃面。执行标记菜单中【Pick nothing】命令，取消选择。

技巧点拨	在这里，由于四条边界处于同一平面，我们还可以用【Palette】｜【Surfaces】｜【Set planar】工具，然后选择四条边界线，单击视图窗口右下角的【Go】按钮，构成封闭面。

16 单击界面右侧【Control Panel】（控制面板）下方【Diagnostic Shade】诊断着色显示中的【Multi Color】（多颜色）按钮，创建的玻璃面被着色显示，如图3-49所示。

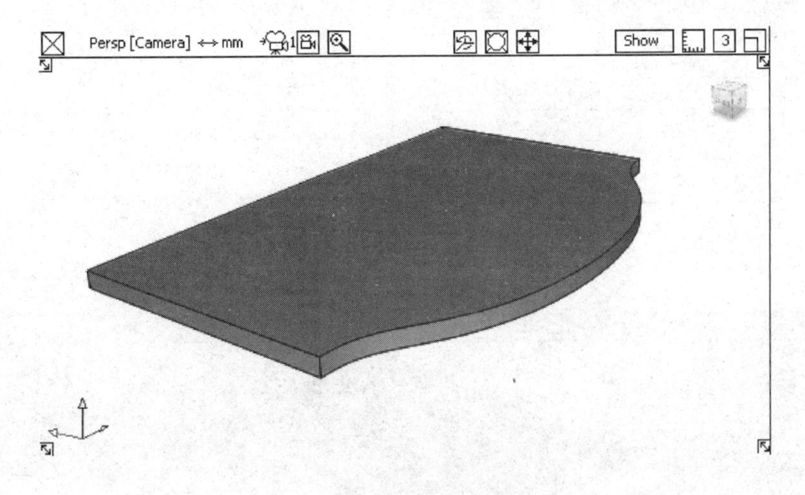

图3-49　着色显示效果

技巧点拨	在以前的版本Alias中，【Diagnostic Shade】（诊断着色显示）位于【Control Panel】（控制面板）内部，而Alias Automotive 2013版本中的交互界面有了较大的改动，工具箱、工具架、控制面板等均可以双击收缩为一条标题栏，不仅具有自动吸附功能，而且可以设置为自动隐藏，设置为自动隐藏后，鼠标靠近标题栏时该面板即会还原，当鼠标离开时又会再次收起。而【Diagnostic Shade】（诊断着色显示）也从【Control Panel】（控制面板）中脱离出来，成了独立的工具栏，如果您在界面中没有找到或者不小心将其关闭，可以执行菜单栏中【ObjectDisplay】｜【Diagnostic Shading】命令将其打开。

17 选择【Pick object】工具，在视图窗口中按住鼠标左键拖动，用选取框框选所有的面，在菜单栏中单击【Edit】｜【Duplicate】｜【Object】命令右侧的小方框，打开对象副本选项对话框。在打开的对话框中进行参数设置，单击【Go】按钮，如图3-50所示。

18 创建副本的结果如图3-51所示。

19 在选中刚刚复制的玻璃面的情况下，选择【Move】工具，在透视窗口中按住鼠标右键拖动，将其在Z轴方向移动，移动到合适的位置释放鼠标。选择【Pick nothing】工具，取消选择，准备下一步操作。

20 按下键盘上的【F5】键，最大化【Top】窗口。在【Diagnostic Shade】（诊断着色显示）面板中单击【Shading off】图标，关闭着色显示。

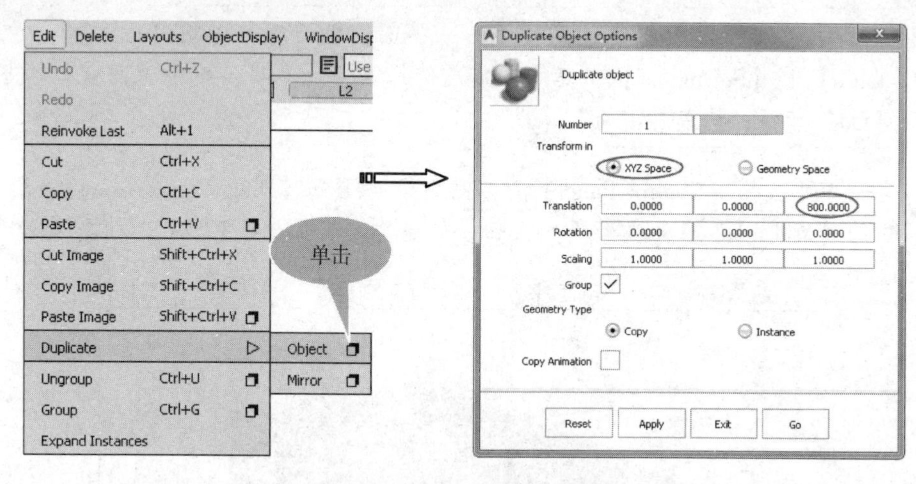

图 3-50　打开创建副本对话框

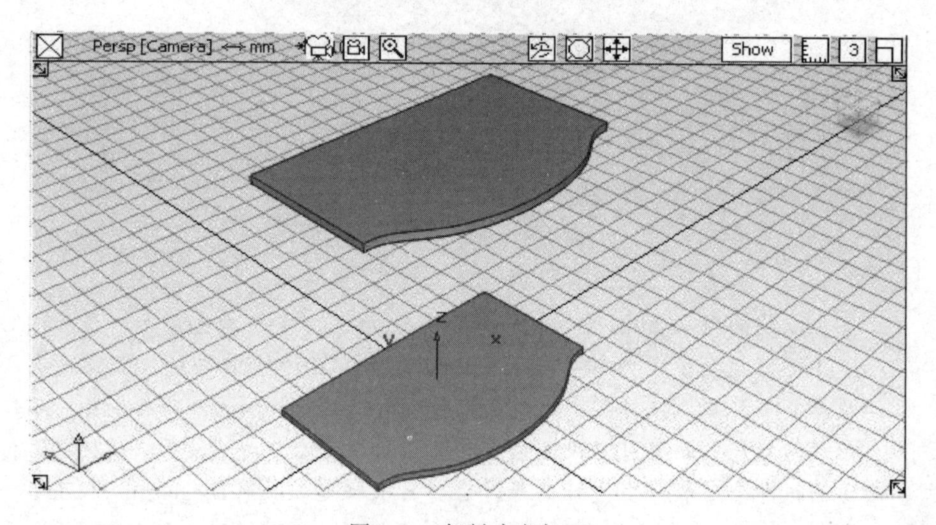

图 3-51　复制玻璃桌面

21 在【Palette】（工具箱）的【Surfaces】标签中选择【Primitives】|【Cylinder】（圆柱体）工具，在【Top】窗口中单击放置一个圆柱体，应用操纵器进行缩放移动，如图 3-52 所示。

22 按下键盘上的【F8】键，最大化透视窗口。选择【Palette】（工具箱）的【Transform】工具标签中【Non proportional scale】（非等比放缩）工具，按住鼠标右键在透视图中拖动，拉长圆柱体，形成玻璃桌腿的形状。选取【Move】工具，按住鼠标右键在 Z 轴移动到合适的位置（不要穿过刚刚创建的上方玻璃桌面），如图 3-53所示。

技巧点拨　如果不好判断是否穿过上方的玻璃桌面，请试着运用刚刚学过的【Diagnostic Shade】|【Multi Color】（多颜色显示）工具，对物体进行着色后再观察移动。

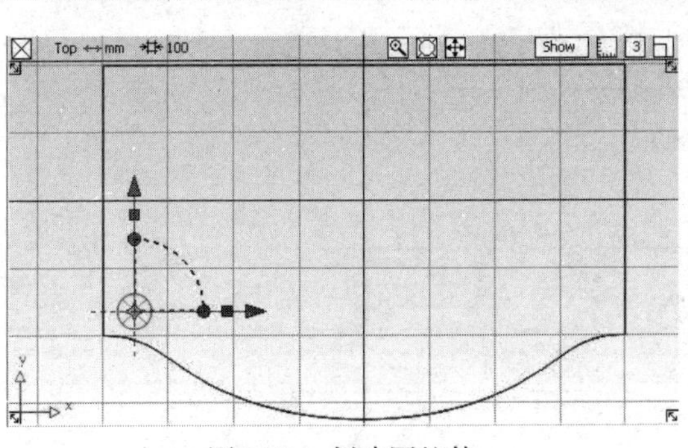

图3-52　创建圆柱体

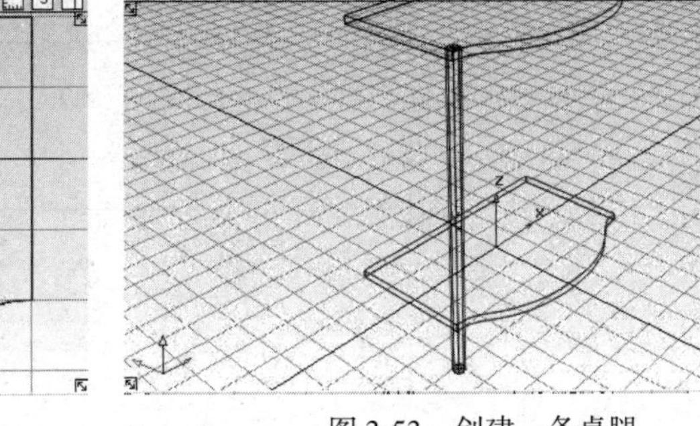

图3-53　创建一条桌腿

23 按下键盘上的【F5】键，回到【Top】窗口。在圆柱体处于选中状态下，单击菜单栏中【Edit】|【Duplicate】|【Object】命令右侧图标，单击对话框下方的【Reset】按钮，重置参数设置。单击【Go】按钮，复制一个圆柱体。选取【Move】工具，将其移动到合适位置，如图3-54所示。

24 选取【Pick object】（选择物体）工具，选择刚才创建的两条桌腿（两个圆柱体），单击菜单栏中【Edit】|【Duplicate】|【Mirror】命令右侧图标，打开镜像选项对话框，参数设置如图3-55所示。

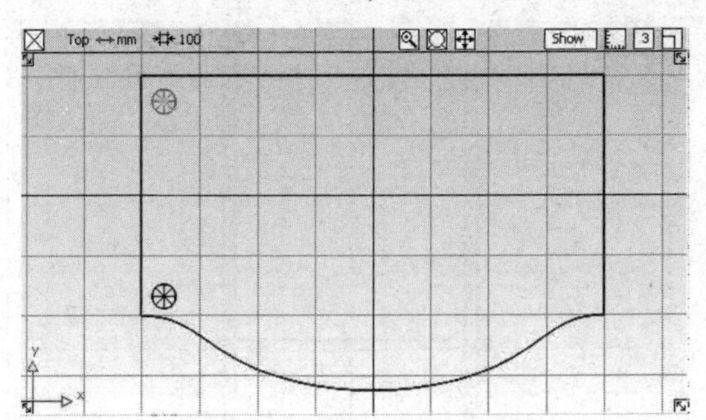

图3-54　另一条桌腿的创建

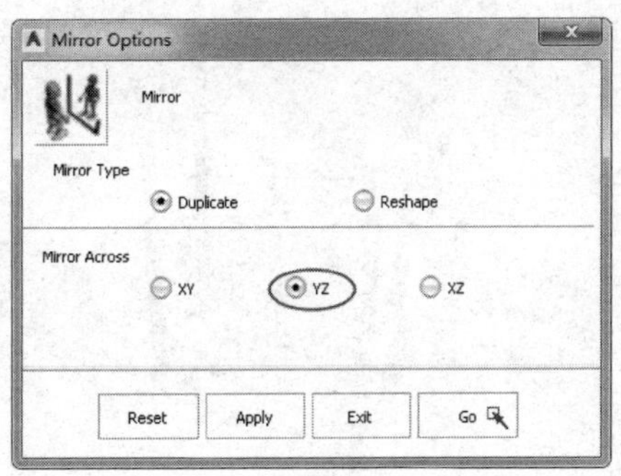

图3-55　镜像参数设置

25 单击【Go】按钮，完成桌腿创建，如图3-56所示。

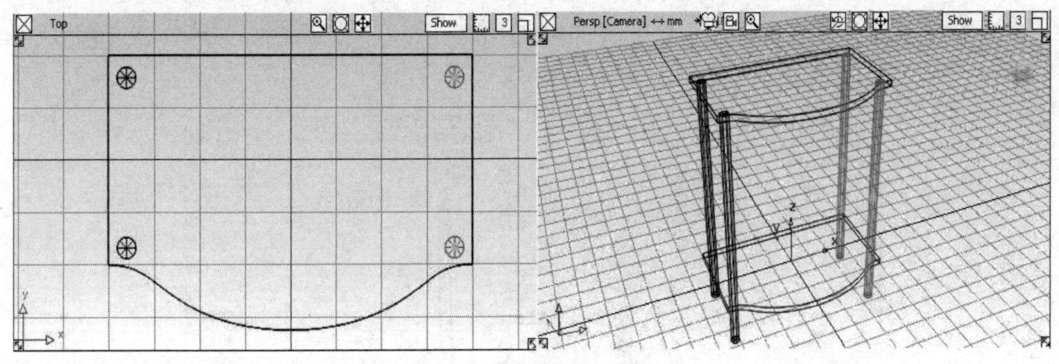

图3-56　完成桌腿创建

26 再次按下键盘上【F5】键，回到【Top】窗口，选取【Palette】（工具箱）的【Surfaces】标签下的【Cylinder】（圆柱体）工具，在玻璃桌面中央创建一个圆柱体，缩放移动到合适位置，如图3-57所示。

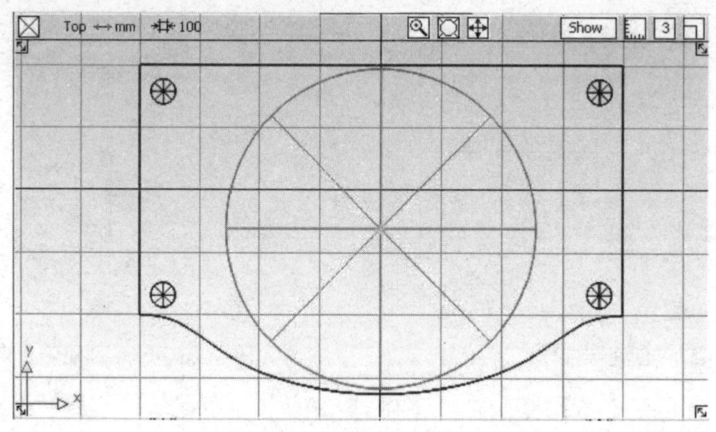

图 3-57　创建圆形玻璃桌面

27　在键盘上按下【F8】键，最大化透视窗口。运用与上面同样的方法，选择【Non Proportional Scale】（非等比放缩）工具，按住鼠标右键在透视图中拖动，沿 Z 轴缩放圆柱体，形成圆形玻璃面的厚度，释放鼠标。选取【Move】工具，按住鼠标右键在 Z 轴移动到上下玻璃桌面中间的位置，如图 3-58 所示。

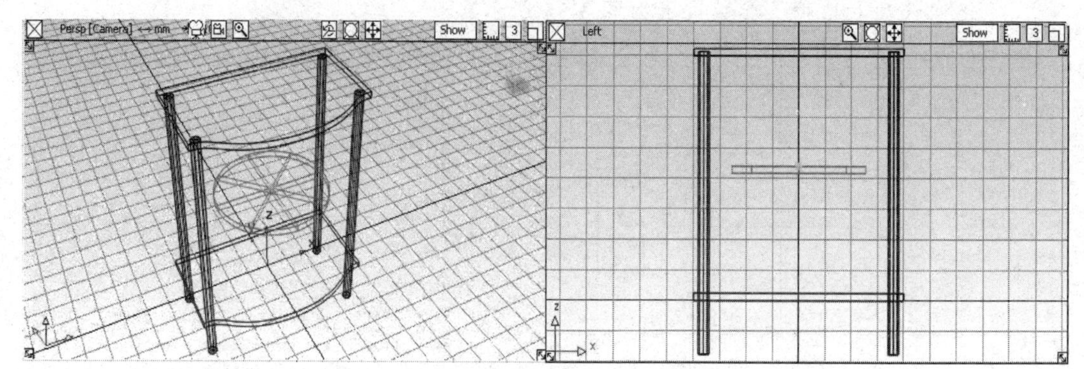

图 3-58　创建圆形玻璃面

28　选择【Pick object】（选取物体）工具，仅选取视图中的一条桌腿，执行菜单栏中【Edit】|【Duplicate】|【Object】命令，运用上面的方法进行移动缩放，连接圆形玻璃桌面与下桌面，如图 3-59 所示。

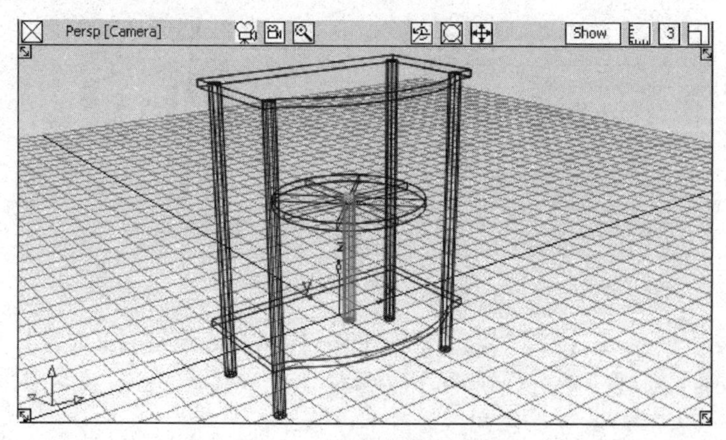

图 3-59　完成玻璃桌创建

29 选择【Pick nothing】工具，取消选择，在【Diagnostic Shade】面板中选择【Multi Color】工具，对整个玻璃桌着色，单击透视窗口标题栏的【Show】按钮，在下拉列表中取消【Model】、【Gird】的勾选，在透视窗口旋转查看玻璃桌。至此，模型构建完成，如图 3-60 所示。

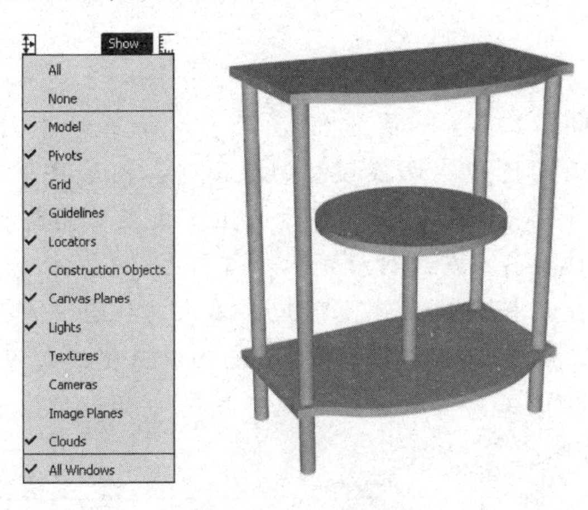

图 3-60　玻璃桌模型

案例 2　手电筒建模

练习文件路径：examples \ Ch03 \ shoudian. wire
演示视频路径：视频 \ Ch03 \ 手电筒建模 . avi

完成本次练习后，您将熟练掌握使用【Skin】、【Extrude】等曲面工具创建三维模型的方法，并对 Alias 建模的方法思路有更深的了解。本例要完成的手电筒模型如图 3-61 所示。

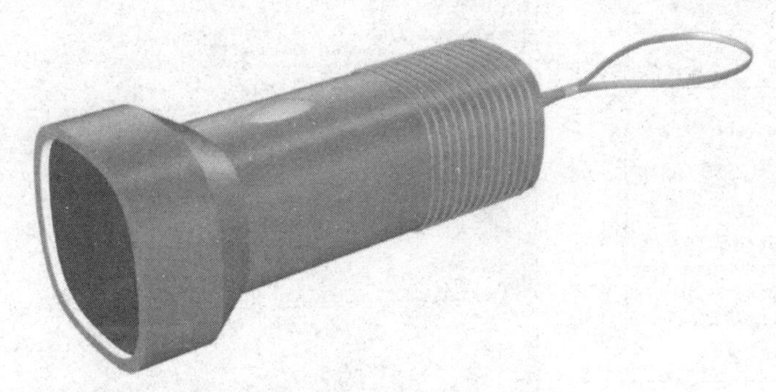

图 3-61　手电筒

操作步骤

01 启动 Alias 软件，进入新环境界面。

> **技巧点拨**　如果 Alias 软件处于打开状态下，需执行菜单栏中【File】|【New】命令，此时将出现一个对话框，询问是否要删除所有对象、材质球、视图和动画。单击【Yes】按钮，创建一个新的工作场景。

02 在透视窗口中单击【ViewCube】工具下方的上下文菜单图标，然后选择【Perspective with Ortho Faces】，设置为带正交的面的透视模式，如图3-62所示。

03 按住键盘上的【Shift】+【Alt】键，拖动鼠标左键旋转相机，【ViewCube】工具会作出相应的旋转，到合适的位置时，单击【ViewCube】上的【Front】，进入正交视图（前视图）。

技巧点拨

【ViewCube】工具，如图3-62所示，支持三种不同的视图投影：透视、正交和带正交面的透视。切换模型的视图时，视图将根据选定的投影模式进行更新。单击【ViewCube】工具下方的上下文菜单图标，然后选择【Perspective with Ortho Faces】，在这种模式下，当单击【ViewCube】上面的Top时，视图会切为正交投影模式俯视图，同理，单击其他会直接切换到相应的视图窗口，不需要来回切换视图，在具有带正交面的透视模式下的透视窗口中，通过单击【ViewCube】工具不同位置实现不同窗口的切换，为建模带来了很大的便捷。

04 在【Palette】（工具箱）的【Curves】工具标签中找到【Circle】工具，双击【Circle】图标，打开圆形曲线选项对话框，在对话框中取消勾选【Periodic Circle】复选框，设置参数，如图3-63所示。

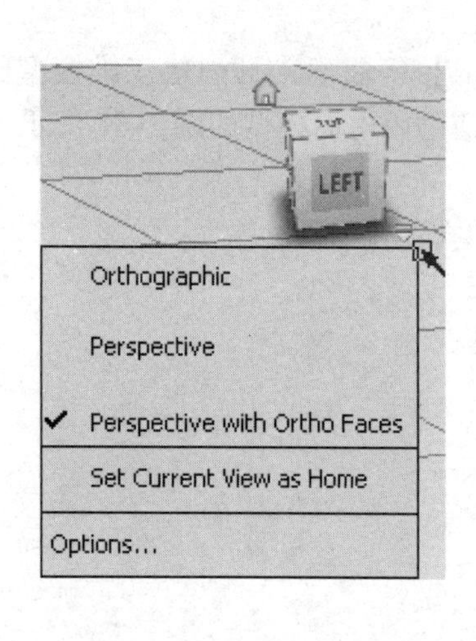

图3-62 【ViewCube】工具设置

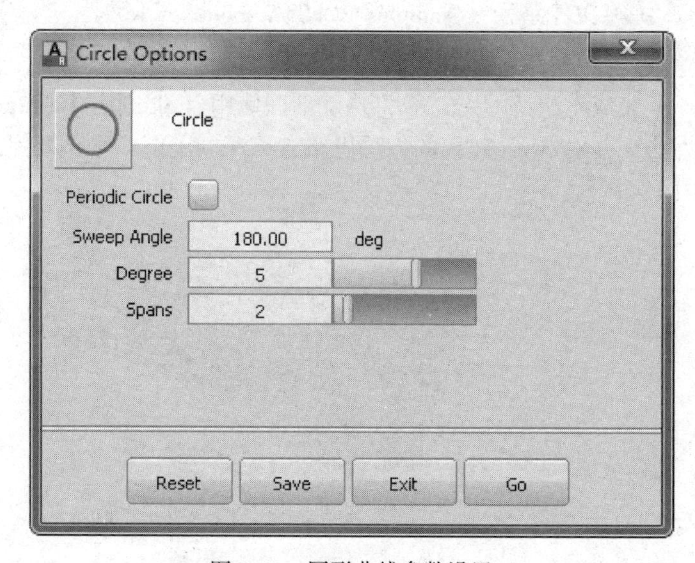

图3-63 圆形曲线参数设置

05 单击【Go】按钮，按住键盘上的【Alt】键，在【Front】视图原点附近单击，以原点为圆心创建出一条半圆弧。单击操纵器上方的蓝色小球，蓝色变为白色，表示旋转操作已激活，单击菜单栏下方的提示行，激活键盘输入，然后输入（180，0，0），菜单栏下方的提示行中同步显示输入。按下键盘上的【Enter】键，半圆弧绕X轴旋转180度，如图3-64所示。

技巧点拨	输入坐标的时候，X、Y、Z之间以逗号或者空格作为分隔，在刚才输入（180，0，0）的时候，可以直接输入180，后面的（0，0）可以省略，软件会默认为输入的是（180，0，0），仅绕着X轴旋转180度。

06 选取【Scale】工具，缩放半圆弧，选取【Pick CV】工具和【Move】工具，移动圆弧上面的CV点，调整半圆弧的形状，如图3-65所示。

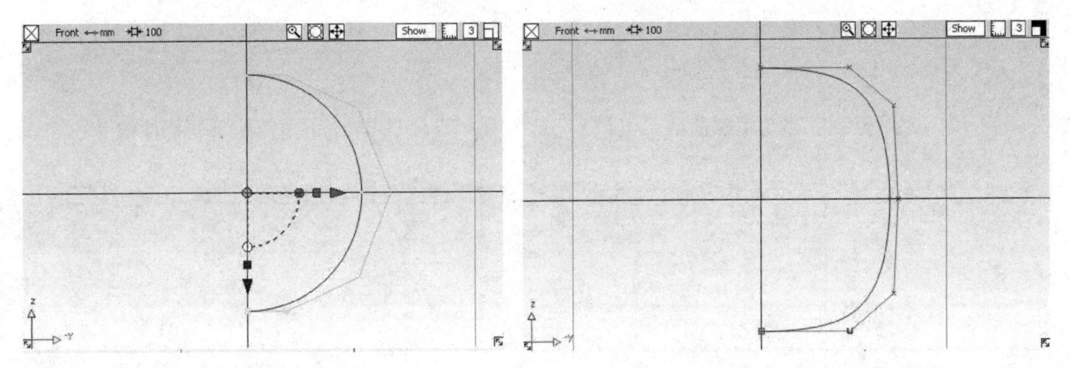

图3-64　创建旋转半圆弧曲线　　　　图3-65　手电筒轮廓曲线

技巧点拨	在移动CV点的时候，要确保第二个、第六个CV点分别与首尾CV点在【Front】视图中水平对齐，这将在后面的操作中保证手电筒两边对称。

07 选择【Pick object】工具，选取刚刚创建的曲线，执行菜单栏中【Edit】|【Copy】命令，复制曲线，然后执行菜单栏中【Edit】|【Paste】命令，粘贴曲线。虽然看似并未改变，但第二条曲线已创建完成，其位置与第一条曲线重合。此曲线已选中（显示为白色）并可以移动。

技巧点拨	复制和粘贴的快捷键为【Ctrl】+【C】和【Ctrl】+【V】，在Alias里用快捷键来执行复制和粘贴操作，会更加便捷，要熟练掌握。

08 旋转视图，单击【ViewCube】工具中的【Left】，进入【Left】正交视图，选择【Move】工具，在【Left】视图中按住鼠标中键拖动，水平移动刚刚复制的曲线到合适的位置，如图3-66所示。

09 再次执行菜单栏中【Edit】|【Paste】命令，在原来的位置再次复制出一条曲线，并处于选中状态，此时的【Move】（移动）工具仍处于选中状态，按住鼠标中键拖动，水平移动再次复制的曲线到合适的位置，如图3-67所示。

10 旋转视图，单击【ViewCube】工具中的【Front】，回到【Front】正交视图，选择【Scale】工具，在视图中按住鼠标左键拖动，等比缩放选择的曲线，调整到合适的大小，如图3-68所示。

11 执行菜单栏中【Edit】|【Copy】命令，然后执行菜单栏中【Edit】|【Paste】命令，复制出一条刚刚缩放后的曲线，旋转视图，单击【ViewCube】工具中的【Left】，切换为【Left】正交视图，选择【Move】工具，在【Left】视图中按住鼠标中键拖动，水平移动刚刚复制的曲线到合适的位置，如图3-69所示。

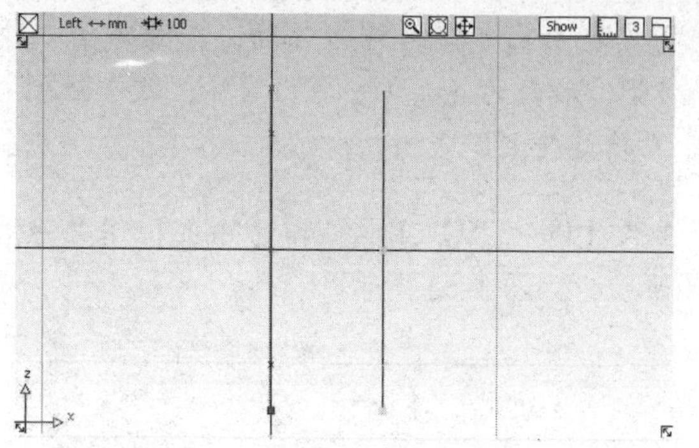

图 3-66　复制、移动轮廓曲线

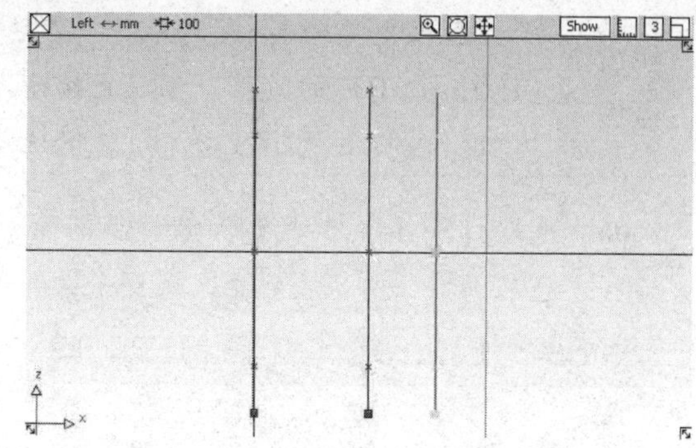

图 3-67 手电筒头部轮廓曲线

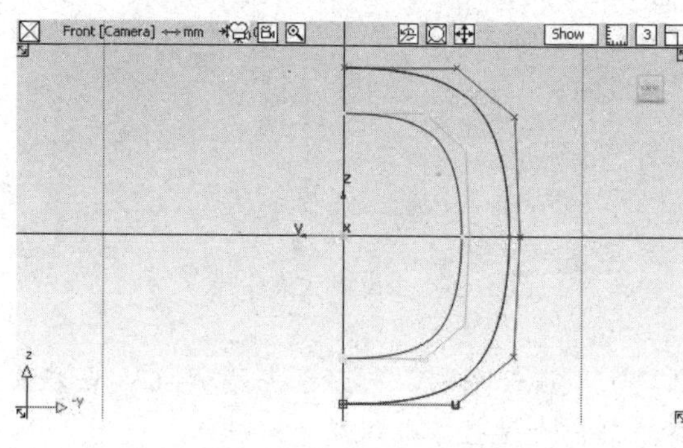

图 3-68　缩放曲线

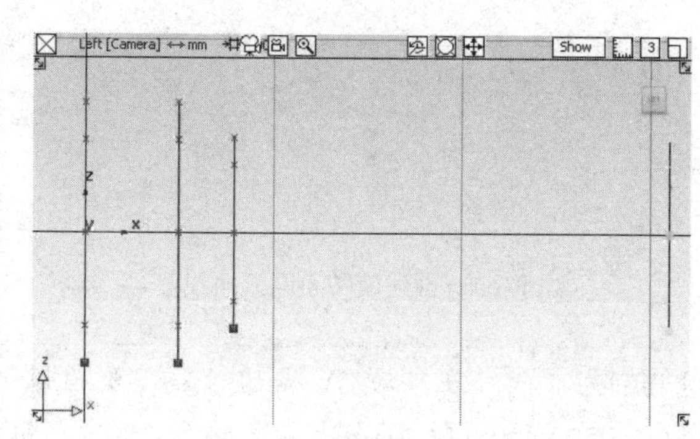

图 3-69　手电筒筒身曲线

12　再次执行菜单栏中【Edit】|【Paste】命令，用同样的方法将这条复制的曲线移动到刚才两条曲线的中间位置，如图 3-70 所示。

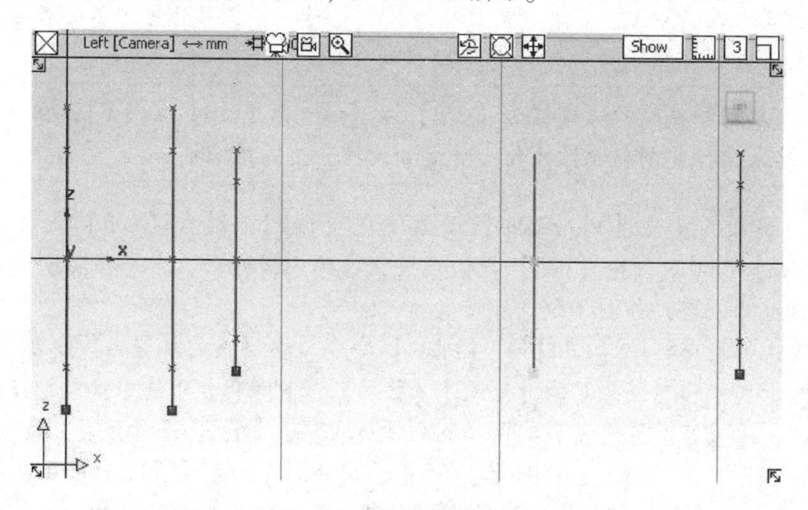

图 3-70　筒身纹样轮廓线

13　为了便于操作，将以上曲线编号，如图 3-71 所示。

14　选择【Pick object】工具，仅选取曲线 1，执行菜单栏中【Edit】|【Copy】命令，然后执行菜单栏中【Edit】|【Paste】命令，在原来的位置复制一条曲线 1，并处于选中状态。

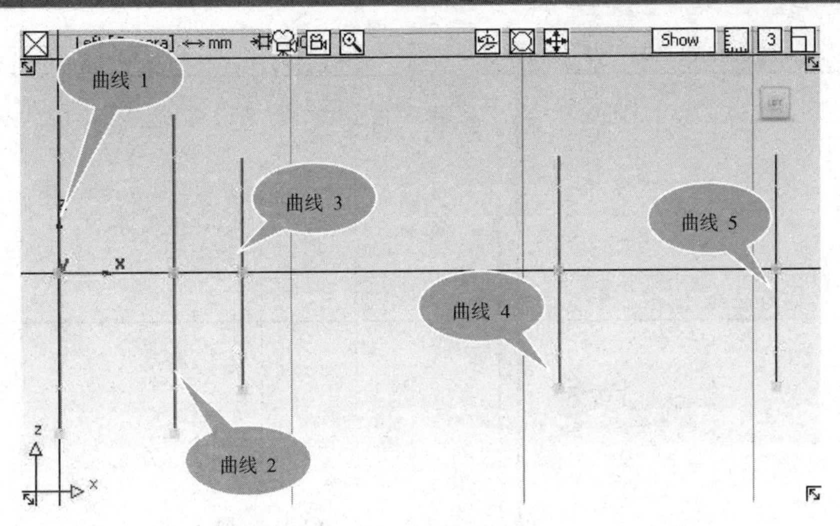

图3-71　曲线编号

15 旋转视图，通过单击【ViewCube】工具中的【Front】，切换到【Front】正交视图，选择【Scale】工具，在视图中按住鼠标左键拖动，到合适大小释放鼠标键，将其编号为曲线6，如图3-72所示。

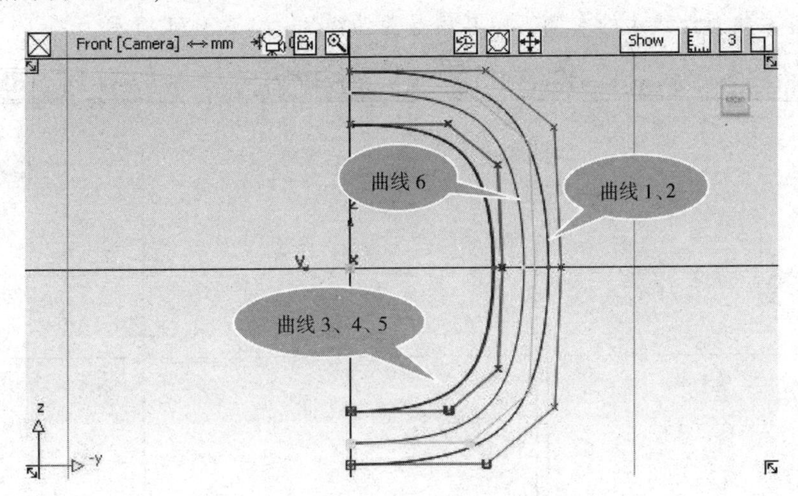

图3-72　手电筒头部细节

16 在曲线6处于选中状态下，执行菜单栏中【Edit】|【Copy】命令，然后执行菜单栏中【Edit】|【Paste】命令，复制出一条曲线，此时，复制的曲线处于选中状态。

17 旋转视图，在视图右上角（默认位置）的【ViewCube】工具中单击【Left】，将透视图切换为【Left】正交视图，然后选择【Move】工具，按住鼠标中键在视图空白处拖动，将复制的曲线移动到曲线1、曲线2之间靠近曲线1的位置，将其编号为曲线7，如图3-73所示。

18 接下来处理手电筒纹样，选择【Pick object】工具，仅选取曲线4，执行菜单栏中【Edit】|【Copy】命令，然后执行菜单栏中【Edit】|【Paste】命令，在曲线4的位置复制一条曲线，此时复制的曲线被选中。

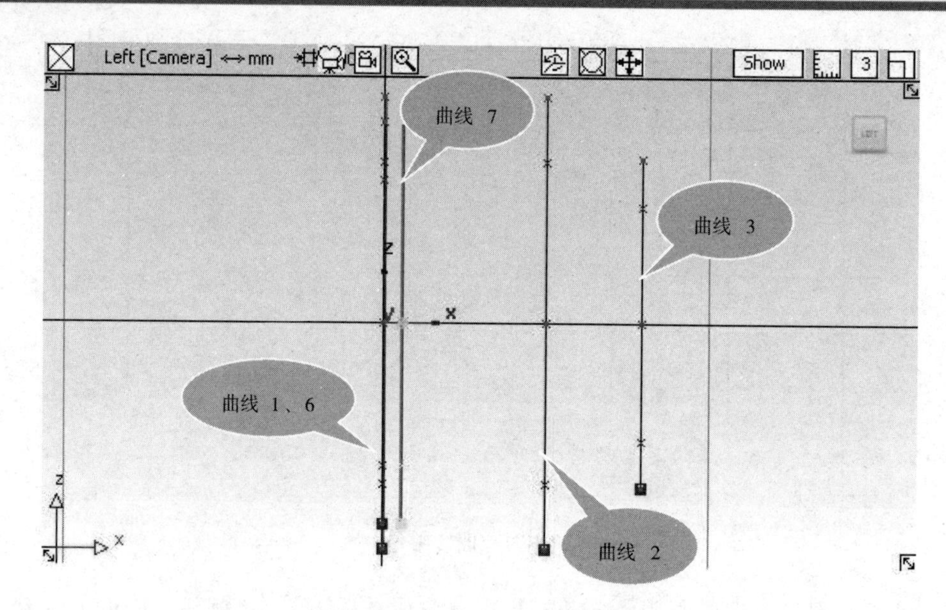

图 3-73　完成手电筒头部曲线

19 选择【Move】工具，在【Left】视图中，按住鼠标中键，在视图空白处拖动，移动到紧挨着曲线 4 的右侧，将其编号为曲线 8，如图 3-74 所示。

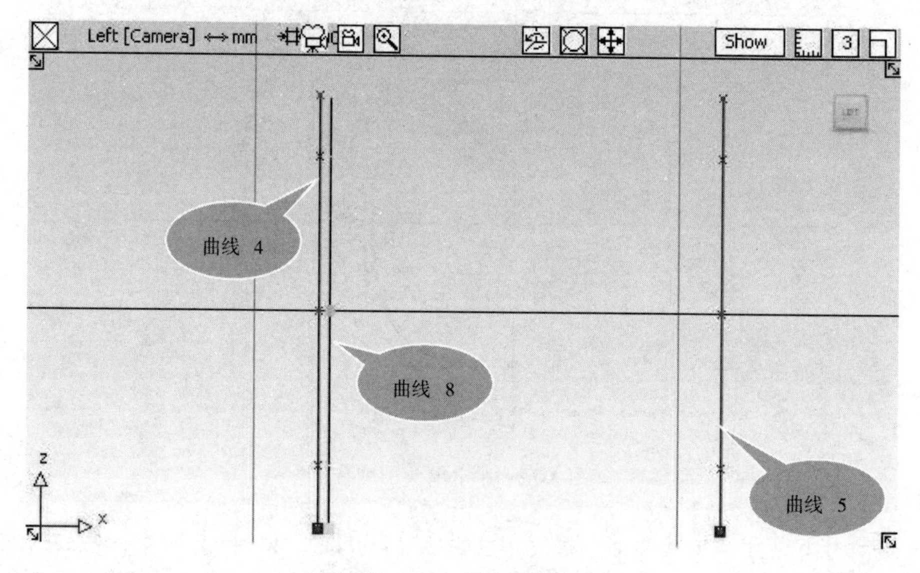

图 3-74　手电筒纹样轮廓线

20 在曲线 8 处于选中的状态下，执行菜单栏中【Edit】|【Copy】命令，然后执行菜单栏中【Edit】|【Paste】命令两次，在曲线 8 的位置复制出两条曲线，将其编号为曲线 9、曲线 10。

21 选择【Pick object】工具，然后选择刚刚复制的两条曲线，旋转视图，通过【ViewCube】工具，进入【Front】正交视图，选择【Scale】工具，按住鼠标左键，在【Front】视图空白处拖动，等比放大两条曲线，如图 3-75 所示。

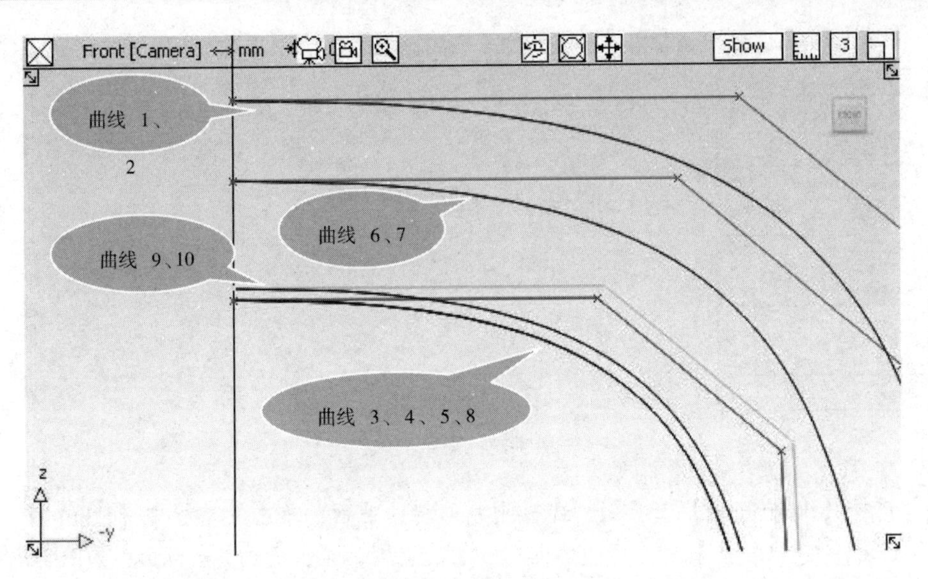

图 3-75 缩放曲线

22 旋转视图，通过【ViewCube】工具返回到【Left】视图，并缩放视图，选择【Move】工具，移动曲线9、曲线10到曲线4、曲线8的中间，如图3-76所示。

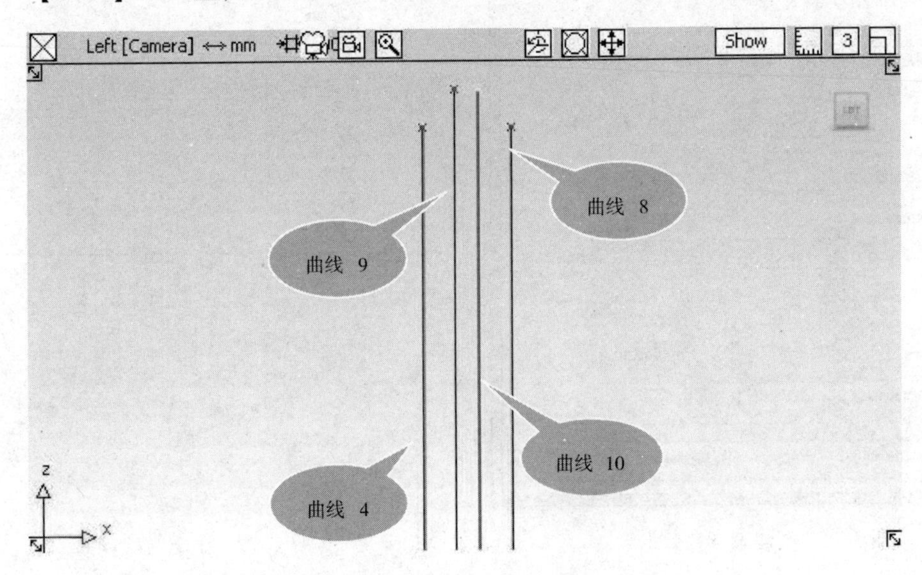

图 3-76 完成手电筒纹样轮廓线

23 选择【Pick nothing】工具，取消选择，准备下一步操作，在【Palette】(工具箱)的【Surfaces】工具标签下选择【Skin】工具，在透视图中依次单击曲线4、曲线9、曲线10、曲线8，选择【Pick nothing】工具，取消选择。

24 按住键盘上的【Shift】+【Alt】键，在视图中按住鼠标左键，在弹出的标记菜单中选择【Curves】，在视图中用选取框选择曲线4、曲线9、曲线10、曲线8。

25 执行菜单栏中【ObjectDisplay】|【Invisible】命令，隐藏曲线4、曲线9、曲线8、曲线10，如图3-77所示。

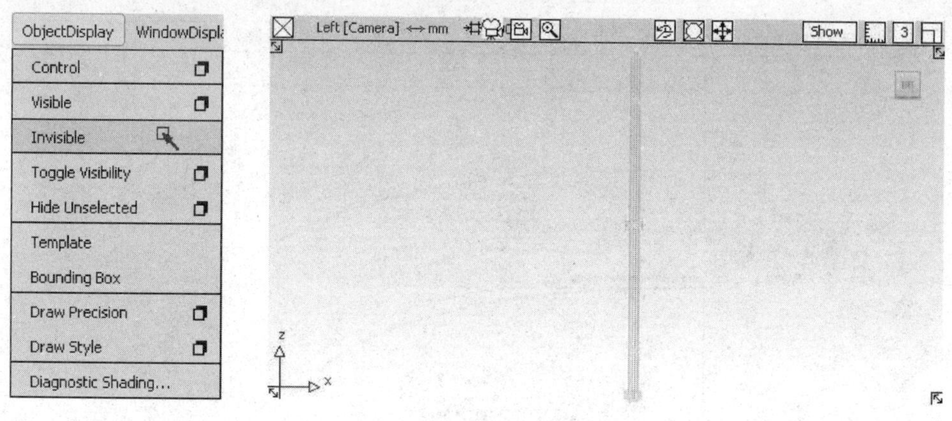

图 3-77　隐藏曲线

26 选择【Pick object】工具，选择刚刚创建的曲面，单击菜单栏中【Edit】|【Duplicate】|【Object】命令旁边的图标，打开对话框，进行参数设置，如图 3-78 所示。

27 单击对话框右下方的【Go】按钮，完成手电筒筒身纹样面创建。如图 3-79 所示。

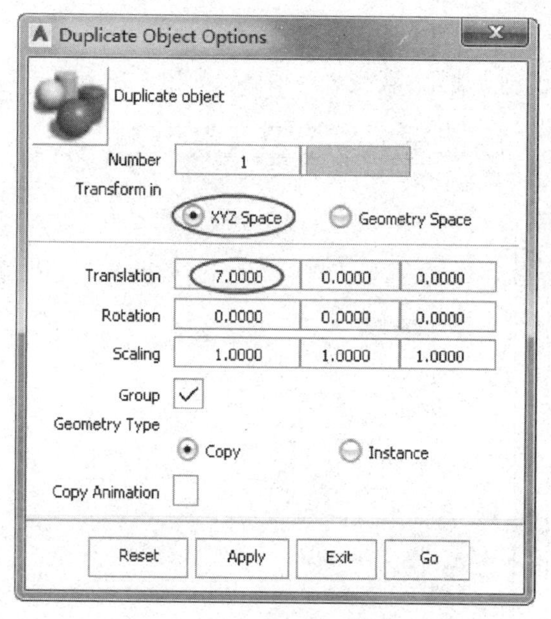

图 3-78　创建副本参数设置

图 3-79　手电筒纹样面

28 选择【Pick nothing】工具，取消选择。继续选择【Skin】工具，旋转视图到合适的位置，先单击选择曲线 1，再单击选择曲线 2。选择【Pick nothing】工具，取消选择，然后用相同的方法隐藏曲线 1、曲线 2。

29 继续使用【Skin】工具，依次单击曲线 6、曲线 7，选择【Pick nothing】，取消选择，采用同样的方法，隐藏曲线 6、曲线 7。

30 继续选择【Skin】工具，依次单击刚刚创建的两个面的边缘，如图 3-80 所示。

31 选择【Pick nothing】工具，取消选择。确定【Skin】工具处于选中状态，依次单击曲线 3、第一个面靠近曲线 3 的边缘，如图 3-81 所示。

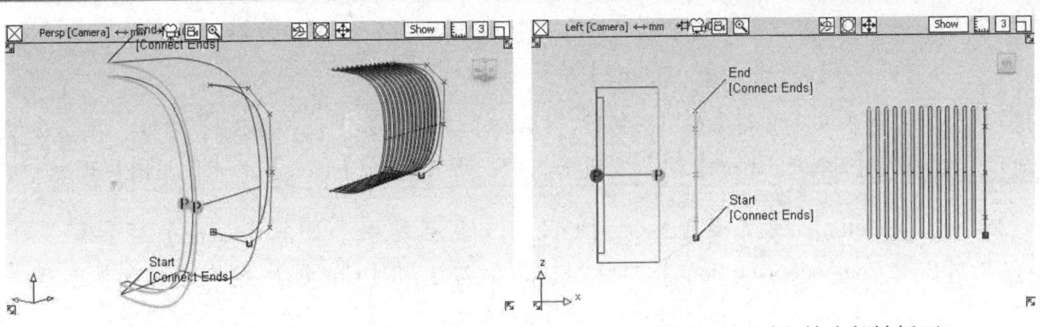

图 3-80　封闭手电筒头部面　　　　图 3-81　手电筒头部转折面

32 选择【Pick nothing】工具，取消选择。按住键盘上的【Shift】+【Alt】键，在视图中按住鼠标左键，在弹出的标记菜单中选择【Curves】，选择曲线3，执行菜单栏中【ObjectDisplay】|【Invisible】命令，隐藏曲线3。

33 单击【ViewCube】工具中的【Left】，将视图切换为【Left】正交视图，缩放移动视图到合适的位置。继续使用【Skin】工具，依次单击未形成面的边缘，封闭手电筒筒身面。切记每单击两条边缘形成面后，执行一次【Pick nothing】取消选择，再继续下一步操作。最终单击手电筒尾部的纹样边缘，然后单击曲线5，形成手电筒筒身面，如图3-82所示。

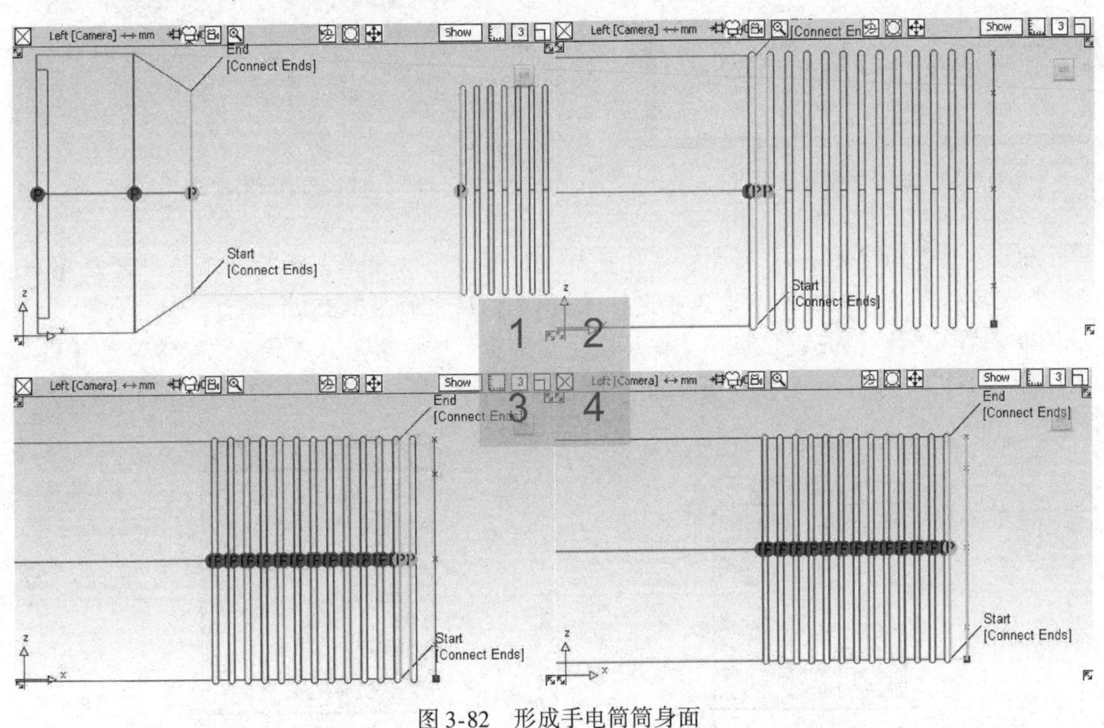

图 3-82　形成手电筒筒身面

34 按住键盘上的【Shift】+【Alt】键，在视图中按住鼠标左键，在弹出的标记菜单中选择【Curves】，选择曲线5，执行菜单栏中【ObjectDisplay】|【Invisible】命令，隐藏曲线5。

35 执行菜单栏中【Layers】|【New】命令三次，添加三个新层（层栏位于提示行正

下方和视图窗口区域正上方之间)。分别双击三个层栏，重命名这些层，依次命名为【curves】、【part1】、【part2】。

技巧点拨	如果没有看到层栏，则执行【Layers】|【Toggle Layers Bar】命令，显示层栏。其中，【Toggle Layers】为图层开关，【Toggle Unused Layers】为未使用图层开关。

36 在【Palette】（工具箱）的【Pick】工具标签中，双击【Comp】图标，打开【Pick Component Options】对话框。取消勾选除【Curves】之外的所有复选框。单击对话框底部的【Go】按钮，如图3-83所示。

37 激活【curves】层栏的【curves】层，【curves】层将以黄色亮显。在视图中，围绕所有对象拖动出一个拾取框，将所有曲线选中，如图3-84所示。

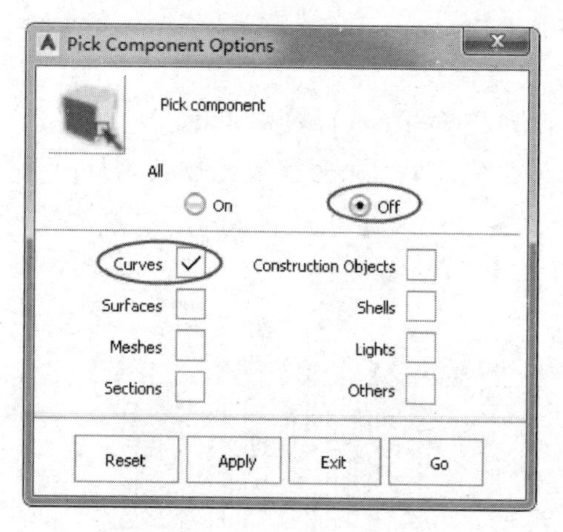

图3-83　选择对象参数设置

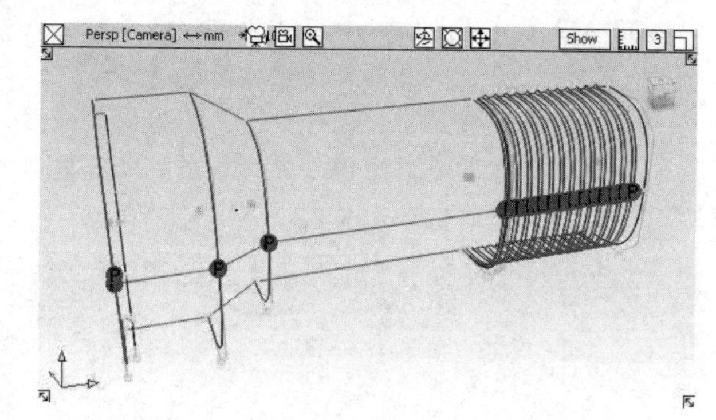

图3-84　选中所有曲线

38 在层栏的【curves】层中，按住鼠标左键显示下拉菜单，然后从菜单中选择【Assign】，将拾取的所有曲线指定给【curves】层，如图3-85所示。

39 在层栏的【curves】层中，按住鼠标左键显示下拉菜单，在菜单中取消勾选【Visible】，不显示该层，如图3-86所示。

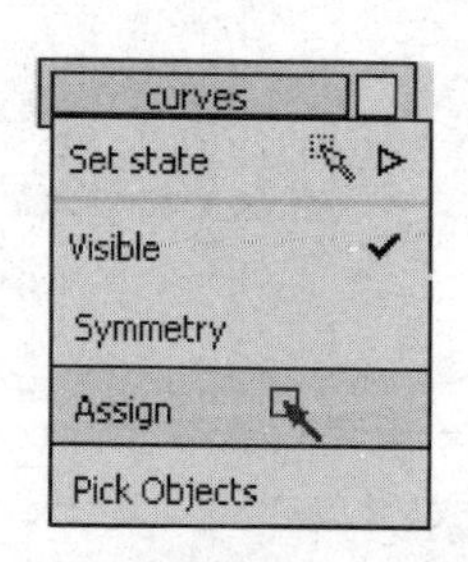

图3-85　将曲线指定给【curves】层

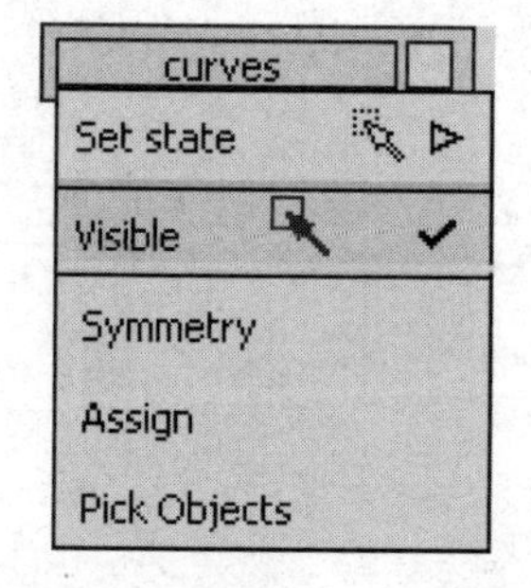

图3-86　取消显示【curves】层

40 选择【Pick object】工具，拖动出一个选取框，选择视图中剩下的所有曲面。在层栏中的【part1】层中，按住鼠标左键显示下拉菜单，在下拉菜单中选择【Assign】，将所有的曲面指定到【part1】层中。再在下拉菜单中取消勾选【Visible】，不显示该层，如图 3-87 所示。

41 选择【part1】层，【part1】层以黄色亮显，表示此层为当前层。按住鼠标左键显示下拉菜单，在下拉菜单中选择【Pick Object】，层上的所有对象被选取，如图 3-88 所示。

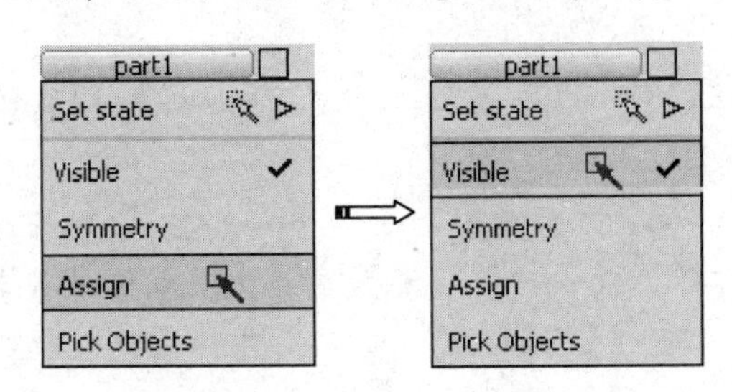

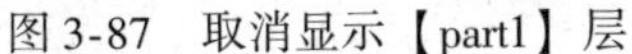

图 3-87　取消显示【part1】层

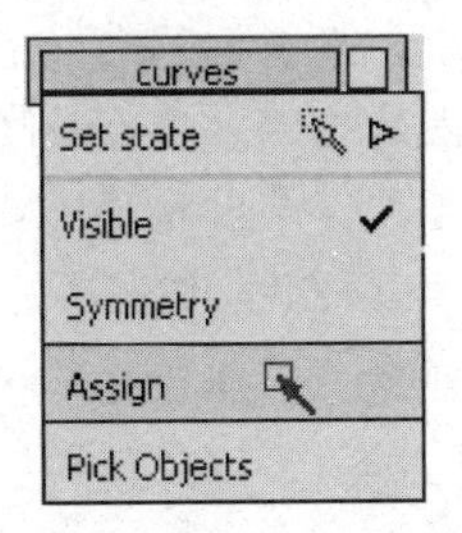

图 3-88　选择图层中的全部对象

42 单击菜单栏中【Edit】|【Duplicate】|【Mirror】命令旁的图标，打开镜像选项对话框，设置参数，如图 3-89 所示。

43 单击对话框下方的【Go】按钮，镜像选择的所有对象，形成完整的手电筒曲线模型，如图 3-90 所示。

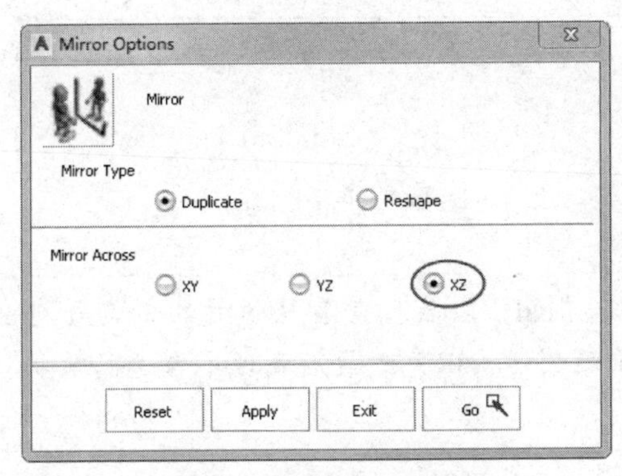

图 3-89　镜像副本对话框

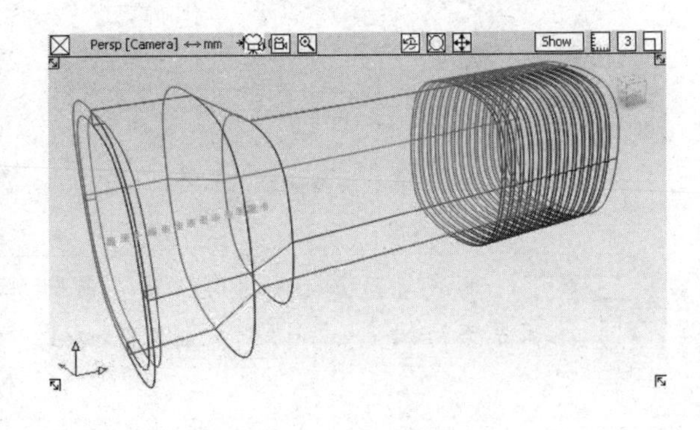

图 3-90　手电筒曲线模型

44 选择【Pick nothing】工具，取消选择。在【Palette】（工具箱）的【Surfaces】工具标签中选择【Set planar】工具，选择手电筒前端凹进去的曲线，单击视图右下方的【Go】按钮，封闭手电筒前端，如图 3-91 所示。

45 在未选择任何对象的状态下，继续使用【Set planar】工具，选取手电筒末端的两条曲线，构成封闭曲面，如图 3-92 所示。

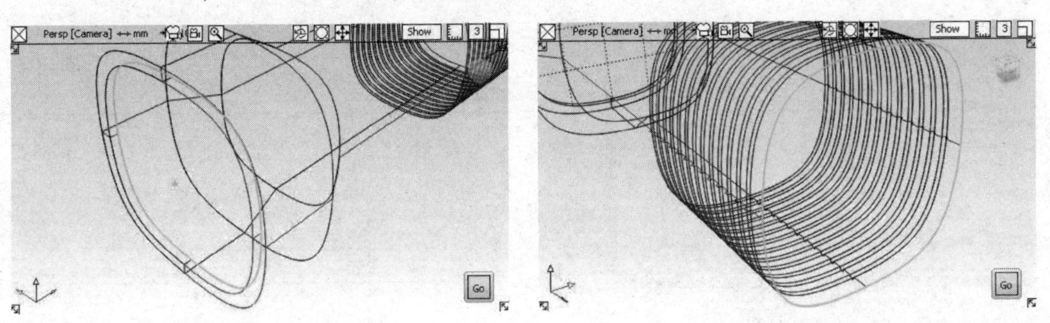

图 3-91　封闭手电筒前端　　图 3-92　封闭手电筒后端

46 选择【Pick nothing】工具，取消选择，在【Diagnostic Shade】工具面板中单击【Multi color】工具，将整个曲线模型着色显示。在建模窗口的标题栏中，单击【Show】按钮打开下拉菜单，并选择【Model】，以移除复选标记，线框模型将被禁用，如图3-93所示。

47 创建挂带。单击层栏中的【part2】层，激活该层（由于【curves】、【part1】层不可见，所以此时视图中没有对象）。

48 通过【ViewCube】工具切换到【Top】正交视图，选择【New CV Curve】工具，创建一条挂带的形状曲线，通过栅格捕捉功能，使其端点和尾点位于X轴，选择【Pick CV】工具，然后选择【Move】工具，对曲线进行修改，最终效果如图3-94所示。

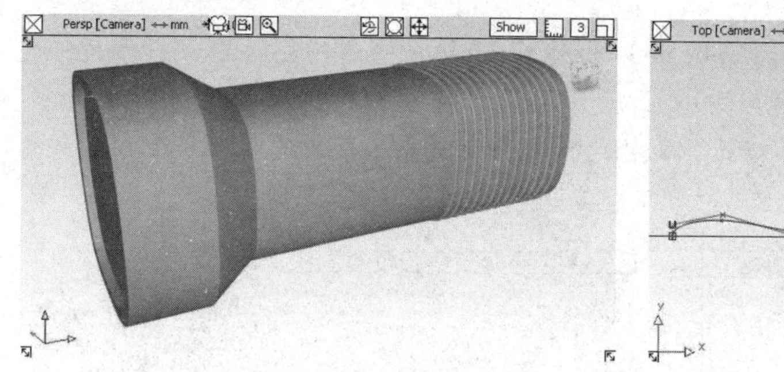

图3-93 手电筒整体模型

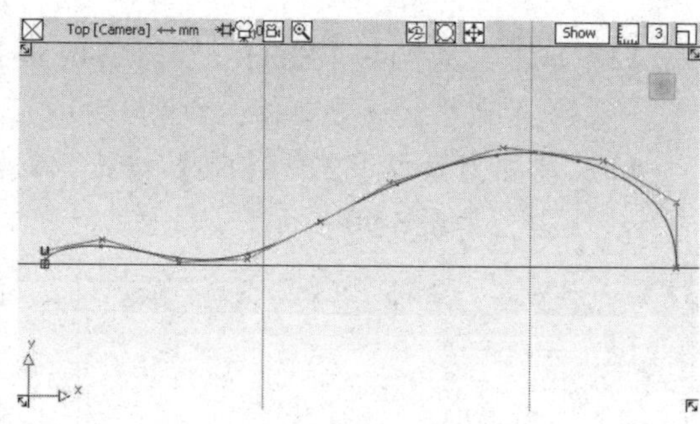

图3-94 挂带形状曲线

技巧点拨	曲线勾勒出大致的形状后，最好单击【part1】层，查看挂带的比例与手电筒是否协调，如不协调，则删除曲线，重新创建，以免到最后发现不合适而前功尽弃。

49 选择【Pick object】工具，选择刚刚创建的曲线。单击菜单栏中【Edit】|【Duplicate】|【Mirror】命令旁的图标，打开镜像选项对话框，设置参数，如图3-95所示。

50 单击对话框下方【Go】按钮，镜像曲线，如图3-96所示。

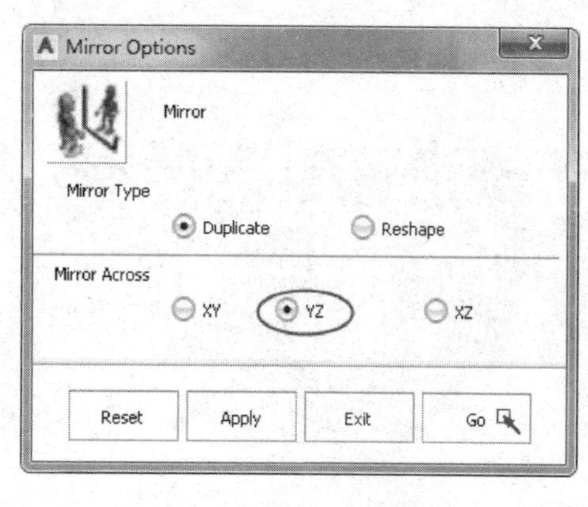

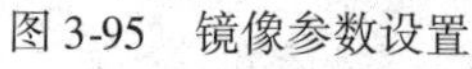

图3-95 镜像参数设置

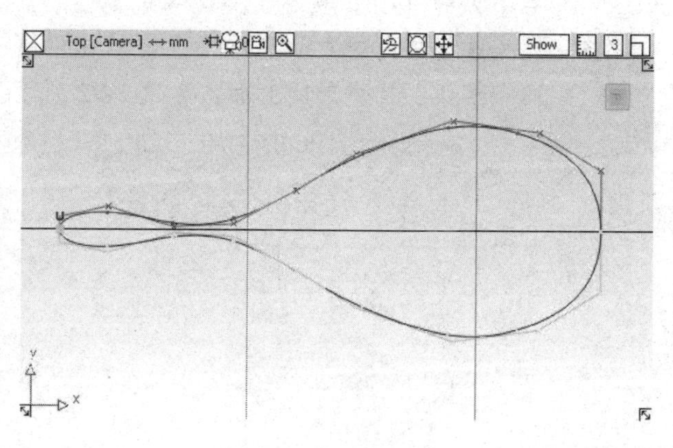

图3-96 镜像曲线

51 选择【Pick nothing】工具，取消对曲线的选择，打开【Palette】（工具箱）的【Object Edit】工具标签，双击【Attach】工具，打开连接选项对话框，设置参数，如图3-97所示。

52 单击【Go】按钮，在视图中依次单击上下两条曲线的右侧，两条曲线连接成一条曲线，如图3-98所示。

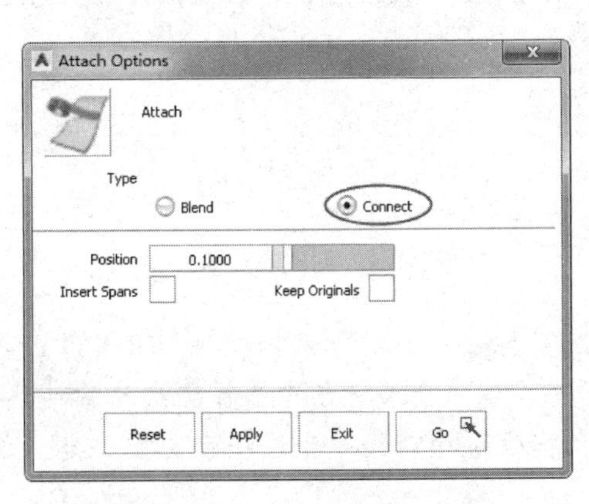

图3-97 【Attach】参数设置

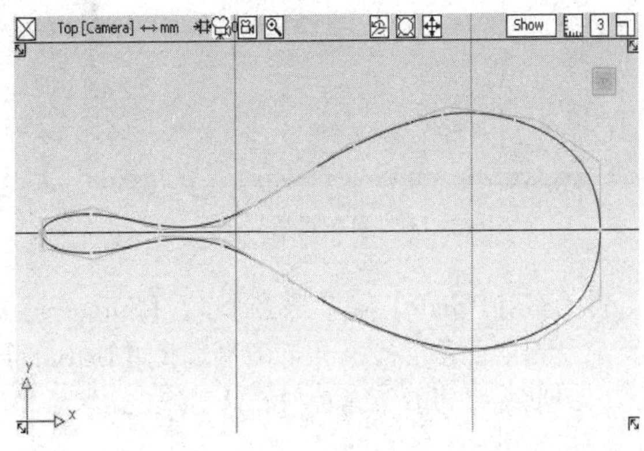

图3-98 连接曲线

53 选择【Pick CV】工具，按住键盘上【Shift】键，在创建的曲线上选择右侧的几个点，选择【Move】工具，在透视图中，按住鼠标右键向下拖动，将CV点沿Z轴方向向下移动到合适的位置释放，再单独调整个别CV点，使曲线看起来有向下弯曲的趋势，如图3-99所示。

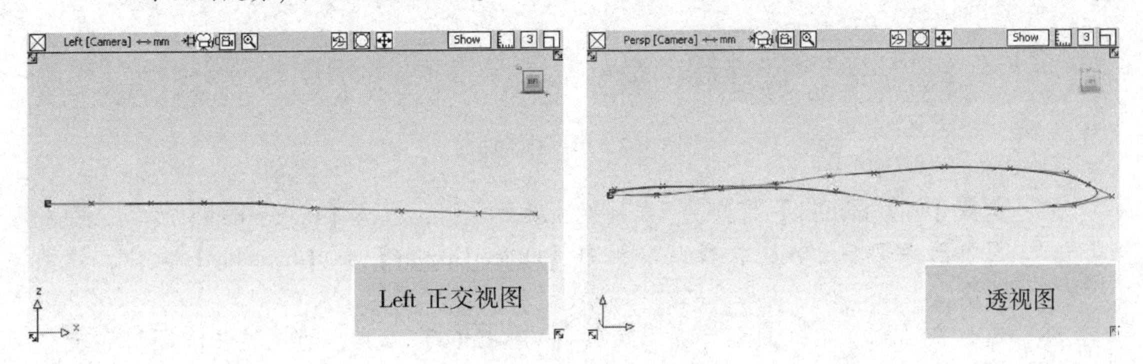

图3-99 修改曲线

54 旋转视图，单击【ViewCube】工具中的【Left】，进入【Left】正交视图。在曲线的左侧端点处放大视图。双击【Circle】工具图标，打开圆形曲线选项对话框，设置阶数和细分量参数，如图3-100所示。

55 单击对话框下方的【Go】按钮，按住键盘上的【Ctrl】键，在曲线端点附近单击，将圆心捕捉到曲线端点，使用操纵器缩放圆形，最终形状如图3-101所示。

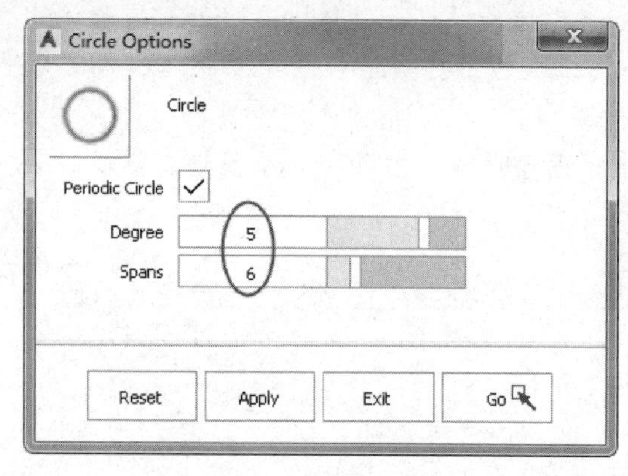

图 3-100 参数设置

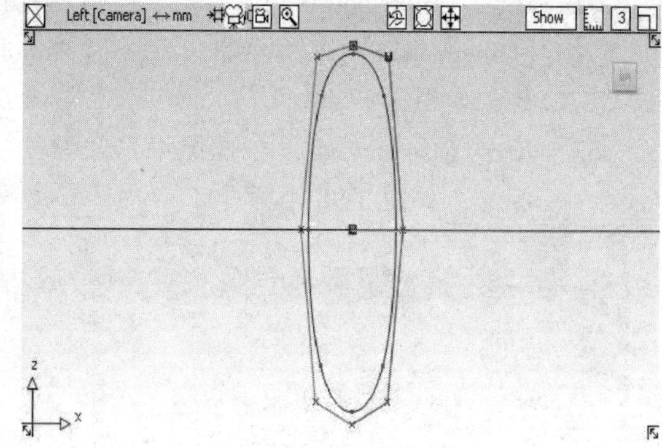

图 3-101 创建圆形曲线

56 在【Palette】（工具箱）的【Surfaces】工具标签中，鼠标左键按住【Rail】工具，在弹出的工具菜单中选择【Extrude】工具，在透视图中选择圆形轮廓曲线，单击视图右下角的【Go】按钮，然后单击挂带形状曲线，完成挂带曲面构建，如图 3-102 所示。

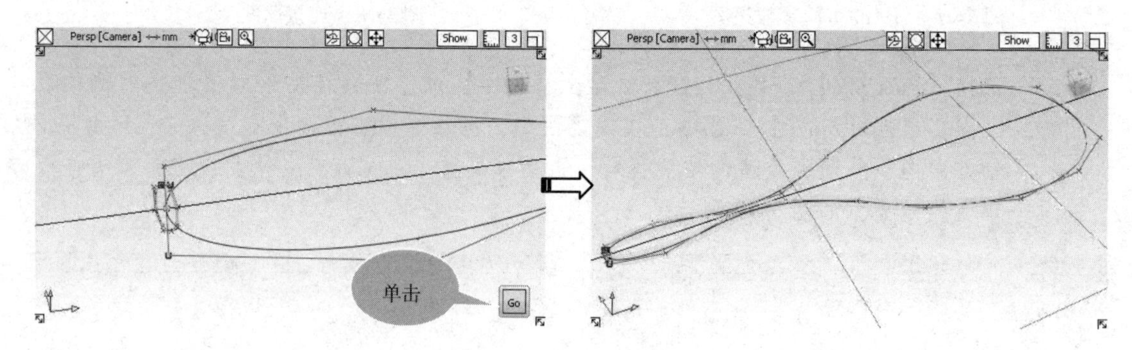

图 3-102 形成挂带曲面

57 选择【Pick nothing】工具，取消对曲面的选择，选择【Pick object】工具，在视图中选择两条曲线，执行菜单栏中【ObjectDisplay】|【Invisible】命令，隐藏曲线。

58 通过视图右上角（默认情况下）的【ViewCube】工具，切换到【Front】正交视图，缩放并移动视图。

59 选择【Circle】工具。双击【Circle】工具图标打开对话框，勾选【Periodic Circle】复选框，设置【Degree】为5，【Spans】为8，单击【Go】按钮。按住键盘上的【Alt】键，在原点附近单击，创建圆形曲线，使用操纵器缩放圆到合适大小。选择【Pick CV】工具后，选择【Move】工具，移动圆上面的 CV 点，调整曲线，如图 3-103 所示。

60 选择【Pick object】工具，选择刚刚创建的曲线，执行菜单栏中【Edit】|【Copy】命令，再执行【Edit】|【Paste】命令，在曲线的位置复制一条曲线，复制的曲线被选中。

61 选择【Move】工具，旋转视图，单击【ViewCube】中【Top】，切换到【Top】

正交视图，按住鼠标中键，移动复制的曲线到挂带收紧处，继续使用【Move】工具，移动另一条曲线到挂带收紧处，两曲线紧挨着排列，如图3-104所示。

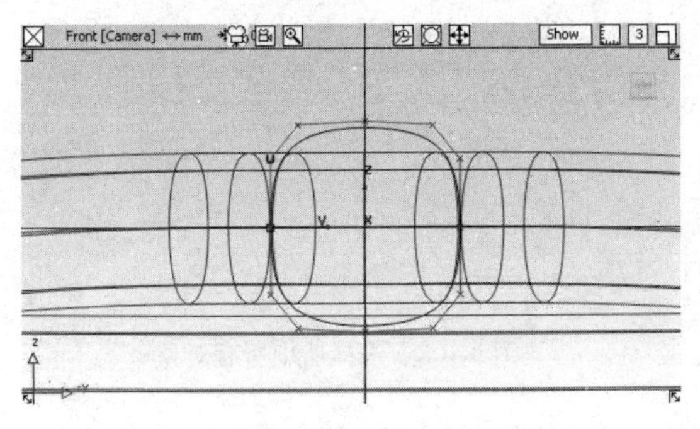

图3-103　调整曲线

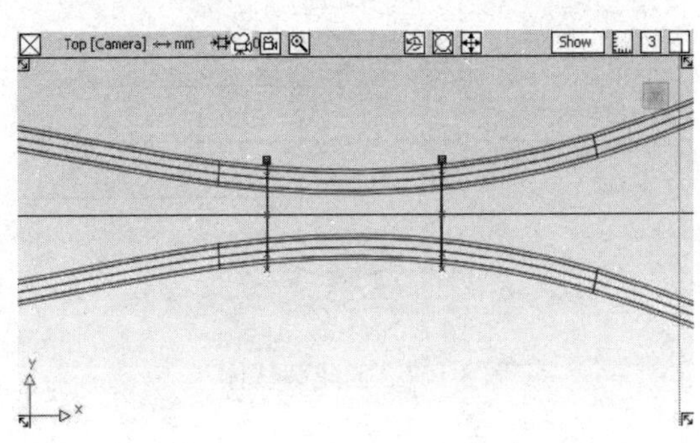

图3-104　移动曲线

62 选择【Pick nothing】工具，取消选择。在【Surfaces】工具标签中选择【Skin】工具，依次单击刚刚移动的两条曲线，形成放样曲面，如图3-105所示。

63 选择【Pick nothing】工具，取消选择。接下来创建挂带与手电筒的连接部分，切换到【Left】正交视图，在【Palette】（工具箱）的【Surfaces】工具标签中右击，在弹出的菜单中选择【Primitives】|【Torus】（圆环体）工具。

64 执行菜单栏中【ObjectDisplay】|【Visible】命令，显示刚才隐藏的两条曲线。在【Torus】工具处于选中状态下，按住键盘上的【Ctrl】键，在【Left】正交视图中，在挂带左侧按住鼠标左键移动，将圆环体中心捕捉到曲线的端点，释放鼠标，使用操纵器等比缩放圆环体的形状到合适大小，如图3-106所示。

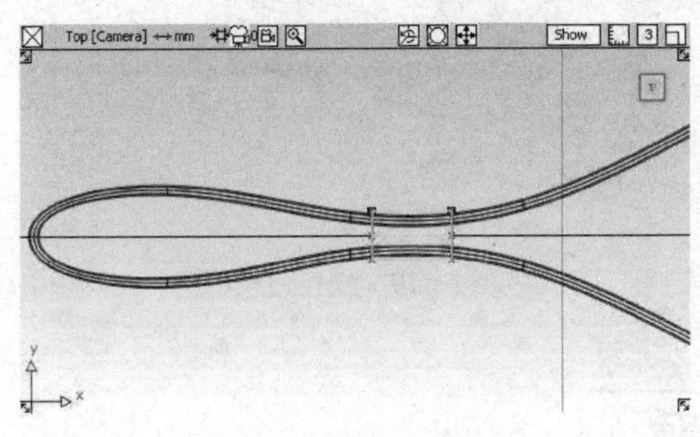

图3-105　收紧挂带

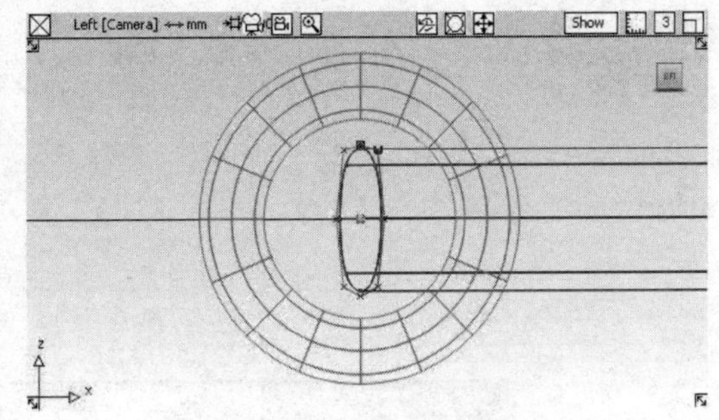

图3-106　创建圆环体

65 通过【ViewCube】工具，旋转视图，切换到【Front】正交视图，在【Palette】（工具箱）的【Surfaces】工具标签中右击，在弹出菜单中选择【Primitives】|【Cylinder】（圆柱体）工具。用捕捉端点的方法，创建一个圆柱体。回到【Left】正交视图，使用操纵器调整圆柱体的长短大小，并移动到合适位置，最终效果如图3-107所示。

66 选择【Pick nothing】工具，取消选择。在层栏中【part1】层上，按住鼠标左键，在弹出的菜单中选择【Visible】，取消隐藏【part1】层。在层栏中【part2】层上，按住鼠标左键，在弹出的菜单中选择【Pick Objects】，选取【part2】层的所有对象，如图3-108所示。

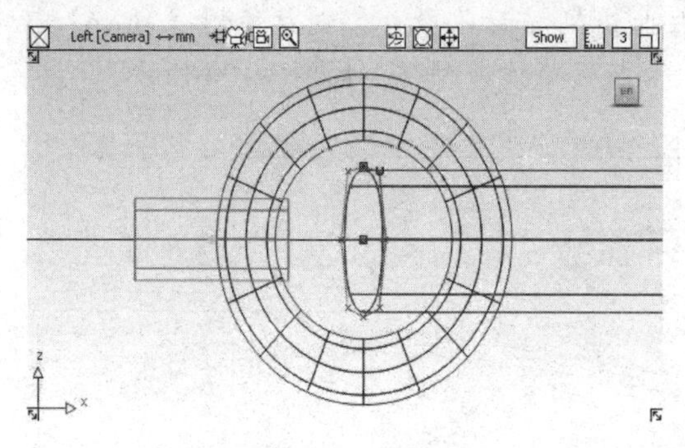

图 3-107　创建圆柱体

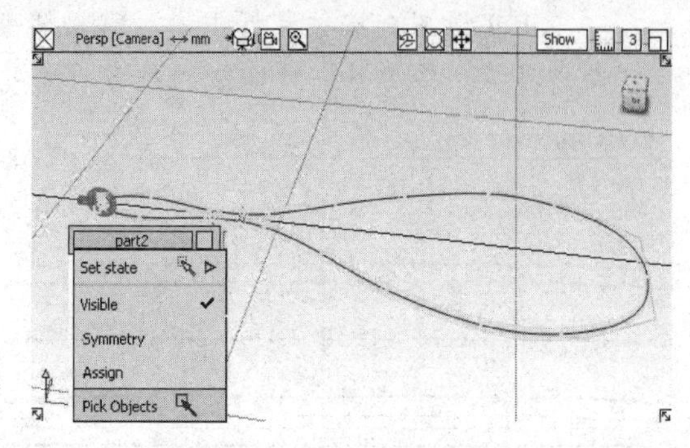

图 3-108　选择层中所有对象

67　选择【Move】工具，在透视图中按住鼠标左键，沿 X 轴移动选取的对象，使之与手电筒筒身尾部连接，如图 3-109 所示。

68　在手电筒筒身的上面添加一个小按钮（自己练习添加），整个手电筒模型完成。

69　选择【Pick nothing】工具，取消选择。在【Diagnostic Shade】工具面板中，单击【Multi color】工具，将整个曲线模型着色显示。在建模窗口的标题栏中，单击【Show】按钮打开菜单，并选择【Model】和【Gird】，以移除复选标记。线框线将被禁用，观察模型，如图 3-110 所示。

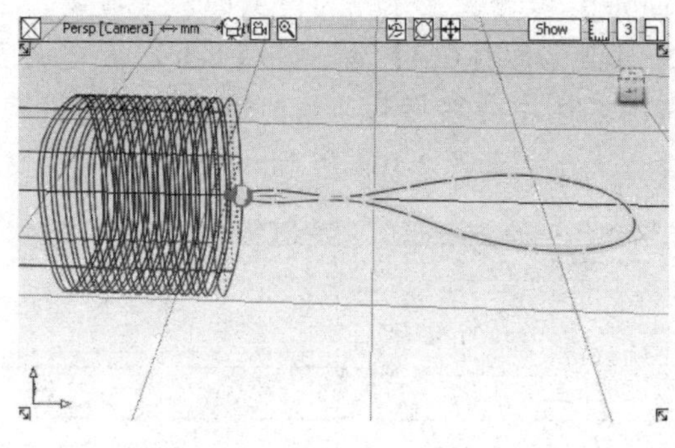

图 3-109　连接手电筒筒身

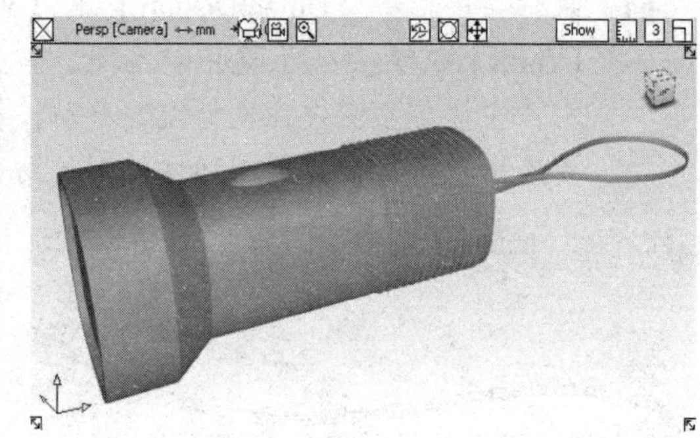

图 3-110　手电筒模型

第 5 节　练 习 题

练习：地球仪

本练习的完成模型如图 3-111 所示。

操作步骤：

01　创建两个圆柱体，作为地球仪的底座。

02　创建一个半圆环体，作为地球仪的支撑杆。

03　创建一个圆柱体连接支撑杆。

04　创建圆球体，对它们成组并进行旋转。

05　添加小圆球作为连接件，完成模型创建。

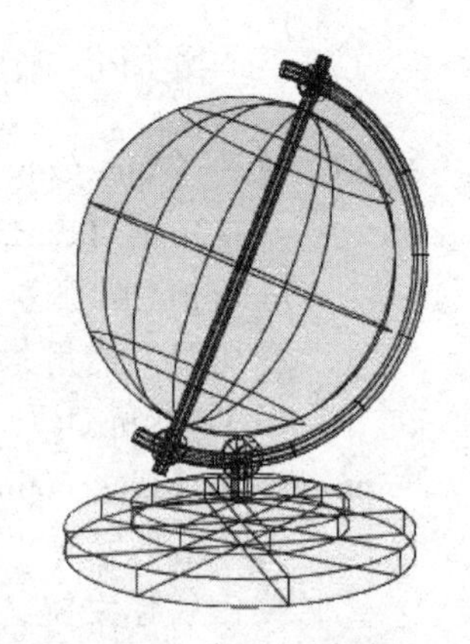
图 3-111　练习模型

第 4 章

构建高级曲面

上一章我们介绍了基本曲面工具及其案例应用，在本章将学习高级曲面部分工具及其应用。这里的高级曲面也可以理解为高质量的曲面，或者复杂造型的曲面。

案例展现

ANLIZHANXIAN

案 例 图	描 述
	通过沐浴露瓶子的建模练习，熟悉扫掠曲面、边界曲面、过渡曲面、卷装边缘曲面及网络曲面工具的综合应用方法。 通过本例，也能够帮助初学者掌握一些基础曲面造型的思路
	创建饮料瓶模型的主要步骤为：使用扫掠工具创建瓶身主体面；分割主体面，然后使用扫掠曲面工具创建瓶身一侧手握槽轮廓；创建标签曲面，然后创建曲线剪切主体面与标签曲面；在两曲面间创建过渡曲面。为瓶身添加浮雕图案；镜像复制瓶身面，完成瓶身模型；为瓶体加盖，完成整个模型创建

第 1 节 【Swept Surfaces】（扫掠曲面）工具

在工具箱的【Surfaces】标签中右键单击，从弹出的菜单中可以看到，位于【Swept Surfaces】中有三个不同的工具。其中，【Rail Surface】工具以及【Extrude】工具较为常用，【Anim Sweep】工具则是与动画知识相关，此处不作介绍，如图 4-1 所示。

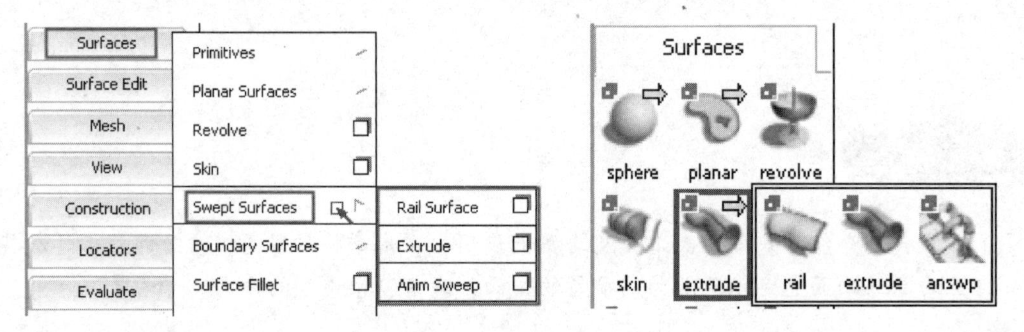

图 4-1　扫掠曲面工具

 一、【Rail Surface】（路径扫描曲面）

【Rail Surface】工具是通过沿一条或两条轨道曲线扫掠一条或多条形状曲线创建扫掠曲面的工具，图 4-2 为利用【Rail Surface】创建的单轨扫描和双轨扫描的扫描曲面。

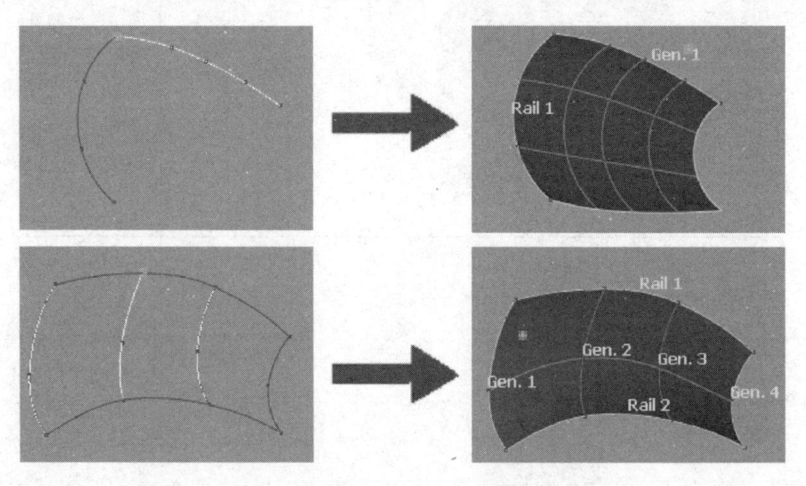

图 4-2　单轨扫描和双轨扫描

双击【Rail】工具图标，打开【Birail I Gen，Control】对话框，如图 4-3 所示。

对话框中【Transform Control】选项包含四个子选项。

- 【Scale】：等比将形状曲线缩放至所需的尺寸，使该曲线保持在两条轨道上。
- 【Non-Prop Scale】：沿连接轨道曲线的向量非等比缩放形状曲线。
- 【Rotate No Trim】：围绕与第一条轨道曲线的交点旋转形状曲线，使形状曲线保持在两条轨道上，形状曲线不会缩放。

● 【Rotate & Trim】：围绕与第一条轨道曲线的交点旋转形状曲线，使形状曲线保持在两条轨道上，将新曲面中超出任意一条轨道曲线的部分修剪掉，形状曲线不会缩放。

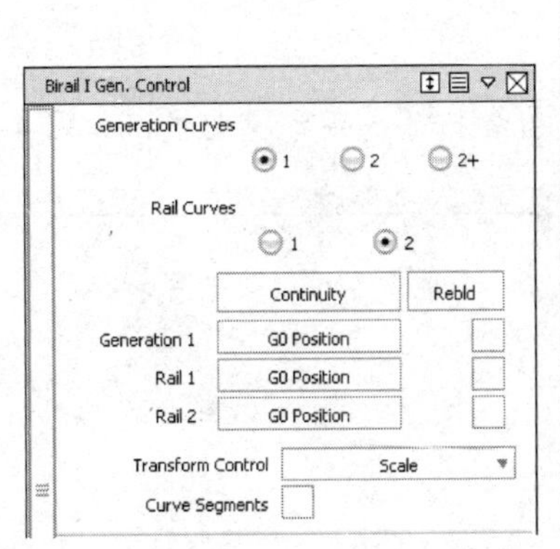

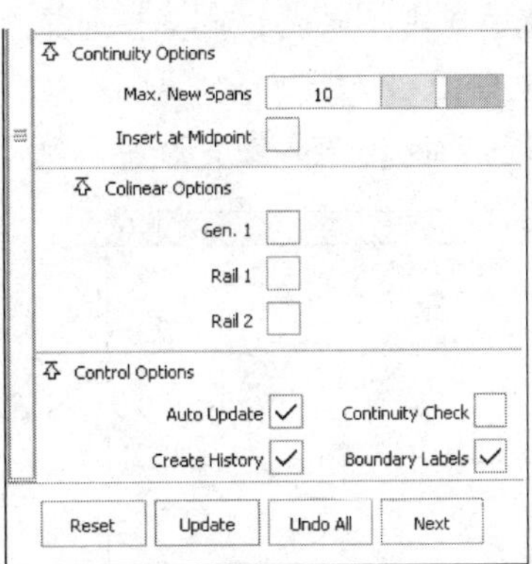

图 4-3 【Birail I Gen，Control】对话框

技巧点拨	上面提到的选项中，只是【Rail Surface】工具选项的一部分，对话框中的参数会随着选项的改变而发生变化，正因为这一点，【Rail Surface】工具具有很强大的功能，在后面会挑出几个功能进行详细介绍。 进行不同的设置，创建的扫掠曲面会出现不同的结果，可以创建出很多种特殊的曲面。

1. 创建单轨曲面

使用【Rail Surface】工具沿一条轨道曲线，扫掠一条形状曲线，如图 4-4 所示。

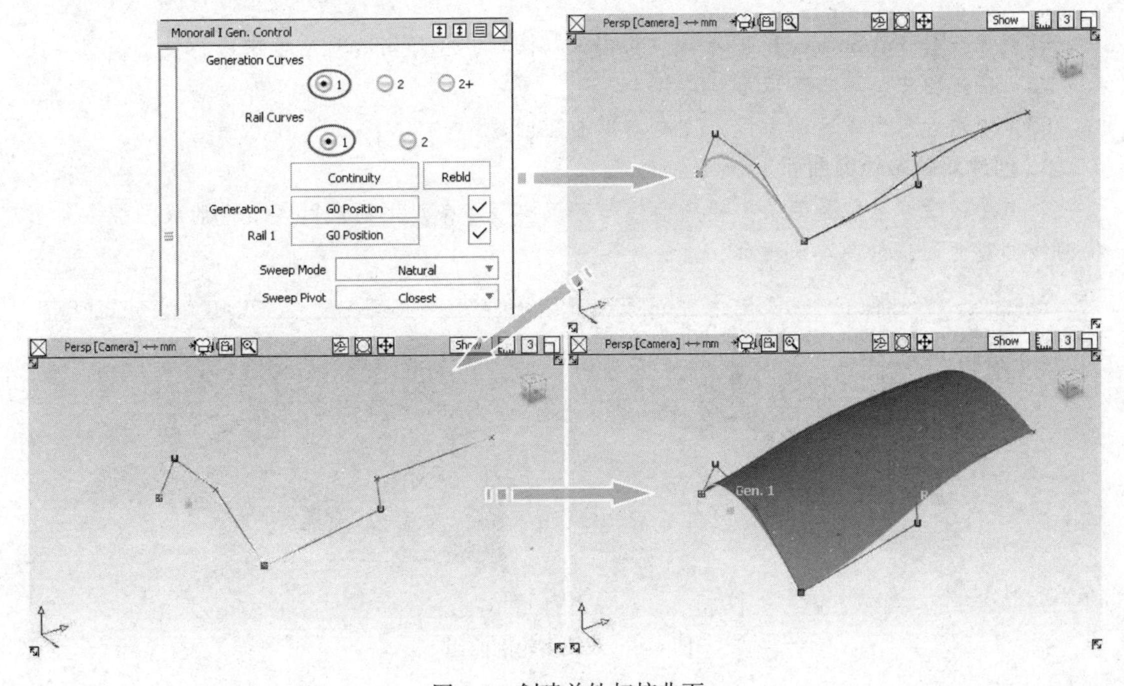

图 4-4 创建单轨扫掠曲面

01 选择【Rail Surface】工具，双击工具图标，在弹出的对话框中进行设置。

02 在视窗中，单击选取形状曲线。

03 选取轨道曲线，完成扫掠曲面创建。

2. 创建双轨曲面

使用【Rail Surface】工具，沿两条轨道曲线扫掠一条形状曲线，如图4-5所示。

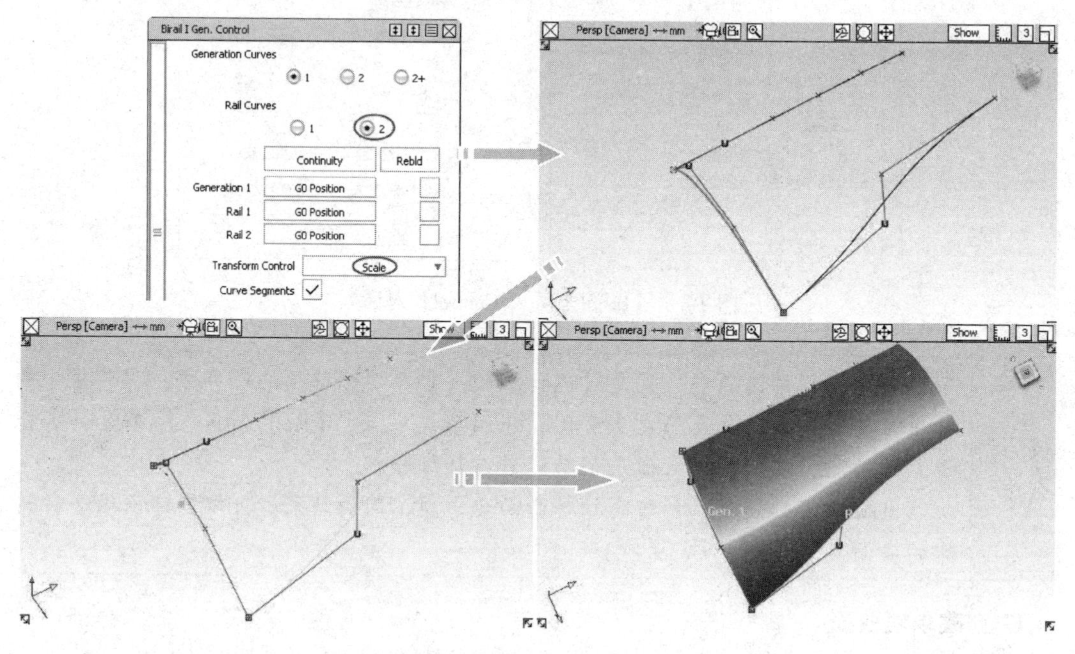

图4-5 创建双轨扫掠曲面

01 选择【Rail Surface】工具，双击工具图标，在弹出的对话框中进行设置。

02 在视窗中，单击选取形状曲线。

03 依次选取两条轨道曲线，完成扫掠曲面创建。

3. 创建双轨多轮廓曲面

轨道曲线最多只能是两条，轮廓曲线却可以有很多条。下面沿两条轨道曲线扫掠多条形状曲线创建曲面，如图4-6所示。

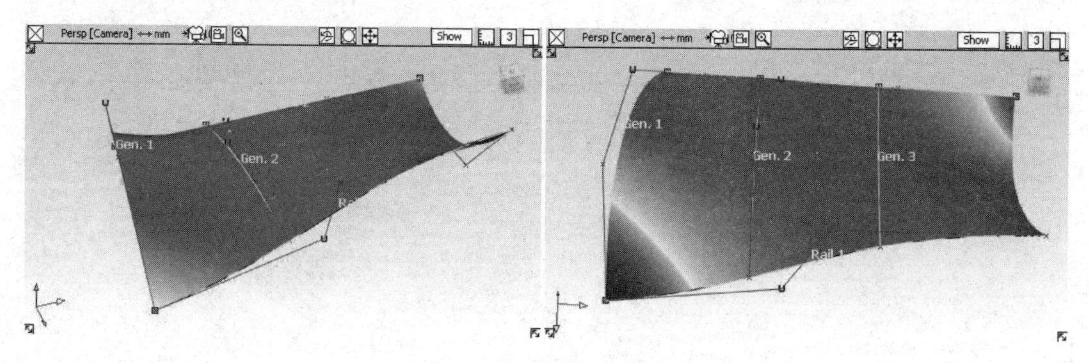

图4-6 双轨多轮廓曲面

以上是用一般曲线创建单独的扫掠曲面，并未牵涉到面与面间的连续性问题。

4. 扫掠曲面的连续性

下面通过示例说明扫掠曲面对话框中连续性选项的作用。

01　以图4-7中左图所示的曲面的两个顶点为端点，创建两条曲线，如图4-7中右图所示。

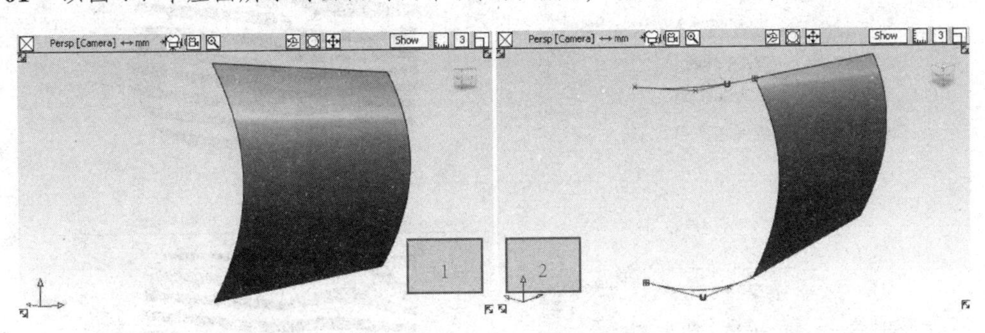

图4-7　以曲面顶点为端点创建曲线

02　双击【Rail Surface】工具图标，在打开的对话框中设置形状曲线（轮廓）为1，轨道曲线为2，如图4-8所示。

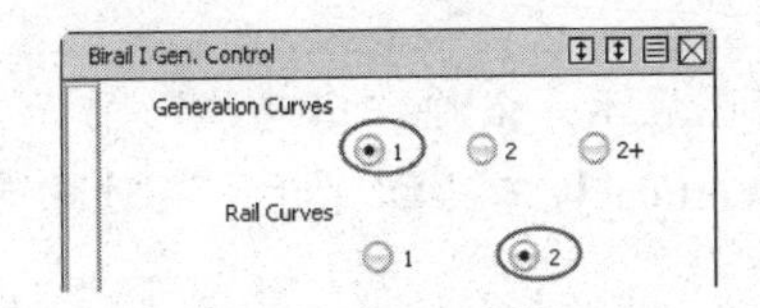

图4-8　设置对话框选项

03　在视窗中单击曲面的边缘（靠近两条曲线的那侧）作为形状曲线，然后依次单击选取创建的两条曲线作为轨道曲线，创建出一个扫掠曲面，如图4-9所示。

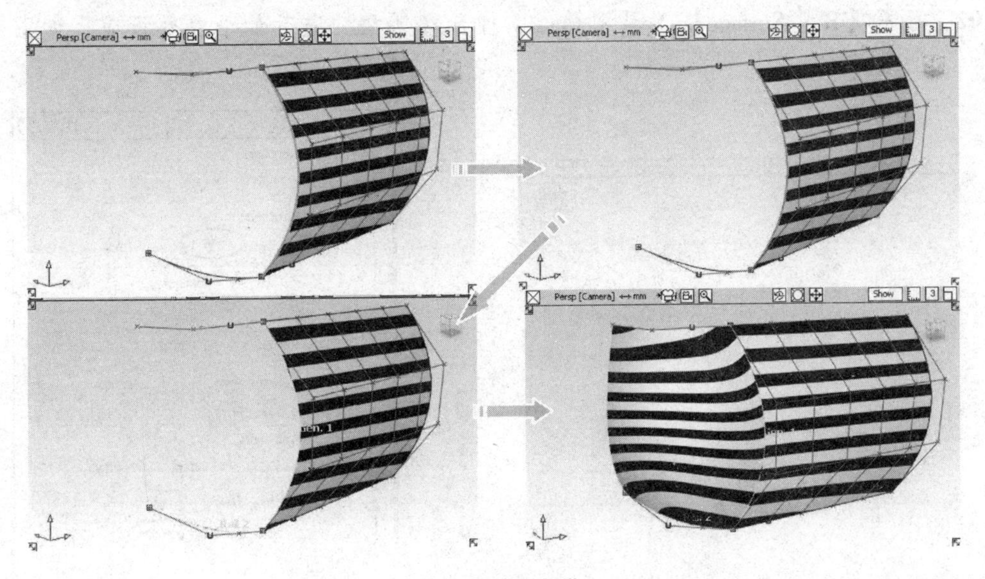

图4-9　创建扫掠曲面

04 在刚刚创建的曲面仍处于选中状态下，打开【Rail Surface】工具对话框，调节形状曲线的连续性级别，观察两个曲面在连接处发生的变化，如图4-10所示。

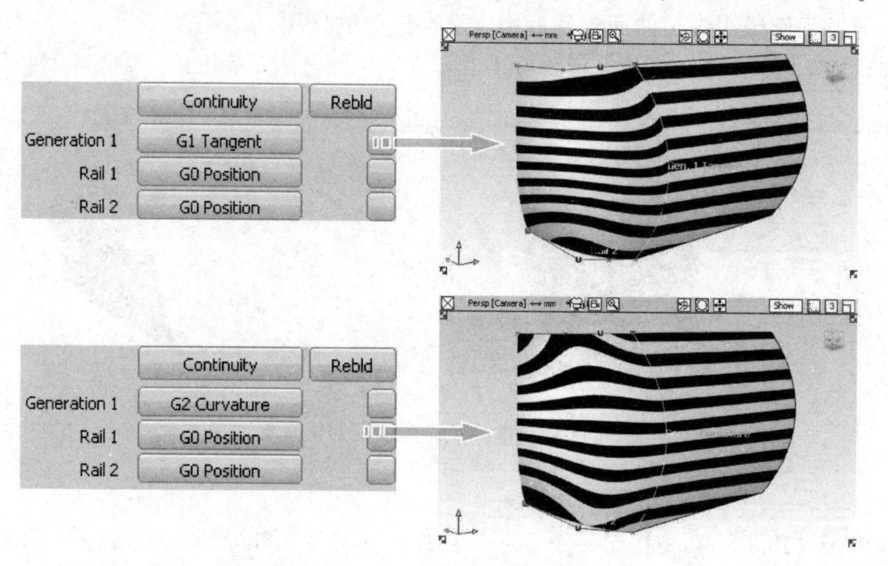

图4-10 更改曲面间的连续性

> **技巧点拨** 上图中曲面的着色显示，俗称“斑马线”显示，可通过【Diagnostic Shade】面板中【Horizontal/Vertical】工具打开，通过它可以查看曲面间的连接是否光滑。

5. 创建牛角曲面

用【Rail Surface】工具创建一个特殊曲面——牛角曲面。

01 在视窗中创建两条曲线，如图4-11所示。

02 双击【Rail Surface】工具图标，打开对话框，进行如下参数设置，如图4-12所示。

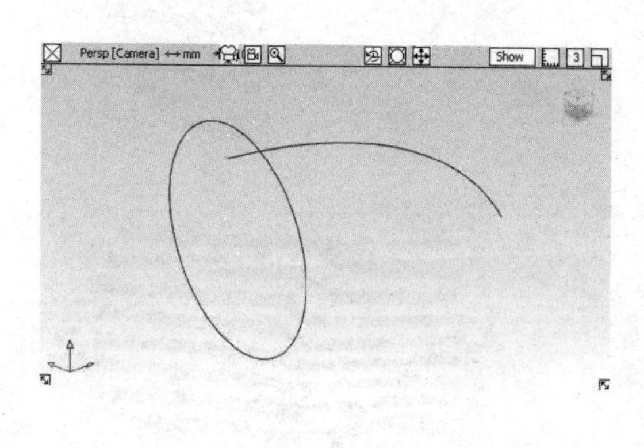

图4-11 创建两条曲线

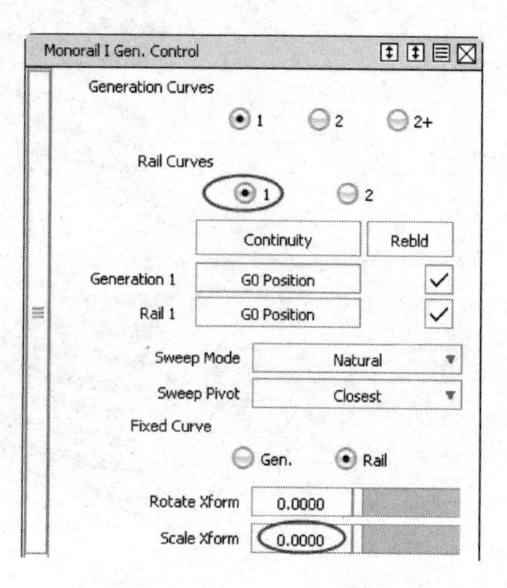

图4-12 设置参数

03 在透视窗中，选取圆形曲线作为形状曲线，然后选取另一条曲线作为轨道曲线，形成扫掠曲面，着色显示后如图4-13所示。

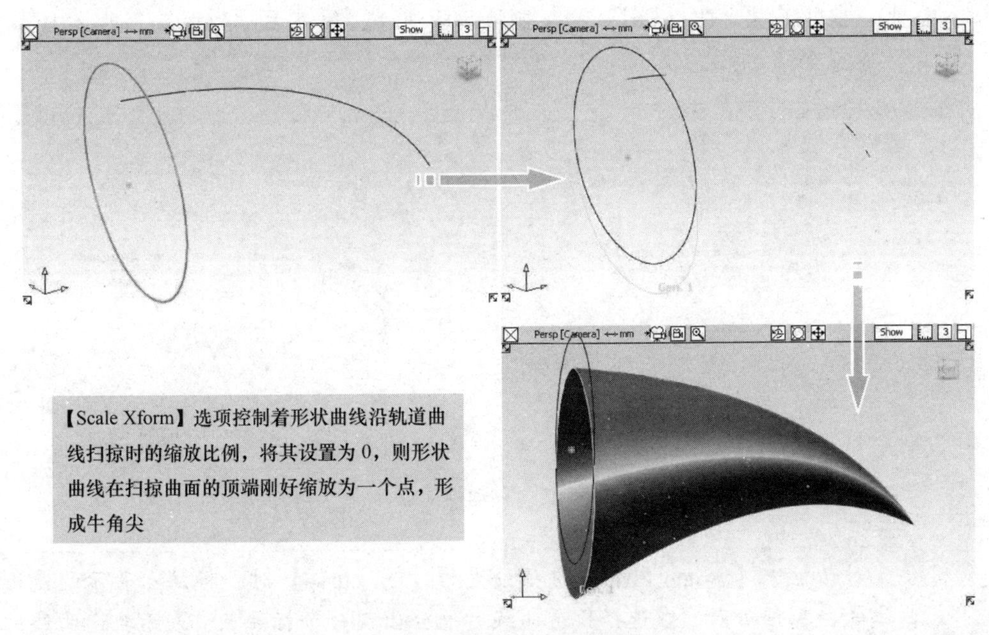

Persp [Camera] ↔mm
Show
【Scale Xform】选项控制着形状曲线沿轨道曲线扫掠时的缩放比例，将其设置为0，则形状曲线在扫掠曲面的顶端刚好缩放为一个点，形成牛角尖

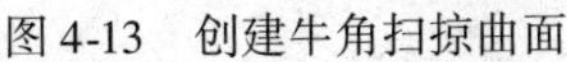

图4-13　创建牛角扫掠曲面

6. 创建螺旋扫描曲面

下面使用【Rail Surface】工具创建螺旋线曲面。

01 在【Left】正交视窗中创建两条曲线，然后双击【Rail Surface】工具图标，打开对话框后设置参数，如图4-14所示。

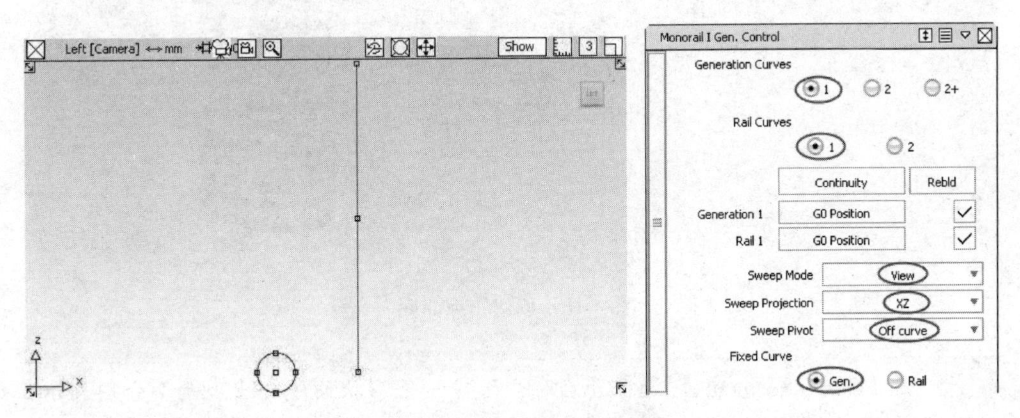

图4-14　创建曲线并设置参数

技巧点拨	圆和曲线要在同一平面内。

02 在透视窗中，单击选取圆形曲线作为形状曲线，此时在圆形曲线的附近出现一个标注点，按住键盘上的【Ctrl】键，拖动此标注点，使其吸附到第二条曲线的下侧端点，如图 4-15 所示。

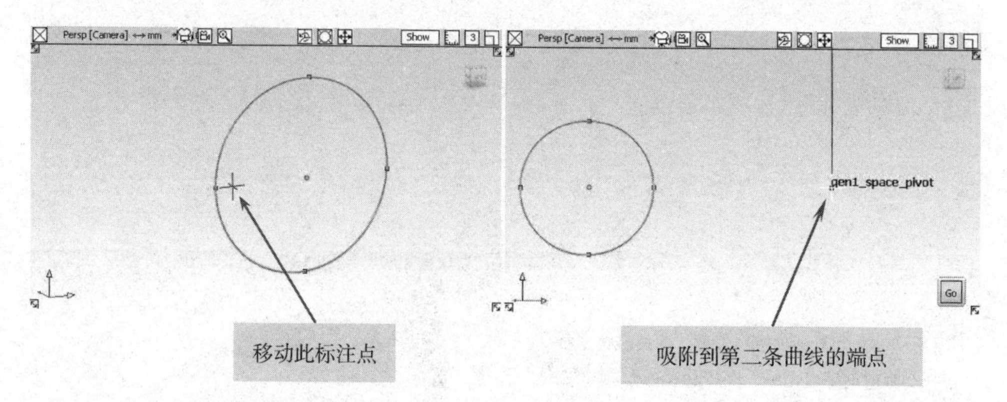

图 4-15　移动标注点

技巧点拨	对话框中【Sweep Pivot】选项设置为【Off curve】时，标注点表示的是形状曲线的扫掠轴心点。在选择轨道曲线时也会出现一个标注点，表示轨道曲线的轴心点，默认情况下即位于曲线的起点。

03 单击视窗下方的【Go】按钮，然后选择轨道曲线，完成螺旋曲面创建，如图 4-16 所示。

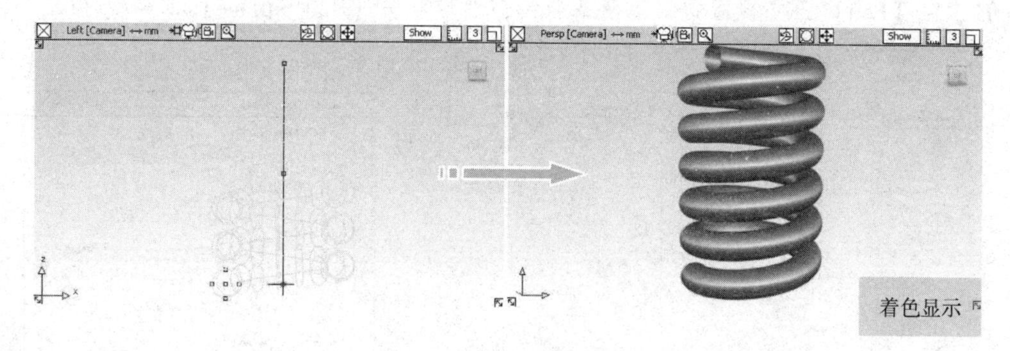

图 4-16　创建扫掠曲面

技巧点拨	【Curve Segments】选项开启时，选择一条形状曲线会出现两个分别表示曲线起始和终点的标注点，移动这些标注点可以调整参与创建扫掠曲面的曲线的有效部分。

二、【Extrude】（管状曲面）

【Extrude】工具通过沿路径曲线拉伸形状曲线来创建新曲面，通常用于创建具有对称断面线的管状对象，如图 4-17 所示。

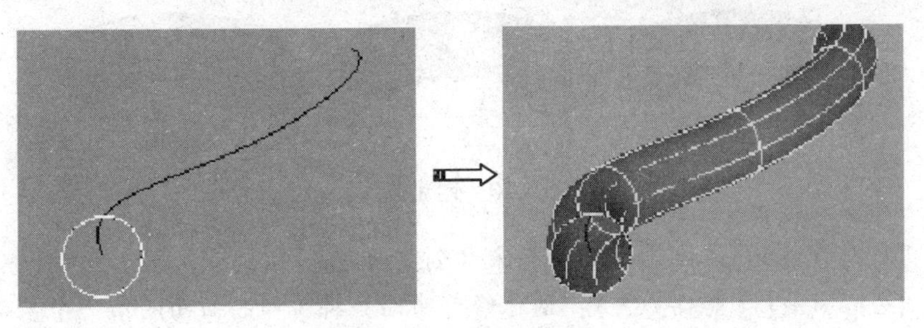

图 4-17　管状曲面

双击【Extrude】工具图标，打开【Extrude Options】对话框，如图 4-18 所示。

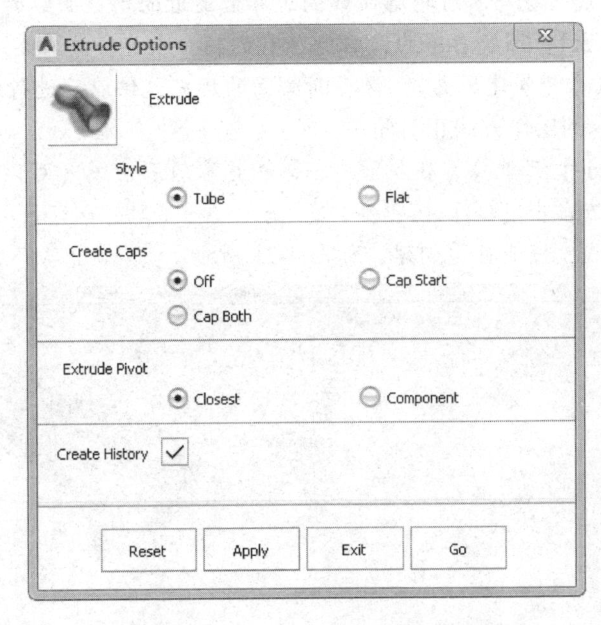

图 4-18　【Extrude Options】对话框

对话框中各选项含义如下。

● 【Style】(样式)：扫描样式。包括【Tube】和【Flat】，如图 4-19 所示。

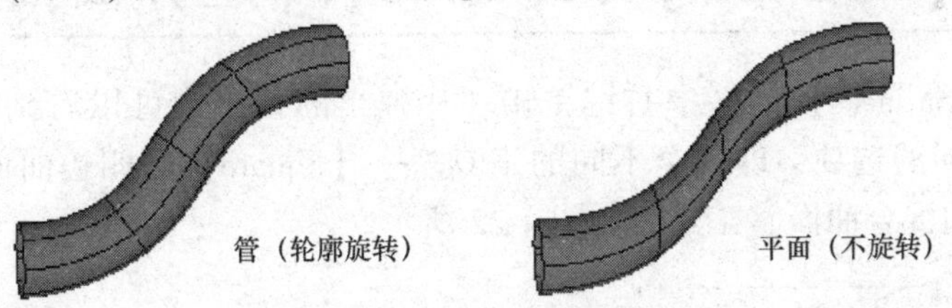

图 4-19　扫描样式

【Tube】(管)：当轮廓曲线沿路径进行扫掠时，会进行旋转，保持与路径曲线之间的角度不变。

【Flat】(平面)：当轮廓曲线沿路径进行扫掠时，会保持其原始方向不变。

● 【Create Caps】(创建端盖)：如果扫描的对象是闭合的平面曲线，则可以在曲面的末端创建封口，如图 4-20 所示。

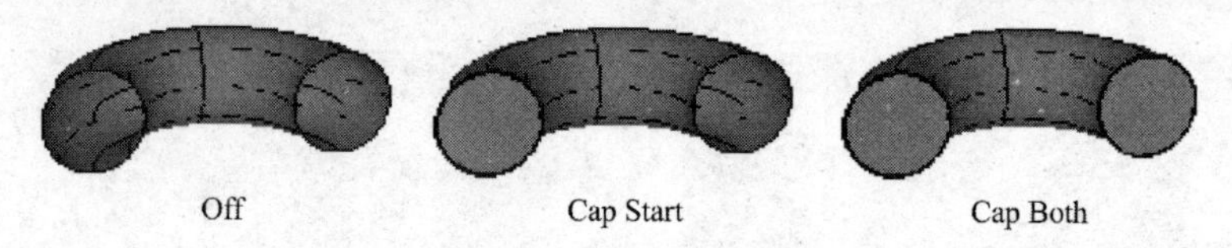

图 4-20　创建端盖

【Off】(关)：不在扫描的曲面末端创建封口。

【Cap Start】(前端加盖)：创建修剪曲面，将拉伸的曲面的第一个末端封口。

【Cap Both】(两端加盖)：创建修剪曲面，将拉伸的曲面的两个末端都封口。

- 【Extrude Pivot】(扫描轴心)：此选项组控制拉伸多条轮廓曲线时使用哪个轴心点。

  【Closest】：围绕与所有轮廓曲线的边界盒最近的路径曲线的端点旋转轮廓曲线。

  【Component】：围绕各条曲线自身独有的轴心点旋转该曲线。

- 【Create History】(创建历史)：保存新曲面的历史，供以后进行编辑。

【Extrude】工具的操作方法相对简单。

01 选择【Extrude】工具，在视窗中，单击选取轮廓曲线（可以是一条或多条），然后在视窗下方单击【Go】按钮。

02 选取路径曲线，完成曲面创建，如图 4-21 所示。

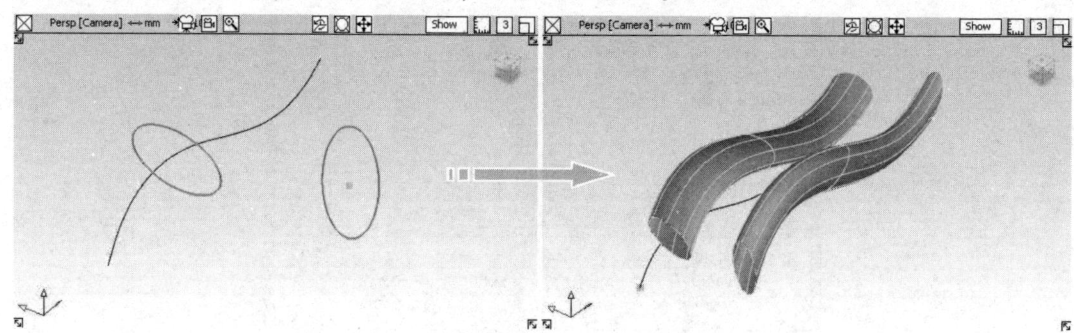

图 4-21　使用【Extrude】工具创建管状曲面

第 2 节 【Boundary Surfaces】(边界曲面) 工具

在工具箱的【Surfaces】标签中右键单击，从弹出的菜单中可以看到【Boundary Surfaces】中有两个不同的选项，即两个不同的工具——【Square】（四边曲面）工具以及【Nulti Blend】(多边混合曲面）工具，如图 4-22 所示。

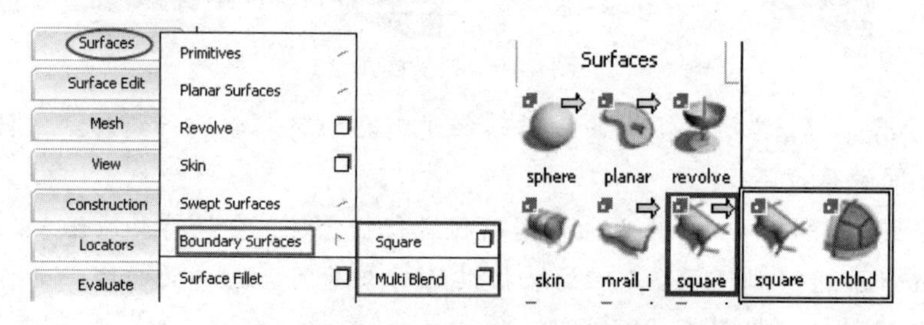

图 4-22　Boundary Surfaces（边界曲面）工具

一、【Square】（四边曲面）

【Square】工具通过过渡四条边界曲线（或线段）创建曲面。

双击【Square】工具图标，打开【Square Control】（四边曲面控制）对话框，如图4-23所示。

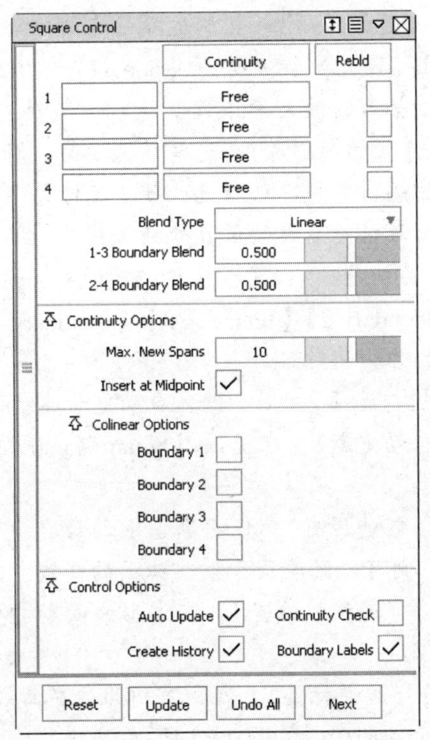

图4-23　【Square control】对话框

对话框中各选项含义如下。

- 连续性表：为所有边线设置连续性，表中各项含义如图4-24所示。

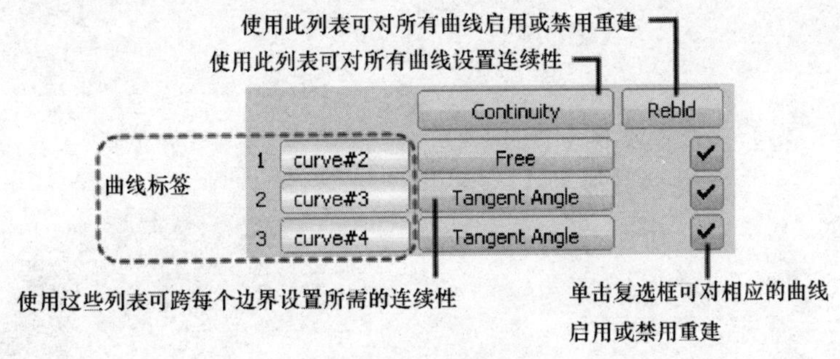

图4-24　连续性表

- 【Blend Type】（混合类型）：包括【Linear】和【Cubic】。

  【Linear】（线性）：仅使用边界曲线的相关信息构建曲面的内部。

  【Cubic】（切线）：使用切线（对于切线连续性边）或切线和曲率信息（对于曲率边）构建内部。

● 【1-3 Boundary Blend】(1-3 边界混合)、【2-4 Boundary Blend】(2-4 边界混合)：这些滑块控制相对边界的相等影响点（即相对边界之间过渡部分的中点）。值的有效范围为 0.17 到 0.83。

● 【1-3 Influence】(1-3 影响)、【2-4 Influence】(2-4 影响)：这些滑块控制每组边界曲线对新曲面的影响程度。

● 【Continuity Options】(连续选项)：控制边界的连续性。

　　【Max. New Spans】(最大，新跨度)：【Square】工具在试图实现连续性时可以在新曲面的每条边上插入的最大跨距数。

　　【Insert at Midpoint】(插入中点)：选择该选项时，将在连续性偏差最大的跨距的中点处插入额外的编辑点。默认勾选此项，可使等参曲线更好地分布。未选择该选项时，将在连续性偏差最大的位置处插入额外的编辑点。

● 【Colinear Options】(共线选项)：用于设置边界的对齐情况。

　　【Boundary 1】【Boundary 2】【Boundary3】【Boundary 4】：设置新曲面的等参曲线通过哪些边界与相邻曲面对齐。

● 【Control Options】(控制选项)：用于设置自动更新连续性检查等控制功能。

　　【Auto update】(自动更新)：在更改【Square Control】对话框中的参数值时自动更新曲面。

　　【Create History】(创建历史)：保存新曲面的历史，供以后进行编辑。如果启用【Create History】，则可以修改用于创建曲面的曲线，并且曲面将会更新。

　　【Continuity Check】(连续性检查)：在方形曲面和相邻曲面之间的边界处显示曲面连续性标注。

　　【Boundary Labels】(边界标签)：在视窗中为边界曲线设置标签。

以四条边界曲线创建一个新曲面，如图 4-25 所示。

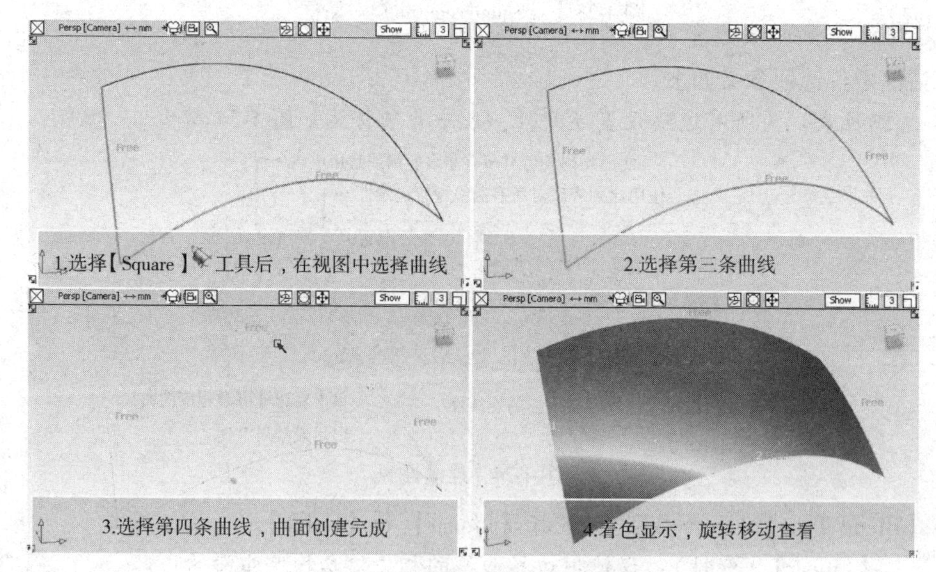

图 4-25　以四条边界曲线创建曲面

以四个角点创建一个新曲面，如图 4-26 所示。

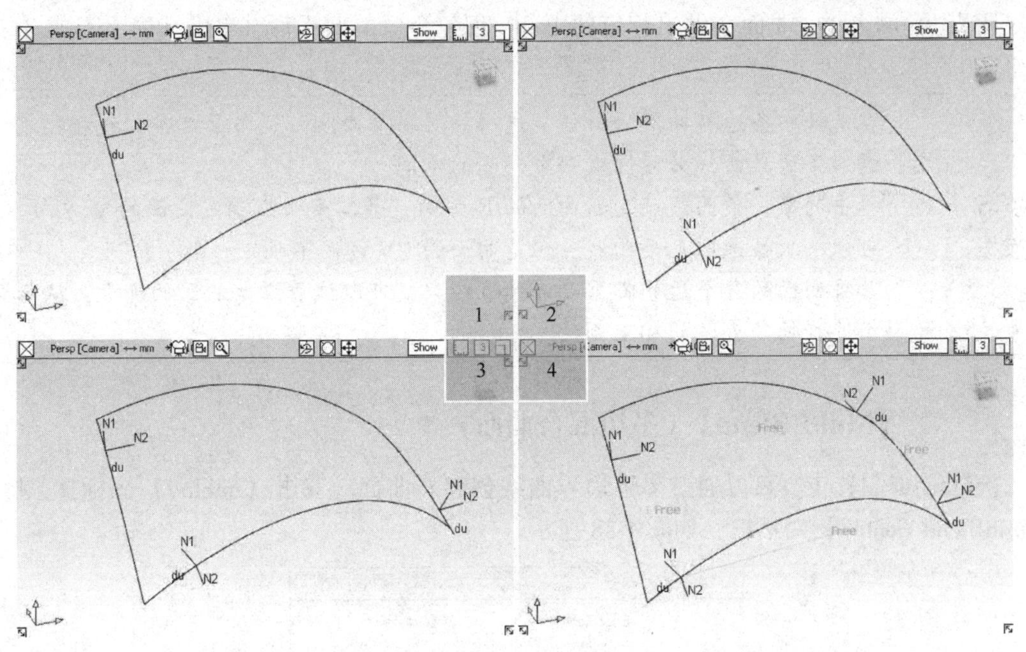

图 4-26　以角点创建曲面

技巧点拨	可以通过四条曲线、四个角点、一个角点和两条曲线，或两个角点和一条曲线创建曲面。如果既选择曲线又选择角点，则必须先选择曲线。第一个角点只能通过捕捉模式来选择。

以曲面的边界创建四边曲面，并使用【Tangent Angle】（切角操纵器）进行调整，如图 4-27所示。

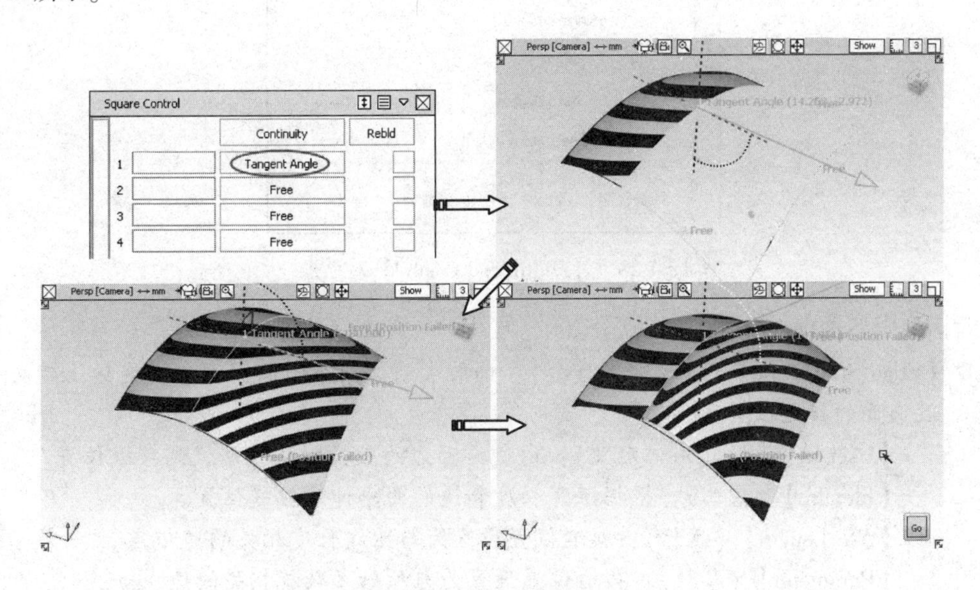

图 4-27　使用切角操纵器

调节切角的大小，曲面会做出相应的更新，创建合适的曲面后，单击视窗下方的【Go】按钮。

技巧点拨	在选择四条边界曲线的时候，选择的第一条曲线必须与第二条曲线相接或相交，这四条边界曲线必须围成一个封闭的空间。 单击的第一条曲线确定新曲面的U方向，第二条曲线确定曲面的V方向。 可以一次性选取几条曲线，但是曲面的UV方向不确定。 如果曲面的每个边界都需要连续性约束，可以试着增大曲面的阶数，从而避免每个连续性约束之间相互制约。

二、【Multi Blend】（多边混合曲面）

【Multi Blend】工具可以通过多个边界曲线创建新曲面。双击【mtblnd】图标，打开【MultiBlend Control】对话框，如图4-28所示。

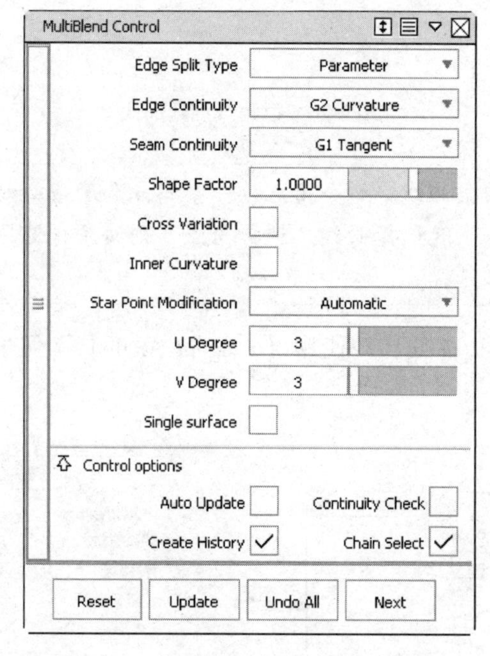

图4-28 【MultiBlend Control】对话框

对话框中各选项含义如下。

- 【Edge Split Type】（边缘分割类型）：如果未创建单个曲面，则在选定边上定义多过渡曲面的接缝位置。

  【User defined】（用户定义）：通过拖动边的点控制柄分别找到接缝位置。

  【Flexure】（弯曲）：根据弧线长度和边的曲率计算接缝位置。

  【Arc Length】（弧长）：接缝位置设置为与弧线长度相关的边中点。

  【Parameter】（参数）：接缝位置设置为与原始参数流相关的边中点。
- 【Edge Continuity】（边界连续性）：定义选定曲面边和曲线间的过渡的全局质量，可选择G0位置连续、G1相切连续或G2曲率连续。

- Seam Continuity（接缝连续性）：定义接缝的连续性，可选择 G1 相切连续或 G2 曲率连续。
- 【Shape Factor】（形状因子）：通过形状系数控制多过渡曲面的形状。如果【Shape Factor】选项不可用，则值为 1.0。
- 【Cross Variation】（交叉变异）：控制选定边间的过渡的计算。该选项仅适用于切线或曲率连续过渡。可以使用该选项更好地控制曲面内的点分布。若要产生最合适精确度的结果的计算，需要将该选项设为较高的阶数。
- 【Inner Curvature】（内曲率）：定义曲面内曲率连续。
- 【Star Point Modification】（星形点修改）：使用第一个过渡曲面的计算来自动计算星形点。执行计算之后，您可以按以下方式更改点。

【Automatic】（自动）：自动计算星形点。

【Planar】（平面）：通过拖动圆操纵器移动过渡曲面上的星形点。将保留星形点处的曲面法线。

【Normal】（正常）：通过拖动箭头操纵器移动与过渡曲面垂直的星形点。将保留星形点处的曲面法线。

【View】（视窗）：通过拖动箭头操纵器在视窗中移动星形点。

- 【U Degree】（U 度）、【V Degree】（V 度）：允许为多个曲面的创建指定一致的阶数，或为单个曲面的创建指定两个不同的阶数。
- 【Single surface】（单曲面）：可创建多过渡曲面作为单个曲面。如果是由三条边构成的孔，则创建三角形曲面，这是因为系统要求必须将其细分为三个矩形曲面。如果是由四条边构成的孔，则创建矩形曲面。仅在此情况下能指定两个不同的阶数。

图 4-29 为创建的单个的三边曲面。

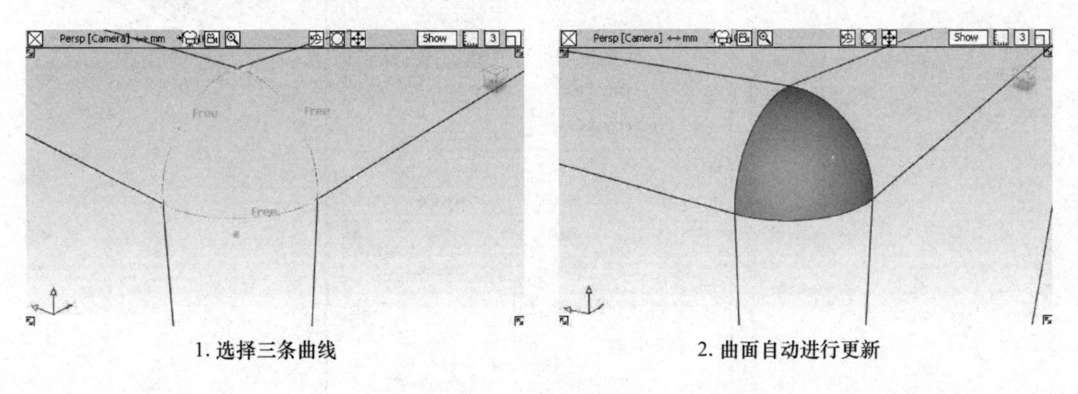

图 4-29　创建三边曲面

第 3 节 【Multi-Surface Blend】（过渡曲面）工具

过渡曲面工具会在两个曲面之间形成可控的过渡曲面，通过调整过渡曲面的各项参数来创建所需的面。自主创建曲面有时不仅难以控制，而且还不能符合要求，使用过渡曲面工具，可以在为面与面之间形成平滑过渡操作中节省大量的时间。

过渡曲面工具位于工具箱中的【Surfaces】工具标签内，右键单击【Surfaces】工具标签，在弹出的菜单中可以看到过渡类型曲面工具，以及相应的工具图标，如图 4-30 所示。

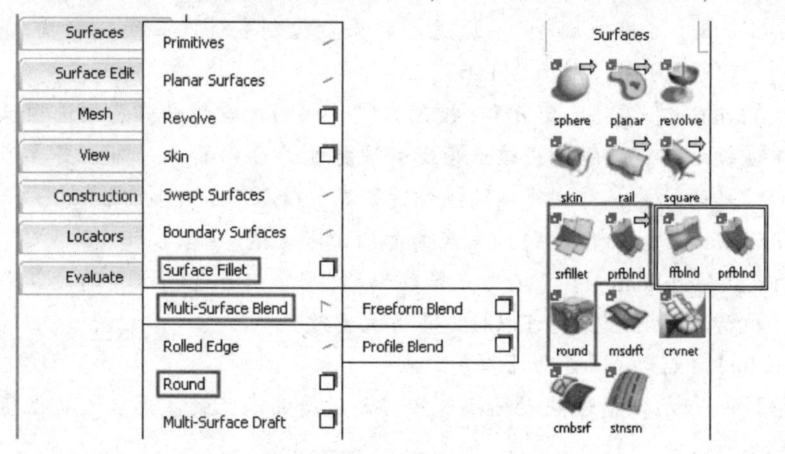

图 4-30　过渡曲面工具

 一、【Surface Fillet】（表面圆角）

【Surface Fillet】（表面圆角）工具可在两个曲面或者两组曲面之间创建过渡曲面。双击【srfillet】图标或选择【Surface Fillet】命令打开【Surface Fillet Control】对话框，如图 4-31 所示。

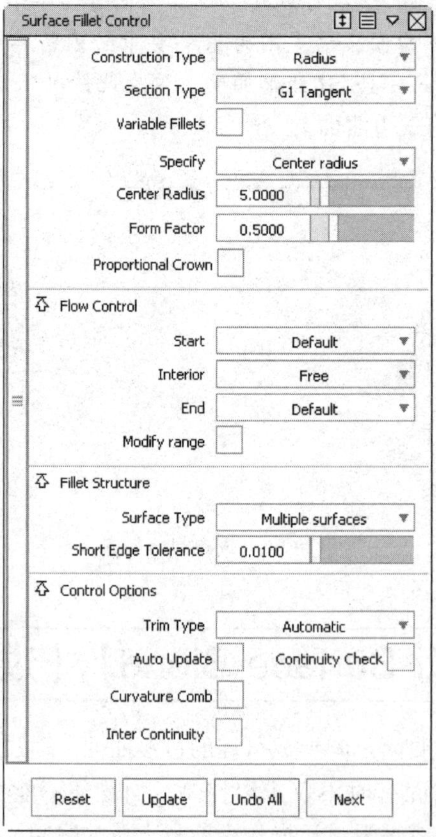

图 4-31　【Surface Fillet Control】对话框

下面仅介绍常用的部分选项功能。

- 【Construction Type】：用于控制圆角的类型，如图 4-32 所示。

  【Radius】（半径）：生成球面连接圆角，您可以控制圆角中心或切线位置处的半径值（但不能控制圆角的宽度）。

  【Chord】（弦）：用于控制圆角的两条边之间的距离，而不是半径。使用后面显示的【Chordal Length】（弦长）或【Tangent Length】（切线长）选项可以设置需要保持的距离。

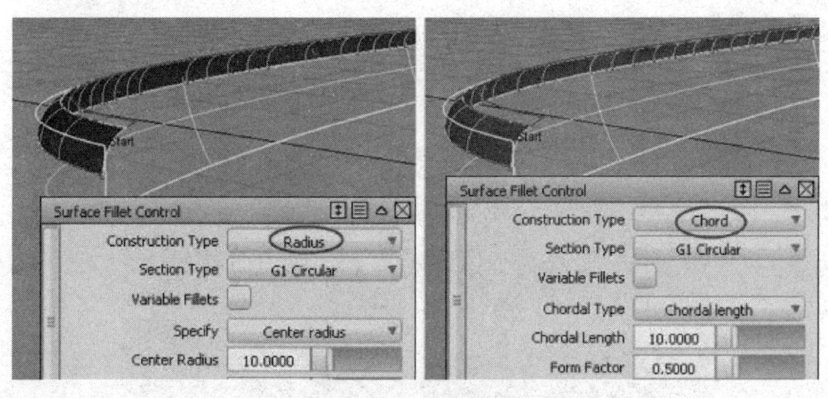

图 4-32　圆角控制类型

- 【Section Type】（连续类型）：通过对输入曲面的每一边施加不同的连续性级别，控制圆角的横断面形状。

  【G0 Chamfer】（G0 倒角）：在两组曲面之间创建一个倒角。此类型只可保持曲面任意一边的位置连续性。

  【G1 Circular】（G1 圆）：创建含圆形横断面与两组曲面相切的圆角。此类型可保持曲面任意一边的切线连续性。

  【G1 Tangent】（G1 切线）：保持与两组曲面的 G1 相切连续性。

  【G2 Curvature】（G2 曲率）：保持与两组曲面的 G2 连续性。G2 连续性意味着曲率在跨圆角边界的两侧是相同的。

技巧点拨	计算圆角时，会调整 V 阶数，以使曲面有足够的 CV 点在两侧提供所需的连续性。【G2 Curvature】需要 5 阶，而【G3 Curvature】需要 7 阶。

  【Bias】（偏差）：使用顶点半径和切线偏移创建圆角，其中心偏向（更靠近于）一组曲面。

  【Lead】（引线）：使用顶点半径和切线偏移创建圆角，定义与输入曲面的触点。此类型可保持曲面任意一边的切线连续性。

- 【Bias Factor】（偏差因子）：将圆角曲面的中心轨道向靠近一边的方向移动。值为 0 时，中心轨道居中。值为负值时，向第一组曲面偏移。值为正值时，向第二组曲面偏移。

技巧点拨	仅当【Section Type】为【Bias】时，【Bias Factor】选项才可用。

● 【Curvature】（曲率）：仅当【Section Type】选项设置为【Bias】【G2 Curvature】或【G3 Curvature】时，此选项才可用。

【None】：不保持曲率连续性。

【Side 1】、【Side 2】：使圆角曲面保持与第一组或第二组曲面的曲率连续性。

【Both】：使圆角曲面曲率与两组曲面连续。

● 【Form Factor】（构成因素）：此参数用于调整圆角的形状。指定圆角的V方向的外壳线的内侧和外侧控制顶点转臂长度之间的比率。值的范围为从0.1到2.0。值越小，圆角弯曲越尖锐，如图4-33所示。

技巧点拨	仅当【Section Type】设为【G1 Tangent】【G2 Curvature】时，此选项才可用。

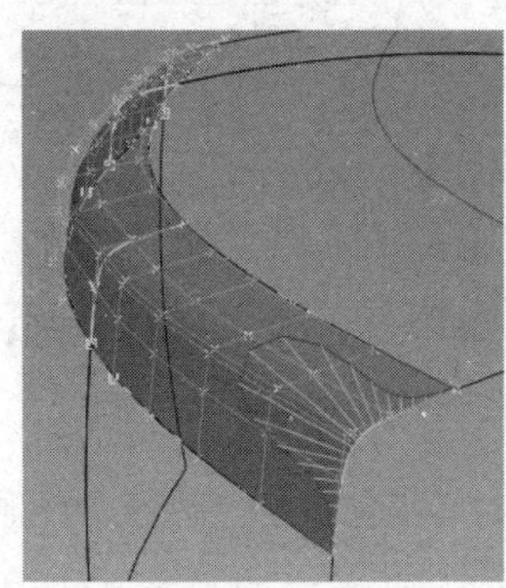
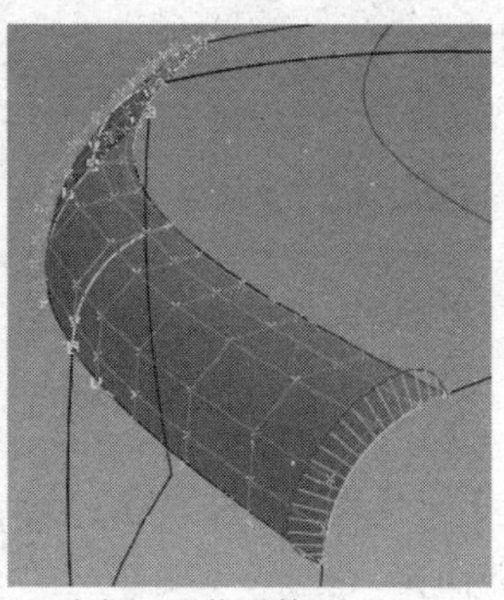

G2 圆角，左侧：形状系数 = 0.1；右侧：形状系数 = 2.0。

图 4-33 构成因素

● 【Proportional Crown】（比例高度）：仅在选择了【G0 Chamfer】断面类型时可用。选择此选项可升高或降低两个输入曲线集之间的曲面的中点，使曲面的高度或拱与曲线之间的距离成正比。该设置可将曲面阶数设为2，且在中心有一行CV点。选择两个以上曲线集时，此选项不可用。

● 【Flow Control】：用于设置流控制选项。

【Start】【Interior】【End】：控制圆角曲面边（在V方向）如何与边界曲面的边相接。

【Edge align】：该工具尝试以共线方式在V方向将圆角曲面的边或等参线（对于一个曲面）与边界曲面边对齐。

【Extend】：延伸圆角，使其到达最长的边界曲面端（起始端和/或结束端）。

【Default】【 Free】：圆角的边（在V方向）以90度的角与边界刚好相交。

【Modify range】：选中此选项时，【Start】和【End】滑块将显示在对话框中，箭头操纵器将显示在选定的圆角上。拖动箭头可修改输入曲面中的圆角范围。

● 【Fillet Structure】：用于设置圆角结构选项。

【Surface Type】：定义曲面类型。

【Multiple surfaces】（多个表面）：创建多个与原始曲面间的边界相对应的曲面。如果需要，会添加额外的跨距，这些跨距需要小于【Max. Spans】，以满足切线或曲率要求。这样会使圆角曲面更加明亮，并且与原始曲面的连续性更佳。

【Single surface】（单个表面）：构建单一圆角曲面。

【Short Edge Tolerance】（短边容差）：在插入交叉节点的情况下，系统不允许跨距的长度小于此值。

● 【Control Options】：用于设置相关控制选项。

【Trim Type】：设置修剪类型。

【Automatic】（自动）：自动修剪原始曲面，使其重新到达接触线的位置。

【Curves-on-surface】（表面上曲线）：沿接触线在曲面上创建曲线，允许手动进行修剪。

【Off】（关）：不修剪原始曲面。

【Auto Update】（自动更新）：在更改选项时自动更新圆角曲面。

【Curvature Comb】（曲率梳）：在生成的曲面间显示曲率精梳图。

【Inter Continuity】（间隔连续性）：如果选中此选项，将在输出曲面之间显示连续性标注，指示这些曲面是否保持切线连续性。绿色【T】标注表示曲面保持切线连续性，红色/黄色【T】标注表示曲面未保持切线连续性。

【Continuity Check】（连续性检查）：创建多个曲面时，检查曲面面片之间的连续性。当使用【Bezier】选项创建单跨距曲面时非常有用。

二、【Freeform Blend】（自由混合曲面）

【Freeform Blend】工具通过输入的两条曲线创建过渡曲面。其对话框选项与表面圆角工具的【Surface Fillet Control】对话框选项很类似，这里介绍部分选项，如图4-34所示。

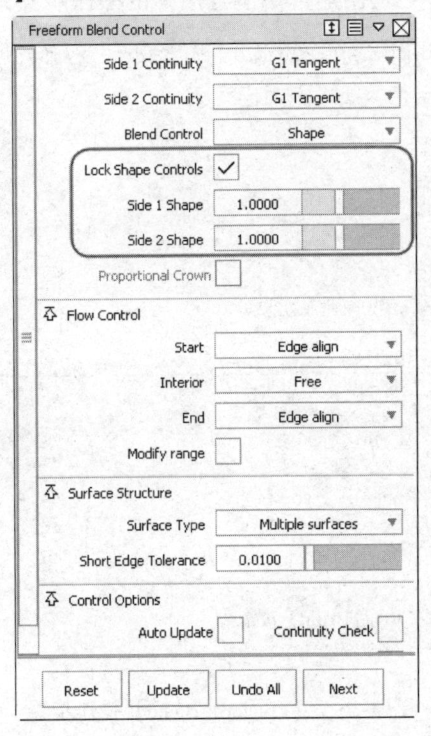

图4-34 【Freeform Blend Control】对话框

- 【Lock Shape Controls】(形状锁定控件)：选中此选项时,【Side 1 Shape】和【Side 2 Shape】值相同。【Lock Shape Controls】形状控制效果如图4-35所示。

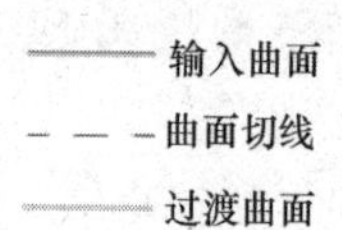

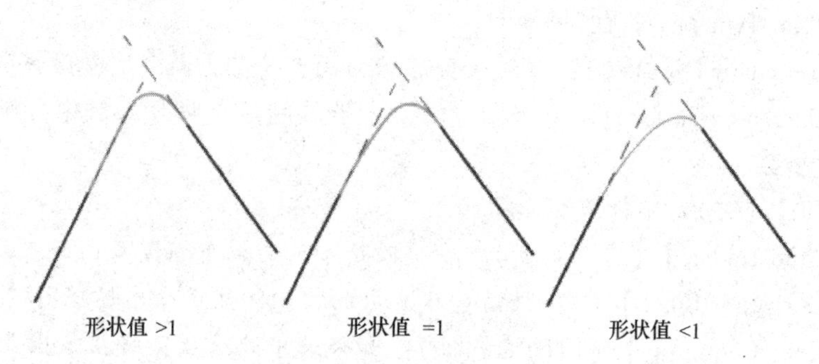

图4-35　形状锁定控件

- 【Side 1 Shape】：控制过渡曲面对于第一个边界的松散度或紧密度。如果该值大于1.0，则结果是更严密地与输入曲面的角点拟合的过渡；如果该值小于1.0，则结果是与第一个曲面边更紧密拟合的圆角过渡。
- 【Side 2 Shape】：控制过渡曲面对于第二个边界的松散度或紧密度。如果该值大于1.0，则结果是更严密地与输入曲面的角点拟合的过渡；如果该值小于1.0，则结果是与第二个曲面边更紧密拟合的圆角过渡。

使用【Freeform Blend】工具创建自由混合曲面的操作步骤，如图4-36所示。

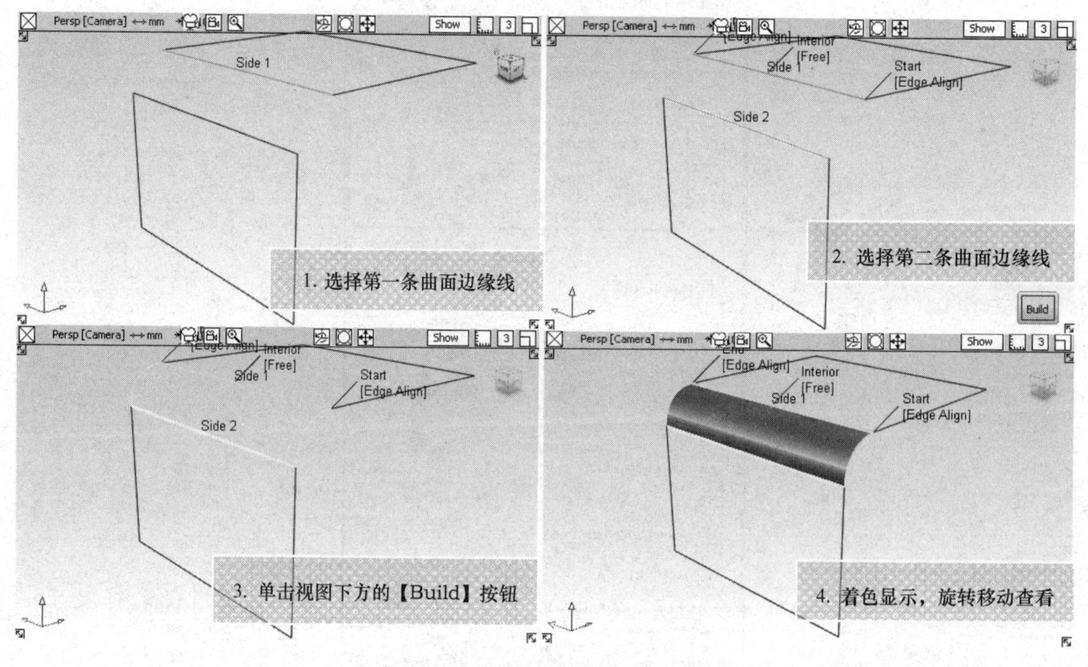

图4-36　【Freeform Blend】操作步骤

【Side 1 Shape】与【Side 2 Shape】选项的大小对过渡曲面的影响，如图 4-37 所示。

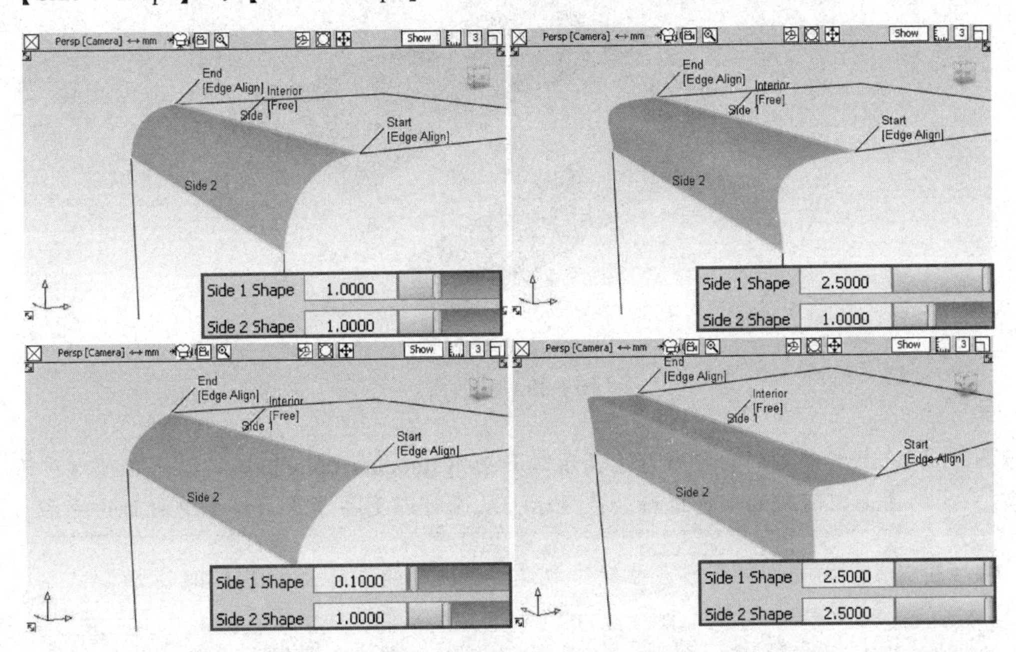

图 4-37　参数不同对曲面的影响

技巧点拨

由上图中过渡曲面的变化可以看出，【Side 1 Shape】选项控制着过渡曲面与第一个输入边界的紧密程度，【Side 2 Shape】选项则是控制着过渡曲面与第二个输入边界的紧密程度。

【Freeform Blend】工具还可以将面上曲线、等参线等曲面上的这些类曲线作为输入曲线。

在【Freeform Blend】工具的控制对话框中可以看到，该工具可以创建与相接曲面达到 G3 连续的过渡曲面，所以对于一些质量要求较高的曲面，选用这个工具会更好用。

三、【Profile Blend】（配置文件混合曲面）

【Profile Blend】工具通过在主曲面之间指定任意数量的轮廓曲线，在多个连续曲面边界之间创建一个或多个过渡曲面。

双击【prfblnd】图标，打开【Profile Blend Control】对话框，如图 4-38 所示。此对话框中的选项与上面的【Freeform Blend Control】对话框没有太大的差异。但是该工具的使用方法与一般工具的使用方法有很大区别。

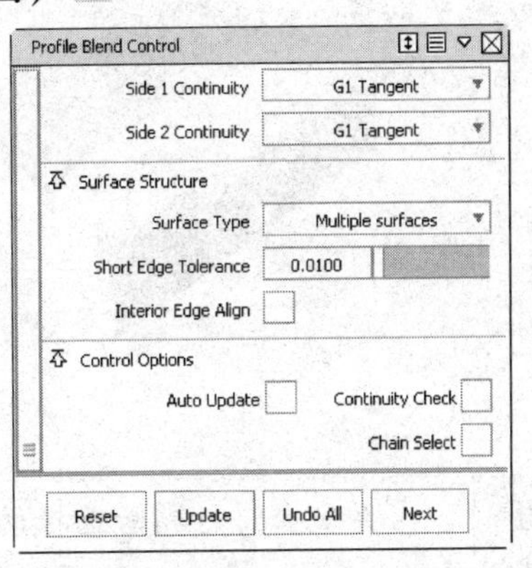

图 4-38　【Profile Blend Control】对话框

01　首先创建几个曲面，如图 4-39 所示。

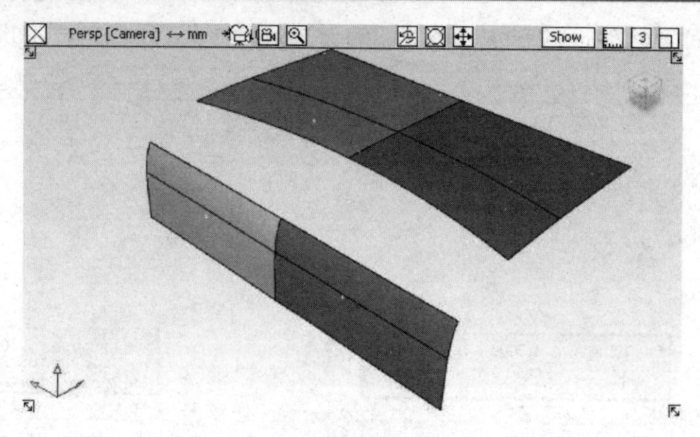

图 4-39 创建曲面

技巧点拨	上图中用到的诊断着色显示工具为【Random Color】工具，它可以对不同的曲面以随机的颜色进行着色显示，从而可以更易于看出模型中曲面的关系。

02 在这几个曲面间创建过渡曲线作为过渡曲面的轮廓线，如图 4-40 所示。

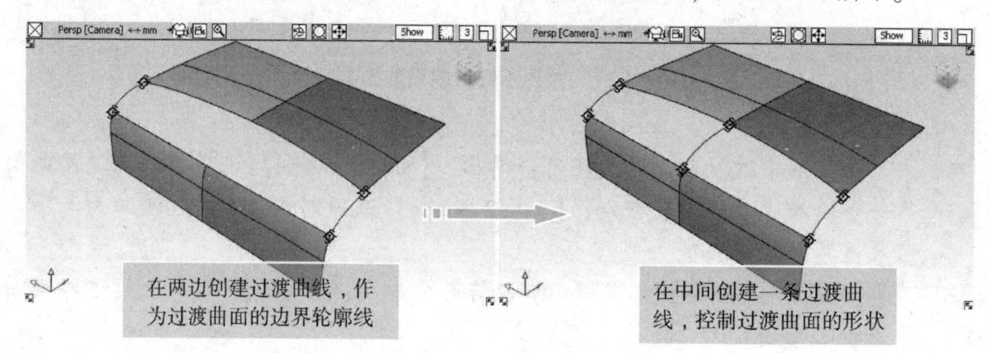
在两边创建过渡曲线，作为过渡曲面的边界轮廓线
在中间创建一条过渡曲线，控制过渡曲面的形状

图 4-40　创建过渡曲线

03 选择【Profile Blend】工具，依次选取曲面的边界曲线，第一组边界曲线以蓝色亮显，第二组边界曲线以黄色亮显，如图 4-41 所示。

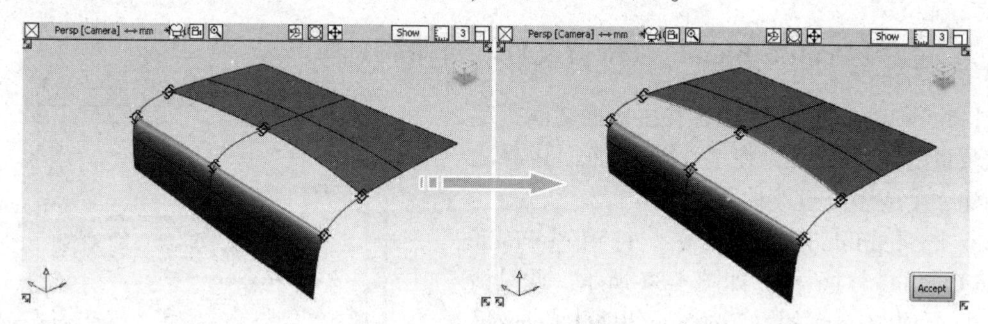

图 4-41　选择边界曲线

技巧点拨	系统会自行判断选择的曲线应属于哪组边界。如果在控制对话框中勾选了【Chain Select】选项，系统还会自动选中与所选曲线相切的其他边界曲线。

04　选取所有的边界曲线之后，单击视窗右下方的【Accept】按钮，然后依次选取三条轮廓曲线，选中的轮廓曲线将以红色亮显，如图4-42所示。

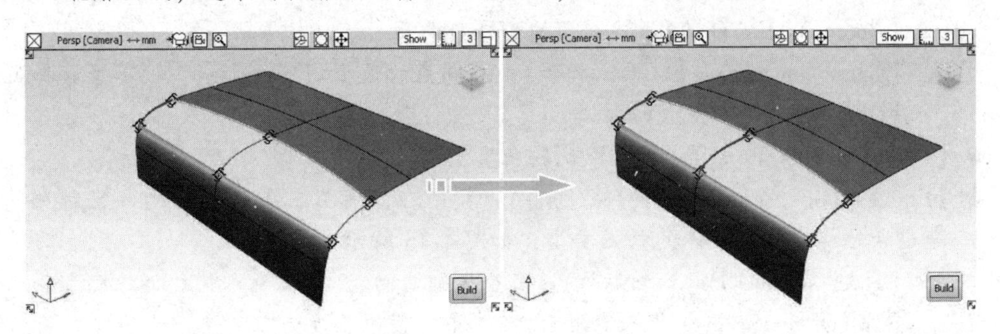

图4-42　选择轮廓曲线

05　单击视窗右下方的【Build】按钮，创建出过渡曲面，此时进行着色显示，并打开【Profile Blend】工具对话框，调节连续性的级别，观察过渡曲面的变化，如图4-43所示。

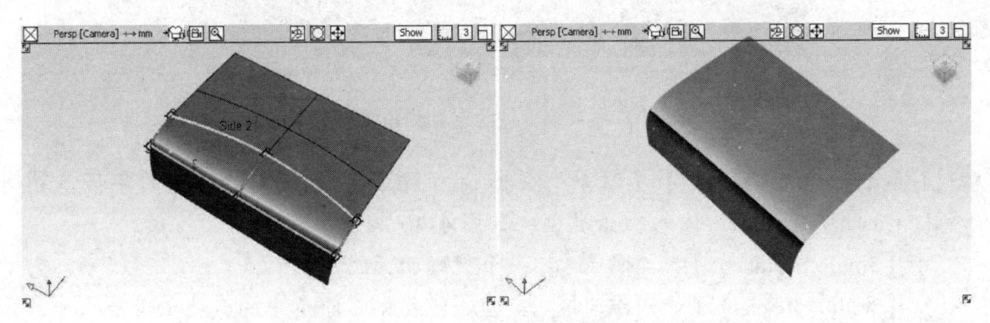

图4-43　创建过渡曲面

技巧点拨	相对于【Freeform Blend】工具来说，【Profile Blend】工具具有更好的可控性，并且能够一次完成多个曲面间的过渡，通过轮廓曲线的搭建，可以很好地控制过渡曲面的形状。

四、【Round】（多曲面圆角）

利用【Round】工具，可以创建两相交曲面、三相交曲面的圆角或倒角，而圆角的半径是可变的。

双击【Round】工具图标，打开【Round Control】对话框，如图4-44所示。

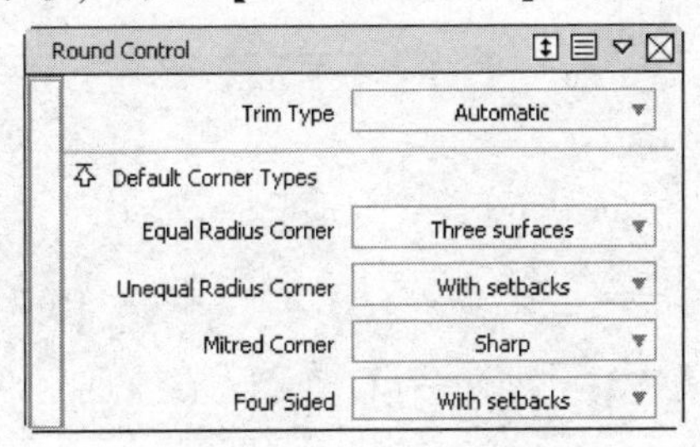

图4-44　【Round Control】对话框

对话框中各选项含义如下。

- 【Trim Type】(修剪类型)：包括【Automatic】、【Curves on Surface】和【Off】三种类型。

  【Automatic】(自动)：按圆角的边修剪曲面。

  【Curves on Surface】(面上曲线)：在圆角的边上创建面上线，但不修剪曲面。

  【Off】(关)：不生成面上线。

- 【Default Corner Types】：设置默认拐角类型。
- 【Equal Radius Corner】(等半径圆角)：指定在沿所有三条边指定的半径都相同时，在角点处构建的几何体的初始类型，如图4-45所示。

  【Three surfaces】(三个曲面)：三个规则曲面。

  【Triangular surface】(三角曲面)：其中一条边长度为零的单个曲面。

  【With setbacks】(使用缩进)：其边延伸到相邻圆角中的六个曲面。

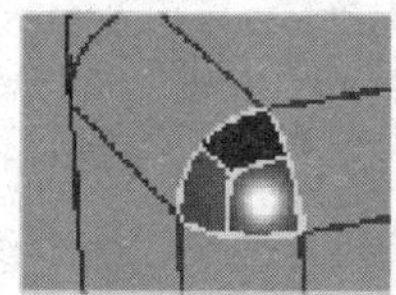
三个曲面

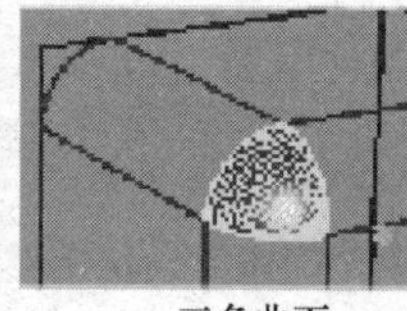
三角曲面

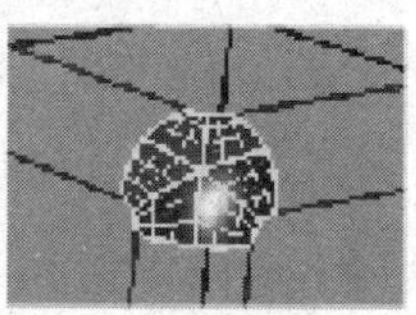
使用缩进

图4-45　等半径的三种圆角类型

- 【Unequal Radius Corner】(不等半径)：指定在沿所有三条边指定的半径不相同时，在角点处构建的几何体的初始类型，如图4-46所示。

  【Single Surface】(单个曲面)：一个规则曲面。

  【With setbacks】(使用缩进)：其边延伸到相邻圆角中的六个曲面。

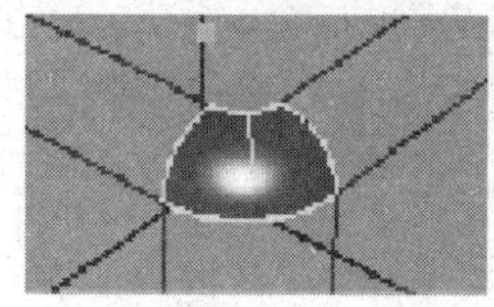
单个曲面

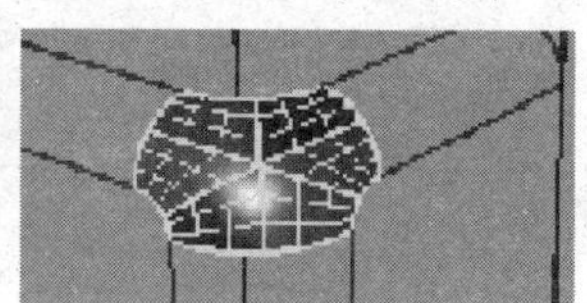
使用缩进

图4-46　不等半径的两种圆角类型

- 【Mitred Corner】(斜接角)：指定两个曲面的外部边(远离半径为零的边)在斜接角点的相交方式，如图4-47所示。

  【Blended】(混合)：边以平滑过渡的方式相交。

  【Sharp】(尖锐)：边形成一个尖角。

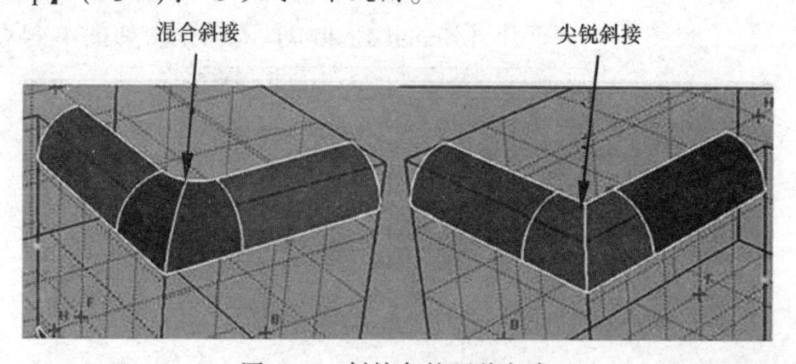

图4-47　斜接角的两种方式

- 【Four Sided】（四边）：指定要在四条边相交的角点处构建的几何体的初始类型，如图 4-48 所示。

  【Single Surface】（单个曲面）：一个规则曲面。

  【With Setbacks】（使用缩进）：其边延伸到相邻圆角中的八个曲面。

单个曲面　　　　使用缩进

图 4-48　四边圆角的两种方式

第 4 节 【Rolled Edge】（卷状边缘曲面）工具

在很多时候，面的边缘需要进行圆滑处理以优化曲面的平滑效果，卷状边缘曲面工具能够满足这一要求。在工具栏中的【Surfaces】工具标签内右键单击，可以看到位于【Rolled Edge】菜单中的 3 个工具选项。它们同属于一类工具，但能够为曲面边缘创建不同类型的卷状边缘，如图 4-49 所示。

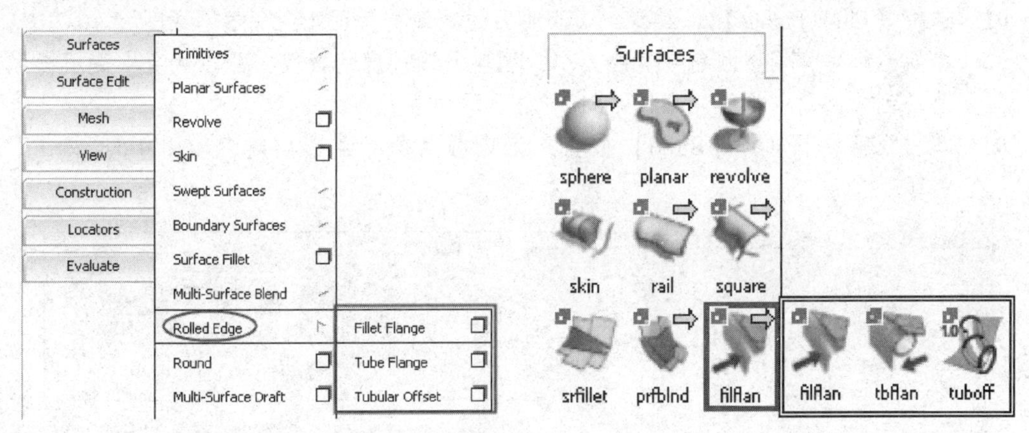

图 4-49　卷状边缘曲面工具

一、【Fillet Flange】（圆角凸缘）

【Fillet Flange】工具用于创建圆角与凸缘曲面，优化曲面的边缘。通过使用边、面上线、边界边缘或等参线中的一项或多项，该工具可创建一个临时的假想面。

双击【fillflan】图标，打开【Fillet Flange Control】对话框，如图 4-50 所示。

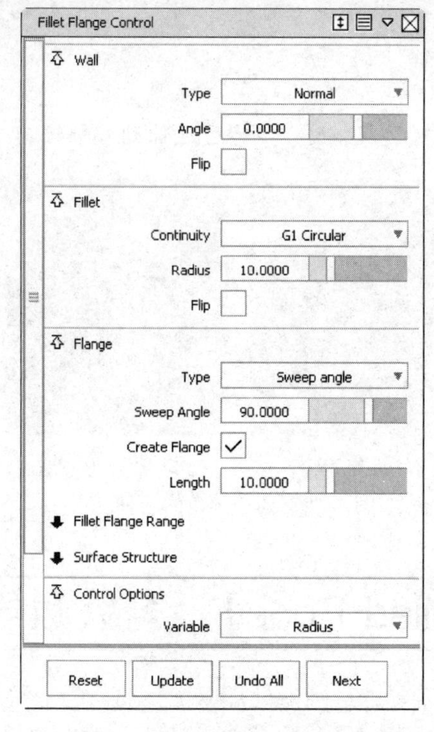

4-50 【Fillet Flange Control】对话框

下面通过一个简单示例来说明工具的操作及操纵器的使用方法。

01 选择【Fillet Flange】工具，选取曲面的边缘，如图 4-51 中左上图所示。

02 在对话框中，调整圆角半径的大小，调整凸缘长度的数值，并在视窗中使用操纵器改动创建圆角的方向，如图 4-51 中左下图和右上图所示。

03 单击视窗右下角的【Build】按钮，完成圆角凸缘曲面创建，如图 4-51 中右下图所示。

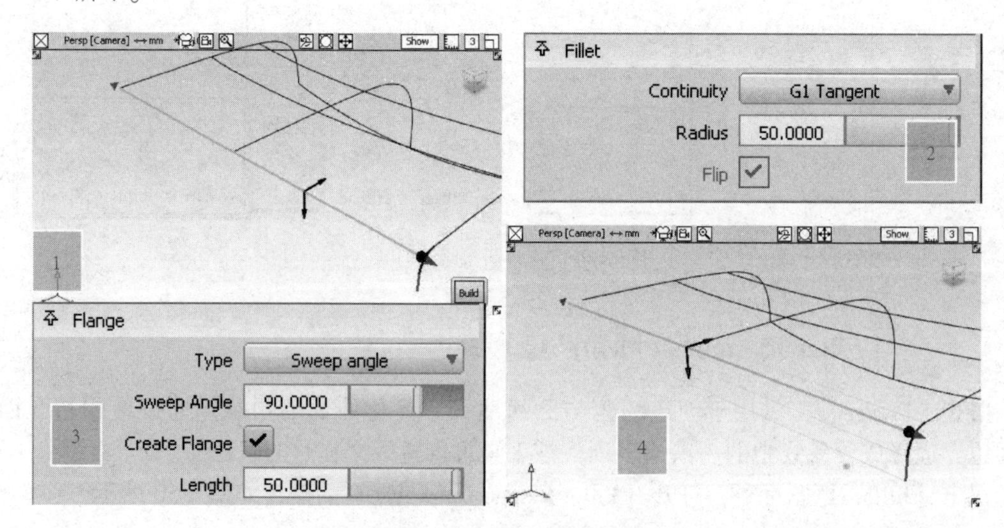

图 4-51 创建圆角凸缘曲面

下面介绍操纵器的使用，如图4-52所示。

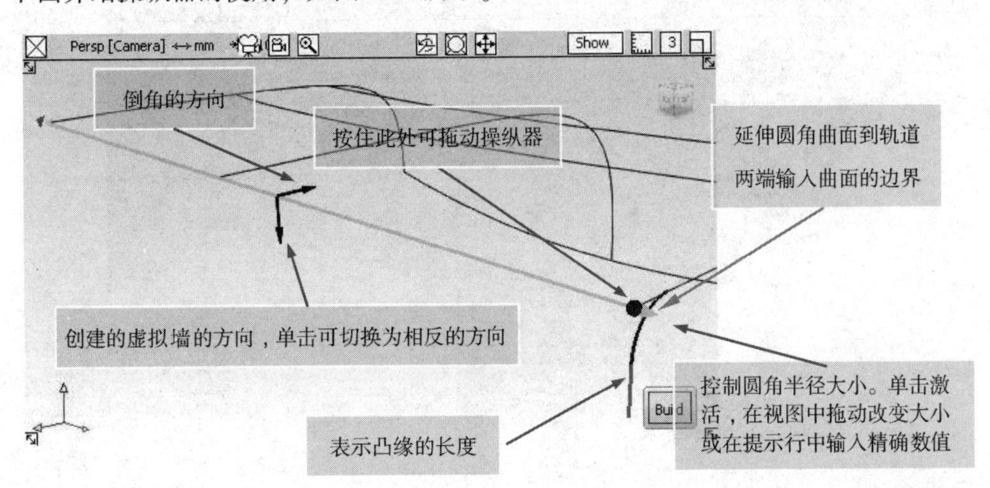

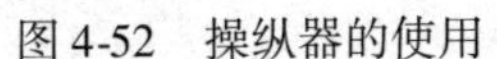
图4-52 操纵器的使用

如果需要添加更多的创建圆角凸缘曲面操纵器，则按住键盘上的【Shift】键，在轨道上单击。如果需要移除多余的操纵器，则按住键盘上的【Shift】键，在操纵器上右键单击。

技巧点拨

每个操纵器都由两个控制柄（轨道滑块和值控制柄）组成，在特定时间只能有一个控制柄处于激活状态。激活的控制柄显示为浅蓝色。轨道滑块是沿轨道滑动的“球”，用于指示值在轨道上的应用位置。值控制柄是未来曲面的一个近似横断面，用于控制该点的参数值。

创建圆角凸缘的时候，值控制柄上包含三个选项，圆角半径、凸缘曲面与圆角曲面形成的角度以及凸缘的长度。但是在视窗中这三个选项只有一个选项可以处于激活状态，即可以在视窗对话框中直接改动（控制柄上的蓝色段），其他的选项只能通过控制对话框更改（控制柄上的灰色段），如图4-53所示。

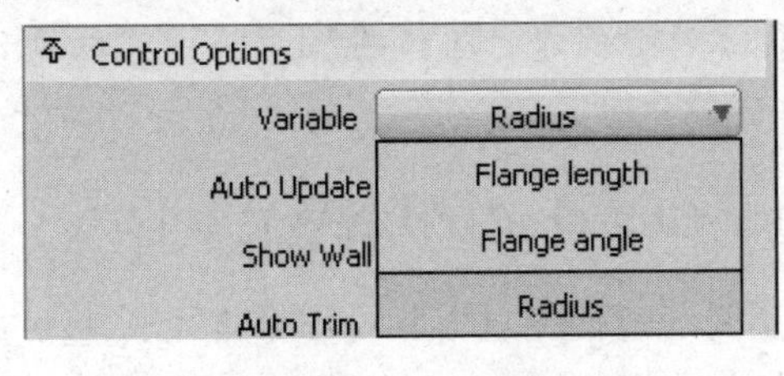

图4-53 更改参数

二、【Tube Flange】（管状凸缘）

【Tube Flange】工具可创建一个与选定几何体形成过渡的管状体，并可以在管状体上创建凸缘。

它的使用方法与上面讲到的【Fillet Flange】工具大致相同，区别如图4-54所示。

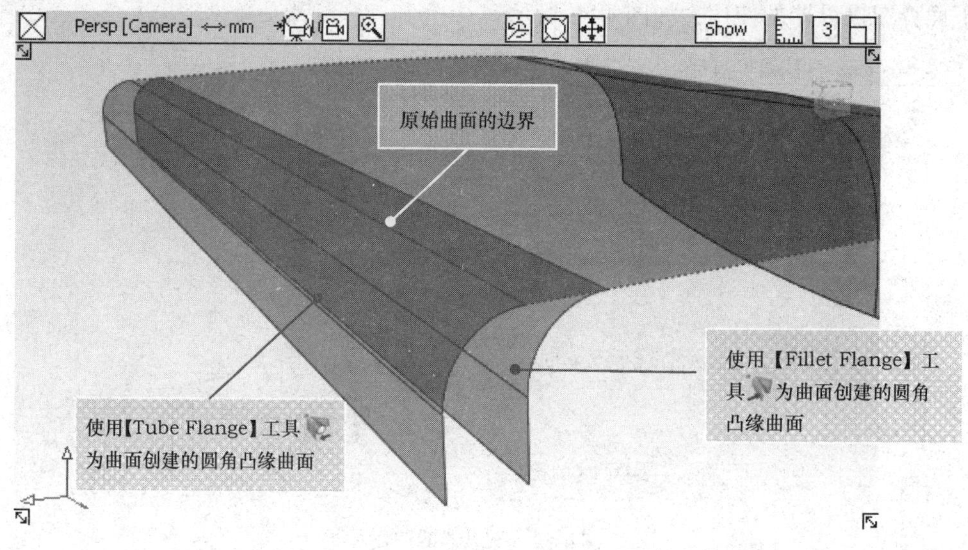

图4-54　不同工具比较

> **技巧点拨**　由于【Fillet Flange】工具在原始曲面上创建了面上曲线，所有原始曲面边缘以虚线表示。

该类工具的特点如下。

- 【Tube Flange】工具不会在曲面上形成面上曲线，也不会对曲面进行剪切。
- 【Fillet Flange】工具是在曲面的边缘创建一个虚拟的平面，然后与原始曲面做倒角。所以会在原始曲面上创建面上曲线，也可以对原始曲面进行剪切。
- 【Tube Flange】工具创建的圆角凸缘曲面，可以看作是对原始曲面的延伸而形成的曲面。
- 【Fillet Flange】工具创建的圆角凸缘曲面，可以看作是在原始曲面末端通过“修剪”而成的曲面。

 三、【Tubular Offset】（管状偏移）

【Tubular Offset】工具通过使用自由曲线作为路径（可以是一条曲线，也可以是多条且连续的曲线）创建可变半径的管状曲面，如图4-55所示。

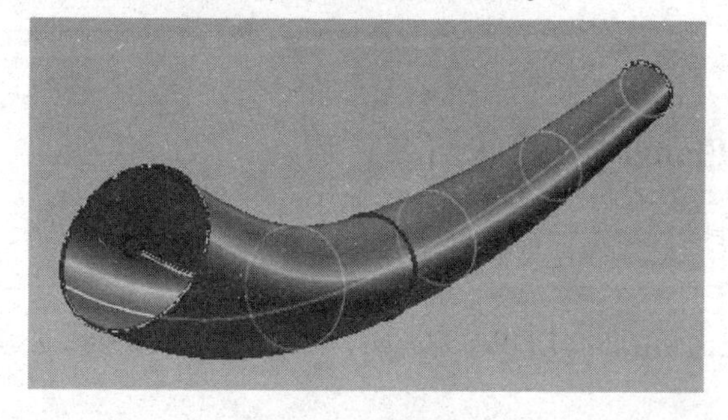

图4-55　管状曲面

双击【tuboff】图标，打开【Tubular Offset Control】对话框，如图4-56所示。

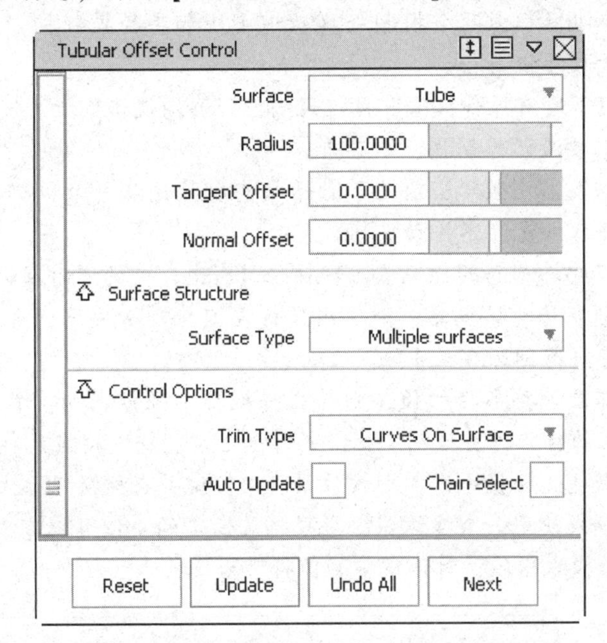

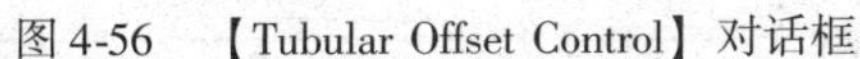

图4-56 【Tubular Offset Control】对话框

对话框中各选项的含义如下。

- 【Surface】（表面）：选择【Tube】选项，生成的几何体是一个完整的管状体。选择【Groove】选项，将导致在与管状体相交的曲面的任意一侧生成管状体的一部分。选择【None】选项将不会创建任何几何体。
- 【Radius】（半径）：定义管状体的半径。沿曲线添加更多的半径操纵器，以交互方式创建可变半径。拖动半径操纵器，以交互方式调整管状体的半径。
- 【Flip】（翻转）：只有选择了【Groove】选项时，才能使用【Flip】选项，通过该选项，可以将槽翻转到输入曲面的另一侧，以创建凹凸效果。屏幕上的操纵器将指示在哪一侧构建管状体。
- 【Tangent Offset】【Normal Offset】：管状体可以在原始输入数据的基础上沿两个方向偏移——输入数据中的切线方向或输入数据中的曲面法线方向。屏幕上的操纵器将以交互方式进行更新，以便显示管状体的位置。
- 【Surface Type】（表面类型）：如果选择【Single surface】选项，则会构建一个管状曲面。如果选择【Multiple surfaces】选项，由于一条曲线不能跨多个曲面，因此将在曲线边界（包括曲面边界）分割管状体。
- 【Trim Type】（修剪类型）：通过【Trim Type】选项，可以选择创建管状曲面与基础曲面相交的面上线，或者选择自动修剪掉管状体中包含的输入曲面区域。如果将【Trim Type】设置为【Off】，则不会修剪输入曲面。
- 【Auto Update】（自动更新）：设置通过单击【Update】按钮来更新还是自动更新。
- 【Chain Select】（链选取）：如果勾选此复选框，选择曲面曲线时，还将选择与其切线连续的所有其他曲面的曲线。

> **技巧点拨**
>
> 每个操纵器都由两个控制柄（轨道滑块和半径控制柄）组成，只能有一个控制柄处于激活状态。
>
> 对于以下所有操作，除非另行说明，否则均使用鼠标左键。
>
> (1) 若要激活控制柄，则单击。
>
> (2) 若要取消激活当前处于激活状态的控制柄并切换回拾取模式，则单击屏幕上的任意位置（不拖动鼠标）。
>
> (3) 若要添加新的操纵器，则按住【Shift】键的同时在轨道上单击所需点。
>
> (4) 若要移动操纵器，则使用鼠标左键拖动滑块，或者激活滑块并输入轨道上的位置（范围为0至1）。
>
> (5) 若要调整半径的值，则单击并拖动半径控制柄。激活控制柄后，便可以在屏幕上的任意位置拖动鼠标，或者激活控制柄并按当前单位输入半径。
>
> (6) 若要删除操纵器，则按住【Shift】键并在该操纵器上单击鼠标右键。
>
> (7) 如果使用一个操纵器，半径将是恒定的，但可以在对话框中调整其值。添加另一个操纵器后，对话框中的值将变为灰色。

第5节 【CrvNet】（网络曲面）工具

曲线网络工具位于工具箱的【Surfaces】工具标签中，单击【Curve Networks】工具，在视窗中将弹出网络曲面工具箱，如图4-57所示。

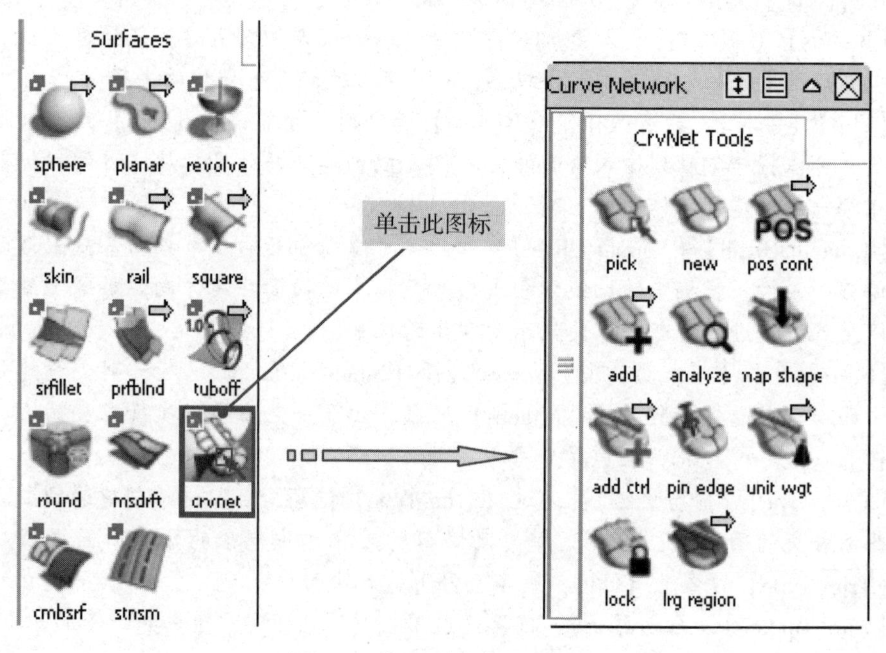

图4-57 打开网络曲面工具箱

如果双击位于【Surfaces】工具标签中的【crvnet】工具图标，则会弹出一个对话框，如图 4-58 所示。

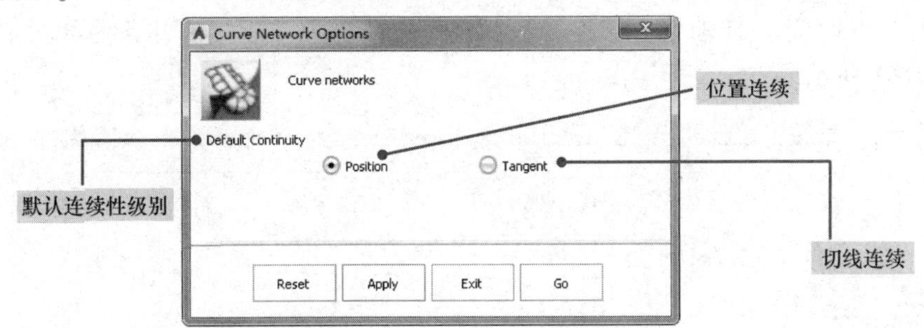

图 4-58 网络曲面选项对话框

由此可看出，在创建的曲线网络曲面中，曲面间的连续性级别只能达到切线连续（G2），这在快速表现模型的过程中会占用很少的资源。网络曲面中曲线的连续性级别还可以通过曲线网络工具箱中的【Continuity】工具来进行更改。

一、【New】（创建新的曲线网络）

使用曲线网络创建曲线网络曲面，需要曲线网络中的各曲线闭合相交。这是最基本的要求，否则创建工作将无法完成。

对于闭合相交的曲线网络，也有一定的要求。曲线网络工具可以通过下面类型的曲线网络创建曲面，如图 4-59 所示。

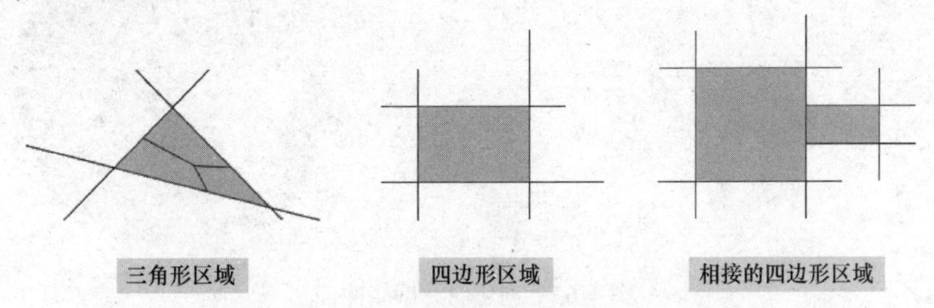

图 4-59 可创建曲线网络曲面的相交方式

在上图中，并未列出创建曲线网络曲面时可能遇到的各种情况。总之，相交的闭合区域必须是三角形区域或四边形区域。

另外，两个相交点之间需仅有一条曲线段，闭合区域须是分隔完成的四边形区域，而非多边形区域。否则将无法完成曲线网络曲面创建，如图 4-60 所示。

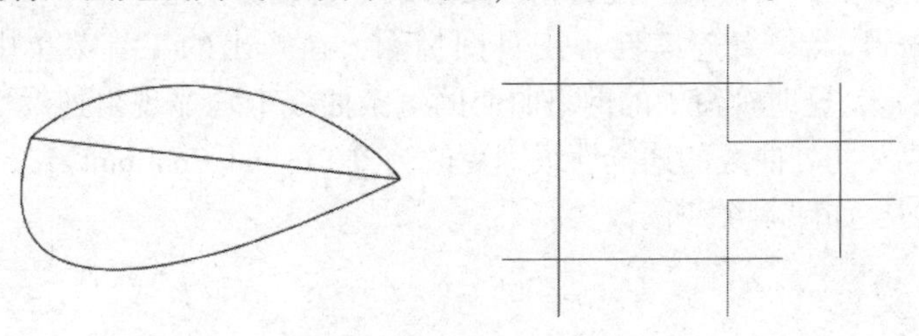

图 4-60 不能形成曲线网络曲面的相交方式

接下来，按照曲线网络曲面的形成规则，创建曲线网络。

首先创建模型的特征线，在【Top】正交视窗中创建三条半圆弧曲线，并确保三条半圆弧曲线的首尾点均位于 X 轴上方，在【Left】正交视窗中，连接这几条曲线，形成闭合区域，如图 4-61 所示。

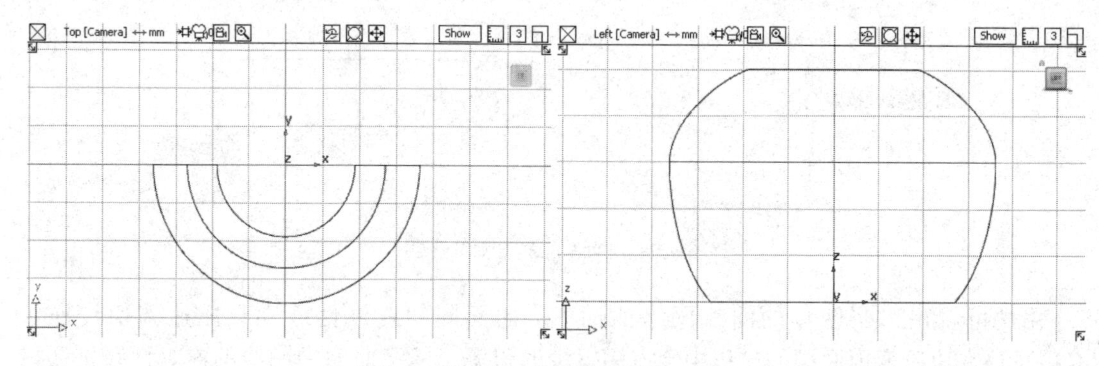

图 4-61　构建曲线网络

打开曲面网格工具箱，单击【New】图标，在视窗对话框中使用选取框圈选创建的所有曲线。单击视窗下方的【Go】按钮，形成曲线网络曲面，并且可以着色显示和旋转查看，如图 4-62 所示。

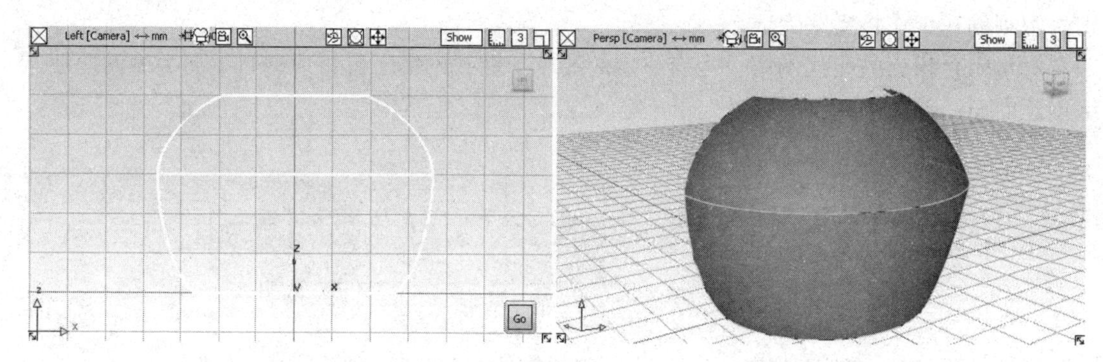

图 4-62　创建曲线网络曲面

二、更改曲线网络中曲线的连续性

在创建的曲线网络曲面处于选定的状态下，可以在 Alias 右侧的控制面板对象信息栏中看到【2 Picked Objects】，这说明形成的曲线网络曲面为两个曲面。由于曲线网格的默认连续性级别为位置连续性，所以在两曲面相接处形成了尖锐的棱边。

单击【Pos cont】（位置连续性）工具图标，在弹出的工具菜单中选择【tan cont】（相切连续）工具，这时视窗中的网络曲面的每条曲线上均显现出连续性标记，单击两块曲面相接处的曲线，此处曲线的连续性级别更改为【Tangent Continuity】（相切连续），连续性标记也随之更新，如图 4-63 所示。

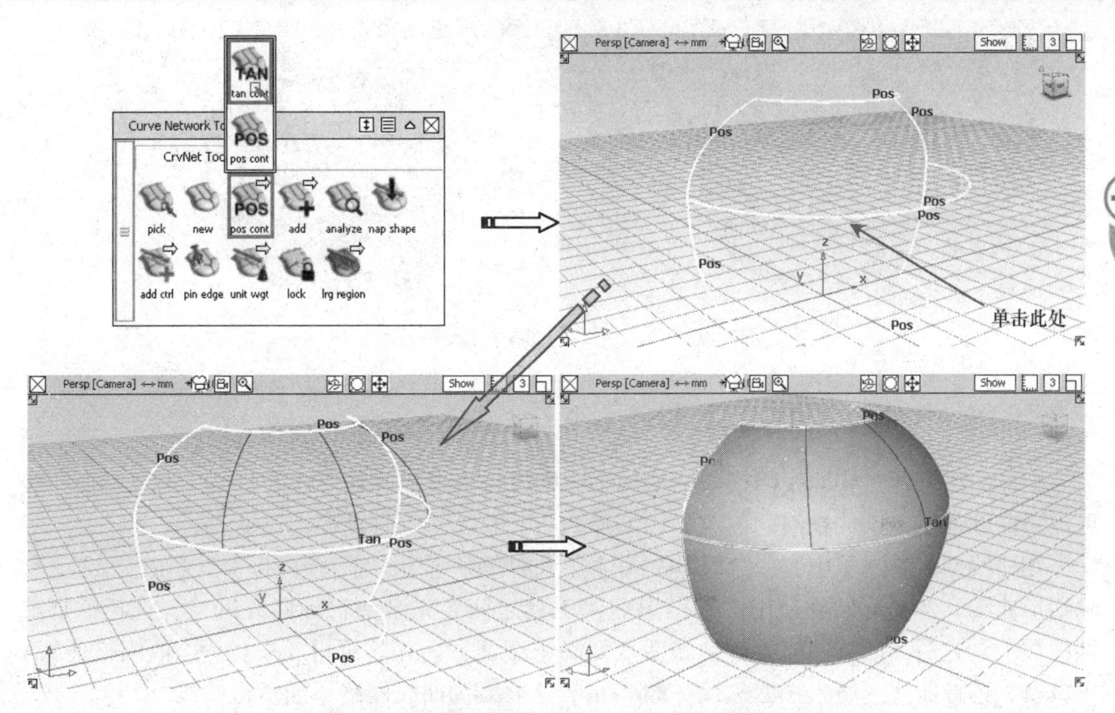

图 4-63　更改曲线网络曲面中曲线的连续性

三、在曲线网络中添加曲线

在【Top】视窗中创建一条曲线，并保证它与已存在的曲线网络形成相交。选择曲线网络工具箱中的【add】（添加曲线到网格）工具，视窗中的曲线网络将处于激活状态，单击刚创建的那条曲线，向曲线网络中添加曲线，网络曲面随之更新，如图 4-64 所示。

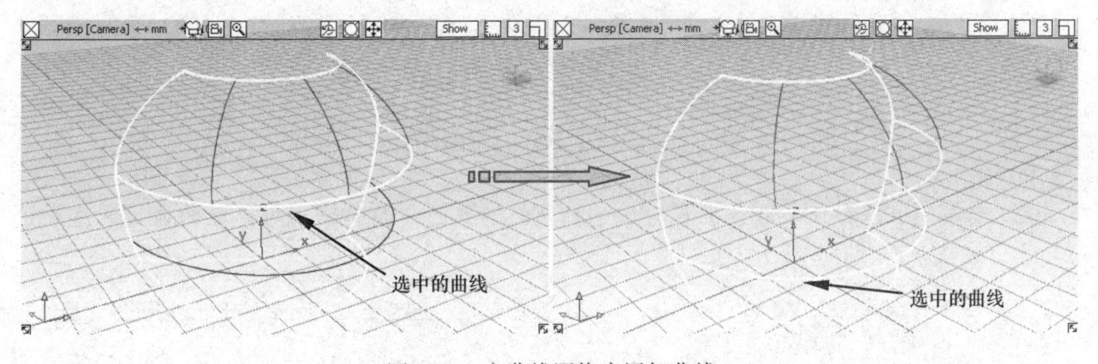

图 4-64　向曲线网络中添加曲线

技巧 点拨	【subtract】（从网格中移除）工具可以从曲线网络中移除一条曲线，与【add】工具的使用方法没有太大差别。

由于默认的连续级别为位置连续，因此，再次选择【Tangent Continuity】工具，在视窗中单击新添加的曲线，更改此处的连续为相切连续，如图 4-65 所示。

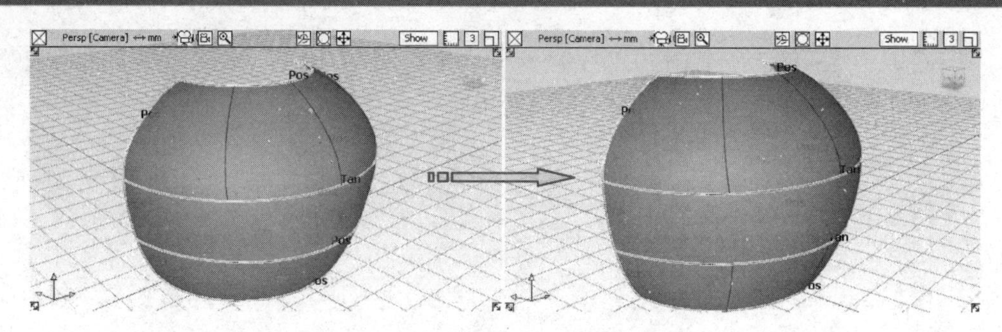

图 4-65 更改网络曲面中曲线的连续性

四、在曲线网络中添加塑形曲线

塑形曲线是通过将曲线网络曲面从网络中推或拉出来塑造其形状的曲线。通过塑形曲线可以对曲面进行复杂或精细的更改，如添加凹凸、缩进、扭曲或螺旋效果。

在曲线网络工具箱中有一个【add ctrl】（添加塑形曲线）工具和一个【del ctrl】（移除塑形曲线）工具。在使用添加塑形曲线工具之前要先激活目标曲线网络，选择添加塑性曲线工具之后，曲线网络会自动激活。如果未激活，则先选择【pick】（拾取网格曲线）工具，选择曲线网络，之后选择【add ctrl】工具为曲线网络添加塑形曲线。

01 在【Top】视窗中创建一条曲线，并通过移动工具，将其移到合适的位置。之后将以这条曲线作为塑形曲线，更改曲线网络曲面的形状，如图 4-66 所示。

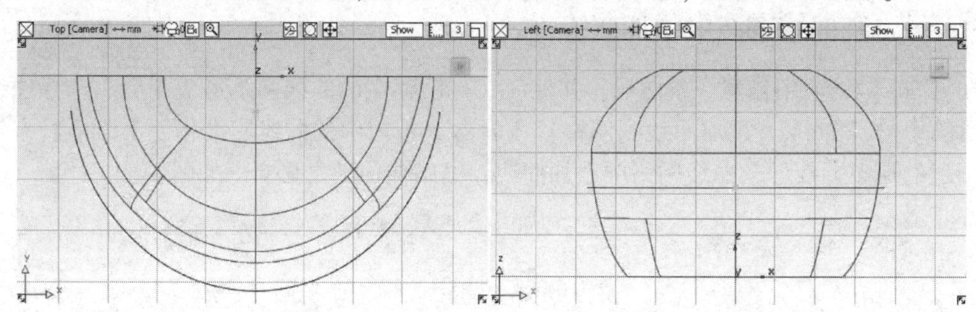

图 4-66 创建一条曲线

02 选择【pick】工具，在视窗中选择曲线网络的一条曲线。所创建的曲线网络处于激活状态，如图 4-67 所示。

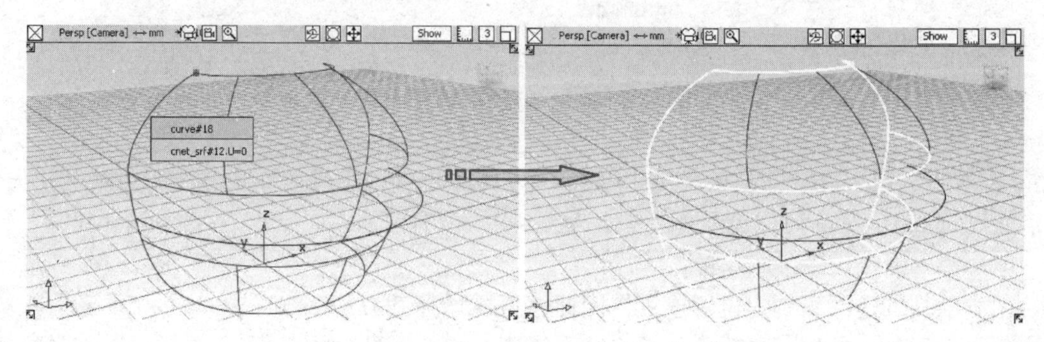

图 4-67 选择曲线网络

技巧点拨	选择曲线网络的时候，使用【pick】工具选择一条相关的曲线即可将该曲线网络选中。在上图选择位置处除了存在形成曲线网络的原始曲线外，还存在着曲线网络曲面的边缘曲线，如果选择的不是原始曲线，而是曲面的边缘曲线，则曲线网络无法被选中，提示行中会提示：该条曲线不属于任何一个曲线网络。

03 在曲线网络工具箱中选择【add ctrl】（添加塑形曲线）工具，然后在视窗中单击选取刚创建的曲线。该曲线作为曲线网络的塑形曲线，以暗红色显示。开启着色显示，可以看到在这条曲线的影响下，曲面的形状发生了变化，如图4-68所示。

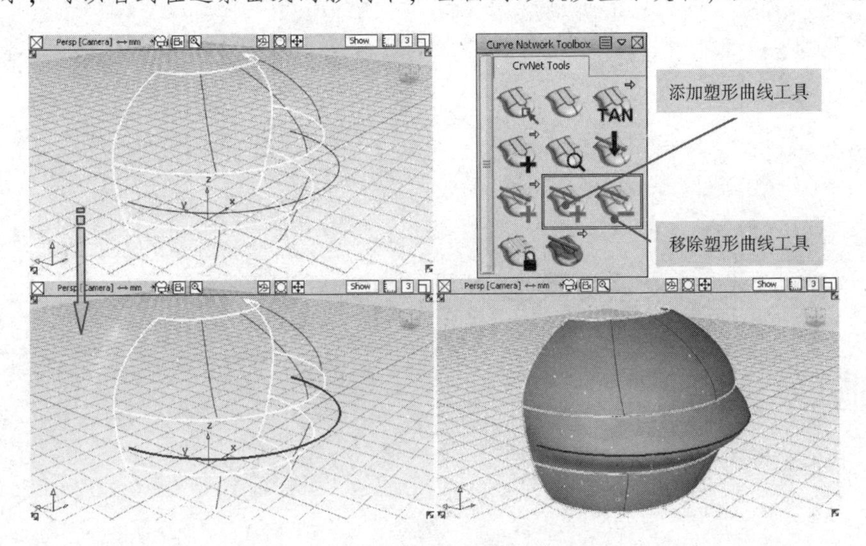

图4-68 添加塑形曲线

技巧点拨	【delete sculpt curve】（移除塑形曲线）工具，可以将塑形曲线从它所影响的曲线网络中移除。具体方法与向在曲线网格中添加塑形曲线类似，这里不再介绍。

五、调整塑形曲线

通过【pick】工具，选择作为曲线网络塑形曲线的曲线，通过变换工具进行移动、缩放、旋转操作，这些操作将影响到曲线网络曲面的造型，如图4-69所示。

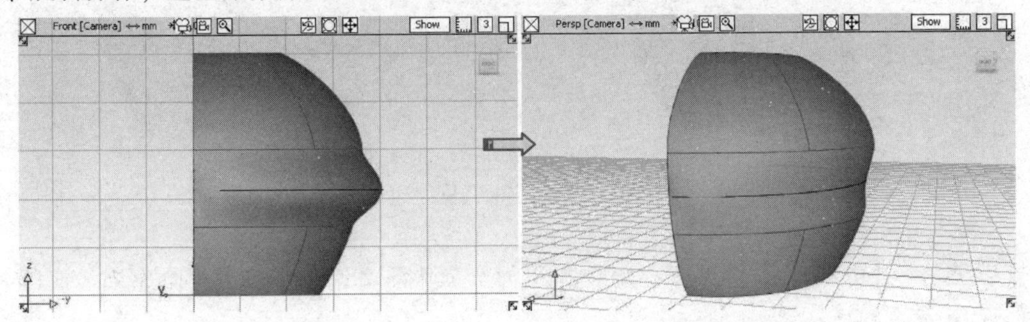

图4-69 变换塑形曲线

六、锁定或解锁曲线网络边

在曲线网络工具箱中选择【pin edge】工具，曲线网络在视窗中处于激活状态（如未激活，则先使用【pick】工具选择曲线网络）。锁定的边上将出现红色的图钉标记，表明处于锁定状态。单击曲线网络的边，将在锁定与解锁之间切换。最后单击视窗右下方的【Go】按钮确定操作，如图4-70所示。

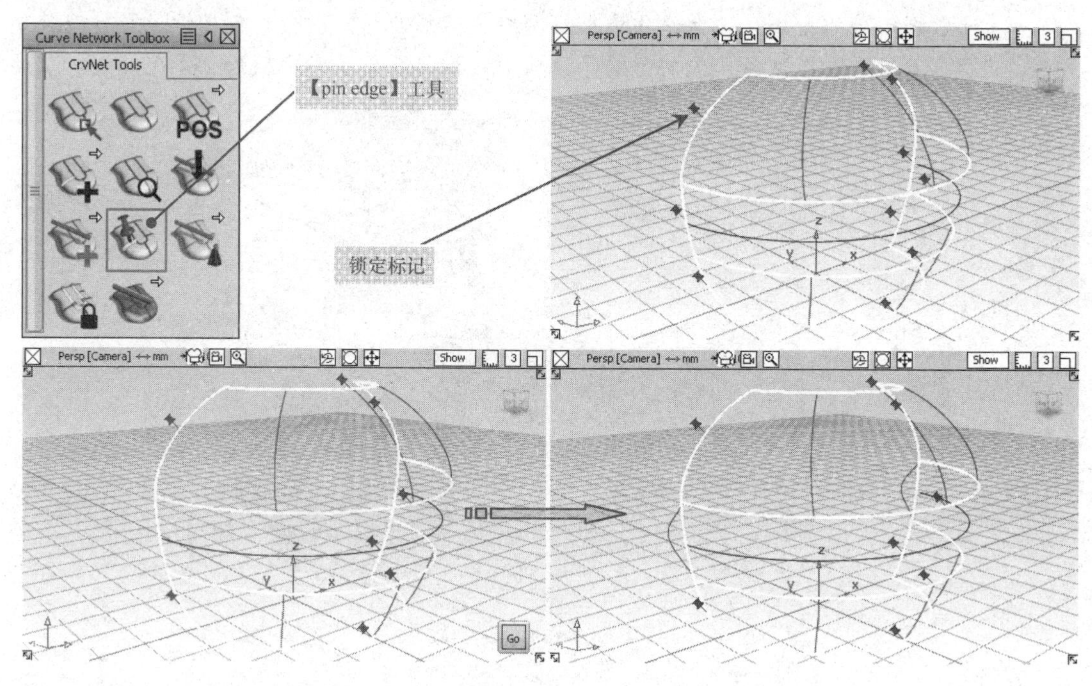

图4-70　解锁曲线网络边

开启着色显示，可以看到由于曲线网络边已解锁，塑形曲线的影响波及曲线网络的边缘。再次使用【pin edge】工具将那两条边锁定，如图4-71所示。

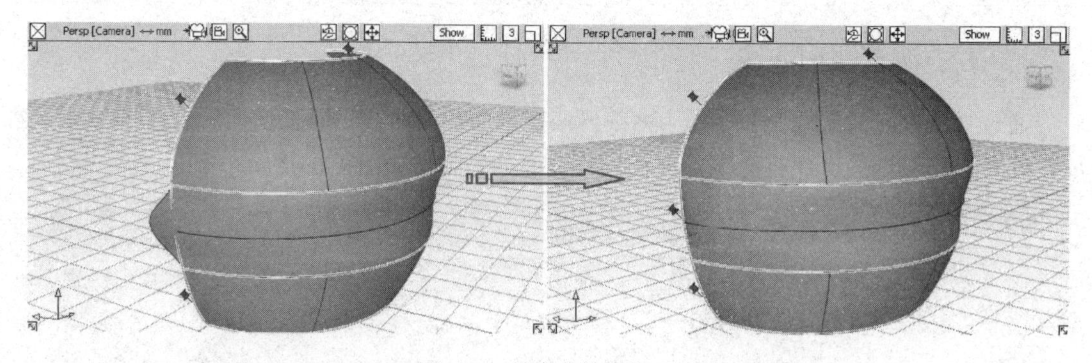

图4-71　锁定曲线网络边

技巧点拨	【pin edge】工具可以确保在添加塑形曲线后，曲线网络曲面各边仍能维持原有的连续性。

七、更改塑形曲线对曲线网络曲面产生的影响

可以使用如下两个工具更改塑形曲线，在整个曲线长度上对网络曲面形成影响，如图4-72所示。

- 【unit weight】（相等重量）工具：使塑形曲线在其整个长度上具有相同程度的影响。
- 【mlti weight】（不等权重）工具：可在沿着塑形曲线的不同点处设置不同的影响程度。

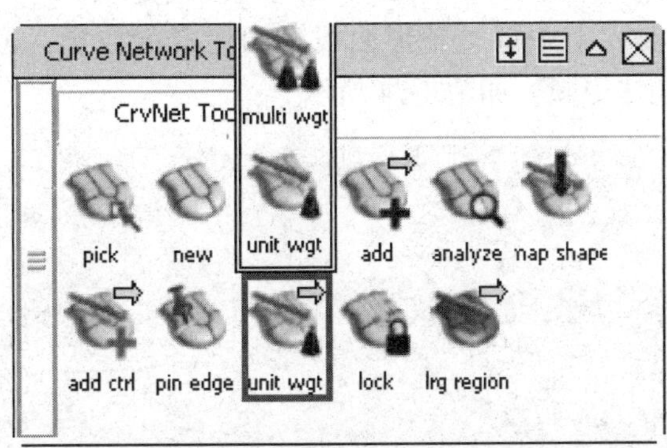

图4-72　修改塑形曲线权重工具

选择【unit weight】工具，然后在视窗中单击选择塑形曲线，在塑形曲线上随即出现当前权重分布图。在提示行中输入要更改的数值，然后按下键盘上的【Enter】键，单击视窗右下方的【Go】按钮，塑形曲线对网络曲面的影响程度即发生变化，如图4-73所示。

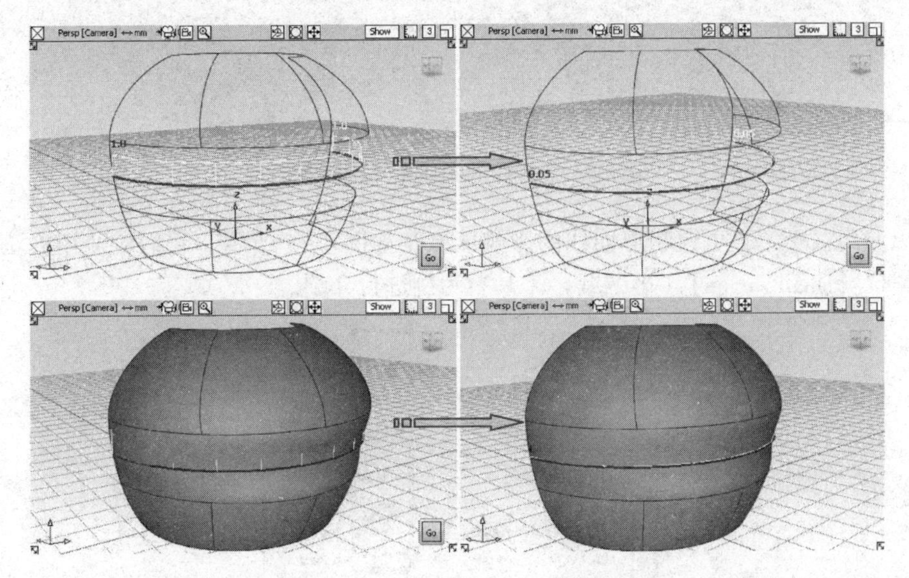

图4-73　【unit weight】工具的使用

技巧点拨	用鼠标在视图空白处向左或向右拖动，同样可以更改权重的数值，但是变化的幅度不易控制。另外，权重的数值在0到1之间。

选择【multi weight】工具，在透视窗中选择塑形曲线，塑形曲线上显示当前权重分布图。在塑形曲线上单击，将在该处插入一个针。当针显示为白色时表明处于激活状态。对于处于激活状态的针，不同的鼠标键具有不同的功能（未处于激活状态下的针的颜色为蓝色，单击可激活）。

- 在视窗空白处拖动鼠标左键，更改分布图中该点处的权重（也可以在提示行中输入确切的数值）。
- 在视窗对话框空白处拖动鼠标中键，更改针在塑形曲线上的位置。
- 在视窗对话框空白处拖动鼠标右键，从分布图移除该针。

按照上面的方法，在视窗中调整塑形曲线不同位置的权重，最后单击视窗右下方的【Go】按钮，网络曲面随之更新，如图 4-74 所示。

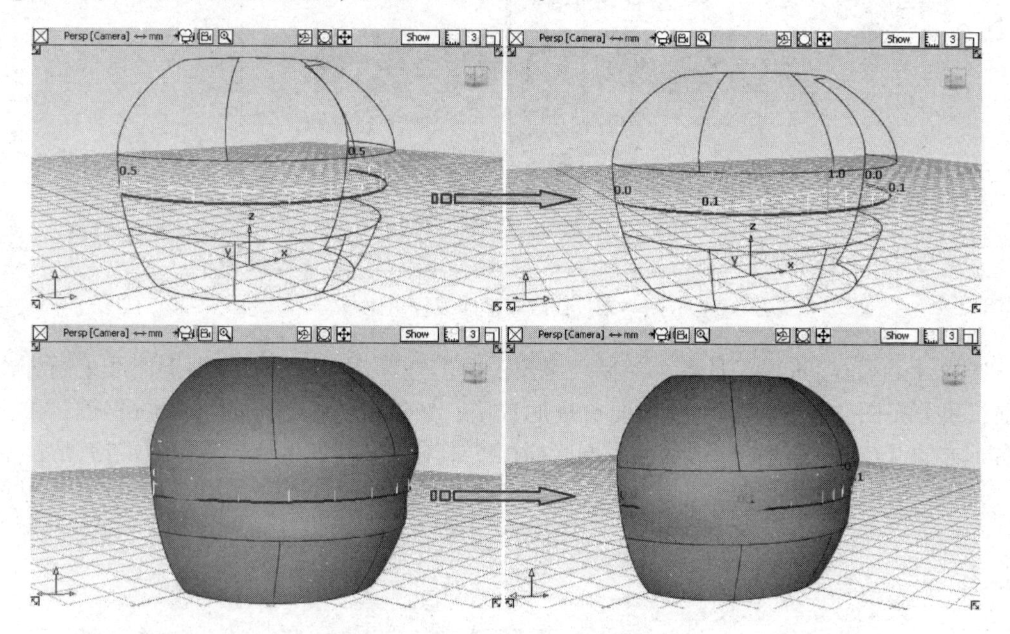

图 4-74 【multi weight】工具的使用

可以使用三个工具更改塑形曲线的影响区域，如图 4-75 所示。它们的使用方法较为简单，这里以【small region】（小区域）工具为例进行介绍。

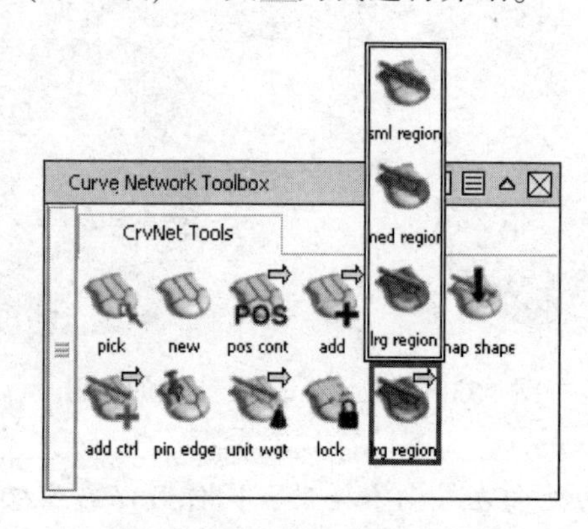

图 4-75 修改塑形曲线影响区域工具

在曲线网络工具箱中选择【small region】（小区域）工具，视窗中的塑形曲线将显示当前的影响区域类型标签。单击需要更改的塑形曲线，该塑形曲线的影响区域类型将发生变化，塑形曲线上的标签也将发生变化，如图4-76所示。

技巧点拨	通过更改塑形曲线上的CV点以改变塑形曲线的形状，从而影响曲线网络曲面的造型。因为塑形曲线和曲线网络曲面之间存在构建历史，所有对塑形曲线进行的更改，都将影响其所在的曲线网络曲面。

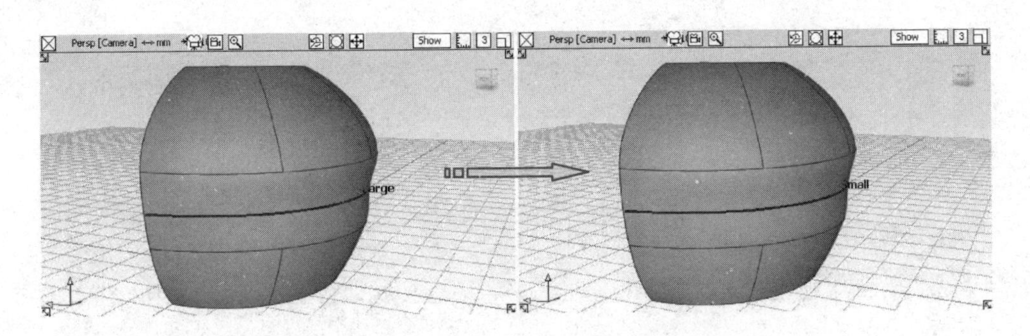

图4-76 更改塑形曲线影响区域大小

八、曲线网络工具箱中的其他工具

使用普通曲线编辑工具编辑网络曲线时，同样可以使网络曲面发生变化，但是在编辑网络中的曲线时，可能会将曲线移动或重塑出与网络剩余部分相交的部分。为了避免出现这种情况，Alias在曲线网络工具箱中提供了【lock intersection】（锁定交点）工具。该工具可以锁定这些曲线网络的相交点，从而确保编辑工具对它们不造成破坏。

技巧点拨	【lock intersection】工具一次只能锁定一条曲线，单击另一条曲线会自动解锁先前锁定的曲线。

【lock intersection】工具对带有塑形曲线的曲线网络不起作用。所以最能在添加塑形曲线之前使用该工具。

【Reset sculpt curves mapping】（重绘曲线）工具用于将塑形曲线和曲线网络之间的关系重置为初始状态。在曲线网络处于选定状态下，单击该工具图标，弹出一个提示对话框，如图4-77所示。

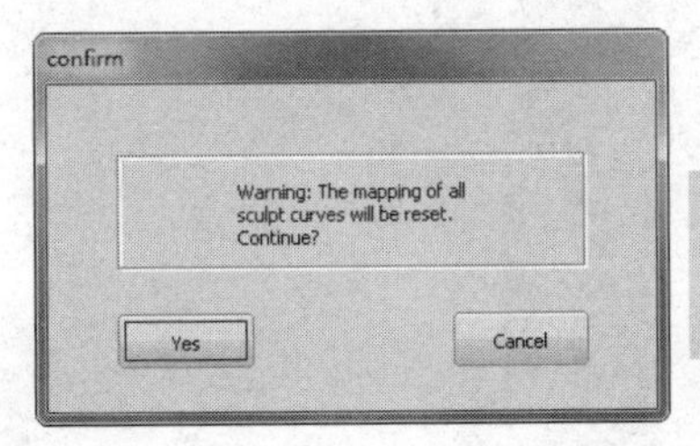

对话框提示：塑形曲线对曲线网络的影响将会被重置，是否继续？单击【Yes】按钮确定，单击【Cancel】按钮取消

图4-77 提示对话框

【Analyze network】（网格分析）工具，用于显示曲线网络的信息。鼠标左键按住曲线段或塑形曲线可以显示更多信息，如图 4-78 所示。

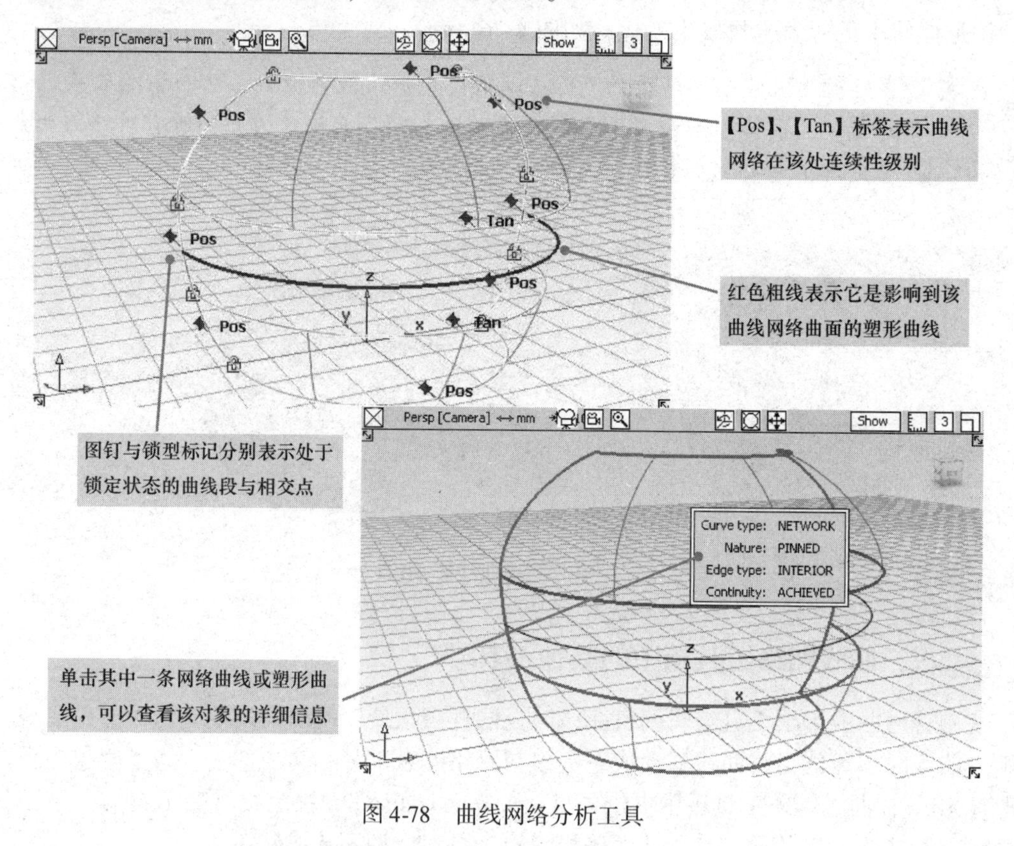

图 4-78　曲线网络分析工具

第 6 节　高级曲面建模训练

练习文件路径：examples \ Ch04 \ bottle. wire
演示视频路径：视频 \ Ch04 \ 沐浴露瓶建模 . avi

下面以沐浴露瓶的建模为例，帮助读者熟悉前面介绍到的工具，同时更深刻地理解建模的思路。沐浴露瓶模型如图 4-79 所示。

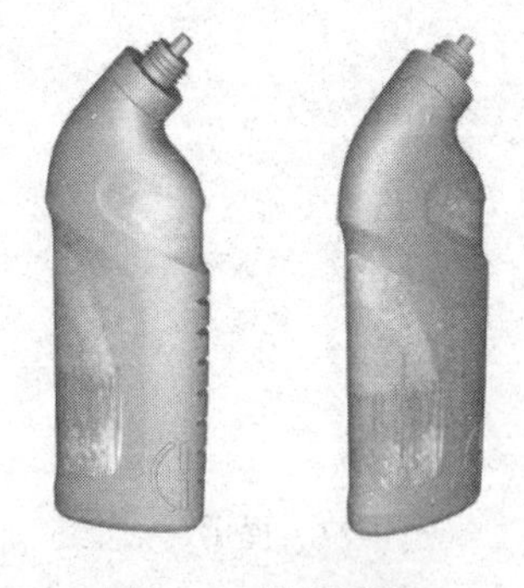

图 4-79　沐浴露瓶

完成本次练习后，您将熟练掌握创建高级曲面常用的【Square】工具、【Align】工具以及【Surface fillet】工具的使用方法。本部分内容主要涉及到创建平滑曲面，在两面之间做倒角等曲面细节处理操作。

操作步骤

01 启动 Alias 软件，进入新环境界面。

02 在创建精确的模型前，需要设置构建公差。执行菜单栏中【Preferences】|【Construction Options】命令。在打开的对话框中【Construction Presets】选项组内选择【General CAD Settings】选项，关闭【Construction Options】对话框，如图4-80所示。

> **技巧点拨** 在默认的情况下，【Construction Presets】的设置为【User Defined】。虽然这种设置适合于快速概念开发，但将数据传输到其他快速成型系统中需要更为准确的设置。在这些预设的设置中，包含着控制 NURBS 曲线和曲面的建模选项，涉及公差和度量单位。

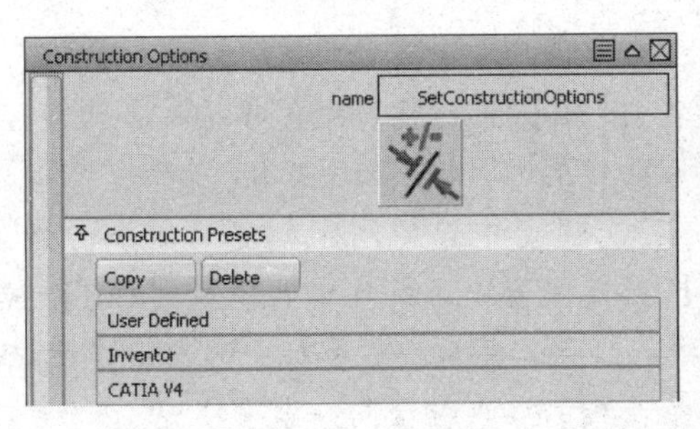

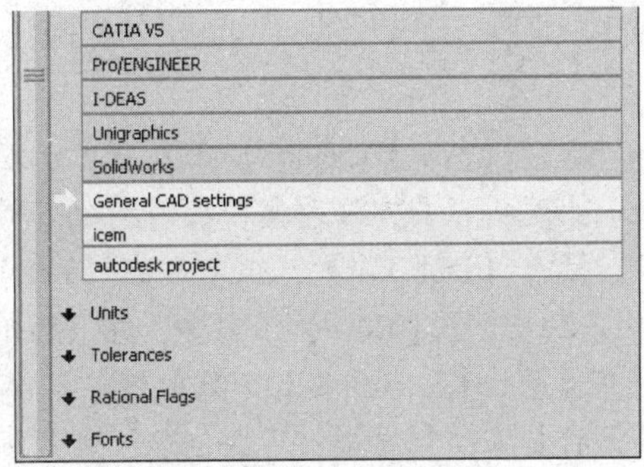

图4-80 【Construction Options】对话框

03 选择【New CV curve】工具，在【Left】正交视窗中创建一条曲线，如图4-81所示。

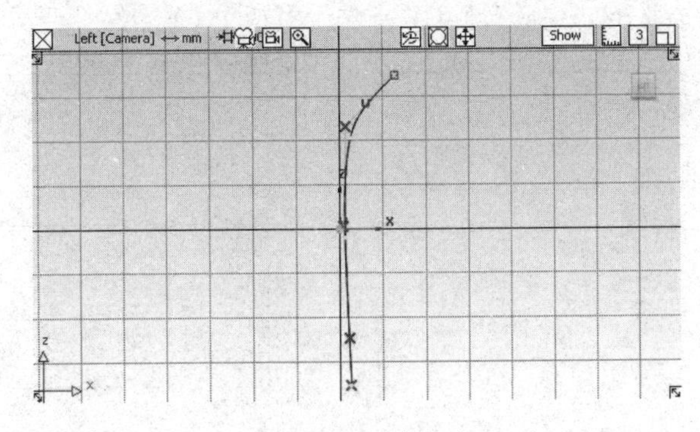

图4-81 创建曲线

04 在曲线处于选中状态下，在【Control Panel】（控制面板）中修改曲线参数。

05 在【Palette】（工具箱）的【Locators】工具标签下，单击【Curve curvature】工具，曲线上出现一条曲率梳，在【Left】正交视窗中调节 CV 点的位置，使曲率梳的变化更加平滑，如图4-82所示。

技巧点拨

曲线曲率的变化决定曲线是否平滑，创建一条平滑的曲线，才能创建出一个光滑的曲面，在调节CV点的过程中，通过曲线的曲率梳可以直观地看到曲线整体曲率的变化，从而创建出一条平滑的曲线。选择【Curve curvature】工具，在曲线上形成曲率梳之后，在视图的空白处拖动鼠标左键改变曲率梳突起的长度，拖动鼠标中键改变曲线的初始采样密度。

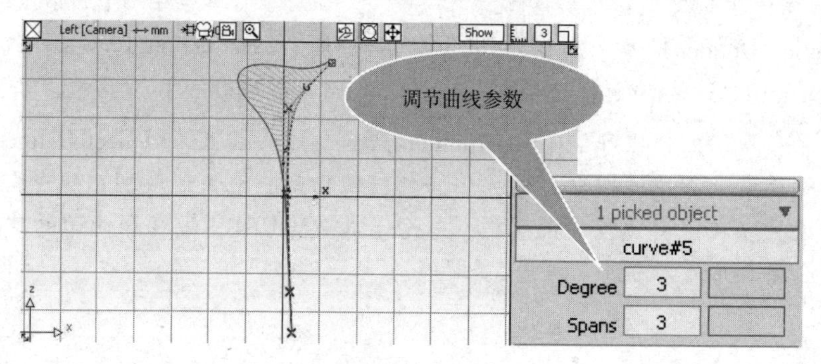

图4-82　调节曲线

06 选择【New CV curve】工具，继续在【Left】正交视窗中创建另一条曲线。采用上述类似的方法改变曲线的参数，调节曲线的CV点，如图4-83所示。

07 选择【Pick CV】工具，在【Left】正交视窗中选择刚刚创建的曲线的终点CV点。选择【Move】工具，在【Left】正交视窗中，按住键盘上的【Ctrl】键，将选择的CV点捕捉到创建的第一条曲线的终点，然后按住鼠标中键水平移动CV点，将其拖动到原来附近的位置，确保两条曲线的终点位于同一水平位置。

08 选择【New Edit Point curve】工具，按住键盘上的【Ctrl】键，将编辑点曲线的两点捕捉到刚刚创建的两条曲线的终点。选择【Pick CV】工具，然后选择【Move】工具，在【Top】正交视窗中移动编辑点曲线中间的两个CV点，确保第二个CV点位于第一个CV点的正下方，第三个CV点位于第四个CV点的正下方，如图4-84所示。

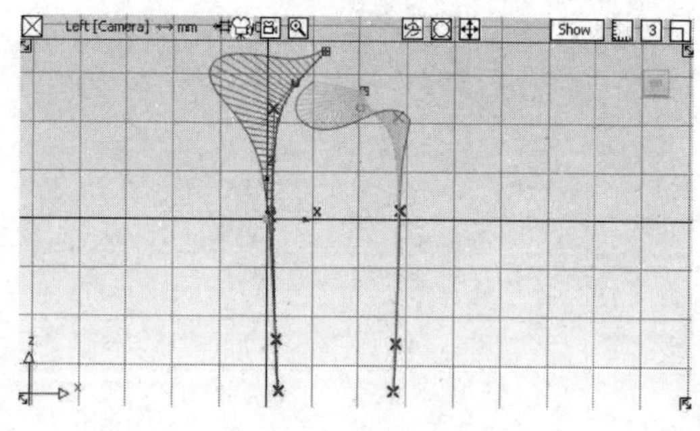

图4-83　创建曲线

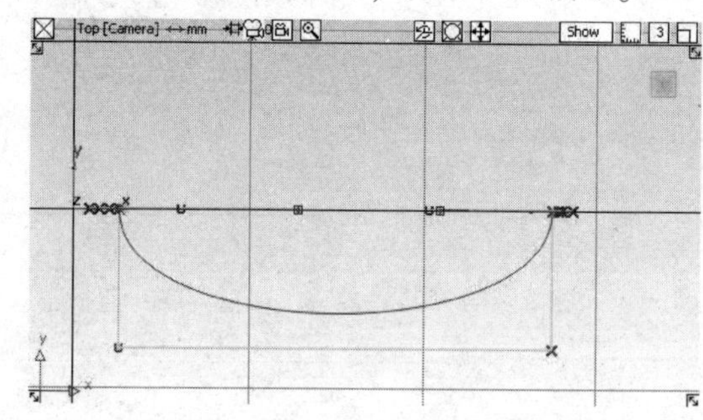

图4-84　调整曲线

技巧点拨

曲线上的曲率梳是一种标注，在不需要时可以按住键盘上【Ctrl】+【Shift】键，按下鼠标中键，在弹出的标记菜单中选择【Delete Locators】命令。也可以在窗口标题栏的右上方单击【Show】按钮，在弹出的下拉列表中取消勾选【Locators】选项，以隐藏标注（并未删除标注）。

09 创建一个参考平面。在【Palette】（工具箱）的【Construction】工具标签下，双击【Plane】工具图标，打开对话框，将【Creation type】（创建类型）设为【Slice】，单击【Go】按钮，如图4-85所示。

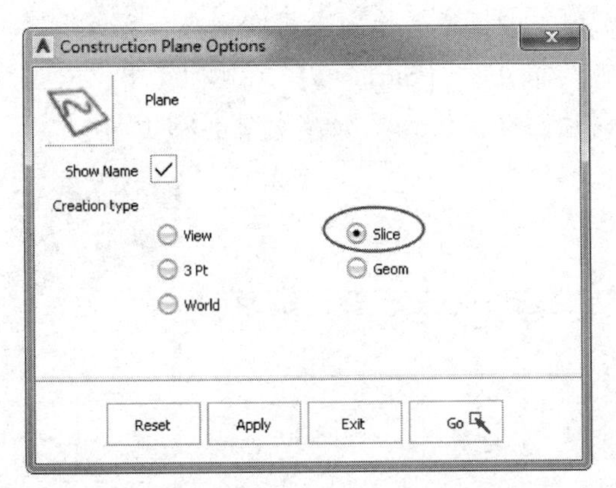

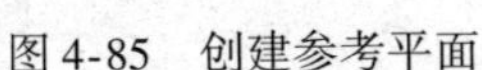
图4-85 创建参考平面

10 通过【ViewCube】工具，将透视窗切换到【Left】正交视窗中，按住键盘上的【Ctrl】键，按住鼠标左键拖动，捕捉到第一条曲线的端点，释放鼠标。继续按住键盘上的【Ctrl】键，捕捉到第二条曲线的端点，释放鼠标和键盘。单击【Left】正交视窗右下方的【Set Construction Plane】按钮，将参考平面设置为构建平面，如图4-86所示。

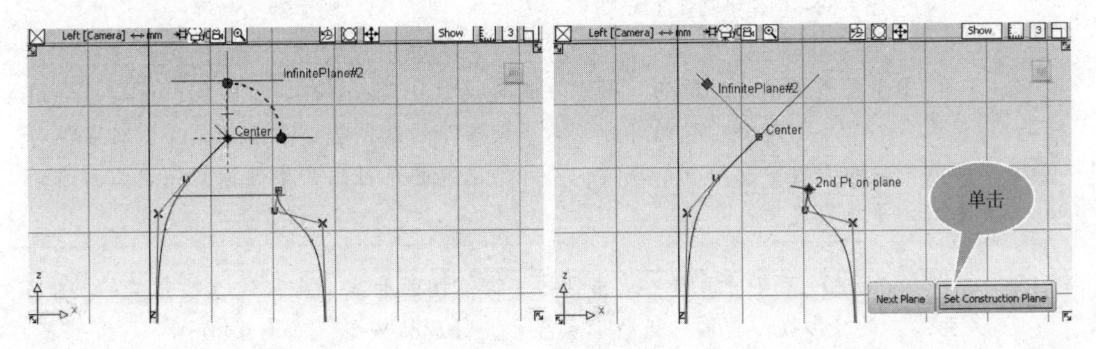

图4-86 创建参考平面

11 在【Palette】（工具箱）的【Curves】工具标签下，单击【Keypoint Curve Toolbox】图标。在打开的关键点曲线工具箱中按住【Arc（three point)】工具，选择【Arc（two point)】工具，如图4-87所示。

12 按住键盘上的【Ctrl】键，将圆弧的第一点捕捉到创建的第一条曲线的端点，圆弧的第二点捕捉到创建的第二条曲线的端点。使用透视窗右上方的【ViewCube】工具，切换到构建平面【Top】正交视窗，按住键盘上的【Alt】键，在【Top】视窗

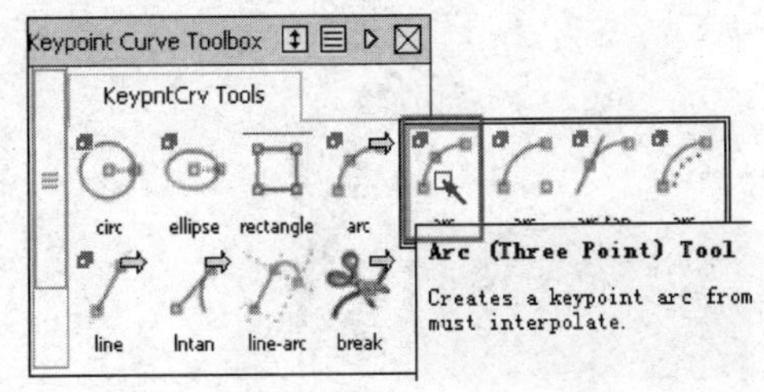

图4-87 选择【Arc（two point)】工具

右侧单击并拖动鼠标左键，将半圆弧的圆心捕捉到通过两个关键点的栏格线上，如图 4-88 所示。

13 在【Palette】（工具箱）的【Construction】工具标签中，单击【Toggle construction plane】工具图标，将视窗切换为世界空间坐标系。

14 在【Palette】（工具箱）的【Surfaces】工具标签中，双击【Square】图标，打开【Square】工具对话框，设置参数，如图 4-89 所示。

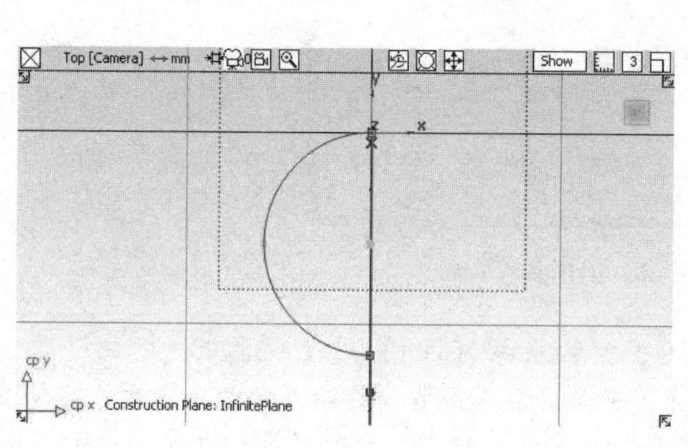

图 4-88 创建半圆弧曲线

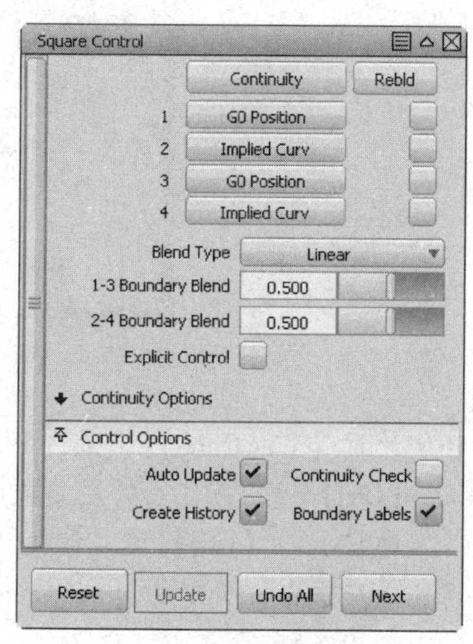

图 4-89 设置参数

技巧点拨

由于整个瓶体是对称的，所以在创建模型时只需创建其中一侧，最后再运用镜像命令直接创建出对称的部分。为了使瓶子的两侧能够平滑相接，需对连接对称两侧的曲面边界应用相切连续，而此处选择的是应用曲率连续，能使曲面达到更好的平滑程度。

15 关闭【Square】工具对话框，单击选择关键点圆弧曲线，再依次选择相接的其他三条曲线，最终形成四边面。进行着色显示，并旋转查看，如图 4-90 所示。

16 取消着色显示，选择标记菜单中【Pick nothing】工具，取消选择。在【Keypoint Curve Toolbox】（关键点曲线工具箱）中选择【Line】工具。按住键盘上的【Ctrl】键，依次单击捕捉瓶体曲线的底端，如图 4-91 所示。

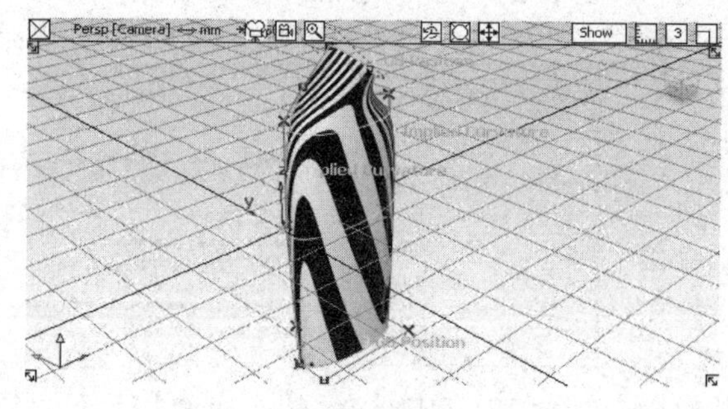

图 4-90 创建曲面

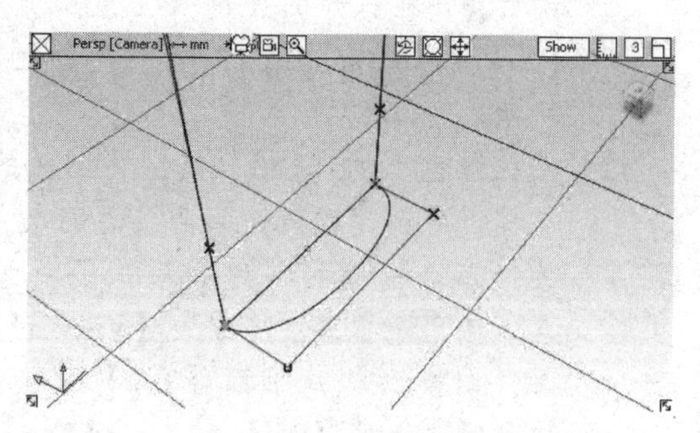

图 4-91 创建直线

17 选择【Pick nothing】工具，取消对直线的选取。选择【Set planar】工具，在透视窗中选取瓶底的两条曲线（可用选取框快速选取），单击视窗下方的【Go】按钮，瓶子底部形成封闭曲面，进行着色显示，如图4-92所示。

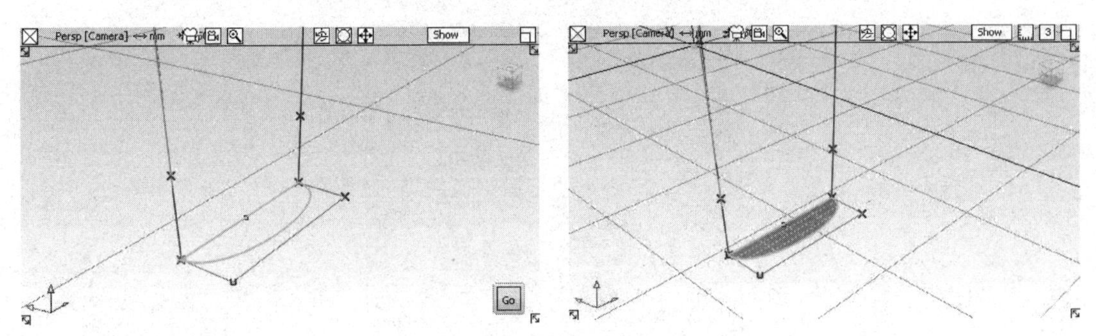

图4-92 创建瓶底曲面

18 取消着色显示，选择标记菜单中【Pick nothing】工具，取消选择。选择【New CV curve】工具，在【Left】正交视窗绘制一条曲线，调节CV点，如图4-93所示。

技巧点拨	在绘制曲线时，为了更好地看出曲线所占比例的大小，在工具箱的【Object Edit】工具标签下选择【Patch Precision】工具，选择刚刚创建的曲面，然后按住鼠标左键在视图空白处左右拖动，即可增加或减少曲面的描述性等参曲线的数量。在上面的图中，刚刚形成的曲面上出现的绿色虚线，即为添加的描述性等参曲线。

19 继续使用【New CV curve】工具，在【Left】正交视窗创建一条新的曲线，调节曲线上的CV点，如图4-94所示。

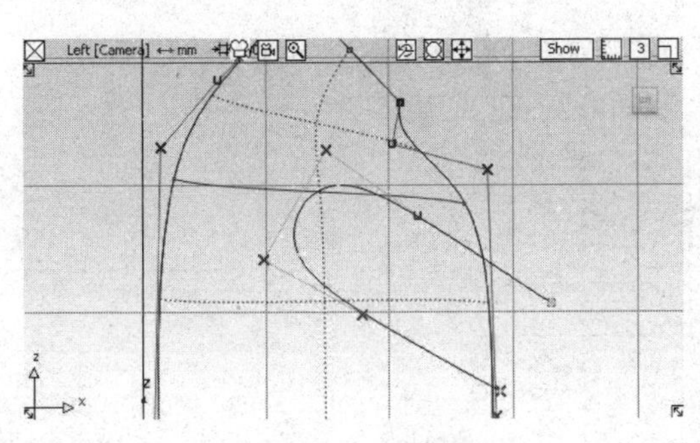

图4-93 创建曲线

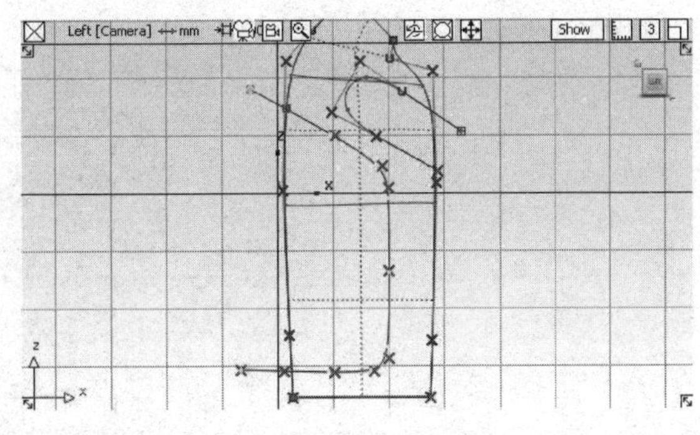

图4-94 创建曲线

技巧点拨	通过调节曲线CV点调节曲线形状的时候，最好选择【Curve curvature】工具以在曲线上显示出其曲率梳，从而在调节曲线的时候，可以更好地把握曲线的形状变化。

20 选择【Pick nothing】工具，取消拾取此曲线。在【Diagnostic Shade】中选择合适的着色显示工具，对模型进行着色显示。双击【Trim】工具图标，打开剪切曲面控制对话框。在对话框中勾选【3D Trimming】复选框，在新出现的【Method】选

项中选择【Project】方式，如图 4-95 所示。

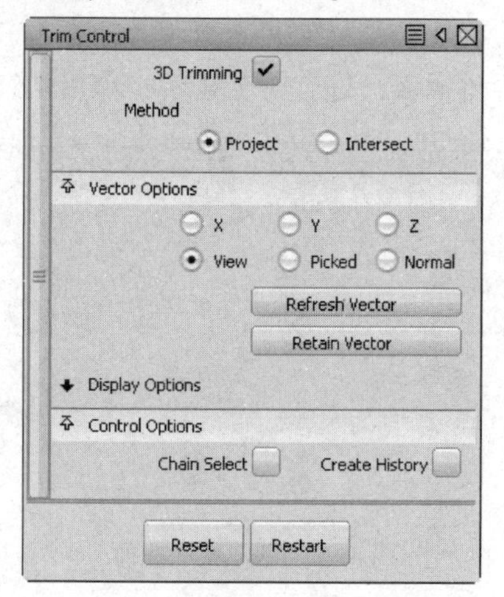

图 4-95 【Trim】工具参数设置

21 在透视窗中选取创建的四边曲面（在透视窗中能更好地选取曲面），切换到【Left】正交视窗。在【Left】正交视窗中依次选择刚创建的两条曲线，形成投影曲线。单击选择需要剪去的曲面，在视窗下方单击【Discard】按钮，完成曲面剪切，如图 4-96 所示。

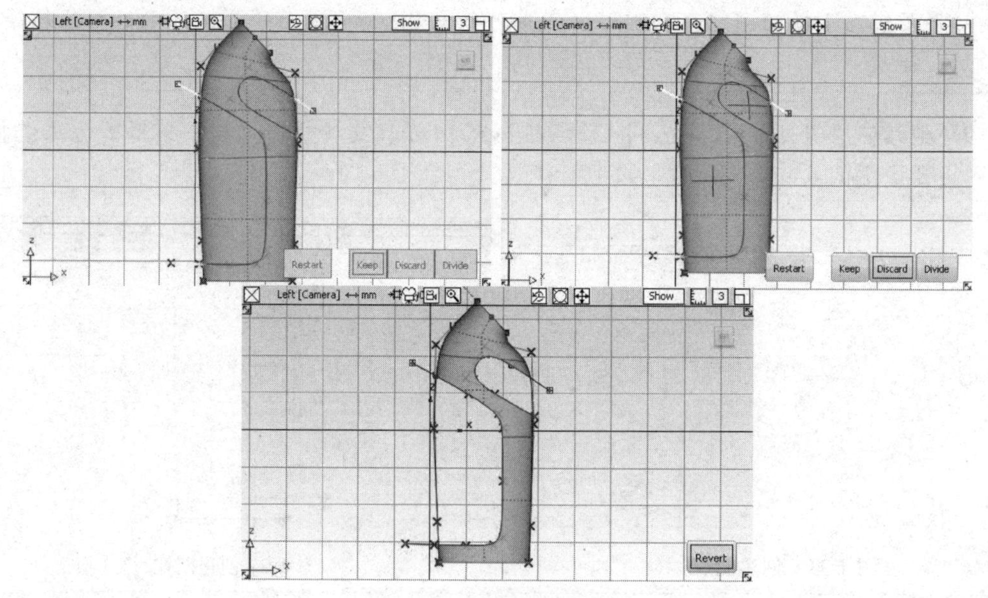

图 4-96 剪切曲面

22 执行菜单栏中【Layers】|【New】命令三次，创建三个图层，分别重命名为【Main curves】【Bottle】【Label】。在【DefaultLayer】图层处于激活状态下，选择【Pick component】工具，设置为仅选取曲线。在透视窗中选取构成瓶子主体的五条曲线，鼠标右键按住层栏中的【Main curves】层，在弹出的下拉菜单中选择【Assign】命令，单击【Main curves】层右侧的小方框，隐藏该层。使用同样的方

法将曲面分配到【Bottle】层，隐藏该层。将剩下的两条曲线分配到【Label】层，隐藏该层，如图4-97所示。

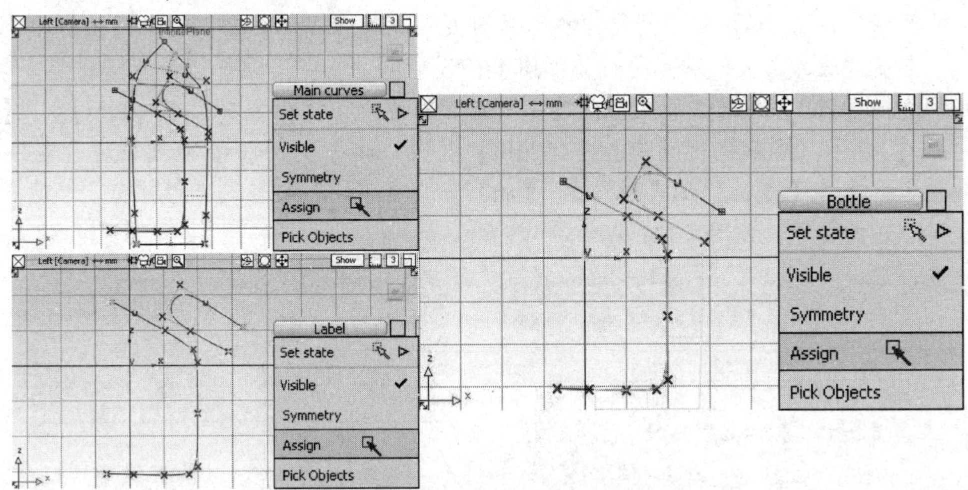

图4-97　分配图层

23 在层栏中单击选择【Label】层，【Label】层在层栏中亮显为黄色，视窗中显现出两条曲线。鼠标左键按住【Label】层，在弹出的下拉菜单中选择【Pick Objects】命令。

24 执行菜单栏中【Edit】|【Copy】命令，然后执行菜单栏中【Edit】|【Paste】命令，复制两条曲线，且仅有复制后的曲线处于选中状态。

25 在【Palette】（工具箱）的【Transform】工具标签下，按住【Set pivot】工具图标，在弹出的工具菜单中选择【Center pivot】工具，将曲线的轴心点置于曲线中心，如图4-98所示。

26 单击层栏上的【Main curves】层右侧的按钮，取消隐藏该层。选择【Pick nothing】工具，取消对复制的曲线的选取。选择【Scale】工具，选取其中一条刚刚复制的曲线，缩放到合适大小，选择【Move】工具，在【Left】正交视窗中移动曲线到合适的位置。对另一条复制的曲线，进行类似的调整，最终效果如图4-99所示。

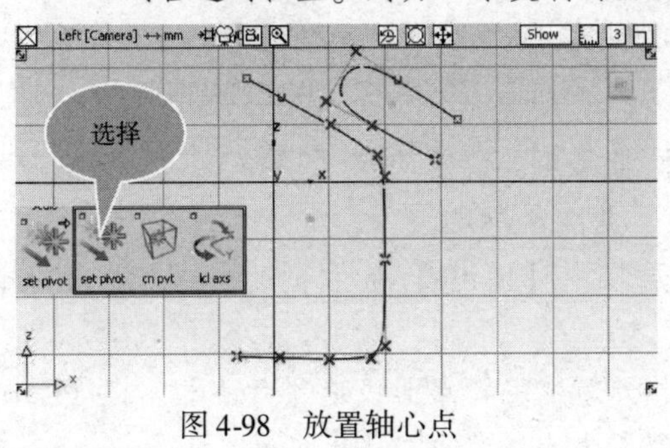

图4-98　放置轴心点

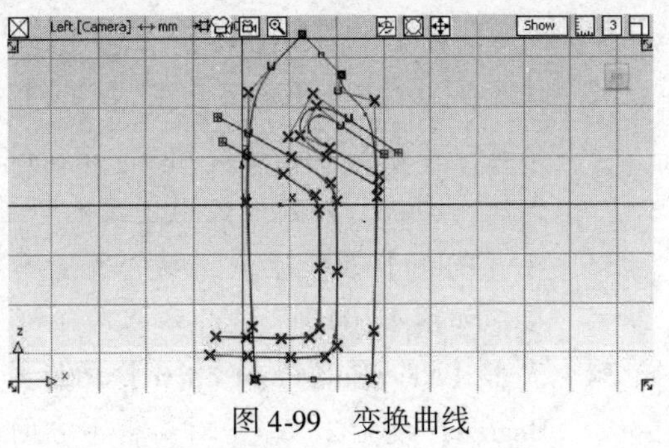

图4-99　变换曲线

技巧点拨	如果缩放后的曲线长度不能够满足要求，可尝试使用位于【Palette】（工具箱）的【Object Edit】工具标签中的【Extend】工具。

27 在层栏中单击选择【Main curves】层，选择【Pick Object】工具，选取瓶体底部

的那条曲线。执行菜单栏中【Edit】|【Copy】命令，接着执行菜单栏中【Edit】|【Paste】命令，复制一条曲线。选择【Pick CV】工具，接着选择【Move】工具，在【Top】正交视窗中移动调整复制的曲线的CV点，确保曲线的两个端点与瓶体底部曲线的端点平行，如图4-100所示。

28 选择【Pick object】工具，选取调整后的曲线，执行菜单栏中【Edit】|【Copy】命令，接着执行菜单栏中【Edit】|【Paste】命令，在曲线位置复制一条曲线。选择【Move】工具，在【Left】正交视窗中，按住鼠标右键向上移动曲线到合适的位置，如图4-101所示。

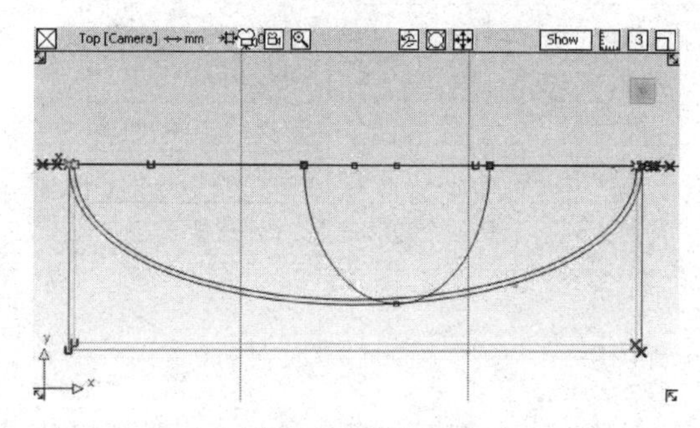

图4-100 调整曲线

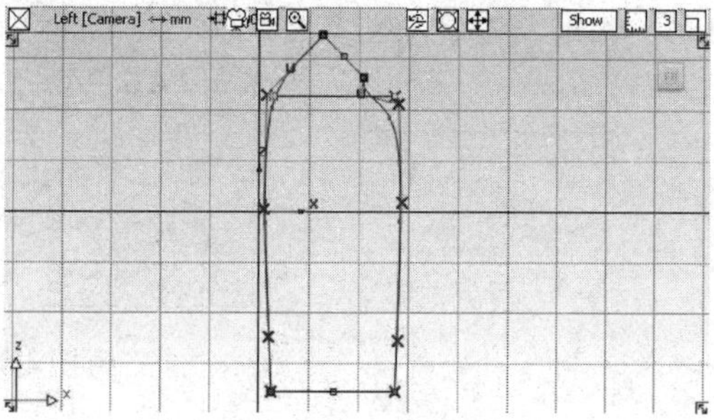

图4-101 移动曲线

29 选择【Pick object】工具，选取刚刚调整移动的两条曲线，分配到【Label】层，在层栏中单击选择【Label】层，并隐藏【Main curves】层。

30 选择【Skin】工具，在透视窗中，依次单击选取上下两条曲线，形成放样曲面。进行着色显示，如图4-102所示。

31 选择【Trim】工具（前面设置过【3D Trimming】选项，【Trim】工具保留前面的设置），在透视窗中选择放样曲面。在【Left】正交视窗中选择经过缩放的两条曲线作为投影曲线，在曲面上单击选择要剪去的部分，单击视窗右下方的【Discard】按钮，如图4-103所示。

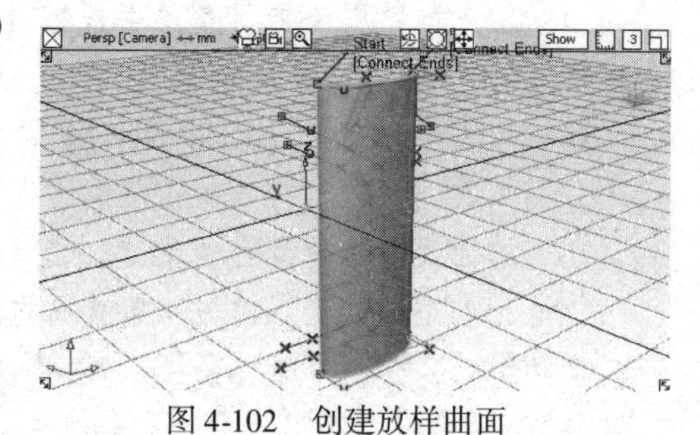

图4-102 创建放样曲面

32 执行菜单栏中【Layers】|【New】命令，创建一个新层。选择【Pick component】工具，设置为仅选取曲线。在视窗中框选所有曲线。将其分配至创建的新层中，并隐藏新层。

33 在【Label】层处于激活状态下，单击层栏中【Bottle】层右侧的图标，显示该层，如图4-104所示。

34 双击【New Edit Point curve】图标，打开新建编辑点曲线选项对话框，将【Curve Degree】设为2，单击对话框下方的【Go】按钮，如图4-105所示。

35 按住键盘上的【Ctrl】+【Alt】键，在透视窗中单击瓶体曲线的边，按住鼠标捕捉到曲面的角点，释放鼠标，放置第一个编辑点。单击下侧另一曲面的边缘，采用同样的方法，捕捉到曲面的角点，释放鼠标和键盘。执行标记菜单中【Pick nothing】命令，取消选择，如图4-106所示。

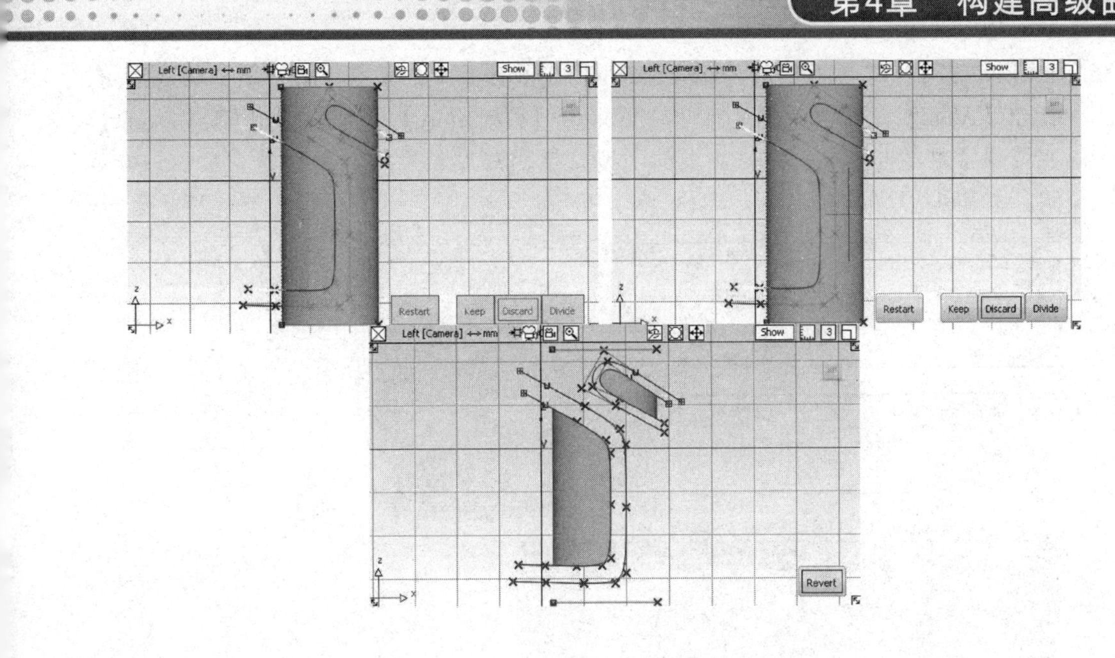

图 4-103　剪切曲面

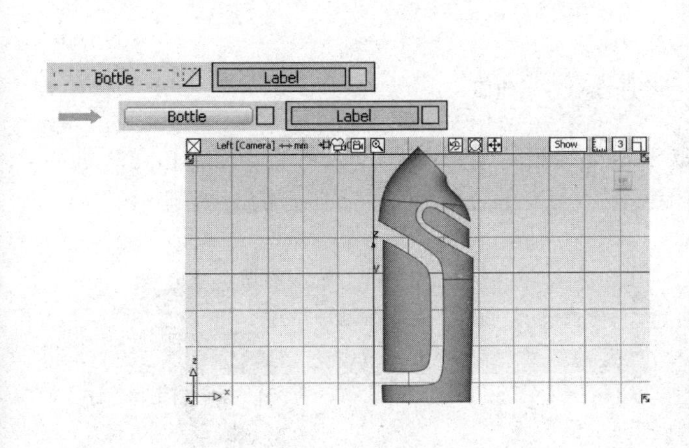

图 4-104　显示【Bottle】层

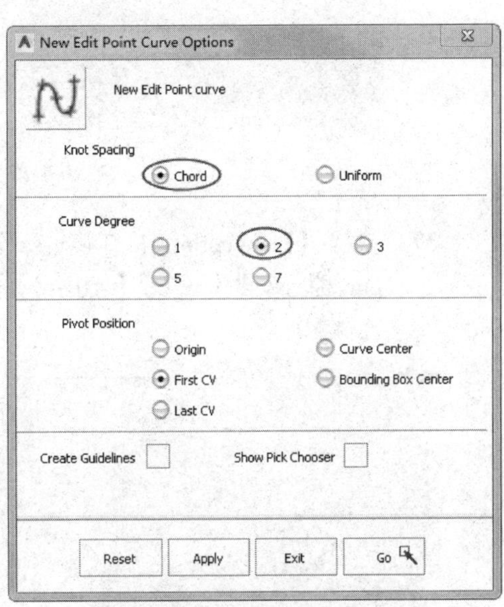

图 4-105　设置编辑点曲线参数

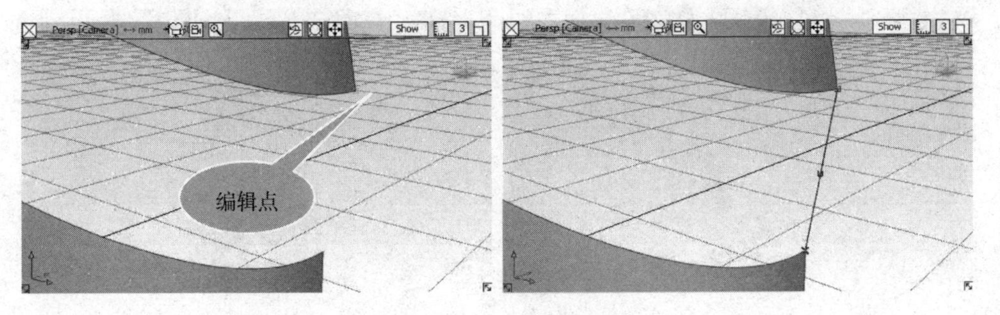

图 4-106　创建编辑点曲线

36 在【Palette】（工具箱）的【Object Edit】工具标签中，双击【Align】工具图标，打开【Align】工具对话框。将对话框中的【Continuity】选项设为【G1 Tangent】。在透视窗中单击刚刚创建的曲线的下部位置，然后单击下面曲面靠近曲线的垂直边，如图4-107所示。

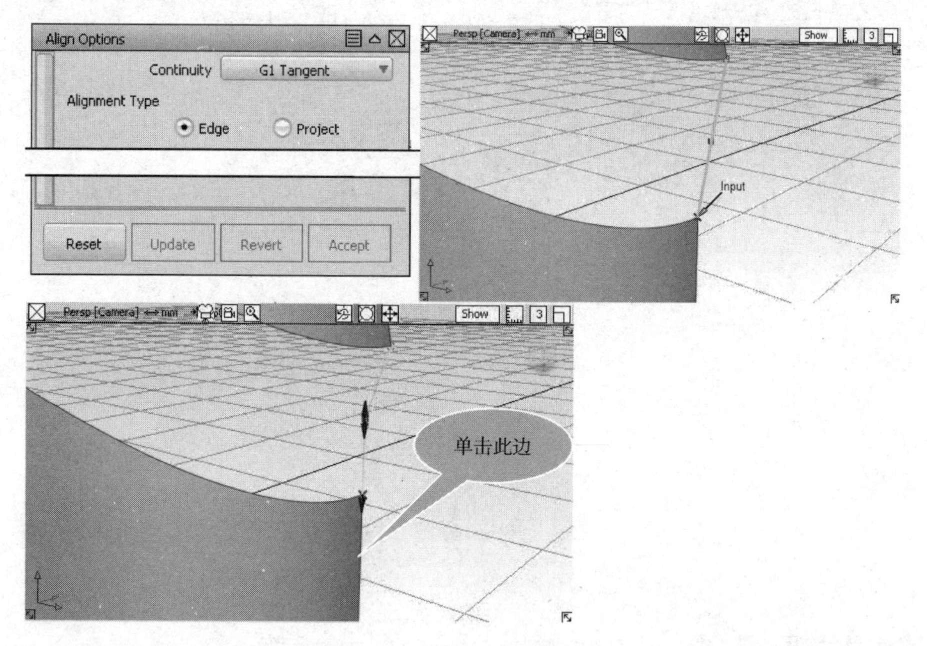

图4-107　将曲线对齐于曲面

37 选择【Pick nothing】工具，取消选择。采用同样的方法，使用【New Edit Point curve】工具以及【Align】工具，在其他位置创建两曲面的过渡曲线，如图4-108所示。

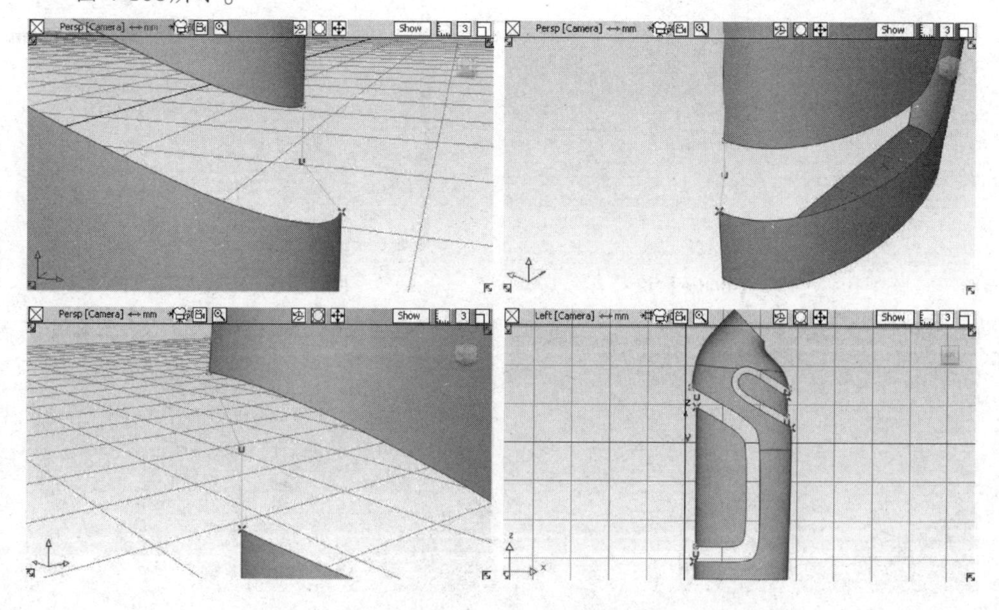

图4-108　创建过渡曲线

38 双击【Square】工具图标，打开四边面工具对话框，设置参数，如图 4-109 所示。

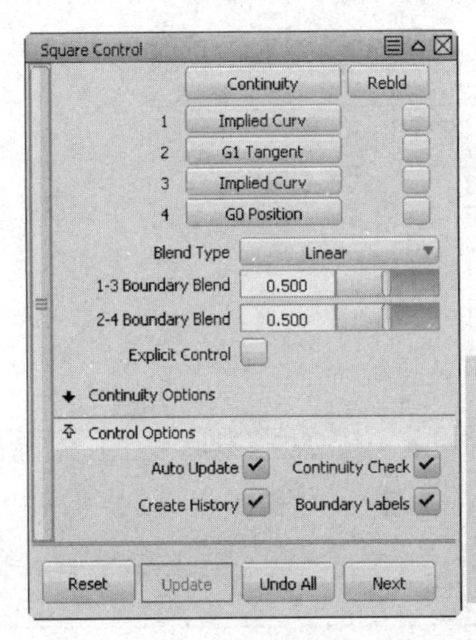

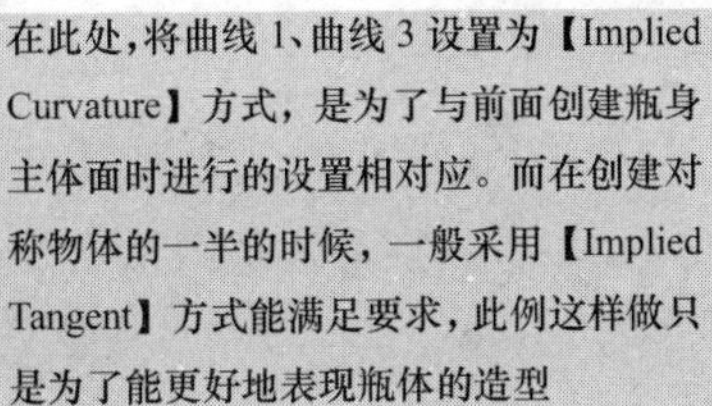

在此处，将曲线 1、曲线 3 设置为【Implied Curvature】方式，是为了与前面创建瓶身主体面时进行的设置相对应。而在创建对称物体的一半的时候，一般采用【Implied Tangent】方式能满足要求，此例这样做只是为了能更好地表现瓶体的造型

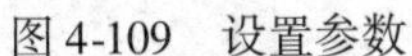
图 4-109　设置参数

39 在透视窗中，依次选择瓶身上侧的几条曲线以及两个曲面的剪切边缘线，形成四边面，如图 4-110 所示。

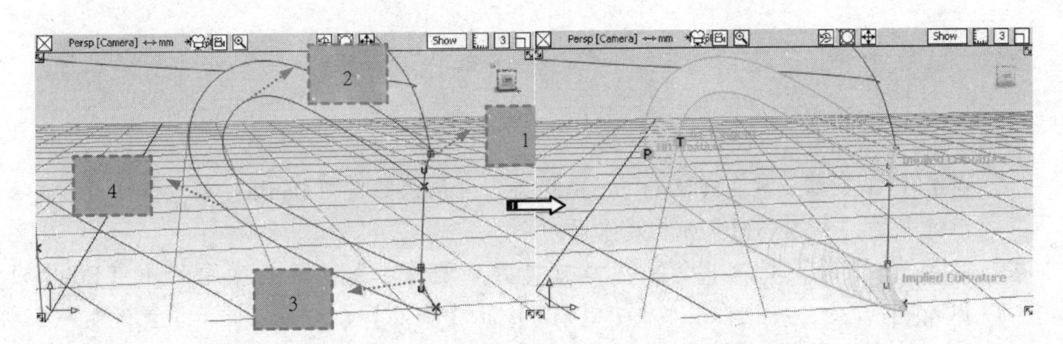

图 4-110　创建曲面

技巧点拨	由于在对话框中勾选了【Continuity Check】复选框，所以在视图窗口中可以看到两个亮显的绿色【P】和【T】，分别代表位置连续和切线连续。如果不需要显示，可在【Square】工具对话框中取消勾选【Continuity Check】。如果希望删除标记，可以执行菜单栏中【Delete】｜【Delete Locators】命令。

40 单击【Square】工具对话框下面的【Next】按钮，以进行下一个四边成面的操作。保持原来的设置不变，在瓶体左侧拖动，依次选取创建的两条曲线，以及两个曲面的剪切边缘线，形成曲面，如图 4-111 所示。

41 完成瓶体模型构建，进行着色显示，旋转查看，如图 4-112 所示。

42 在【Palette】（工具箱）的【Construction】工具标签下，选择【Set construction

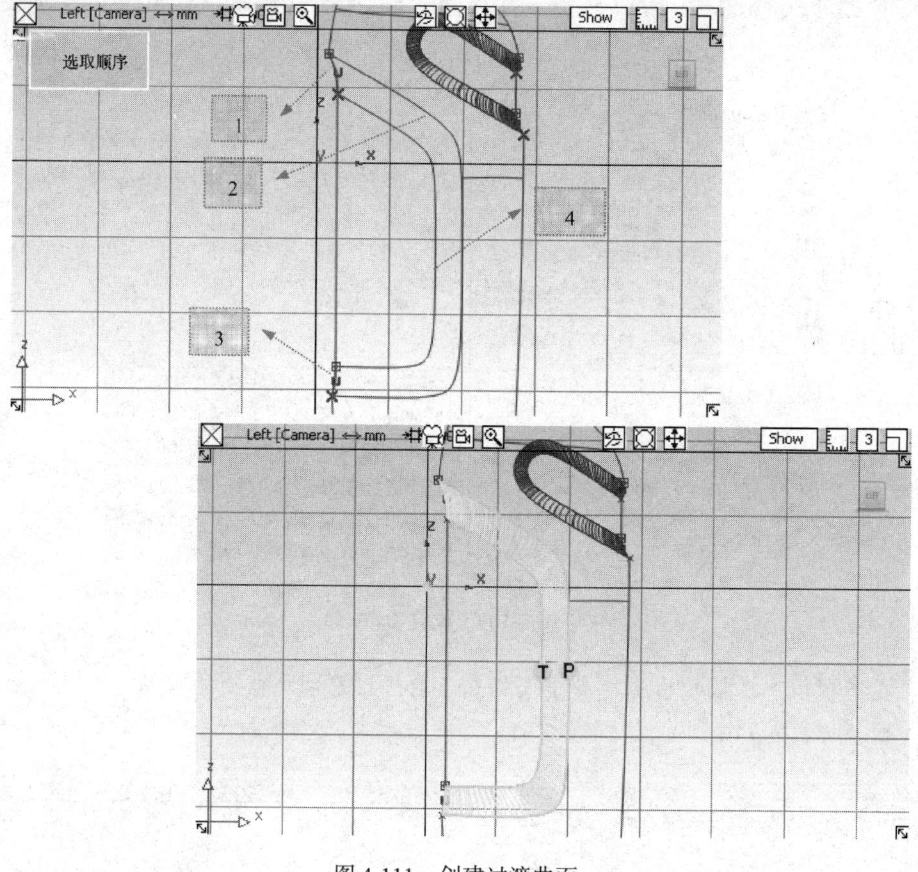

图 4-111　创建过渡曲面

plane】工具，激活【Main curves】层，并取消隐藏【Bottle】层。单击视窗中的参考平面，参考平面变为构建平面。

43 切换到【Top】正交视窗，选择瓶口的半圆弧曲线。执行菜单栏中【Edit】|【Copy】命令，再执行菜单栏中【Edit】|【Paste】命令，在圆弧位置复制一条曲线，并处于单独选中状态。选择【Scale】工具，在【Top】正交视窗空白处按住鼠标左键拖动，缩放圆弧曲线，结果如图 4-113 所示。

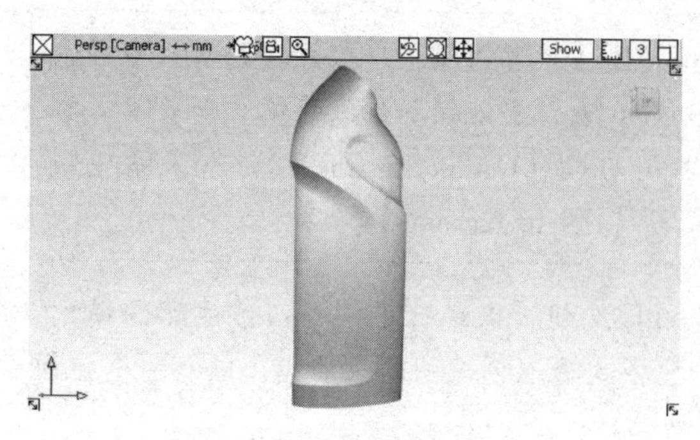

图 4-112　完成瓶体模型创建

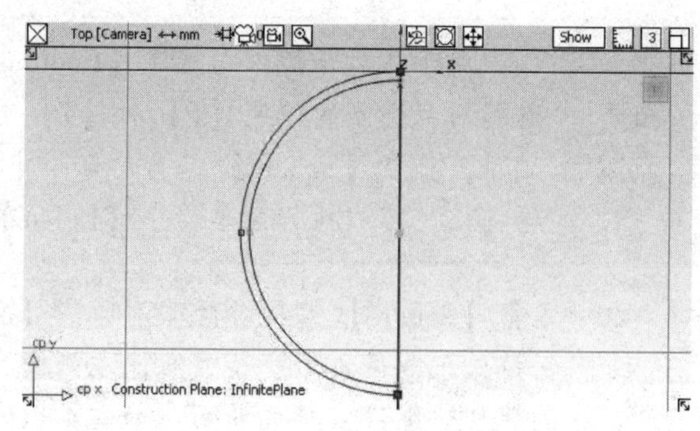

图 4-113　复制并缩放曲线

44 在刚刚创建的圆弧处于选中的状态下，执行菜单栏中【Edit】|【Copy】命令，再执行菜单栏中【Edit】|【Paste】命令，复制一条圆弧，选择【Move】工具，在【Front】正交视窗中，按住鼠标右键在空白处向上拖动，移动圆弧曲线，如图4-114所示。

45 选择【Pick nothing】工具，取消对曲线的选择。选择【Pick object】工具，选择瓶口的圆弧曲线，然后执行菜单栏中【Edit】|【Copy】命令，再执行菜单栏中【Edit】|【Paste】命令，复制一条圆弧。选择【Move】工具，在【Front】正交视窗中，按住鼠标右键在空白处拖动，将曲线移动到如图4-115所示的位置。

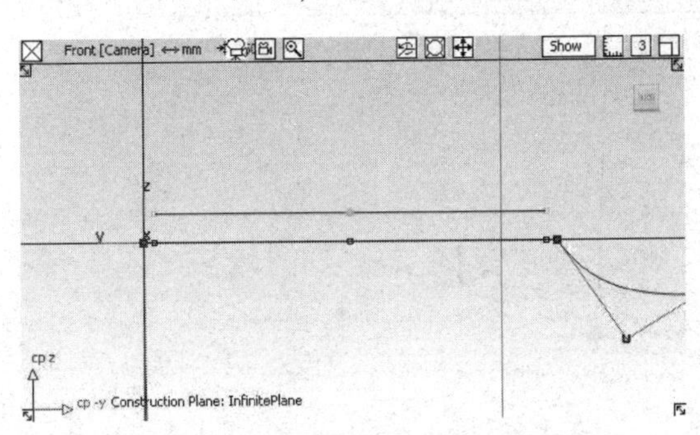

图4-114 移动圆弧曲线

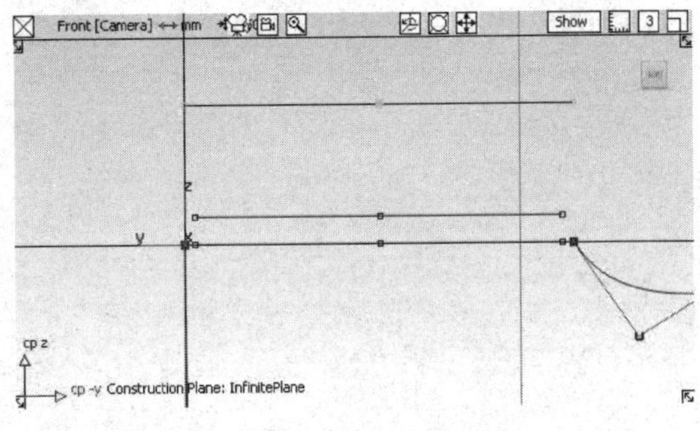

图4-115 复制并移动曲线

46 选择【Skin】工具，通过刚刚创建的几条曲线来形成放样曲面，如图4-116所示。

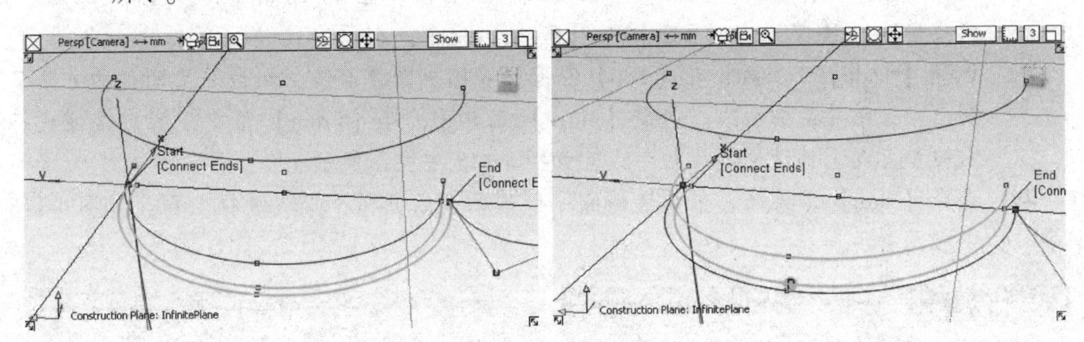

图4-116 创建放样曲面

技巧点拨	这几个曲面的创建，使用创建凸缘工具或许会更为简单，在此主要是为了让大家熟悉构建平面的使用方法。以后创建复杂的模型时，构建平面可以起到很好的约束作用。

47 在【Palette】（工具箱）的【Surfaces】工具标签中，选择【Flange Fillet】工具，单击选取刚刚创建的最外侧放样曲面的下端边缘曲线。调节曲线上出现的操纵器箭头指示的方向。双击【Flange Fillet】工具图标，打开对话框，在【Control Options】标签下勾选【Auto Trim】复选框。单击视窗下方的【Build】按钮，创建圆角凸缘曲面，如图4-117所示。

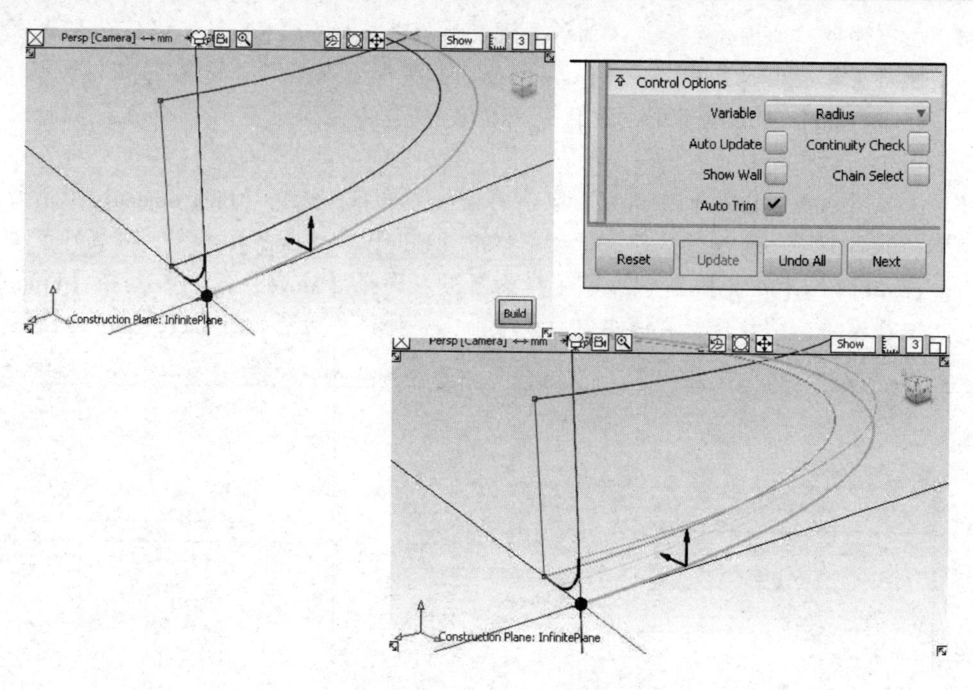

图 4-117　创建圆角与凸缘曲面

48 选择【Pick nothing】工具，取消选择。选择【Pick object】工具，在【Front】正交视窗中选择瓶口最上面的那条曲线。执行菜单栏中【Edit】|【Copy】命令，紧接着执行菜单栏中【Edit】|【Paste】命令，在原来的位置复制出一条曲线。选择【Scale】工具，在【Top】正交视窗缩放圆弧曲线。然后采用同样的方法复制出一条缩放后的曲线。选择【Move】工具，在【Front】正交视窗中按住鼠标右键垂直向上移动复制后的曲线，如图 4-118 中左图所示。

49 选择【Skin】工具，依次选择刚刚创建的两条圆弧，形成放样曲面，如图 4-118 中右图所示。

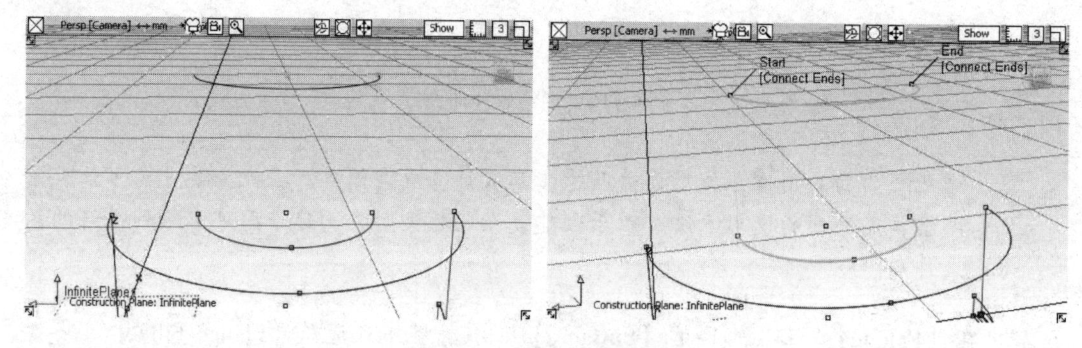

图 4-118　创建曲线和曲面

50 重复前面的两步操作，在瓶口上方再次创建两条更小的圆弧，选择【Skin】工具，创建放样曲面，进行着色显示，如图 4-119 所示。

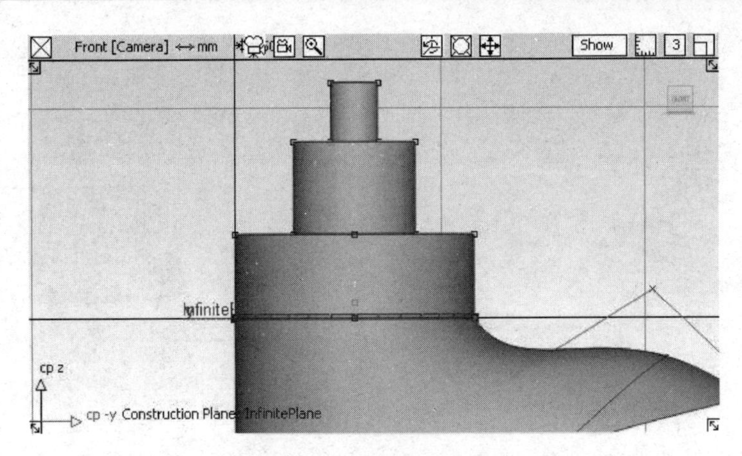

图 4-119　创建瓶口曲面

51 在【Palette】（工具箱）的【Construction】工具标签下，单击【Toggle construction plane】工具图标，将视窗切换为世界空间坐标系。

52 选择【Pick Object】工具，在视窗中选取在【Main curves】层中创建的几个曲面，在层栏中鼠标右键按住【Bottle】层，在弹出的下拉菜单中执行【Assign】命令，将创建的曲面分配到【Bottle】层。

53 在层栏中激活【Label】层，隐藏其他所有层，选择【Pick component】工具，设置为仅选取曲面。在视窗中圈选所有物体，只有曲面被选中。然后将其分配到【Bottle】层中，如图 4-120 所示。

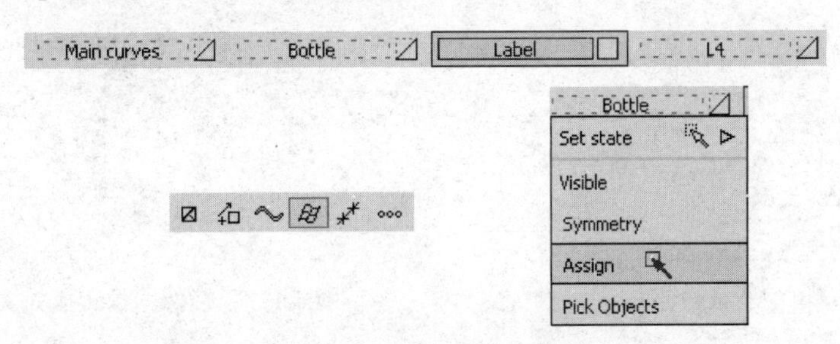

图 4-120　分配图层

54 激活【Bottle】层，隐藏其余各层。在【Palette】（工具箱）的【Surfaces】工具标签下选择【Round】工具，在视窗中选择需要柔化的边缘，创建圆角曲面，如图 4-121 所示。

55 选择【Pick nothing】工具，在层栏中鼠标左键（右键也可）按住【Bottle】层，在弹出的下拉菜单中执行【Symmetry】命令。【Bottle】层中的所有曲面即被镜像。执行菜单栏中【Layers】｜【Symmetry】｜【Create Geometry】命令，如图 4-122 所示。几何体的镜像图像转换为实际几何体，如图 4-123 所示。

56 选择【Skin】工具，封闭瓶口的两个曲面。选择【Set Planar】工具，封闭最顶端的面，如图 4-124 所示。

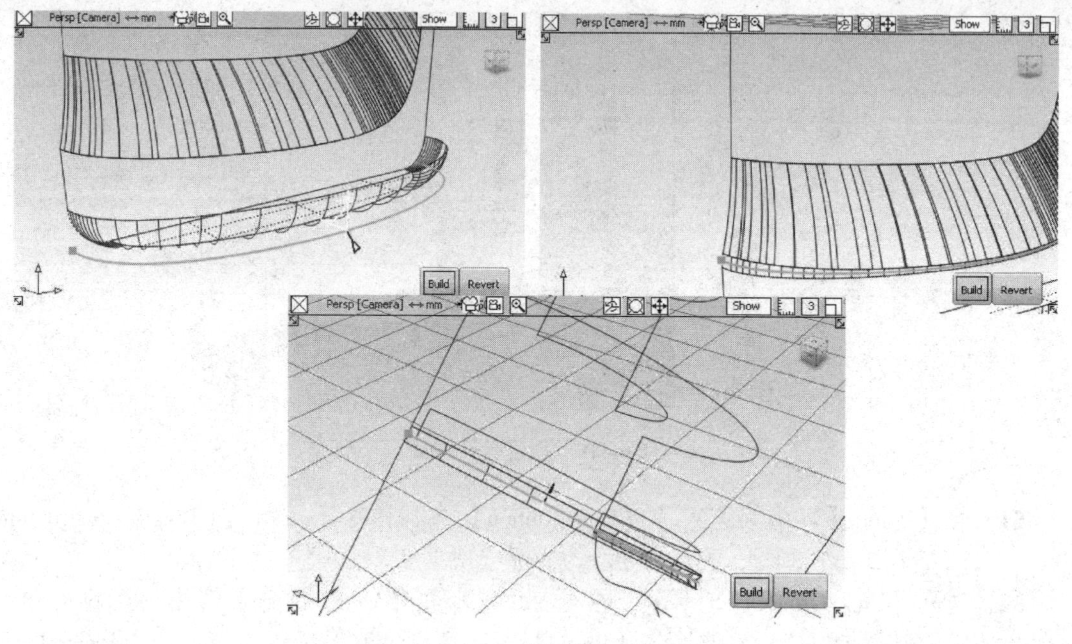

图 4-121　创建圆角曲面

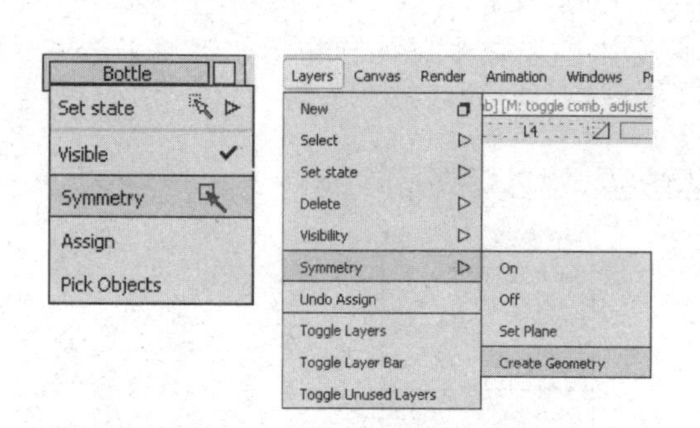

图 4-122　执行菜单栏命令

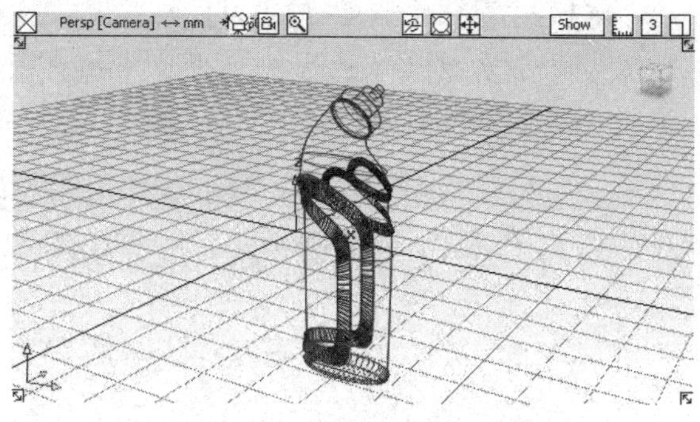

图 4-123　镜像图像转换为实际几何体

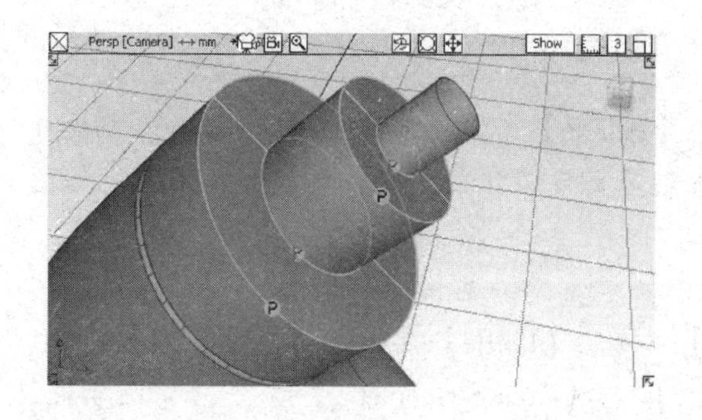

图 4-124　封闭瓶口处曲面

57 取消着色显示，在【Keypoint Curve Toolbox】（关键点工具箱）中，选择【Line-arc】、【Arc（two point）】等关键点曲线工具，在【Left】正交视窗中创建出几条关键点曲线，如图 4-125 所示。

58 选择【Offset】工具，在透视窗中选择瓶身曲面，向外偏移一定的距离，如图 4-126 所示。

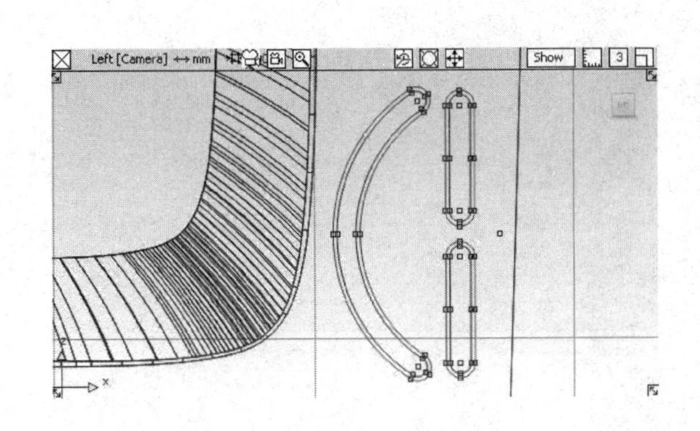

图 4-125 创建曲线

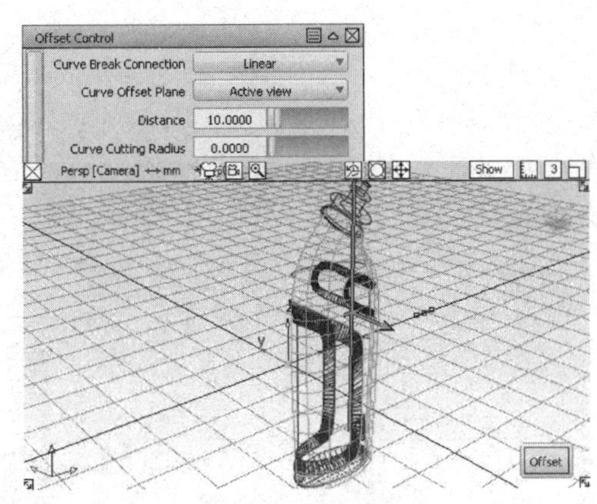

图 4-126 偏移曲面

59 选择【Pick nothing】工具，取消对曲面的选择。将曲面着色显示，选择【Trim】工具，启用【3D Trimming】选项，在【Left】视窗中，将刚刚创建的三条内侧曲线线作为瓶身主体的投影曲线，将三条内侧关键点曲线作为偏移面的投影曲线，剪去瓶身的投影曲线内的曲面，保留偏移面投影曲线内的曲面，如图 4-127 所示。

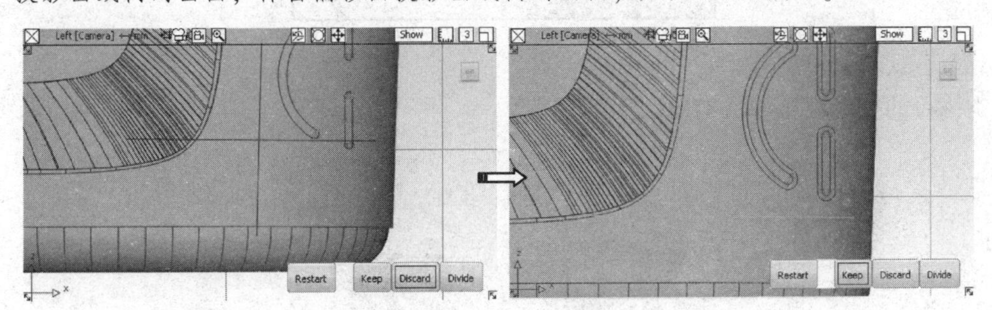

图 4-127 剪切曲面

60 取消着色显示，在【Palette】（工具箱）中的【Surfaces】工具标签下选择【Free-form blend】工具，在透视窗中依次单击剪切曲面的边缘，如图 4-128 所示。

61 采用同样的方法，在另外几条剪切边缘线间创建过渡曲面，将整体着色显示，如图 4-129 所示。

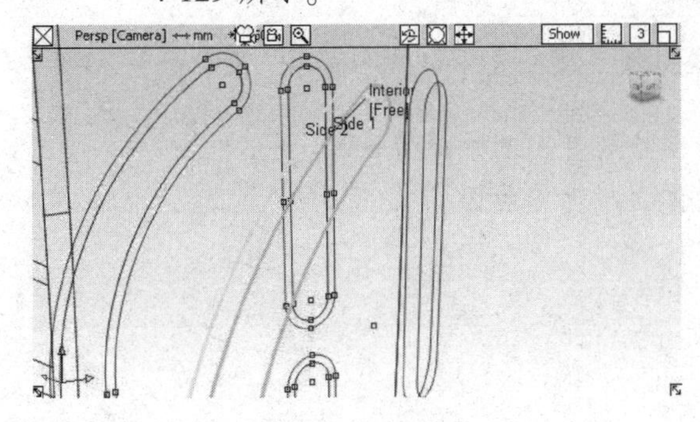

图 4-128 创建过渡曲面

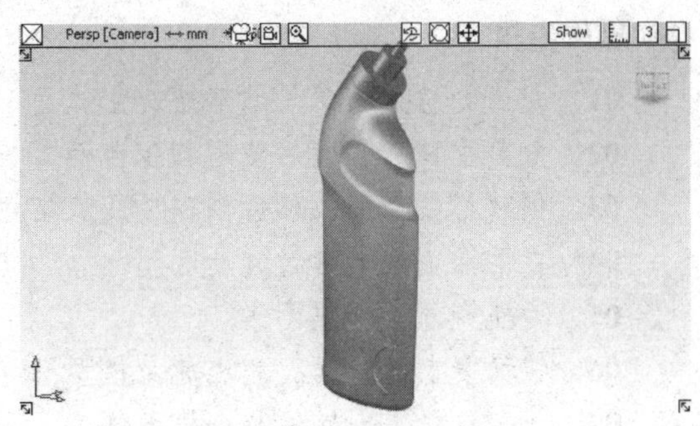

图 4-129 沐浴露模型

62 至此，沐浴露瓶子的大体模型已经完成。最后，可以根据个人喜好添加细节，如图 4-130 所示。

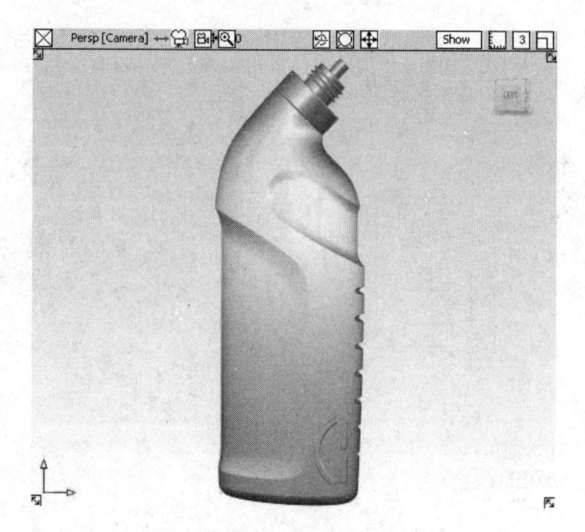

图 4-130　完成沐浴露瓶

第 7 节　练　习　题

练习：饮料瓶模型

本练习的完成模型如图 4-131 所示。

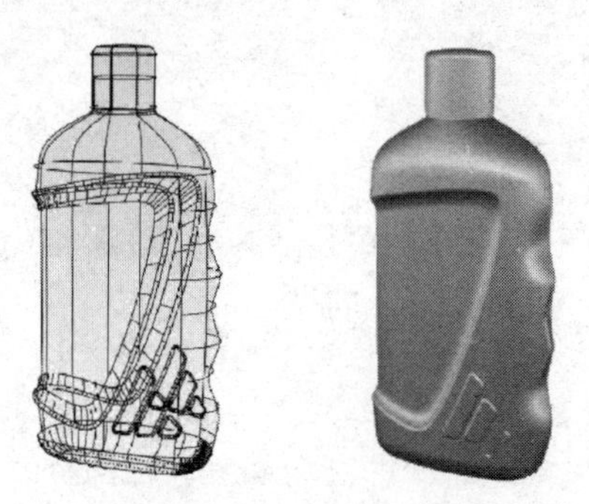

图 4-131　饮料瓶模型

操作步骤

01 使用扫掠曲面工具创建瓶身主体面。

02 分割主体面，然后使用扫掠曲面工具创建瓶身一侧手握槽轮廓。

03 创建标签曲面，然后创建曲线剪切主体面与标签曲面。

04 在两曲面间创建过渡曲面。

05 为瓶身添加浮雕图案。

06 镜像复制瓶身面，完成瓶身模型。

07 为瓶体加盖，完成整个模型创建。

第 5 章

编辑与分析曲面

对于简单的物体模型，可以通过创建不同的曲面拼装组配，最终创建出物体的模型，但是对于大部分模型，并不能够采用这种简单的方法完成，需要通过创建相关的曲面，然后进行修剪编辑或其他操作，实现模型创建。

在前几章的内容中提到过曲面的连续性，有很多工具自带曲率检查的功能，可以在使用的过程中实时判断分析曲面的连续性是否满足曲面的质量要求。但有时需要对曲面进行更改，检查面与面之间的连续性，从而进行下一步的操作。

案例展现

ANLIZHANXIAN

案　例　图	描　　述
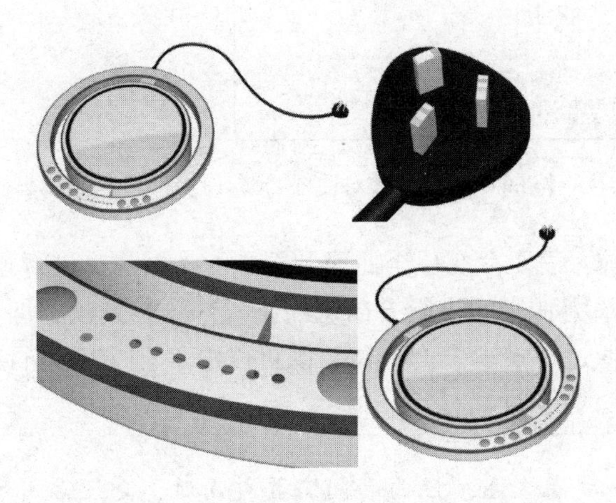	本章建模训练以一个电磁炉的建模为例，着重介绍曲面编辑工具的使用，并以此来熟悉其中各个选项的含义。完成本次练习后，您将熟练掌握用于曲面编辑的【Intersect】工具、【Trim】工具、【Round】工具以及【Surface fillet】工具等。本部分内容主要涉及的是曲面编辑，包括剪切曲面、两面之间倒角等相关曲面处理

第 1 节 曲面编辑

与曲面相关的编辑工具有很多，在【Object Edit】工具标签中的工具主要是针对曲线和曲面的，但是很多时候，更多的是用于曲面编辑。而在【Surface Edit】工具标签中，也有很多工具可用于曲面编辑。

本节内容将着重介绍最为常用的曲面修剪工具，在 Alias 2018 学习初期创建模型时，这些工具很实用，也很容易掌握。

一、创建面上曲线

本节主要介绍面上曲线的创建方法。

1. 【Project】工具通过投影方式创建面上曲线

【Project】工具位于工具架的【Surface Edit】工具标签中，它通过投影的方式在曲面上创建面上曲线（也可以是普通曲线）。其控制对话框中的选项很容易理解，如图 5-1 所示。

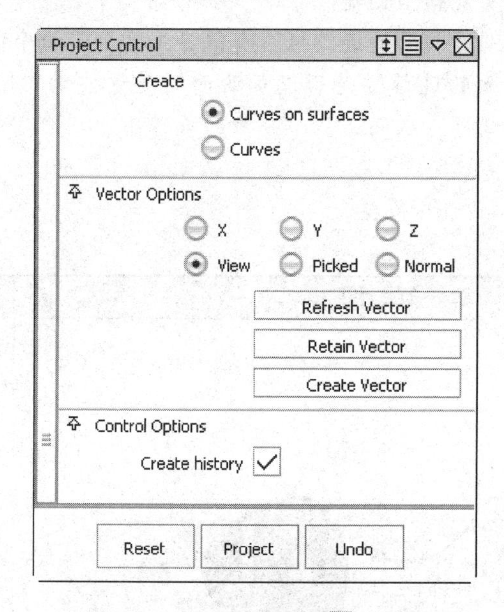

图 5-1 【Project】工具对话框

通过投影方式创建面上曲线之前，需要存在一个曲面和至少一条曲线。进行投影之前，需要在对话框中调整投影的方向，最为常用的投影方向选项是【View】选项，即与当前视窗垂直的方向，这种投影方式可以通过切换视窗的方法，既可以沿 X 轴方向进行投影，又可以沿 Y、Z 轴方向投影，具有很大的灵活性。

技巧点拨 创建高级曲面并且一些高级连续性曲面间需要补面时，会经常用到【Normal】（沿曲面法线方向投影）这一选项。

【Project】工具操作方法如图 5-2 所示。

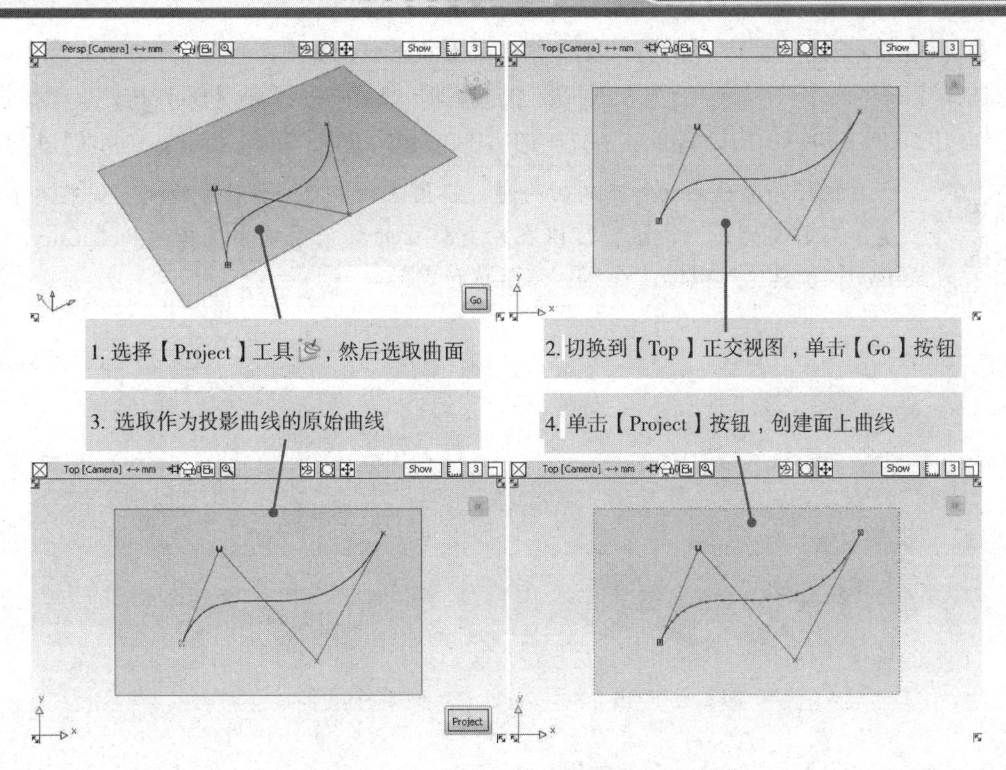

图 5-2　【Project】工具的使用方法

技巧点拨	如果使用【View】投影方式，当前视图是指单击【Go】按钮时的视图。

2. 【Intersect】工具通过曲面相交形成面上曲线

【Intersect】工具（其选项对话框如图 5-3 所示）在工具箱中与【Project】工具位置相同，主要用来在两个或两个以上的曲面的相交处产生面上曲线。

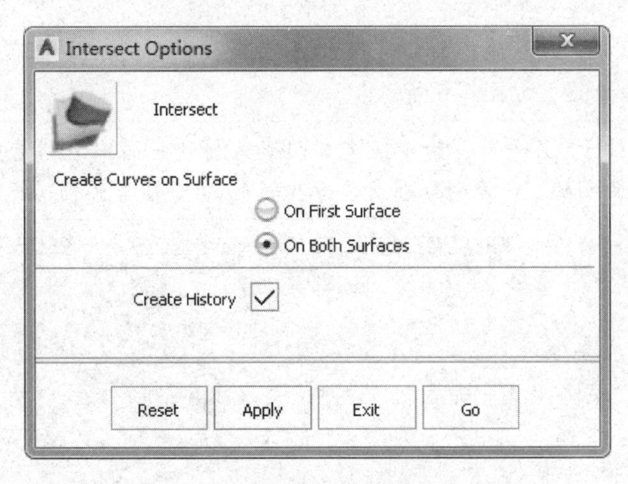

图 5-3　【Intersect】工具选项对话框

● 【On First Surface】（第一面）：只在初始曲面上创建面上曲线。

- 【On Both Surfaces】（两面）：在所有相交曲面上创建面上曲线。

选择【Intersect】工具，首先在透视窗中选择第一个曲面，单击【Go】按钮，然后选择与其相交的曲面（可以使用选取框），随后两个曲面的相交处即生成相交曲线，如图5-4所示。

技巧点拨	在选择与原始曲面相交的曲面时，使用选取框圈选会更加便捷。如果不小心创建了不需要的面上曲线，可以在左键弹出的标记菜单中选择【Pick Curve-on-surface】工具，选取面上曲线，然后执行删除命令。

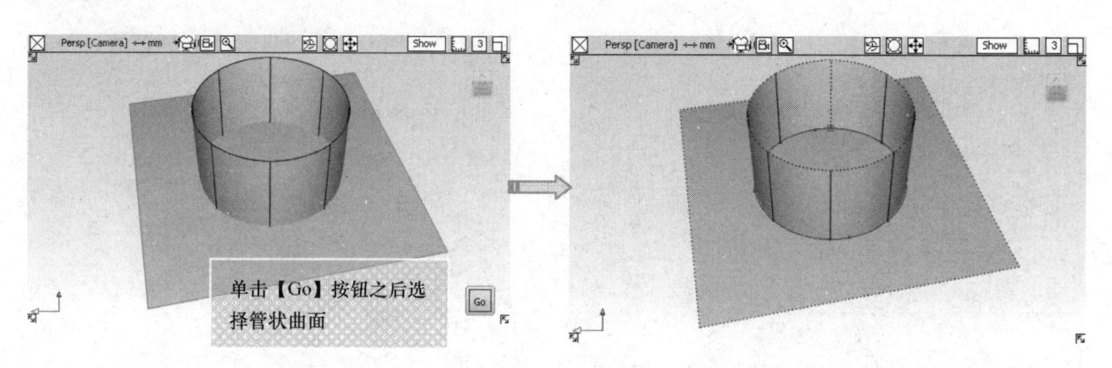

图5-4　使用【Intersect】工具创建面上曲线

3. 【Geometry Mapping】（几何映射）

【Geometry Mapping】工具位于【Surface Edit】（曲面编辑）工具标签中，与【Project】工具和【Intersect】工具位于同一位置。该工具用来将世界坐标中的曲线映射到目标曲面上。

下面通过一个实例快速了解该工具的使用方法。

01 在【Left】正交视窗中使用【Text】（文本曲线）工具，输入几个字符，如图5-5中左图所示。

02 在透视窗中创建一个曲面，如图5-5中右图所示。

03 使用选择工具，选取这个曲面，打开【Geometry Mapping】工具对话框。在对话框中进行参数设置，如图5-6所示。

技巧点拨	曲线位于XZ平面，为了使文本曲线映射到曲面中达到需要的效果，在对话框中设置曲面的UV方向分别对应于坐标轴的X轴与Z轴。

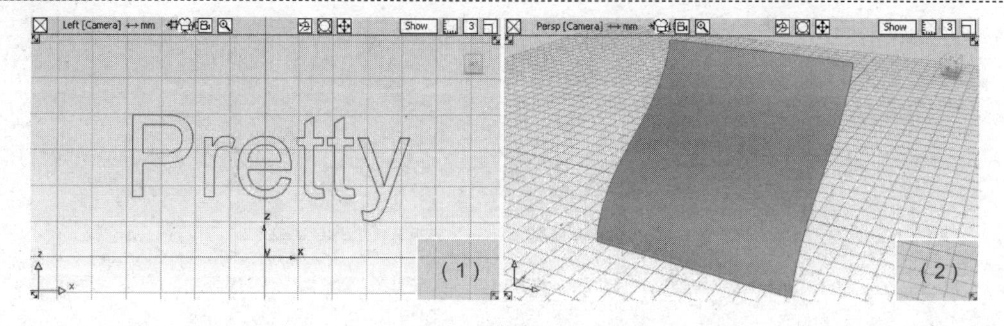

图5-5　创建曲线与曲面

技巧点拨	可以将此曲面假想为 XZ 平面，在对话框中的【Map Max/Min Axis-U】【V】范围意味着空间曲线在 XZ 平面的范围。这在理解上可能会产生一些困难，但是多思索一下，并且通过多次尝试，应该可以明白这其中的含义。

04 单击对话框下方的【Go】按钮，然后在视窗中用鼠标框选创建的文本曲线。文本曲线在曲面上完成映射，如图 5-7 所示。

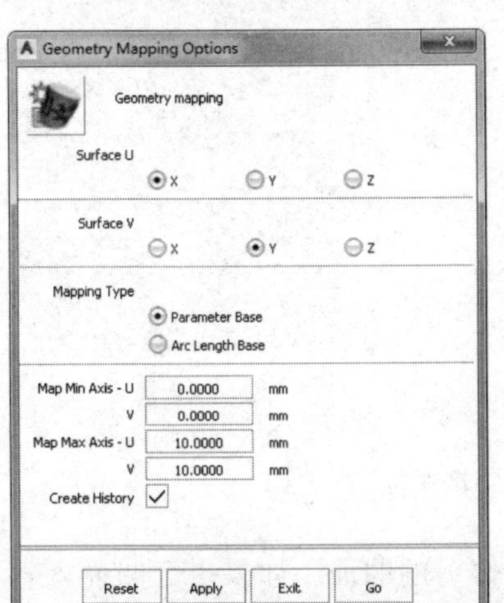

图 5-6　参数设置

图 5-7　将空间曲线投影到曲面上

二、剪切曲面

面上曲线的一个重要作用就是剪切曲面，剪切曲面也就是通过创建面上曲线，将原本完整的曲面分割为几部分，然后再对这几部分进行保留、丢弃等操作，或将曲面在此处分隔为几个单独的曲面。

在工具箱的【Surfaces Edit】工具标签中，右键单击，在弹出的菜单中可以看到位于【Trim】子菜单中的三个与剪切功能相关的工具，如图 5-8 所示。接下来会对这几个工具逐一进行介绍。

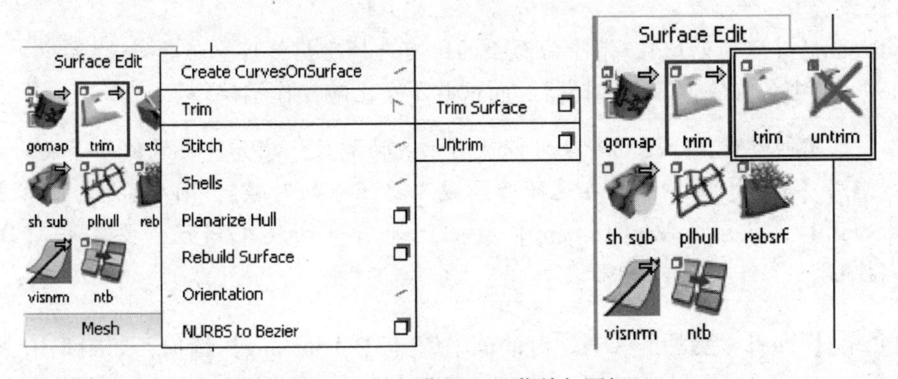

图 5-8　剪切曲面工具菜单与图标

1. 【Trim】【剪切】

【Trim】（剪切）工具的对话框中的选项含义将在后面的练习中提到，相对于其他工具的选项来说，这些选项要容易理解得多。

由于面上曲线需要对曲面进行分割才能执行剪切操作，所以对于一些未能将曲面进行分割的面上曲线，剪切操作无法完成，如图 5-9 所示。

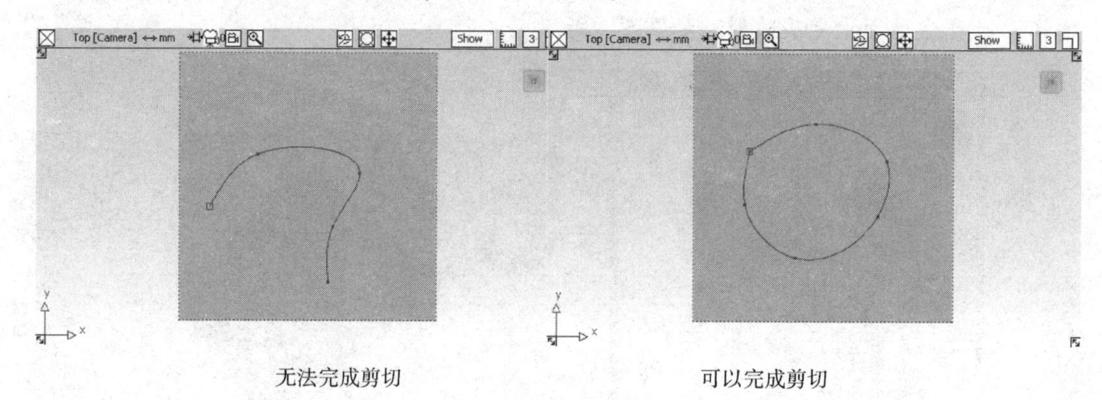

无法完成剪切　　可以完成剪切

图 5-9 剪切曲面需要的条件

选择【Trim】（剪切）工具，然后单击需要修剪的曲面，如果一个曲面上存在面上曲线，这个曲面的边缘线会呈虚线显示。在需要执行剪切的区域中单击，会随之出现不同颜色的选择器。

- 如果视窗下方的【Keep】按钮处于选定状态，则选择器的颜色为淡蓝色。
- 如果视窗下方的【Discard】按钮处于选定状态，则选择器的颜色为暗红色。
- 如果视窗下方的【Divide】按钮处于选定状态，则选择器的颜色为红色。

在要剪切的曲面上放置选择器的同时，视窗下方的那几个按钮将处于激活状态，它们的含义如下：

- 【Keep】（保留）：保留选择的区域，丢弃其他区域。
- 【Discard】（舍弃）：丢弃选择的区域，保留其他区域。
- 【Divide】（分离）：将选定区域与其他区域分离（生成单独的修剪曲面），但保留所有区域。
- 【Restart】（重新开始）：清除曲面上的所有选择器，然后重新开始选择。

在同一区域中允许放置多个选择器，而这并不会影响操作结果。

技巧点拨	有时候选择合适的命令可以使剪切更为高效，比如，要保留一小块曲面，则选用【Keep】按钮，而在选择该区域比较困难的时候，可以选择其他容易选择的区域，然后单击【Discard】按钮。如果剪切发生错误，要单击【Revert】按钮。

下面介绍【Trim】（剪切）工具对话框中的【3D Trimming】选项，如图 5-10 所示。

【3D Trimming】选项可将创建面上曲线与剪切操作集中到一个工具中，从而避免了来回切换工具的麻烦。按图 5-10 设置，进行一次剪切操作，如图 5-11 所示。

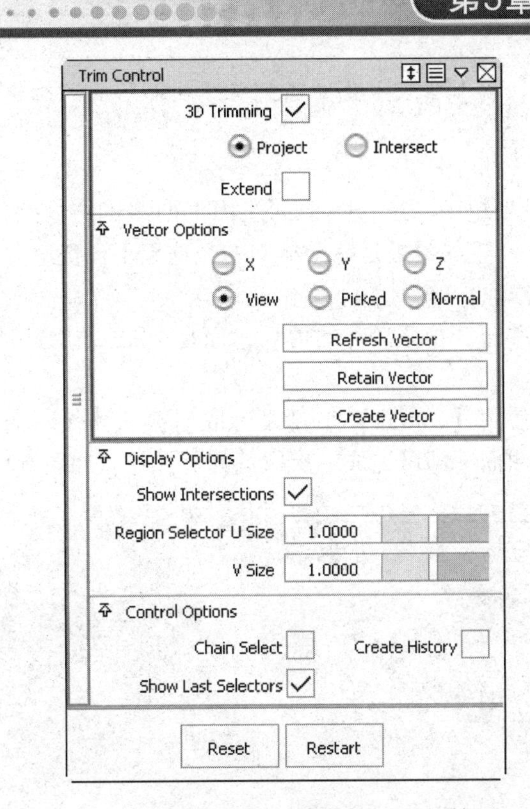

图 5-10　【Trim】（剪切）工具对话框

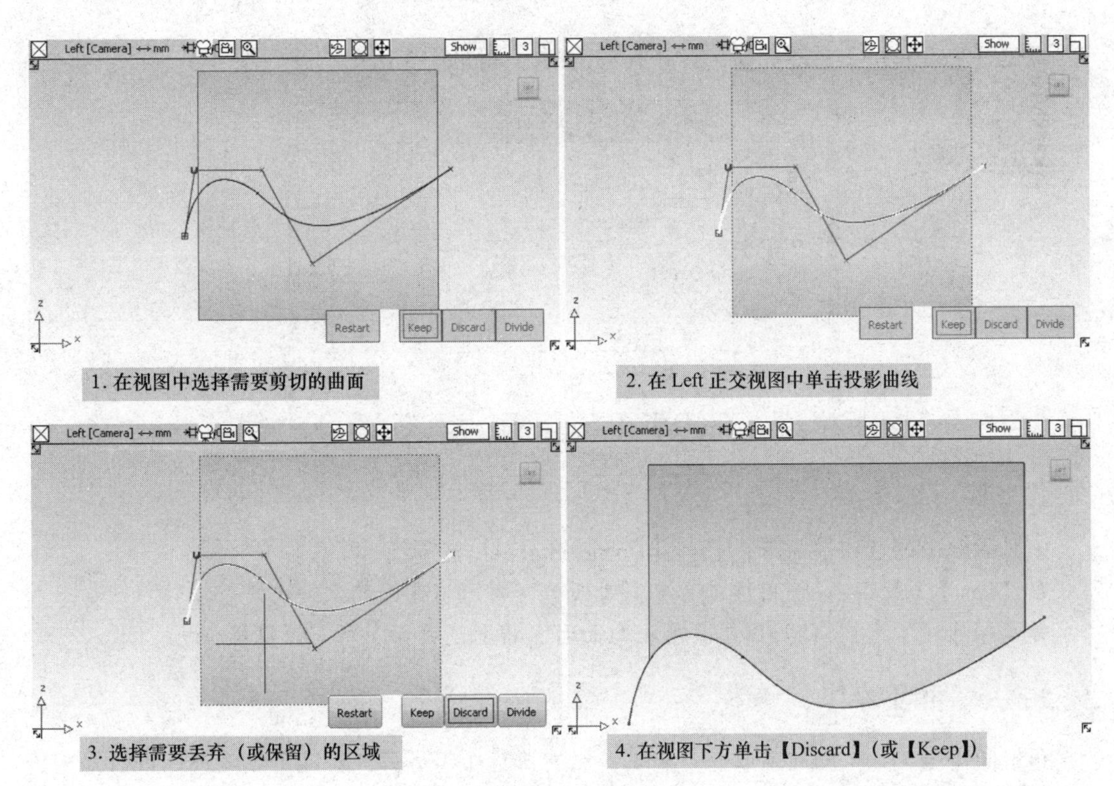

图 5-11　剪切曲面

技巧点拨	为了能在【Left】正交视图中看到位于曲面后面的曲线，可在着色显示里更改其透明度。

在【3D Trimming】选项组中，还有一个创建面上曲线的方式为【Intersect】（相交）。它与【Intersect】工具所产生的效果是完全相同的，这里不再赘述。

2. 【Untrim】（取消修剪）

曲面的剪切，实际上并非真正意义上的剪切，而是 Alias 采用某种方式，在后台将剪切的曲面隐藏。

对于一个剪切曲面，使用【Untrim】工具可取消剪切操作。选择【Untrim】工具，然后单击需要取消修剪的曲面，即可完成一次取消修剪操作，如图 5-12 所示。

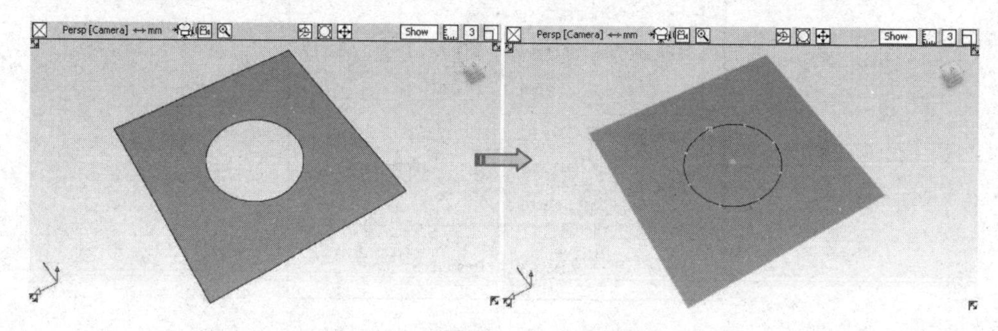

图 5-12 【Untrim】工具的使用

双击【Untrim】工具图标，打开其对话框，如图 5-13 所示。

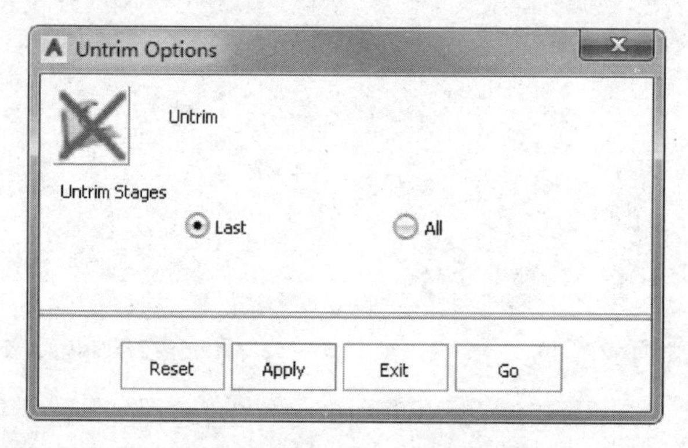

图 5-13 【Untrim】工具对话框

该对话框中的选项很简单，只有【Untrim Stages】选项组。

- 【Last】（最后）：使用该工具单击曲面时，将取消曲面的上一次修剪操作。
- 【All】（所有）：使用该工具单击曲面时，将取消曲面上所有修剪操作。

三、布尔操作

布尔操作是将几个曲面组成一个整体，然后执行布尔运算，对几个曲面整体进行修剪连接的操作。在进行布尔操作之前需要对曲面进行缝合，将其作为一个完整的整体，然后进行布尔运算，可以一次性地完成多次修剪操作，熟练掌握布尔操作能为曲面编辑，尤其是修剪操作带来很大便利。

布尔运算工具如图 5-14 所示。

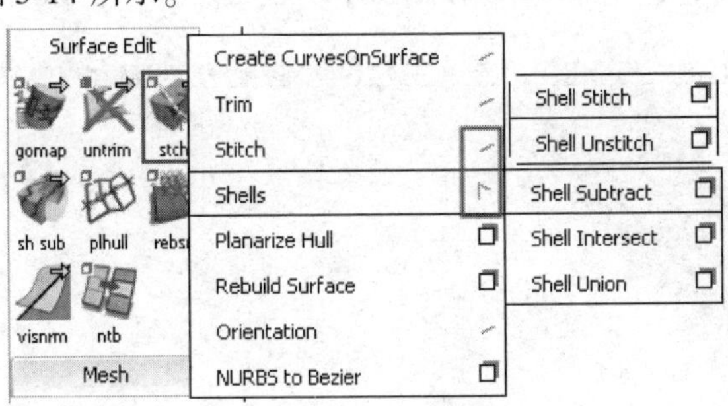

图 5-14　布尔运算工具

1.【Shell Stitch】（曲面缝合）

可以将壳理解为一组曲面作为整体转换成了另一种类型，而这个与原始曲面组成所有曲面的整体，就称之为壳。这是执行布尔操作或导出 CAD 包的必要操作。

该工具的对话框选项虽然很简单，但却不大容易理解，熟悉了 Alias 或其他建模软件之后，这些看起来会简单很多，如图 5-15 所示。

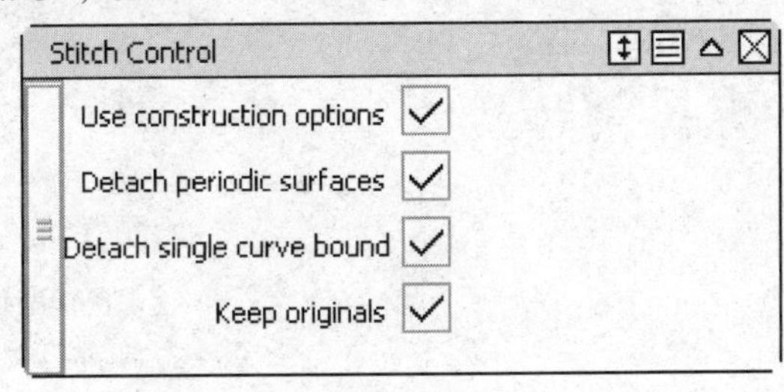

图 5-15　【Stitch Control】对话框

- 【Use construction options】（使用构建方案）：表示在缝合的过程中采用构建选项中的公差。如果取消该选项的勾选，会出现一个控制公差的【Tolerance】选项，在数值框中可以输入需要的数值作为缝合公差，也可以通过拖动滑块进行调整。
- 【Detach periodic surface】（分离周期曲面）：先打断周期曲面的缝隙，然后将它们缝合为一个壳。如果没有勾选此选项，很容易出现缝合功能未觉察到已将一个曲面边连接到同一曲面的另一边的情况。
- 【Detach single curve bound】（分离单曲线边界）：打断从曲面上的单个曲线执行的修剪边。
- 【Keep originals】（保留原样）：创建壳之后保留原始曲面。根据设置的选项，壳可能不会与原始曲面完全匹配。在这种情况下，取消缝合也不会生成与原始曲面完全匹配的曲面，因此最好保留原始曲面。默认情况下保留原始曲面。

技巧点拨	如果缝合对象后进行缩放，然后再取消缝合，可能无法重新缝合该对象。这是因为缩放操作可能会增加曲面之间的间隙，使间隙超过当前的公差。

该工具的使用方法很简单，选择【Shell Stitch】工具，然后在视窗窗口中选择需要进行缝合的曲面，可以依次选取，也可以使用选取框圈选，然后单击位于视窗下方的【Stitch】按钮，缝合之后可以单击【Next】按钮，继续下一个缝合操作，如图5-16所示。

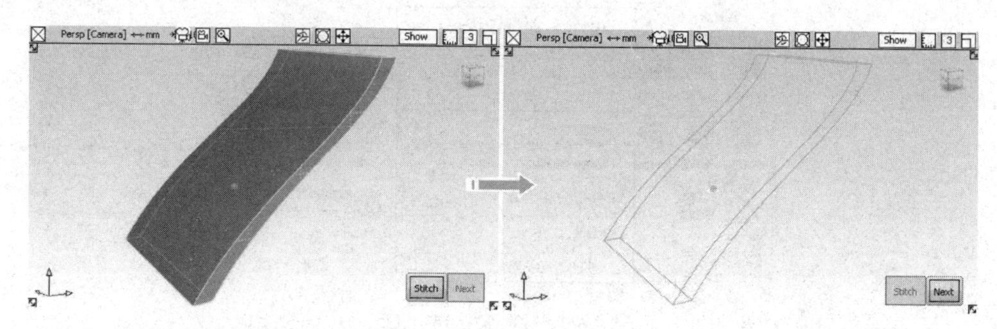

1. 选择要缝合的曲面组　　2. 单击【Stitch】按钮

图5-16　缝合曲面（取消勾选【Keep originals】选项时）

如果边与边的间隙未达到公差允许的范围的话，会出现提示，如图5-17所示。

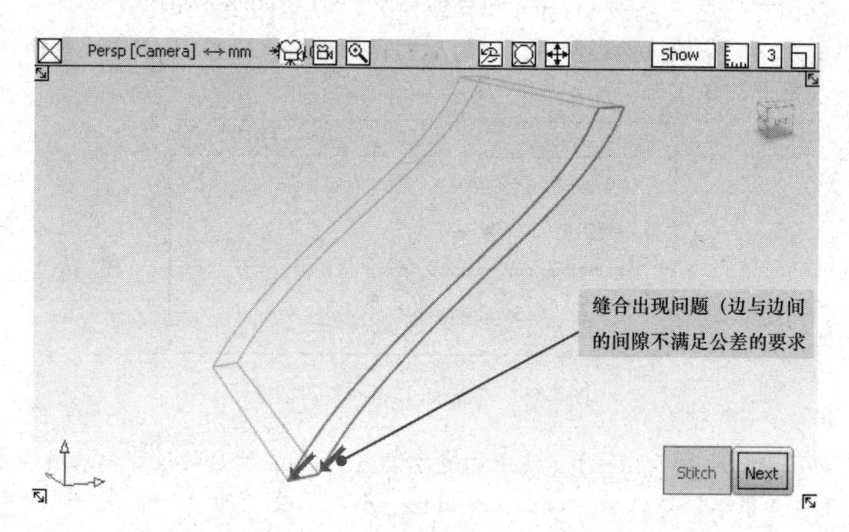

图5-17　边与边的间隙不满足公差要求

在上图中的暗红色箭头所指处面与面的相接出现了公差不能容许的间隙，缝合也因此出现了问题。这时候可以调整公差的大小，也可以通过对齐等工具使曲面之间连接，曲面之间的间隙保持在当前公差允许的范围内。

2.【Shell Unstitch】（取消缝合）

取消缝合曲面工具是缝合曲面工具的反向操作。理解了将曲面组缝合为壳后，也就不难理解该工具的使用。

在【Shell Unstitch】工具对话框中只有一个选项【Keep originals】，用于设定对于要取消缝合的壳，是否保存原始壳数据。通常情况下该选项处于未勾选状态。

关于此工具的操作不做太多的介绍，如图5-18所示。

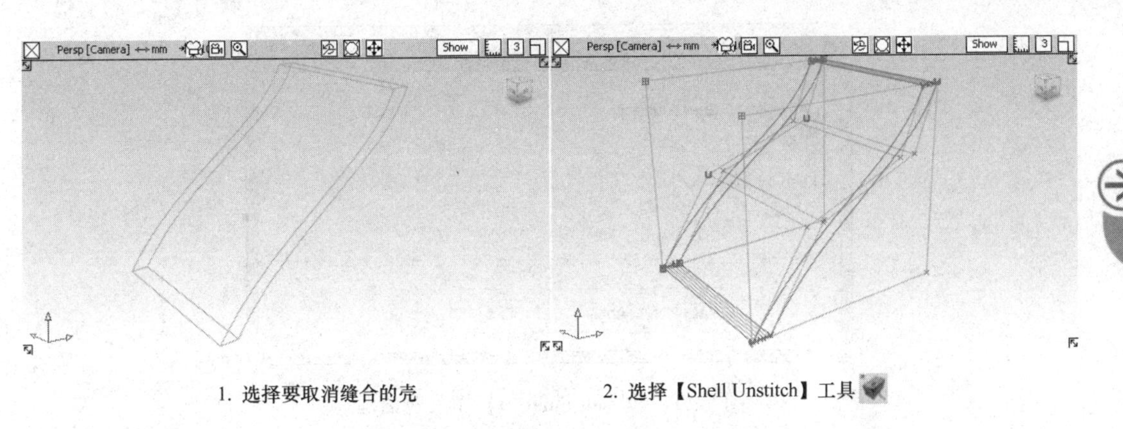

图 5-18 【Shell Unstitch】工具的使用

3. 【Shell Subtract】(减去)

该工具可从一个壳的体积中减去另一个壳的体积。由于这是壳与壳之间的运算，所以进行运算的前提条件是这两部分都必须为壳，如图 5-19 所示。

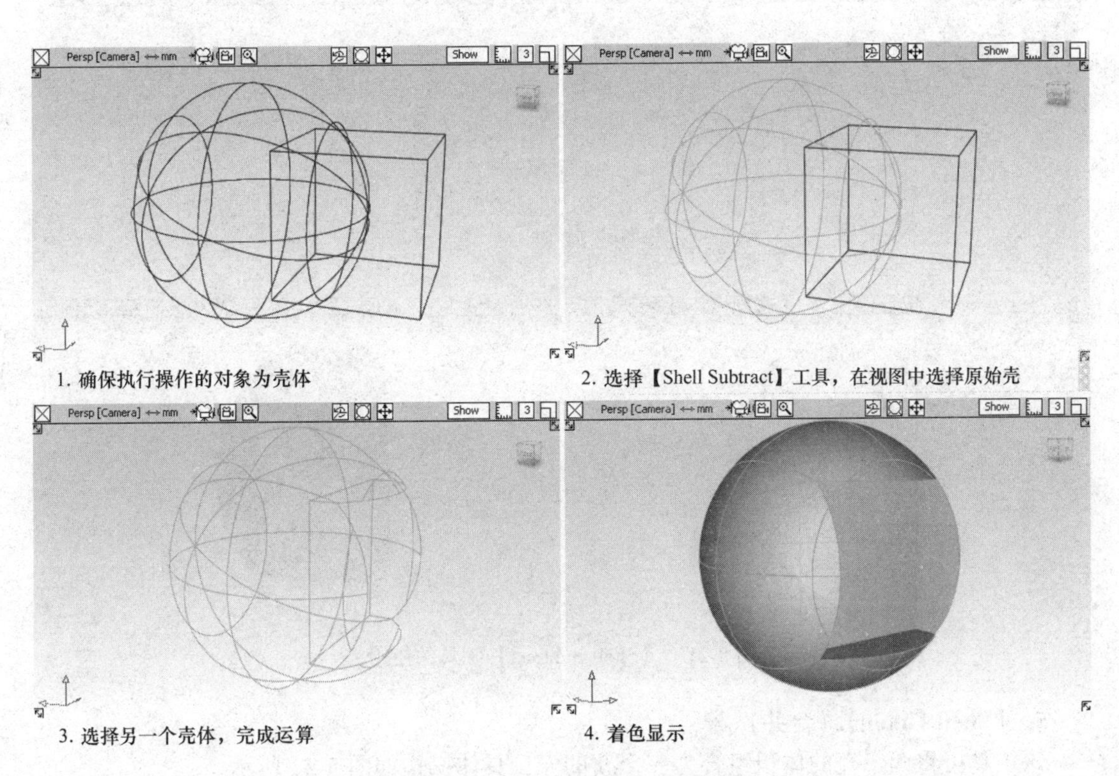

Persp [Camera] ↔ mm
Show
1. 确保执行操作的对象为壳体
2. 选择【Shell Subtract】工具，在视图中选择原始壳
3. 选择另一个壳体，完成运算
4. 着色显示

图 5-19 【Shell Subtract】工具的使用

在上图的工具使用演练中，取消勾选了【Shell Subtract】工具对话框中的【Keep originals】选项，如图 5-20 所示，以免造成视觉上的混乱，但是在熟悉这项运算之后，也就是说，视觉的混乱不会影响您的判断时，保留此项可以在出现错误之后及时进行更改。

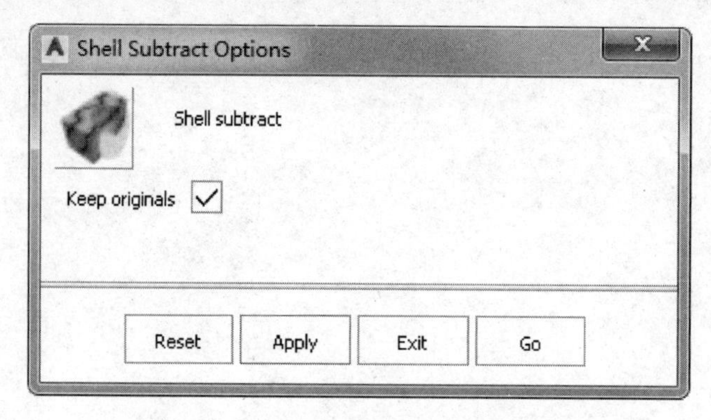

图 5-20 【Shell Subtract】工具对话框

4. 【Shell Intersect】（相交）

该工具可保留两个壳的相交体积，并丢弃其余体积。

同理，用刚才的两个物体做如下演示，如图 5-21 所示。

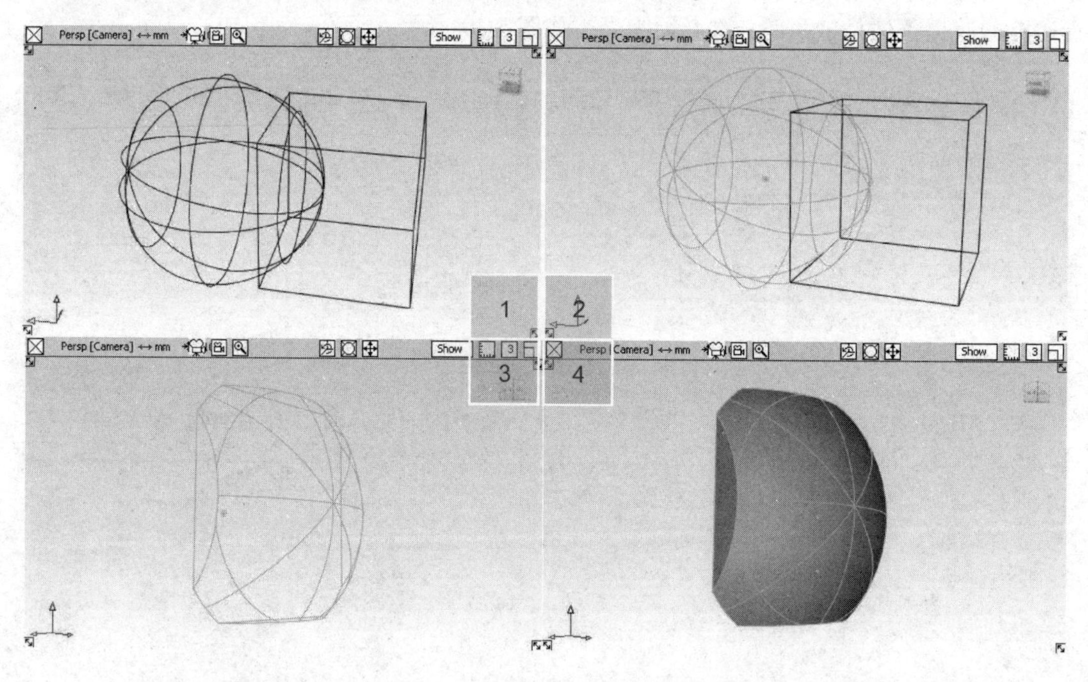

图 5-21 【Shell Subtract】工具的使用

5. 【Shell Union】（合并）

该工具可将两个壳的体积组合为一个新的壳，具体操作如图 5-22 所示。

布尔操作在处理较复杂曲面以及反复修剪曲面的过程中能发挥很大作用。当然，您也可以先在曲面上创建面上曲线，然后执行修剪命令，但这种方法比直接使用布尔操作要繁琐得多。

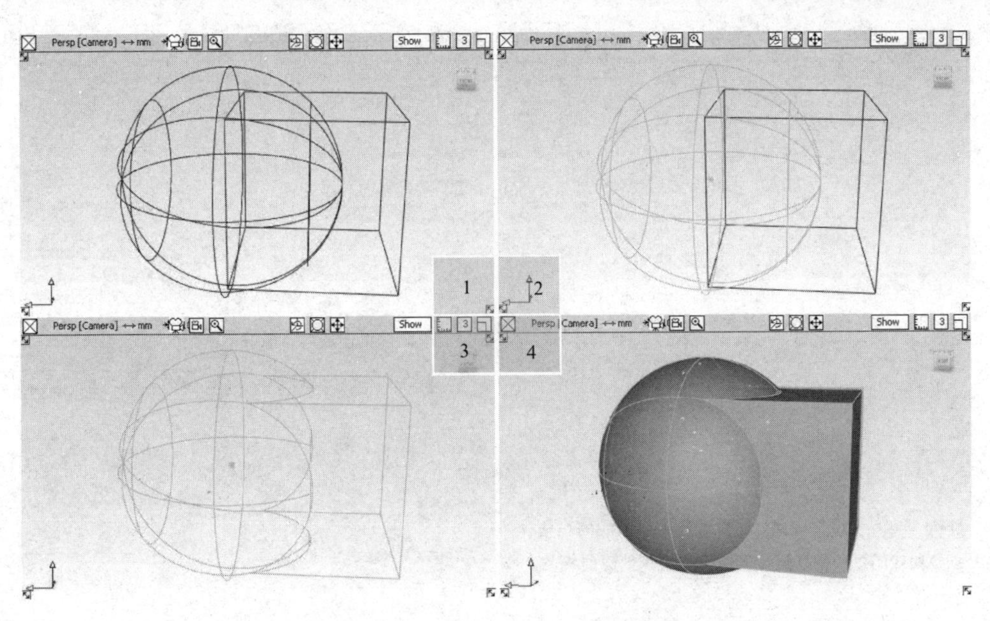

图 5-22　【Shell Union】工具的使用

第 2 节　【Align】（对齐）工具

在前面几章中提到过曲面或曲线之间的连续性，高级别的连续性能够使衔接平滑自然，而有些连续性效果，通过人为调整是很难得到的，经常需要使用对齐工具。这些工具有的是以对称为条件，在修改过程中保持曲面或曲线上各元素的对称状态，有的通过系统自动运算，为曲线或曲面的连接创建不同的连续性级别。

1.【Symmetric Modeling】（对称建模）

该工具位于工具箱的【Object Edit】工具标签中，用于使选定的几何体对称，并且在修改一端控件（CV 点、编辑点和过渡点）时，对称端上的相应控件将自动更新以保持对称。

如果选取的对象不对称，【Symmetric Modeling】工具会自动以该层的对称平面对对象进行修改，使其保持对称，如图 5-23 所示。

在图 5-23 的演示中，对称平面为 YZ 平面，刚好满足使曲线左右对称的要求。如果对称平面不是 YZ 平面，那么使用【Symmetric Modeling】工具会使曲线出现奇怪的变化。

对称平面并不是固定不变的，每个图层中都存在一个对称平面，默认情况下为 XZ 平面。可以通过下面的方法进行修改，如图 5-24 所示。

01　在层栏中确保要进行修改的图层处于选定状态。

02　执行菜单栏中【Layers】|【Symmetry】|【Set Plane】命令。

03　在视窗中通过操纵器创建对称平面。

04　单击视窗右下方的【Set Plane】或【Set as Default】按钮，完成修改。

为对象应用【Symmetric Modeling】工具之后，修改其中一端的控件，与其对称的另一端也会做出同样的更改，如图 5-25 所示。

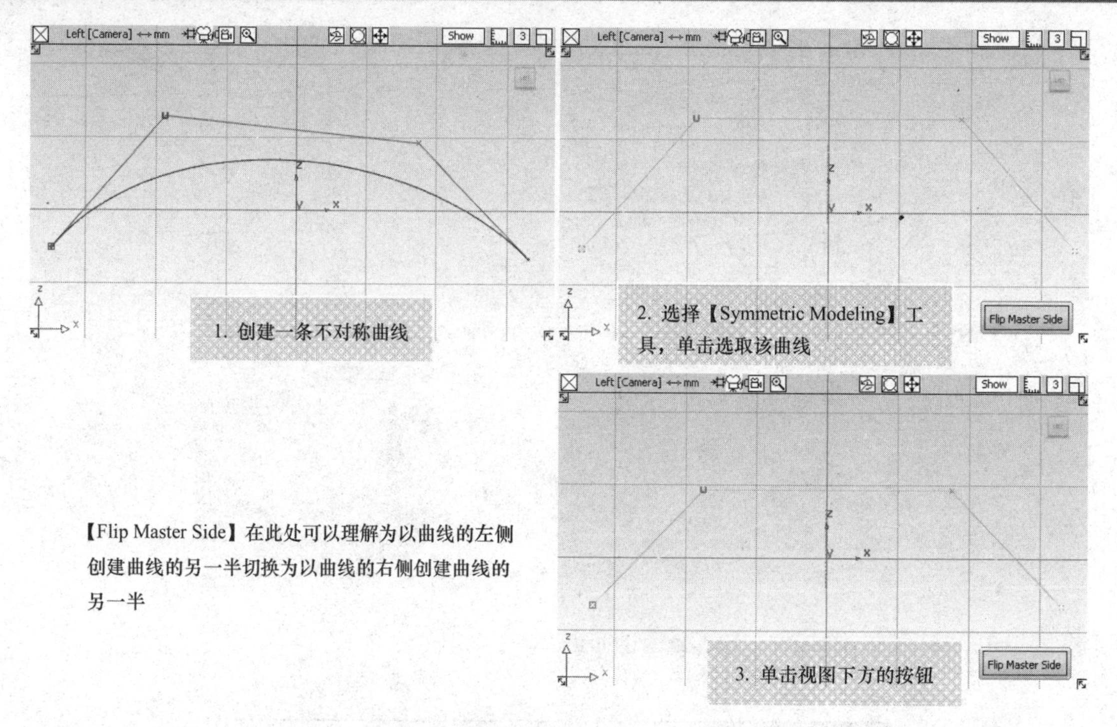

图 5-23 使用【Symmetric Modeling】工具创建对称对象

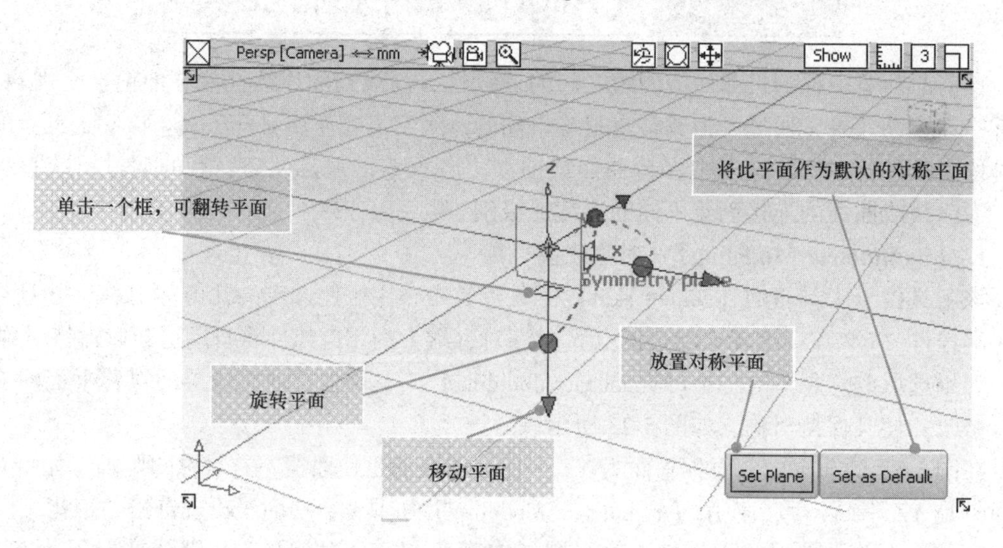

图 5-24 对称平面操纵器

技巧点拨

【Symmetric Modeling】工具同样适用于曲面。并且可对应用了【Symmetric Modeling】工具的对象使用任何变换操作。该工具会为每个选定的对象指示或显示一个对称平面，一经定义，对称平面针对每个曲线或曲面是唯一的，变换曲线或曲面时，其对称平面将与层对称平面分离，并随对象移动。如果该平面与层的对称平面不再对称，则会以一种不同的颜色进行绘制，并且此时还会出现一个确认框。

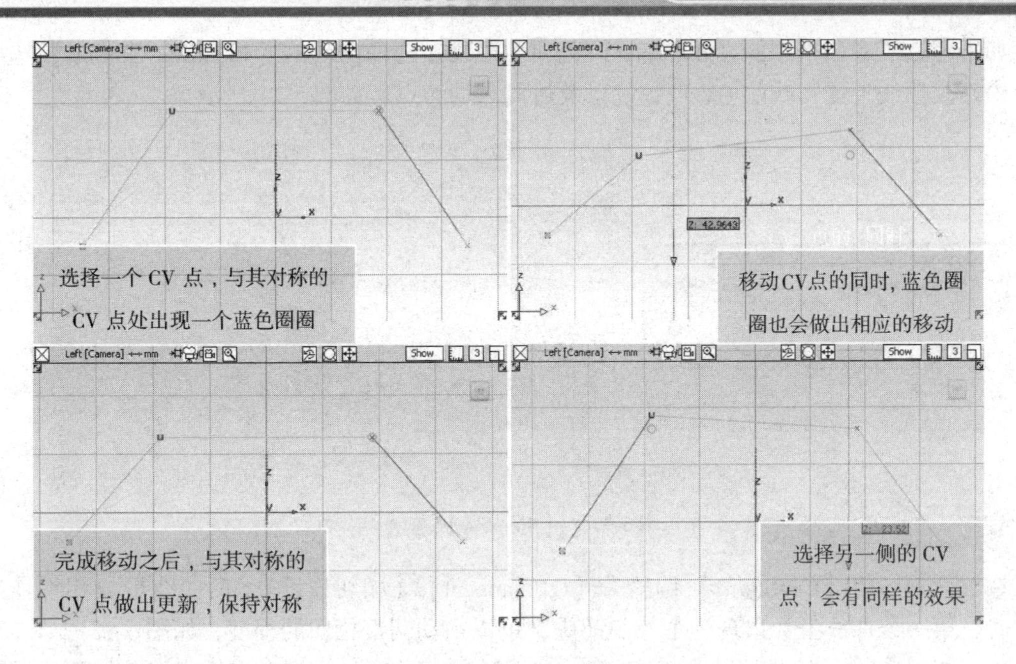

图 5-25　以对称的方式修改对象

2. 【Align】（对齐）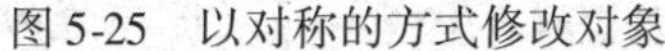

【Align】工具在创建高级曲面时很常用，能为创建不同类型的连续性提供简单有效的方法。

（1）对齐曲线

双击【Align】工具图标，打开对话框，先将【Continuity】选项设置为【G0 Position】，对齐两条曲线，如图 5-26 所示。

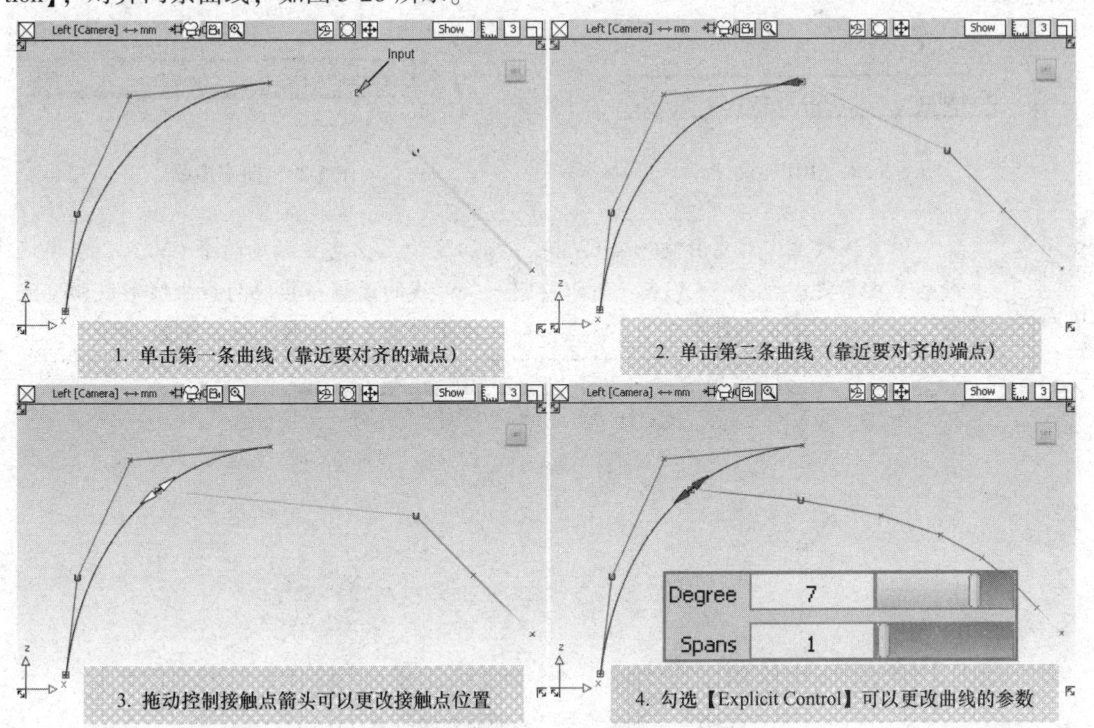

图 5-26　以位置连续性对齐两条曲线

如果勾选了对话框中的【Blending】选项，可以在随即出现的【Blending Options】选项标签中修改曲线上受影响的CV点数量以及过渡点的特点，如图5-27所示。

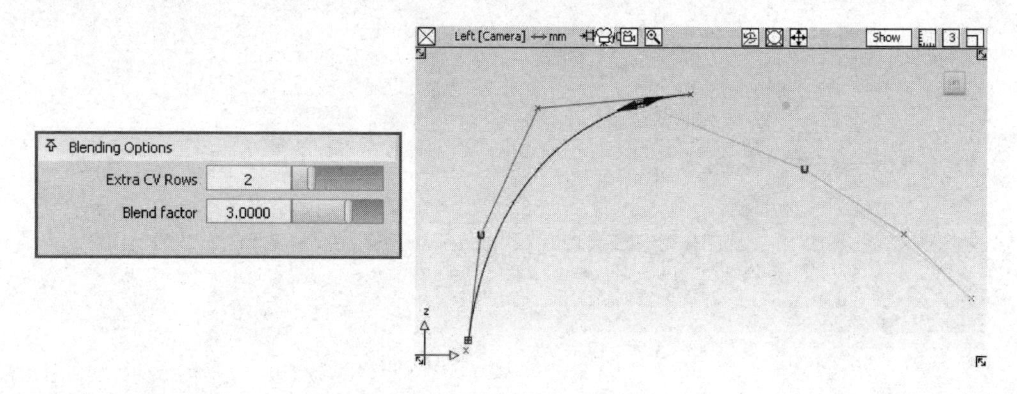

图5-27 【Blending】选项

在对话框中将【Continuity】调整为【G1 Tangent】（相切连续），两曲线形成相切连续的同时，第一条曲线上会出现一个控制箭头，可以拖动调整相切的程度，如图5-28所示。

如果将【Continuity】调整为【G2 Curvature】（曲率连续），则会在原来的曲线上增添一个箭头，控制曲率连续的变化，如图5-29所示。

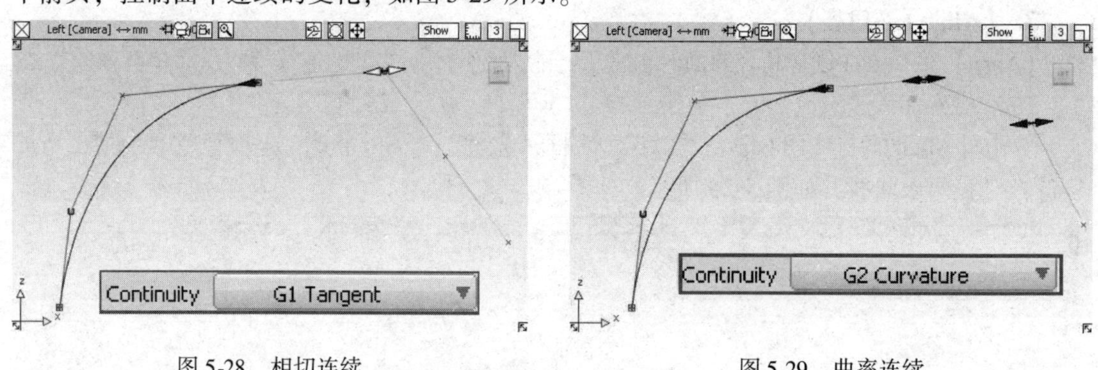

图5-28 相切连续

图5-29 曲率连续

技巧点拨

位置连续至少需要影响一个CV点，相切连续至少需要影响两个CV点，曲率连续则至少需要影响三个CV点。所以要想一条曲线的两端与其他两条曲线形成曲率连续，则曲线上至少要存在6个CV点，即曲线至少为5阶曲线，如图5-30所示。

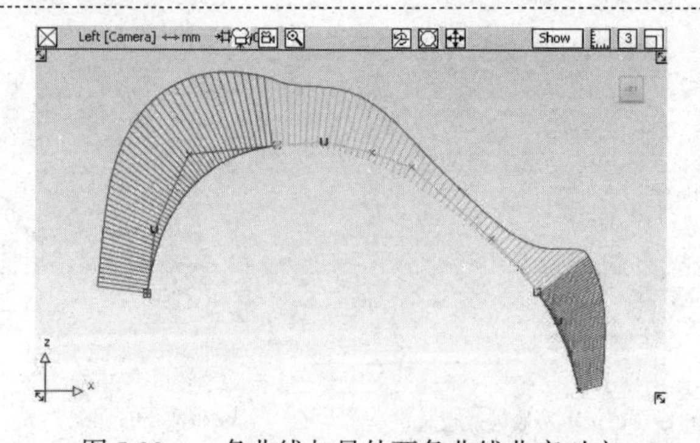

图5-30 一条曲线与另外两条曲线曲率对齐

（2）对齐曲面

对齐曲面与对齐曲线之间有很多的共同点，位置对齐两个曲面，如图 5-31 所示。

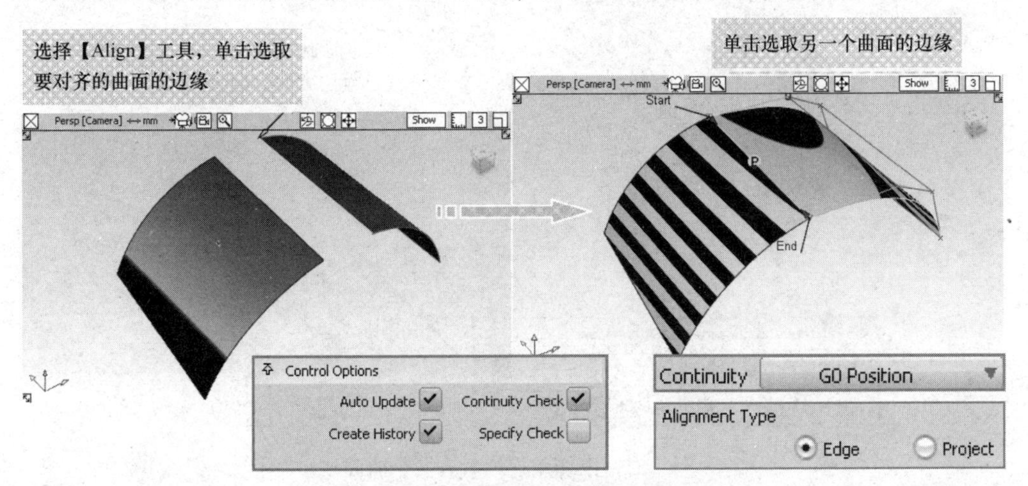

图 5-31　位置对齐两个曲面

- 【Alignment Type】（对齐类型）：其中，【Edge】（边界）表示以曲面边缘对齐，【Project】（项目）表示以投影方式对齐。
- 【Control Options】（控制选项）：其中，【Specify Check】（指定检查）为特殊连续性检查。

拖动位于两曲面边缘的起始和终点箭头，可以更改曲面的边缘，此时对话框中的【Partial】（局部）选项会自动勾选，如图 5-32 所示。

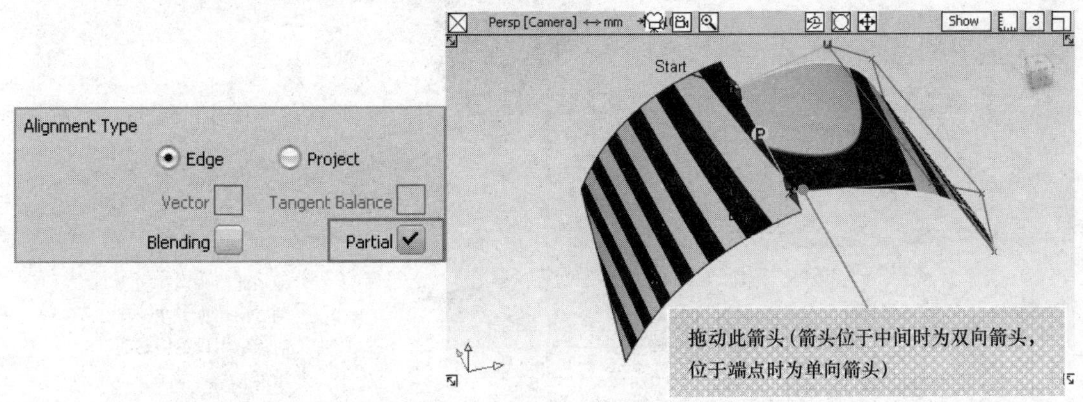

图 5-32　调整曲面对齐边缘

调整对话框中的参数，以切线连续对齐两个曲面，如图 5-33 所示。

技巧点拨	在选项对话框中有一个【Tangent Balance】选项，勾选此选项可以使【Input】曲面内部的 CV 点排列形状与【Master】曲面内部的 CV 点排列形状相近。【Input】指的是要对齐的那个曲面，【Master】则指的是要与之对齐的那个曲面。曲面之间对齐的【Blending】选项与曲线之间对齐的【Blending】选项含义类似，不同的是一个能够影响几排的 CV 点，一个是能够影响几个 CV 点。

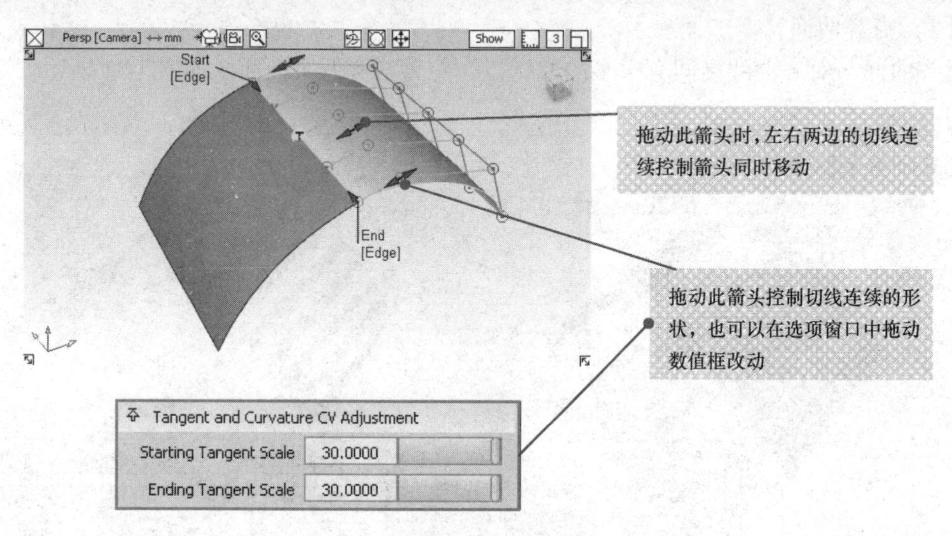

图 5-33　以切线连续对齐两个曲面

对话框中的【Outer Edge】（外边界）选项用于控制【Input】（输入）曲面外部边上切线的方向，如图 5-34 所示。

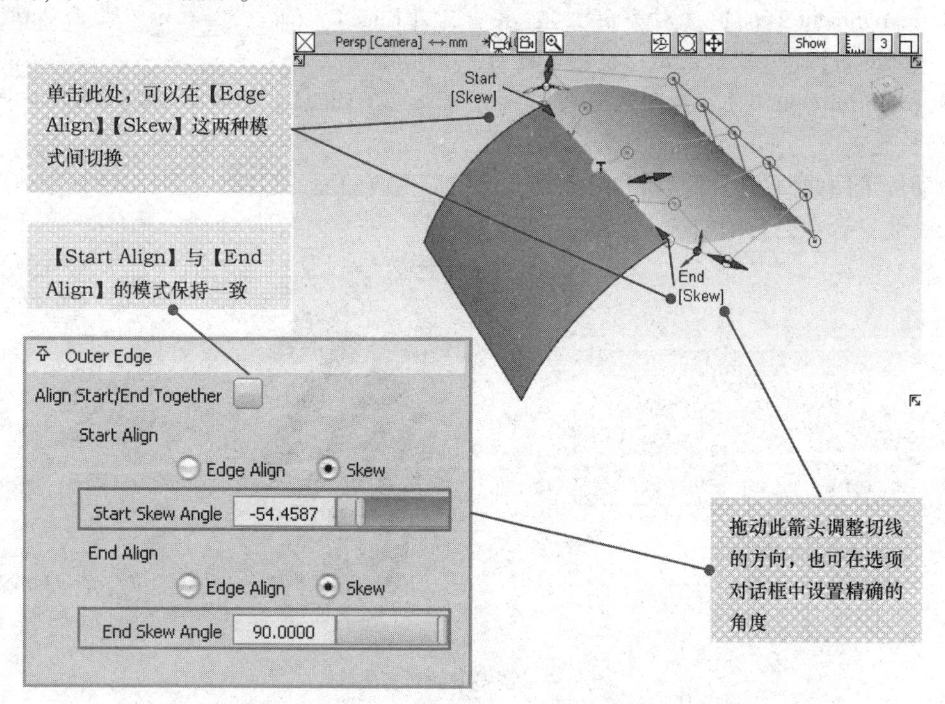

图 5-34　调整对齐曲面上边缘处切线的方向

调整【Align】工具对话框中的选项，使两曲面曲率连续对齐，如图 5-35 所示。

如果在透视窗口中勾选了【Vector】（向量）选项，则会出现【Vector Options】（矢量选项）选项标签，在选项标签中选择向量，意味着 CV 点的移动只在此向量方向上移动，从而达到要求的连续性，如图 5-36 所示。

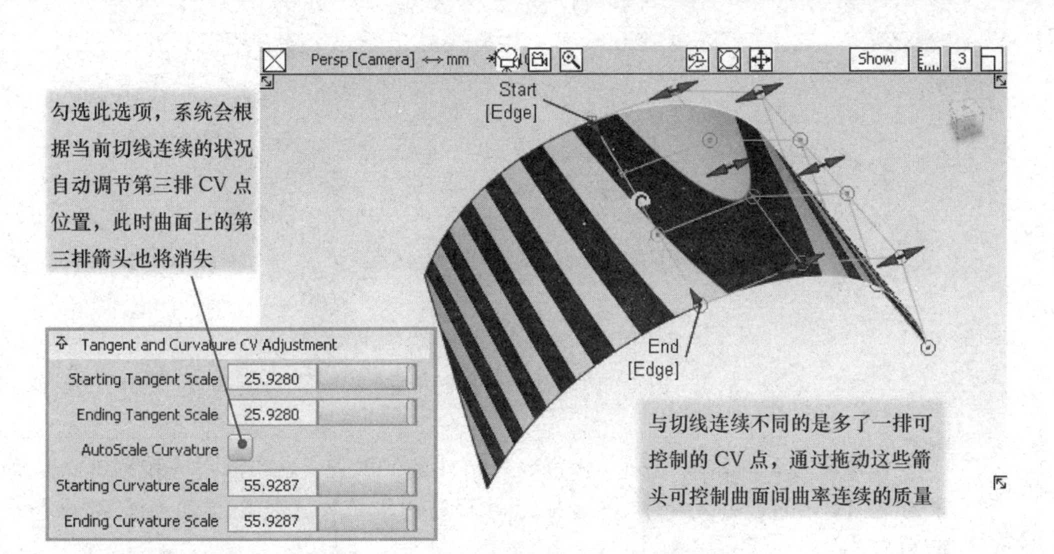

图 5-35　使两曲面曲率连续对齐

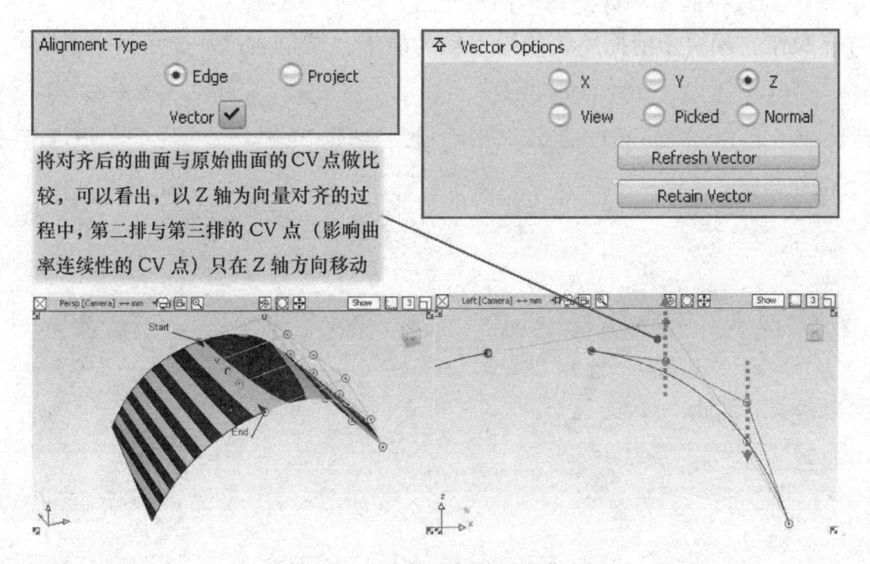

图 5-36　以向量方向对齐曲面

技巧点拨

这种沿向量方向对齐曲面的方法是在上一个版本中添加的功能，由于它的约束条件较为苛刻，对一些特殊类型的对齐会很有用，但对一些较为扭曲的曲面往往无法奏效。另外，【Vector Options】（向量选项）中的【Normal（常规）】指的并非一个单一固定的向量，而是以曲面的法线方向移动 CV 点。

（3）曲面对齐到曲线

曲面对齐到曲线相对要简单很多，如图 5-37 所示。

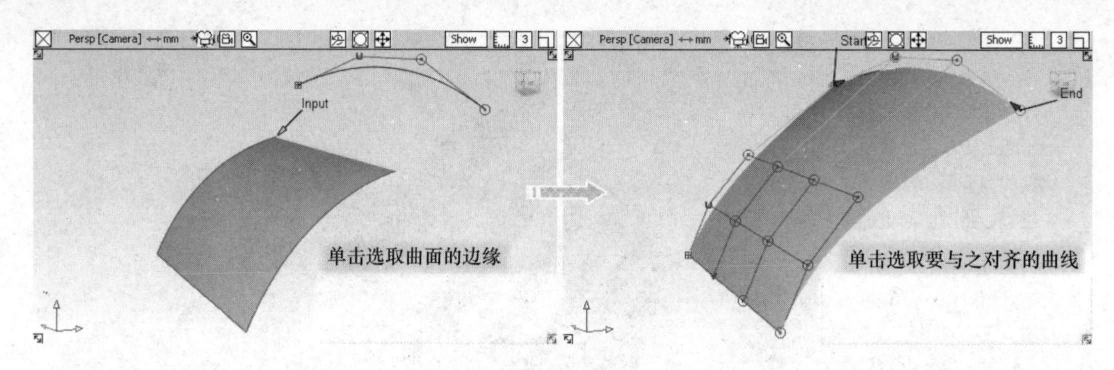

图 5-37　将曲面对齐到曲线

技巧点拨	将曲面对齐到曲线选项窗口的选项相对要少很多，这与此对齐方式有关，如果勾选【Partial】（局部）复选框，曲面的边缘 CV 点将会自动对齐到一个平面内。

（4）以投影方式将曲面对齐到另一曲面上

这种对齐操作，相对于前面所讲的内容较为简单，这里通过一个示例来说明，如图 5-38 所示。

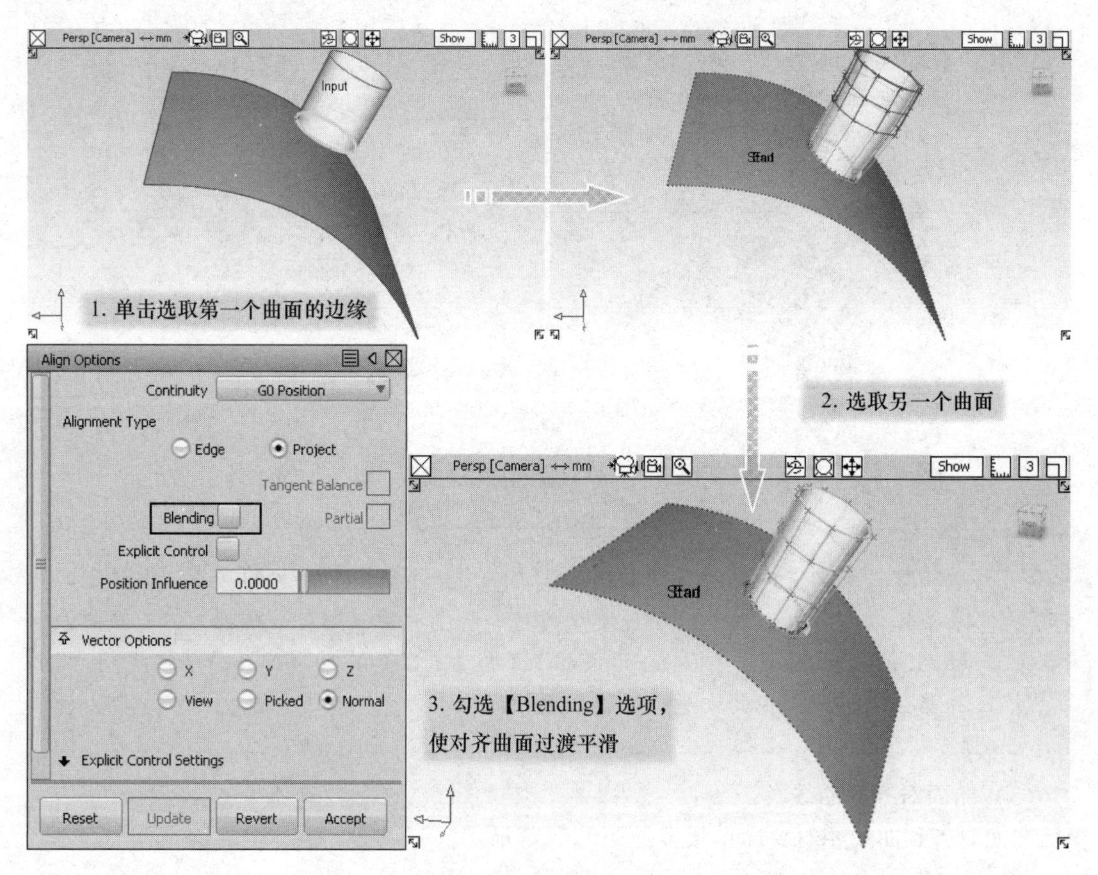

图 5-38　以投影方式将曲面对齐到另一曲面上

技巧点拨	可以看出，目标曲面的边缘线在对齐操作后变成了虚线，表明此曲面上存在面上曲线，这是因为以投影方式将曲面对齐到另一曲面上的工作流程是先将此曲面的边缘沿投影方向在目标曲面上形成面上曲线，然后再将该曲面的边缘与这条面上曲线进行对齐操作。

（5）曲线对齐到曲面

将曲线对齐到曲面边缘操作相对简单，如图5-39所示。

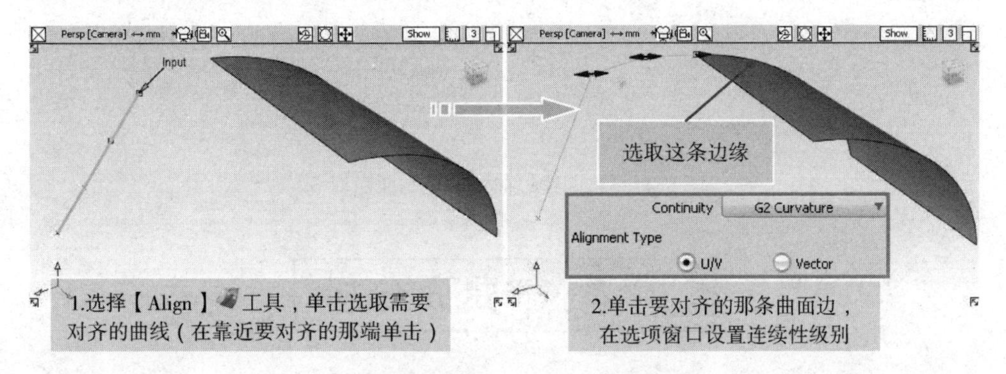

图5-39　曲线与曲面边缘对齐

将曲线在曲面边缘处与曲面内部对齐时，可以借用曲面等参曲线和面上曲线，如图5-40所示。

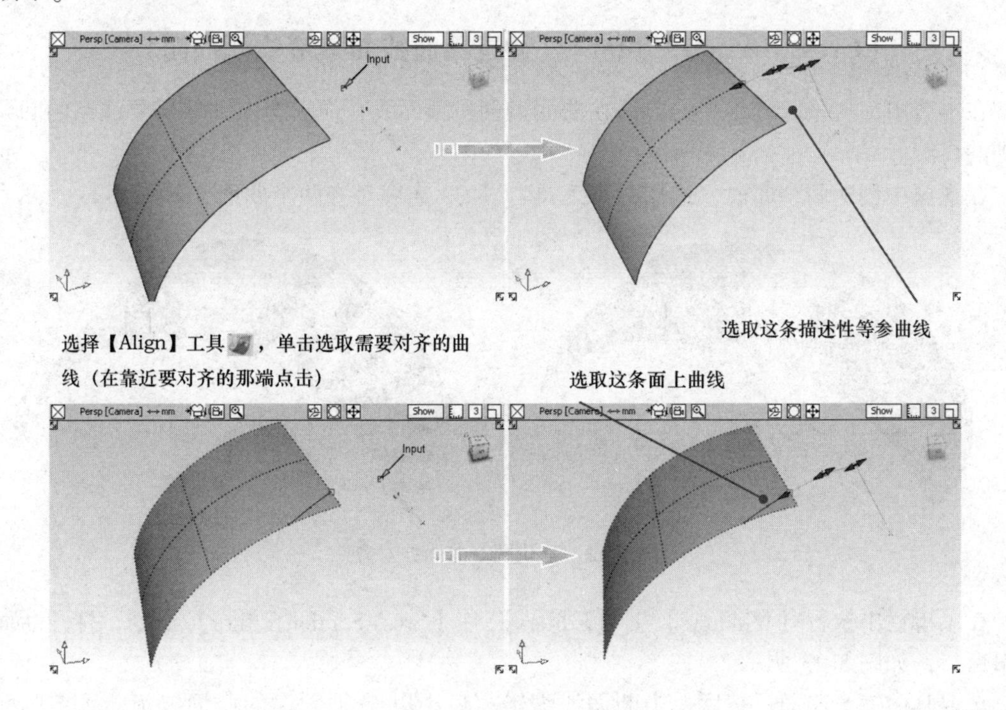

图5-40　将曲线在曲面边缘处与曲面内部对齐

将曲线以向量约束方式与曲面对齐，如图 5-41 所示。

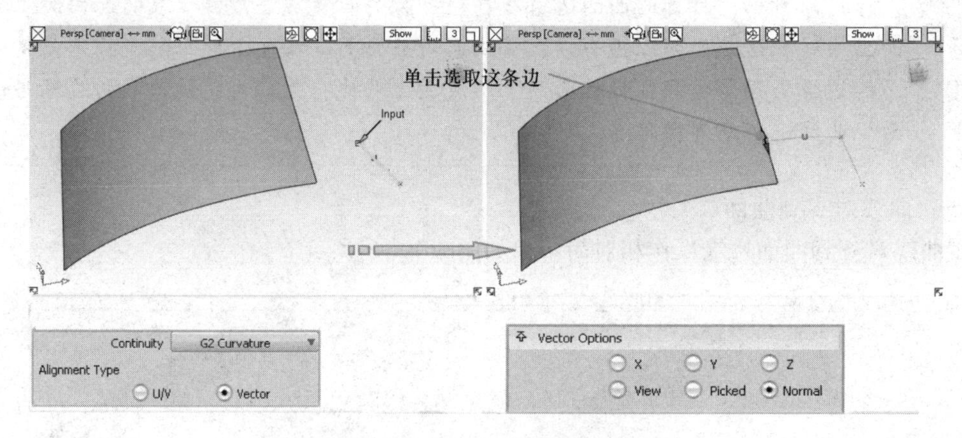

图 5-41　将曲线以向量约束与曲面对齐

第 3 节　曲面分析

在刚开始创建模型的过程中，对曲面的要求并不严格，曲面分析属于高阶的内容。曲面分析包括检查模型连续性、平滑度和外观等类型，通过曲面分析，可以快速检查出面与面之间存在的问题，然后进行下一步的修改，从而达到要求的面的质量。

一、【Cross Section Editor】（通过断面线曲率梳检测曲面）

在本节中，将采取分步骤的方法在曲面上创建断面线，而后会对一些需要注意的问题做特别的讲解。

在视窗中创建两个曲面，选用对齐工具，以 G2 连续对齐两个曲面，如图 5-42 所示。

图 5-42　创建两个曲面并对齐

在菜单栏中执行【Windows】|【Editors】|【Cross Section Editor】命令，打开断面线编辑窗口，如图 5-43 所示。

选取其中一个曲面，然后单击断面线编辑窗口中以 Y 轴创建的截面线组，选定的曲面上将出现一系列截面线，如图 5-44 所示。

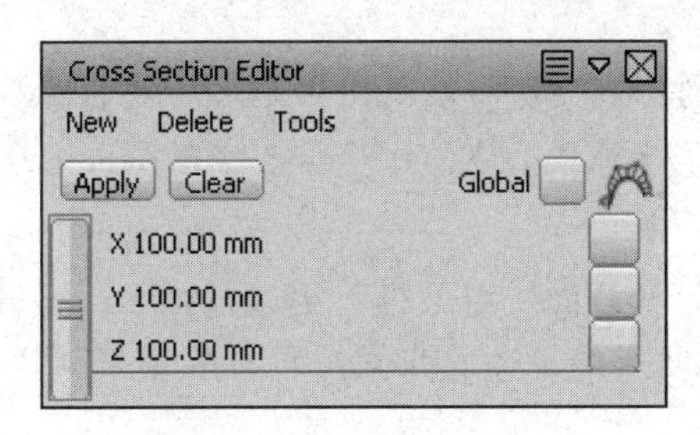

图 5-43　打开断面线编辑窗口

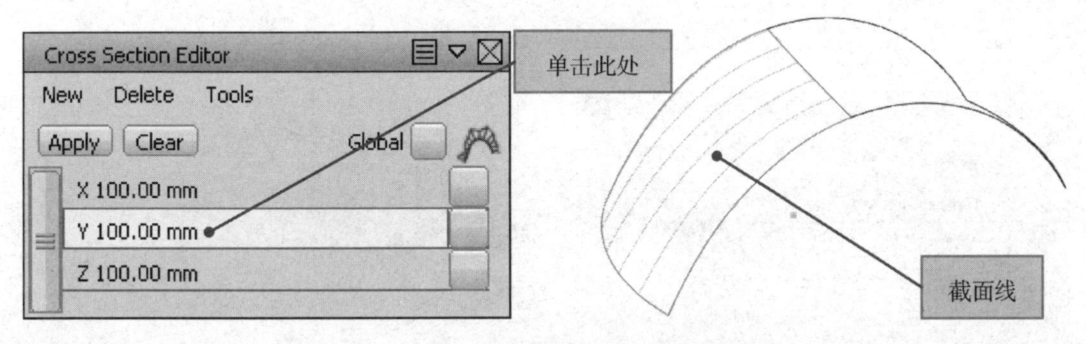

图 5-44　沿 Y 轴在选定曲面上创建截面线

技巧点拨

创建截面线的过程可以分为两个阶段：一是创建截（平）面，二是使这些截面与需要创建截面线的曲面（目标曲面）相交，形成交线，即为截面线。其中上面的【Y 100.00mm】包含着两层意思。【Y】表示以 Y 轴为方向向量创建与 Y 轴垂直的平面，然后使这些平面与目标曲面相交形成截面线。【100.00mm】则表示这些截面之间的间距。

勾选断面线编辑窗口中【Y 100.00mm】右侧的复选框，视窗窗口中的截面线上显示曲率梳，如图 5-45 所示。

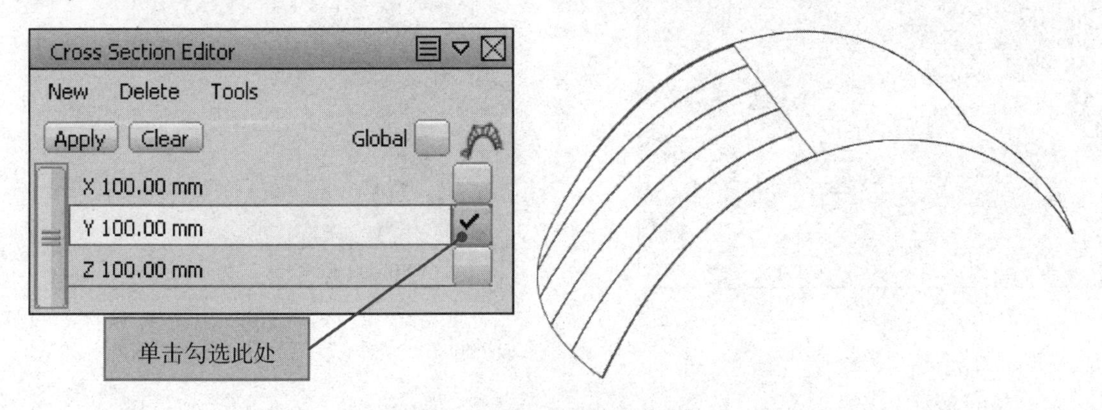

图 5-45　显示截面线的曲率梳

技巧点拨	由于曲率梳的比例问题，在视图中无法清晰看到。但是从截面线的颜色发生的变化可以断定，此时截面线的曲率梳已经显示出来。

双击【Y 100.00mm】打开截面线对话框，更改【Curvature Scale】【Curvature Samples】参数值，在视窗中同步观察曲率梳发生的变化，如图 5-46 所示。

技巧点拨	【Curvature Scale】控制曲率梳的大小，【Curvature Samples】控制曲率梳的放样密度。

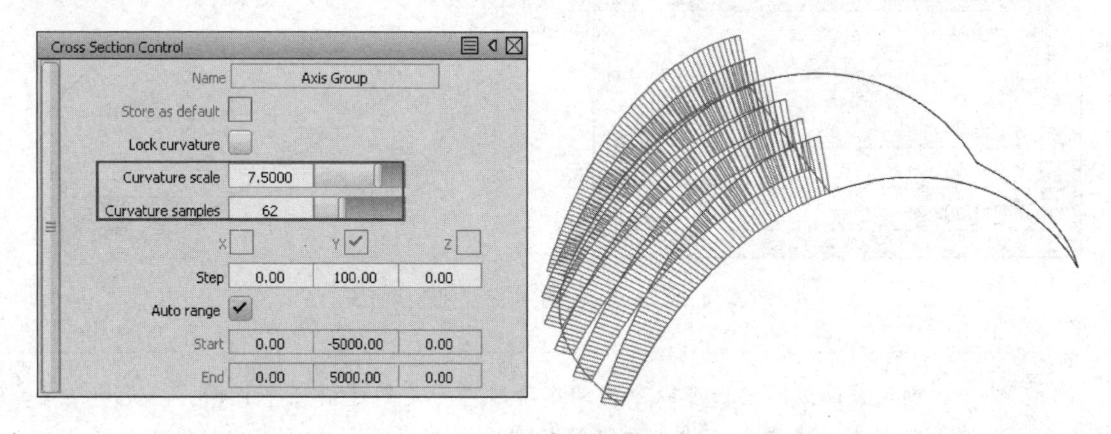

5 – 46　放大显示曲率梳

在截面线对话框中，减小【Y Step】参数值，目标曲面在 Y 轴的跨度上将会与更多的截面相交，从视窗中可以看到截面线变得稠密，同时截面线编辑窗口中的【Y 100.00mm】变为【Y 50.00mm】，如图 5-47 所示。

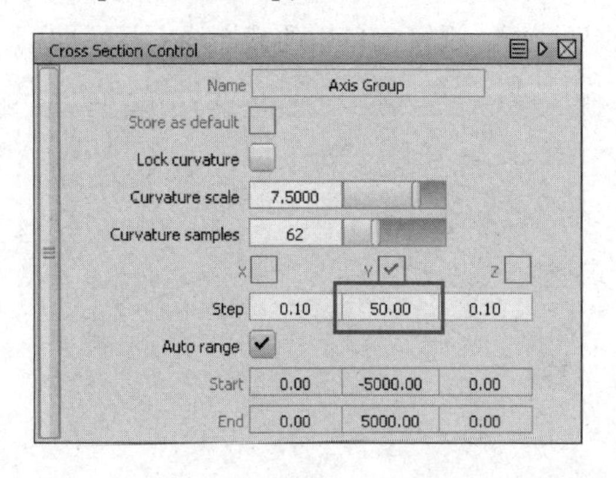

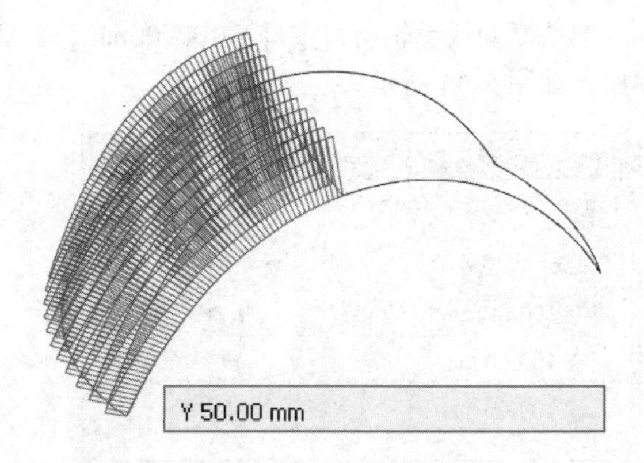

图 5-47　缩小截面的间距

关闭截面线对话框。选择【Pick object】工具，在视窗窗口中选择另外一块曲面，单击截面线编辑窗口中的【Apply】按钮，选定的截面组将在另一个曲面上形成截面线，如图 5-48 所示。

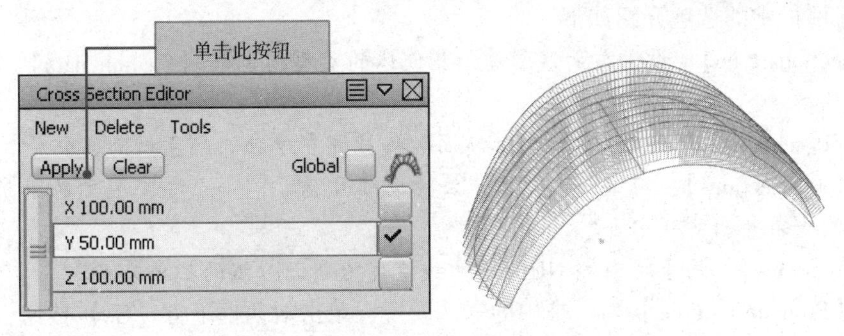

图 5-48　截面组在另一曲面形成截面线

单击截面线编辑窗口上方的【Clear】按钮，将清除掉两曲面上的截面线以及截面线的曲率梳。

取消选择两曲面，按住键盘上的【Ctrl】键，在断面线编辑窗口依次单击 X、Y、Z 三个截面组，可同时选择三个截面组。取消显示曲率梳，勾选【Global】复选框，视窗中的所有曲面将形成三组截面线，如图 5-49 所示。

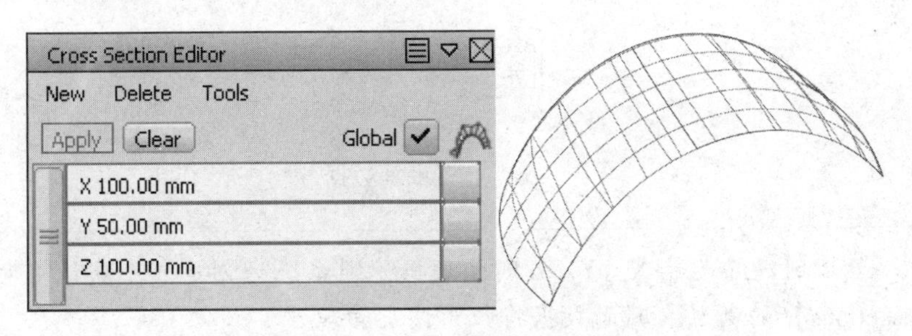

图 5-49　以多个截面组形成截面线

技巧点拨	这时若打开截面线的曲率梳，可以通过查看曲率梳的变化，整体把握曲面的走向，尤其是在检查两曲面间连接处是否平滑的时候会非常有用。最高只能使得两曲面间达到 G2 连续，但是通过观察恰当方向的截面线的曲率梳，移动曲面的 CV 点，能使截面线的曲率梳在两曲面相接处达到平滑的过渡，通过这样的方法可以在两个曲面间创建出相当于 G3 连续的级别。

在截面线编辑窗口菜单栏中单击【Tools】|【Promote】命令右侧图标 ❐，打开【Promote Options】对话框，如图 5-50 所示。

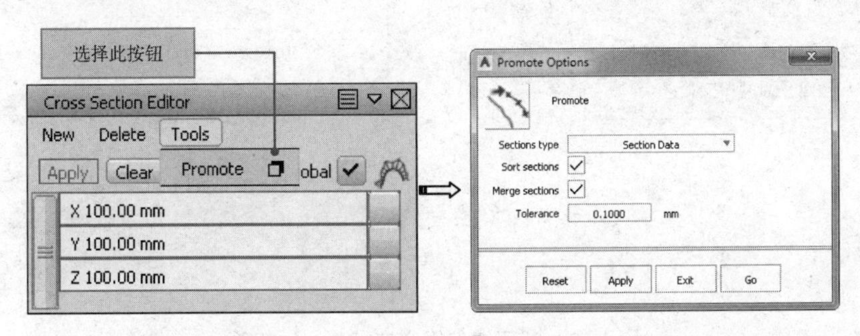

图 5-50　打开【Promote Options】对话框

对话框中的选项介绍如下。

- 【Sections type】：设置截面线创建为几何体的类型，包括【Section data】、【NURBS】选项。
- 【Sort sections】：设置 X、Y 和 Z 断面数据放置在单独的颜色编码层中。
- 【Merge sections】：勾选该选项后，位置连续且属于同一个相交平面的横断面会被合并到一条断面曲线中。
- 【Tolerance】：用于将内部 NURBS 曲线重建为断面数据的拟合公差。

采用【Promote Options】对话框中的默认设置，单击对话框下方【Go】按钮，然后在视窗窗口中，选择两个曲面，单击视窗下方的【Go】按钮，将创建三个新的图层，并采用不同的颜色代表着 X、Y、Z 截面线，如图 5-51 所示。

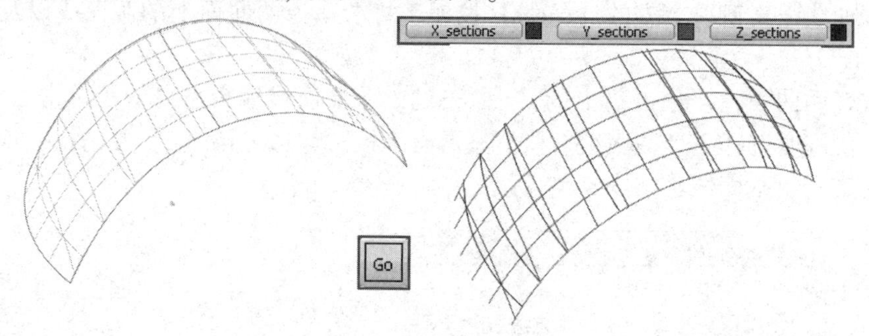

图 5-51　创建断面数据

技巧点拨	如果创建的是非 X、Y、Z 断面数据，则系统会创建一个默认名称为【Other_sections】的新层，断面数据将归为该层管理。

下面介绍截面线编辑窗口的【New】菜单。

打开【New】菜单，其中存在五个菜单选项，【Axis Discrete】包含有子菜单，如图 5-52 所示。

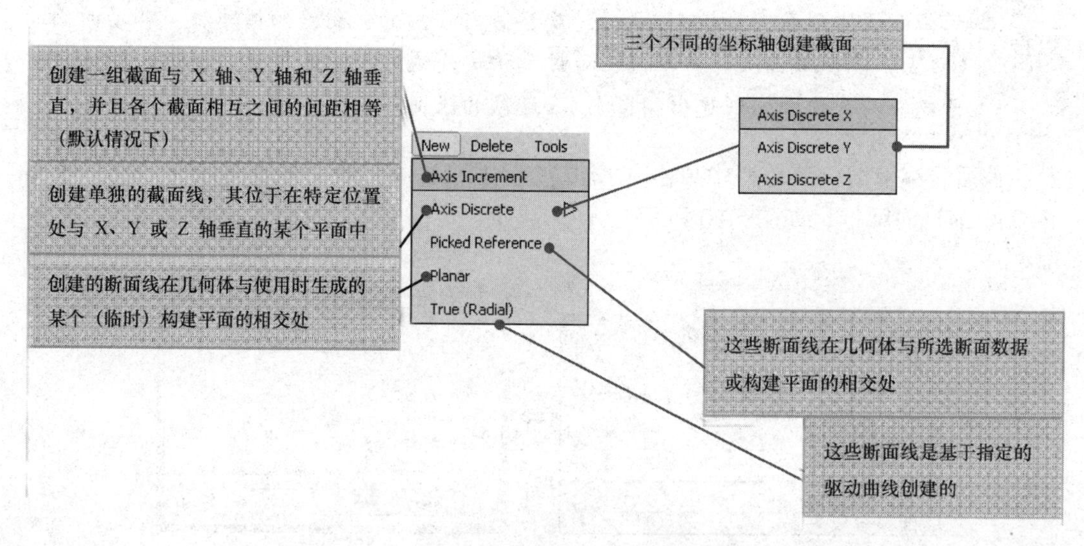

图 5-52　断面线编辑窗口【New】菜单

- 【Axis Increment】：相当于是将默认的三个截面组整合到一起。
- 【Axis Discrete】：通过精确的位置，沿坐标轴放置截面，创建截面线。
- 【Picked Reference】：可以根据所选断面数据与构建平面的不同，而创建出多种多样的截面线。
- 【Planar】：先创建参考平面，然后选择该参考平面作为截面，从而形成截面线。
- 【True(Radial)】：可根据驱动曲线的不同，创建出一组自由形状排列的截面，从而形成截面线。

这些类型在此就不多阐述了，熟悉了一般的创建断面线的方法，这些特殊的创建断面线的方法也不难掌握。

断面线编辑窗口的【Delete】菜单用于删除多余的创建截面组的类型，如图 5-53 所示。

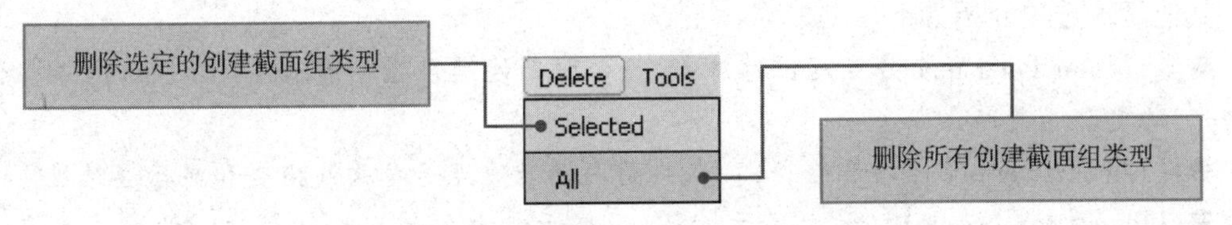

图 5-53　断面线编辑窗口中【Delete】菜单

二、【Surface Continuity】（曲面连续性）

【Surface Continuity】（曲面连续性）工具，位于【Palette】（工具箱）的【Evaluate】工具标签中，它与【Curve Continuity】（曲线连续性）工具位于同一位置，因为【Curve Continuity】工具并不常用，因此不做介绍。

双击【Surface Continuity】工具图标，打开其对话框，如图 5-54 所示。

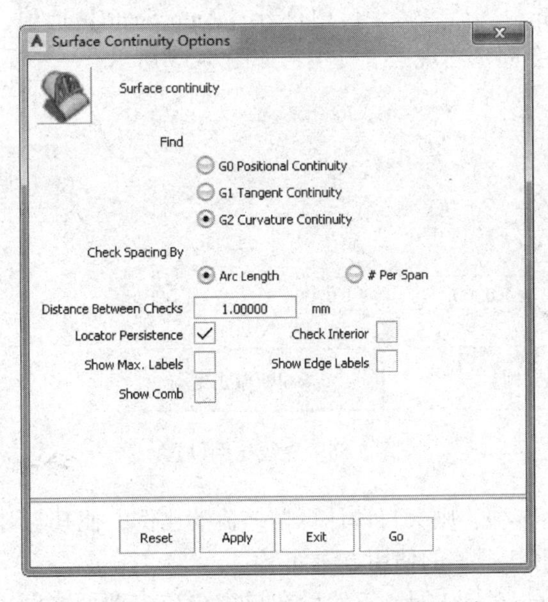

图 5-54　【Surface Continuity】工具对话框

对话框中【Find】（检查选项）选项组中参数含义如下。

- 【G0 Positional Continuity】（位置连续性）：仅检查曲面之间的间隙（标有【P】符号）。
- 【G1 Tangent Continuity】（相切连续性）：检查间隙和切线间断（标有【T】符号）。
- 【G2 Curvature Continuity】（曲率连续性）：检查间隙、切线和曲率间断（标有【C】符号）。

对话框中【Check Spacing By】（检查间距）选项组中参数含义如下。

- 【Arc Length】（弧长）：沿曲面以等距点检查连续性，这些检查点由【Distance Between Checks】选项确定。
- 【# Per Span】（跨度）：在每跨距中按一系列点检查连续性。
- 【Distance Between Checks】（检查弧长距离）：设置当使用【Arc Length】选项时连续性检查之间的弧长距离。

其他显示选项介绍如下。

- 【Locator Persistence】（定位器持久性）：曲面连续性指示器永久显示，并随着几何体的更改而更新。
- 【Check Interior】（内部检查）：在曲面内部沿噪点等参曲线检查和显示连续性。
- 【Show Max Labels】（最大显示标签）：显示最大位置、切线角度和曲率偏差点，并标注出偏差的大小。

技巧点拨　如果面与面之间的偏差处于公差允许范围之内，表明面与面之间达到了公差所允许的连续性，则这些标注将不会显示。

- 【Show Edge Labels】：沿边界显示用于显示间断区域的指示器。
- 【Show Comb】：查看表示间隙、切线中断和曲率中断的梳线。

在勾选【Show Comb】之后，将会自动打开【Auto Scale】选项，默认状态下为勾选状态。如果取消勾选，将会同步出现三个选项，如图 5-55 所示。

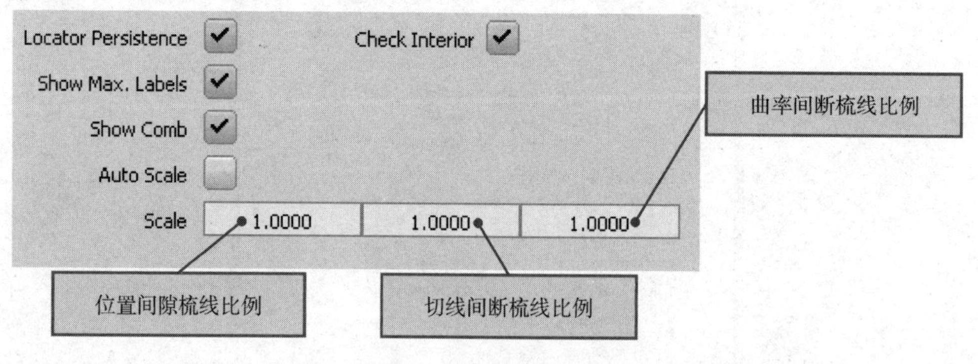

图 5-55　梳线比例设置

勾选【Auto Scale】选项，则会自动计算偏差梳的比例，使其与对象大小成等比。

【Surface Continuity】工具的使用方法如下。

选择【Surface Continuity】工具，然后在视窗中单击两面之间重合（并非是真正意义的重合）曲线，曲面间相接处会根据【Surface Continuity】工具对话框中显示选项设置的不同而不同，而连续性标注在不同设置下的显示也有所差异，如图 5-56 所示。

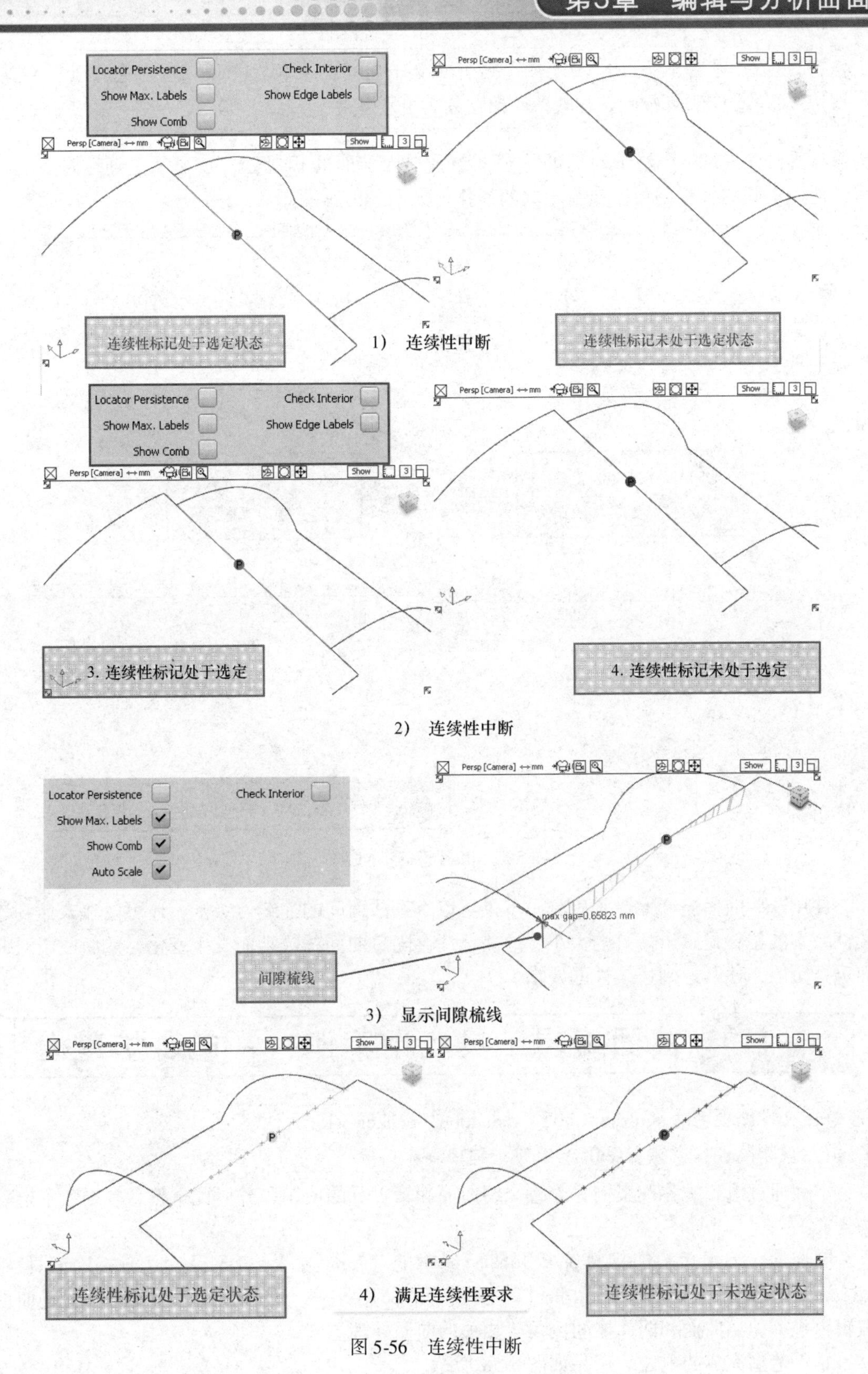
Locator Persistence
Check Interior
Show Max. Labels
Show Edge Labels
Show Comb
连续性标记处于选定状态
连续性标记未处于选定状态
1）　连续性中断
3. 连续性标记处于选定
4. 连续性标记未处于选定
2）　连续性中断
Auto Scale
max gap=0.65823 mm
间隙梳线
3）　显示间隙梳线
连续性标记处于选定状态
4）　满足连续性要求
连续性标记处于未选定状态

图 5-56　连续性中断

技巧点拨　在图 5-56 中，由于考虑到页面显示问题，在软件中修改了颜色设置，可能一些标注的颜色会与默认的配色方案有些差异。

在【Show Comb】处于勾选的状态下，单击面与面的相接处，在显示了连续性标记之后，使用不同的鼠标键可以执行不同的操作，如图 5-57 所示。

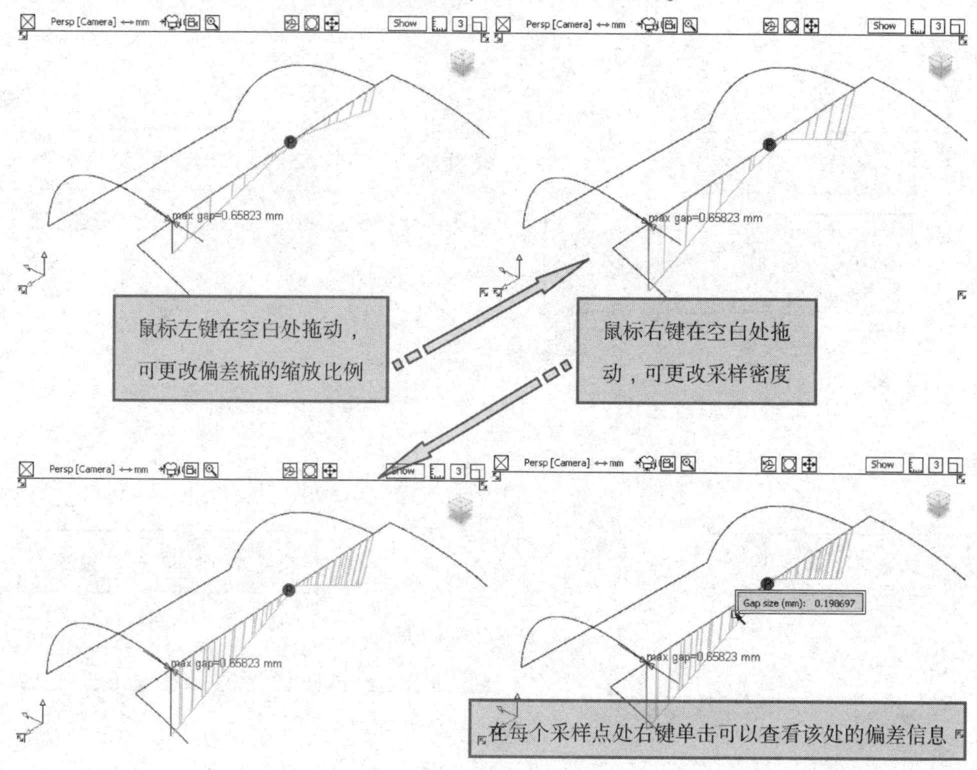
鼠标左键在空白处拖动，可更改偏差梳的缩放比例
鼠标右键在空白处拖动，可更改采样密度
在每个采样点处右键单击可以查看该处的偏差信息
max gap=0.65823 mm
Gap size (mm): 0.198697

图 5-57　鼠标键的不同操作

使用这些曲面连续性检查工具，不仅可以查看曲面间的连续性级别，还可以在未达到连续性级别的位置显示出偏差的大小，这些标注会随着曲面的改动而发生变化，从而便于对曲面进行更改，使其达到连续性的要求。

第 4 节　曲面编辑工具应用案例——电磁炉建模

练习文件路径：examples \ Ch05 \ induction_ cooker. wire
演示视频路径：视频 \ Ch05 \ 电磁炉建模. avi

下面通过电磁炉建模案例，着重介绍曲面编辑工具的使用，并以此来熟悉其中各个选项的含义。

完成本次练习后，您将熟练掌握曲面编辑的【Intersect】工具、【Trim】工具、【Round】工具以及【Surface fillet】工具等的使用方法。本部分内容主要涉及的是曲面编辑，包括剪切曲面和两面之间倒角等相关的曲面处理。

本例造型完成的电磁炉产品如图 5-58 所示。

操作步骤

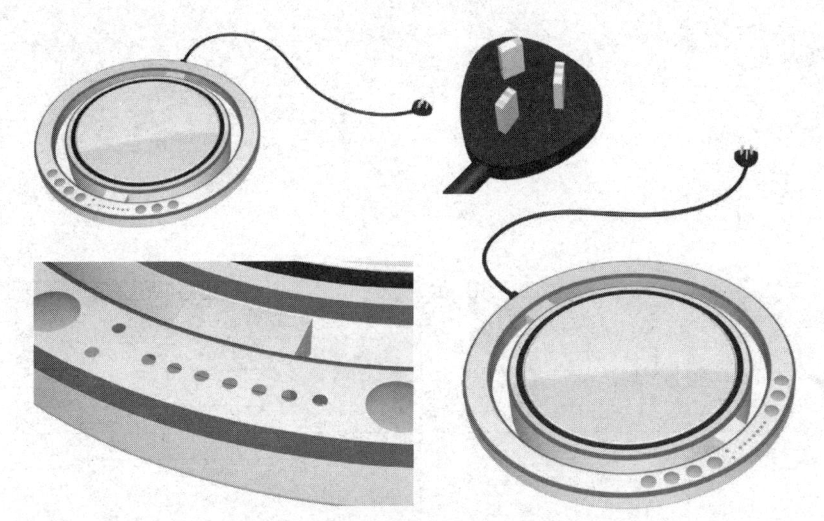

图 5-58 电磁炉产品

01 启动 Alias 软件，进入新环境界面。

02 在透视窗中通过【ViewCube】工具，切换到【Top】正交视窗。选择【Cylinder】工具，按住键盘上的【Alt】键，在【Top】正交视窗中，创建一个圆柱体，使其中心位于坐标原点，如图 5-59 所示。

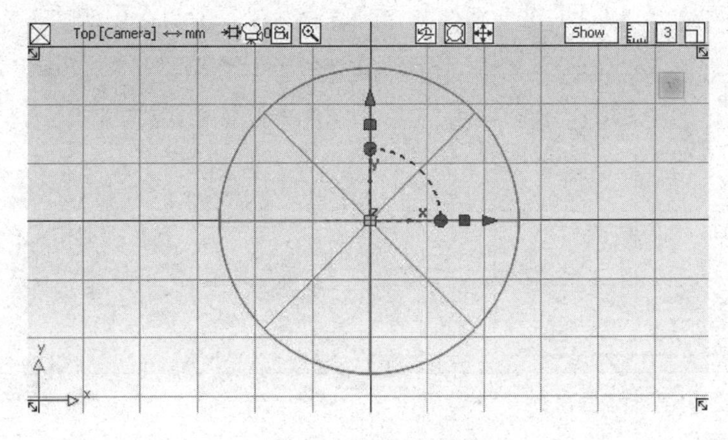

图 5-59 创建圆柱体

03 使用操纵器，在【Left】正交视窗中控制圆柱体的高度，如图 5-60 所示。

技巧点拨	虽然可以使用【Palette】（工具箱）【Transform】工具标签中的【Scale】、【Non－proportional scale】等工具对圆柱体进行变换，但是操纵器是个极其方便的工具，它几乎提供了所有的变换操作，所以在没有确定圆柱体的恰当形状前，不要过早地执行【Pick nothing】操作，否则操纵器一旦消失，变换起来会略显麻烦。

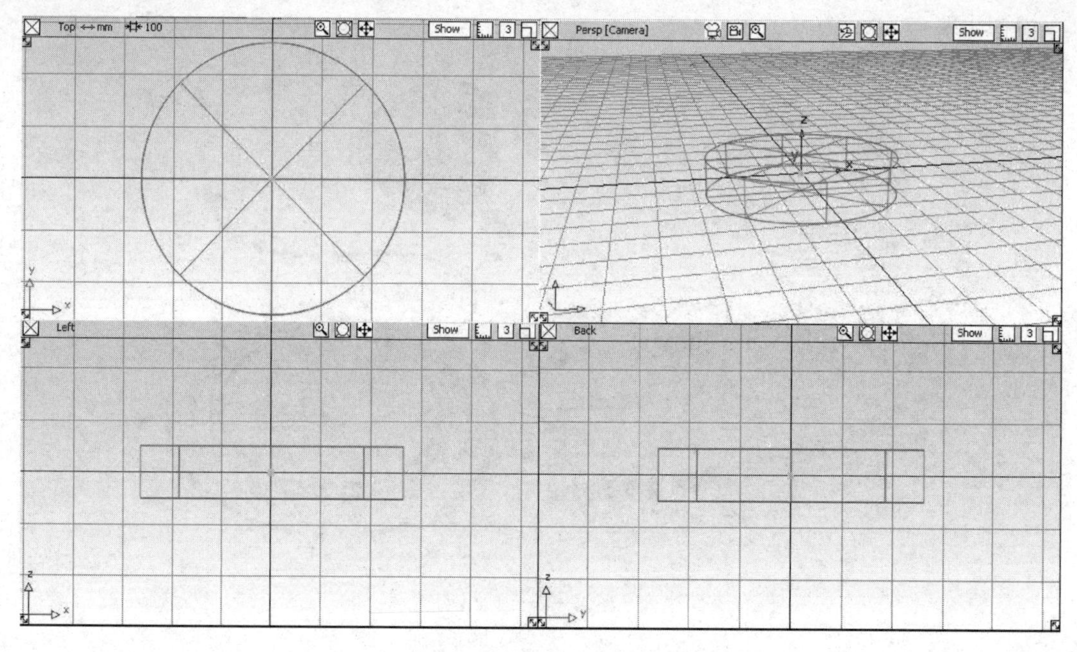

图 5-60　调整圆柱体

04 选择【Pick nothing】工具，取消对圆柱体的选择。继续使用【Cylinder】圆柱体工具，按住键盘上的【Alt】键，在【Top】正交视窗创建一个新的圆柱体，等比缩放大小，在【Left】正交视窗调整位置与高度，如图 5-61 所示。

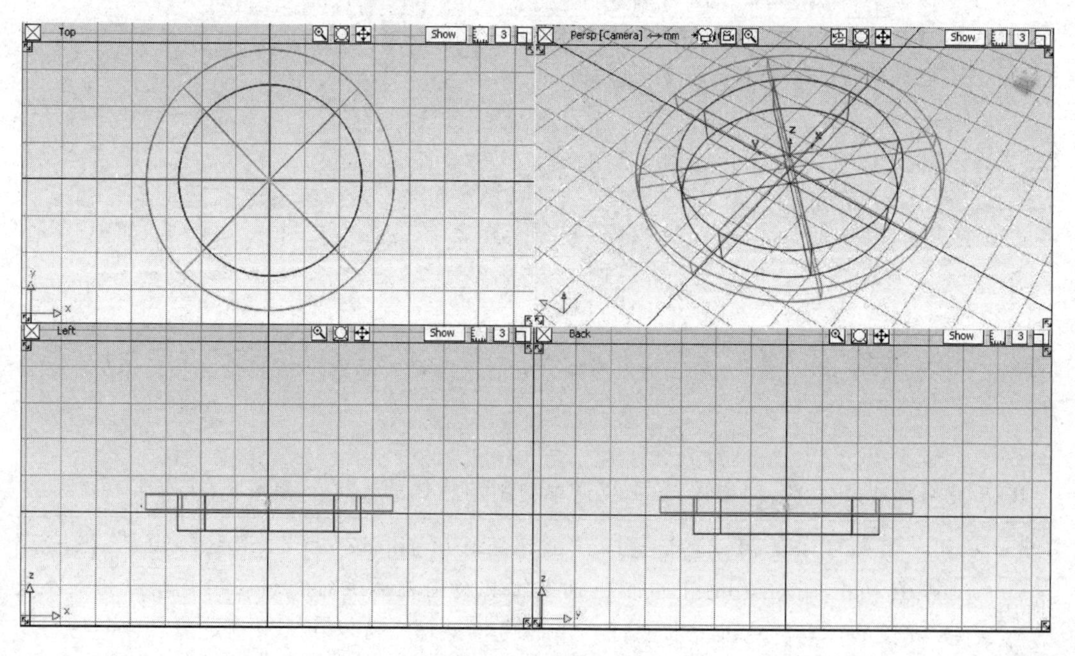

图 5-61　创建圆柱体

05 选择【Pick nothing】工具，取消选择。继续使用【Cylinder】工具，按住键盘上的【Atl】键，在【Top】正交视窗创建一个圆柱体。在【Left】正交视窗中确保

此圆柱体与刚刚创建的两个圆柱体中底面半径较大的一个相交，以相交剪切曲面，如图5-62所示。

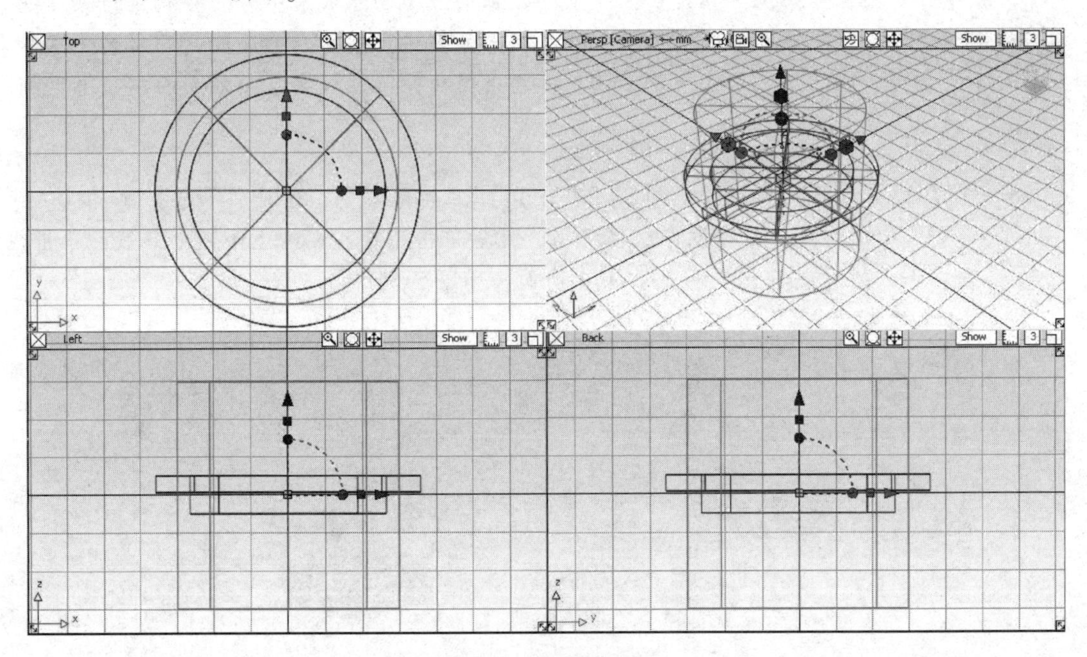

图5-62　创建圆柱体

06 执行鼠标左键标记菜单中【Pick nothing】命令，取消圆柱体的选择。在【Diagnostic Shade】（诊断着色）工具面板下，选择相应的着色显示工具，将几个圆柱体着色显示。

07 在【Palette】（工具箱）的【Surface Edit】工具标签中，鼠标左键按住【Project】工具图标，在弹出的工具中选择【Intersect】工具。在视窗中选择最新创建的圆柱体侧面，单击视窗右下方的【Go】按钮，然后选择底面半径最大的那个圆柱体的上下底面，形成相交曲线，如图5-63所示。

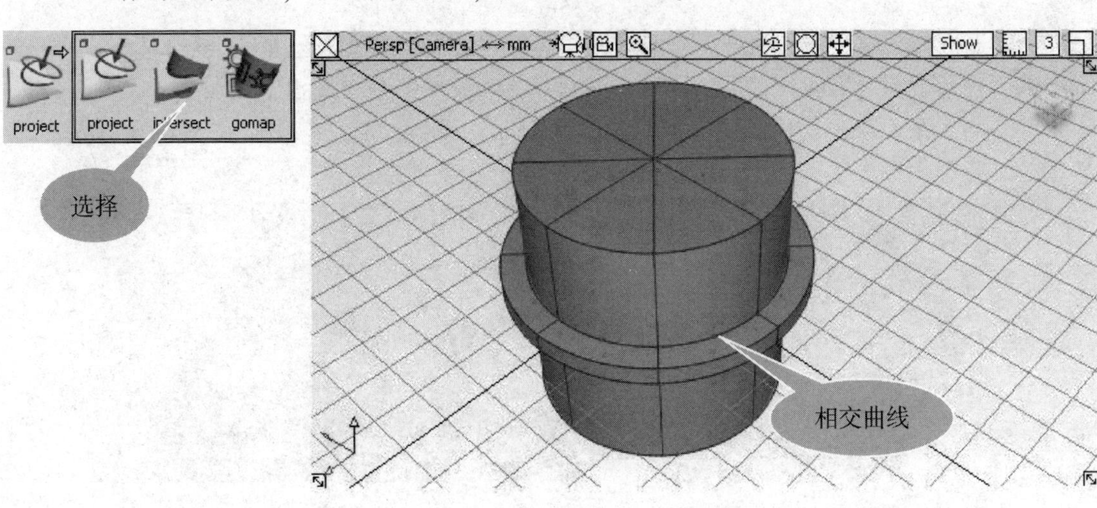

图5-63　相交曲面

> **技巧点拨**
>
> 在使用【Intersect】工具时，Alias默认选择的不是物体，而是曲面，所以对于每个圆柱体来说，它是由上下底面及侧面三个面组成。另外，在相交的操作过程中，可以用选取框圈选曲面，在相交的处理中，没有与曲面相交的曲面并不影响相交曲线的形成，恰当地使用选取框选择曲面，在较为复杂的曲面中显得更加方便快捷。

08 在【Palette】(工具箱) 的【Surface Edit】工具标签中，选择【Trim】工具。在透视窗中单击选择最高的圆柱体侧面。然后单击选择侧面的上下部分，然后单击视窗右下方的【Discard】按钮，剪去曲面，如图5-64所示。

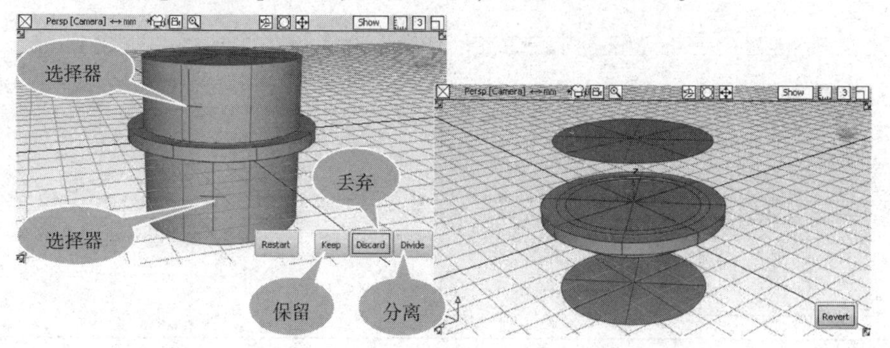

图5-64 剪切曲面

> **技巧点拨**
>
> 执行修剪操作后，可以单击视图右下方出现的【Revert】按钮来撤销该操作。若要更改选择器的大小，可以双击打开【Trim】工具对话框，在【Display Options】标签中修改修剪区域选择器在曲面上的U和V参数化方向的相对大小，如图5-65所示。
>
> 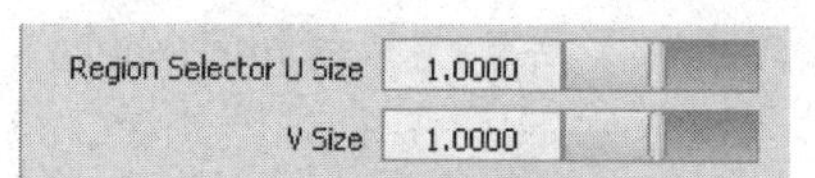
>
>
> 图5-65 选择器的方向大小

09 继续使用【Trim】工具，选择底面最大的圆柱体的上底面，然后单击需要执行剪切命令的部分，单击视窗右下方的【Keep】按钮，完成剪切。使用同样的方法选择下底面进行剪切，如图5-66所示。

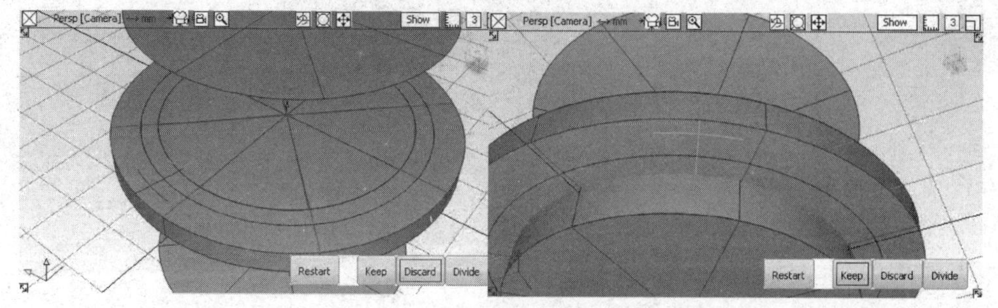

图5-66 剪切曲面

10 按住键盘上的【Ctrl】+【Shift】键，在视窗窗口中按下鼠标左键。在弹出的标记菜单中选择【Pick Surface】命令。选取剪切后的圆柱体多余的上下底面，按下键盘上的【Delete】键，删除曲面，如图5-67所示。

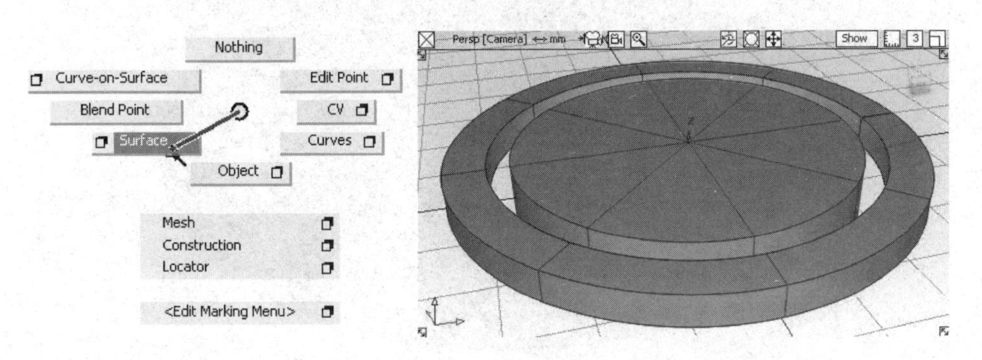

图5-67 删除多余曲面

11 在【Palette】（工具箱）的【Surfaces】工具标签中，双击【Surface fillet】工具图标，打开对话框，设置【Radius】（半径）为7（可以根据自己的需要进行设置），关闭对话框。

12 单击选取中间圆柱体的上底面，底面模型线变为紫色（默认情况下）。然后单击视窗右下方的【Accept】按钮，接着选取中间圆柱体的侧面，侧面的模型线变为黄色（默认情况下）。单击视窗下方的【Accept】按钮，此时将出现两个方向箭头，紫色箭头代表第一个面的倒角方向，黄色箭头代表第二个面的倒角方向（在曲面不复杂的情况下，系统自动判断的倒角方向一般不会出错）。然后单击视窗右下方的【Build】按钮，两曲面之间将创建圆角过渡曲面。着色显示，取消选择，如图5-68所示。

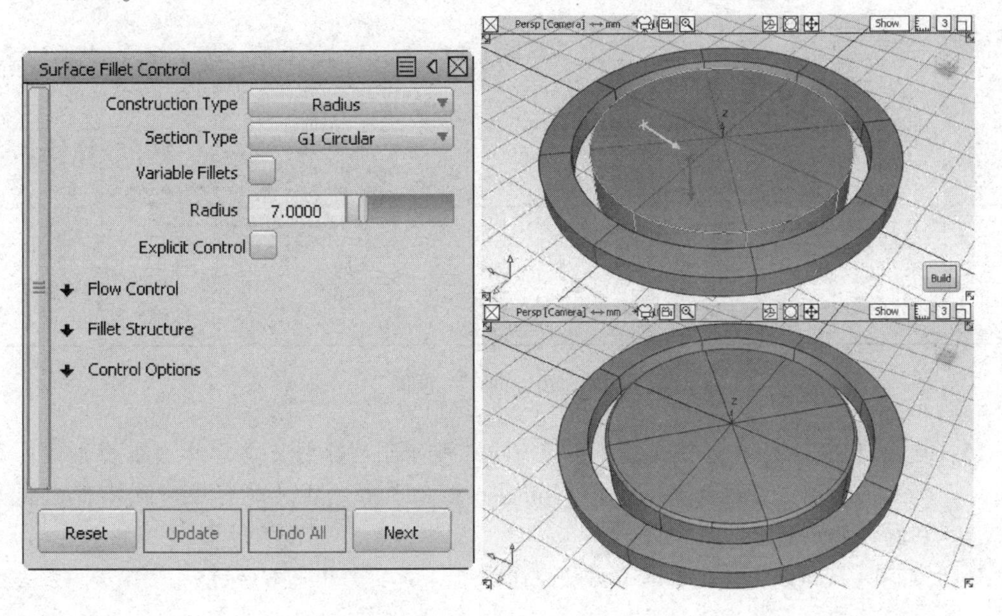

图5-68 创建过渡曲面

13 采用同样的方法，为其余曲面之间创建圆角过渡曲面，如图5-69所示。

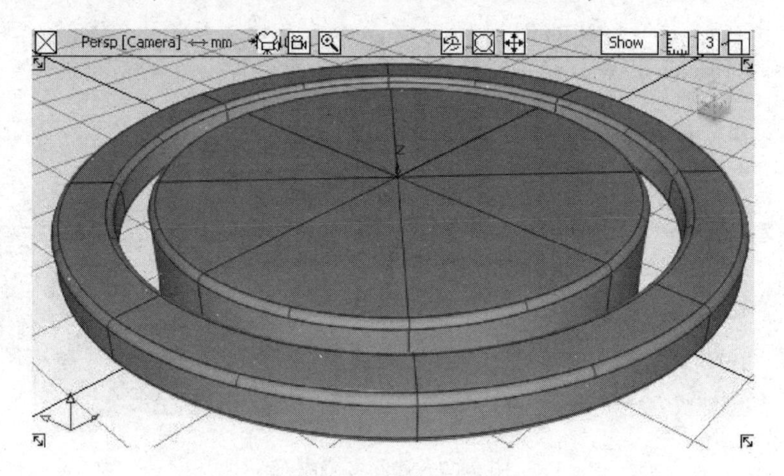

图5-69 创建其余过渡曲面

14 取消着色显示。选择【Cube】工具，在【Top】正交视窗中，按住键盘上的【Atl】键，在原点处创建一个立方体，通过操纵器变换立方体，在【Left】正交视窗中调整其位置，如图5-70所示。

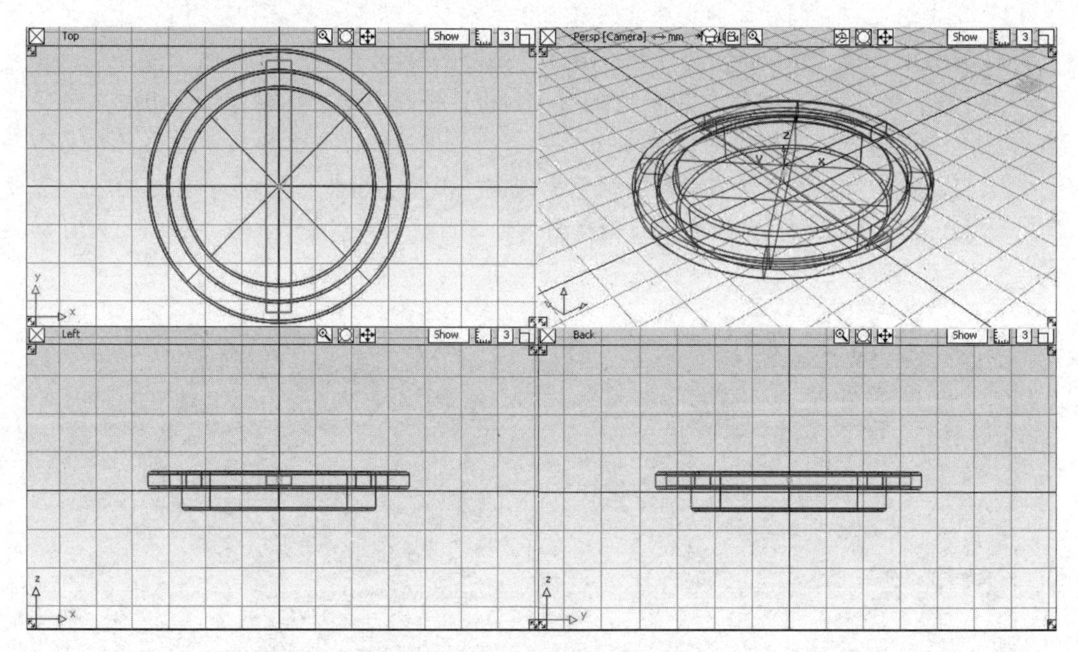

图5-70 创建立方体

15 选择【Pick object】工具，在视窗中选取刚刚创建的长方体（如果长方体处于选择状态，则忽略这步）。选择【Intersect】工具，在透视窗中用选取框圈选所有曲面，形成相交线。

16 选择【Trim】工具，依次剪切各个曲面，保留两个圆柱体连接的部分，剪去两个圆柱体侧面与长方体相交的部分，如图5-71所示。

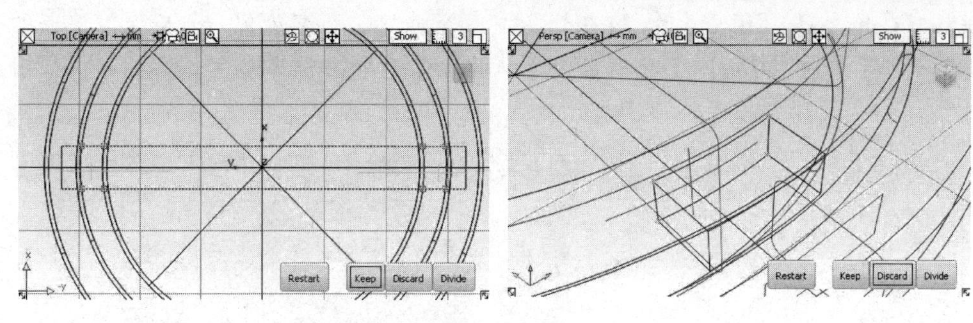

图 5-71 剪切曲面

17 执行标记菜单中【Pick surface】命令，选择多余的两个立方体的面，然后按下键盘上的【Delete】键，删除曲面，将线框模型着色显示，如图 5-72 所示。

18 取消着色显示。选择【Round】工具，在视窗中选取两圆柱体连接处的各个边缘线，设置圆角半径为 0.5。单击视窗右下方的【Build】按钮，创建圆角曲面，着色显示，如图 5-73 所示。

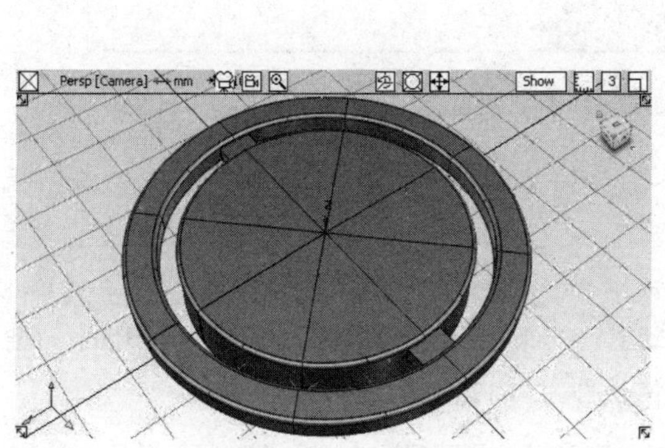

图 5-72 电磁炉主体

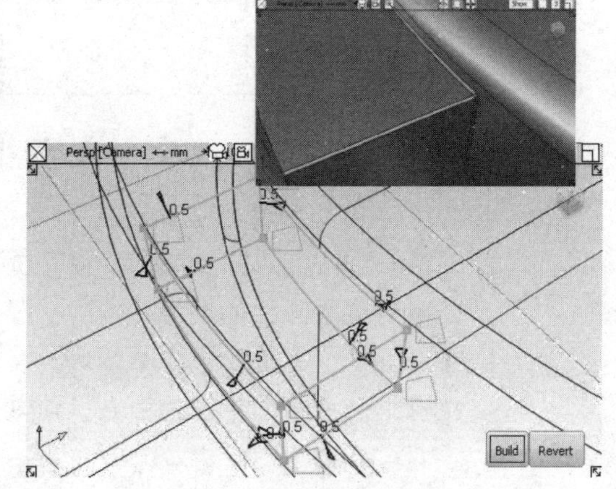

图 5-73 创建圆角曲面

技巧点拨

圆角工具操纵器的使用方法，如图 5-74 所示。在亮显的绿色曲线上单击，会在单击处创建新的操纵器。按住键盘上【Shift】键，在操纵器上单击，将会删除多余的操纵器。

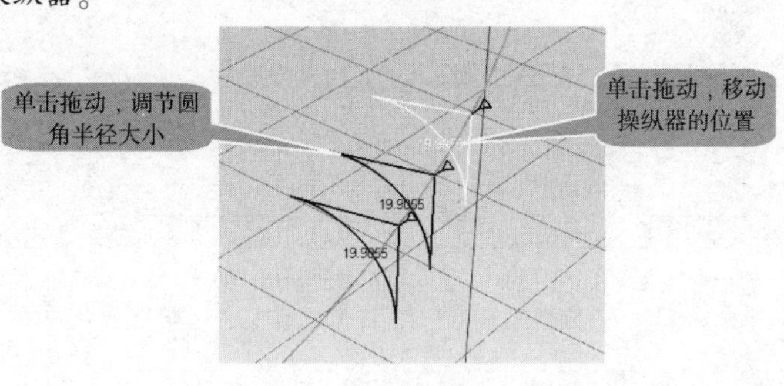

图 5-74 圆角工具操纵器的使用

19 选择【Cylinder】工具，在【Left】正交视窗创建一个圆柱体，使用操纵器调节圆柱体的大小，并在【Top】正交视窗中移动圆柱体至电磁炉模型主体的后部，如图5-75所示。

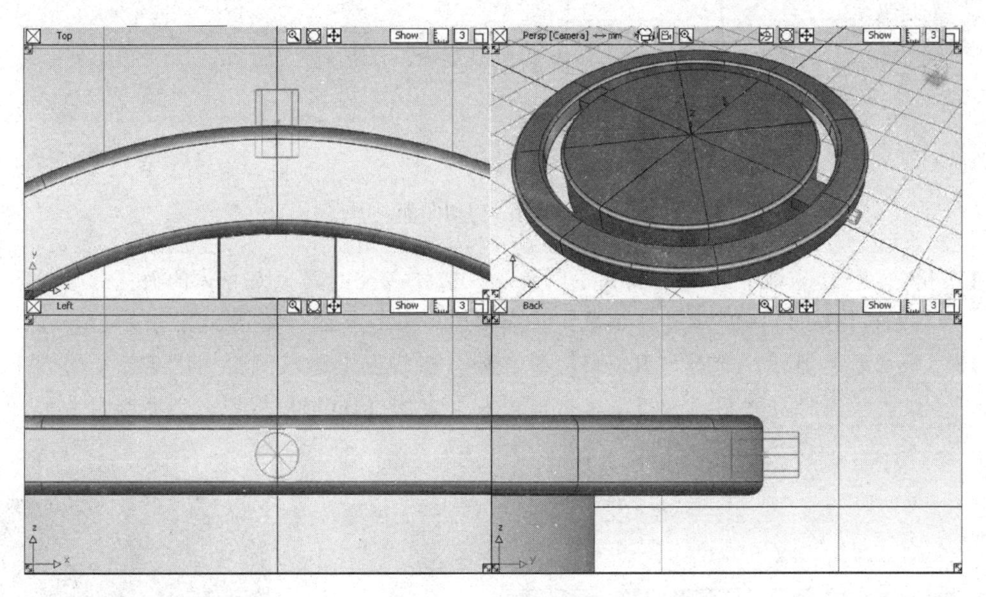

图5-75 创建圆柱体

20 执行标记菜单中【Pick nothing】命令，取消选择。将整个模型取消着色显示。选择【New CV curve】工具，按住键盘上的【Ctrl】+【Alt】键，将曲线的端点置于刚刚创建的圆柱体底面的中心，释放键盘，放置其他的CV点。最后使用【Pick CV】工具、【Move】工具通过移动CV点来调整曲线的形状，且在【Back】正交视窗中水平移动曲线的端点，使其位于圆柱体内，如图5-76所示。

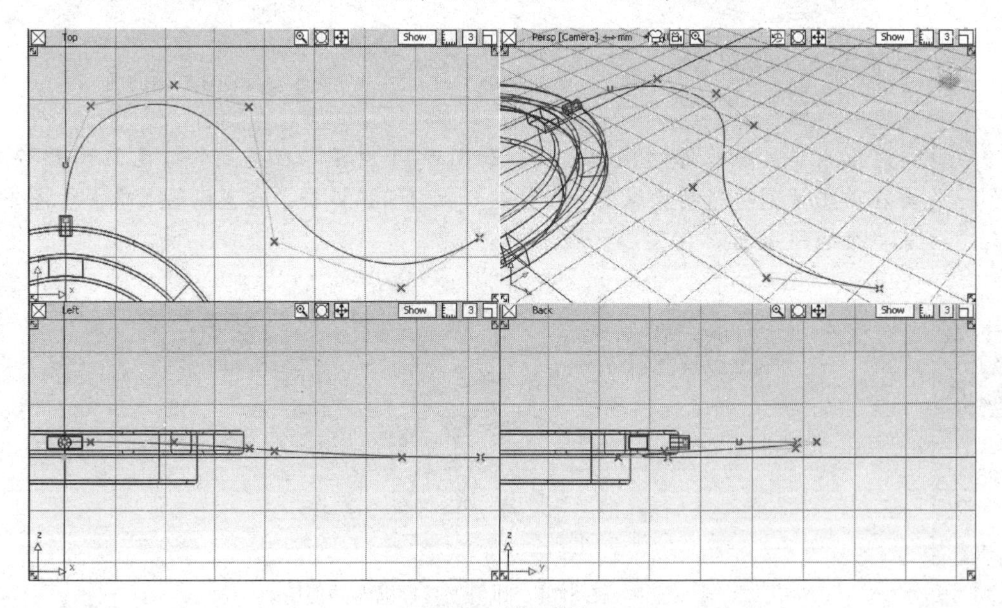

图5-76 创建曲线

21 执行标记菜单中【Pick nothing】命令，取消对曲线的选择。选择【Circle】工具，在【Right】正交视窗中，按住键盘上的【Ctrl】键，使圆形曲线中心与刚刚创建的曲线端点重合，缩放圆形曲线，如图5-77所示。

22 在圆形曲线处于选中的状态下，在【Palette】（工具箱）的【Surface】工具标签中按住【Rail Surface】工具图标，在弹出的工具中选择【Extrude】工具。单击视窗右下方的【Go】按钮，然后单击选取之前创建的曲线作为轨道曲线，形成管状曲面，如图5-78所示。

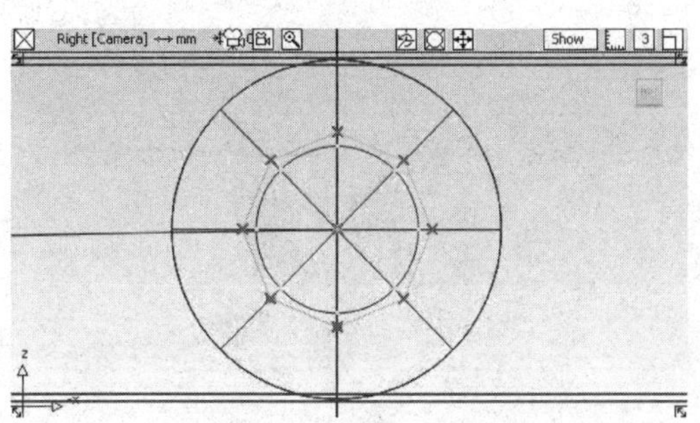

图5-77　创建圆形曲线

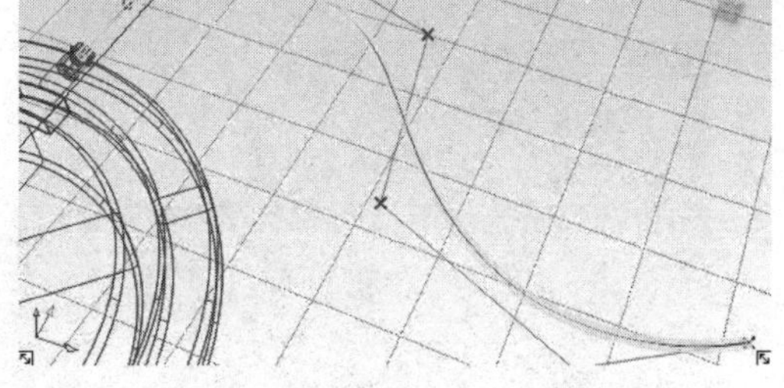

图5-78 创建管状曲面

23 执行标记菜单中【Pick nothing】命令，取消选择。将整个曲线模型着色显示，选择【Pick object】工具，选取与电磁炉主体及电线连接的圆柱体。选择【Intersect】工具，在透视窗中依次选择与其相交的圆柱体侧面、管状曲面，形成相交线。

24 选择【Trim】工具，剪切刚刚相交的各个曲面，如图5-79所示。

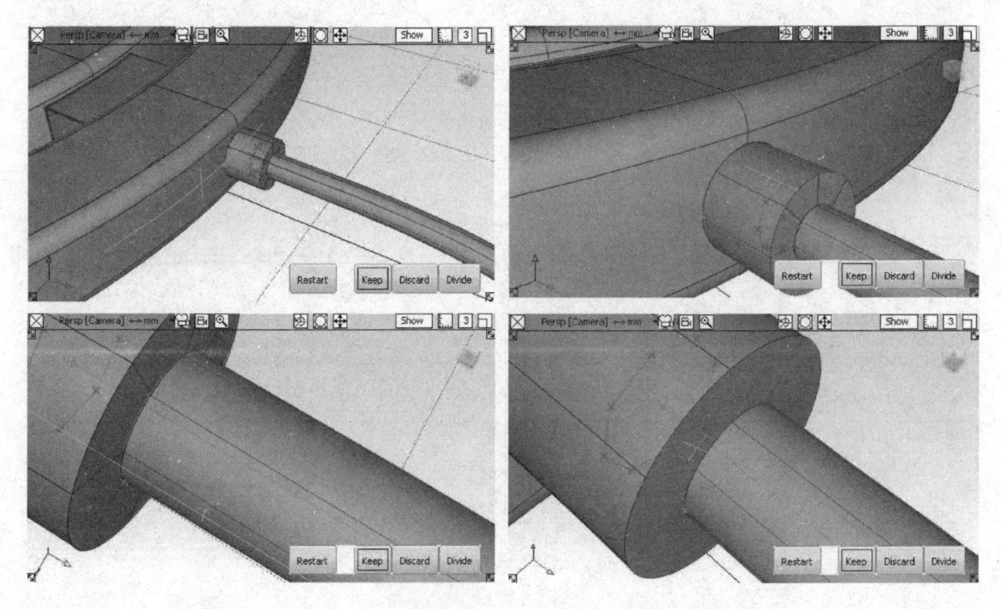

图5-79　剪切曲面

25 取消模型着色显示，执行标记菜单中【Pick surface】命令，选择位于电磁炉主体内部多余的圆柱体底面，按下键盘上的【Delete】键，删除曲面。

技巧点拨

双击【Cylinder】工具图标，打开圆柱体工具对话框可以看到【Caps】选项中可以选择创建零个、一个或两个底面。如果认定要创建的圆柱体的底面没有意义，则在对话框中选择零个底面，即不创建底面。在需要一个底面的情况下，由于创建的这一个底面的位置是系统默认添加的，这时需要通过切换视图或旋转圆柱体的方法创建所需要的圆柱体，从而避免最后的删除工作。

26 选择【Surface fillet】工具，采用同样的方法，为连接处的圆柱体侧面与底面的边缘创建圆角曲面，着色显示，如图5-80所示。

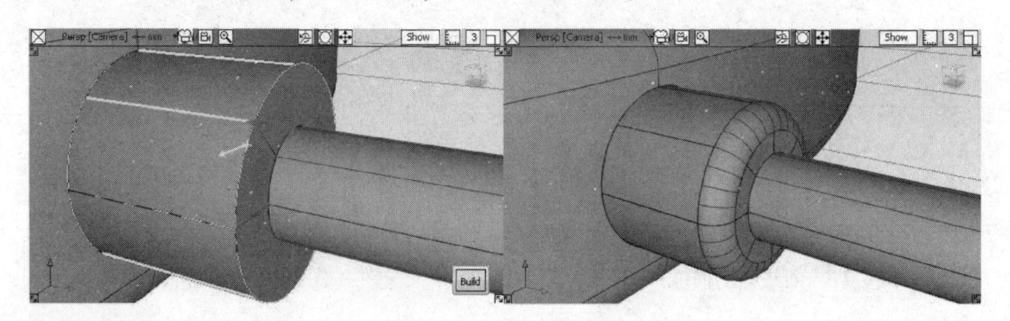

图5-80　创建圆角过渡曲面

27 取消着色显示。选择【Sphere】工具，在【Top】正交视窗创建一个圆球体，在【Left】正交视窗中移动、缩放圆球体，如图5-81所示。

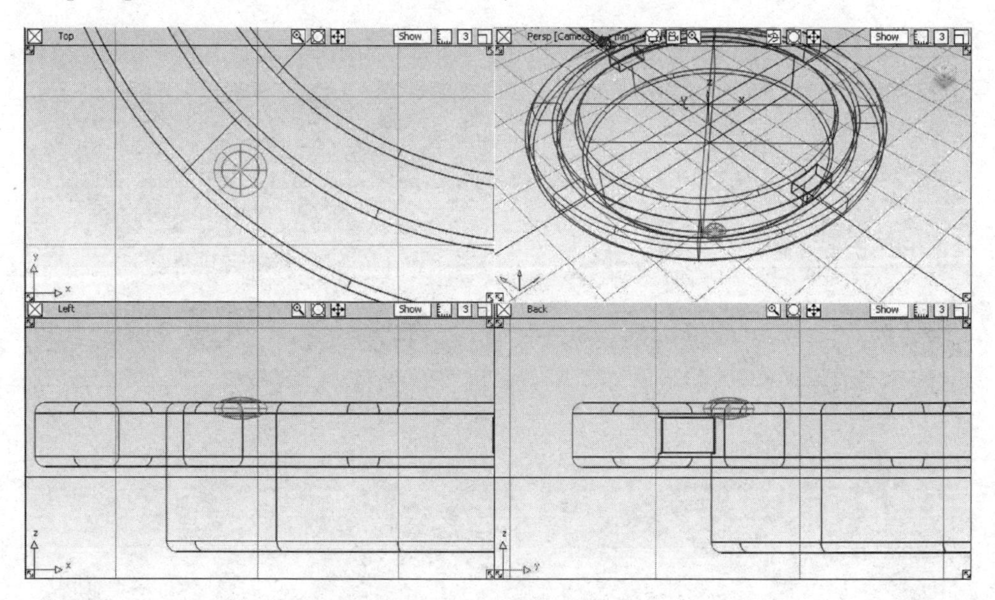

图5-81　创建圆球体

28 选择【Set pivot】工具，在位于菜单栏下方的提示行中单击激活提示行输入框。输入0，按下键盘上的【Enter】键，确定输入，圆球体的轴心点被放置在坐标原点处，如图5-82所示。

Enter PIVOT MOVE values (x, y, z) (ABS):0_

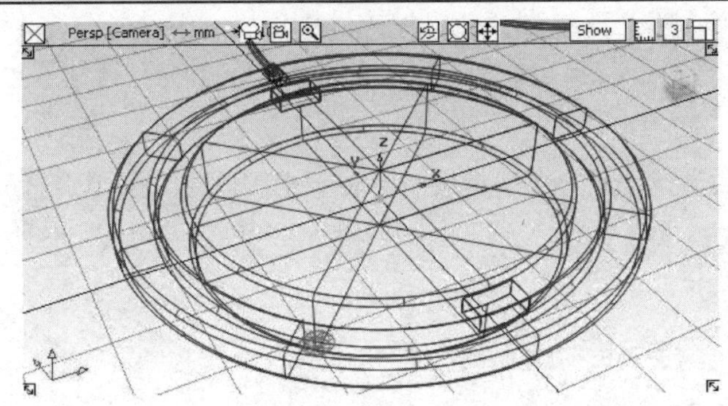

图5-82　移动轴心点

29　在菜单栏中单击【Edit】｜【Duplicate】｜【Object】命令右侧图标（在刚刚创建的圆球体处于选中的状态下），打开创建对象副本对话框。设置参数，单击对话框下方的【Go】按钮，创建副本，如图5-83所示。

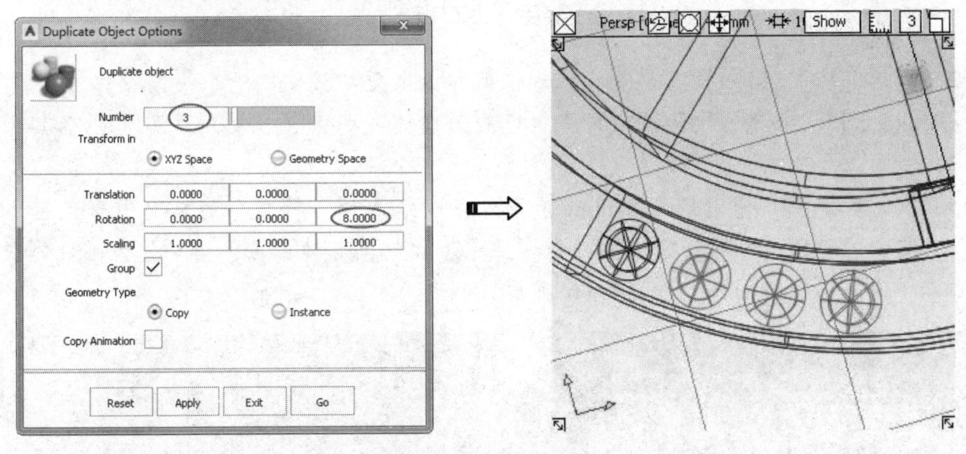

图5-83　创建物体副本

30　选择【Pick object】工具，在刚刚创建的三个小圆球里，仅选择最右边的那一个。在菜单栏中单击【Edit】｜【Duplicate】｜【Mirror】命令右侧图标，打开镜像副本对话框，在【Mirror Across】选项组中勾选【YZ】复选框，单击对话框下方的【Go】按钮，镜像副本，如图5-84所示。

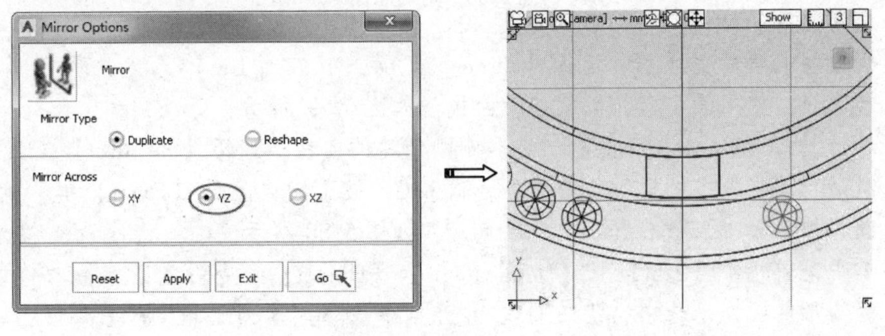

图5-84　镜像副本

31 在镜像创建的圆柱体处于选中状态下，在菜单栏中单击【Edit】|【Duplicate】|【Object】命令右侧图标，再次打开创建物体副本对话框。将【Number】选项设置为2，其他参数保持不变。单击对话框下方的【Go】按钮，创建副本，如图5-85所示。

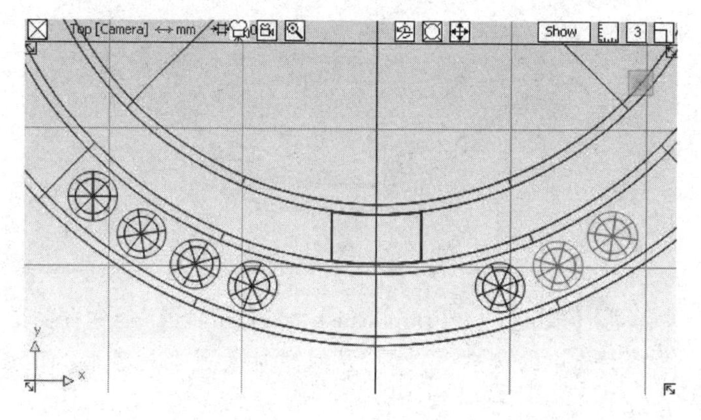

图5-85　创建副本

32 选择【Pick object】工具，依次选取作为电磁炉按钮的七个小圆球体。选择【Intersect】工具，刚刚处于选中状态的圆球体变为紫色，使用选取框圈选其周围的曲面，形成相交曲线。

33 执行标记菜单中【Pick nothing】命令，取消选择。将整个线框模型着色显示，以便于。选择【Trim】工具，保留位于上面的圆球体部分，剪切掉大圆柱体底面与圆球体相交的部分，如图5-86所示。

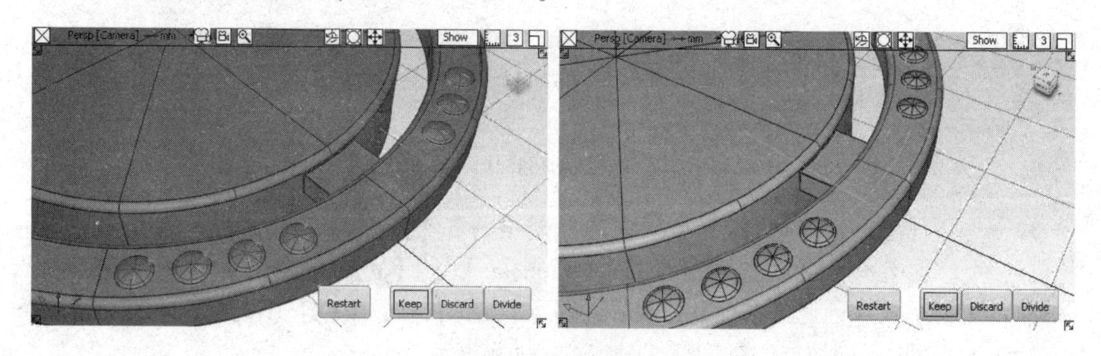

图5-86　剪切曲面

34 将模型取消着色显示。选择【Circle】工具，在【Top】正交视窗中创建一条圆形曲线。使用操纵器，缩放移动曲线，如图5-87所示。

35 选择【Pick object】工具，选取刚刚创建的曲线。选择【Set pivot】工具，单击激活菜单栏下方的提示行输入框。输入0，按下键盘上的【Enter】键，确定输入，圆球体的轴心点被放置在坐标原点处，如图5-88所示。

36 单击菜单栏中【Edit】|【Duplicate】|【Object】命令右侧图标（在刚刚创建的圆形曲线处于选中的状态下），打开创建物体副本对话框。设置参数，单击对话框下方的【Go】按钮，创建副本，如图5-89所示。

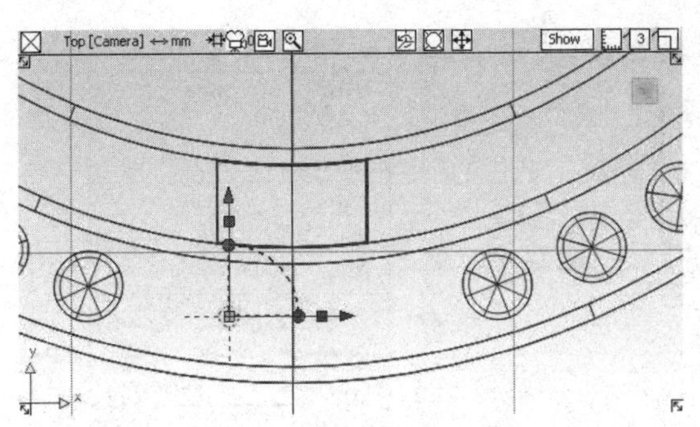

图 5-87 创建圆形曲线

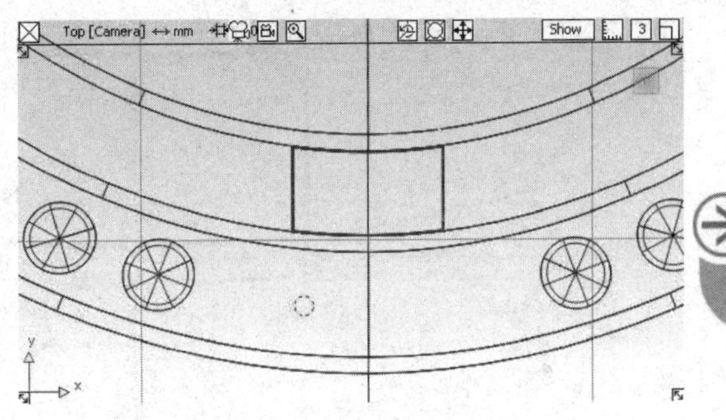

图 5-88 移动圆形曲线轴心点

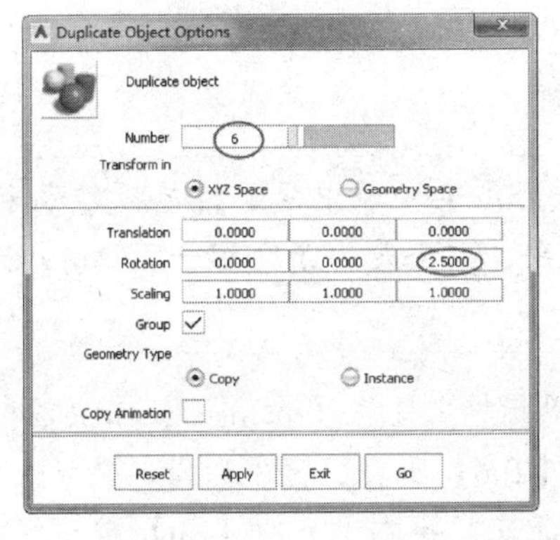

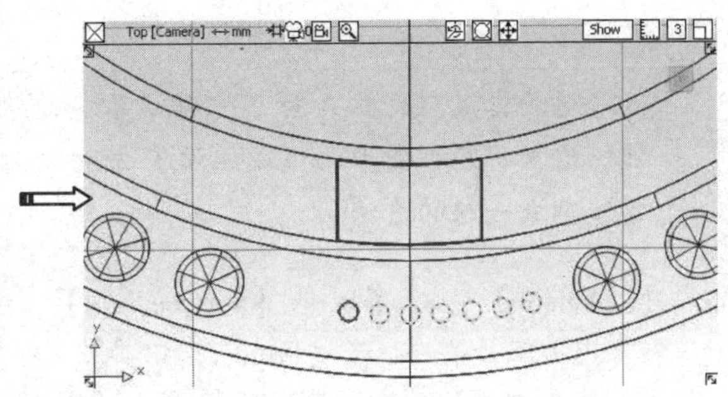

图 5-89 创建圆形曲线副本

37 执行标记菜单中【Pick nothing】命令，取消选择。在【Top】正交视窗中，选择【Pick object】工具，选取刚刚创建曲线中的其中一条。在菜单栏中执行【Edit】|【Copy】命令，然后在菜单栏中执行【Edit】|【Paste】命令两次，复制两条圆形曲线。选择【Move】工具，依次移动复制的两条曲线到如图 5-90 所示的位置。

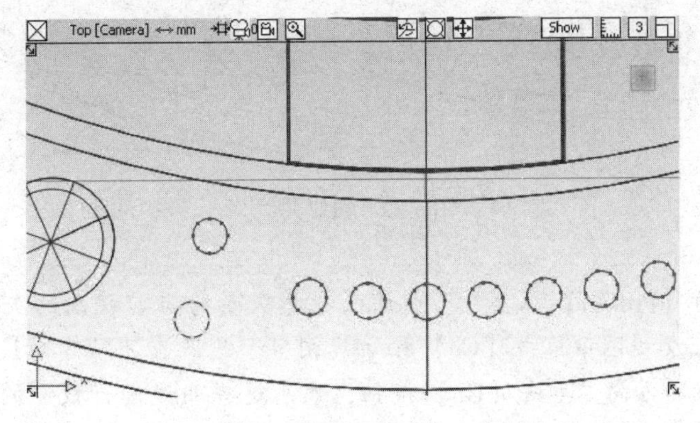

图 5-90 复制并移动圆形曲线

38 选择【Pick Object】工具，选取刚刚创建的九条圆形曲线，在菜单栏中执行【Edit】|【Group】命令，将这几条曲线编为一组，如图 5-91 所示。

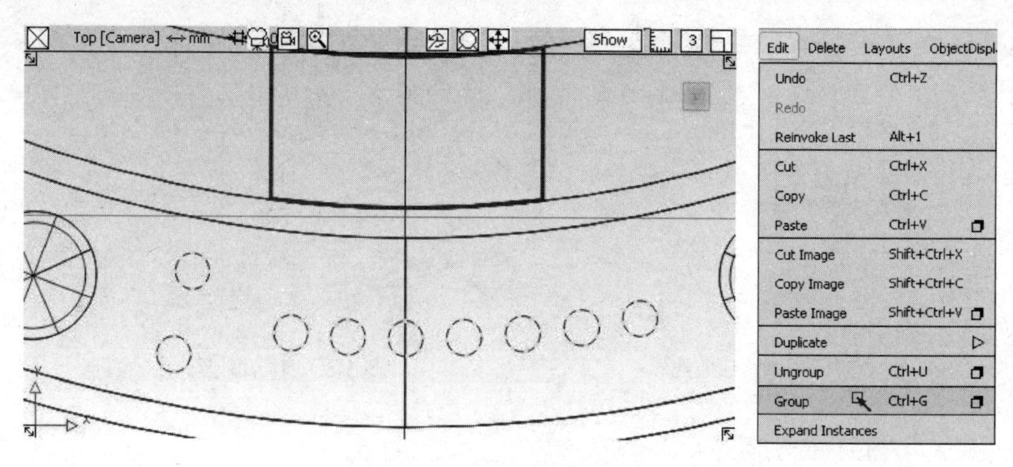

图 5-91　将圆形曲线成组

> **技巧点拨**
>
> 对物体成组主要是为了方便选取，这会为渲染处理中分配材质操作带来方便。这里将几个圆形曲线成组没有太大的必要，主要是为了介绍一下 Alias 中将物体编成一组的方法。

39 在【Palette】（工具箱）的【Surface Edit】工具标签中按住【Intersect】工具图标，在弹出的工具条中选择【Project】工具。在【Top】正交视窗中选择电磁炉主体部分最外侧圆柱体的上底面，然后单击【Top】正交视窗右下方的【Go】按钮（此操作较为关键，下面的技巧点拨里会有详细说明），依次选取刚刚创建的九条曲线，在【Top】正交视窗的右下方单击【Project】按钮，形成投影曲线，如图 5-92 所示。

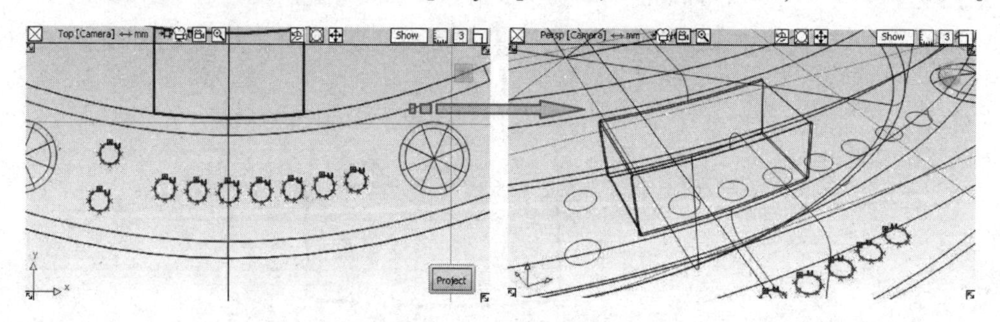

图 5-92　投影曲线

> **技巧点拨**
>
> 由于【Project】工具，默认的投影矢量为当前视图的矢量法线，所以在【Top】正交视图中单击【Go】按钮就相当于是沿着 Z 轴方向投影，如果没有调整好正确的方向，单击【Go】按钮，然后选择曲线进行投影的话，有可能得不到或者得到错误的投影曲线。

40 执行标记菜单中【Pick nothing】命令，取消选择。选择【Trim】工具，选取刚刚投影的圆柱底面。在九个投影曲线外的曲面放置选择器，然后单击视窗下方的【Divide】按钮，分离曲面，如图 5-93 所示。

41 选择【Circle】工具，在【Top】正交视窗中，按住键盘上的【Alt】键，在【Top】正交视窗原点附近单击，创建一个圆心位于原点的圆形曲线。使用操纵器缩放曲线，使其大小略小于中间圆柱体的底面，如图5-94所示。

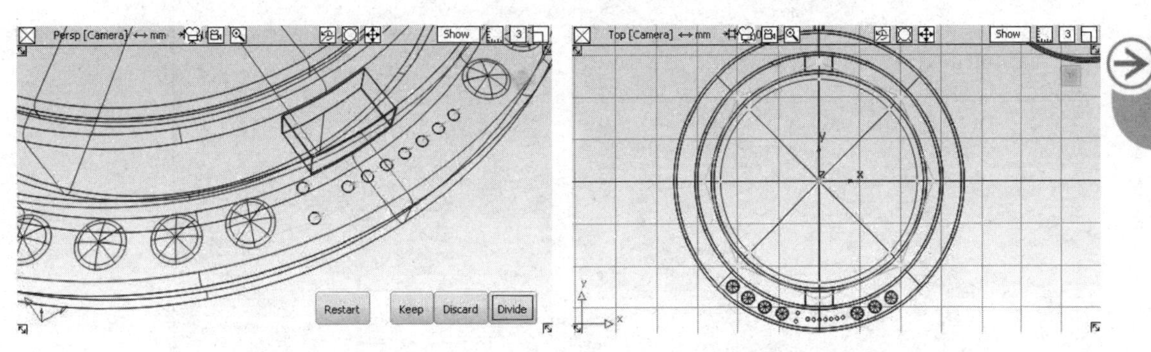

图5-93 剪切曲面　　　　图5-94 创建圆形曲线

42 选择【Project】工具，在【Top】正交视窗中选择中间圆柱体的上底面，单击视窗右下方的【Go】按钮，选取刚刚创建的圆形曲线，单击视窗右下方的【Project】按钮，形成投影曲线，着色显示，如图5-95所示。

43 选择【Trim】工具，在透视窗中单击中间圆柱体上底面，在底面内部单击放置选择器，然后单击视窗右下方的【Divide】按钮，分离曲面，如图5-96所示。

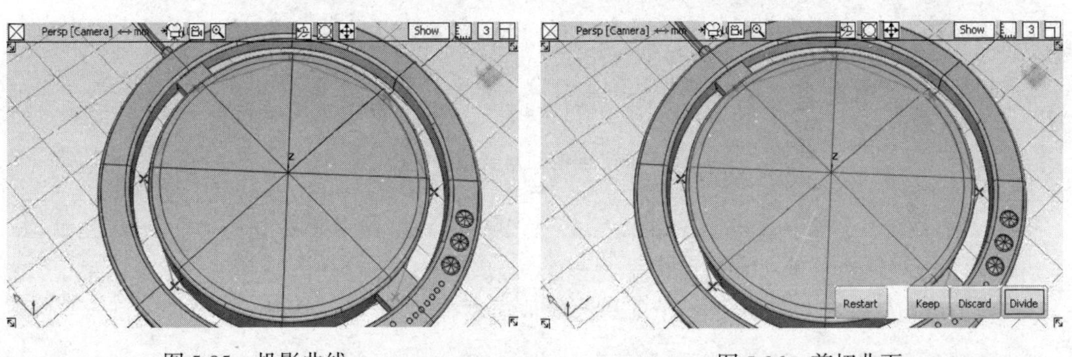

图5-95　投影曲线　　　　图5-96　剪切曲面

技巧点拨	单击【Divide】按钮之后，会发现底面内部的曲面“不见了”，像是被剪去了一样，其实是系统为了表示操作有效，自动将分离的曲面取消着色显示。在【Diagnostic Shade】面板中选择着色工具，将其着色显示即可重新看到。

44 在【Palette】（工具箱）【Surface】工具标签中，双击【Fillet flange】工具图标，打开其对话框。设置参数，在【Fillet】选项标签中，设置【Radius】为5；在【Control Options】选项标签中，勾选【Auto Trim】选项，如图5-97所示。

45 关闭【Fillet Flange】工具对话框。在透视窗中单击刚刚分离的两个曲面的边缘，在弹出的选择器中选择内部那个面的边缘。单击出现的两个操纵箭头切换方向，使一个向下，一个向内（相对于选择的曲面），最后单击视窗下方的【Build】按钮，完成圆角凸缘曲面创建，如图5-98所示。

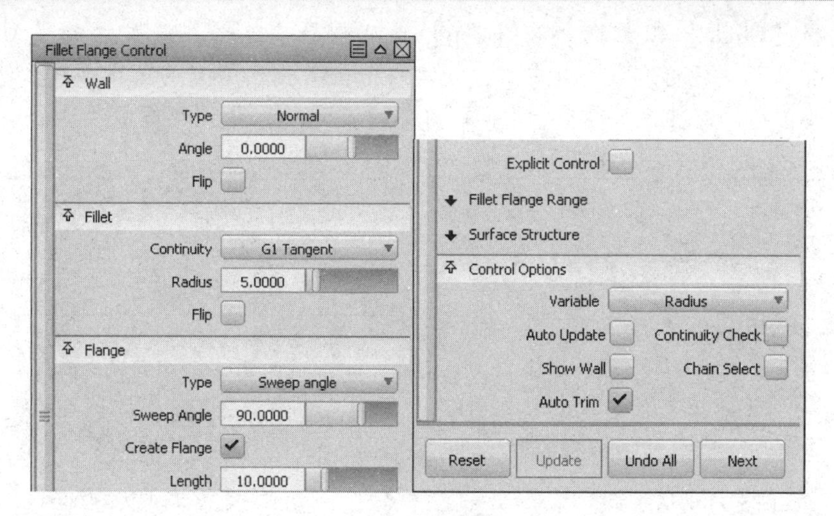

图 5-97　设置参数

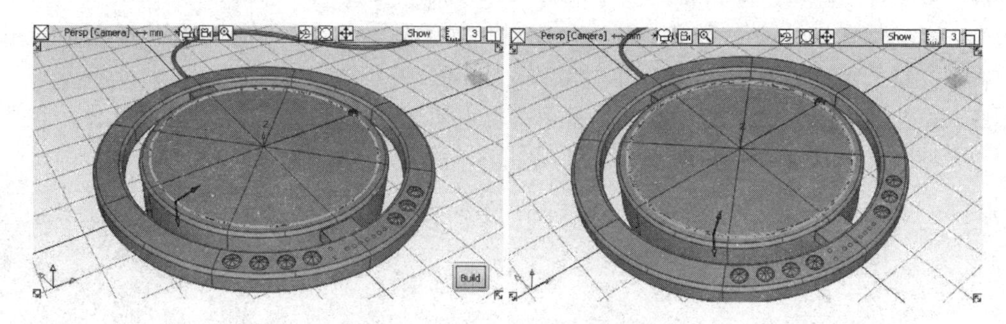

图 5-98　创建圆角与凸缘曲面

46 执行标记菜单中【Pick nothing】命令，再次单击刚才底面分离的另一个曲面的边缘，调整操纵箭头，一个向下，一个向内（相对于选择的曲面），单击视窗下方的【Build】按钮，完成另一个圆角凸缘曲面创建，如图 5-99 所示。

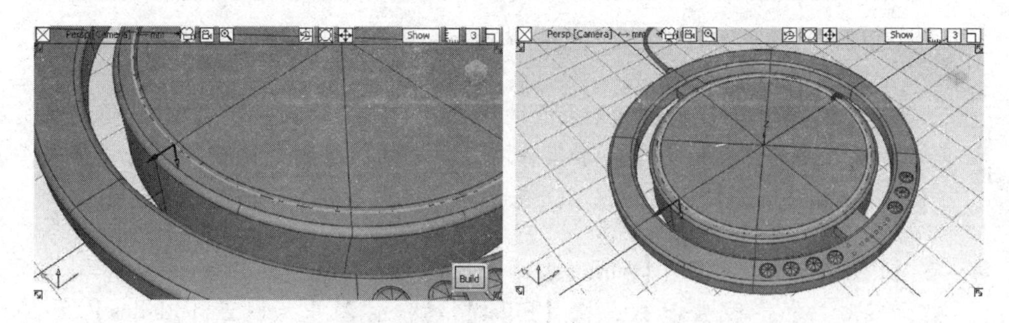

图 5-99　创建圆角与凸缘曲面

47 执行标记菜单中【Pick noting】命令，取消选择，将整个模型着色显示。电磁炉大体模型即创建完成，如图 5-100 所示。

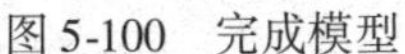
图 5-100　完成模型

第 5 节　练 习 题

练习：真空吸尘器建模

本练习的完成模型如图 5-101 所示。

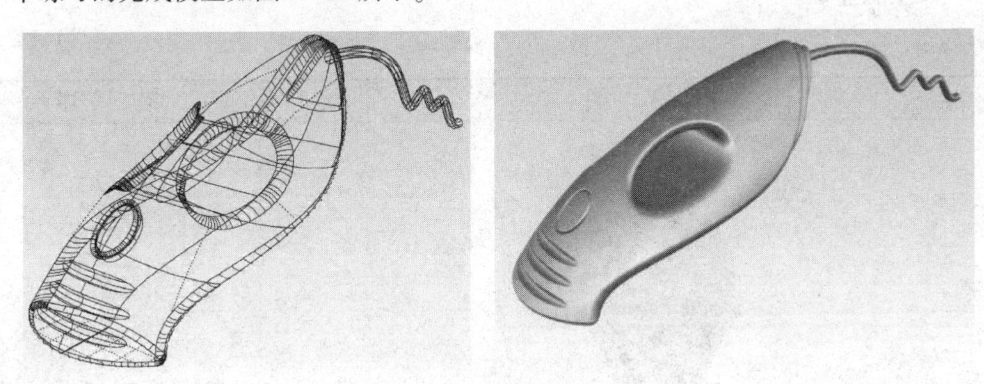

图 5-101　练习模型

操作步骤

01 以扫掠曲面创建模型的主体面（由于整个模型对称，所以先创建一部分，然后镜像出另外一部分），相交剪切。

02 创建拉伸面，使其与主体面相交，形状调整为手柄形状，然后与主体面创建倒角过渡曲面。

03 在主体面边缘，创建几个圆，创建路径曲线，以这几个圆沿路径拉伸曲面，与主体面相交剪切。

04 4. 继续使用倒角工具，为主体面添加按钮细节。

05 剪切分离主体面尾部，复制几份，进行移动、缩放，形成吸尘器尾部造型。

06 创建电线，完成模型创建。

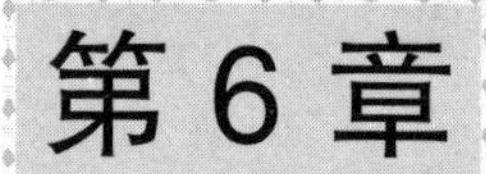

第6章

渲染模型

本章导读

在创建三维模型的时候，要考虑到物体的结构细节，这样才能构建出优秀的模型，但是创建完成的模型需要有更好的视觉表现，有更加逼真的效果，才能更直观地表现设计意图。

对模型进行渲染就是用更为细腻的视觉表达手法将三维线框模型表现出来，从而表达整个设计的理念，这对评估设计的美感有很大的参考意义。

案例展现

ANLIZHANXIAN

案　例　图	描　　述
	首先为模型的各个曲面确定材质，并将用到同一材质的曲面成组。也可以将不同的部分指定到不同的图层，通过图层选取对象。然后创建、编辑模型中需要的材质球。将材质球指定到不同的曲面。最后，开启硬件渲染，通过硬件渲染可以大致观察出渲染的效果

第1节 渲染概述

在开始渲染之前要做一些准备，如果要同时渲染几个或一系列对象，则需要对这些对象进行布局，调整合适的间距，旋转缩放移动视图，使相机捕捉到合适的位置。

一、渲染工作流程

在【Palette】（工具箱）的【View】工具标签中单击【New Camera】工具图标，在场景中将创建一个新的相机。在透视窗口的标题栏中可以单击相机列表，选择相机，如图6-1所示。

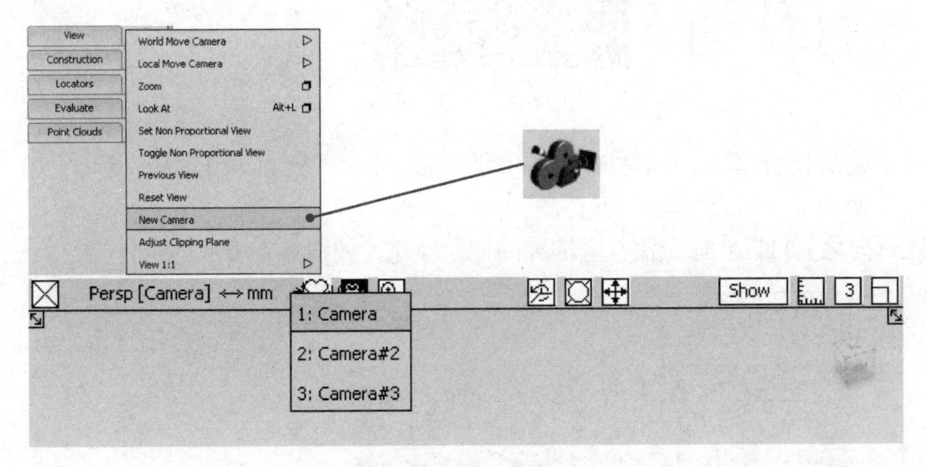

图6-1 创建并选择相机

然后可以将整个工作创景调整为【Visualize】模式。执行菜单栏中【Preference】|【Workflows】|【Visualize】命令，整个界面，包括控制面板、工具箱、工具架都会调整为渲染所需要的模式。也可以按住控制面板的模式菜单，在弹出的菜单项中选择【Visualize】选项，这样就可以只更改控制面板，如图6-2所示。

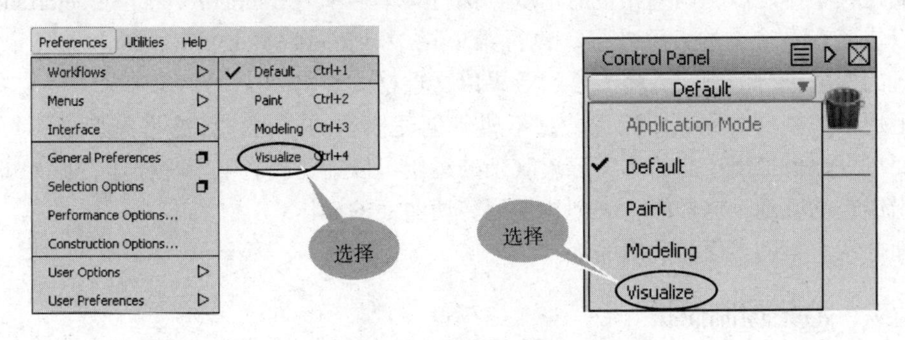

图6-2 调整界面模式

接下来创建材质球，模型中的各个面需要什么样的材质就创建类似的材质球，然后将这些材质球赋予到对应的曲面上。

在处于【Visualize】模式下的控制面板中包含大量的预设材质球库，可以通过复制修改材质球，来制作出新的材质，如图 6-3 所示。

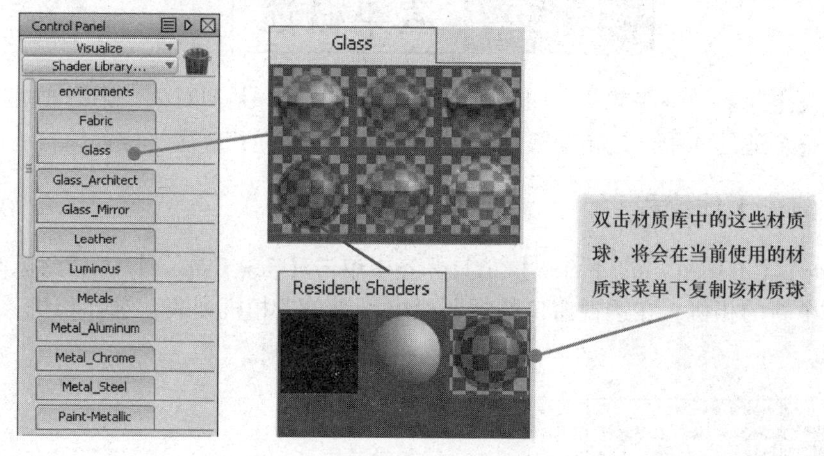

图 6-3　创建材质球

接下来就是设置灯光。执行菜单栏中【Render】|【Create Light】命令，在【Creat Light】子菜单中选择不同的类型的灯光。

创建灯光之后可以对灯光执行大部分的变换操作，如图 6-4 所示。

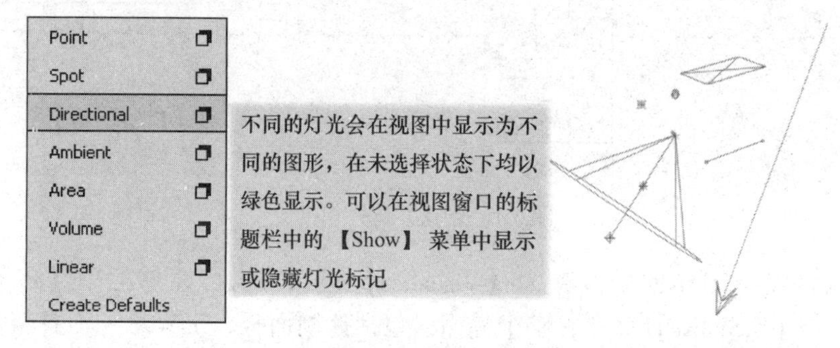

图 6-4　创建灯光

完成这些布置之后，调整相机的角度。执行菜单栏中【Render】|【Direct Render】命令，可以快速查看渲染的大致效果。执行菜单栏中【Render】|【Render】命令，将按照渲染设置的参数进行渲染，并将渲染的效果以文件格式导出。

以上便是渲染的大致工作流程，它不属于创建模型的过程，只是将模型进行可视化更改，从而更好地模拟出产品的真实感。渲染的运用可以为建模省下不少操作，比如可以将曲面渲染出镂空的感觉，这样能省去创建模型剪切曲面的操作。

下面介绍渲染的界面与常用的工具。

二、渲染控制面板

在【Visualize】控制面板中，位于最上方的是材质球库，如图 6-5 所示。

单击材质球库的选项卡，可以打开材质球列表，使用鼠标滚轮可以查看不同的材质球，双击其中的一个材质球或者用鼠标中键拖动可将该材质球添加到【Resident Shaders】（常驻材质球）列表中。

位于材质球库下方的是【Resident Shaders】（常驻材质球）列表，如图6-6所示。

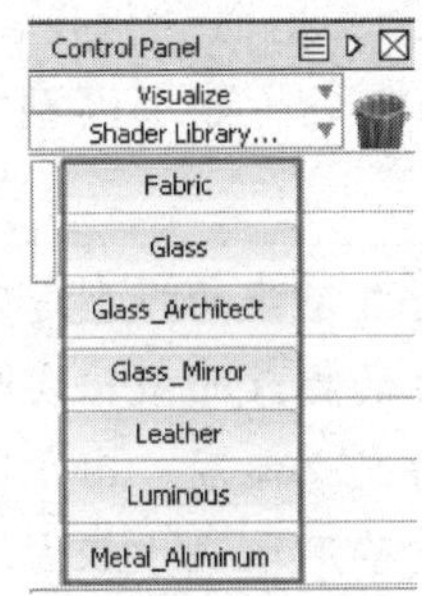

图6-5 材质球库

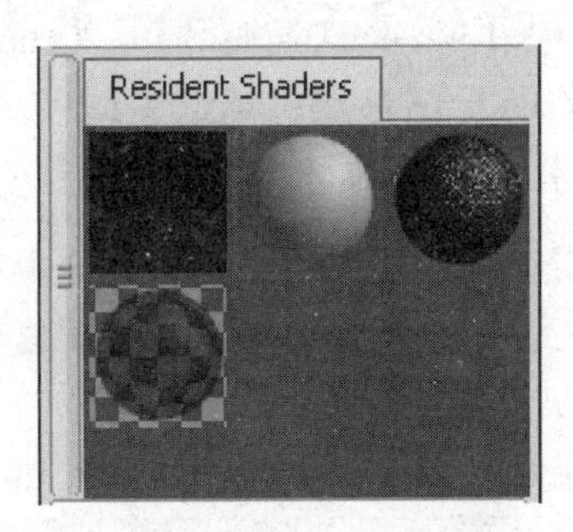

图6-6 常驻材质球列表

位于常驻材质球列表下方的是与材质球应用相关的几个常用命令，如图6-7所示。

- 【Assign Current Shader】（指定当前渲染）：将活动材质球指定给所有选取的对象。
- 【Pick Objects by Current Shader】（通过拾色器选择对象）：通过当前材质球拾取线框模型上的对象。
- 【Copy Current Shader】（拷贝当前材质）：创建当前活动材质球或灯光的副本。
- 【Create Layered Shader】（创建分层着色）：在先前指定或层叠的任何材质球基础上，将活动材质球层叠到场景中的所有激活的对象上。

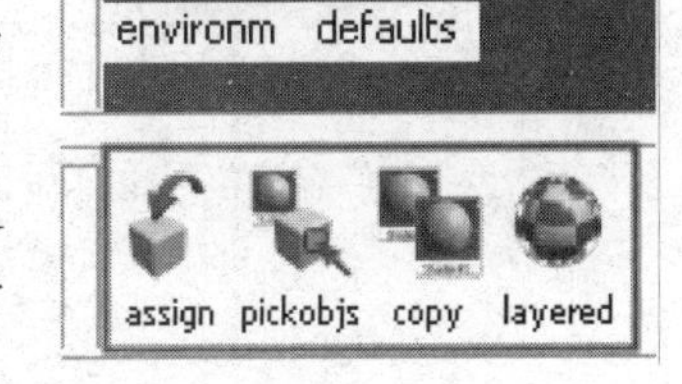

图6-7 常用命令

位于常用命令下方显示的是当前材质球的常用属性，如图6-8所示。

可以直接对这些属性进行更改，材质球会在更改的过程中做出相应的更新，以显示属性更改的预览效果。

【Visualize】对话框的最下方则是与渲染相关的常用工具与命令，如图6-9所示。

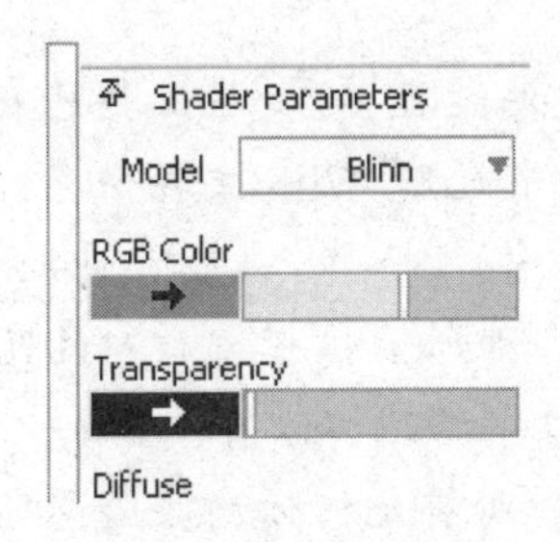

图6-8 常用修改属性

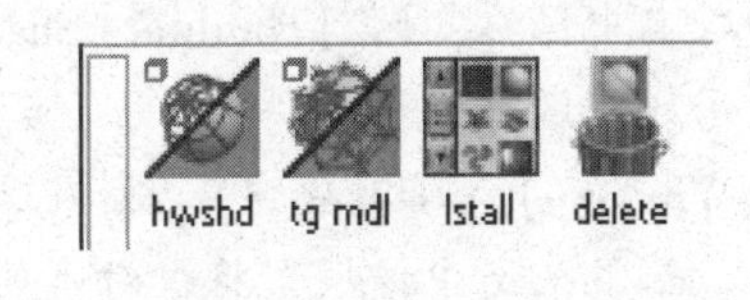

图6-9 常用工具与命令

- 【Hardware Shade】（硬件渲染）：开启/关闭硬件渲染。
- 【Toggle Model】（切换模式）：显示/隐藏线框模型。
- 【Shader and Lights】（材质和灯光）：打开/关闭材质和灯光的列表窗口。
- 【Delete Unused Shaders】（删除未使用的材质）：删除未使用的材质球。

以上内容便是【Visualize】对话框中的选项介绍，通过使用该控制面板，可以使渲染更加快捷。

1.【Hardware Shade】(硬件渲染)

执行菜单栏中【WindowDisplay】|【Hardware Shade】命令，或者在【Visualize】控制面板中单击【hwshd】图标，场景中的模型将会被渲染。如果模型中的曲面未被指定材质，则整个模型将以默认的材质球材质进行渲染。

> **技巧点拨** 实际上，硬件渲染是通过计算机硬件对要渲染的模型进行的预览，这种预览模式还会随着模型曲面上的材质球相关属性的更改而做出实时的更新。硬件渲染功能力求尽可能逼真地显示图像，同时保持交互速度。出于速度的考虑，不是所有渲染属性都受到支持，因此硬件渲染的精确度取决于显卡的特性。

单击菜单栏中【WindowDisplay】|【Hardware Shade】命令右侧图标，或者双击【hwshd】图标，打开【Hardware Shade】(硬件渲染)对话框，如图6-10所示。对话框中的选项用于对硬件渲染的质量、环境效果以及其他参数进行控制。

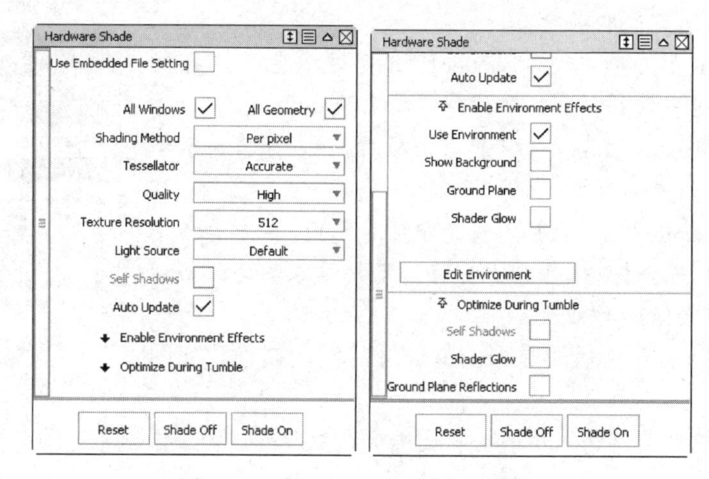

图6-10 【Hardware Shade】对话框

对话框中各选项含义如下。

- 【Use Embedded File Settings】(使用嵌入式文件设置)：如果文件已在Alias 2018或更高版本中保存，则【Hardware Shade】的设置已随Wire文件保存，选中该选项后将使用这些设置。
- 【All Windows】(所有视窗)：如果选中该项，则所有建模窗口中的几何体均会着色显示。如果未选中该项，将仅对当前建模窗口中的几何体着色显示。
- 【All Geometry】(所有几何)：如果选中该项，所有几何体均会着色显示。如果未选中该项，则只对使用所拾取灯光的几何体进行着色显示。如果没有激活任何灯光，将会使用所有灯光。
- 【Shading Method】(阴影方式)：包括两种模型的阴影方式，如图6-11所示。

  【Per vertex】(每个顶点)：可提供与以前版本Alias中相同质量的着色显示模式。选择【Per vertex】可在建模期间实现快速曲面近似。

  【Per pixel】(每个像素)：提供了与RayCaster实现的效果相似的高光，并需要支持该模式的显卡。

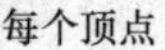

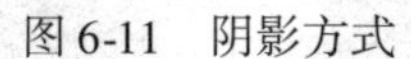

图6-11 阴影方式

- 【Tessellator】(镶嵌):包括【Fast】和【Accurate】两种。

  【Fast】(快速):更快速地进行镶嵌细分,但精确度较低。

  【Accurate】(精准):更精确地进行镶嵌细分,但速度较慢。
- 【Quality】(质量):控制曲面镶嵌细分的精确程度,包括【Low】(低)、【Medium】(介于)和【High】(高)。
- 【Texture Resolution】(纹理分辨率):如果正在使用纹理,可以使用近似功能来加速硬件渲染中的计算。可采用下列分辨率平方值渲染纹理贴图:128、256、512、1024和2048。
- 【Self Shadows】(自身阴影):可通过添加关于对象空间关系的更多信息来提高场景逼真度,并可提供关于对象向自身投射阴影时对象形状的信息。

【Enable Environment Effects】(启用环境效果)选项标签中的选项含义如下。

- 【Use Environment】(应用环境):启用该选项可使模型反射背景环境。
- 【Show Background】(显示背景):如果在环境编辑器中设置了背景(颜色、颜色贴图或背景幕),则选中该选项将会打开背景。
- 【Ground Plane】(地平面):在硬件渲染模式下启用地平面、地平面阴影和地平面反射,如图6-12所示。
- 【Shader Glow】(材质光晕):启用材质球光晕。

【Optimize During Tumble】(旋转期间优化)选项标签中的选项含义如下。

- 【Self Shadows】(自身阴影):如果启用了该选项,则自身阴影在相机操作(平移、相机缩放或旋转)期间近似生成,释放鼠标时即会更新。
- 【Shader Glow】(材质光晕):如果启用了该选项,则材质球光晕在相机操作(平移、推拉或旋转)期间近似生成,释放鼠标时即会更新。
- 【Ground Plane Reflections】(地平面反射):如果启用了该选项,则地平面反射在相机操作(平移、相机缩放或旋转)期间近似生成,释放鼠标时即会更新。

可以将硬件渲染出来的模型以图片格式导出。先将整个透视图最大化,然后旋转到合适的角度,单击菜单栏中【File】|【Export】|【Current Window】命令右侧图标▫,打开【Export Current Window Option】(导出当前窗口)对话框,如图6-13所示。

Alias提供了抗锯齿功能,可使模型显得更加平滑,单击菜单栏中【WindowDisplay】|【Anti-Alias】|【Shaded Anti-Alias】命令右侧图标▫,可以打开【Shaded Anti-Alias Options】（着色显示抗锯齿）对话框，如图 6-14 所示。

地平面阴影

地平面反射

图 6-12　启用地平面阴影和地平面反射

图 6-13　导出当前窗口对话框

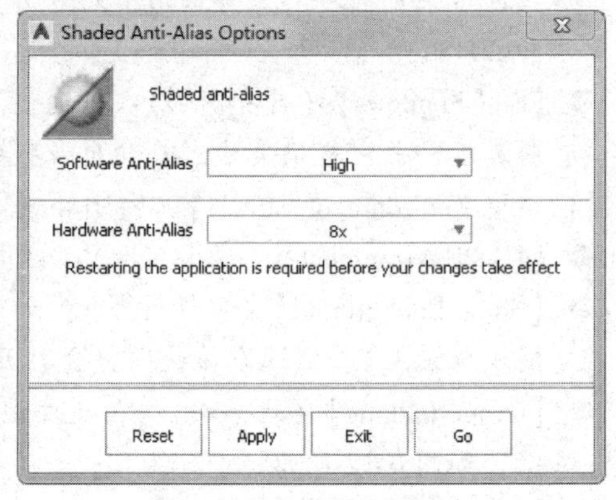

图 6-14　抗锯齿功能对话框

对话框中各选项含义如下。

- 【Software Anti-Alias】（系统抗锯齿）：可将该选项设置为【Low】【Medium】【High】或【User Defined】来指定系统抗锯齿的级别。
- 【Hardware Anti-Alias】（硬件抗锯齿）：将该选项设置为【4x】或【8x】以应用硬件抗锯齿。

技巧点拨	抗锯齿功能可使着色显示的模型更加光滑，但同时也会加大内存的运行，要根据具体的硬件情况进行合适的设置。

2. 【Shaders and Lights】（材质和灯光）

材质和灯光窗口用于创建、编辑和管理材质球、纹理、灯光以及渲染场景环境。

【Multi-lister】是用于创建、编辑、管理和显示材质球、纹理、灯光和环境的主要界面。可以通过单击【Visualize】控制面板底部的【Shaders and Lights】图标打开【Shaders and Lights】多重列表窗口，也可以通过执行菜单栏中【Render】|【Multi - Lister】|【List All】命令打开该窗口，如图 6-15 所示。

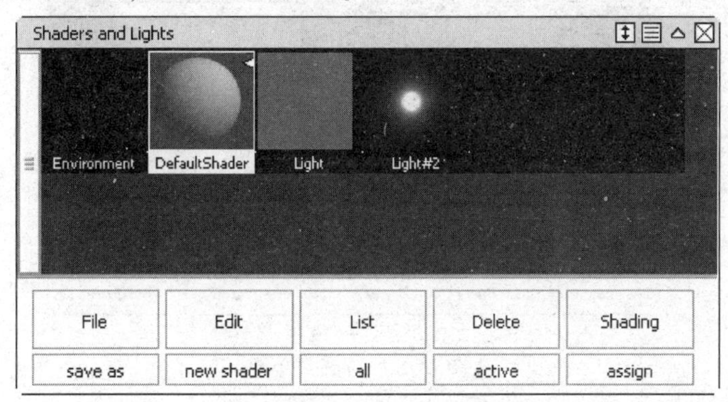

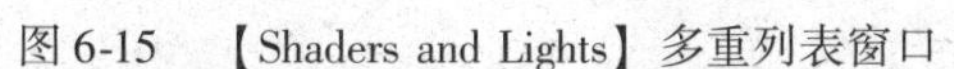
图 6-15 【Shaders and Lights】多重列表窗口

在【Shaders and Lights】多重列表窗口中可以显示五种不同的样例，如图 6-16 所示。

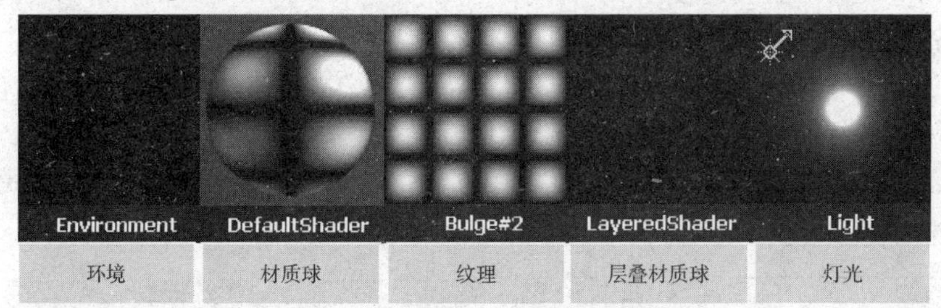

图 6-16 多重列表窗口中的样例

样例操作方法如下。

- 单击可选中样例，按住键盘上的【Shift】键，可同时选取多个样例。
- 在样例处于选中状态下，单击并拖动样例右侧的小三角，可以更改样例的分辨率。
- 双击样例可打开其对话框。
- 双击样例下方的名称，之后可以更改样例的名称。

在多重列表窗口下方的菜单栏中按住【List】菜单，在弹出菜单中选择需要显示的样例，如图 6-17 所示。

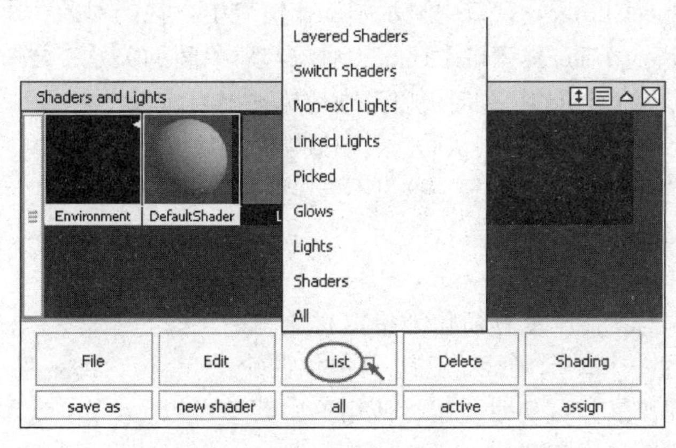

图 6-17 多重列表窗口【List】菜单

右键按住多重列表窗口标题栏中，将弹出右键菜单，如图6-18所示。

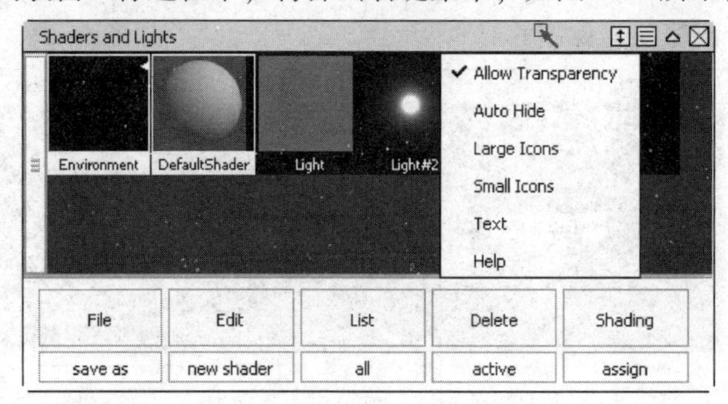

图6-18 右键菜单

三、渲染的参考工具

下面介绍渲染参考工具的使用。

1.【Object Lister】（对象列表）

执行菜单栏中【Windows】|【Object Lister】命令，打开【Object Lister】窗口，窗口提供了场景中各组件的结构化视图，如图6-19所示。

单击菜单栏中【Windows】|【Object Lister】命令右侧图标，打开【Windows Options】对话框，如图6-20所示。

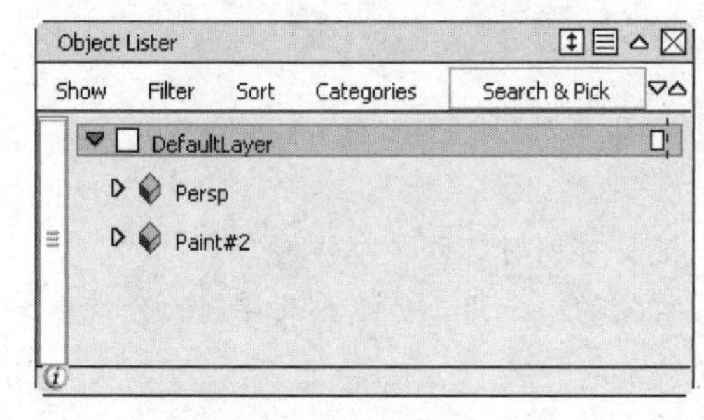

图6-19 【Object Lister】窗口

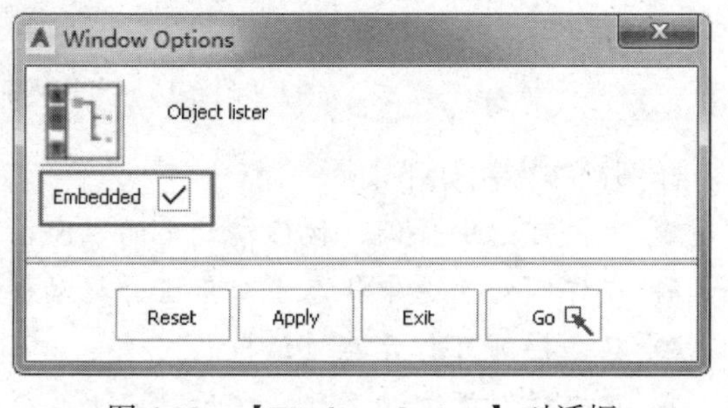

图6-20 【Windows Options】对话框

单击【Windows Options】对话框下方的【Go】按钮，【Object Lister】窗口将附着在工作区域的左侧。在【Object Lister】窗口中显示了工作窗口中存在的对象，可以选择以层查看或以对象查看，在【Object Lister】窗口中还显示对象与对象间的关系，之所以在这里介绍该工具，是因为它在处理较为繁琐的模型时可以清晰地梳理出当前的结构，并能够进行一些成组操作，从而为后期渲染做准备。

该工具具体使用方法相对简单易懂，这里不再详细介绍。

2.【Apply Shaders】（应用着色）

执行菜单栏中【Render】|【Apply Shaders】命令，应用【Apply Shaders】工具，该工具简化了指定材质球的工作流程，视图中将出现一个提示画面，此工具提供两个菜单，分别在单击鼠标中键和鼠标右键时显示，使用这些菜单可以快速方便地将材质球指定给模型，如图6-21所示。

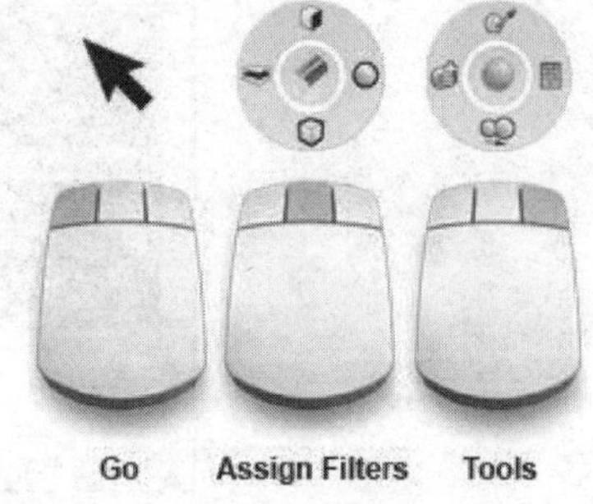

图6-21 工具使用提示

鼠标左键用来执行命令，鼠标中键和鼠标右键用来调出菜单。

按住鼠标左键，弹出一个工具菜单，其中有四个工具，这些工具的使用与标记菜单一样，拖动鼠标选中工具，鼠标中键弹出工具菜单，如图 6-22 所示。

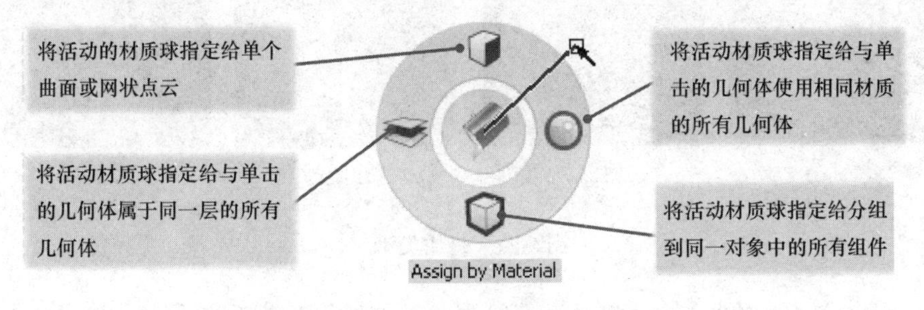

图 6-22　鼠标中键弹出工具菜单

鼠标右键弹出工具菜单，如图 6-23 所示。

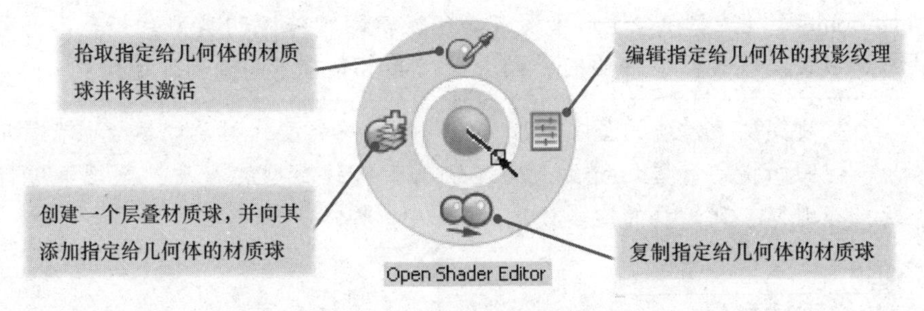

图 6-23　鼠标右键弹出工具菜单

这些工具的使用方法相同，均是先按下鼠标中键或鼠标右键选择工具，然后在视图窗口中单击要应用该工具的对象。

技巧点拨	这种工具使用起来方便快捷，但是在不熟练的情况下会经常出现错误，所以尽量在熟悉了渲染的操作步骤后，再试着使用【Apply Shaders】工具。

选择一个工具之后，鼠标指针的右侧会出现相应的工具图标，以此来表明哪个工具处于激活状态。

若要退出该工具的使用，则在工具箱或工具架上选择其他工具（连续工具）。

第 2 节　添加材质

若要渲染表面，需要描述对象表面应有的外观。对对象表面应有的外观进行的描述称为材质球。材质球包含数百个参数，可以模拟几乎任何可以想象到的材质，这种无限的变化基于两个基本的决定：使用哪种材质类型，以及如何设置纹理或将纹理应用于该材质类型的参数。

一、材质类型

材质类型表现着当光线照射到物体表面时表面的反射方式，不同的材质类型可以模拟出不同类型的材质效果，如图 6-24 所示。

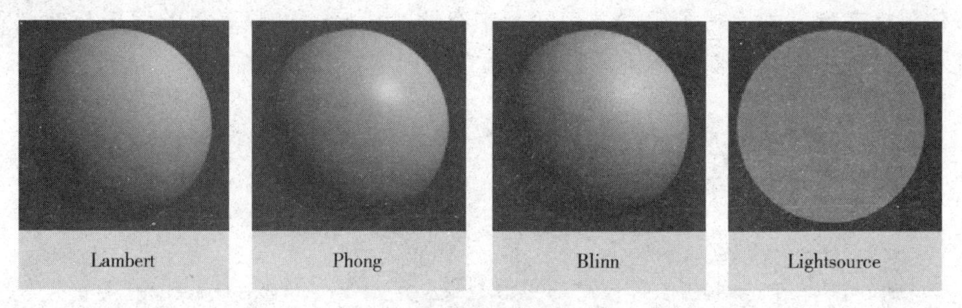

图 6-24　材质类型

- 【Lambert】（兰伯特）：适用于无光材质，如粉笔等一些无光泽、未抛光的表面。
- 【Phong】（蓬）：适用于有光泽的材质，如玻璃、塑料以及一些合金金属。
- 【Blinn】（布林）：适用于暗淡的金属材质，如黄铜、铝等。
- 【Lightsource】（光源）：适用于没有着色显示的特殊照明类型，如表示通电的灯泡，这只是一种表达该模型（曲面）的方式，并不会照亮周围的其他对象。

> **技巧点拨**　材质类型是材质的基本属性，不同的材质类型，材质球参数也有所不同，在为一组曲面指定材质之前要先确定它属于何种类型的材质，然后再进行参数更改，否则得不到想要的渲染效果。

二、材质球参数

在多重列表窗口或【Visualize】控制面板的常驻材质球区域双击一个材质球，将打开此材质球的对话框，如图 6-25 所示。

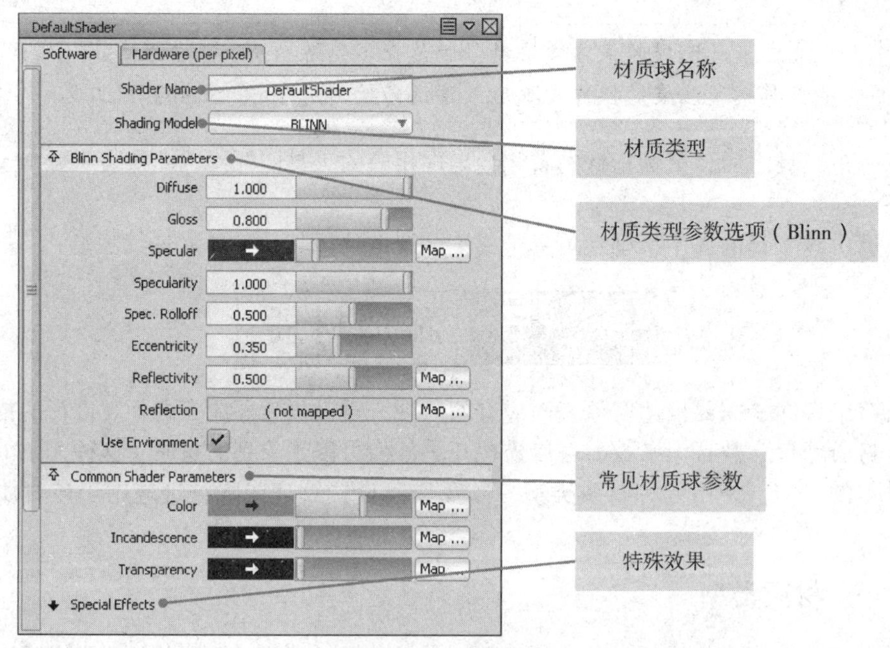

图 6-25　材质球对话框

当材质类型更改时，材质类型参数选项也会发生变化，当材质类型为【Lightsource】时，将不存在材质类型参数选项。

- 【Diffuse】（扩散）：曲面在所有方向上反射灯光的能力。扩散值可以理解为应用到【Color】设置的比例系数，即扩散值越大，实际曲面颜色与【Color】设置越接近。
- 【Gloss】（光泽）：控制曲面光泽的效果。高光泽值的材质具有与其反射颜色相同的反射高光。低光泽值的材质具有与其漫射着色显示颜色相同的反射高光。
- 【Specular】（镜面）：曲面上反光高光的颜色。黑色镜面不会产生曲面高光。

技巧点拨	对于有光泽的塑料曲面，请使用发白的【Specular】颜色。对于金属曲面，请使用与该曲面颜色相似的【Specular】颜色。

- 【Specularity】（镜面反射）：【Specularity】（镜面反射）与【Gloss】（光泽）一起使用可确定基于投射到对象上的环境的明亮部分颜色的反射高光的外观。在硬件渲染中，通过调试这两个参数观察模型发生的变化，调整到合适的数值。

技巧点拨	低光泽和高镜面反射度可产生缎子似的有光泽曲面，就像涂了油或打过蜡的珍珠或木头。高光泽和低镜面反射度则会提供很小的精确高光。

- 【Spec. Rolloff】（镜面滚边）：以倾斜角度查看时，曲面反射其周围环境或曲面的能力。
- 【Shinyness】（反光度）：控制曲面上反光高光的大小。
- 【Reflectivity】（反射率）：曲面反射其周围环境或曲面的能力。

技巧点拨	常见曲面材质的【Reflectivity】值有：汽车喷漆（0.4）、玻璃（0.7）、镜面（1）、镀铬（1）。

- 【Reflection】（反射）：将纹理贴图到曲面上以模拟反射。默认情况下，反射贴图仅在光线投射过程中有效，若要在光线追踪过程中使用反射贴图，则要将材质球的【Use Refl. Map】选项设置为勾选状态。
- 【Eccentricity】（偏心）：控制曲面上反光高光的大小。
- 【Use Environment】（应用环境）：使曲面反射指定给该环境的环境纹理，或基于图像的照明色调贴图。

技巧点拨	【Use Environment】在光线投射和光线追踪过程中有不同的效果。在光线投射过程中，该曲面会反射指定给该环境的环境纹理；在光线追踪过程中，该曲面仅会反射指定给该环境的环境纹理。当【Use Environment】为勾选状态时，将不会反射在光线追踪过程中通常会由该曲面反射的任何周围对象。如果在光线追踪过程中【Use Environment】为未勾选状态，则该曲面将反射该环境和周围对象。

下面介绍常见材质参数的含义。

- 【Color】：曲面颜色。

● 【Incandescence】（白炽灯）：曲面发出的灯光的颜色和亮度（不会照亮其他对象）。

● 【Transparency】（透明度）：曲面的透明度的颜色和级别。例如，透明度值为 0（黑色），则该曲面完全不透明，如果透明度值是 1，则该曲面完全透明。

通过修改材质球参数，可以使模型拥有丰富多样的材质，有些即使是很微妙的变化，在视觉上也会形成很大的偏差，真正把握每个参数的含义并熟练应用需要长时间的操作练习。

三、纹理

通过创建并修改不同材质球的材质类型，以及材质球的参数，可以得到丰富多样的材质，单纯修改材质球的参数，有时并不能表达出想要的材质效果。这时就需要添加纹理，纹理会使曲面的材质更加丰富多彩，并能使曲面表现出多样的可视化外观，如磨砂状、网格状、镂空状等。

在材质球对话框中，有些参数的右侧显现【Map】按钮，单击将打开纹理对话框，如图 6-26所示。

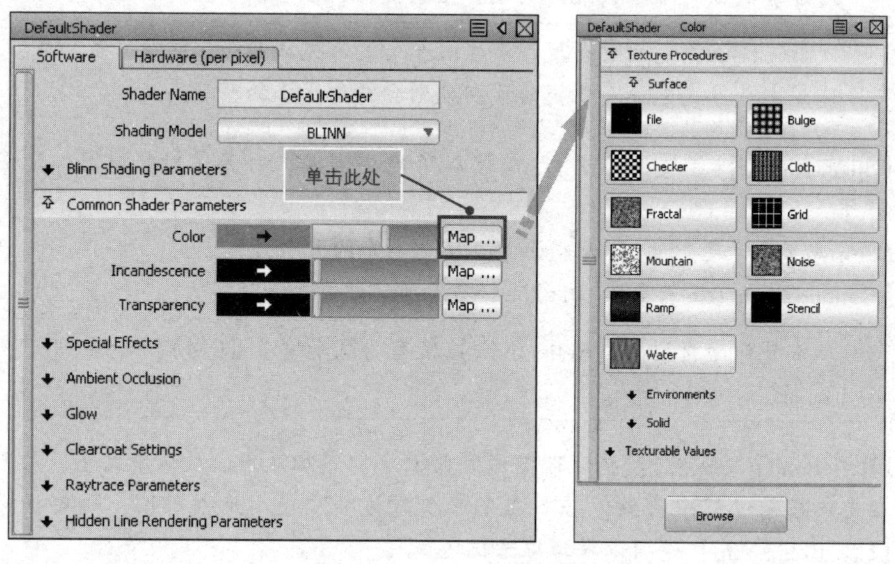

图 6-26 打开纹理对话框

在纹理对话框中的【Texture Procedures】（纹理类型）标签中有三种不同的纹理类型，如图 6-27 所示。

● 【Surface】：表面纹理。

● 【Environments】：环境纹理。

● 【Solid】：实体纹理。

【Texturable Values】选项标签中包含着可将纹理映射到的每个参数对应的按钮。按下的按钮表示有一个映射到它们的纹理。这些按钮会随着材质球的材质类型的不同而有所区别，如图 6-28 所示。

在纹理对话框的最下方单击【Browse】按钮，可打开文件浏览器，可从本地载入纹理。

单击其中一个纹理图标，该特定纹理对话框将替换掉之前的对话框，材质球也会做出相应的更新，如图 6-29 所示。

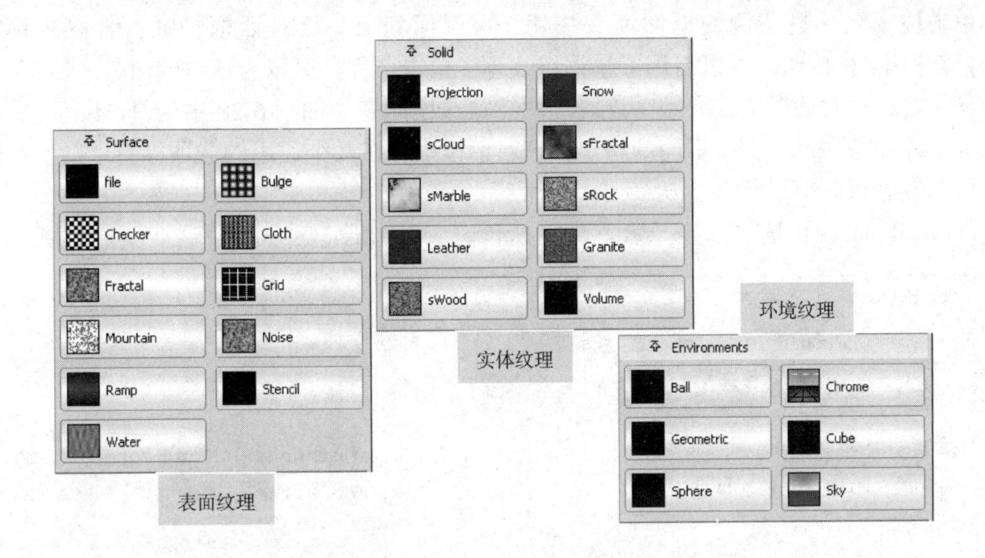

图 6-27 纹理类型

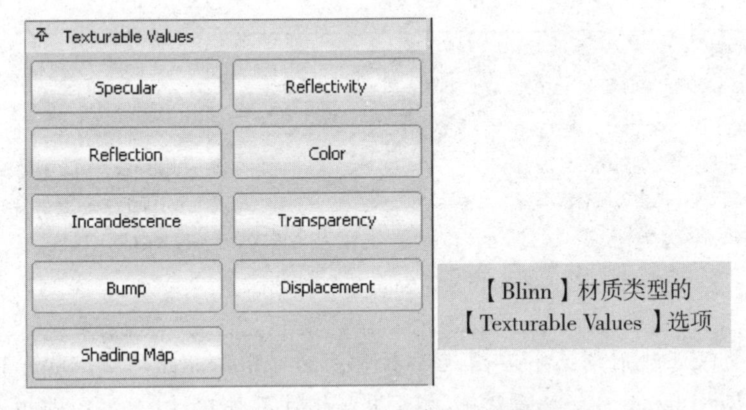

图 6-28 【Texturable Values】选项标签

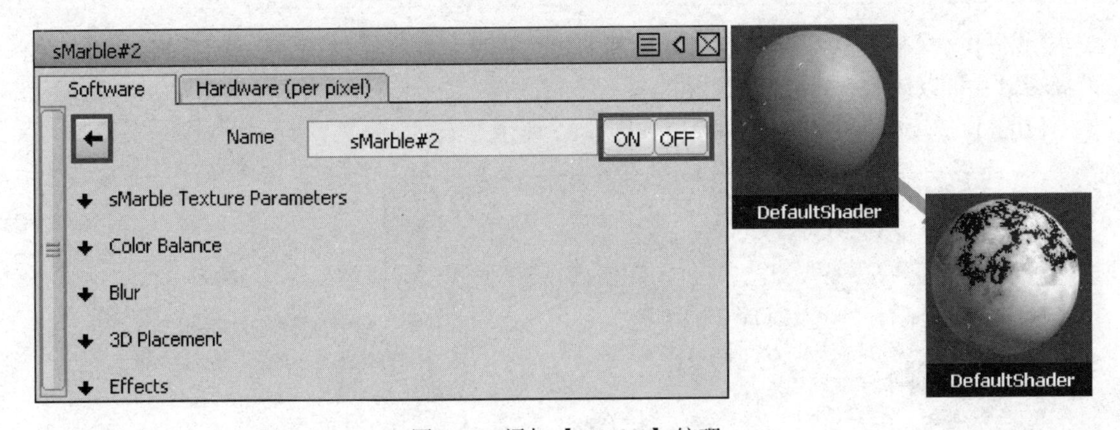

图 6-29 添加【sMarble】纹理

单击位于名称栏左侧的返回箭头按钮，可以回到上一级对话框。单击名称栏右侧的【ON】/【OFF】按钮，可以启用或禁用该纹理，单击名称栏可以为该纹理命名。

在特定纹理对话框中，有一个该纹理的特定选项标签（如图6-29中的【sMarble Texture Parameters】选项标签），在不同的特定纹理对话框中存在几个通用的选项标签，以下对这几个选项标签进行介绍。

【Color Balance】选项标签，如图6-30所示。

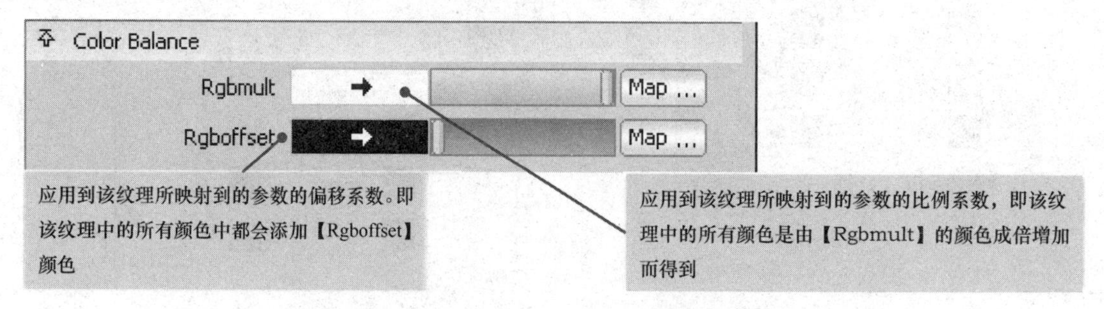

图6-30 【Color Balance】选项标签

【Intensity】选项标签，如图6-31所示。

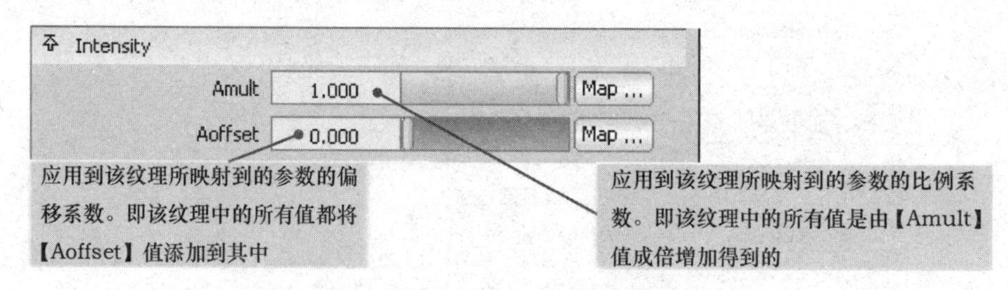

图6-31 【Intensity】选项标签

技巧点拨	将纹理映射到某些单通道参数时，如【Reflectivity】【Bump】【Displacement】，【Intensity】选项参数才可用，此时不存在【Color Balance】选项参数，相当于【Intensity】选项参数替换了【Color Balance】选项参数。

【Blur】（模糊）选项标签控制着纹理的锐化程度。在很多情况下，为纹理添加少量的模糊参数，可以使渲染效果更加柔和。

【Blur】选项标签中有两个选项，如图6-32所示。

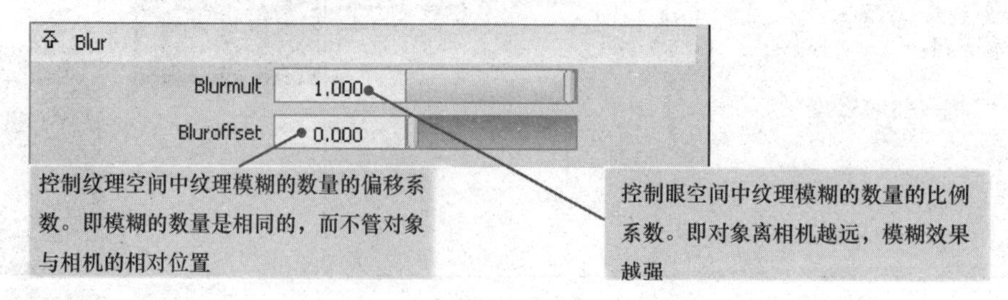

图6-32 【Blur】选项标签

材质球是整个渲染过程中最难掌握的部分，它没有具体的规则，却有着繁琐的选项，我们可以把渲染看作是一门艺术，在后面的具体操作中，您将体会这其中的深义。

第 3 节　灯光

如果把渲染看作是模拟一个真实的环境，材质球赋予模型以材质特征，那么如果没有设置灯光，模型渲染将是漆黑一片。

在 Alias 中，可以创建以下几种不同类型的灯光。在菜单栏中打开【Render】菜单，在【Creat Lights】的子菜单中可以看到这几种灯光类型，如图 6-33 所示。

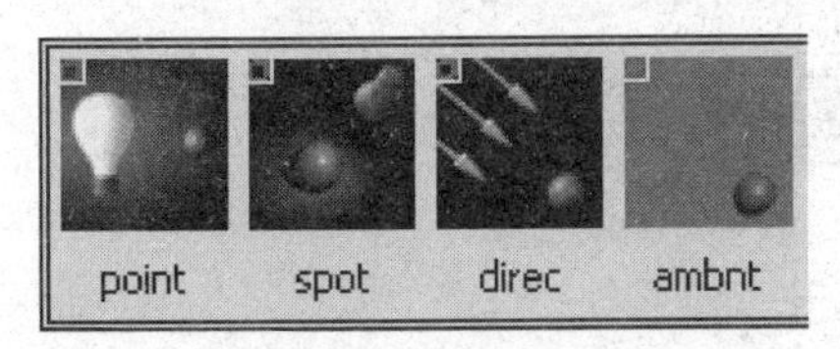

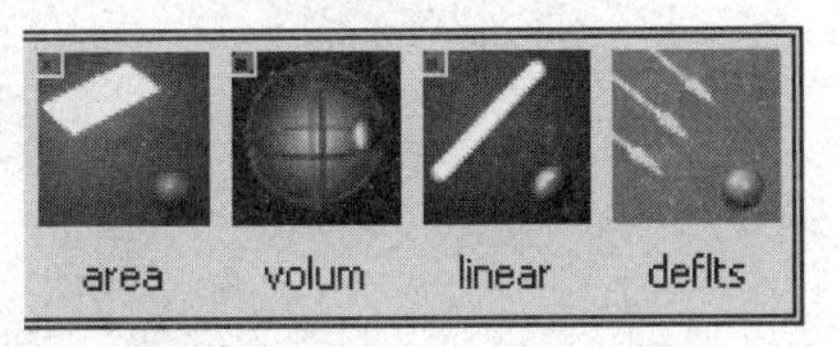

图 6-33　灯光类型

- 【Point】（点光源）：点光源与白炽灯相似，它向所有方向投射灯光。
- 【Spot】（聚光灯）：聚光灯仅向一个方向投射灯光，从圆锥体中的一个点发出光。
- 【Directional】（平行光）：平行光是具有颜色、强度和方向但在场景中没有任何明显的光源的平行光束。
- 【Ambient】（环境光）：环境光与点光源相似，除了仅一部分照明从该点发出之外，照明的剩余部分来自所有方向并均匀地照亮一切。
- 【Area】（区域光）：区域光源属于二维矩形光源。它非常适合在曲面上模拟窗口的矩形反射。
- 【Volume】（体积光）：体积光定义一个闭合的体积，其中的对象将被照亮，且该体积外没有任何对象由此光直接照亮。
- 【Linear】（线性光）：线性光是与荧光灯管类似的一维线状光。
- 【Creat Defaults】（默认光）：在场景中创建一束环境光和一束平行光，具体参数由预设参数确定。

各种灯光特点相对容易理解，不同的灯光类型可以产生不同的效果，可以通过视图窗口的【Show】按钮来显示或隐藏灯光在视图中的显示对象，和其他对象一样，可以对灯光进行选取、放大和缩放等操作。

第 4 节　硬件渲染训练

练习文件路径：examples\Ch06\bottle.wire
演示视频路径：视频\Ch06\硬件渲染.avi

主要渲染步骤如下。

- 为模型的各个曲面确定材质，并将用到同一材质的曲面成组，也可以将不同的部分指定到不同的图层，通过图层选取对象。

● 创建、编辑模型中需要的材质球。

● 将材质球指定到不同的曲面。

● 开启硬件渲染，通过硬件渲染可以大致观察出渲染的效果。

操作步骤

1. 应用材质球

01 双击模型文件，在 Alias 中打开文件，或者在 Alias 打开状态下，执行菜单栏中【Open】命令，将模型文件导入工作区域中，如图 6-34 所示。

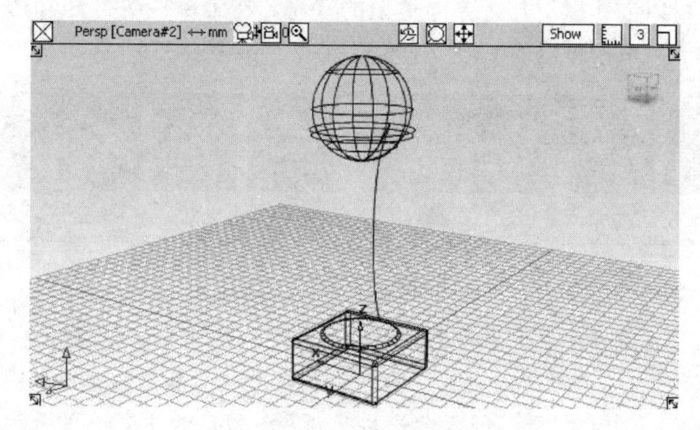

图 6-34　导入模型文件

02 选择【Pick Object】工具，选取模型底部曲面与中间的连接曲面，执行菜单栏中【Edit】|【Group】命令，将其成组，为渲染做准备，如图 6-35 所示。

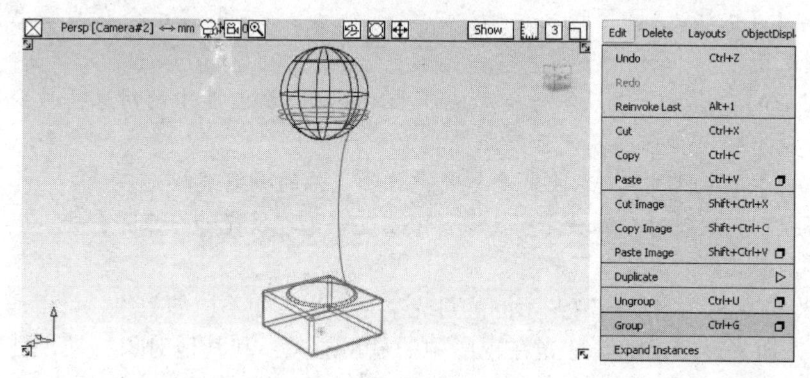

图 6-35　将曲面成组

03 在【Control Panel】(控制面板) 中，按住控制面板模式标题栏，在弹出的下拉菜单中选择【Visualize】命令，控制面板将发生变化，切换为【Visualize】控制面板，如图 6-36 所示。

04 在控制面板【Resident Shaders】(常驻材质球) 区域，单击选择【Default Shader】(默认材质球)，此时默认材质球图标周围将有红色线框亮显，表示处于激活状态，单击位于常驻材质球区域下方的【Copy Current Shader】命令，此时默认材质球将被复制，如图 6-37 所示。

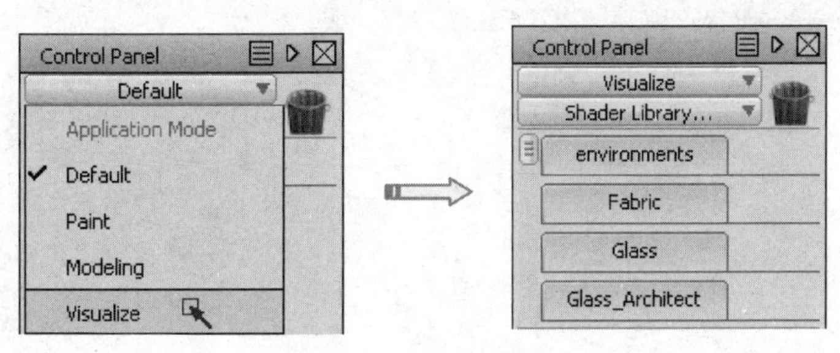

图 6-36　切换控制面板模式

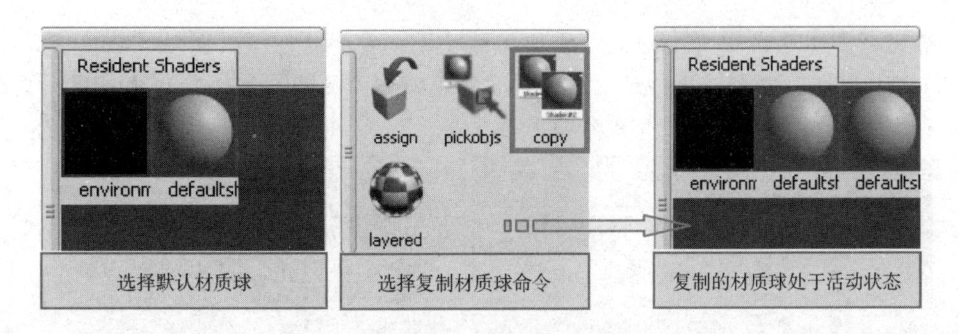

图 6-37　复制材质球

05　双击刚刚复制的材质球图标，打开其对话框。将材质类型设为【Blinn】，并命名为【body】，在【Common Shader Parameters】选项标签中设置材质的颜色为红色，然后在【Blinn Shading Parameters】选项标签中调节材质表面的高光等特征，查看位于常驻材质球区域中的当前材质球的变化，继续进行调整，如图 6-38 所示。

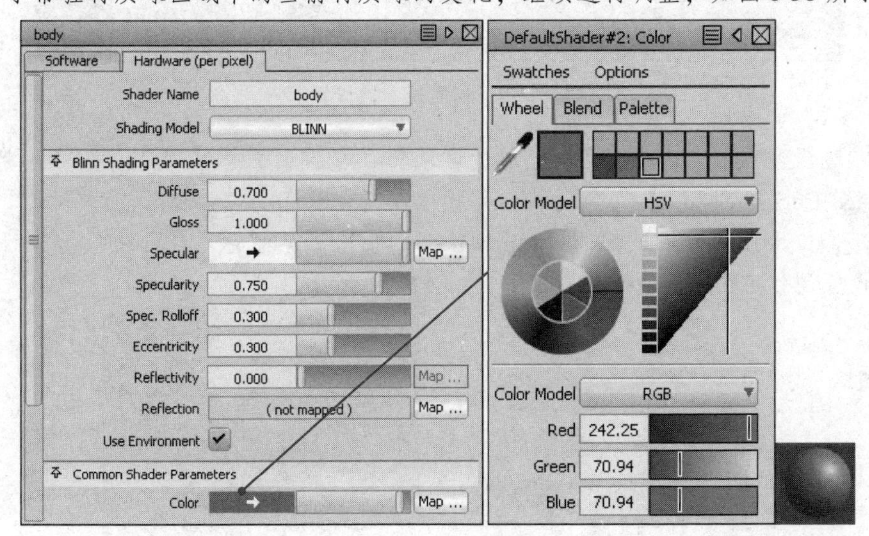

图 6-38　材质球参数设置

06　在【body】材质球处于选中状态下，选择【Pick object】工具，在透视图中选取模型的下部与中部曲面。在控制面板常用命令区域，单击【Assign Current Shader】工具，将当前材质球指定到选定的曲面上，如图 6-39 所示。

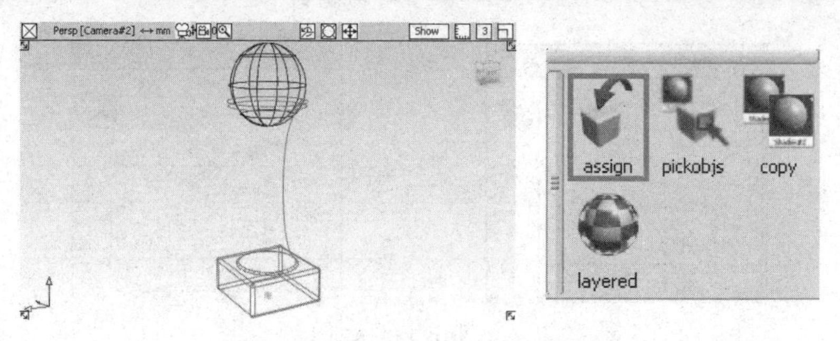

图 6-39　将材质球指定到选定的曲面

07 在常驻材质球区域中【body】材质球仍然处于选中的状态下，选择【Copy Current Shader】工具，复制一个红色材质球。双击复制的材质球，重命名为【ball】，更改它的材质类型及其颜色，如图 6-40 所示。

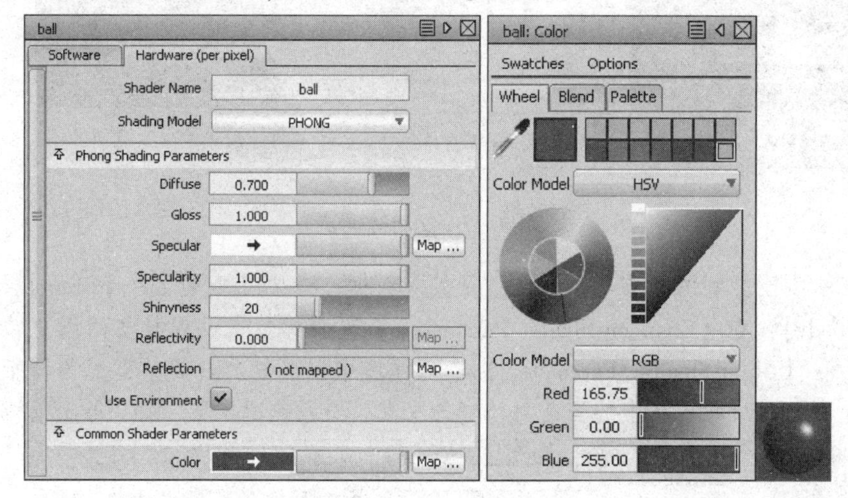

图 6-40　材质球参数设置

08 在透视窗口中，选取模型的上端的圆球体，在控制面板常用命令区域，单击【Assign Current Shader】工具，将当前材质球指定到选定的曲面上。

09 双击位于控制面板下方的【Hardware Shade】工具图标，打开硬件渲染设置窗口，设置硬件渲染的质量为【High】，如图 6-41 所示。

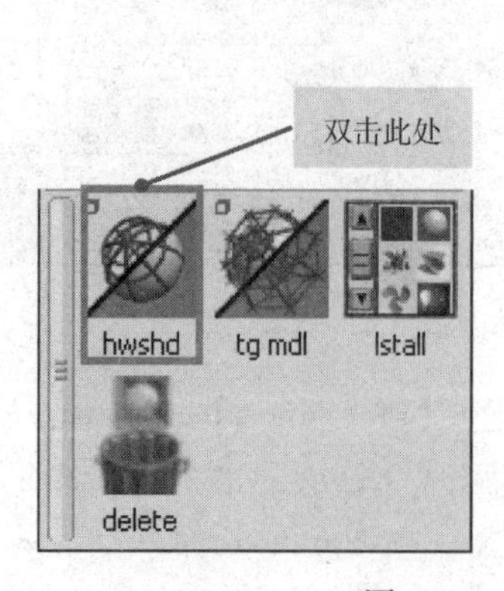

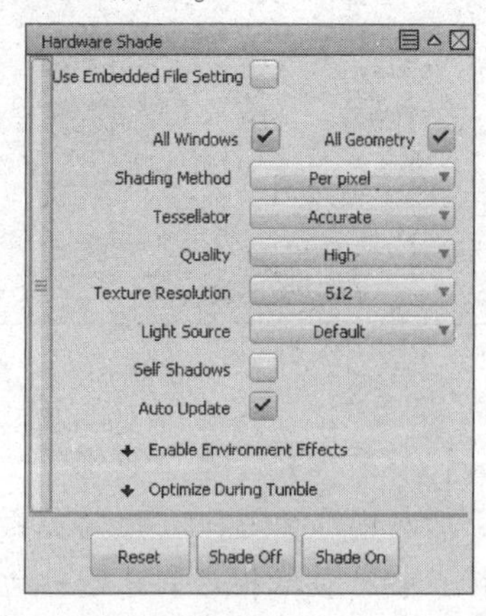

图 6-41　硬件渲染设置

技巧点拨	在为模型启用硬件渲染的时候，渲染的质量以及抗锯齿程度的大小都会影响渲染的速度。

10 单击位于硬件渲染设置窗口下方的【Shade On】按钮，在透视图中模型即渲染出来，如图6-42所示。

11 取消线框显示，可以更好地查看硬件渲染的效果，单击菜单栏中【WindowDisplay】|【Anti-Alias】|【Shaded Anti-Alias】命令右侧图标，打开渲染抗锯齿选项，可以看到更为平滑柔和的渲染效果。

图6-42 渲染模型

2. 添加阴影效果

01 选择合适的观察视角，执行菜单栏中【File】|【Export】|【Current Window】命令，弹出保存文件对话框。为文件命名，并选择合适的位置，将硬件渲染的文件保存。

02 双击位于控制面板下方的【Hardware Shade】工具图标，打开【Enable Environment Effects】选项标签，勾选其中的【Ground Plane】选项，在视图中创建地平面，接着单击【Edit Environment】按钮，弹出环境编辑窗口，如图6-43所示。

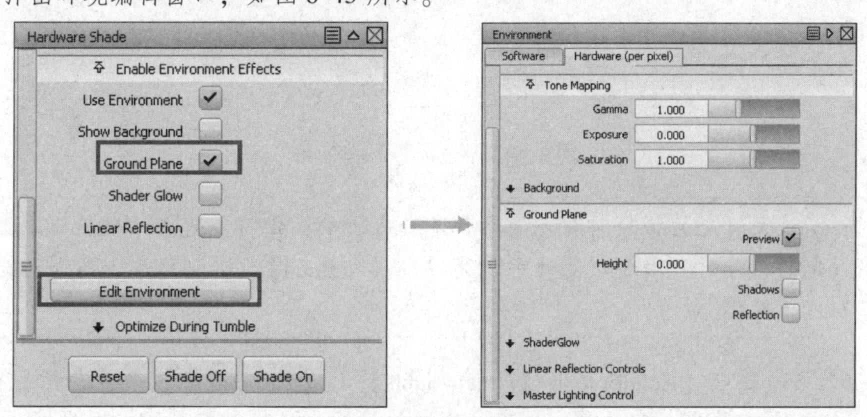

图6-43 编辑环境

03 在环境编辑窗口的【Ground Plane】标签中，勾选【Shadows】选项将会为模型创建阴影。在勾选【Shadows】选项后，在随即出现的子选项中设置阴影的方向和模糊度以及透明度，窗口中的模型也会做出相应的更新，如图6-44所示。

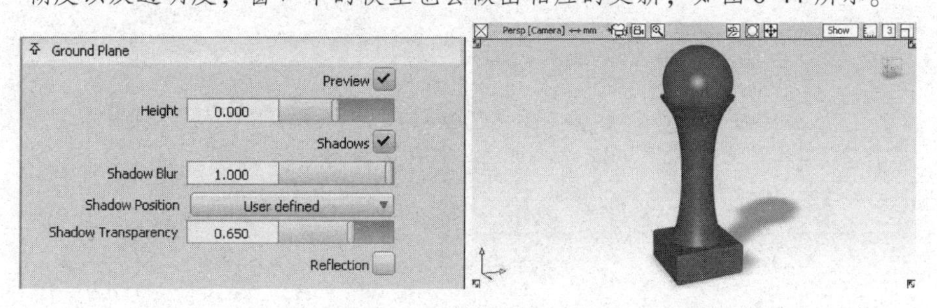

图6-44 添加阴影

04 在【Ground Plane】标签中勾选【Reflection】选项，并在其子选项中设置反射效果的参数，在视图中观察效果，如图6-45所示。

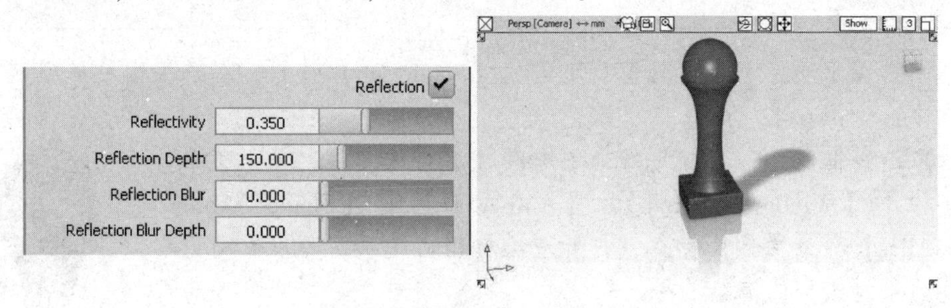

图6-45　添加反射效果

05 单击标题栏中的【Show】按钮，在弹出的下拉菜单中勾选【Lights】选项，显示灯光符号。选择【Pick object】工具，在视图中选择灯光符号，处于激活状态下的灯光显示为黄色。可以对其进行旋转、缩放等变换操作，如图6-46所示。

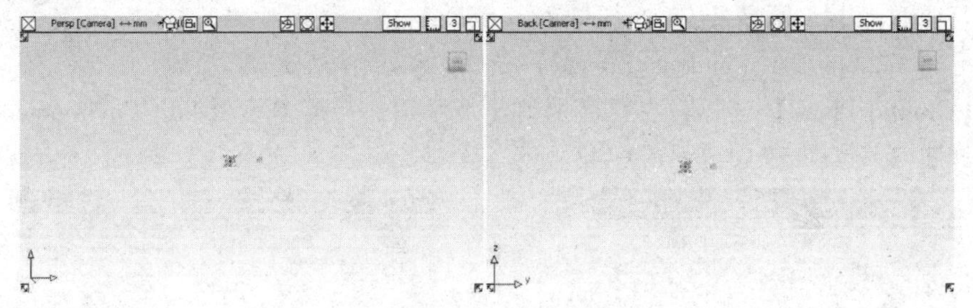

图6-46　放大旋转灯光符号

> **技巧点拨**
>
> 放大灯光的符号对灯光的参数不会有影响，但可以更加方便地选取。而旋转灯光的符号时，由于阴影的方位为【User defined】，所以阴影会随着灯光的旋转而发生变化。

06 执行菜单栏中【Render】|【Creat Lights】|【Directional】命令，然后在【Top】正交视图中单击，在场景中创建一束新的平行光。将其旋转到合适方向，用来照亮模型的阴暗部分，如图6-47所示。

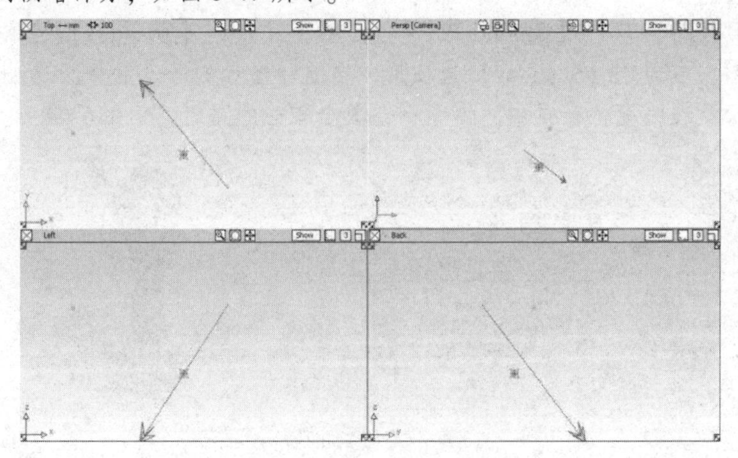

图6-47　创建并编辑灯光

07 执行菜单栏中【Render】|【Multi - lister】|【Light】命令，打开灯光多重列表窗口，在多重列表窗口中双击新建的灯光的图标，在弹出的对话框中更改灯光的强度等参数，如图6-48所示。

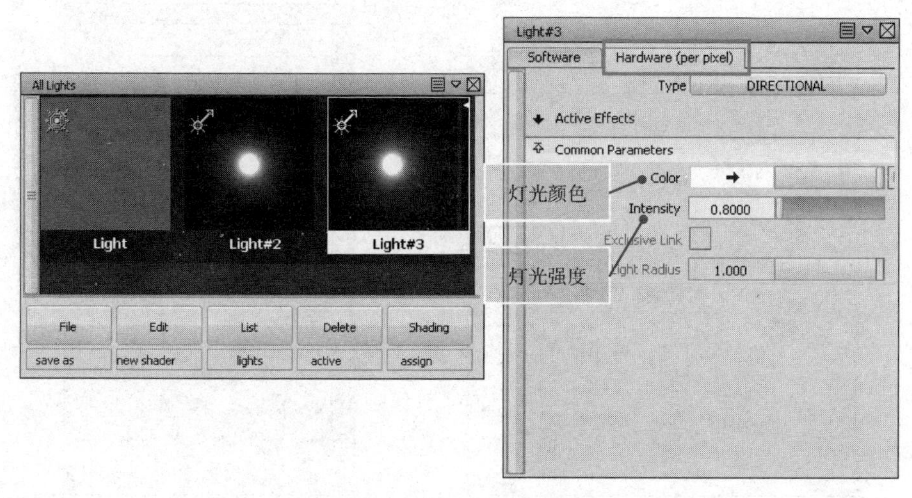

图6-48　修改灯光参数

技巧点拨	在上面的灯光参数设置中，可以看到灰色的（无法设置）选项，那是因为这些选项位于【Hardware（Per pixel）】选项标签中（见下图所圈方框），说明在硬件渲染中有很多限制，但是硬件渲染可以实时查看模型渲染的效果，为后期进行软件渲染提供参考帮助。在对渲染要求不高的情况下，使用硬件渲染并为模型渲染创建一些细节（比如添加阴影、反射效果），然后将当前硬件渲染视图以图片格式导出，是很不错的选择。

3. 添加纹理与软件渲染

01 单击控制面板下方的【Multi-Lister（List all）】工具，打开多重列表窗口，多重列表窗口中显示整个场景中添加的材质球、灯光等样例，如图6-49所示。

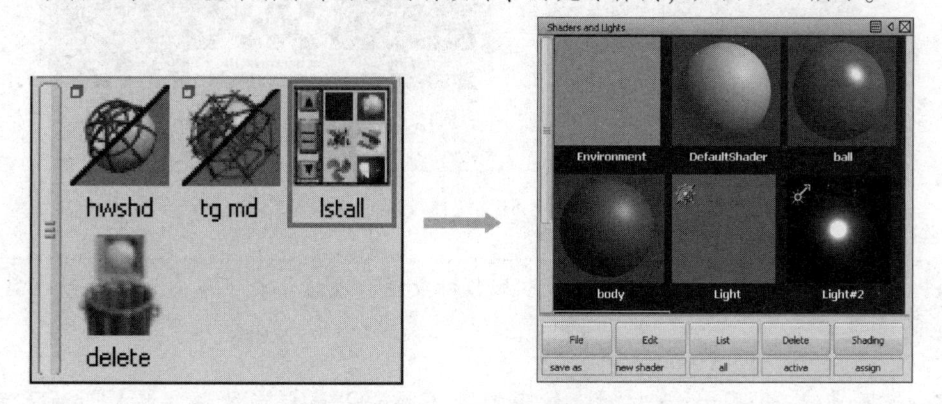

图6-49　打开多重列表窗口

02 在多重列表窗口下面的菜单图标中，单击【List】按钮，在弹出的子菜单中选择【Shaders】选项，多重列表窗口中将只显示环境与材质球。双击【body】材质球，打开材质球参数对话框。

03 在对话框中，打开【Special Effects】选项标签，单击【Bump】右侧的【Map】按钮，打开纹理对话框，为材质球表面添加凸凹贴图，如图 6-50 所示。

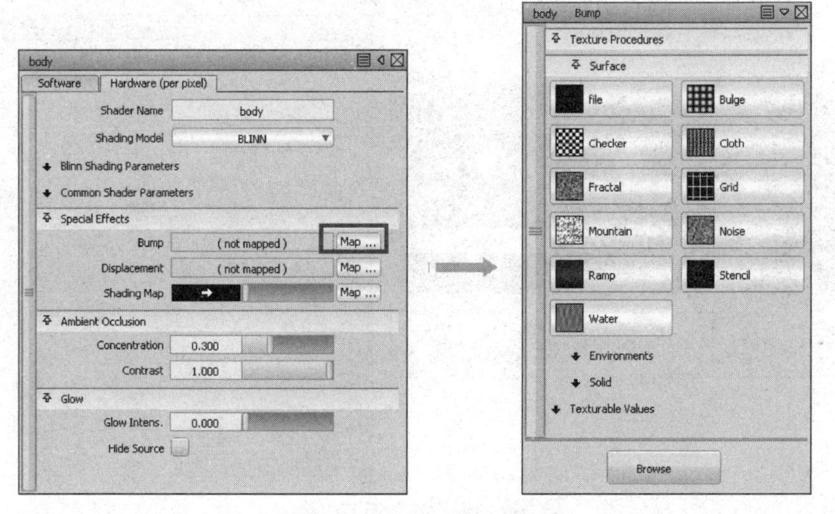

图 6-50　打开纹理对话框

04 在纹理对话框中，选择【Surfaces】（表面纹理）中的【Checker】纹理，多重列表中同时出现一个【Checker】纹理样例，如图 6-51 所示。

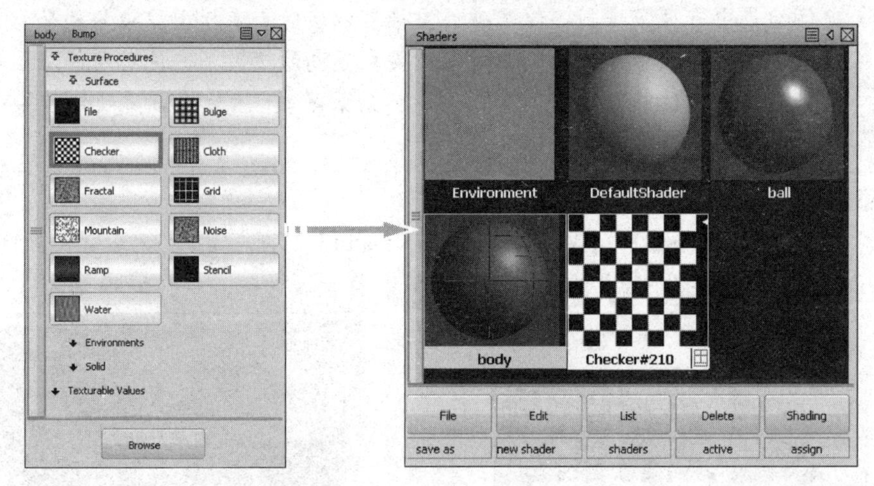

图 6-51　选择纹理

技巧点拨	并不是每一个参数都可以添加各种纹理，在该参数下不能添加的纹理名称为灰色显示。

05 选择【Checker】纹理之后，纹理对话框将进入该特定纹理的参数设置界面。在【Surface Placement】选项标签中，调节【Urepeat】【Vrepeat】的大小可以改变纹理在曲面 UV 方向显示的稠密程度。在调整的过程中，材质球会发生同步的变化，如图 6-52 所示。

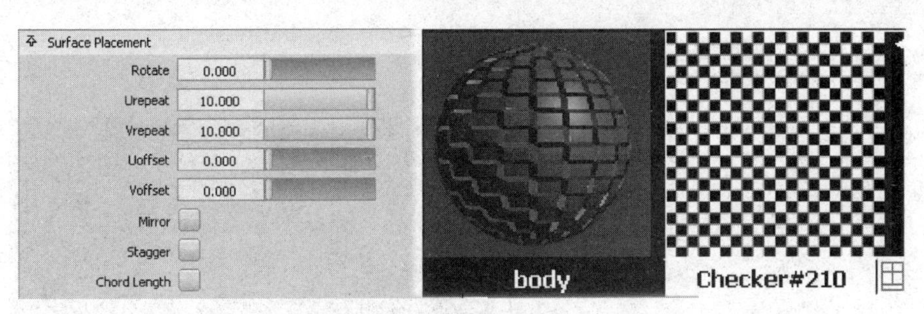

图 6-52 修改纹理参数

06 在多重列表窗口中选择材质球，材质球名称栏的右侧会出现一个箭头，单击该箭头可以收起或展开在此材质球上面添加的纹理，如图 6-53 所示。

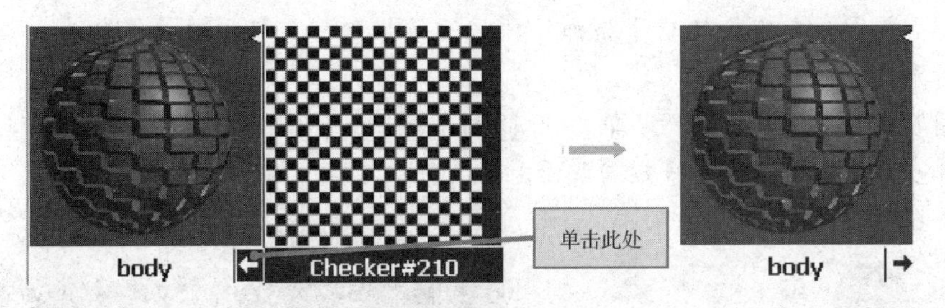

图 6-53 收起纹理样例显示

07 在多重列表窗口中双击【ball】材质球，打开材质球对话框，在对话框中单击【Common Shader Parameters】标签中【Color】右侧的【Map】按钮，打开纹理对话框，选择【Gird】纹理（位于表面纹理标签中），如图 6-54 所示。

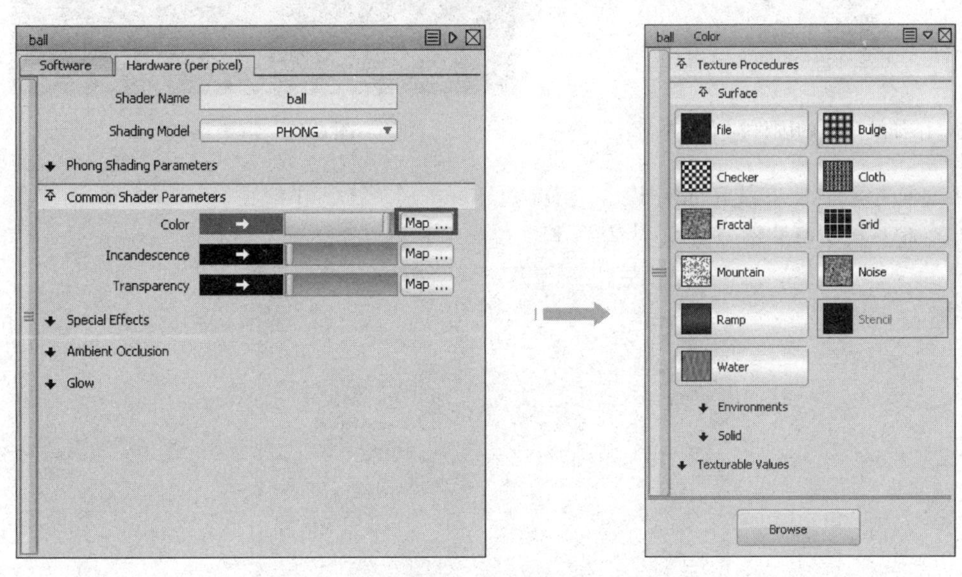

图 6-54 选择纹理

08 在打开的【Gird】纹理对话框中，调节【Color Balance】【Surface Placement】选项标签中的参数，多重列表窗口中的材质球会同步变化，如图 6-55 所示。

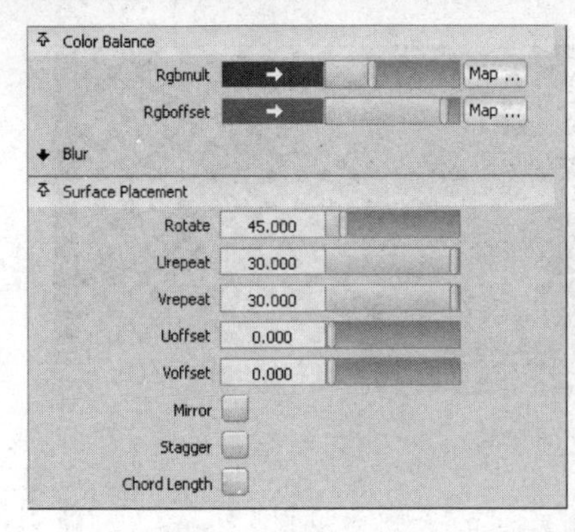

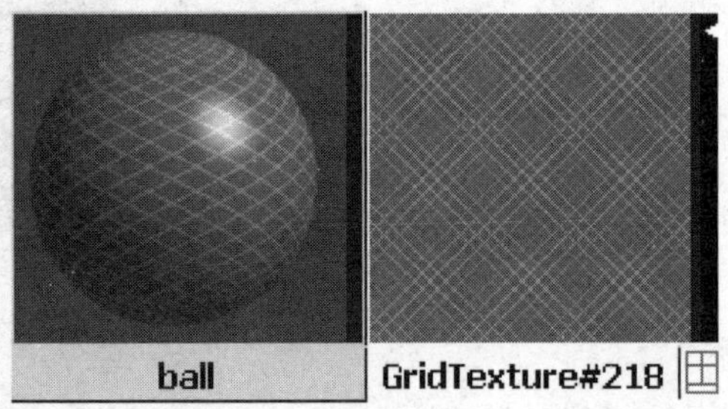

图 6-55　修改纹理参数

09 在透视图窗口中旋转查看添加纹理后的效果，整个模型显得更加生动，如图 6-56 所示。

10 调整视图的位置，执行菜单栏中【Render】|【Direct Render】命令，在视图中出现一个渲染窗口，系统根据曲面上材质球、环境、灯光的设置，进行渲染预览，如图 6-57 所示。

图 6-56　添加纹理后的硬件渲染效果

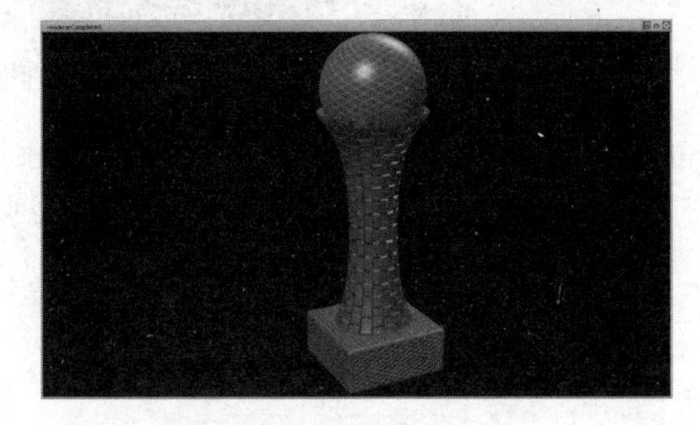

图 6-57　渲染预览

11 单击菜单栏中【Render】|【Direct Render】命令右侧图标，打开预览渲染对话框，对话框中包含着几种渲染类型，如图 6-58 所示。

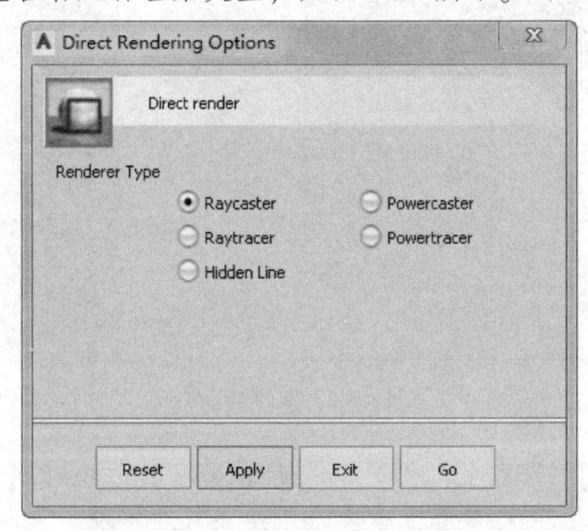

图 6-58　预览渲染对话框

12 不同的渲染类型具有不同的渲染质量或效果，如果选用【Hidden Line】（隐藏线）模式渲染，则会渲染出图形风格的图像，如图 6-59 所示。

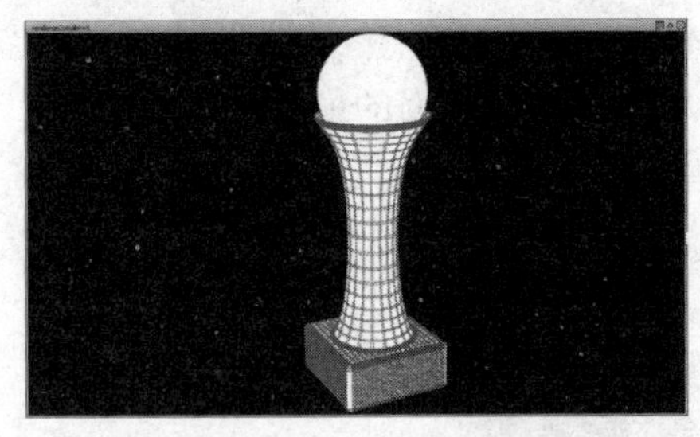

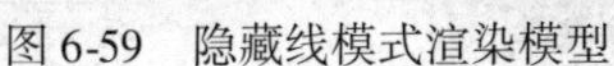

图 6-59　隐藏线模式渲染模型

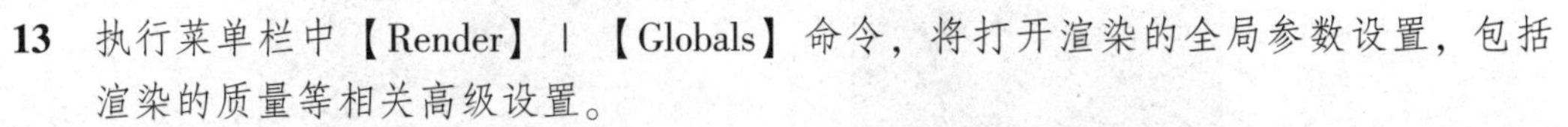

13 执行菜单栏中【Render】|【Globals】命令，将打开渲染的全局参数设置，包括渲染的质量等相关高级设置。

14 执行菜单栏中【Render】|【Render】命令，打开渲染对话框，其中有几种渲染类型可供选择。

15 执行菜单栏中【Render】|【Render】命令，将弹出一个文件浏览对话框，从中选择渲染文件导出的位置，并命名文件。

16 单击文件浏览对话框中的保存按钮，系统开始渲染，此时将弹出一个对话框，如图 6-60 所示。

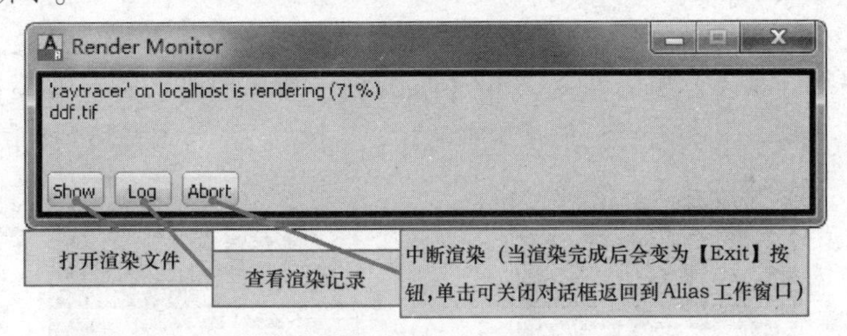

图 6-60　渲染对话框

技巧点拨	在渲染文件中可以看到，软件渲染不存在阴影与反射效果，因为那是在硬件渲染中才会存在的选项，整个软件渲染的背景为黑色，这是环境的默认设置。

17 在多重列表窗口，双击环境图标，打开环境参数对话框，在【Background】选项标签的【Color】选项中选择合适的颜色，渲染查看，如图 6-61 所示。

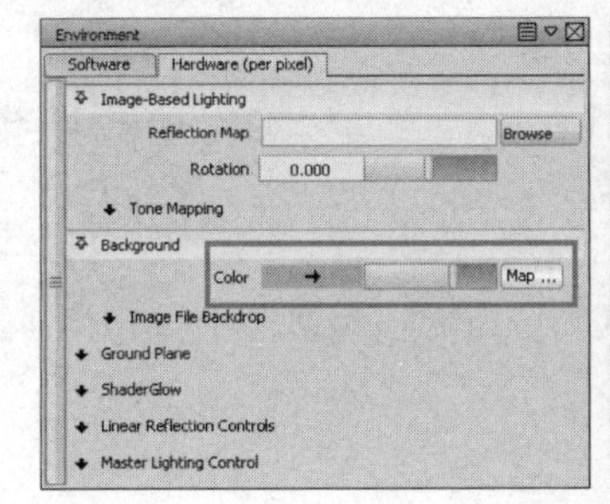

图 6-61　更改背景颜色

4. 使用材质库

材质库中有大量预设的材质球可供使用，不需要自己一一设置繁琐的参数，有的时候只需对复制过来的预设材质球做一些颜色的调整，即可满足渲染要求。这对快速表现模型来说是很方便的事。下面使用材质库直接对上面的模型进行渲染。

01 找到控制面板材质库的【Metals】标签中【Bronze_ Satin_ Hammered】材质球，双击该材质球图标，此材质球即被复制到控制面板的常驻材质球区域中，如图6-62所示。

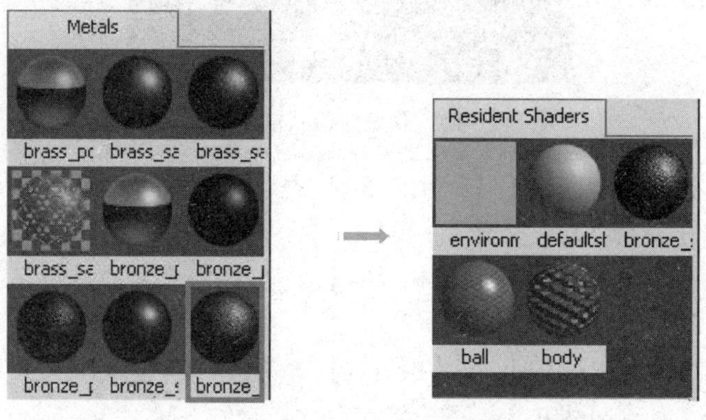

图6-62 添加材质

02 选择【Pick object】工具，在透视图中选择模型的下部曲面组，将刚刚复制的材质球指定到该曲面。

03 取消选择，双击控制面板材质库【Glass】标签中的【Glass_ Blue】材质球图标，此材质球即被复制到控制面板的常驻材质球区域中，如图6-63所示。

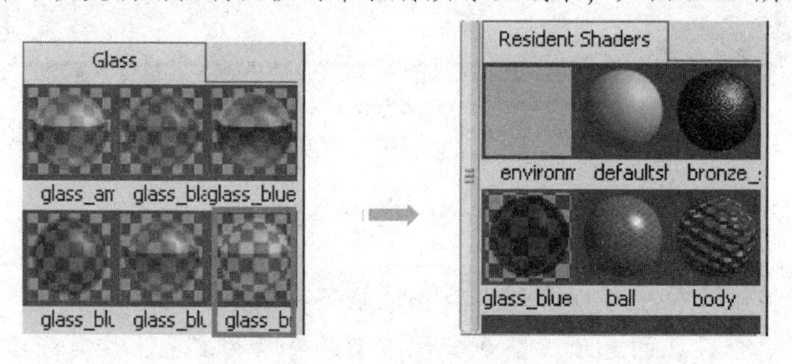

图6-63 添加材质

04 继续使用【Pick object】工具在透视图中选择模型上部的圆球体，将刚刚复制的材质球指定到该曲面，如图6-64所示。

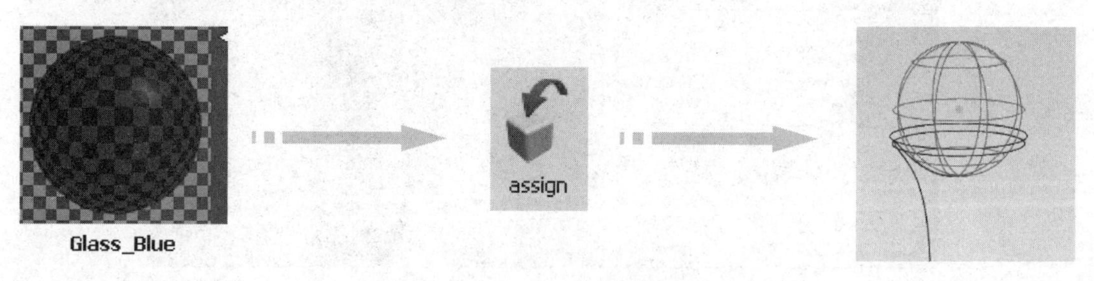

图6-64 将材质球指定到曲面

05 在材质库中的【Environment】标签中双击【GeoNightPlaza】图标，将该环境添加到场景中，如图 6-65 所示。

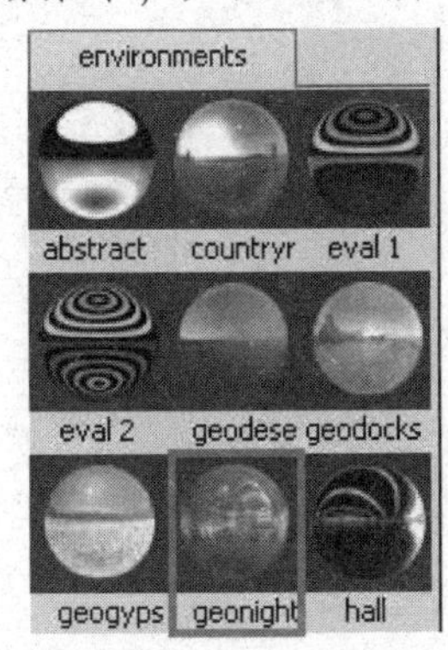

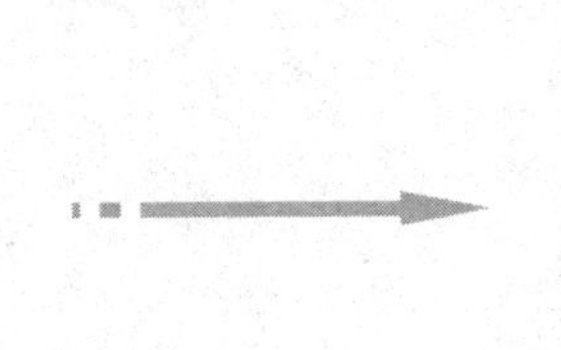

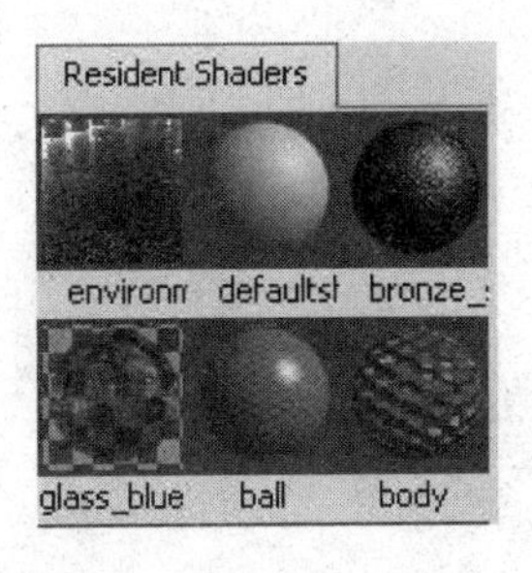

图 6-65　添加环境

06 取消线框显示，开启硬件渲染，在透视图中旋转查看渲染的效果，镶嵌水晶球的奖杯即被渲染出来，如图 6-66 所示。

图 6-66　模型渲染

第 5 节　练 习 题

练习：如图 6-67 所示的渲染迷你小台灯。

图 6-67　渲染迷你台灯模型

第7章

制作动画

动画可以更好地表现概念模型，是对建模表达的一种补充，渲染是以色彩等元素来表达概念模型，而动画则是以动态的模式形成更为逼真的效果。

本章中将涉及一些基础的动画制作方法，并对动画设计中一些名词加以介绍，掌握这些知识，您可以为完成的模型添加一些动态的展示效果。

案例展现

ANLIZHANXIAN

案 例 图	描 述
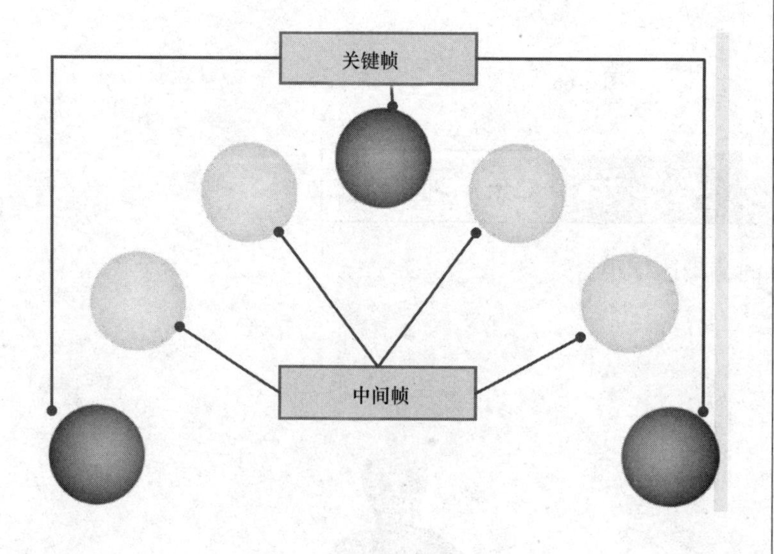	【Keyframes】（关键帧）是一种特殊的帧，能够为创建动画的对象在一些特殊点上设置参数。可以将关键帧理解为一个动画的骨架，在 Alias 中，当关键帧设置完成后，系统会按照动画整体的参数设置在两个关键帧之间添加中间帧，从而形成流畅的可视动画

第 1 节　动画基础

在设计上动画是一种更为自由的形式，在 Alias 中大到可以为一个模型创建动画，小到可以为一项参数创建动画，它们均是由基础步骤从简单到复杂的叠加，所以，在创建动画之前，我们需要对一些动画的基础进行了解。

一、帧和关键帧

动画的基本单元是帧，一个动画要在一定时间里创建一定数量的帧，而帧数的多少决定了动画的时间长短。

【Keyframes】关键帧是一种特殊的帧，可以将关键帧理解为一个动画的骨架，在 Alias 中，在设置完成关键帧后，系统会按照动画整体的参数设置，在两个关键帧之间添加中间帧，从而形成流畅的可视动画，如图 7-1 所示。

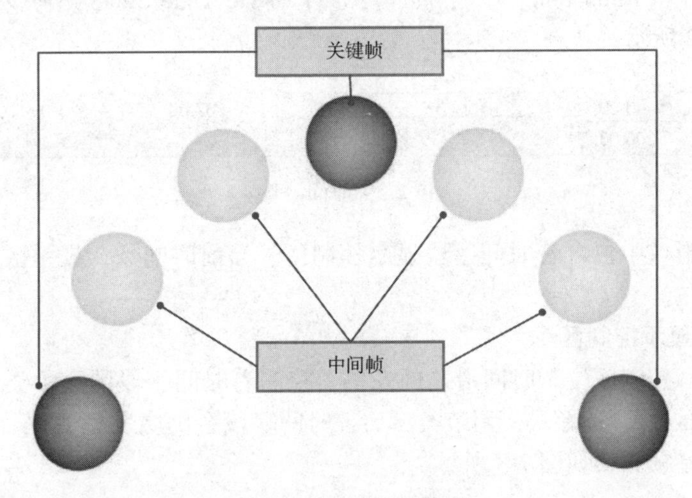

图 7-1　关键帧与中间帧

在用 Alias 创建动画以及修改动画的过程中，设置关键帧、增添关键帧等操作会经常用到，这也反映出关键帧在创建和修改动画中的重要作用。理解关键帧的含义，并熟练应用关键帧创建动画，在动画设计中非常重要。

二、设置关键帧

在 Alias 中，设置关键帧大致需要如下几个步骤。

01　选择要设置动画的物体。

02　将该物体移动到合适的位置。

03　执行菜单栏中【Animation】|【Keyframe】|【Set Keyframe】命令，为物体当前所处的位置创建关键帧。

04　在提示行中输入此关键帧位于动画中的帧数并按下键盘上的【Enter】键，在此处创建关键帧。

技巧点拨	如输入0，则该位置作为动画的起点，相同的道理，如果输入的数字为动画结束的帧数，则该位置将作为动画的终点。

在后面内容中会详细介绍设置关键帧的方法与步骤，所以在这里只作简要的介绍。

技巧点拨	在 Alias 中不仅可以创建关键帧，还可以对关键帧进行剪切、复制、粘贴等操作，这也将在后面的内容中详细介绍。

三、时间滑块

时间滑块是动画设计中的一个很实用的控制窗口，通过它可以查看帧的相关变化，以及控制动画的回放等操作。

执行菜单栏中【Animation】|【Show】|【Toggle Time Slider】命令，显示或关闭时间滑块，如图7-2所示。

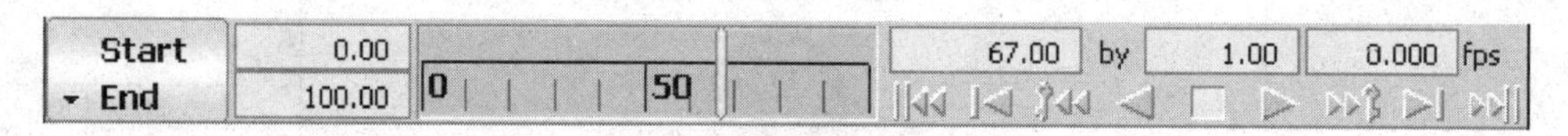

图7-2　时间滑块

在整个时间滑块中包含着时间字段显示控制区、当前时间条、提示区域以及动画预览按钮。

1. 时间字段显示控制区

时间字段显示控制区位于时间滑块的左侧，控制着时间字段的显示类型，分为【Start-End】和【Min-Max】两种形式，调节类型后，时间字段会随之发生变化，上下的两个数值框显示着动画起始帧数，如图7-3所示。

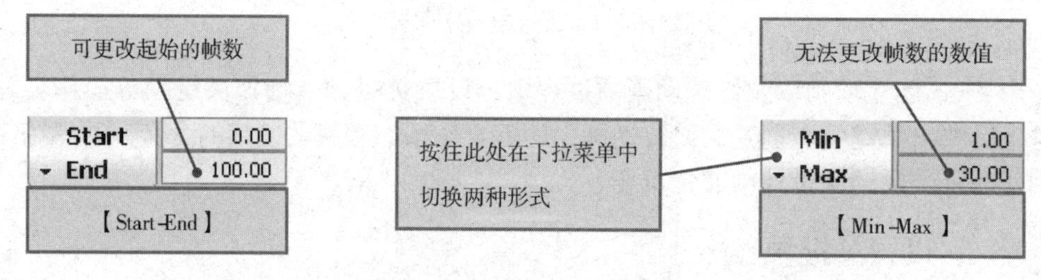

图7-3　时间字段显示类型

技巧点拨	【Min】和【Max】用于定义整个当前动画帧数的最小值和最大值，因此不能编辑【Min】和【Max】字段，如果创建或删除了某个动画，这些字段将自动更新。

2. 时间字段与当前时间条

时间字段位于时间滑块的中央，当前时间条是位于时间字段上的一个垂直条，如图7-4所示。

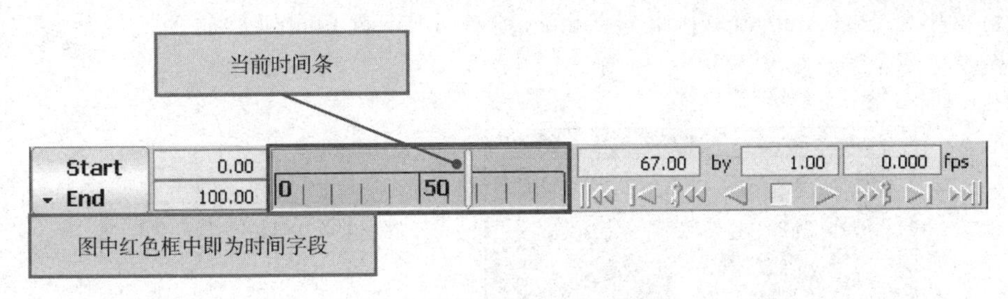

图 7-4　时间字段与当前时间条

可以用鼠标拖动当前时间条，设置了动画的对象会随着当前时间条位置的调整，在视图上进行同步更新。

3. 提示区域

提示区域位于时间滑块的右上侧，提示着当前动画的各项参数，并可以进行修改，反向控制动画的参数，如图 7-5 所示。

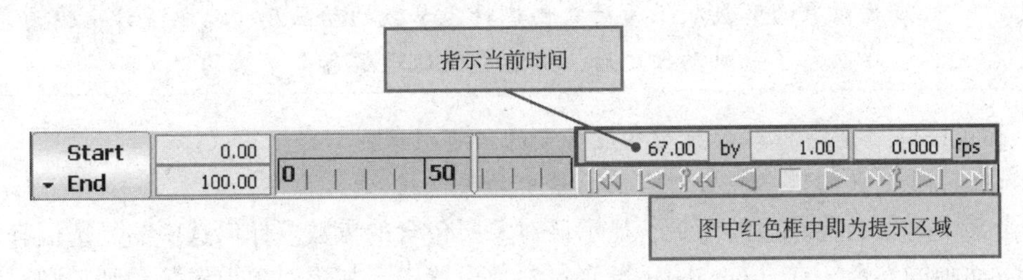

图 7-5　提示区域

- 【By】：后面的字段用于定义在播放动画时两相邻帧的间隔。
- 【fps】：前面的字段表示在回放动画期间，每秒显示的帧数。

4. 动画预览按钮

位于时间滑块右下方的一排按钮，控制着动画预览的多种方式，如图 7-6 所示。

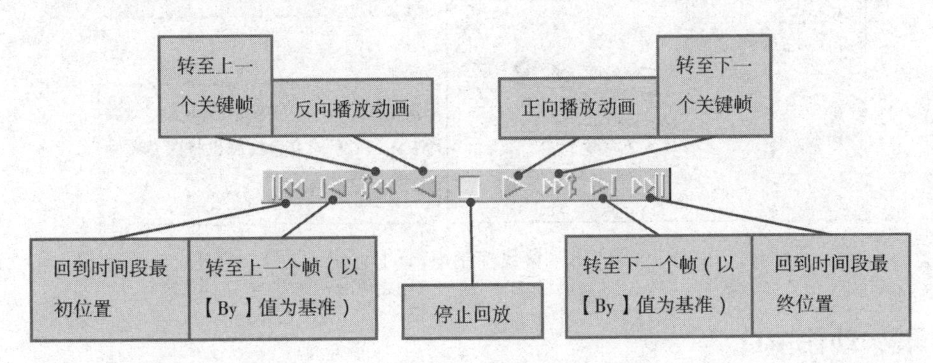

图 7-6　动画预览按钮

四、参数控制窗口

在很多时候，不必将对象的所有参数都做成动画，只需对对象的某些参数设置动画，此时需要对该对象的参数进行选择。

执行菜单栏中【Animation】|【Editors】|【Parma Control】命令，打开参数控制窗口，如图7-7所示。

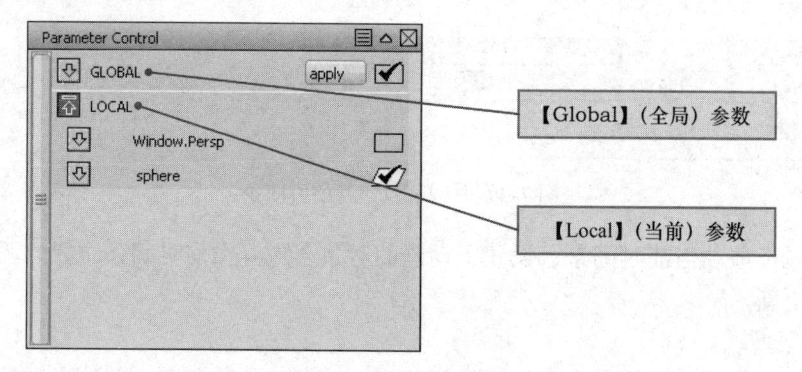

图7-7　参数控制窗口

技巧点拨	修改对象的参数从而为对象创建特定参数的动画属于动画设计中较为复杂的内容，在熟悉了基础动画之后，才能更快地理解各个参数的含义。

- 【Global】(全局) 参数针对相应类型的所有对象。
- 【Local】(当前) 参数针对当前场景中的每个对象。

单击某个对象名称旁边的箭头，显示该对象所包含的参数。任何选中的复选框都表示一个可设置动画的参数。在【Local】(当前) 参数设置中，如果对象设置了动画，则对象名称右侧框将为亮显，如图7-8所示。

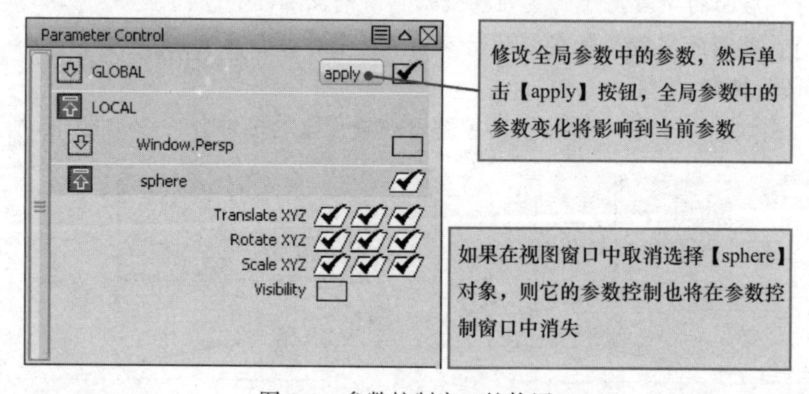

图7-8　参数控制窗口的使用

五、动作窗口

执行菜单栏中【Animation】|【Editors】|【Action Window】命令，打开动作窗口。在这个窗口中可以编辑关键帧、表达式以及动画曲线。

动作窗口中包含着几乎所有的动画信息，是修改查看动画过程中经常用到的窗口，它包含动作窗口菜单栏、动作图形编辑器、动作时间视图、动作列表器等部分，如图7-9所示。

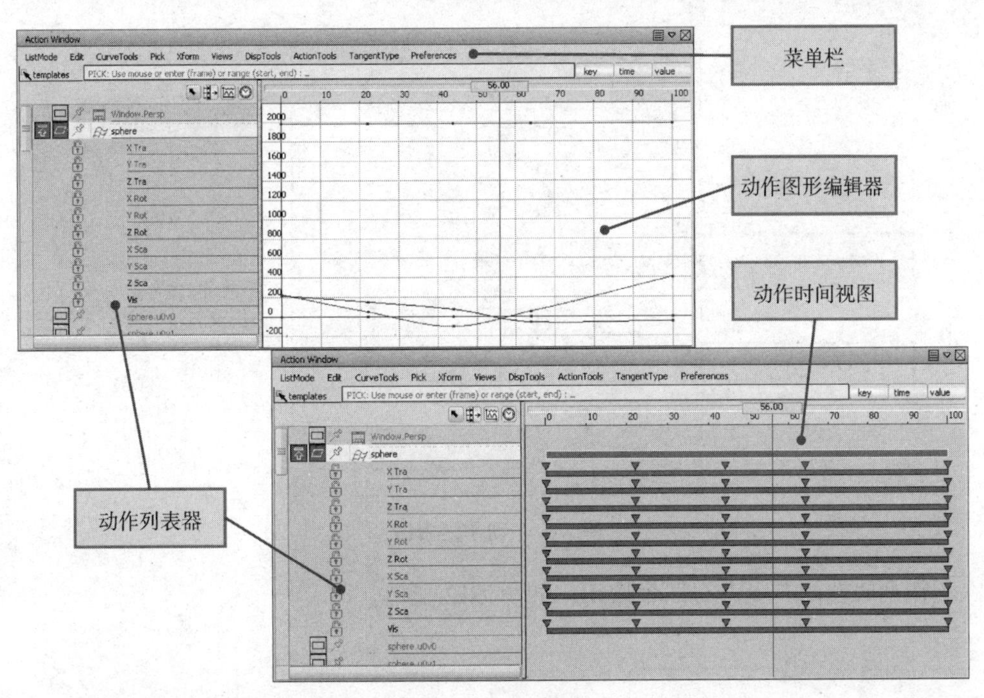

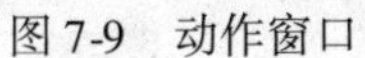
图 7-9 动作窗口

1. 动作窗口捕捉按钮

在动作窗口的提示行的右边，有三个捕捉按钮开关，如图 7-10 所示。

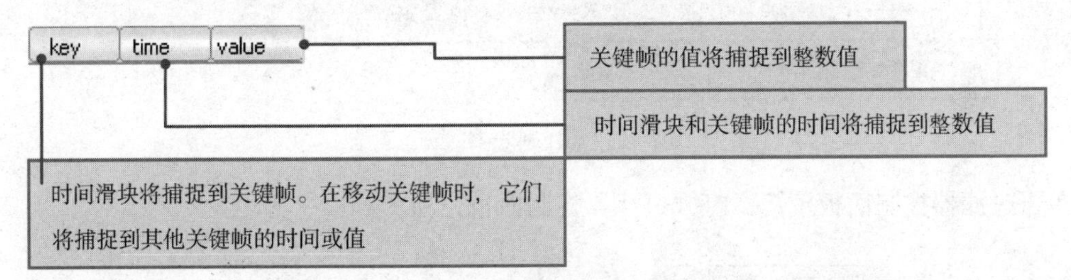

图 7-10 捕捉按钮

当开启捕捉按钮时，按钮颜色为淡蓝色，【Key】捕捉按钮的操作如下。

- 使用鼠标左键可将关键帧捕捉到其他关键帧的时间和值。
- 使用鼠标中键可将关键帧捕捉到其他关键帧的时间。
- 使用鼠标右键可将关键帧捕捉到其他关键帧的值。

技巧点拨	上面提到的时间滑块是位于动作窗口上的时间滑块，具体位置在动作窗口提示行的下方。

2. 动作列表器

动作列表器中列出了各个项及其通道，并且始终显示在【Action Window】的左侧，如图 7-11 所示。

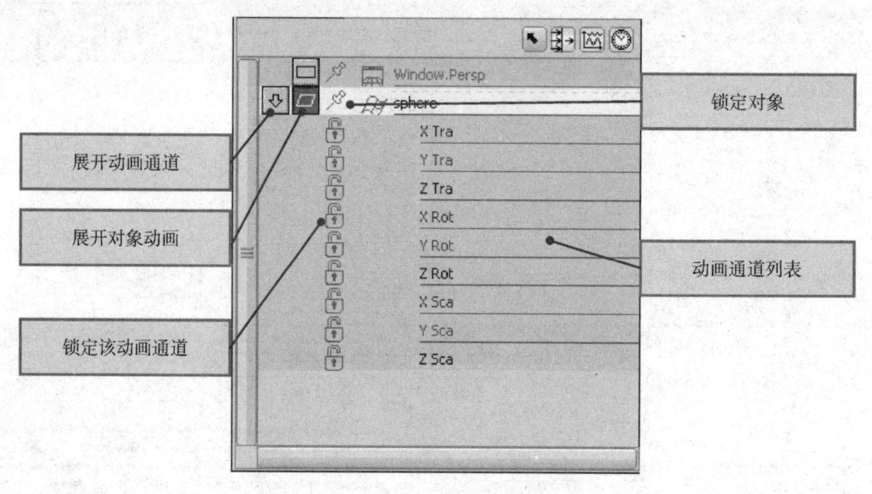

图 7-11 动作列表器

在动作列表器的右上方有四个按钮，如图 7-12 所示。

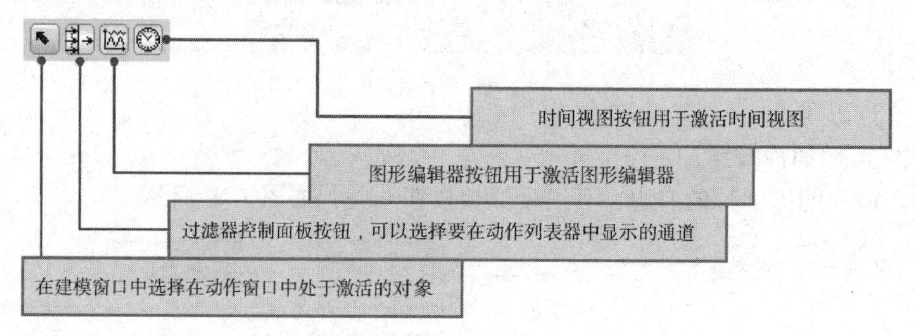

图 7-12 动作列表器按钮

单击过滤器控制面板按钮，打开过滤器控制面板，如图 7-13 所示。

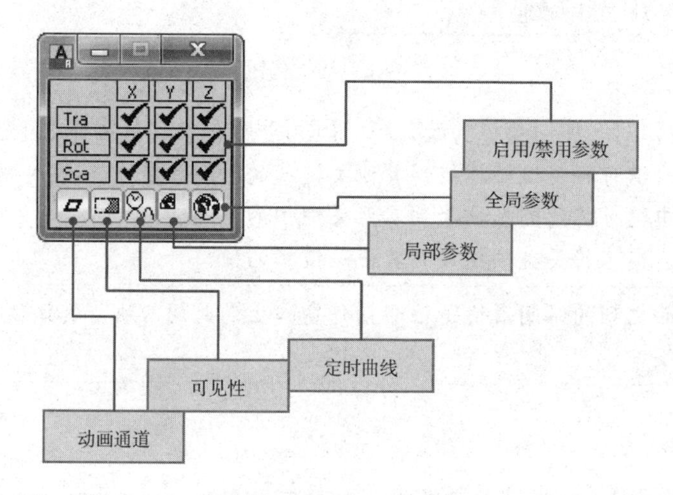

图 7-13 过滤器控制面板

技巧点拨	图形编辑器按钮与时间视图按钮控制着动作列表器右边的显示内容，在图形编辑器按钮处于激活状态下，右方将显示图像编辑器窗口，当时间视图按钮处于激活状态下，右方将显示时间视图窗口。

- 动画通道按钮：此按钮处于激活状态下（变为蓝色），列表信息将仅显示带有动画信息的通道。
- 可见性按钮：该按钮显示为移除了某部分的 DAG 节点 SBD 框。
- 定时曲线按钮：没有任何功能。
- 局部参数与全局参数按钮：这两个按钮可控制要从动作列表器中过滤掉的动画参数。

在动作列表中可以展开、收起动画通道，单击动画通道名称左端的锁形图标，则该通道将始终存在于动作窗口列表器中。

3. 动作图形编辑器

单击位于动作列表器上端的图形编辑器按钮将打开动作图形编辑器，如图 7-14 所示。

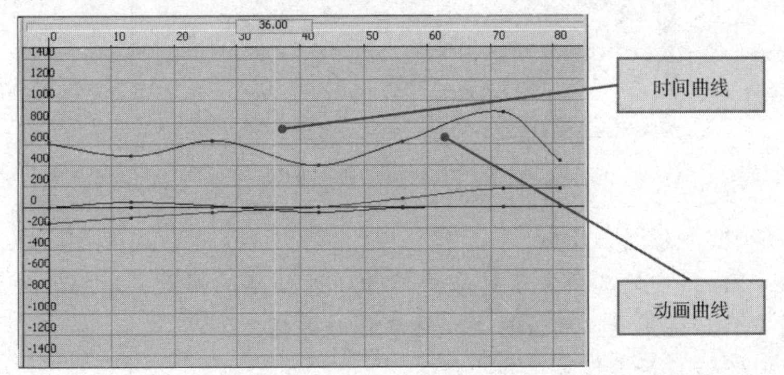

图 7-14 动作图形编辑器

可以选定动画曲线，动画曲线上面的点代表着关键帧。可以通过动作窗口菜单栏中【pick】|【Pick Keyframe】命令来选择关键帧。通过菜单栏中【pick】|【Curves】命令来选择动画曲线。

技巧点拨	选中动画曲线的同时，位于动画列表器上面与之相关的动画通道也将同时被选中，表现为亮显。

上面的内容就是动画的基础部分，包含一些概念知识，以及一些常用的工具命令。通过学习，我们大致了解了动画的创建过程，接下来就进行一些基础的动画设计。

第 2 节 动画设计

在本节中，着重介绍一些基础的动画设计，详细讲解为对象创建关键帧的步骤，并为所创建的动画进行一些简单的编辑。

一、转盘动画

转盘动画，是将指定的对象围绕设置的轴心点旋转 360 度。

执行菜单栏中【Animation】|【Turntable】命令，打开转盘动画对话框，如图 7-15 所示。

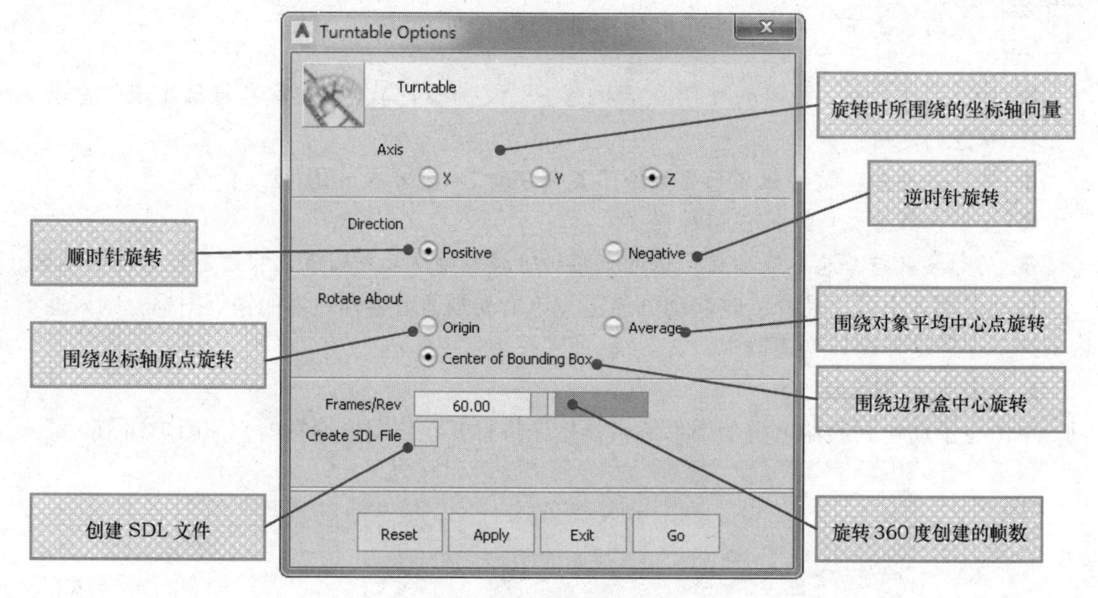

图 7-15　转盘动画对话框

制作转盘动画要注意以下几点。

- 【Frames/Rev】中的选项表示对象旋转 360 度创建的帧数，所以此处设置的数值越大，对象旋转得越慢，数值越小，对象旋转得越快。
- 转盘动画不能应用于模板化的几何体。
- 当栅格捕捉功能处于启用状态时，对象不能绕原点旋转。

转盘动画的操作步骤很简单，如下。

01　选取创建转盘动画的对象。

02　打开转盘动画对话框，设置旋转参数。

03　单击对话框下方的【Go】按钮，对象在视图窗口进行旋转。

单击视图中的任一处，或按下键盘上的【Esc】键，结束转盘动画。

技巧点拨

转盘动画很容易掌握，在模型创建完成之后，使用转盘动画可以旋转查看模型效果，在动画制作中，它算是较为简单的动画。

如果对于转盘动画对话框中的参数感到迷惑，可以进行不同的设置，在观察中体会不同选项的含义。

二、创建关键帧动画

创建关键帧动画是动画设计的基础，也是动画设计的核心。本节中将通过简单实例进行讲解，不管模型复杂与否，创建关键帧动画的步骤大同小异。

1. 创建关键帧动画

01　在 Alias 中创建一个圆球体，并将其移动到动画开始的位置，如图 7-16 所示。

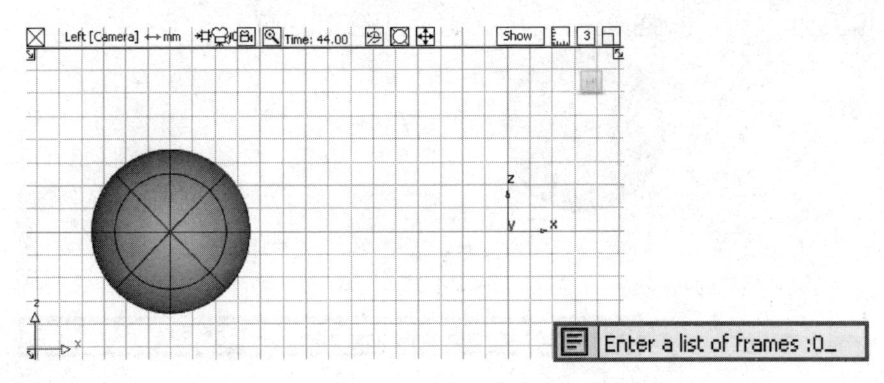

图 7-16　创建一个圆球体

02 选取圆球体，单击菜单栏中【Animation】|【Set Keyframe】命令右侧图标，打开创建关键帧对话框，如图 7-17 所示。

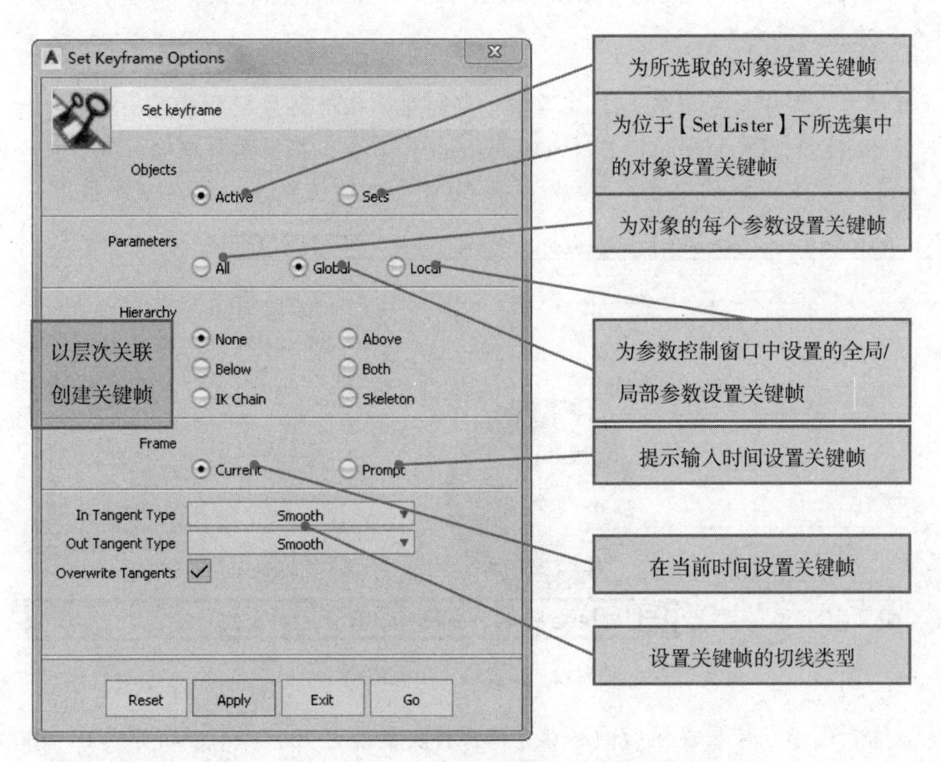

图 7-17　创建关键帧对话框

03 单击对话框下方的【Go】按钮。在提示行中输入 0，按下键盘上的【Enter】键进行确认，将此位置作为动画的起点。

04 选择【Move】工具，移动圆球体到另一位置，如图 7-18 所示。

05 执行菜单栏中【Animation】|【Keyframe】|【Set Keyframe】命令，然后在提示行中输入 20，按下【Enter】键进行确认，将此位置作为动画的第 20 帧的位置。

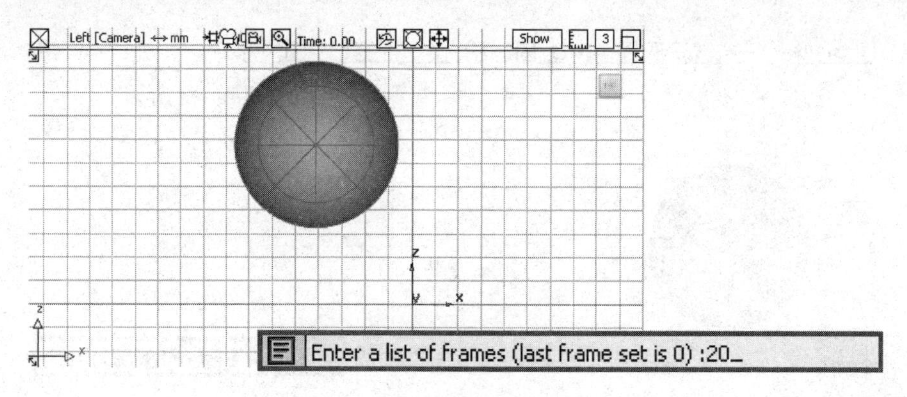

图 7-18　移动圆球体

技巧点拨　由于菜单栏中【Animation】|【Keyframe】|【Set Keyframe】命令为上次使用的命令，所以此时可以双击菜单栏中【Animation】项，相当于重复使用上一次使用的命令。

06　继续在视图中使用【Move】工具，将圆球体移动到另一个位置。然后执行【Animation】|【Keyframe】|【Set Keyframe】命令，在提示行中输入50，按下【Enter】键，将此时的位置作为动画的第50帧所在的位置，如图7-19所示。

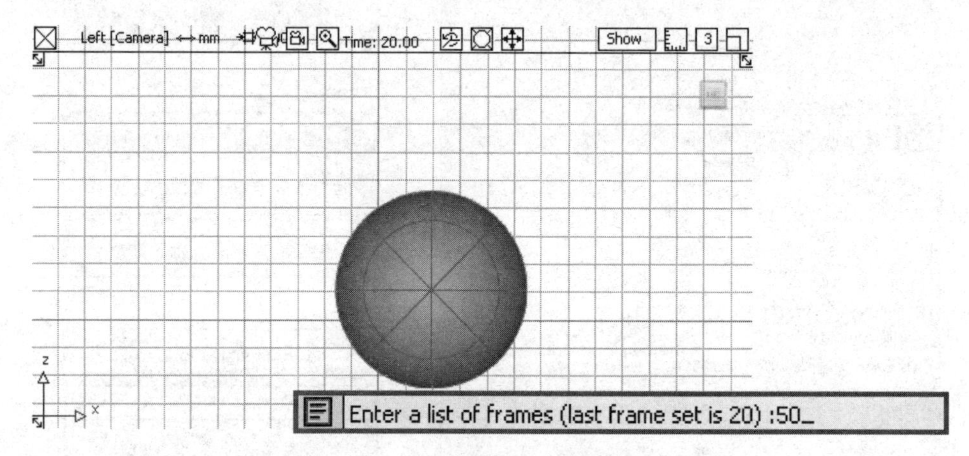

图 7-19　设置第三个关键帧

07　双击时间滑块字段显示行的终点数值，将其更改为70（默认情况下为0－100），如图7-20所示，如果没有看到时间滑块，则执行【Animation】|【Show】|【Toggle Time Slider】命令。

图 7-20　更改动画起始帧数

08　按照上面的方法，继续移动圆球体，执行菜单栏中【Animation】|【Keyframe】|【Set Keyframe】命令，在提示行中输入70，按下【Enter】键，将此位置作为动

画的终点，如图 7-21 所示。

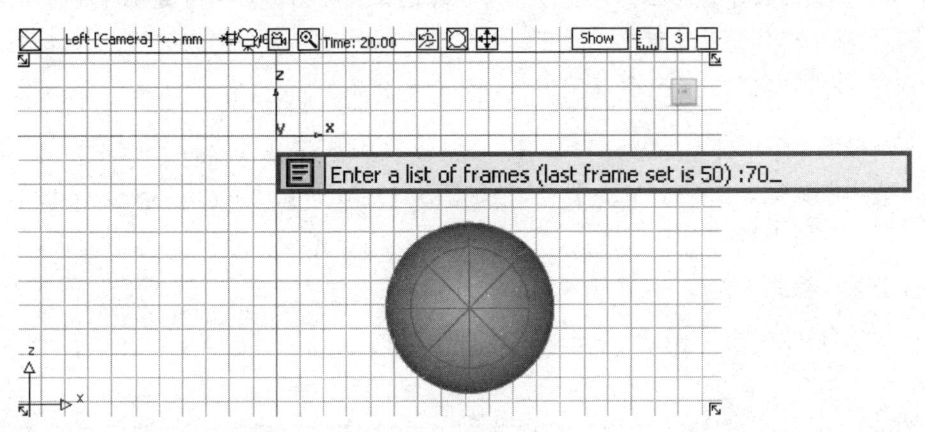

图 7-21 创建结束关键帧

09 不仅可以按照正常的顺序添加关键帧，还可以自由地插入关键帧。在视图窗口中继续移动圆球体，将其移动到起始与终止位置的中间位置，然后执行【Animation】|【Keyframe】|【Set Keyframe】命令，在提示行中输入 30，在动画第 30 帧处，插入关键帧，如图 7-22 所示。

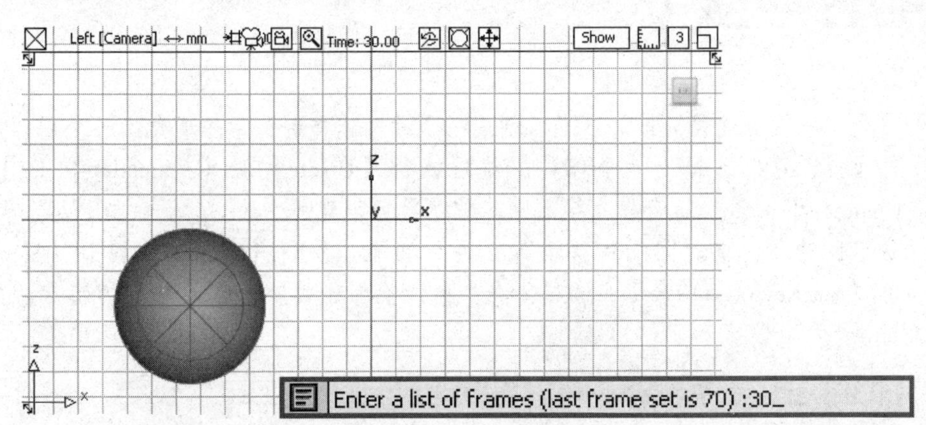

图 7-22 插入关键帧

10 单击时间滑块上方的正向播放控制按钮，动画在场景中开始正向播放。单击界面上的任意位置，或者按下键盘上的【Esc】键退出动画播放。双击【by】字段，改变数值，也可以双击【fps】字段，改变数值，调整动画的播放速度，如图 7-23 所示。

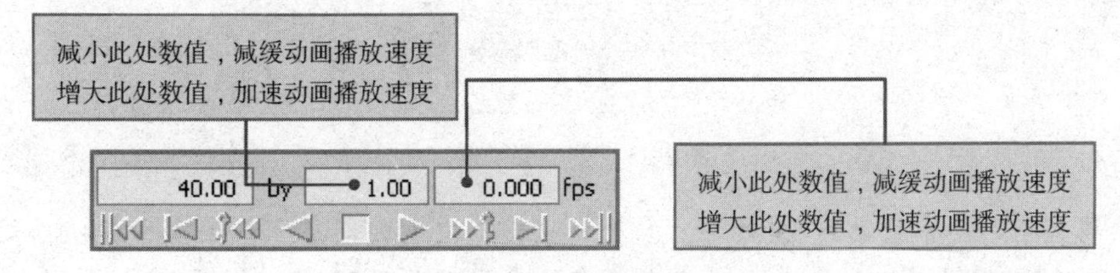

图 7-23 调整动画播放速度

技巧点拨	上面创建的动画，是通过移动小球的位置并创建几个关键帧形成的动画。在移动小球位置的过程中，还可以对它进行缩放，然后创建关键帧，那么动画在演示的过程会自动添加缩放的动画，从而更加生动。

11 执行菜单栏中【Animation】|【Keyframe】|【Set Keyframe】命令，打开设置关键帧控制窗口，将【Frame】选项更改为【Current】，勾选【Overwrite tangent】选项，如图7-24所示。

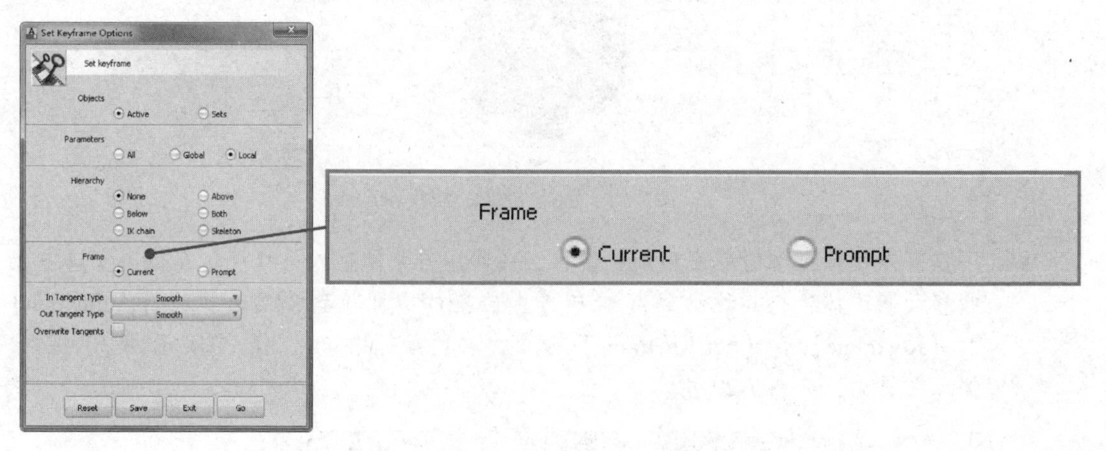

图7-24 设置关键帧对话框

12 这是另一种创建关键帧的方式。创建一个新的球体时，为了避免上一个球体的动画的干扰，可以选择上一个球体，然后执行【Delete】|【Animation】|【Delete Channels】命令，也可以直接删除球体，重新创建一个。

13 选取圆球体，将时间滑块移动到0帧的位置。执行【Animation】|【Keyframe】|【Set Keyframe】命令，圆球体在当前位置创建关键帧作为动画的起点，如图7-25所示。

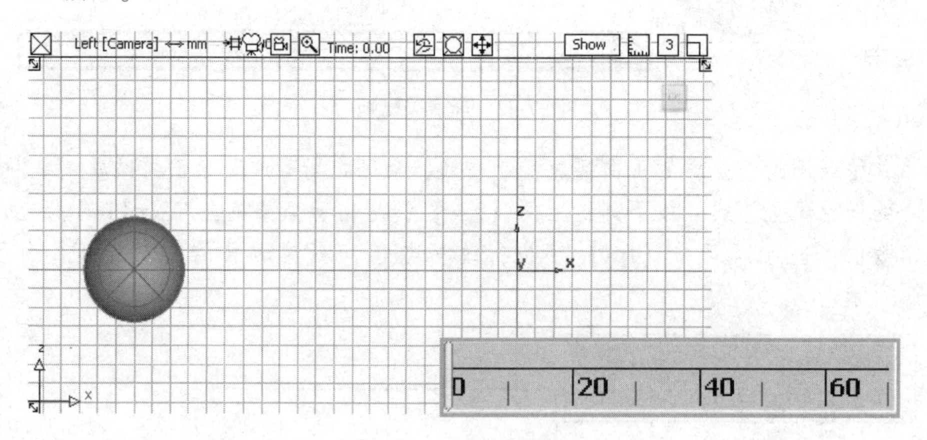

图7-25 创建关键帧

14 将当前时间条拖动到35帧处，也可以直接在当前时间显示栏中双击数值，然后输入35，按下【Enter】键，当前时间条会自动移动到35处，如图7-26所示。

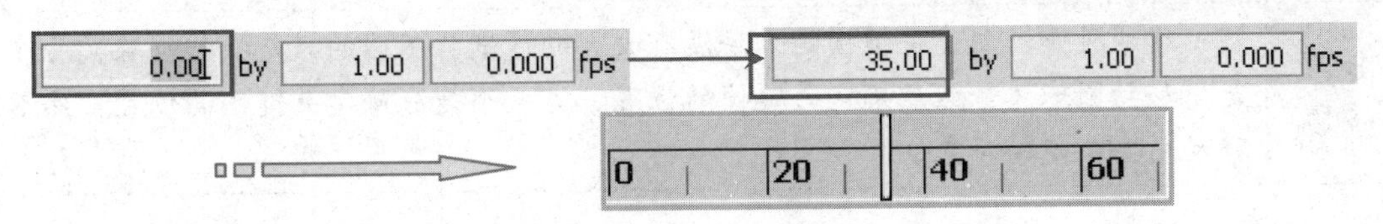

图7-26 移动当前时间条

15 在视图窗口中，移动并缩放圆球体到另一个位置，然后执行【Animation】|【Keyframe】|【Set Keyframe】命令，即创建了位于35帧处的关键帧，如图7-27所示。

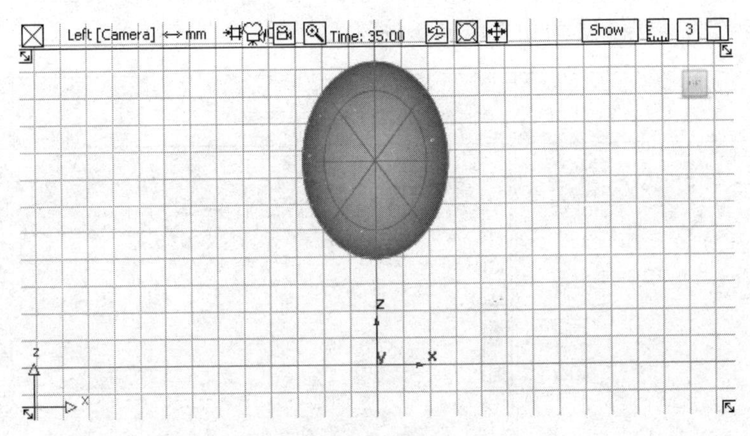

图7-27 创建关键帧

16 将当前时间条移动到终点（70帧）处，然后在视图中移动并缩放圆球体到另一位置，执行【Animation】|【Keyframe】|【Set Keyframe】命令，在此处创建终点关键帧，如图7-28所示。

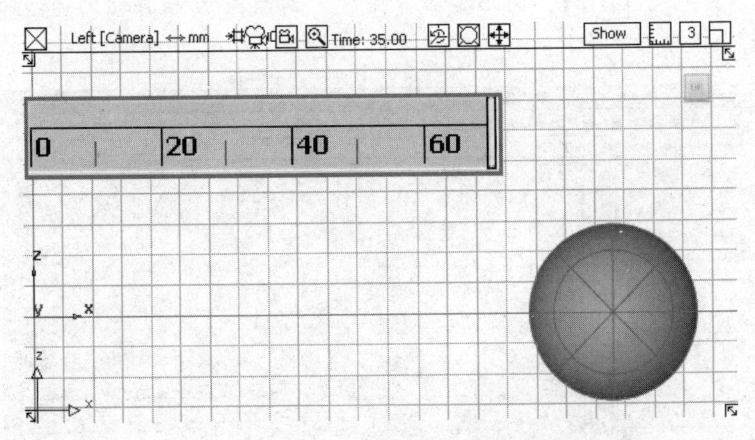

图7-28 创建终点关键帧

17 单击播放控制按钮区域的正向播放按钮，播放查看动画。也可以单击反向播放控制按钮，查看动画的反向播放效果。最后单击界面上的任意位置，或者按下键盘上的【Esc】键，退出动画播放。

技巧点拨	这两种手动创建关键帧的方法没有太大的区别，不同的只是操作步骤，一个是先移动圆球体，然后确定关键帧的位置，另一个是先确定关键帧的位置，然后移动所要创建的对象。

2. 编辑动画曲线

通过插入更多关键帧可以更改动画的效果，但是这种更改方法不够直观，难以把握，通过编辑圆球体的动画曲线，可以对它进行更多的限制，从而更好地控制动画。

01 选择创建了动画的圆球体，执行菜单栏中【Animation】|【Editors】|【Action Window】命令，打开动作窗口，如图7-29所示。如果未显示图形编辑器，则单击位于动作列表器上方的图像编辑器按钮。

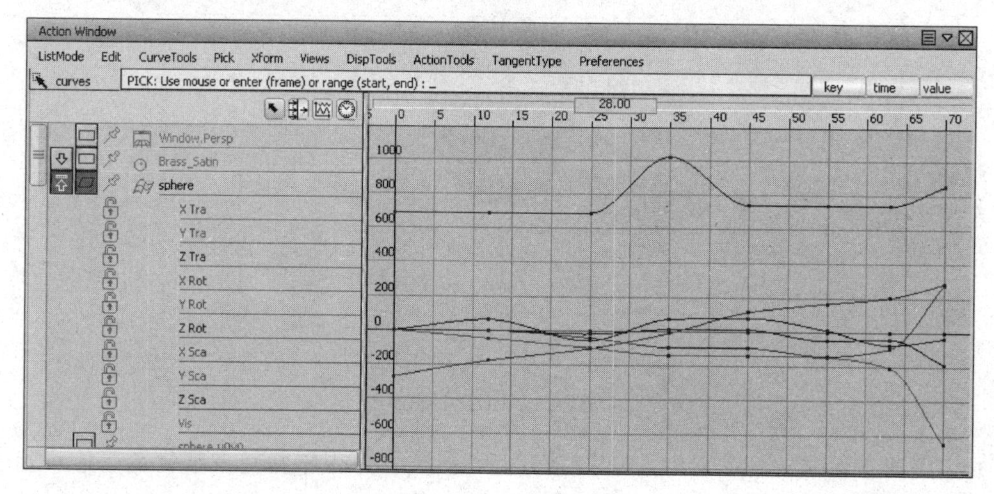

图 7-29　运动窗口

02 单击动作列表器中的【X Tra】，图形编辑器中代表对象沿X轴移动的曲线也将同时亮显，如图7-30所示。

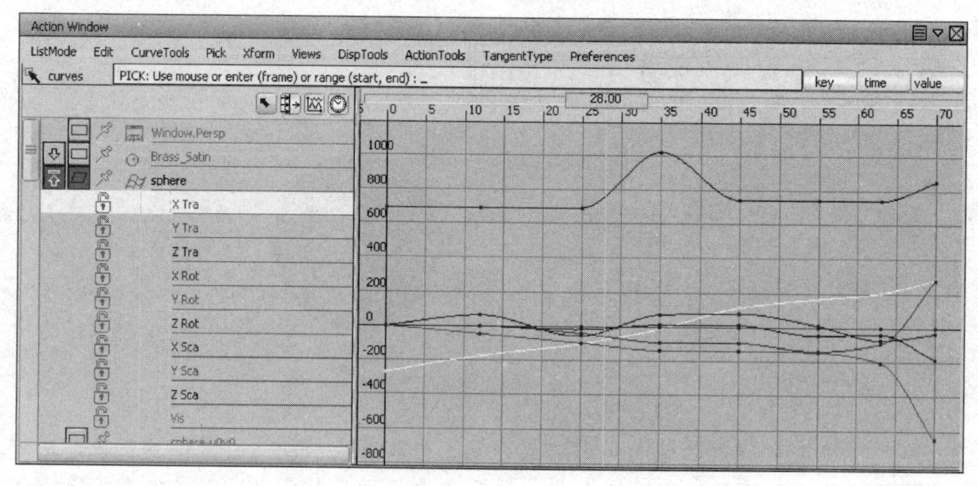

图 7-30　选择一个参数的动画曲线

03 单击位于动作窗口菜单栏中的【TangentTypes】项，在弹出的下拉菜单中选择【Step】选项，图形编辑器窗口的曲线将发生变化。由默认的【Smooth】类型转换为【Step】类型。这里选用【Step】类型，是为了突出标签动画曲线的变化，如图7-31所示。

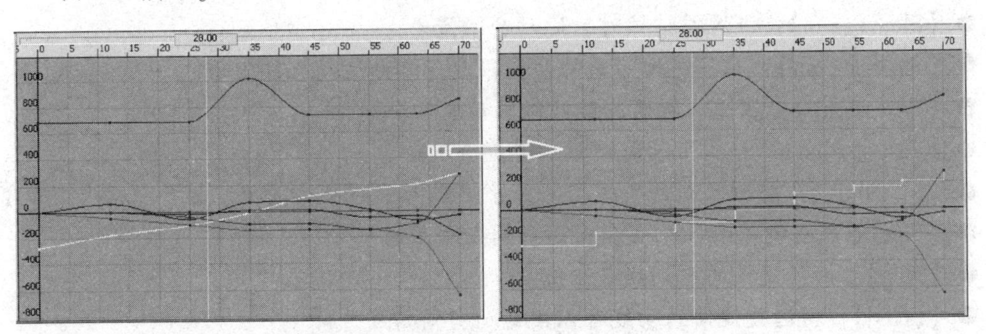

图7-31　修改动画曲线的切线类型

> **技巧点拨**
>
> 如果在图形编辑器中未看到全部的曲线，或只看到了曲线的局部，则执行动作窗口菜单栏中【Views】|【Look at】命令。也可在动作窗口中，按住键盘上的【Ctrl】+【Shift】键，在动作窗口中的任一处按住鼠标右键，在弹出的动作窗口专属标记菜单中选择【View - >Look_ at】命令。

04 执行动作窗口中【pick】|【Curves】命令，在图形编辑器窗口中选择所有曲线（可以使用选取框），然后执行动作窗口菜单栏中【TangentTypes】|【Slow seg in】命令，所有动作曲线都将更改为【Slow seg in】类型，如图7-32所示。

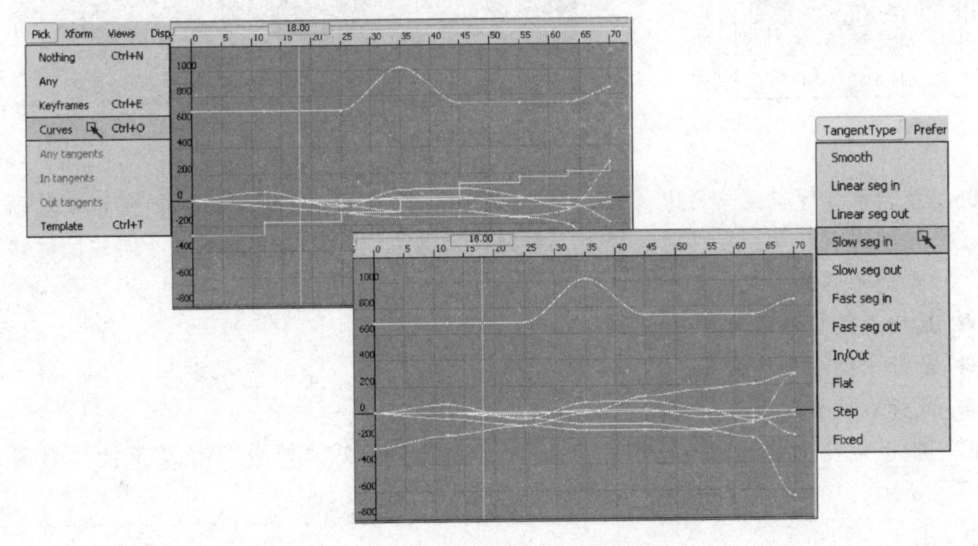

图7-32　修改所有曲线的切线类型

以下是不同切线类型的含义。

- 【Smooth】：在所选关键帧的前一个关键帧和后一个关键帧之间进行平滑过渡，其切线是共线性的。

- 【Linear seg in】：此类型出现在所选关键帧与上一个关键帧之间的直线上。上一个关键帧的出切线和所选关键帧的入切线与此直线平行。
- 【Linear seg out】：此类型出现在所选关键帧与下一个关键帧之间的直线上。所选关键帧的出切线和下一个关键帧的入切线与此直线平行。
- 【Slow seg in】：进入关键帧时，运动会减慢。
- 【Slow seg out】：在关键帧后面的曲线段起始部分运动比较缓慢。
- 【Fast seg in】：在进入所选关键帧时移动速度会加快。
- 【Fast seg out】：移出所选关键帧后速度会加快。
- 【In/Out】：平缓移出新的关键帧，并平缓进入下一个关键帧。
- 【Flat】：新关键帧的入切线和出切线均是水平的。
- 【Step】：新关键帧的出切线是平直的。
- 【Fixed】：所选关键帧的切线可以固定为当前角度。

05 执行动作窗口菜单栏中【pick】|【Keyframes】命令，然后在图形编辑器窗口中单击位于动画曲线上面的实心圆点（表示的就是关键帧），将选取关键帧，如图7-33所示。

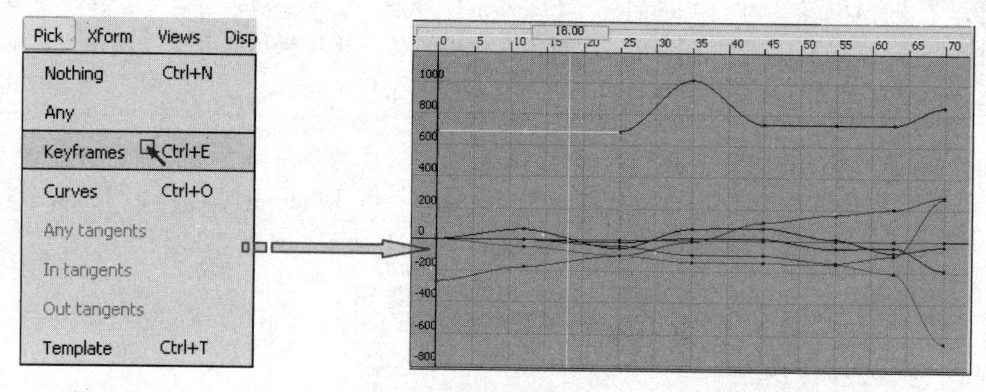

图7-33　选取关键帧

06 执行动作窗口菜单栏中【Xform】|【Move】命令，在图形编辑器窗口中可以对关键帧进行移动，在移动过程中，关键帧仍保留设定的切线类型。不同的鼠标键可以形成不同的约束。

- 鼠标左键自由移动。
- 鼠标中键水平移动。
- 鼠标右键垂直移动。

07 按下键盘上的【Shift】键，可以同时选取多个关键帧进行移动变换，如图7-34所示。

技巧点拨	可以将动作窗口理解为与视图窗口彼此独立的一个窗口，图形编辑器窗口中的动画曲线一样可以通过缩放移动来查看，动作窗口中还有独立的标记菜单。

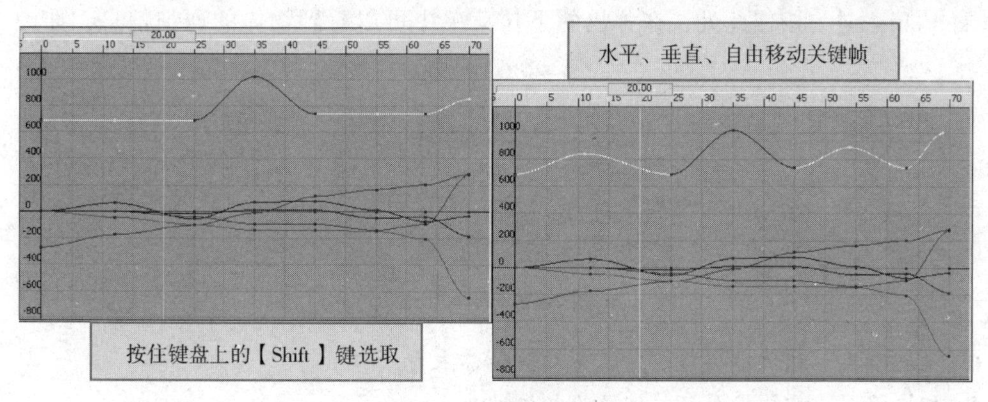

图 7-34　移动关键帧

08　以下是位于动作窗口中的标记菜单，如图 7-35 所示。

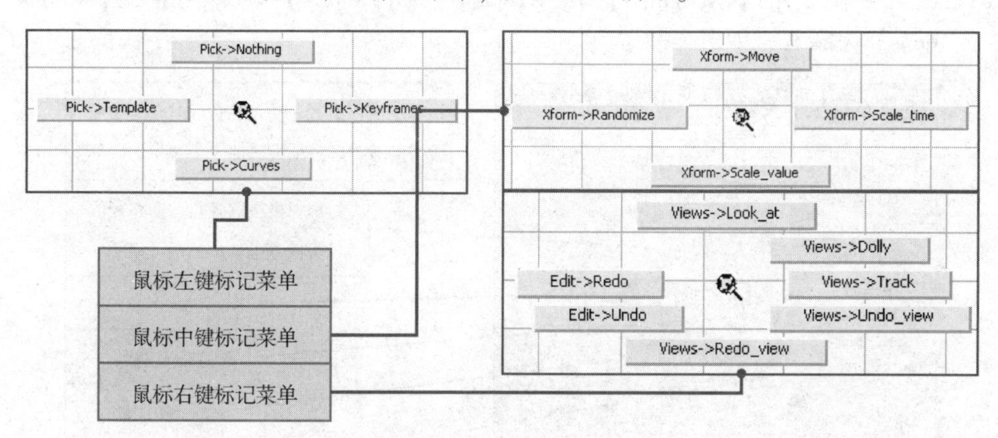

图 7-35　动作窗口标记菜单

09　执行动作窗口菜单中【Preferences】|【Edit Making Menus】命令，打开动作窗口标记菜单工具架，可以通过它来编辑标记菜单中的命令，如图 7-36 所示。

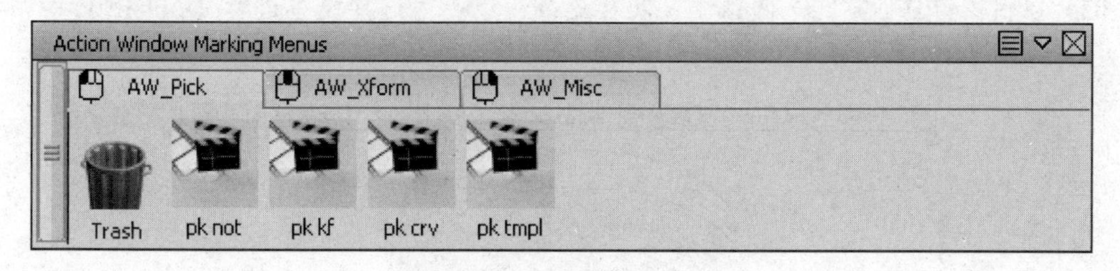

图 7-36　编辑动作窗口标记菜单

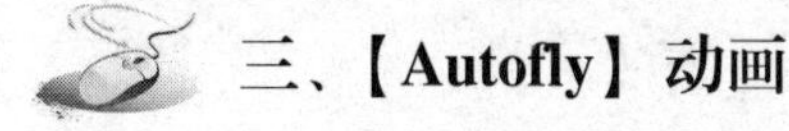

三、【Autofly】动画

【Autofly】动画是相机沿着某个路径为场景的视图设置动画，以此创建的动画相对于转盘动画来说（转盘动画可以理解为相机沿着固定的路径旋转，引起视图的变化），显得更为自由。

在透视图窗口标题栏处，单击相机图标，在控制窗口中的选取物体信息栏将显示为

【3 picked objects】，按住此处，在弹出的下拉菜单中可以看到物体的详细信息，如图 7-37 所示。

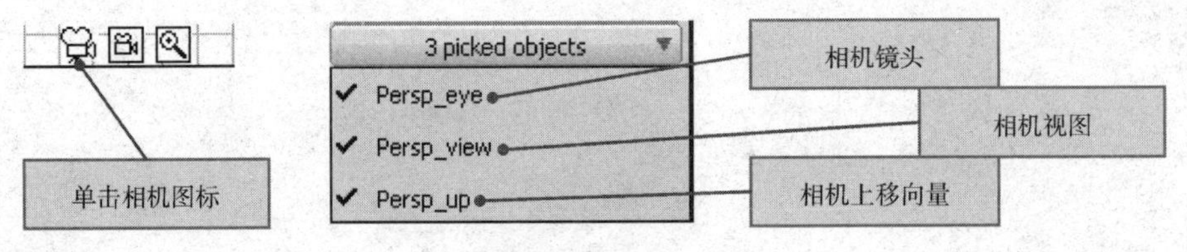

图 7-37　选择相机

- 相机镜头：相机镜头可以理解为相机设备本身。
- 相机视图：相机视图可以理解为相机的焦点。
- 相机上移向量：在任意给定时间，相机上移向量为相机相对于相机镜头的当前角度。

01 执行菜单栏中【Animation】|【Tools】|【Autofly】命令，打开【Autofly Options】对话框，如图 7-38 所示。

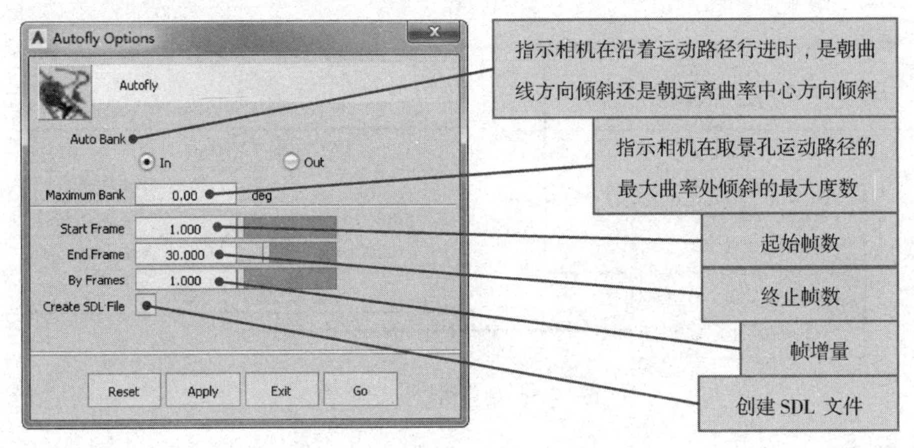

图 7-38　【Autofly Options】对话框

02 在视图窗口创建几个圆锥体，以及几条曲线。用这些模型进行【Autofly】的演示，如图 7-39 所示。

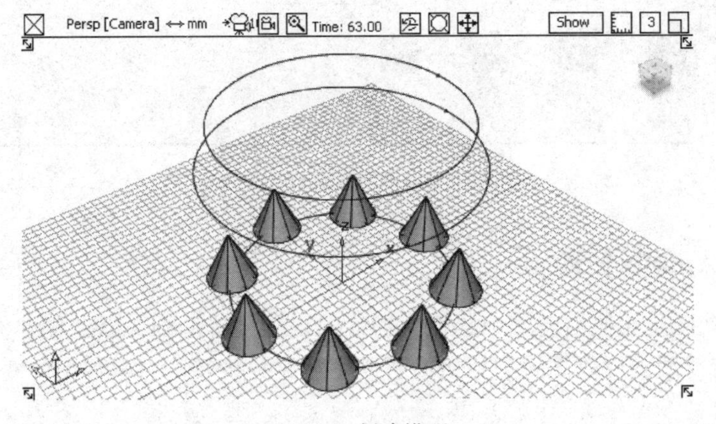

图 7-39　创建模型

03 单击菜单栏中【Animation】|【Tools】|【Autofly】命令右侧图标□，在打开的对话框中将【End Frame】设置为360，其他选项保持默认设置，单击对话框下方的【Go】按钮。

04 根据提示行中的提示依次选取曲线，如图7-40所示。

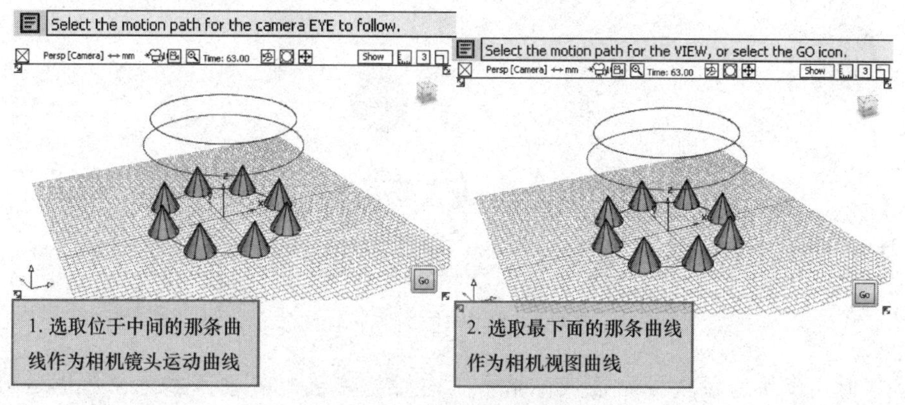

图7-40　选取运动路径曲线

05 提示行显示为 Select the motion path for the UP, or select the GO icon.，选取剩下的那条曲线，【Autofly】动画将自行播放。

技巧点拨	这类似于从空中俯瞰这一系列圆锥体，播放速度的快慢可以通过增大/减小起始终止帧数范围来控制，也可通过调节每秒播放的帧数来控制。

- 创建【Autofly】动画，可以只选取一条路径曲线，然后单击视图下方的【Go】按钮，这条曲线将作为相机镜头的运动曲线，相机视图保持为相机的正前方。
- 如果选取了两条路径曲线，然后单击视图下方的【Go】按钮，则第一条路径曲线作为相机镜头的运动曲线，第二条路径曲线作为相机视图的移动曲线，相机将始终与为镜头指定的路径保持平行。

四、创建运动路径动画

创建运动路径动画即是创建所选取的对象沿一条曲线运动的动画。

1. 创建运动路径动画

01 在视图窗口中创建一个圆球体和一条曲线，为创建运动路径动画做准备，如图7-41所示。

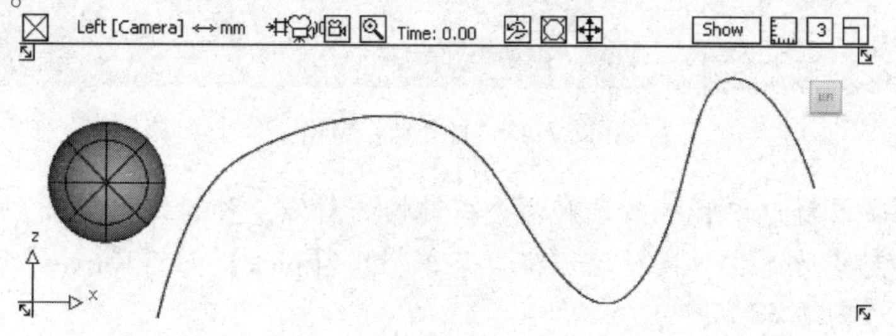

图7-41　创建圆球体与曲线

02 选取圆球体，然后执行菜单栏中【Animation】|【Tools】|【Set Motion】命令，在透视图中选取那条作为路径的曲线，如图7-42所示。

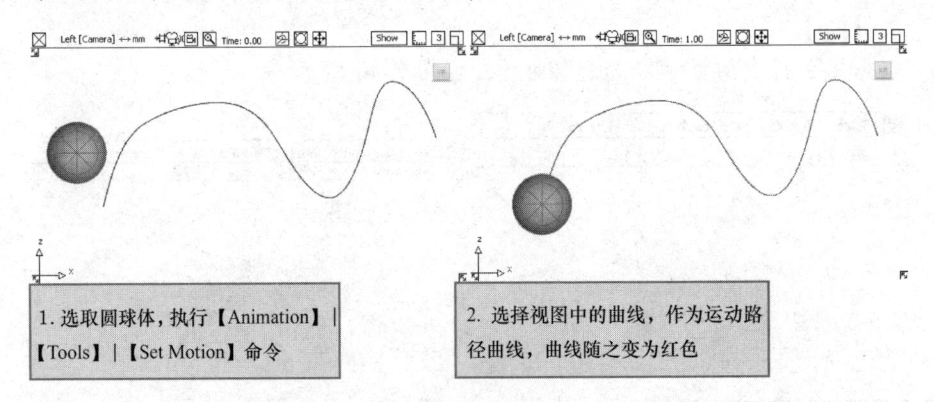

1. 选取圆球体，执行【Animation】|【Tools】|【Set Motion】命令
2. 选择视图中的曲线，作为运动路径曲线，曲线随之变为红色

图7-42 创建路径动画

03 在时间滑块的播放控制区域，单击正向播放按钮，圆球沿着路径曲线运动，减小【by】、【fps】的数值，可以放慢播放速度。

> **技巧点拨** 在创建运动路径动画之前，也可在【Set Motion】对话框中设置起始终止关键帧的数值，从而控制动画时间的长短。

2. 编辑运动路径

01 在圆球体处于选中的状态下，执行菜单栏中【Animation】|【Editors】|【Action Window】命令，打开动作窗口。在动作窗口菜单栏中执行【Views】|【Look at】命令，使运动曲线充满图形编辑器窗口，如图7-43所示。

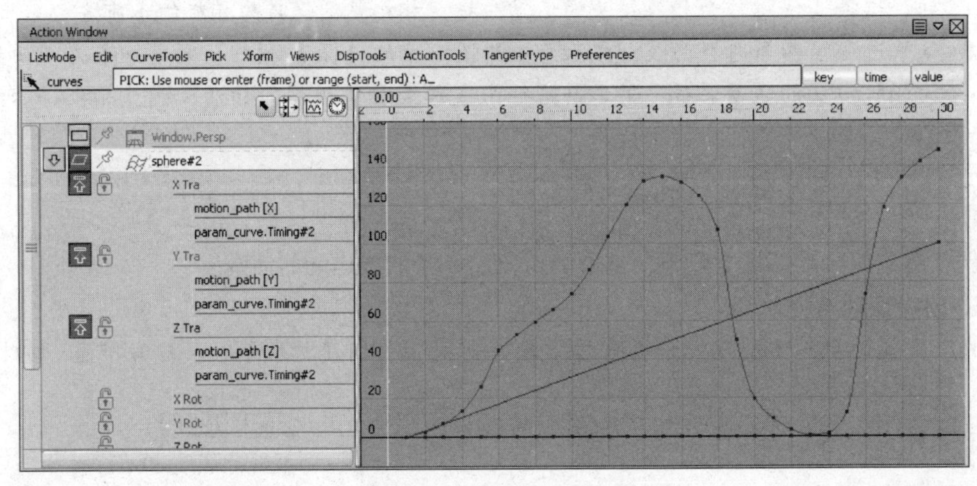

图7-43 打开动作窗口

02 图形编辑器窗口中有一条只有两个关键帧的斜线，称为定时曲线，表示对象沿着曲线的恒定移动速度。执行动作窗口菜单栏中【pick】|【Curves】命令，选择那条曲线，如图7-44所示。

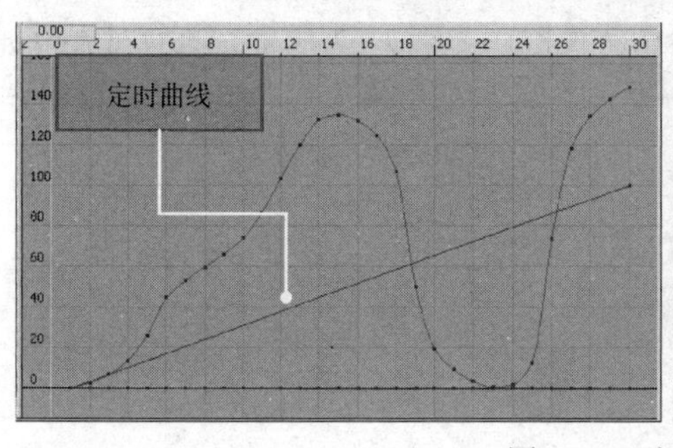

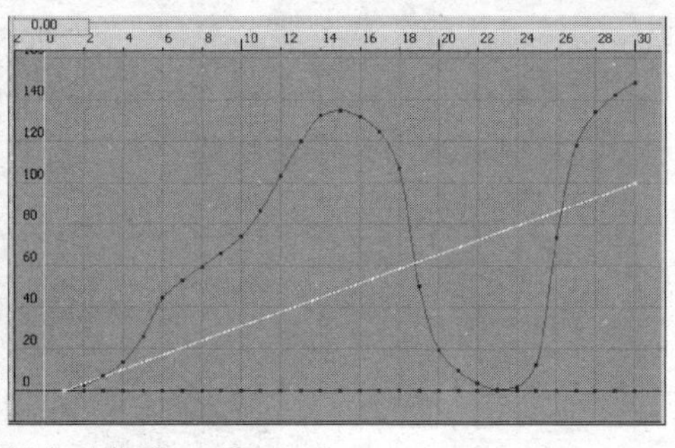

图 7-44 选择定时曲线

03 执行动作窗口菜单栏中【TangentType】|【Slow seg in】命令，曲线将随之发生变化，表示圆球体将快速运动，然后缓慢运动到达终点，如图 7-45 所示。

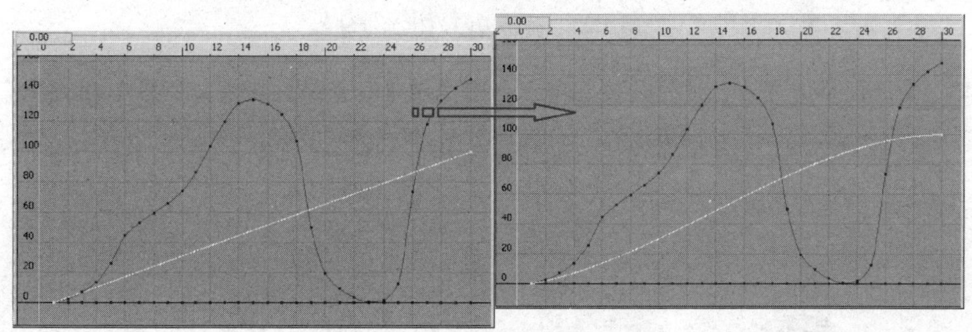

图 7-45 更改定时曲线切线类型

技巧点拨	编辑运动路径可以通过编辑运动路径曲线和编辑定时曲线两种方法完成。

04 关闭动作窗口，在时间滑块的播放控制区域，单击正向播放按钮，查看动画更改后所发生的变化。

技巧点拨	在动作窗口更改编辑运动路径曲线较为复杂，如果需要更改动画运行的路径，可以在视图窗口中显示作为路径曲线的 CV 点，然后通过移动曲线上方的 CV 点来更改调整动画的运动路径。

3. 为动画添加相机视图

刚刚创建的运动路径动画，在播放的过程中，工作窗口视图将保持不动。为动画添加相机视图，可以在动画播放的过程中使视图也随之变化，整个动画就会显得更为生动。

01 在透视图标题栏处单击相机图标，选取相机。单击菜单栏中【Animation】|【Keyframe】|【Set Keyframe】命令右侧图标 ▫，打开设置关键帧对话框，将【Frame】中的选项改为【Prompt】，如图 7-46 所示。

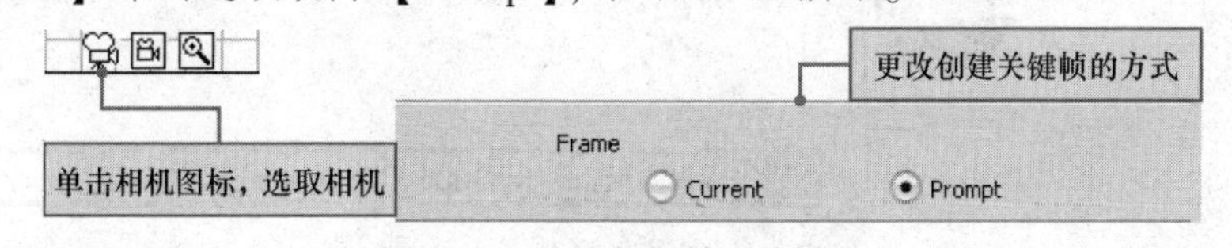

图 7-46 选取相机并更改设置

02 在圆球体的起始位置，旋转、缩放、移动视图，如图7-47所示。执行【Animation】|【Keyframe】|【Set Keyframe】命令，在提示行中输入0，将此时的视图作为相机视图动画的开始关键帧。

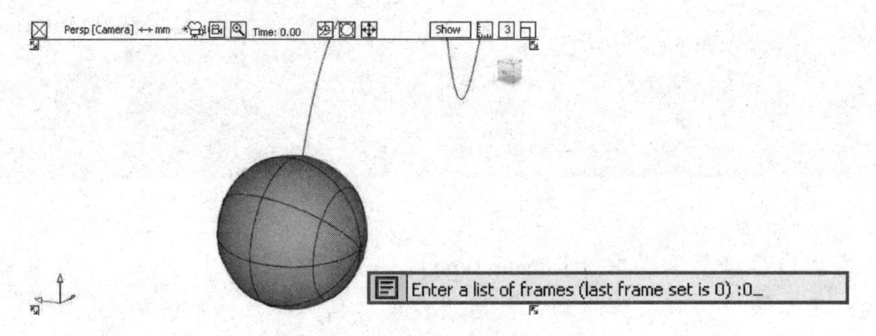

图7-47 旋转视图创建关键帧

03 采用同样的方法，通过旋转视图，为相机创建其余的关键帧，如图7-48所示。

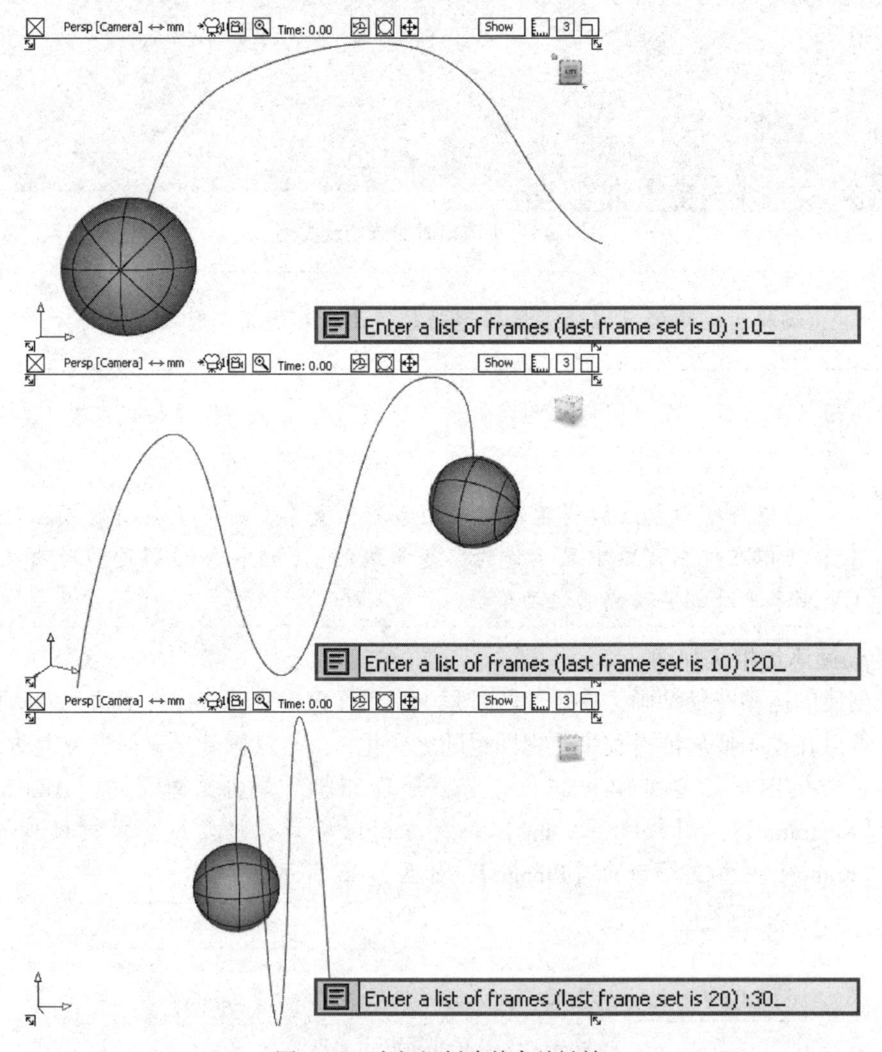

图7-48 为相机创建其余关键帧

04 在时间滑块的播放控制区域中单击正向播放按钮，查看为动画添加相机视图后的动画效果。

第 3 节 其他动画相关知识

在高级曲面一章中，提到了【Anim Sweep】工具，在学习了动画设计基础之后，不再难以理解，因此将在这一节做详细的介绍。

01 在【Front】正交视图中创建一条曲线，在【Left】正交视图中，将其水平移动到视图的左侧，如图 7-49 所示。

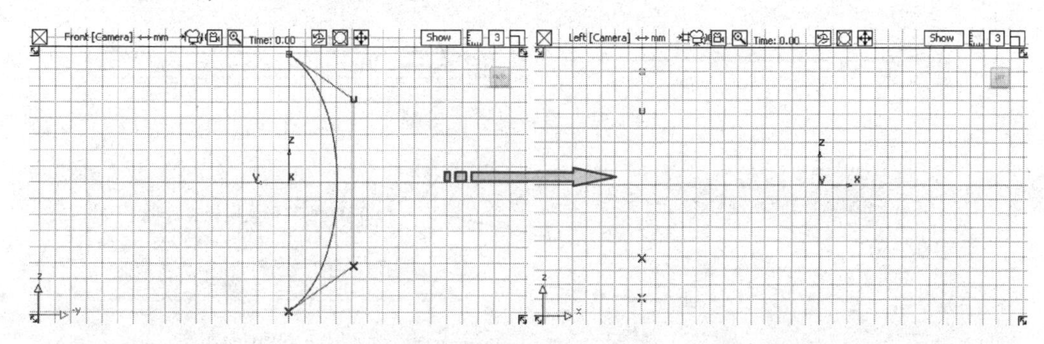

图 7-49 创建并移动曲线

02 在曲线处于选中状态下，执行【Animation】|【Keyframe】|【Set Keyframe】命令（确保设置关键帧类型为【Prompt】类型），在提示行中输入 0，将此位置作为动画的起点关键帧，如图 7-50 所示。

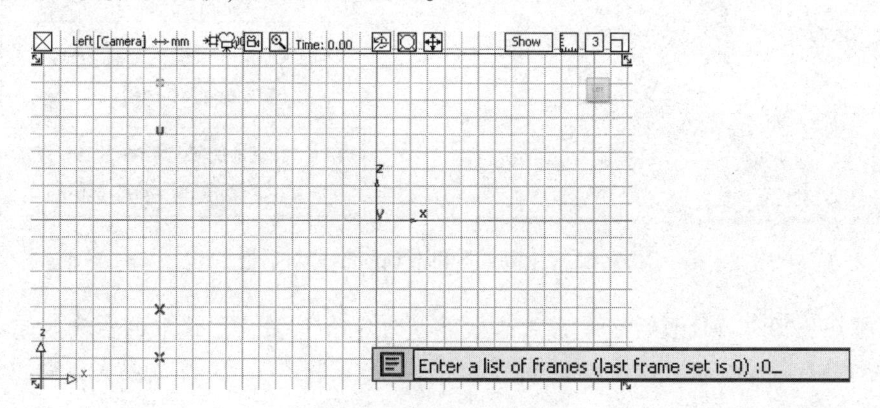

图 7-50 设置起始关键帧

03 使用移动工具，将曲线水平移动到曲线的右侧，执行鼠标中键标记菜单中【Center Pivot】命令，然后执行鼠标中键标记菜单中【Scale】命令，等比缩放该曲线。执行【Animation】|【Keyframe】|【Set Keyframe】命令，在提示行中输入 10，将此位置作为动画的终点关键帧，如图 7-51 所示。

04 确保曲线处于选中状态。在工具箱的【Surface】工具标签中双击【Anim Sweep】图标，打开【Anim Sweep Options】对话框，如图 7-52 所示。

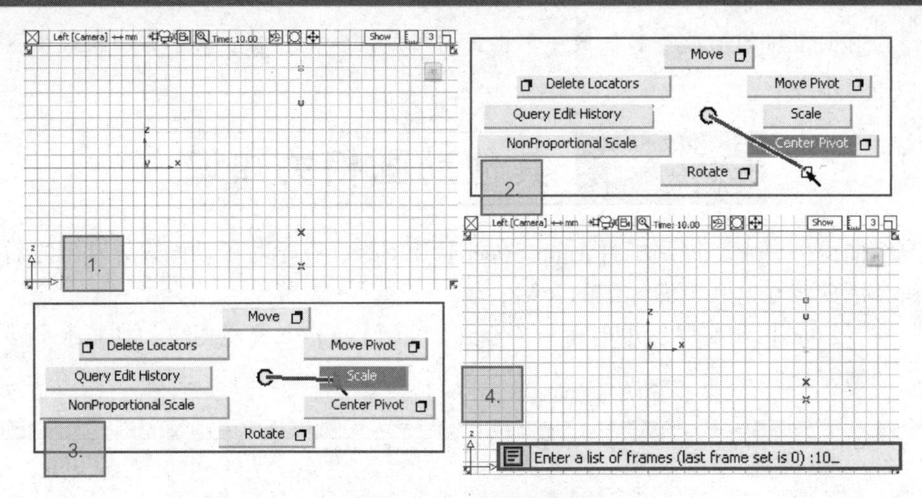

图 7-51　设置终点关键帧

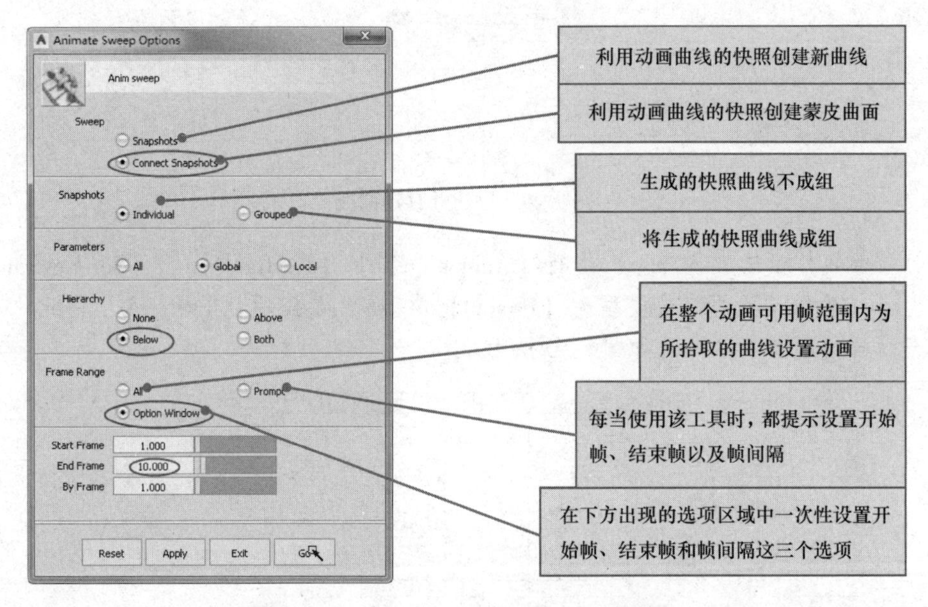

图 7-52　【Anim Sweep Options】对话框

05 按照上图进行设置后，单击对话框下方的【Go】按钮。选取的曲线从起始帧扫掠到终点帧，在这过程中创建了一些快照（与设置有关），形成蒙皮曲面，如图 7-53 所示。

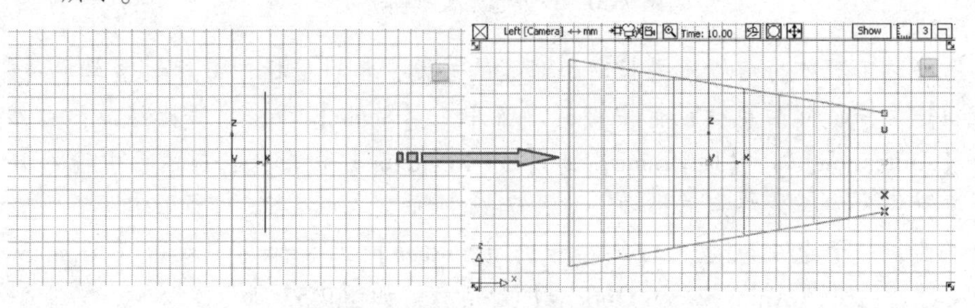

图 7-53　创建蒙皮曲面

技巧点拨

如果在【Anim Sweep】工具对话框中，将【Sweep】类型更改为【Snapshots】，则【Anim Sweep】工具将以该曲线的十个快照创建出十条曲线（最后一条与原始曲线位置重合）。在创建完成后，系统会弹出一个对话框询问是否保留曲线，如对结果满意，单击【Yes】按钮，将保留曲线；如觉得不满意，单击【No】按钮，曲线将被删除，如图7-54所示。

【Anim Sweep】工具也可以为对象在一条曲线上创建阵列。

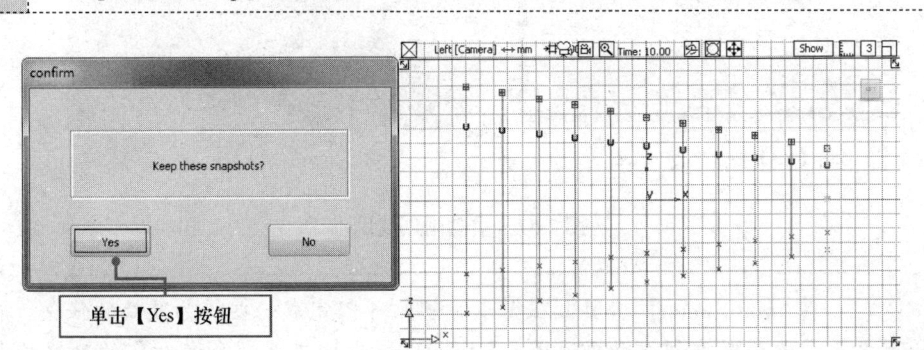

图7-54 使用【Anim Sweep】工具创建曲线

06 如图7-55所示，创建了一个立方体沿着一条曲线移动的运动路径动画，起始关键帧分别为0、30。

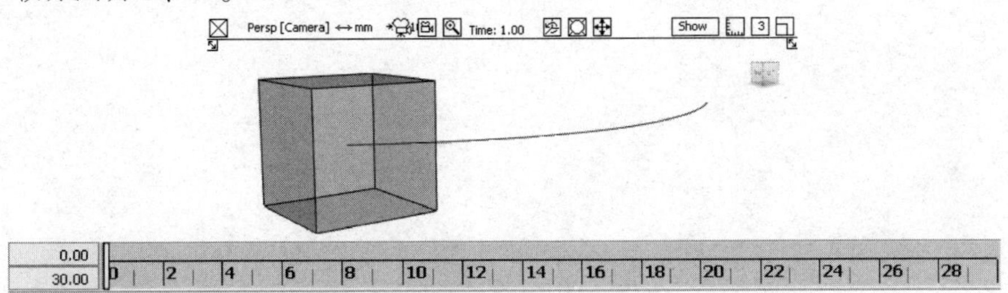

图7-55 运动路径动画

07 确保立方体处于选中状态，双击【Anim Sweep】工具图标，打开其对话框，按照如图7-56所示进行设置。

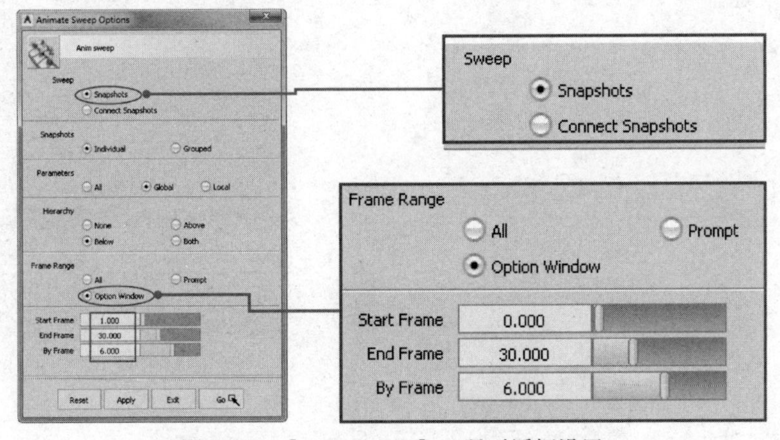

图7-56 【Anim Sweep】工具对话框设置

08 单击对话框下方的【Go】按钮，应用【Anim Sweep】工具沿运动路径创建出几个立方体。单击弹出的对话框中的【Yes】按钮，确认保存创建的立方体，如图7-57所示。

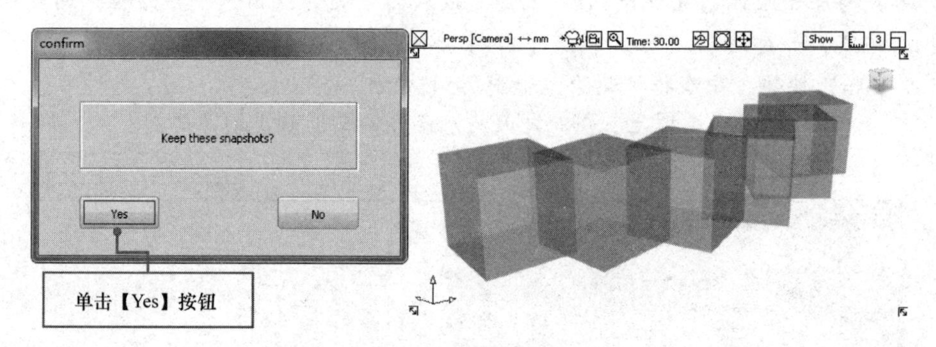

图7-57 沿动画创建副本

技巧点拨

【Anim Sweep】工具在很多时候，可以完成一些较为复杂的任务，在使用之前需要为对象创建动画通道。【Anim Sweep】工具会在对象的动画播放过程中按设置的时间间隔为对象创建快照，最终将这些快照进行保存并用于下一级的使用。

第 8 章

数码科技产品设计案例

数码科技产品中，手机最具有代表性，所以在这一章的综合实例中就以手机为例。

不同类型手机的建模方法、建模精度有很大的差别，但是大多都使用拉伸曲面工具，通过构建基本的曲线，创建模型的大体，然后在原型上进行雕琢。

案例展现

ANLIZHANXIAN

案 例 图	描 述
	如今大多数的手机均为简约的外形，但是看起来却不单调，主体中，手机屏幕占去了很大的部分，而它出色的地方主要在于细节的勾勒
	这款造型独特的苹果形状电话座机由三部分构成：座机主体、座机话筒和座机电话线。再仔细分析会发现，构成这些部分的元素是由相对规则的几何体演变而来的，属于左右对称造型。其实，只需要完成一半的造型再镜像生成另外一部分，这在很大程度上提高了建模效率

项目实战 手机产品设计

练习文件路径：examples \ Ch08 \ phone. wire
演示视频路径：视频 \ Ch08 \ 手机产品设计 . avi

完成本次练习后，您将掌握在 Alias 里如何精确建模，并对同类模型的建模产生较深刻的认识，对于产品细节的把握也更为细腻。

设计完成的手机产品造型如图 8-1 所示。

图 8-1　手机产品

操作步骤

01 启动 Alias 软件，进入新环境界面。

02 执行菜单栏中【Preferences】|【Construction Options】命令，打开构建对话框。在打开的窗口的下方【Linear】标签中，确保【Main Units】设置为【mm】，关闭窗口，如图 8-2 所示。

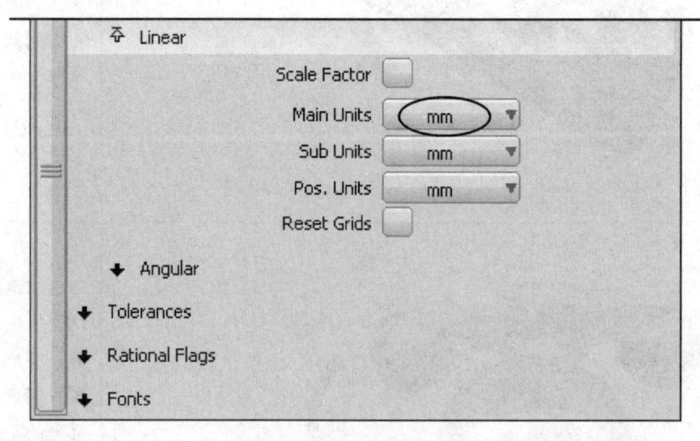

图 8-2　构建选项设置

03 在【Palette】（工具箱）的【Construction】工具标签中，双击【Grid preset】工具图标，打开其对话框。在【Preset Grid Options】对话框中设置【Grid Spacing】为 10mm，设置【Perspective Grid Extent】选项为 320mm，如图 8-3 所示。

04 在【Top】正交视窗中，选择【Line】工具，按住键盘上的【Alt】键，在原点附近单击，将直线的起点放置在原点。激活提示行，在提示行中输入（0，46，0），按下键盘上的【Enter】键确定，完成曲线创建，如图 8-4 所示。

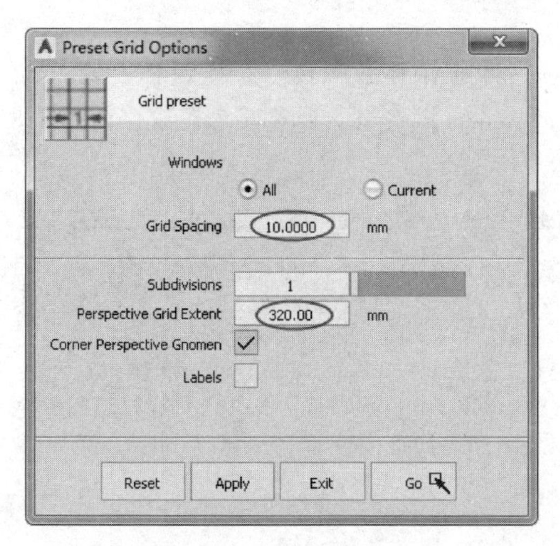

图 8-3　选项设置

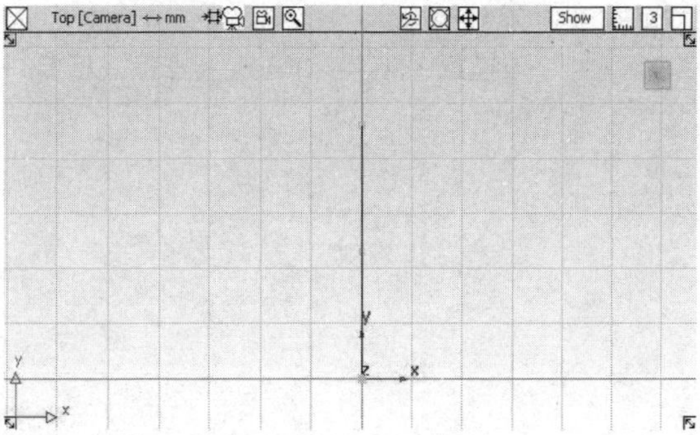

图 8-4　创建曲线

05 在曲线处于选中状态下，选择【Move】工具，在提示行中输入 -23，按下【Enter】键确定，曲线沿 X 轴向左移动 23mm，如图 8-5 所示。

06 选择【Line】工具，在【Top】正交视窗上，按住键盘上的【Ctrl】键，将新建曲线的起点捕捉到刚刚创建曲线的上部端点，然后按住鼠标中键向右侧平移，同时按下键盘上的【Alt】键，使曲线的终点位于【Top】正交视窗的垂直坐标轴上，如图 8-6 所示。

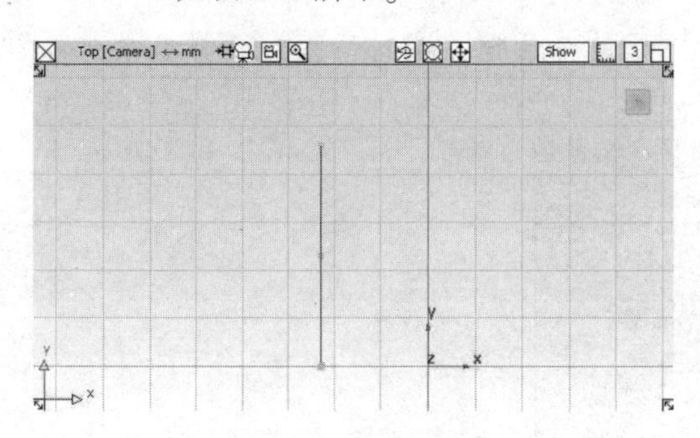

图 8-5　移动曲线

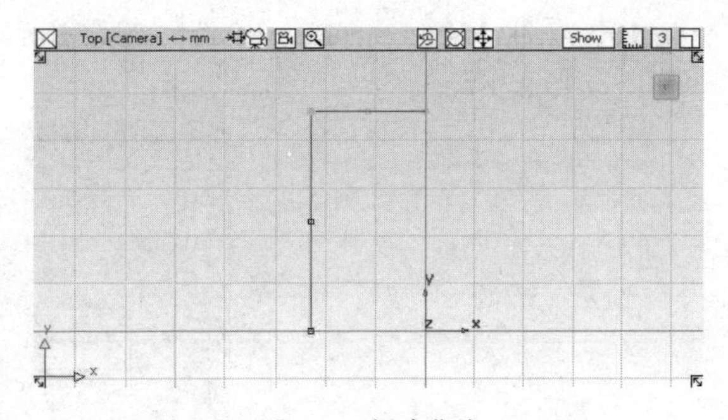

图 8-6　创建曲线

07 选择【Arc Tangent to Curve】工具，单击刚刚创建的曲线，并按住鼠标左键拖动，将起点放置到曲线的右端点。在垂直坐标轴的左侧放置另一点，使其达到需要的弧度，如图 8-7 所示。

> **技巧点拨**
>
> 如果需要调节关键点曲线的形状，可尝试使用关键点曲线工具箱中的【Drag keypoints】工具，选择关键点并拖动，从而修改关键点曲线的形状。此工具无法在透视图中使用，即使是使用【ViewCube】工具将透视图切为正交视图也无法使用。

08 在以后的操作中不再需要第二条曲线，可以将其删除。在【Palette】（工具箱）的【Curves】工具标签中按住【Duplicate curve】工具图标，在弹出的工具中选择【Fillet curves】工具。

09 在【Top】视窗中，首先选择垂直的曲线，再选择那条弧线。在提示行中输入5，按下【Enter】键确定。在视窗下方单击【Accept】按钮，创建圆角曲线，如图8-8所示。

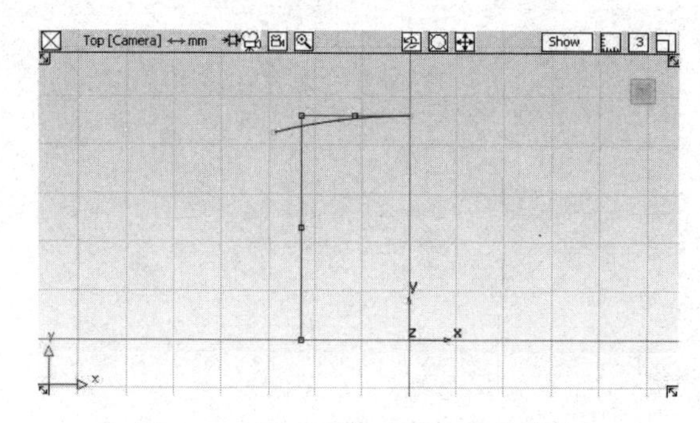

图8-7　创建与已知直线相切的曲线

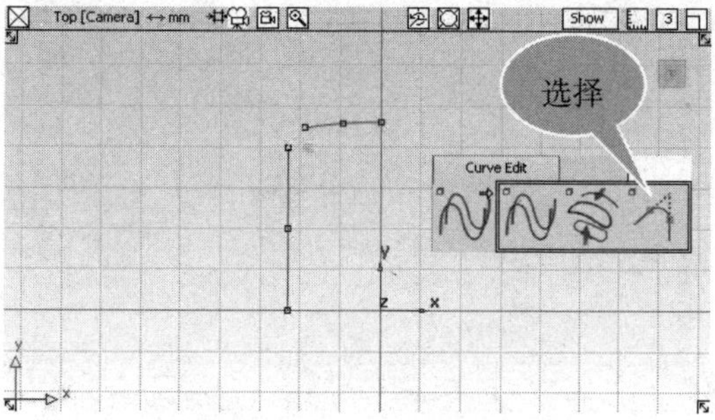

图8-8　创建圆角曲线

技巧点拨　在创建关键点曲线的时候，可能会发现在视图中出现了很多的引导线，如果不希望看到这些引导线，可以执行菜单栏中【Delete】|【Delete Guidelines】命令，删除引导线，也可单击菜单栏中【Preferences】|【General Preferences】命令右侧图标，在弹出的窗口中单击【Modeling】标签，将其中的【Maximum number of guidelines】选项设置为0，在以后创建关键点曲线时将不会出现引导线。

10 双击【Multi-surface draft】工具图标，打开其对话框，在对话框中设置参数，如图8-9所示。

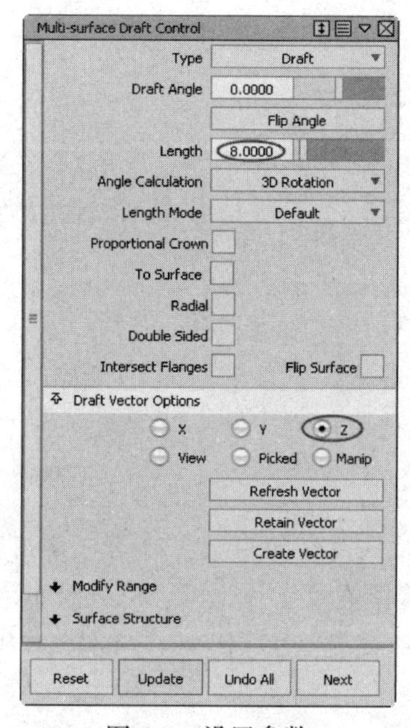

图8-9　设置参数

11 收起对话框，在透视窗中用选取框选取所有曲线，形成拉伸曲面，如图8-10所示。

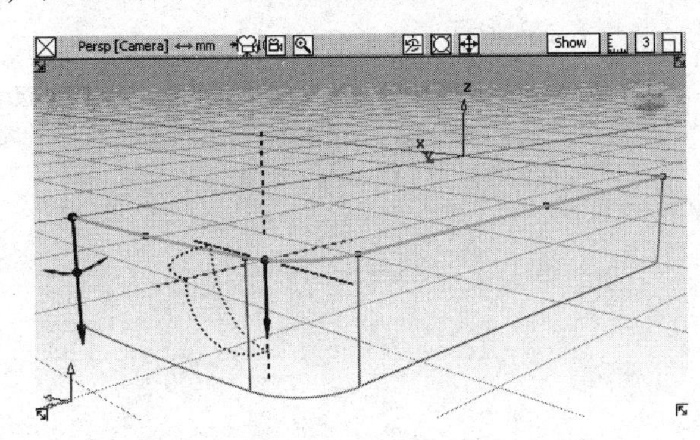

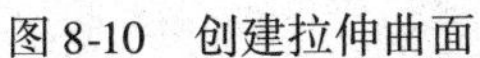

图8-10 创建拉伸曲面

12 执行标记菜单中【Pick surface】命令，选择刚刚创建的拉伸曲面的短边侧曲面。在【Control panel】的【Display】标签中勾选【CV/Hull】选项，显示曲面的CV点。

13 选择【Pick CV】工具（选择【Pick hull】工具更为方便），选择【Move】工具，按住键盘上的【Shift】键选择拉伸曲面中间的两行CV点。在【Top】正交视窗中，按住鼠标右键，向上移动CV点，使得侧边曲面呈凸起状（如观察不明显，可以将曲面着色显示，然后在调整的过程中切换到透视窗中查看），如图8-11所示。

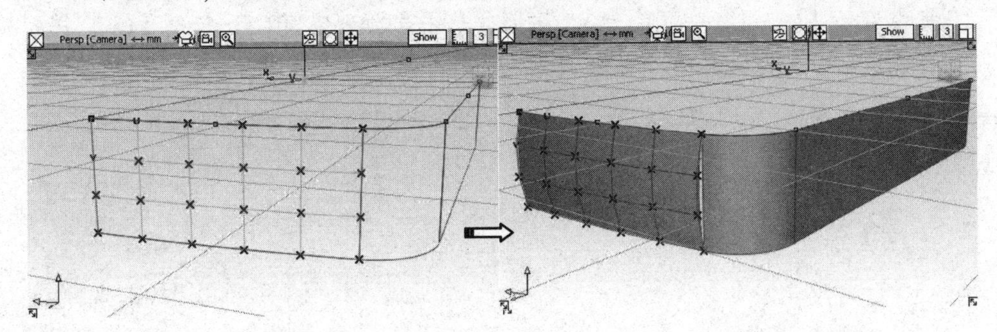

图8-11 拉伸CV点

14 执行标记菜单中【Pick nothing】命令，选择【Align】工具，设置为【G2 Curvature】连续，在透视窗中单击拉伸圆角曲面的一边，然后单击上侧面的边缘，将两面G2连续对齐，如图8-12所示。

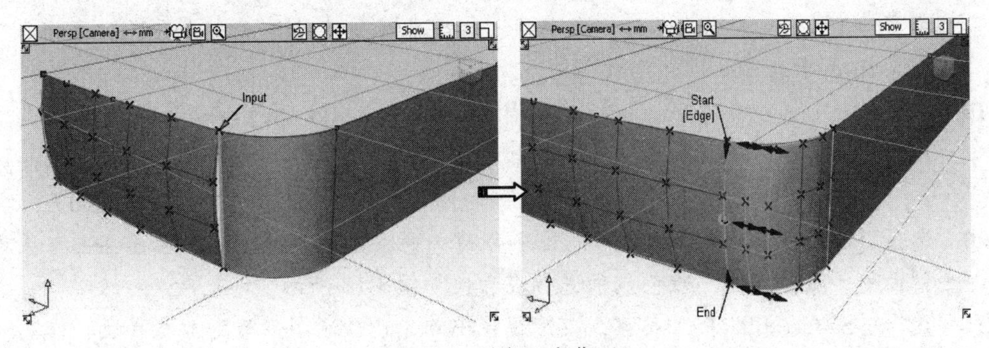

图8-12 对齐两个曲面

15 继续使用【Align】工具，在透视窗中单击拉伸圆角曲面的另一边，使其与左侧面的边缘对齐，如图 8-13 所示。

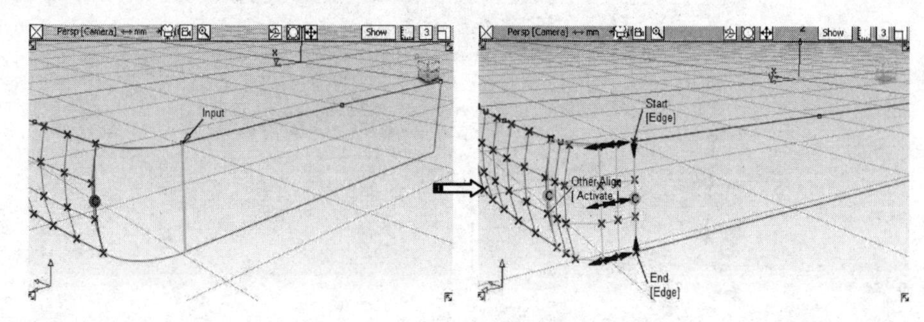

图 8-13　对齐两个曲面

16 在鼠标左键的标记菜单中选择【Pick surface】命令，在透视窗用选取框圈选所有曲面。单击菜单栏中【Edit】|【Duplicate】|【Mirror】命令右侧图标，在创建镜像副本对话框中将【Mirror Across】设置为 XZ 平面，单击设置窗口下方的【Go】按钮，镜像选择的曲面，如图 8-14 所示。

17 再次选择【Pick surface】命令，在透视窗中用选取框圈选所有曲面，单击标记菜单栏中【Edit】|【Duplicate】|【Mirror】命令右侧图标，在创建镜像副本对话框中设置【Mirror Across】为 YZ 平面，单击选项设置窗口下方的【Go】按钮，创建镜像副本，如图 8-15 所示。

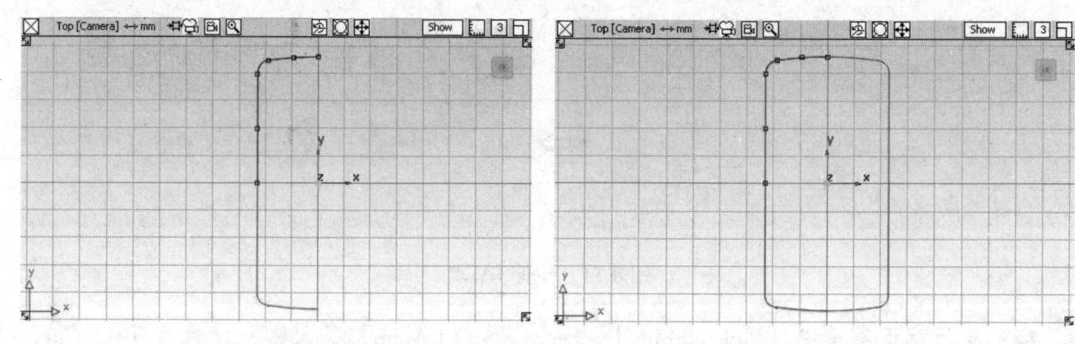

图 8-14　镜像物体　　　　图 8-15　镜像物体

18 执行标记菜单中【Pick nothing】命令，取消选择。选择【New CV curve】工具，在【Left】正交视窗中创建一条曲线，修改曲线，使其与创建的手机侧面相交，如图 8-16 所示。

19 在曲线处于选中状态下，执行菜单栏中【Edit】|【Copy】命令，然后执行菜单栏中【Edit】|【Paste】命令，在曲线的原来位置复制一条曲线。选择【Move】工具，在【Top】正交视窗中，垂直移动两条曲线到合适的位置，如图 8-17 所示。

20 选择【Skin】工具，依次单击刚刚创建的两条曲线，形成放样曲面，并与手机的侧面处于相交状态，着色显示进行查看，如图 8-18 所示。

21 选择【Surface fillet】工具，在透视窗中首先选择刚刚创建的放样曲面，单击透视窗下方的【Accept】按钮，然后用选取框圈选所有侧面，单击透视窗下方再次出现的

【Accept】按钮。双击【Surface fillet】工具图标，打开其对话框，设置倒角的半径大小等，单击透视窗中右下方的【Build】按钮，创建倒角曲面，如图8-19所示。

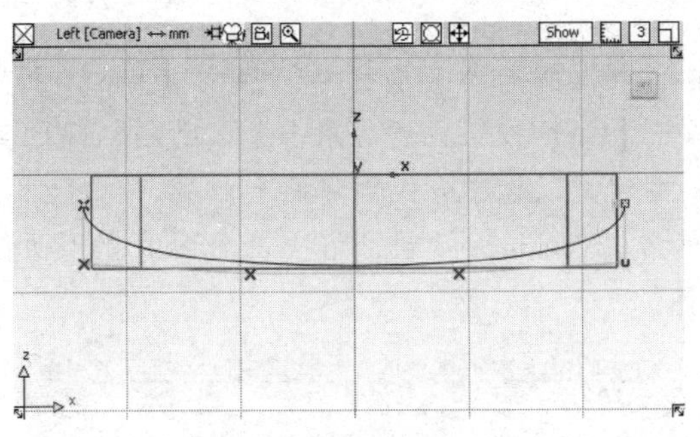

图8-16　创建曲线

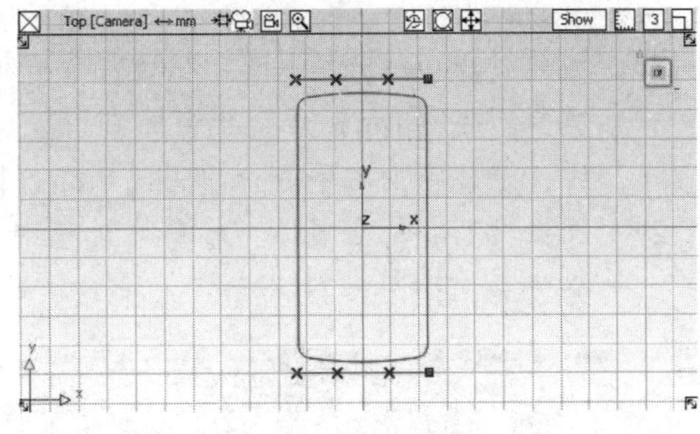

图8-17　移动曲线

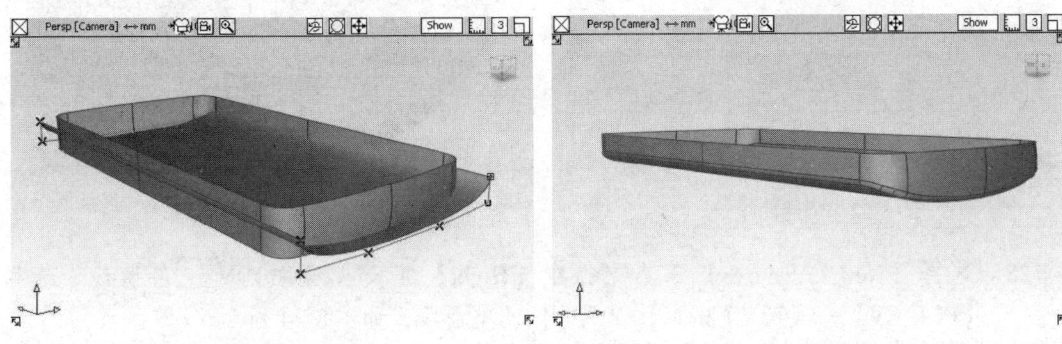

图8-18　创建放样曲面

图8-19　创建倒角曲面

22 创建一个新层，执行标记菜单中【Pick curves】命令，在视窗中选取不用的曲线，放置到新层中，并隐藏新层。

23 在【Surfaces】工具标签中选择【Plane】工具，按住键盘上的【Alt】键，在【Top】正交视窗坐标轴原点处创建一个平面。使用操纵器缩放平面，使其大于手机的四边边缘，用作上平面，如图8-20所示。

24 选择【Surface fillet】工具，在透视窗中首先选择刚刚创建的平面，单击透视窗下方的【Accept】按钮，然后用选取框圈选所有侧面，单击透视窗下方再次出现的【Accept】按钮。双击【Surface fillet】工具图标，打开其对话框，调整倒角的半径大小，单击透视窗中右下方的【Build】按钮，创建倒角曲面，如图8-21所示。

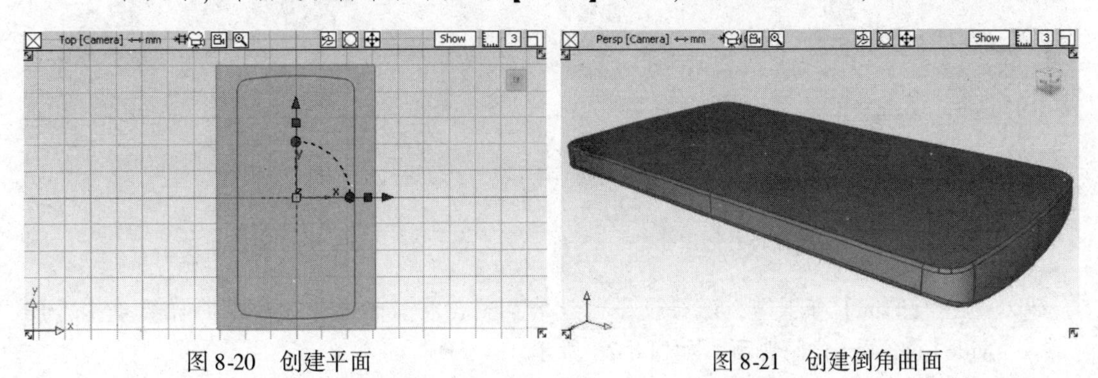

图8-20　创建平面

图8-21　创建倒角曲面

25 选择【Line】工具，在【Top】正交视窗中创建一条水平直线。选择【Move】工具，在【Top】正交视窗中移动这条直线到手机主体面下方的位置，如图8-22所示。

26 选择【Project】工具，在透视窗中用选取框圈选所有曲面，切换到【Top】正交视窗，在【Top】正交视窗的右下方单击【Go】按钮，然后单击选取刚刚创建的直线，在视窗的右下方，单击【Project】按钮，以投影方式创建面上曲线。

27 选择【Trim】工具，在剪切过程中单击【Divide】按钮，依次将曲面的上下两部分分隔，如图8-23所示。

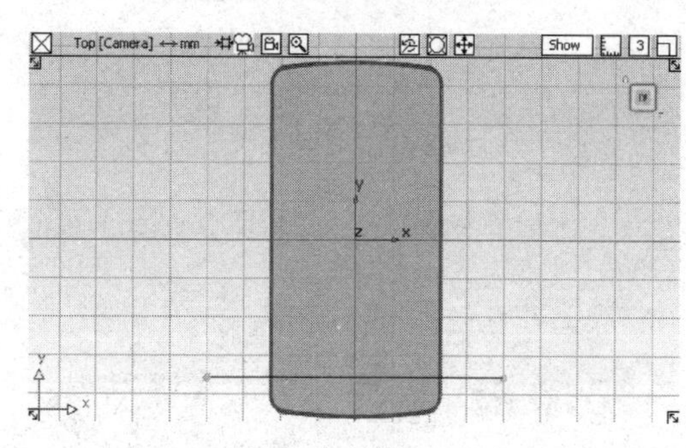

图8-22 创建曲线

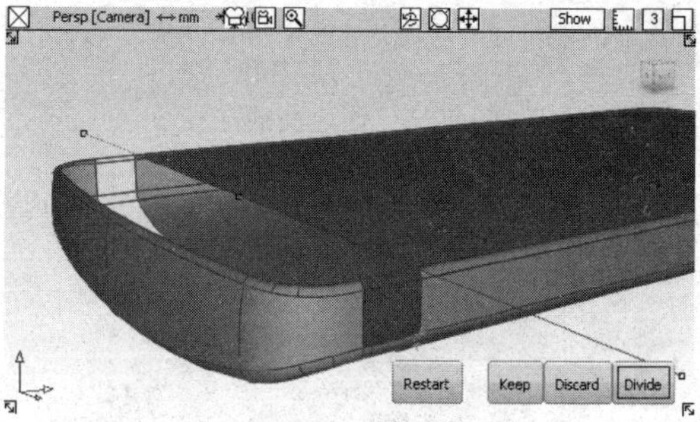

图8-23 剪切曲面

28 选择【New CV curve】工具，在【Right】正交视窗中创建一条曲线。选择【Pick CV】工具、【Move】工具，调整曲线，如图8-24所示。

> **技巧点拨** 创建图8-24中曲线的时候，可以选择创建曲线的左侧或右侧的一部分，然后执行菜单栏中创建镜像副本命令，在调整CV点时要保证两条曲线相切。

29 与上面的操作类似。选择【Project】工具，在透视窗圈选被分割的手机的上面那部分的曲面，在【Right】正交视窗中单击视窗右下方的【Go】按钮，然后，选取刚刚创建的那条曲线，单击视窗右下方出现的【Project】按钮，创建面上曲线，如图8-25所示。

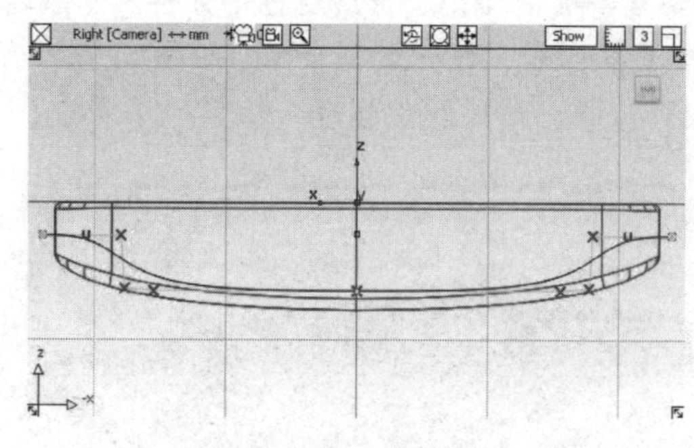

图8-24 创建曲线

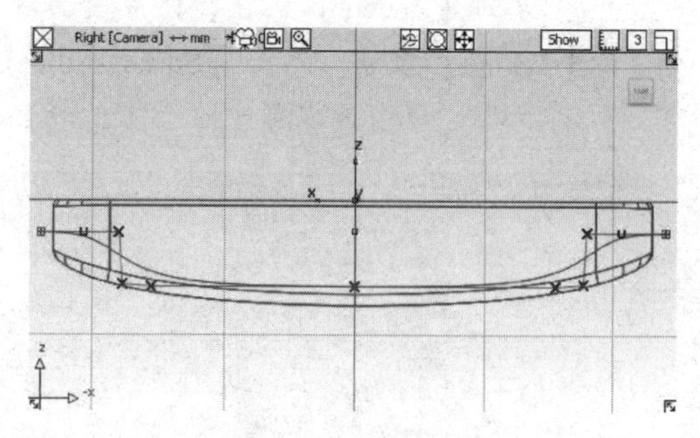

图8-25 投影曲线

30 选择【Trim】工具，获得投影曲线的侧面，在剪切操作过程中同样要单击【Divide】按钮，分隔曲面，如图8-26所示。

31 隐藏不需要的曲线。选择【Duplicate curve】工具，依次复制手机上边缘（除去圆角部分）的曲线，如图8-27所示。

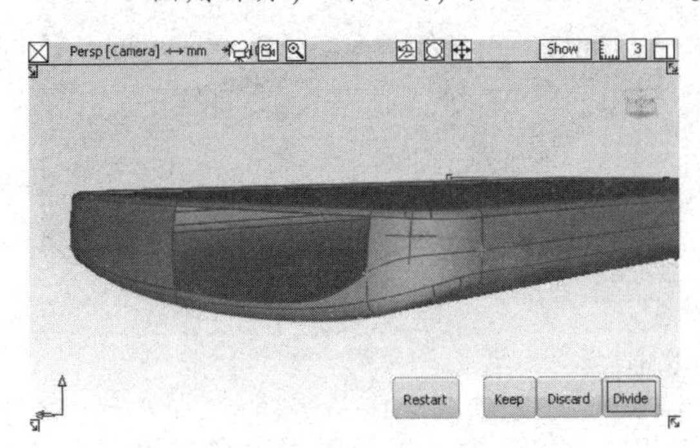

图8-26　剪切曲面

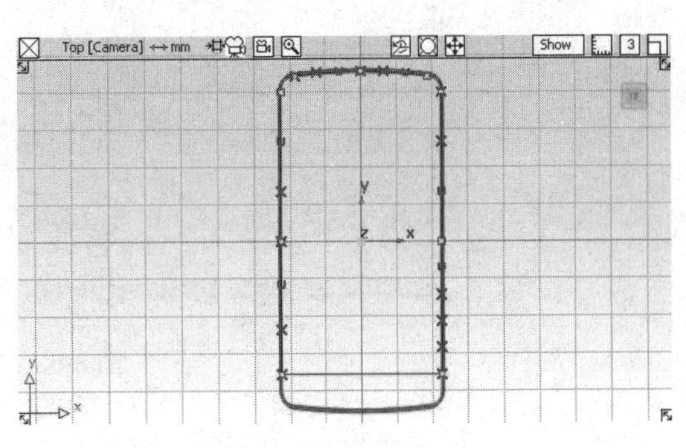

图8-27　复制曲线

32 在所有曲线处于选中的状态下，选择【Offset】工具，在【Top】正交视窗中，向内偏移这几条曲线，如图8-28所示。

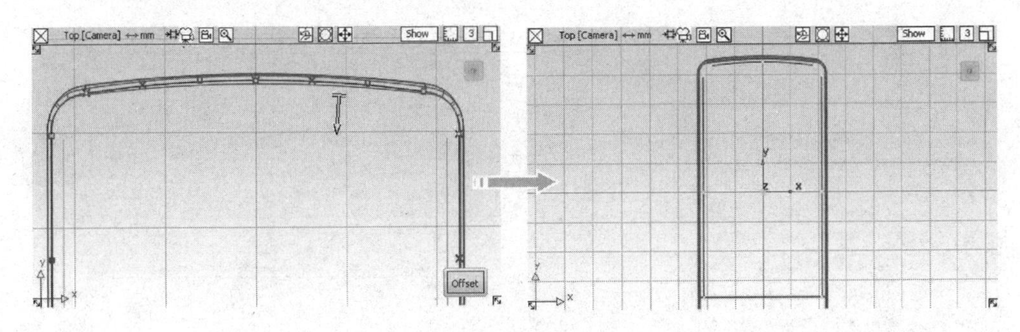

图8-28　偏移曲线

33 选择【Fillet curves】工具，为上端偏移的曲线创建圆角，结果如图8-29所示。

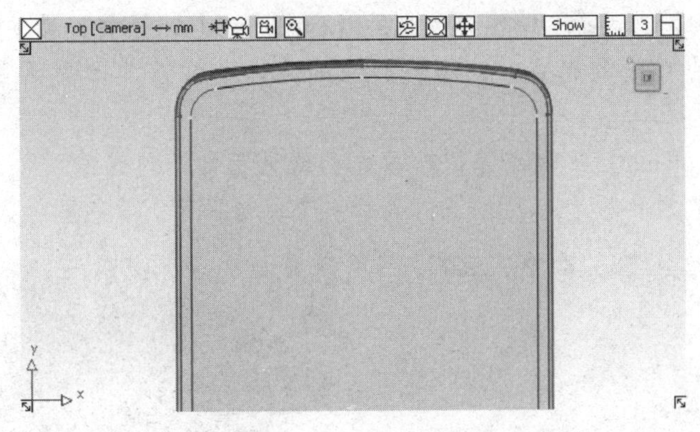

图8-29　创建圆角曲线

34 选择【Project】工具，在透视窗中选择手机上平面，切换到【Top】正交视窗中，单击视窗下偏移的曲线（包括那几条圆角曲线）。单击视窗下方的【Project】按钮，在手机上面创建面上曲线。

35 选择【Trim】工具，剪切掉面上曲线内部的那块曲面，如图8-30所示。

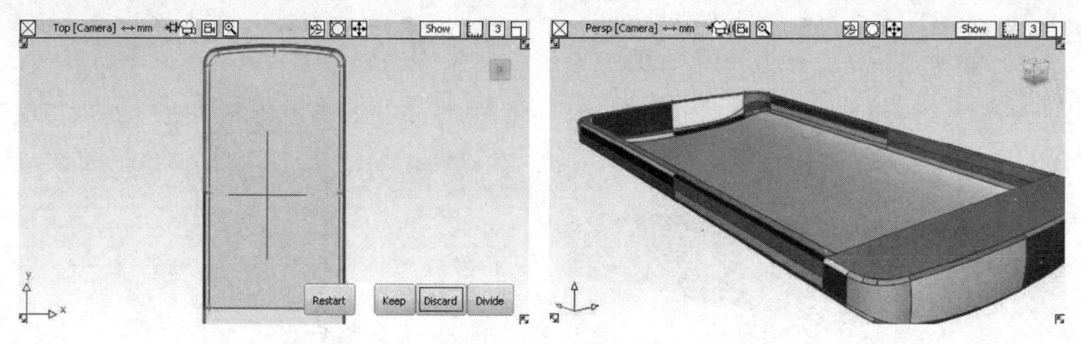

图 8-30　剪切曲面

36 双击【Fillet flange】工具图标，打开其对话框，设置圆角半径及构建凸缘的长度，在【Control Options】标签中勾选【Chain Select】选项。在视窗中单击刚刚剪切曲面的边缘，通过操纵器调节圆角凸缘的方向。单击视窗下方的【Build】按钮，创建圆角凸缘曲面，如图 8-31 所示。

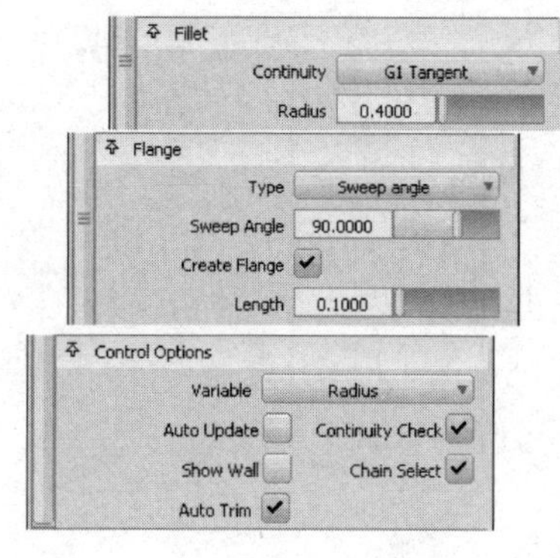

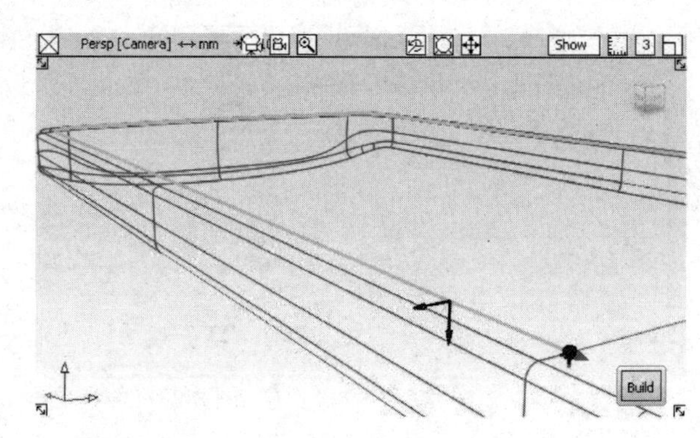

图 8-31　创建圆角凸缘曲面

37 选择【Line】工具，按住键盘上的【Ctrl】+【Alt】键，捕捉刚刚创建凸缘的下部端点作为直线的起点，同理，凸缘的另一个端点作为直线的终点，如图 8-32 所示。

38 选择【Set planar】工具，依次单击凸缘曲面的下边缘刚刚创建的那条直线。在视窗的右下方单击【Go】按钮，创建一个剪切平面，着色显示，如图 8-33 所示。

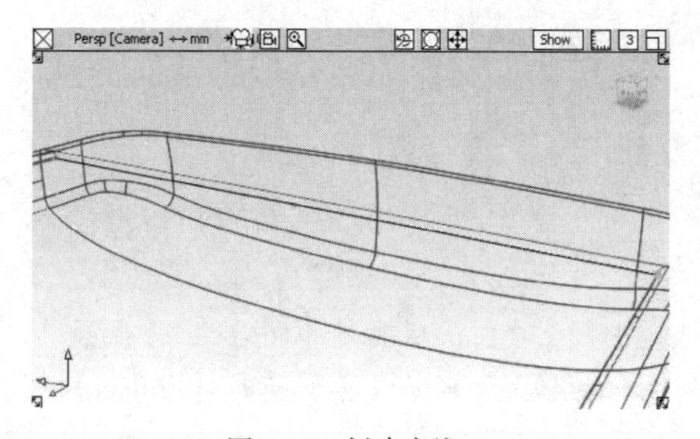

图 8-32　创建直线

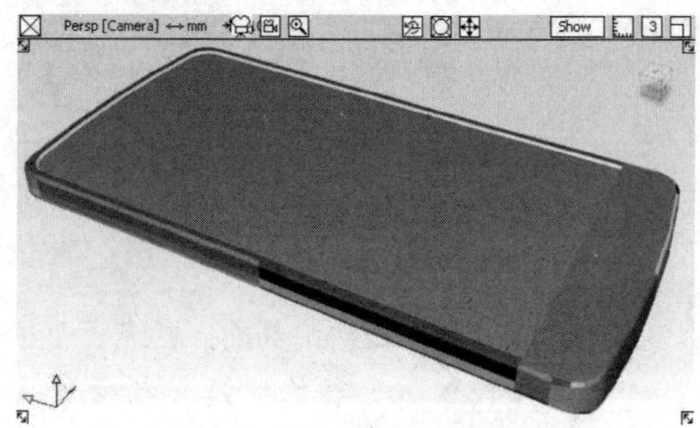

图 8-33　创建剪切平面

39 选择【Rectangle】工具（位于关键点工具箱中）。在【Top】正交视窗中创建一条矩形曲线，选择【Move】工具，将其移至【Top】正交视窗的中央，选择【Non proportional scale】工具，非等比缩放矩形曲线，如图8-34所示。

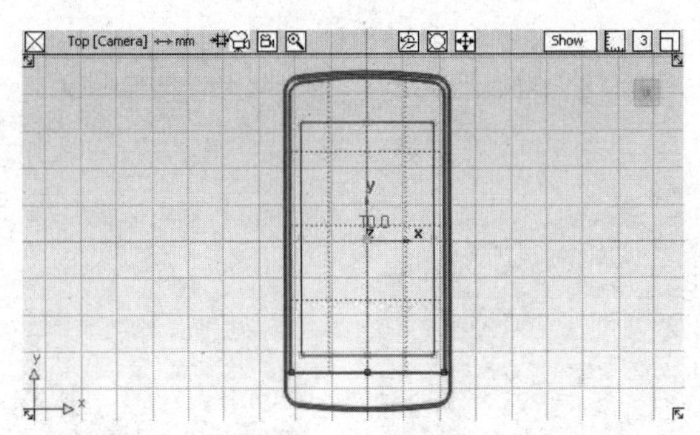

图8-34　创建矩形曲线

40 双击【Trim】工具图标，打开剪切对话框，勾选【3D Trimming】选项，同时勾选下面的【Project】选项，在【Top】正交视窗中，以刚刚绘制的矩形曲线为投影曲线，以上面创建的平面为投影曲面，将投影后的面上曲线的内部曲面与大平面分离，作为手机屏幕平面，如图8-35所示。

41 再次在【Top】视窗中选择【Line-arc】工具，创建一条手机听筒形状曲线。

42 选择【Trim】工具，在屏幕面外侧的面上以投影方式创建面上曲线，剪去曲线内部的部分，如图8-36所示。

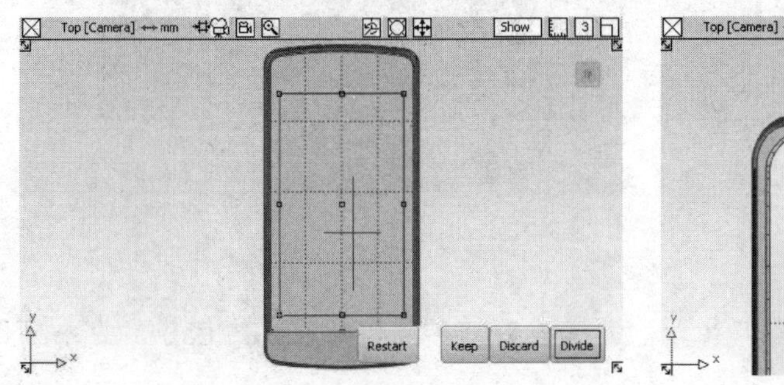

图8-35　分离曲面

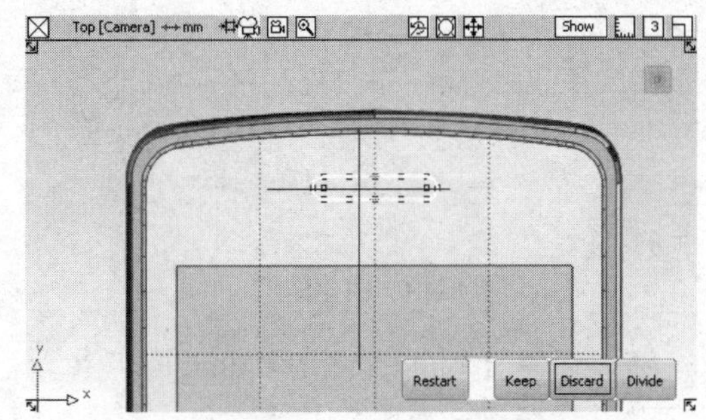

图8-36　剪切曲面

43 双击【Multi-surface draft】工具图标，打开其对话框，设置参数，如图8-37所示。

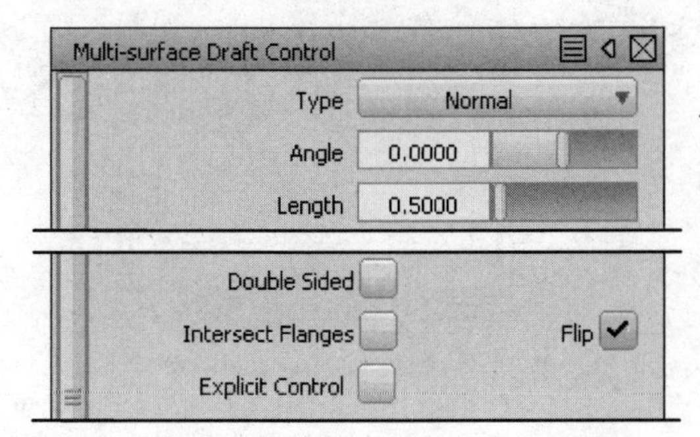

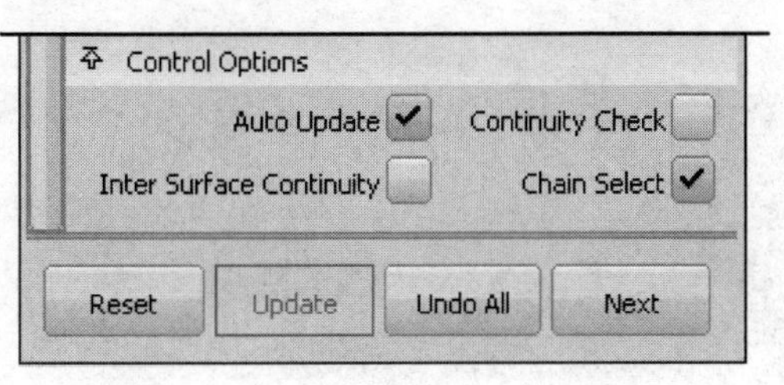

图8-37　设置参数

44 关闭对话框，在透视窗中选择刚刚剪切的听筒面的边缘，创建凸缘曲面，如图8-38所示。

45 选择【Set planar】工具，封闭凸缘的底部。

46 为听筒添加细节，镂空曲面，如图8-39所示。

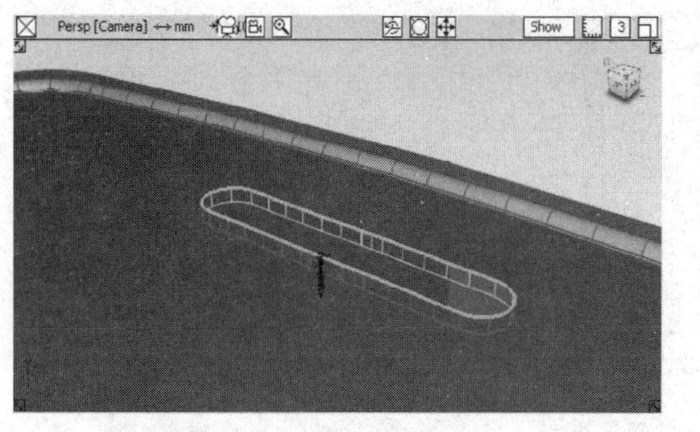

图8-38 创建凸缘曲面

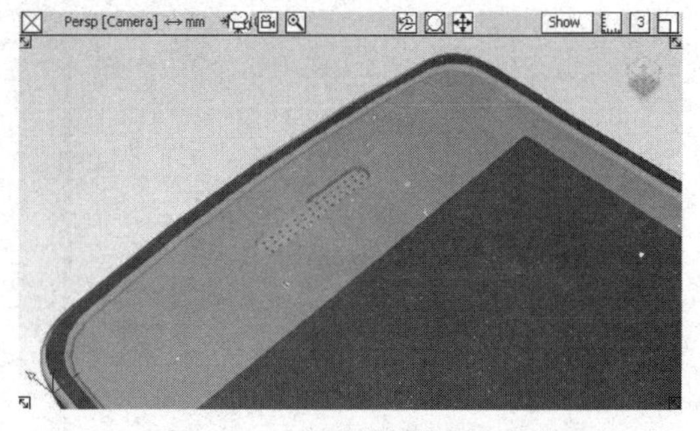

图8-39 为听筒部分添加细节

47 返回到手机的底部部分。选择【New CV curve】工具，在【Top】正交视窗中创建一条曲线，如图8-40所示。

48 选择【Trim】工具，将曲线投影到手机底部的曲面上，并剪切掉曲面的向内部分，如图8-41所示。

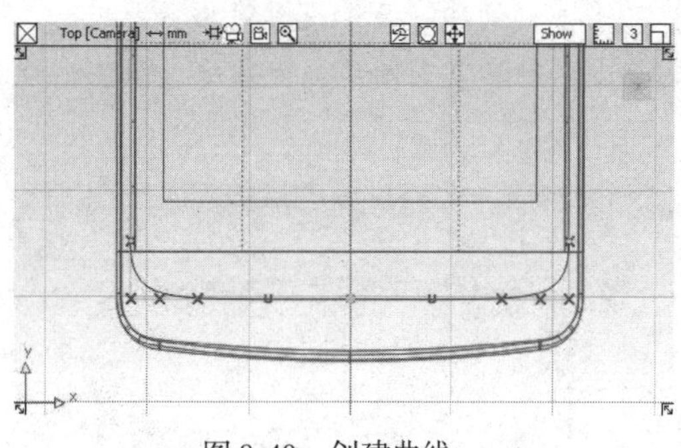

图8-40 创建曲线

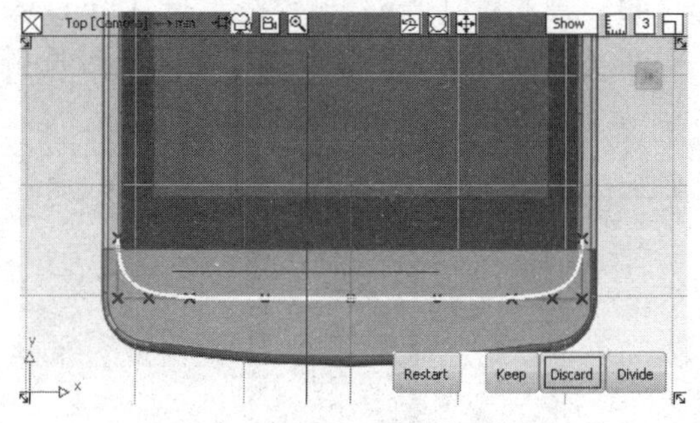

图8-41 剪切曲面

49 选择【Multi - surface draft】工具，设置参数，在剪切掉曲面的部分，为手机创建按钮，如图8-42所示。

50 采用同样的方法，选择【Line】工具，捕捉凸缘的上面两段端点制作一条直线。选择【Set planar】工具，封闭按钮上的曲面，如图8-43所示。

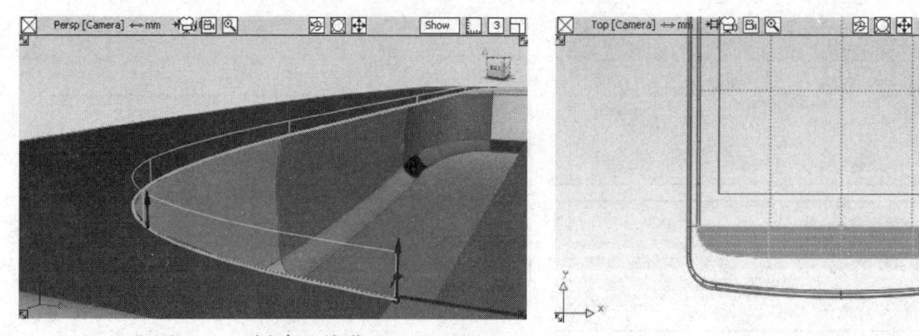

图8-42 创建凸缘曲面

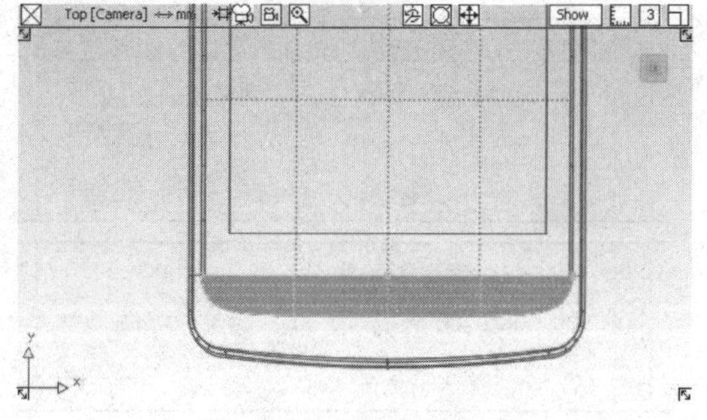

图8-43 封闭按钮曲面

51　选择【Multi-surface draft】工具，单击刚刚创建的平面的边缘，向下创建凸缘曲面，封闭手机缝隙，如图 8-44 所示。

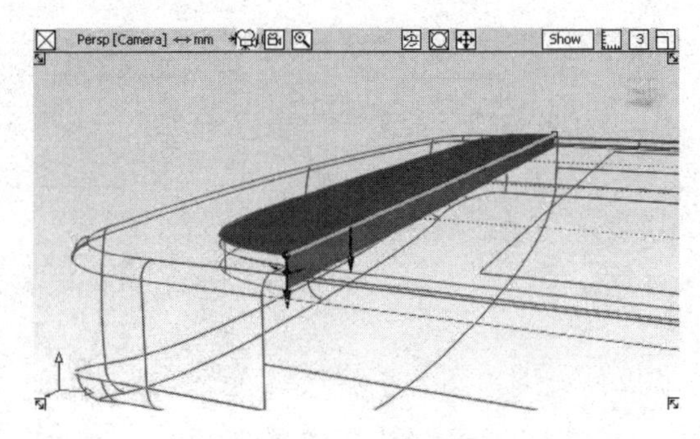

图 8-44　创建凸缘曲面

52　为按钮部分添加细节。用按钮形状曲线在按钮曲面上投影以分隔曲面，如图 8-45 所示。

53　至此，手机主体部分完成，着色显示，旋转查看，如图 8-46 所示。

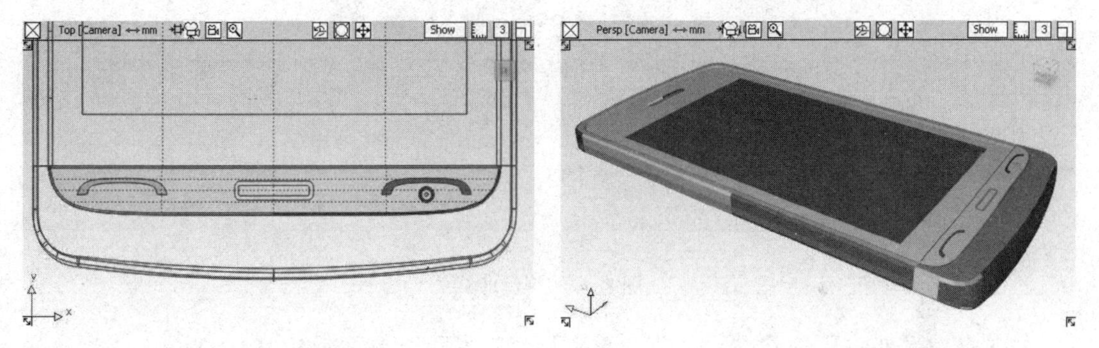

图 8-45　创建按钮细节　　　　图 8-46　手机模型主体完成

54　回到侧面部分。为侧面创建一条缝隙，在【Palette】(工具箱）的【Surfaces】工具标签中，按住【Fillet flange】工具图标，在弹出的工具菜单中选择【Tube offset】工具，按住键盘上的【Shift】键，单击【Tube offset】工具图标，打开对话框，参数设置如图 8-47 所示。

图 8-47　设置参数

55 在透视窗中单击选择上侧面的下边缘，然后在视窗下方单击【Update】按钮。在上下侧面之间创建出一条缝隙，着色显示，进行查看，如图 8-48 所示。

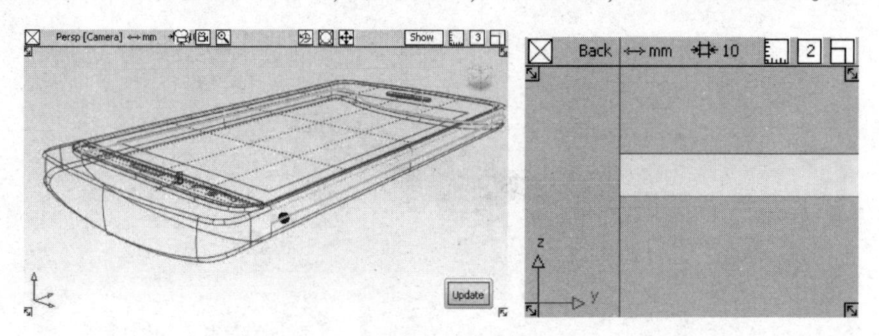

图 8-48　创建缝隙

56 取消着色显示。在【Back】正交视窗中，选择【New CV curve】工具，创建一条曲线，然后选择【Pick CV】工具、【Move】工具，调整曲线，如图 8-49 所示。

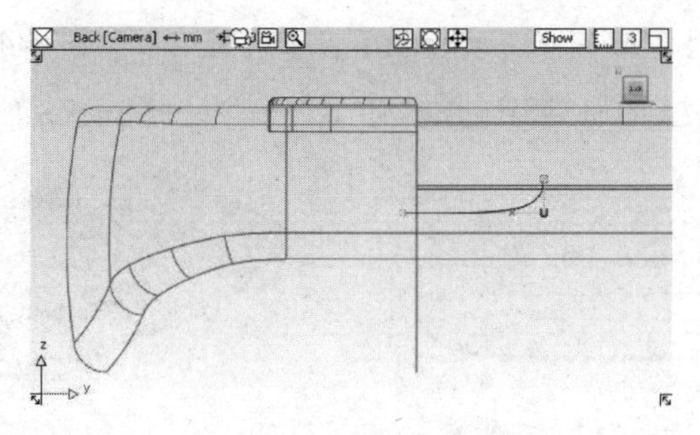

图 8-49　创建曲线

57 选择【Trim】工具，双击工具图标打开其对话框，勾选【3D Trimming】选项。设置【Method】为【Project】方式，在【Left】、【Back】正交视窗中依次剪切左右两侧的手机侧面，如图 8-50 所示。

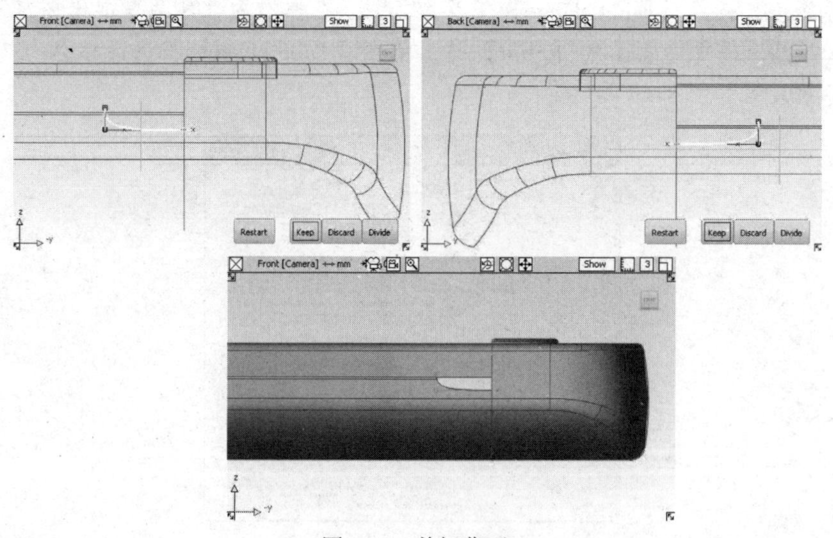

图 8-50　剪切曲面

58 在【Back】正交视窗中，在关键点工具箱中选择合适的工具，创建手机侧面按钮的形状曲线，如图 8-51 所示。

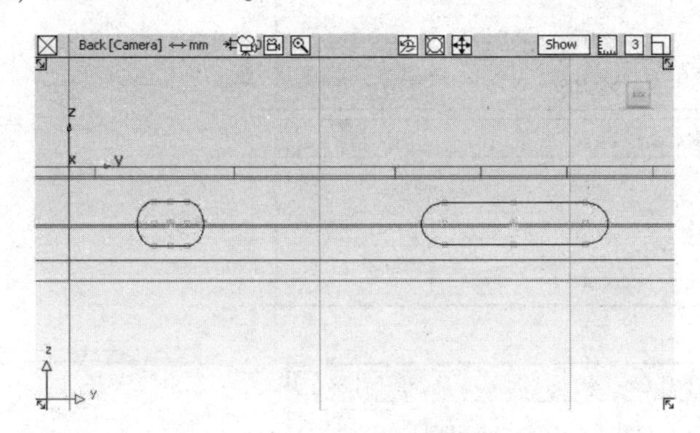

图 8-51　创建曲线

59 选择【Trim】工具，保持【3D Trimming】的勾选状态，在手机的侧面的下部剪切出按钮的轮廓，如图 8-52 所示。

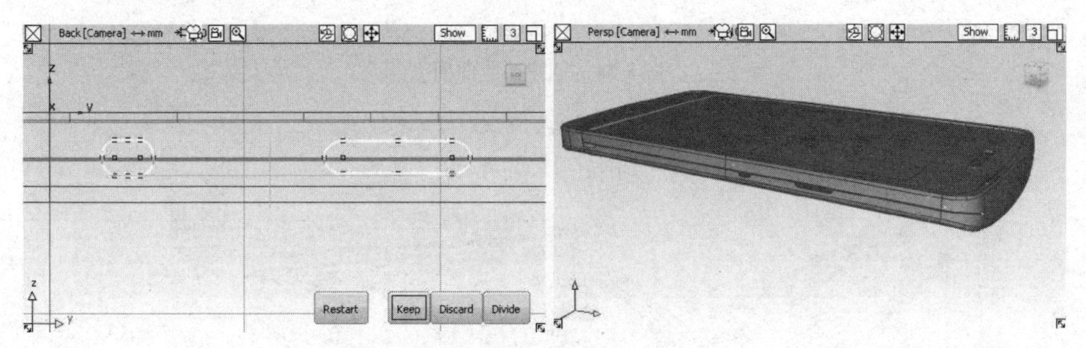

图 8-52　剪切曲面

60 在【Back】正交视窗中，选择【Offset】工具，将按钮形状曲线向内偏移一定的距离，为手机创建侧面按钮，如图 8-53 所示。

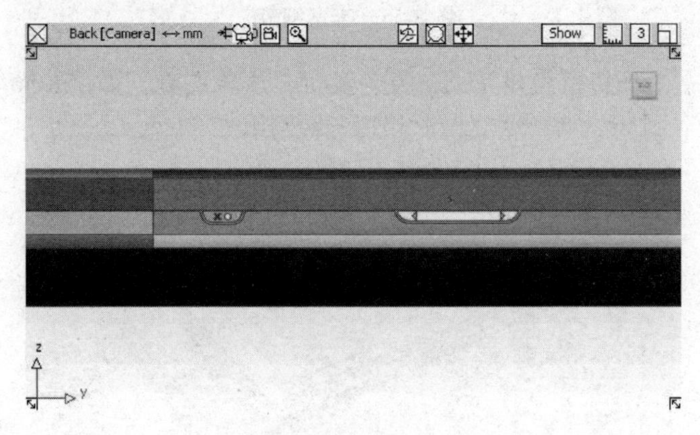

图 8-53　创建按钮

61 选择【Multi – surface draft】工具，在侧面的缝隙之间创建凸缘曲面，如图 8-54 所示。

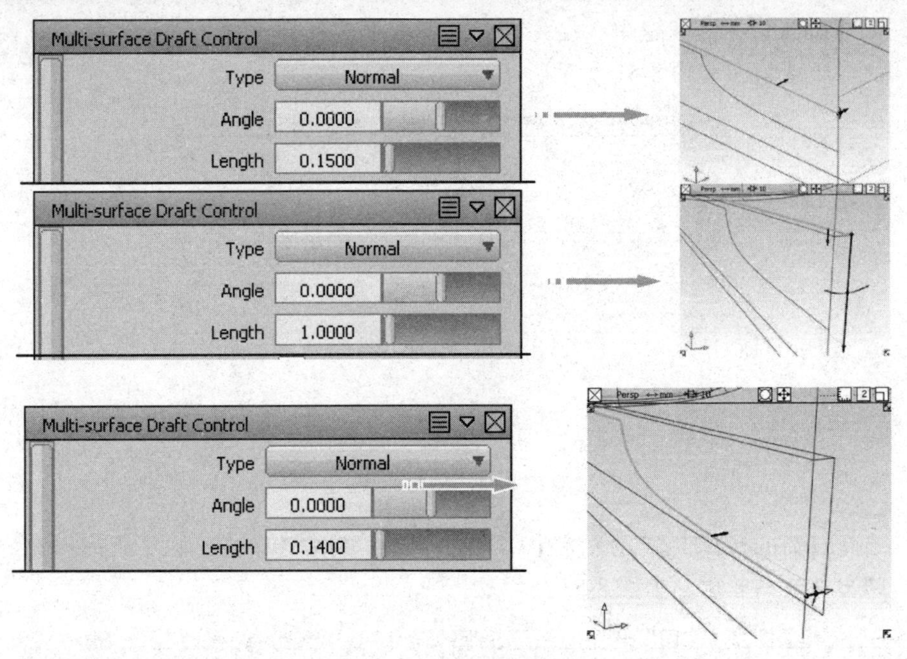

图 8-54　创建凸缘曲面

62　最后丰富手机的细节，添加插孔，如图 8-55 所示。

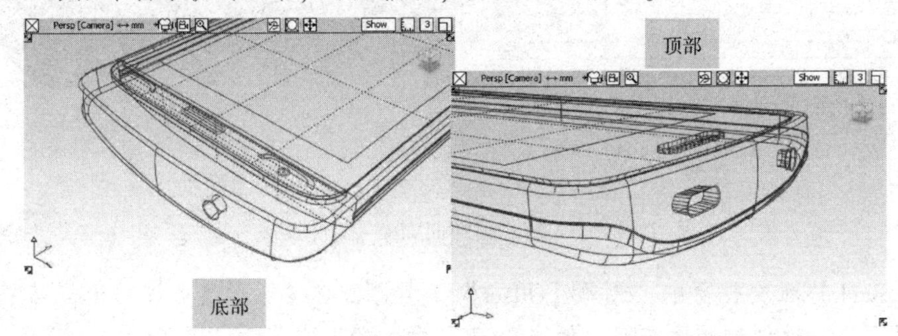

图 8-55　丰富细节

63　至此，整个手机模型构建完成，着色显示，旋转查看，如图 8-56 和图 8－57 所示。

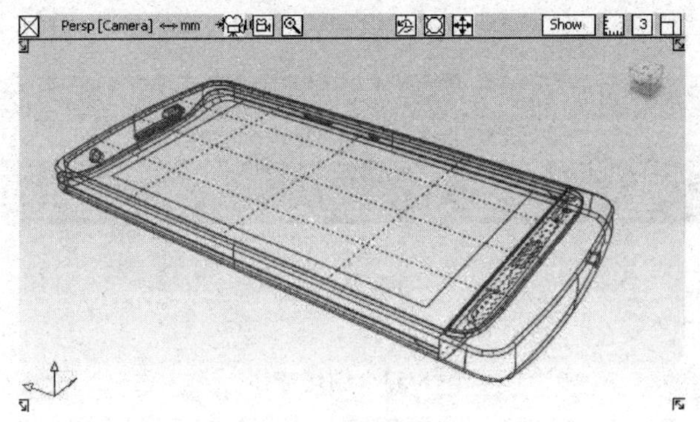

图 8-56　手机模型线框图

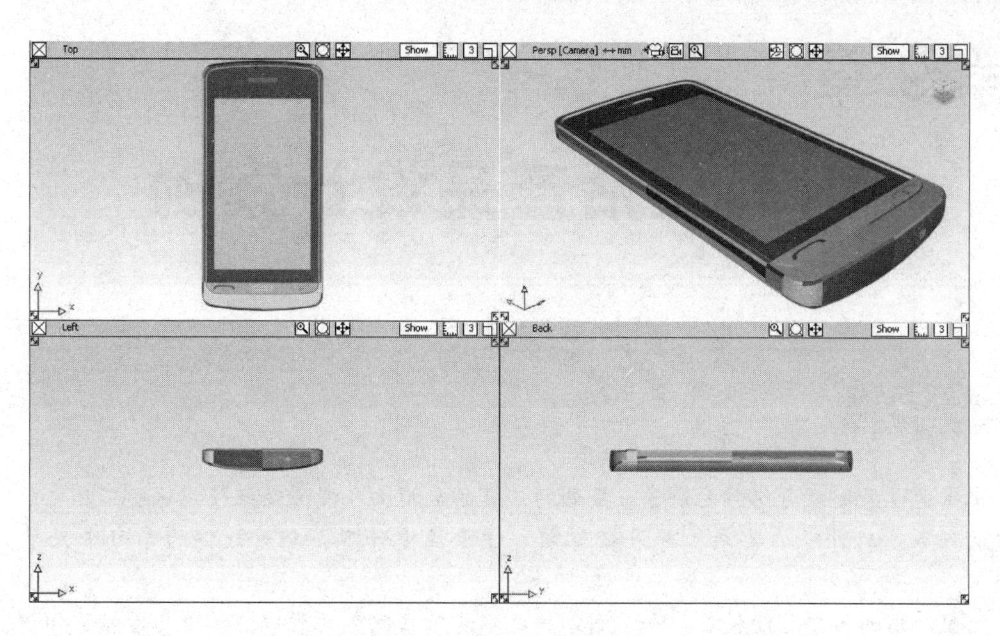

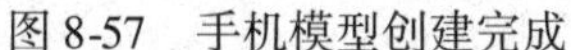
图 8-57 手机模型创建完成

设计练习 苹果造型电话座机设计

下面选中一款造型别致、新颖的苹果形状的座机电话，将以此作为练习来给读者讲解大致的建模过程，如图 8-58 所示。通过观察可发现这款座机主要由三部分构成：座机主体、座机话筒和座机电话线。再仔细分析会发现，构成这些部分的元素是由相对规则的几何体演变而来的，而且属于左右对称造型。

因此，这里只需要完成一半的造型，而另外一部分可由镜像生成，这就在很大程度上提高了实际的建模效率。总而言之，只要在建模前详细了解构成这些部分的元素，理清楚了建模的思路，这款造型看似复杂的电话机模型的制作就会很快完成的。

图 8-58 苹果造型电话座机

第 9 章

时尚生活产品设计案例

本章通过案例教会您对之前章节提到的工具的应用，在慢慢熟练使用这些工具之后，接下来的任务是对外观的要求，如果在前期太过于注重外观，会对软件的学习带来很大的阻碍。

这里选用的模型可能稍难，如果遇到一些不能独立完成的步骤，试着回看相关知识，然后继续操作。

案例展现

ANLIZHANXIAN

案 例 图	描 述
	在家用电器产品设计章节中，将以吸尘器的建模为主要内容。建模的方法主要是载入外部图像文件，然后进行三视窗的轮廓构建，利用曲面工具，建立合适的曲面
	通过剃须刀模型的建模练习，着重讲解一些不规则曲面的创建，以及怎样将几块曲面组合到一起形成一块光滑的曲面的相关方法和技巧

项目实战 吸尘器产品设计

练习文件路径：examples \ Ch09 \ ZB404WD. wire
演示视频路径：视频 \ Ch09 \ 吸尘器产品设计 . avi

在家用电器产品设计章节中，将以吸尘器的建模为主要内容。建模的方法是载入的外部图像文件，然后进行三视窗的轮廓构建，利用曲面工具，建立合适的曲面，设计完成的吸尘器产品造型如图 9-1 所示。

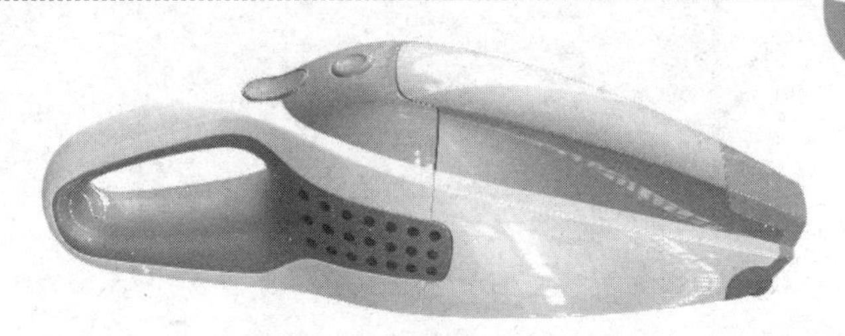

图 9-1 吸尘器产品

操作步骤

01 启动 Alias 软件，进入新环境界面。

02 执行菜单栏中【Layouts】|【All Windows】|【All Windows】命令，在工作区域打开四个视窗。

03 在【Left】正交视窗的标题栏处单击，激活该窗口。执行菜单栏中【File】|【Import】|【Canvas Image】命令，将侧视窗导入【Left】正交视窗中，如图 9-2 所示。

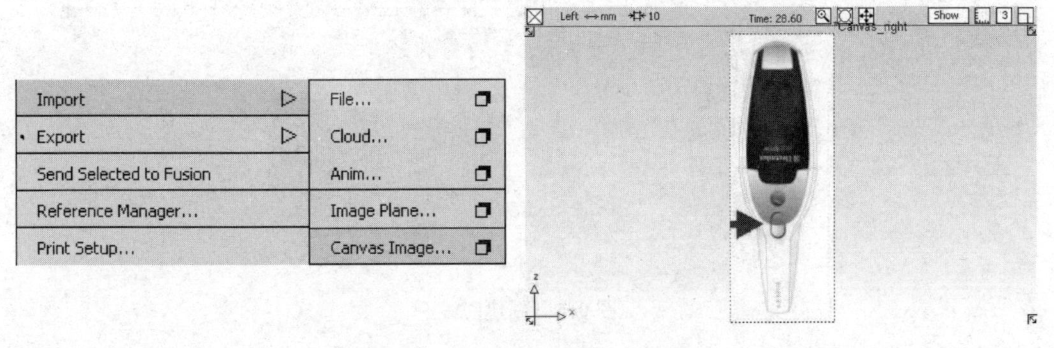

图 9-2 将图片导入为新画布平面

04 采用同样的方法，单击激活【Back】正交视窗，将另一张参考图片导入到【Back】正交视窗中，如图 9-3 所示。

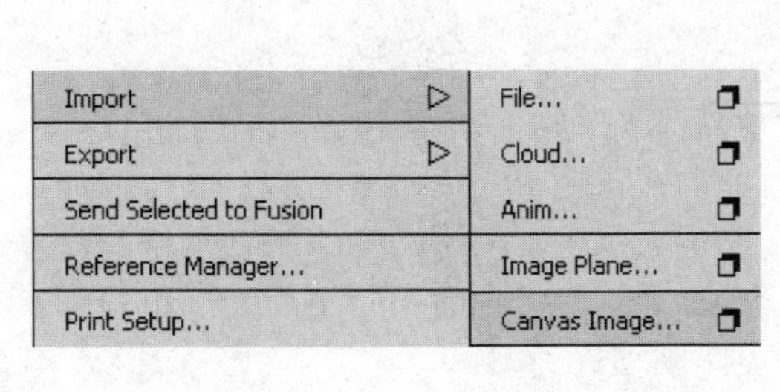

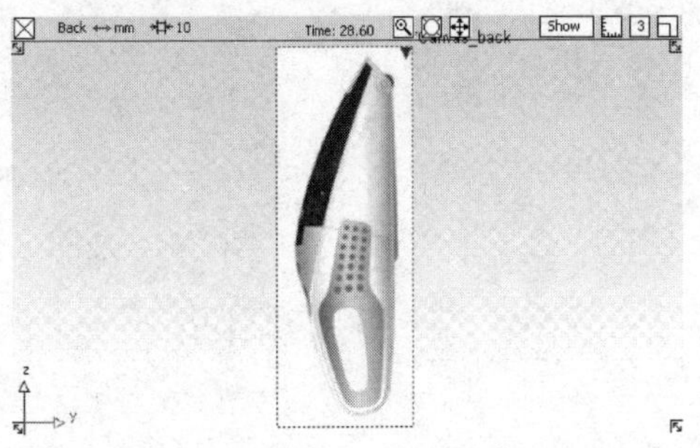

图 9-3 将图片导入为新画布平面

05 选择变换工具，移动、缩放这两块画布平面，参照这两个绘图画布的信息窗口，使它们的尺寸相当，最终调整到合适的位置，如图 9-4 所示。

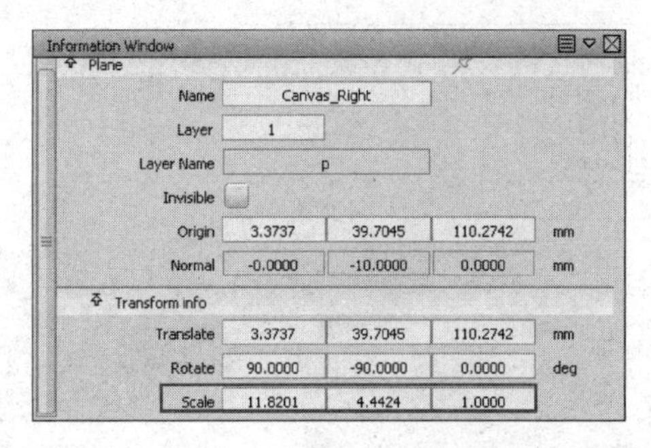

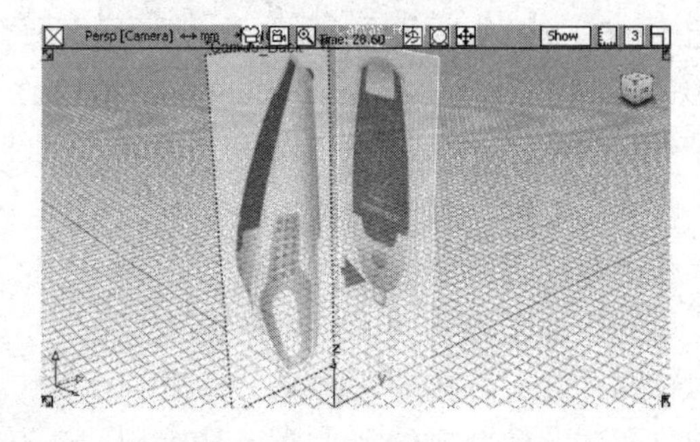

图 9-4　调整对齐画布平面

> **技巧点拨**
>
> 在上图中，不仅对齐了画布平面，而且为其设置了透明度。您可以在控制面板【Display】选项的【Transparency】标签中，调节【Canvas】的透明度，这样可以更好地描绘曲线的特征。

06 由于模型整体左右对称所以只需创建整体模型的一半。选择【New CV curve】工具，依据参考图片，创建出两条曲线，用以创建吸尘器鼓起的上曲面，在【Left】正交视窗中沿上曲面边沿创建一条曲线，用以切割创建的上曲面，如图 9-5 所示。

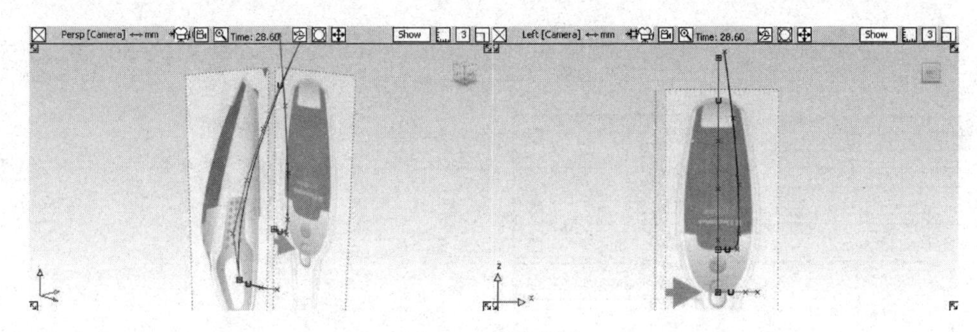

图 9-5　创建曲线

07 选择【Rail Surface】工具，以首尾相接的两条曲线创建扫掠曲面，如图 9-6 所示。

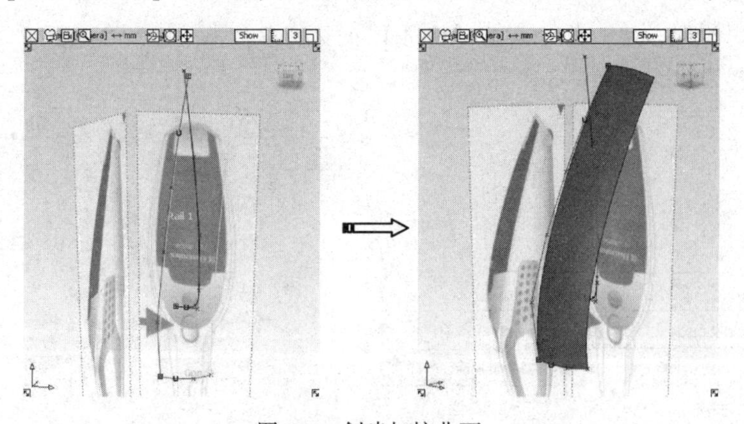

图 9-6　创建扫掠曲面

08 选择【Project】工具，在【Left】正交视窗中将上曲面边沿线投影到扫掠曲面上，选择【Trim】工具，剪切扫掠曲面，形成吸尘器鼓起的曲面，如图9-7所示。

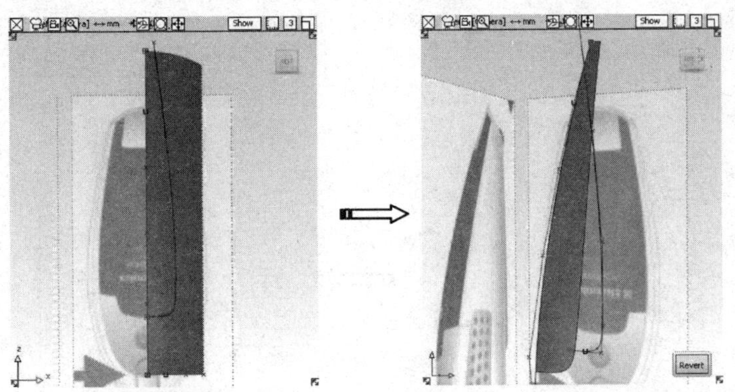

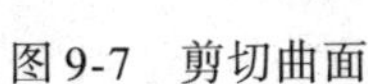

图9-7　剪切曲面

09 隐藏不再使用的曲线。选择【New CV curve】工具，在【Left】正交视窗中创建一条曲线作为吸尘器侧面的轮廓曲线，并对这条曲线进行偏移、旋转、移动操作，创建出另外两条曲线，如图9-8所示。

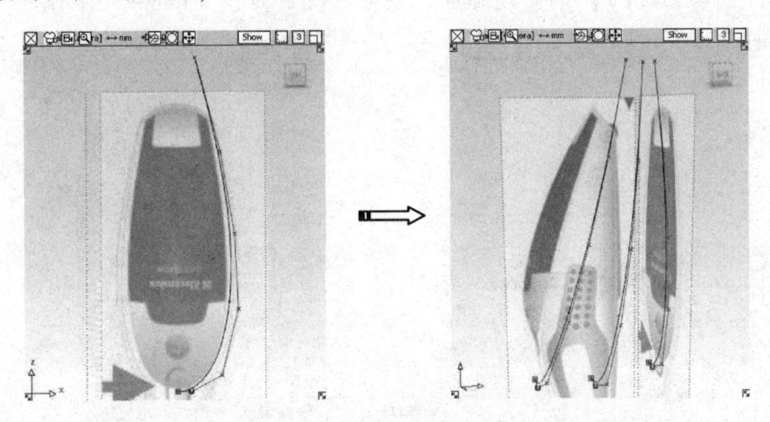

图9-8　创建侧面轮廓曲线

10 选择【Skin】工具，依次选取这三条曲线（顺序错了会在很大程度上影响曲面的形成），形成吸尘器侧面，如图9-9所示。

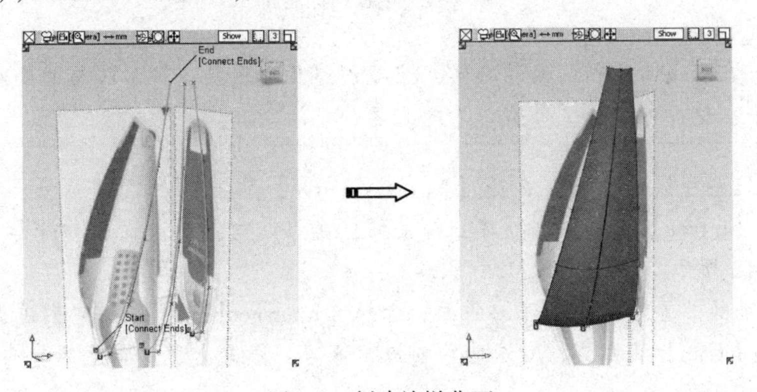

图9-9　创建放样曲面

11 隐藏暂时不用的曲线和曲面。依据参考图片，选择【New CV curve】工具，在【Back】、【Left】正交视窗中创建吸尘器底部的轮廓曲线，如图9-10所示。

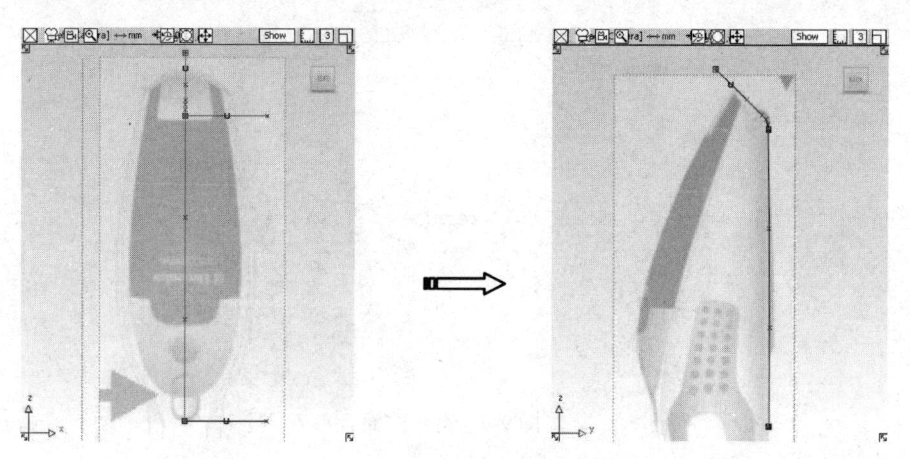

图9-10 创建曲线

12 选择【Rail Surface】工具，在其对话框中将轮廓曲线设置为2，轨道曲线设置为1，并勾选【Rail 1】的重建选项，创建扫掠曲面，如图9-11所示。

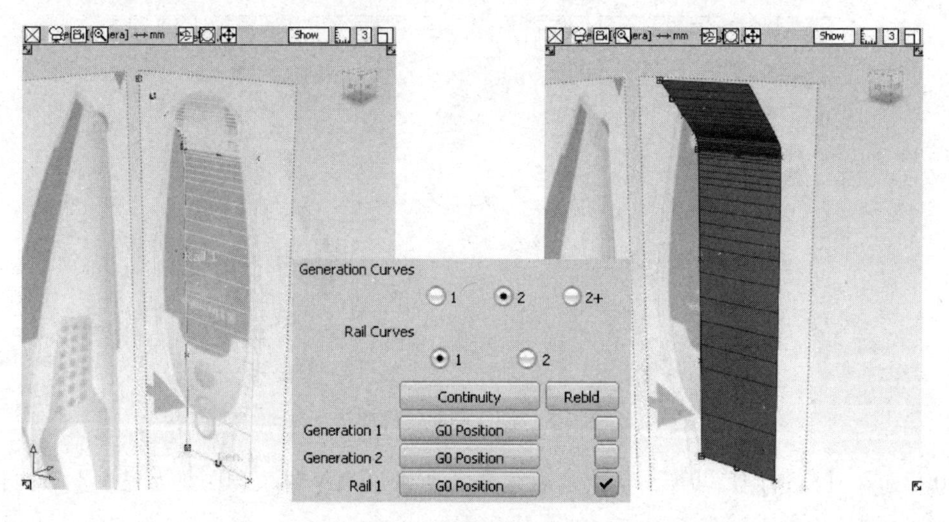

图9-11 创建扫掠曲面

技巧点拨	在隐藏曲线和曲面的时候，应多创建几个图层，将曲线与曲面放置到不同的层中，这样可以使工作窗口看起来更加整洁。

13 隐藏这些曲线和曲面。选择【New CV curve】工具，创建两条曲线，然后选择【Rail Surface】工具，创建扫掠曲面，作为吸尘器上表面较为平坦处的曲面，如图9-12所示。

14 隐藏曲线。显示刚刚创建的曲面，选择【Intersect】工具对它们进行相交。

15 选择【Trim】工具，对这些曲面进行修剪，修剪出吸尘器上部分的大致形状，如图9-13所示。

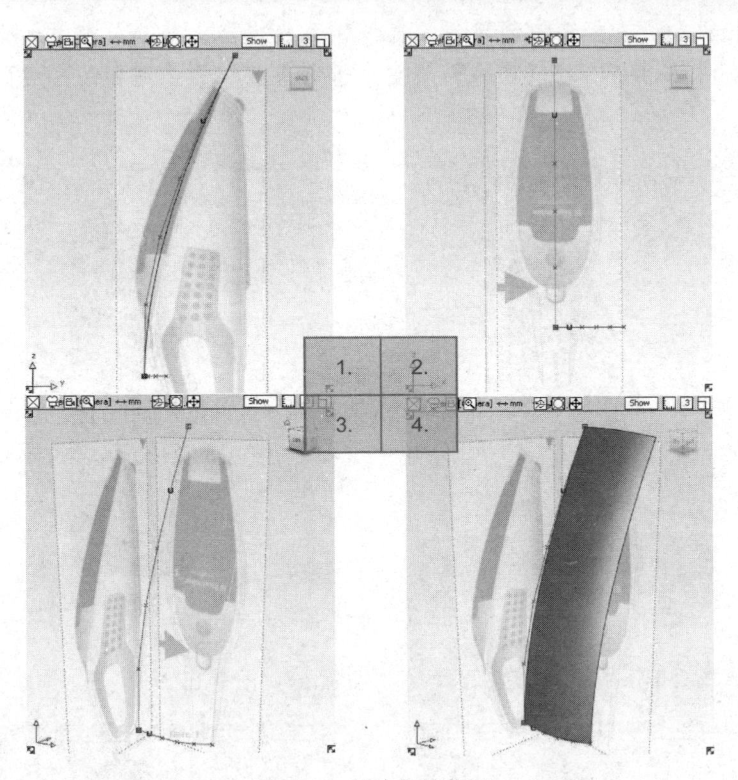

图 9-12　创建扫掠曲面

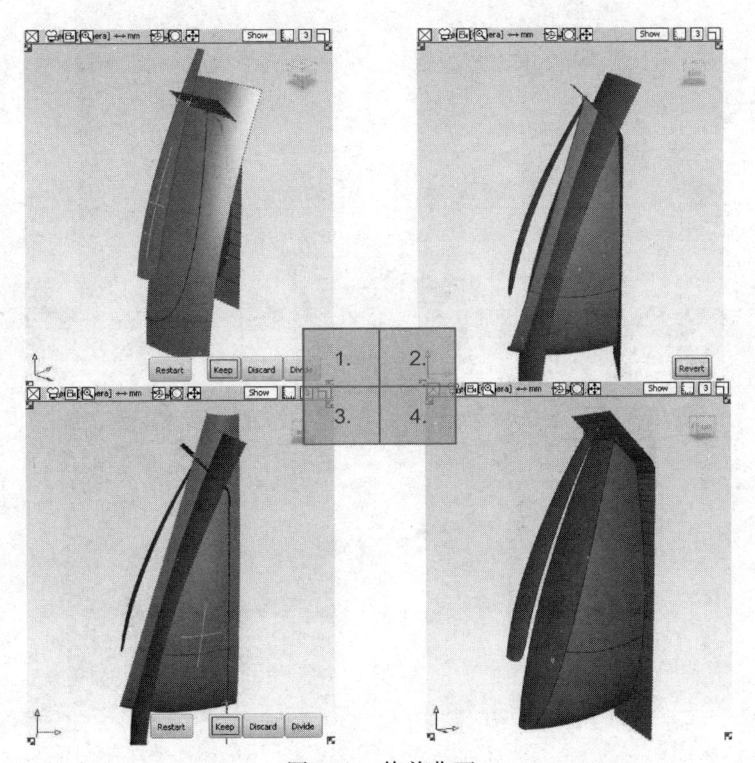

图 9-13　修剪曲面

16 在【Back】正交视窗中创建一条直线作为吸尘器上部分与把手部分的截线，选择【Project】工具，在【Back】视窗中将这条直线投影到那几个曲面上，如图 9-14 所示。

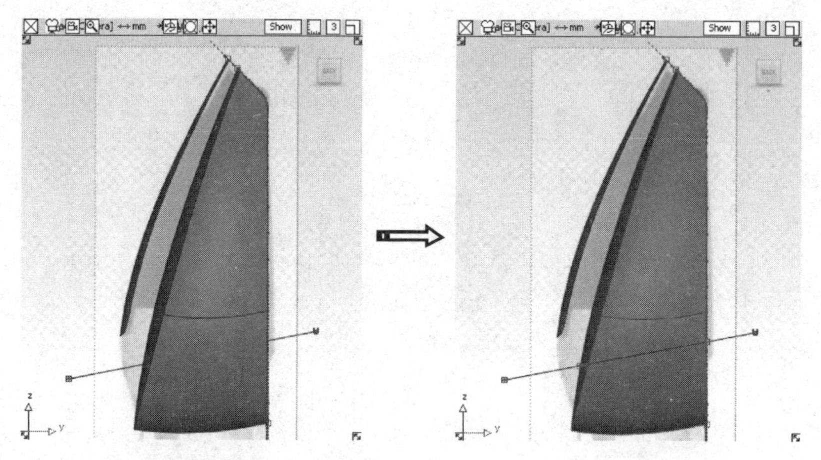

图 9-14　投影曲线

17 然后选择【Trim】工具，继续剪切曲面，如图 9-15 所示。

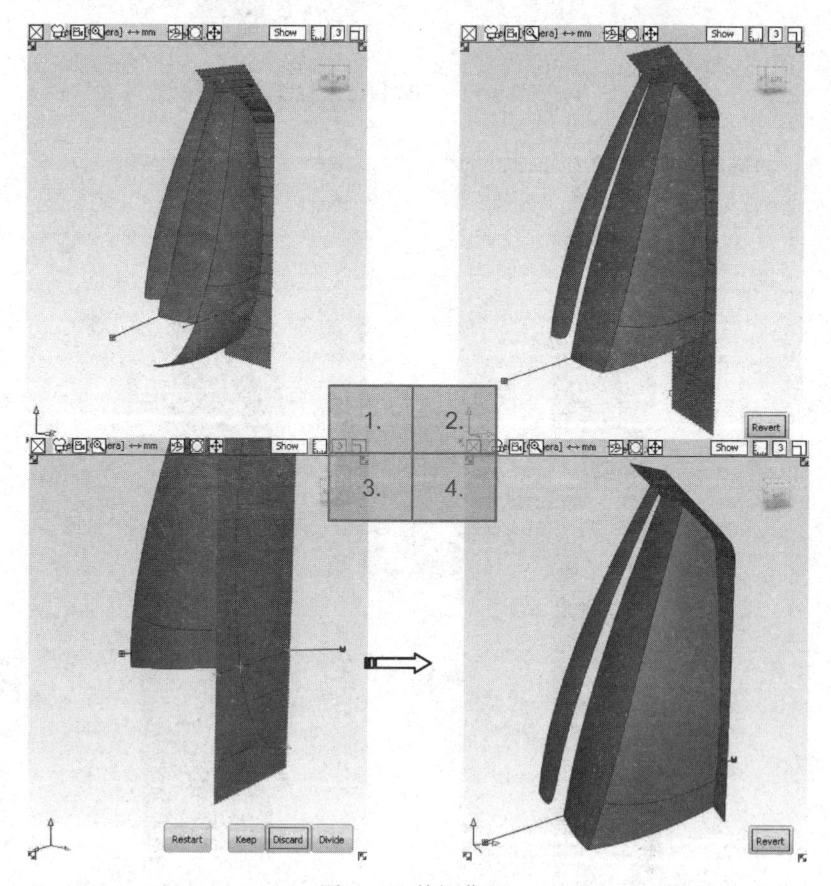

图 9-15　剪切曲面

18 显示刚刚创建的曲线，然后选择【New CV curve】工具，在【Back】正交视窗中创建一条曲线作为把手的轮廓，选择【Align】工具，将这条曲线与上表面平坦曲面的轮廓线对齐，形成曲率连续，如图9-16所示。

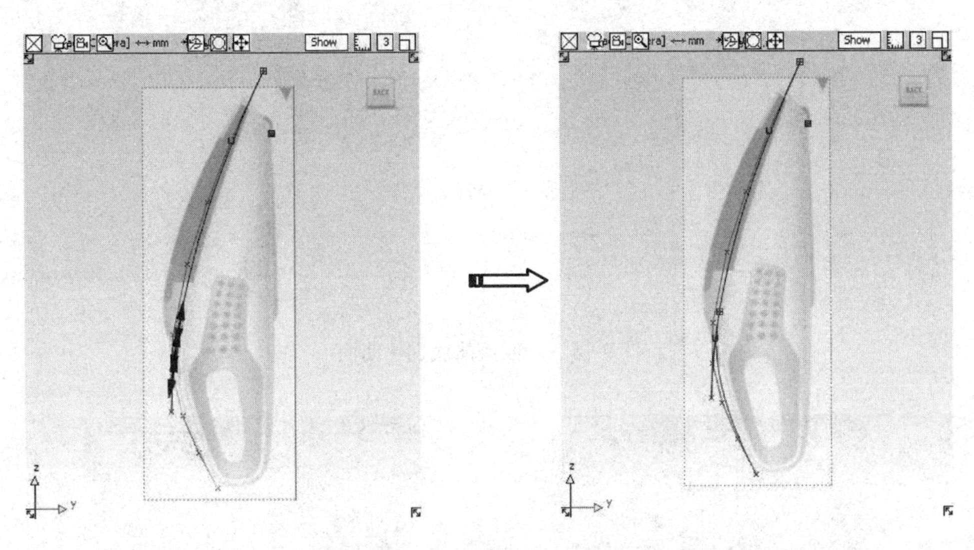

图9-16　创建曲线并对齐

19 选择【New Edit Point curve】工具，在【Left】正交视窗中创建另一条曲线，然后在Back正交视窗中调整，继续使用【New Edit Point curve】工具连接两条曲线的首尾点，并在【Left】正交视窗中调整曲线的形状，如图9-17所示。

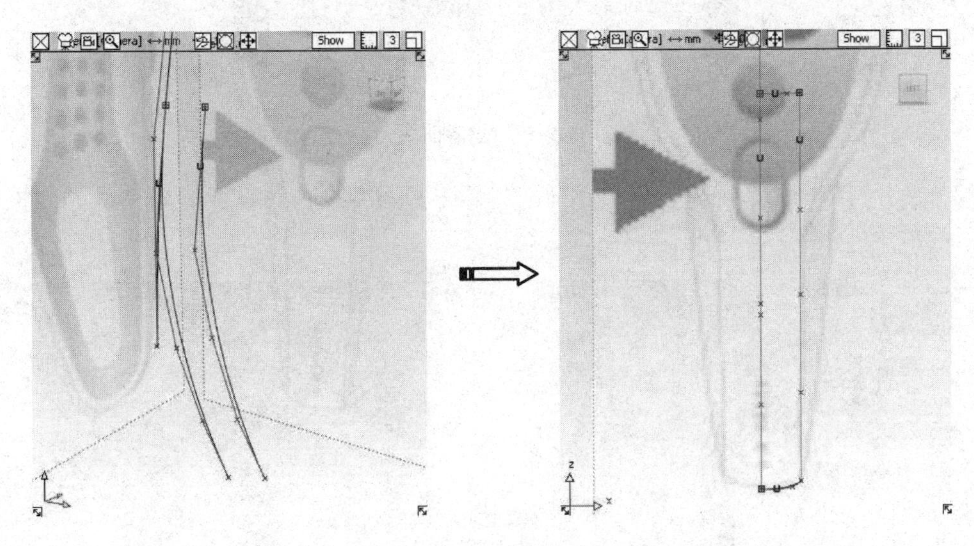

图9-17　创建曲线

20 选择【Square】工具，以刚刚创建的四条曲线创建一个曲面，如图9-18所示。

21 在【Left】正交视窗中创建两条直线。选择【Project】工具，将这两条直线在【Left】正交视窗中投影到刚刚创建的曲面上，如图9-19所示。

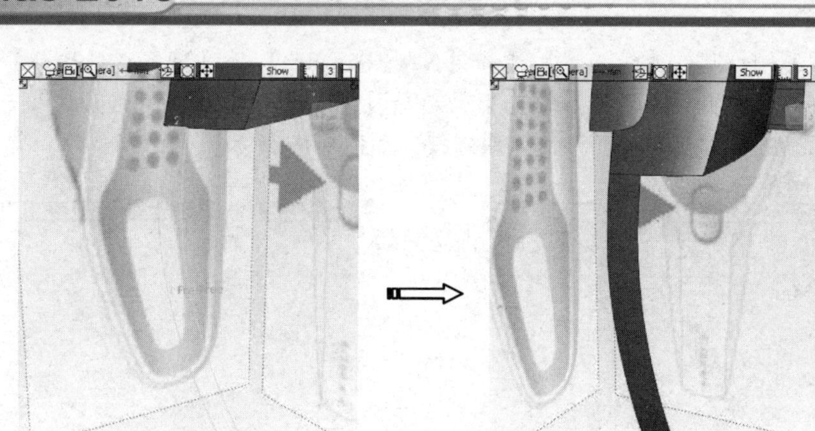

图 9-18　以四条曲线创建曲面

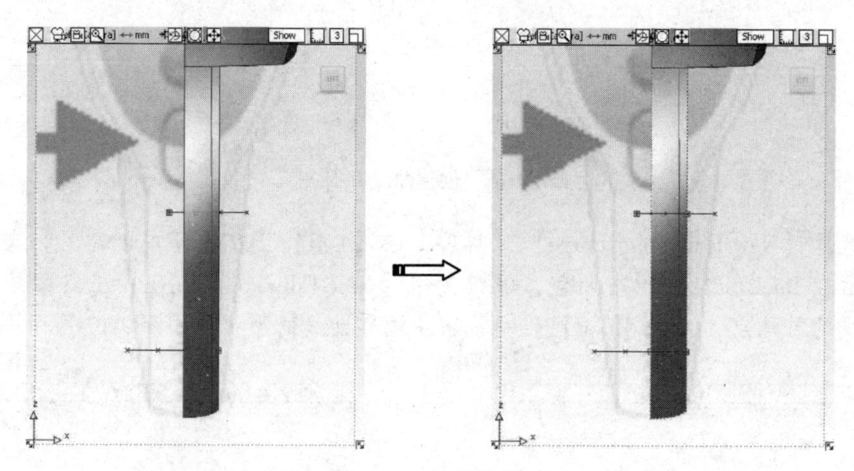

图 9-19　投影曲线

22　选择【Trim】工具，剪切曲面，保留中间的部分并隐藏多余的曲线，如图 9-20 所示。

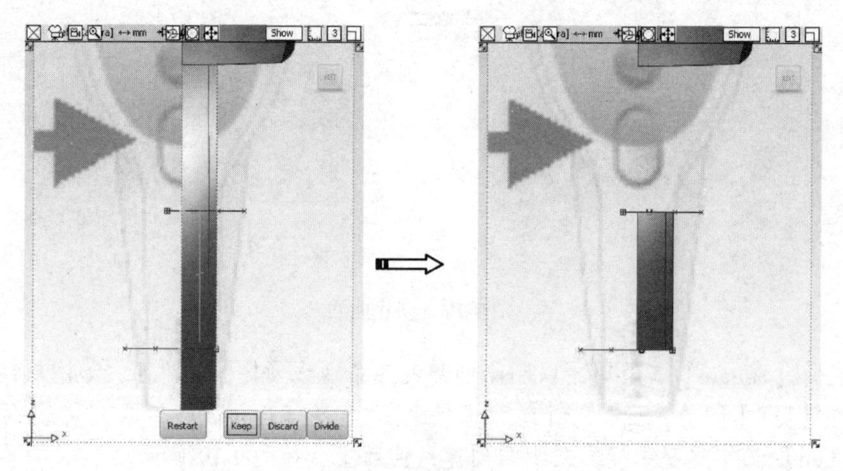

图 9-20　剪切曲面

23 选择【Freeform blend】工具，在吸尘器上部曲面的边缘与刚刚剪切的曲面的边缘之间创建过渡曲面，在对话框中设置参数，保证过渡曲面与两个曲面之间形成曲率连续，如图9-21所示。

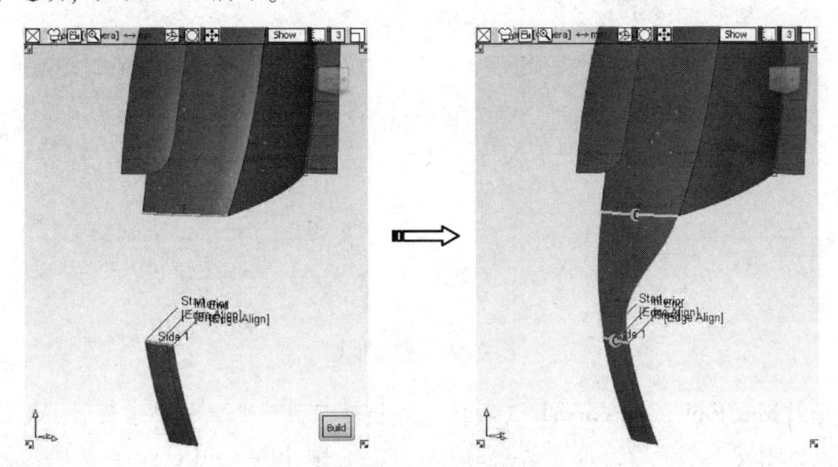

图9-21　创建过渡曲面

技巧点拨	需要注意的是，上图中曲线与另一条曲线对齐的点刚好是截线与轮廓线的交点，因此更为简单的方法是使用对齐工具，直接将曲线与剪切后曲面的一端对齐。 对于另一条曲线，可以选择使用【Project Tangent】工具，使其与上面的曲面进行对齐，从而省去了调节曲线CV点的麻烦，在很多时候，通过工具使曲线达到某种约束，要比手动调节更加方便。

24 选择【New CV curve】工具，在【Left】正交视窗中创建一条曲线，然后选择【Project】工具，将这条曲线投影到过渡曲面与吸尘器上表面的中间曲面上，设置投影选项为创建曲线，如图9-22所示。

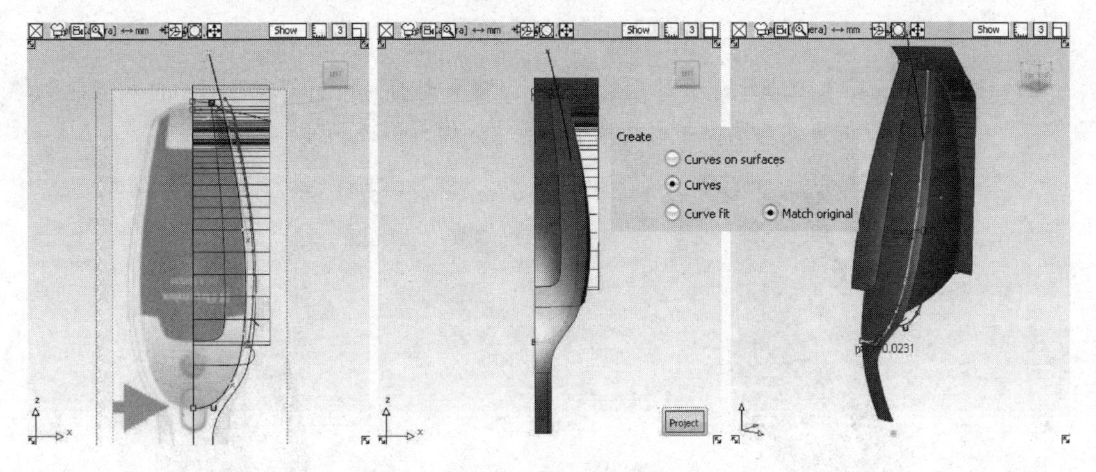

图9-22　创建投影曲线

25 选择【Attach】工具，将这两条投影曲线连接为一条曲线，选择【New Edit Point curve】工具，连接这条投影曲线与吸尘器长表面的端点，然后选择【Align】工具，将这条曲线与上表面边缘形成曲率连续，调整其余的 CV 点，如图 9-23 所示。

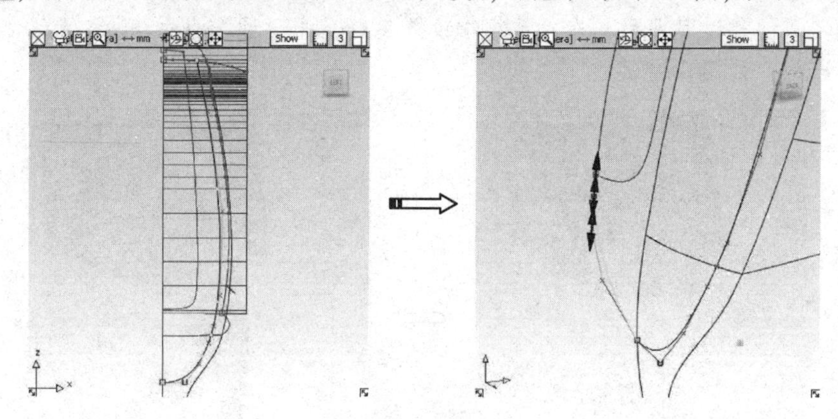

图 9-23 调整曲线

26 选择【New Edit Point curve】工具，连接鼓起曲面上端与平坦曲面上端的面上曲线端点，创建一条曲线，调整曲线的 CV 点，选择【Rebuild curve】工具，重建那条投影曲线，如图 9-24 所示。

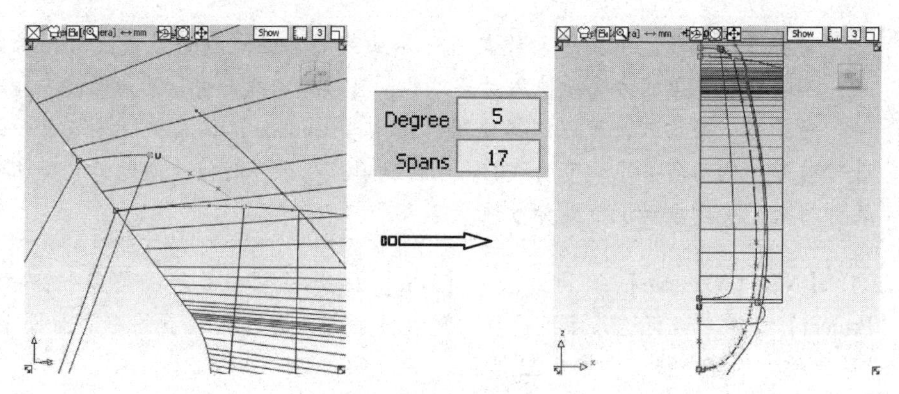

图 9-24 继续创建调整曲线

27 选择【Square】工具，以那三条曲线以及鼓起曲面的一边创建曲面，在对话框中勾选剪切边缘的重建选项，并调整为相切连续，如图 9-25 所示。

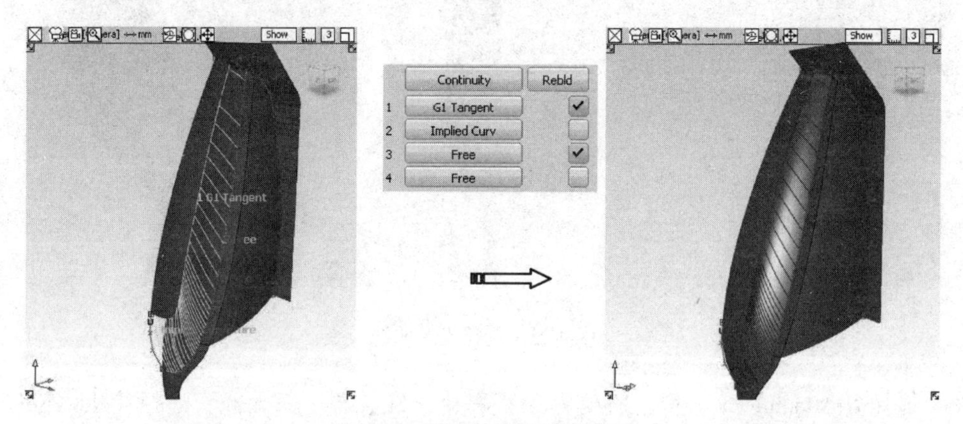

图 9-25 以四条边界创建曲面

28 选择【Intersect】工具，使刚刚创建的曲面与它相交的曲面形成相交线，然后选择【Trim】工具，进行剪切，如图9-26所示。

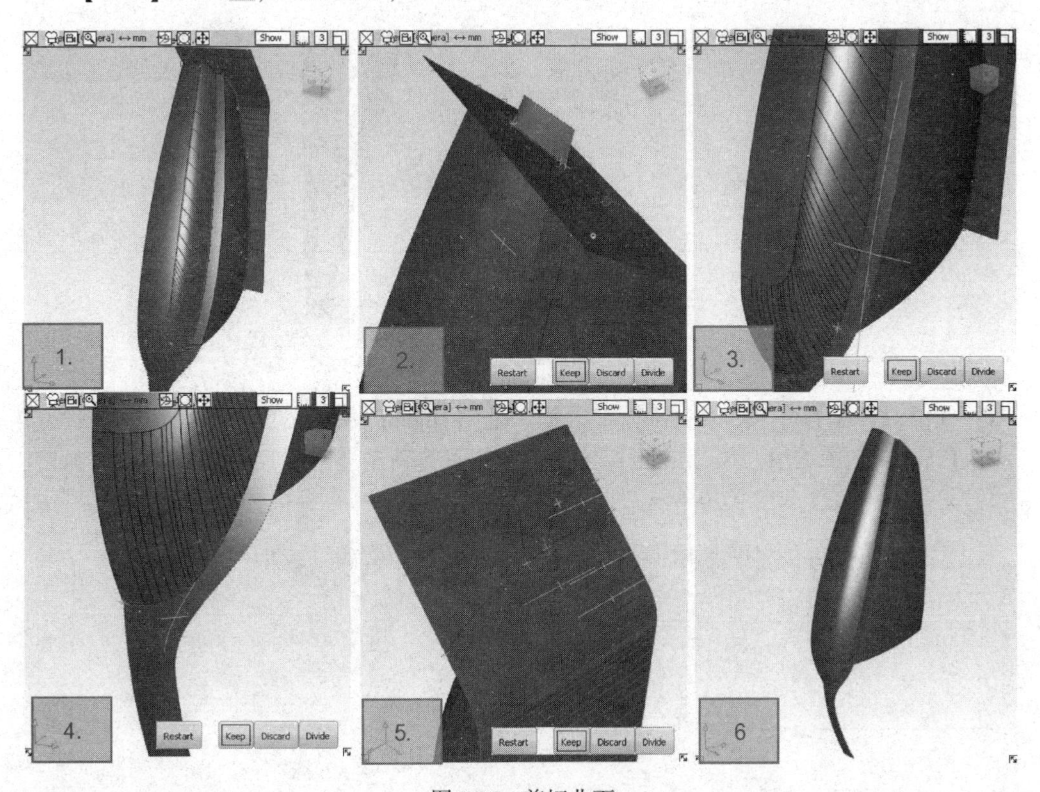

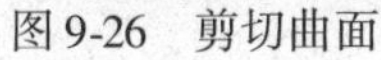

图9-26　剪切曲面

技巧点拨	如果四边曲面未与下面的曲面相交，可使用【Extend】工具延伸曲面，然后相交。

29 选择【New CV curve】工具，沿吸尘器背侧曲面的边界创建两条曲线，然后选择【Align】工具，将这两条曲线与曲面对齐，形成曲率连续。选择【New Edit Point curve】工具连接这两条曲线的端点，调整这条曲线的CV点，如图9-27所示。

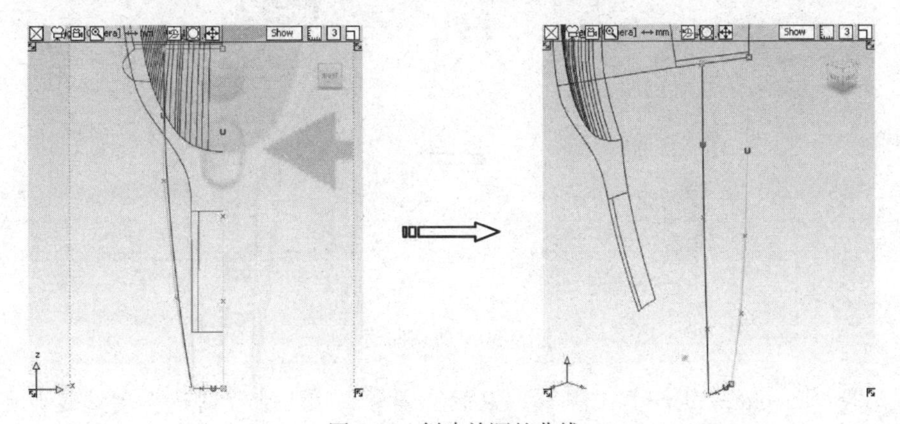

图9-27　创建并调整曲线

30 选择【Square】工具，以这几条曲线以及背侧曲面的边界创建一个四边曲面，在对话框中将连续级别设置为曲率连续，如图 9-28 所示。

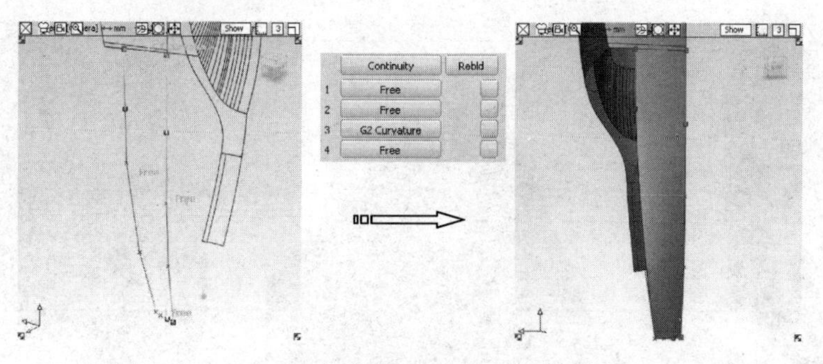

图 9-28　创建四边曲面

31 选择【New Edit Point curve】工具，在【Right】正交视窗中创建两条直线，选择【Project】工具，在【Right】正交视窗中以这两条曲线在刚刚创建的四边曲面上创建投影曲线，如图 9-29 所示。

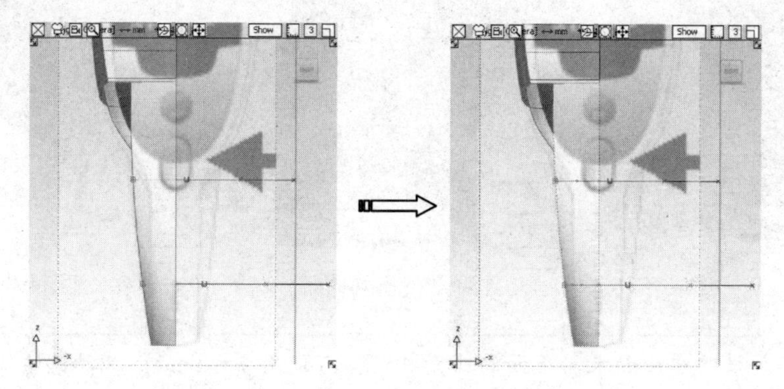

图 9-29　创建直线

32 选择【Trim】工具，剪切四边曲面，保留两条面上曲线中间的部分，如图 9-30 所示。

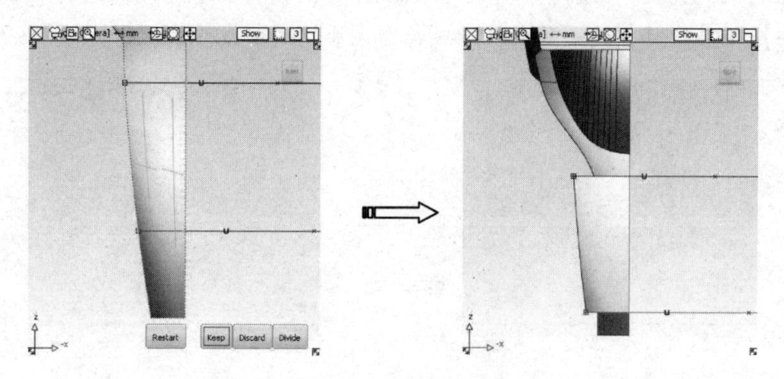

图 9-30　剪切曲面

33 选择【Freeform blend】工具，以吸尘器背侧两个曲面的边界创建过渡曲面，如图 9-31 所示。

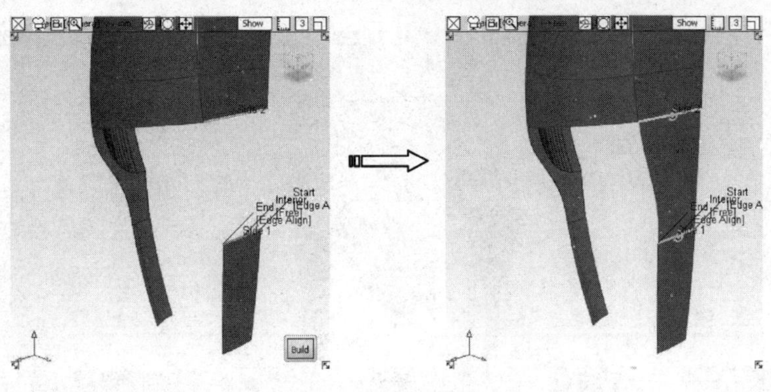

图 9-31　创建过渡曲面

34　继续选择使用【Freeform blend】工具，在前后两个曲面之间形成过渡，使其与两曲面达到曲率连续，如图 9-32 所示。

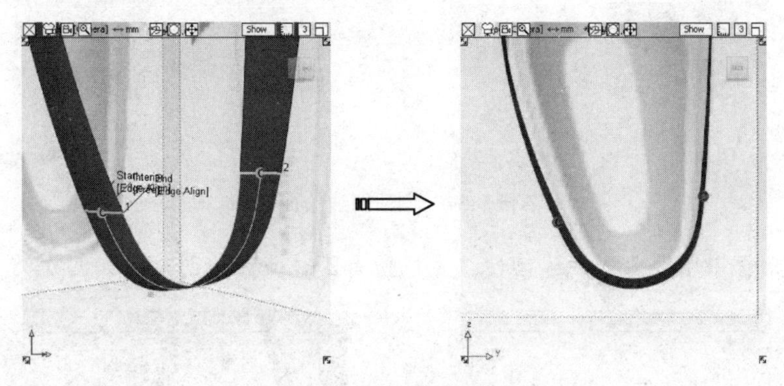

图 9-32　创建过渡曲面

35　接下来选择【New CV curve】工具，创建把手部分的轮廓曲线，如图 9-33 所示。

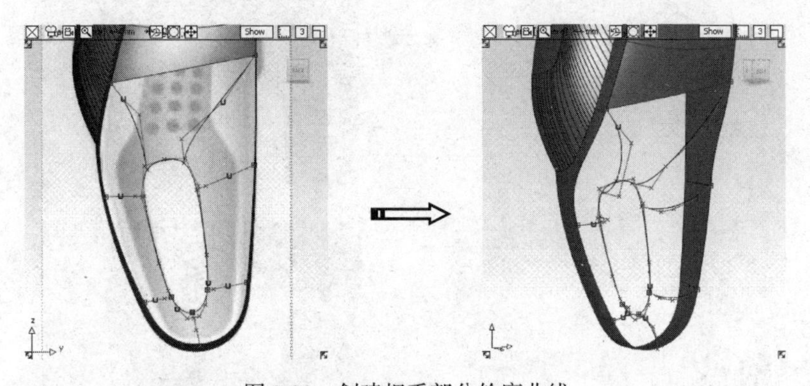

图 9-33　创建把手部分轮廓曲线

技巧点拨	如果根据参考图发现过渡曲面与原图有些出入，这时可以调节过渡曲面对话框中的【Shape Control】选项以调节过渡曲面的形状，在创建把手轮廓曲线的过程中可能要用到构建平面、投影曲线对齐等操作。

36　选择【Square】工具，以四边成面，创建把手曲面，如图 9-34 所示。

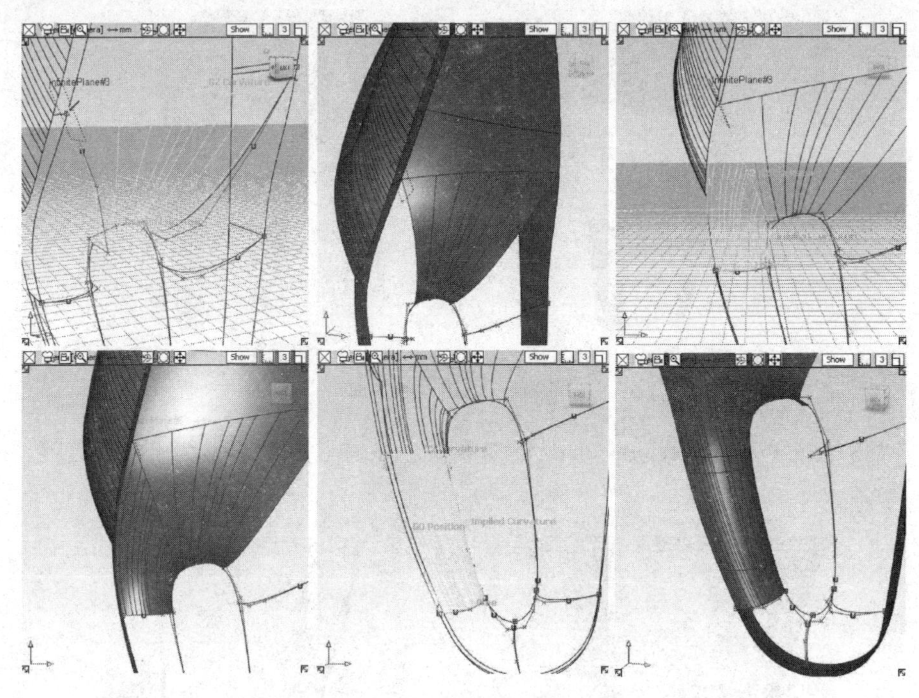

图 9-34 创建四边曲面

37 在对话框中调节曲面的连续性，完成所有四边曲面的创建，如图 9-35 所示。

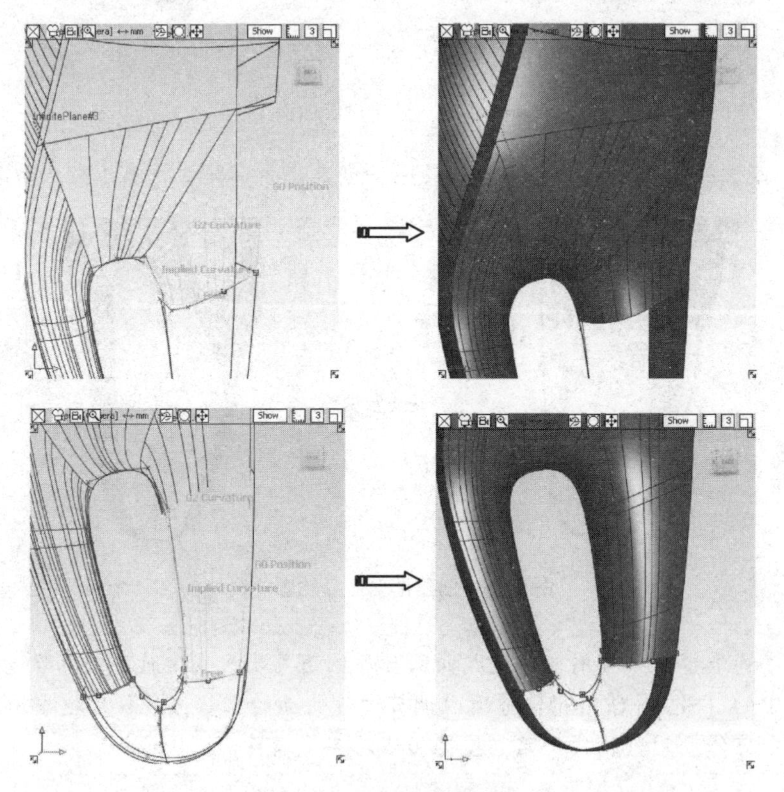

图 9-35 创建四边曲面

38 选择【Rail Surface】工具，以三条轮廓曲线、两条路径曲线创建扫掠曲面，补完最后的曲面，如图9-36所示。

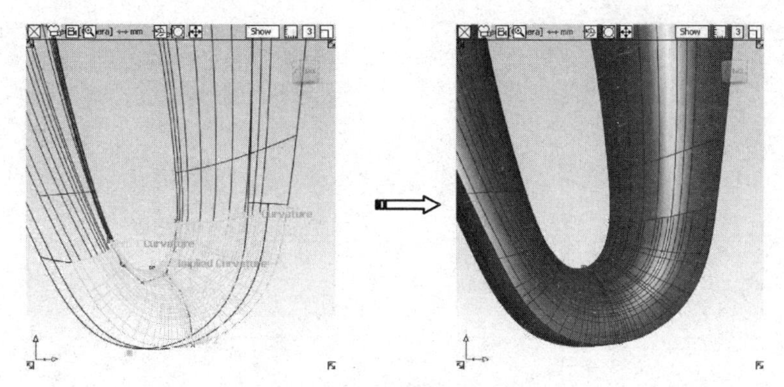

图9-36　创建扫掠曲面

39 开启镜像显示，观察吸尘器的主体模型，对检查到的问题进行更改，如图9-37所示。

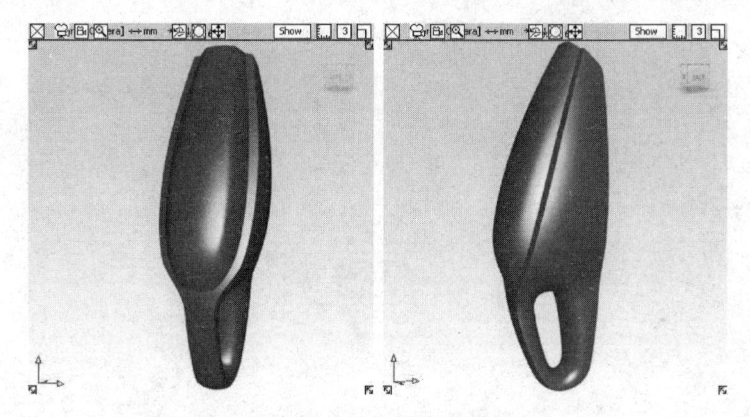

图9-37　吸尘器主体模型

40 接下来创建吸尘器底部的凸起曲面。选择【New Edit Point curve】工具，在【Back】正交视窗中创建一条直线，选择【Multi-surface draft】工具，将这条曲线沿X轴拉伸一定的距离，如图9-38所示。

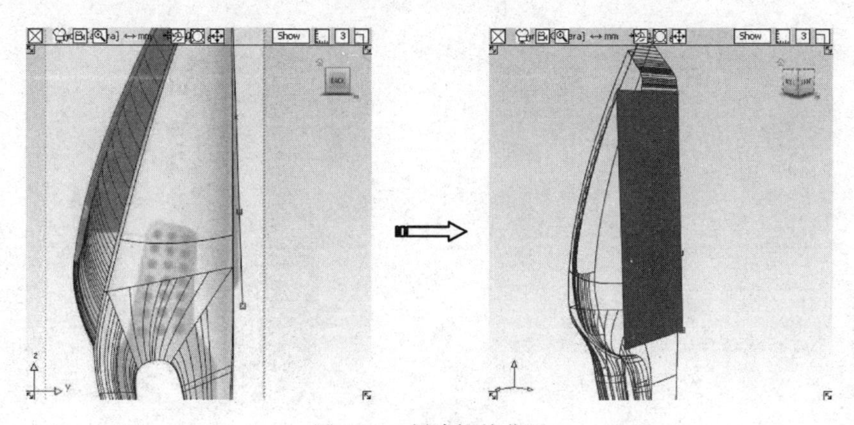

图9-38　创建拉伸曲面

41 选择【Freeform blend】工具，以吸尘器头部的一条ISO线与拉伸曲面的上边缘创建过渡曲面，在工具对话框中调节两边的对齐类型，如图9-39所示。

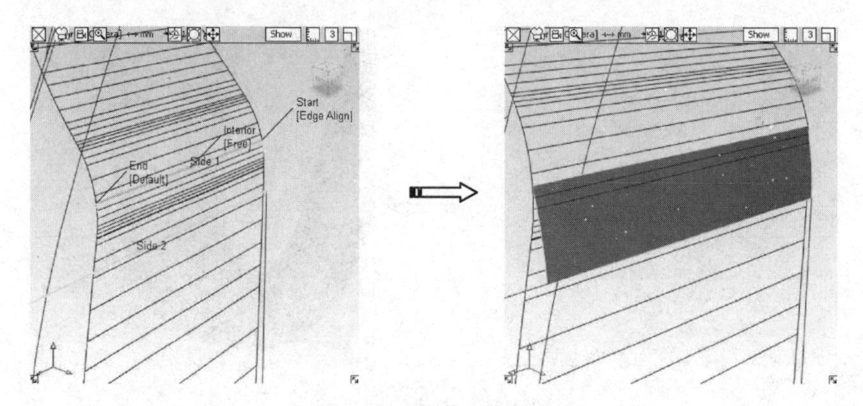

图9-39 创建过渡曲面

42 选择【Rebuild curve】工具，然后单击刚刚那条ISO线，此处将创建一条面上曲线，然后在【Right】正交视窗中创建一条曲线，如图9-40所示。

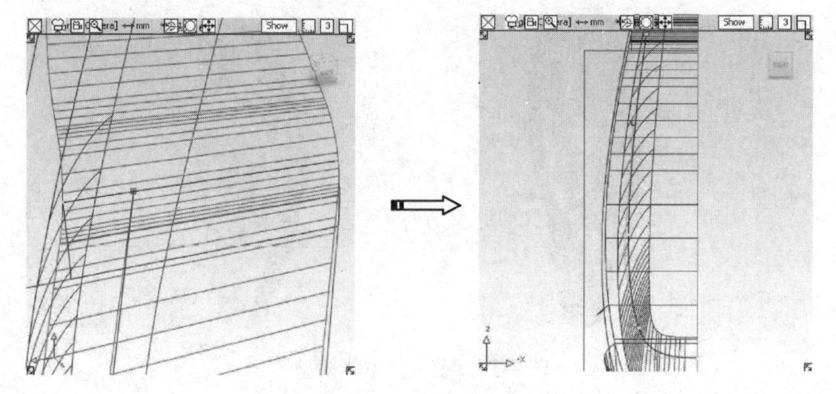

图9-40 创建面上曲线

43 选择【Project】工具，同样在【Right】正交视窗中将这两条曲线投影到过渡曲面与拉伸曲面上，如图9-41所示。

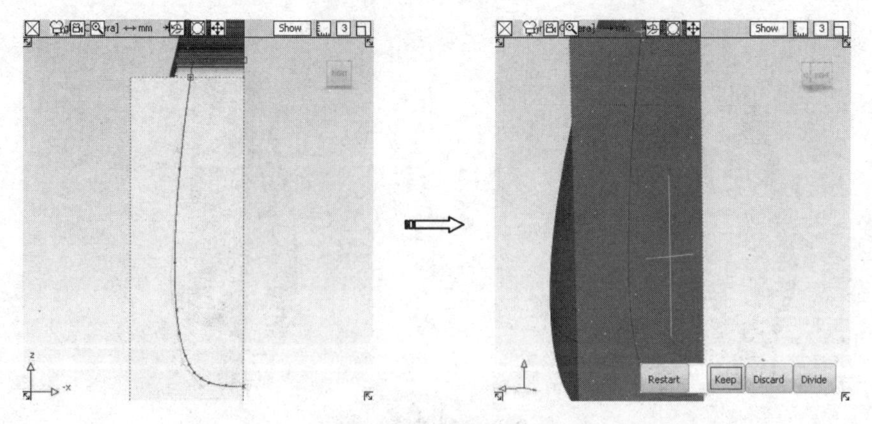

图9-41 投影曲线

44 选择【Trim】工具，进行剪切，如图 9-42 所示。

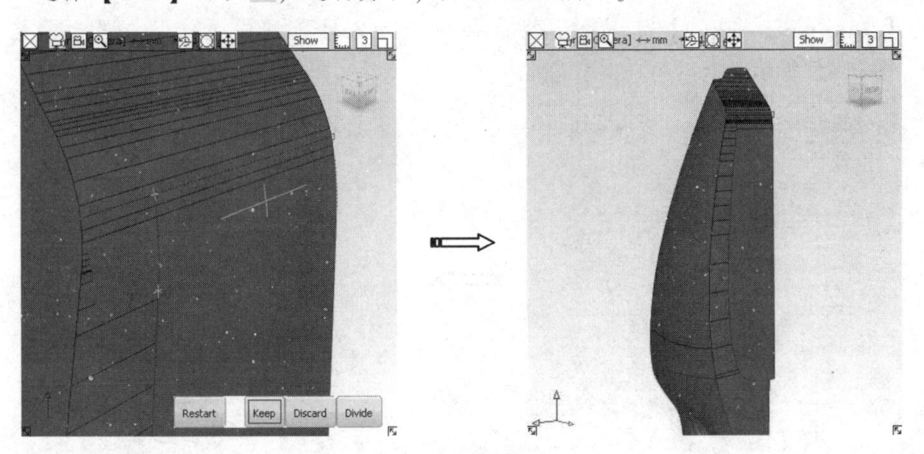

图 9-42　剪切曲面

45 选择【Multi-surface draft】工具，在其对话框中将拉伸类型改为【Normal】，单击拉伸曲面与过渡曲面的剪切边缘，调整角度，创建凸缘曲面，如图 9-43 所示。

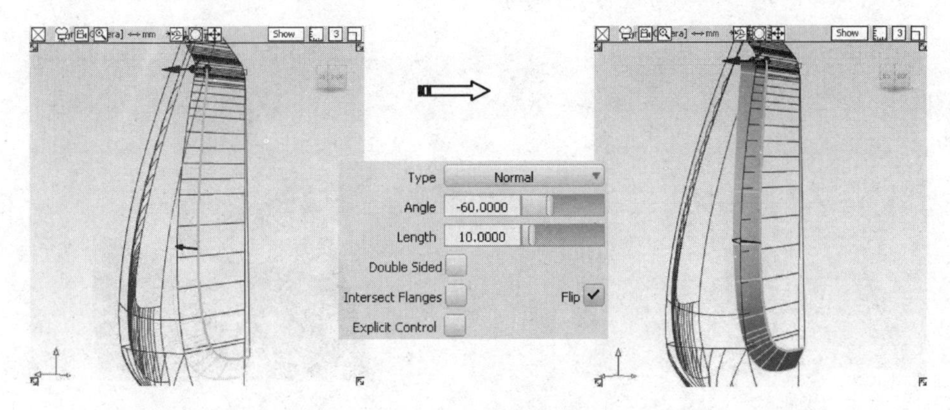

图 9-43　创建凸缘曲面

46 选择【Intersect】工具，使刚刚创建的凸缘曲面与底部曲面形成相交线，选择【Trim】工具，剪切曲面，如图 9-44 所示。

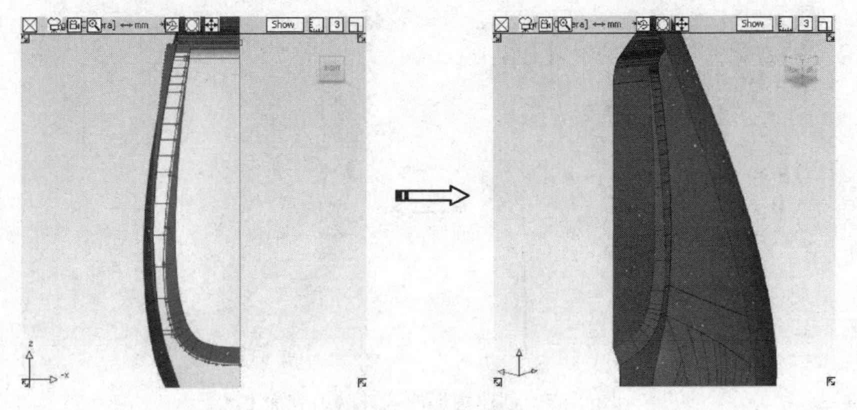

图 9-44　剪切曲面

47 选择【New CV curve】工具，在【Top】视窗中创建一条曲线。然后选择【Multi-surface draft】工具，将这条曲线沿Z轴负方向拉伸，与吸尘器相交，如图9-45所示。

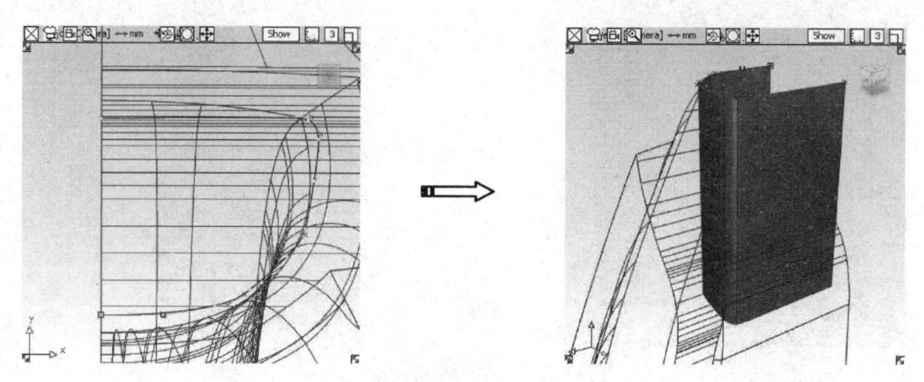

图9-45　创建拉伸曲面

48 选择【Intersect】工具，将创建的曲面与底面相交。然后选择【Trim】工具，剪切去多余的部分，如图9-46所示。

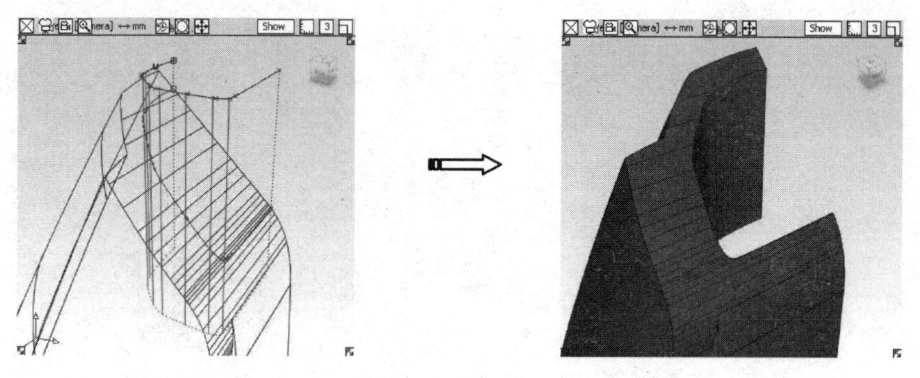

图9-46　剪切曲面

49 在【Back】正交视窗中创建一些圆形曲线。选择【Project】工具，同样在【Back】正交视窗中将其映射到吸尘器的侧面上，如图9-47所示。

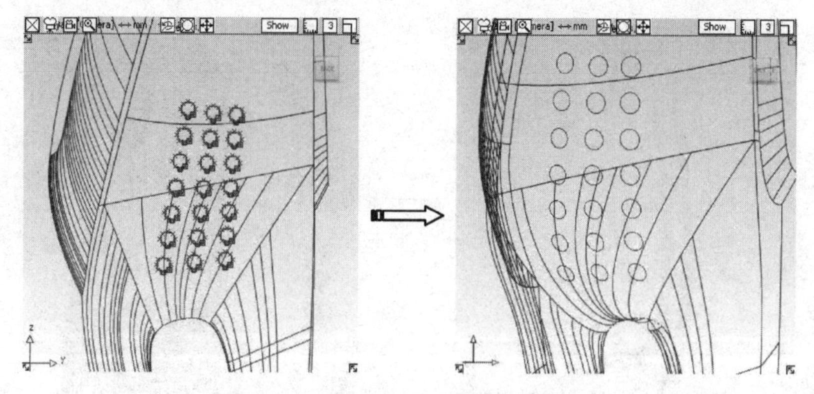

图9-47　创建圆形曲线并映射到面上

50　然后选择【Trim】工具，在侧面上将这些圆分隔，如图9-48所示。

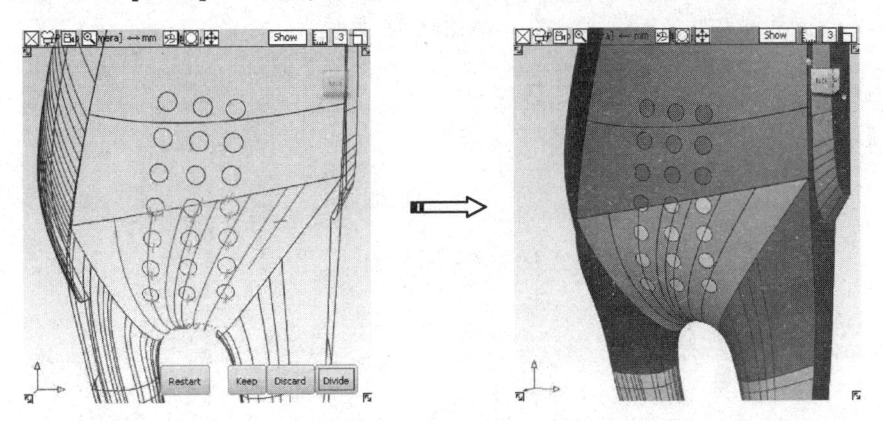

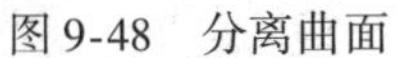

图9-48　分离曲面

51　选择【Round】工具，为吸尘器的尖锐边缘部分创建圆角曲面，如图9-49所示。

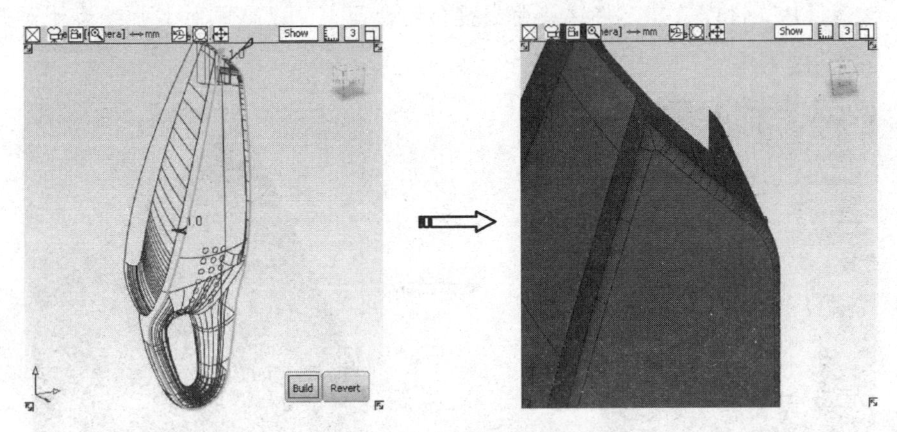

图9-49　创建圆角曲面

52　至此，吸尘器的大体模型已经创建完成，可为其添加细节（按钮、小轮），如图9-50所示。

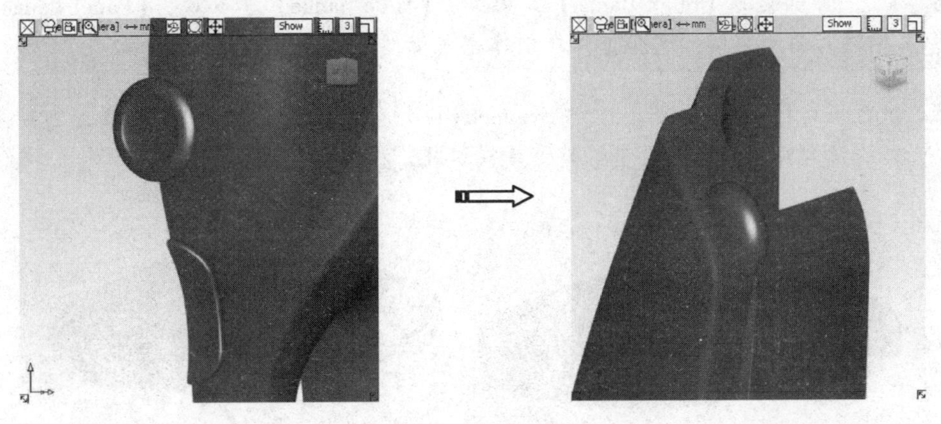

图9-50　添加细节

53 选择【New CV curves】工具，在【Back】【Left】正交视窗中创建几条曲线，将以这些曲线为吸尘器模型分模，如图 9-51 所示。

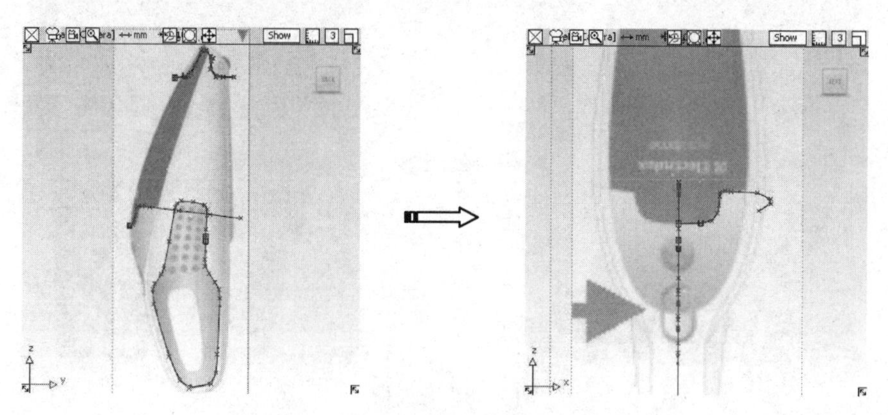

图 9-51 创建分模线

54 选择【Project】工具，将这些曲线投影到曲面上，以这些面上曲线为曲面分模，如图 9-52 所示。

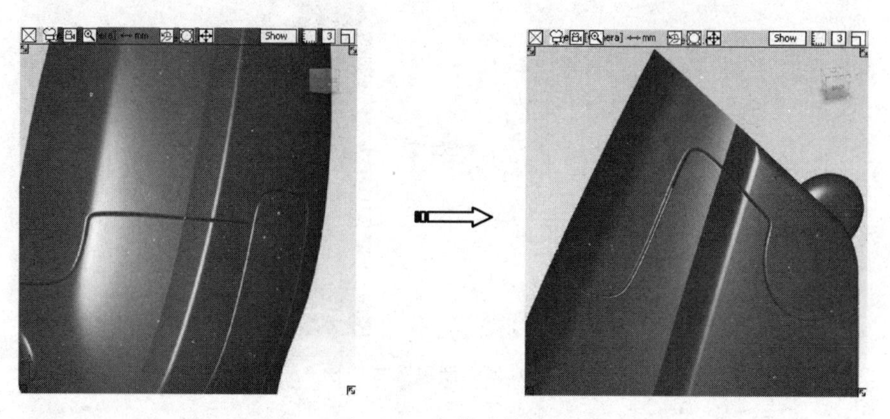

图 9-52 为模型分模

技巧点拨	可以使用【Fillet flange】工具、【Tube flange】工具、【Panel flange】工具为曲面分模，这些工具在创建完成模型大体后经常用到。

55 执行菜单栏中【Layers】|【Symmetry】|【Create Geometry】命令，创建整个模型的镜像实体，完成吸尘器整个建模过程，如图 9-53 所示。

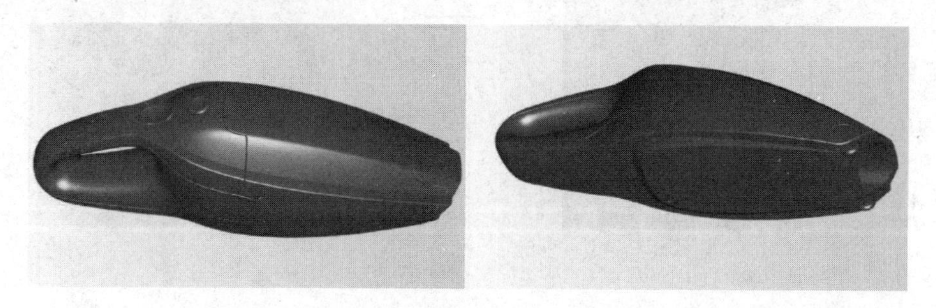

图 9-53 将模型镜像转化为实体

56 将不同颜色、材质的曲面分配到不同的图层，也可以分别成组，为它们添加材质，开启硬件渲染，可实时查看渲染的效果，将文件保存，如图 9-54 所示。

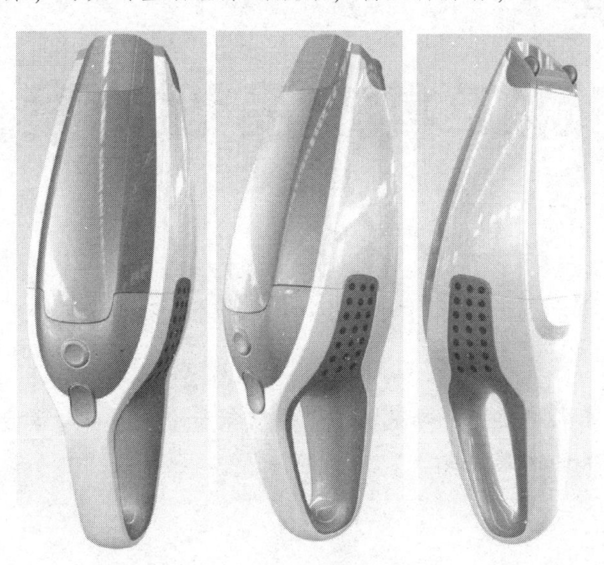

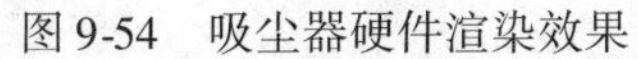

图 9-54 吸尘器硬件渲染效果

设计练习 剃须刀产品设计

通过剃须刀模型的建模练习，主要需要应用一些不规则曲面的创建，以及将几块曲面组合到一起形成一块光滑曲面的相关方法和技巧。设计完成的剃须刀产品造型如图 9-55 所示，要导入的剃须刀图片如图 9-56 所示。

图 9-55 剃须刀产品造型

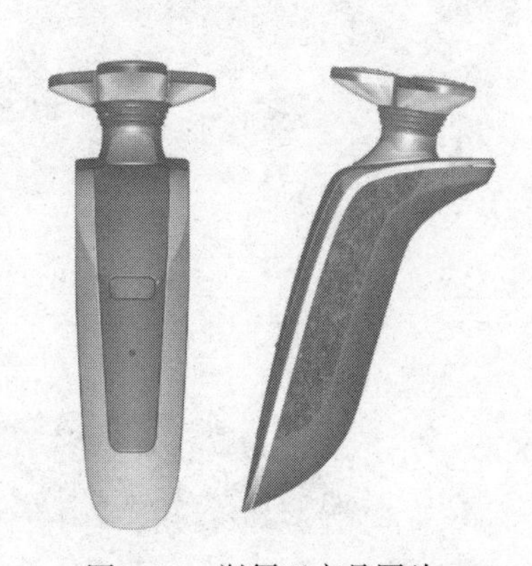

图 9-56 剃须刀产品图片

第 10 章

交通工具产品设计案例

本章将通过摩托车的建模，讲解建模过程的重点和难点，帮助读者熟练掌握 Alias 的常用功能，学会复杂产品的建模方法。

案例展现

ANLIZHANXIAN

案 例 图	描 述
	熟练运用四边建面工具等多款常用建模工具，难点是多工具间的组合应用，以及复杂产品中各体块关系的把握。摩托车产品设计所涉及的曲面工具和曲面编辑工具较多，需要融会贯通
	这款豪华跑车整体造型线条硬朗、棱角分明、极具跑车动感。这也为实际的建模过程带来了不小的挑战，不过只要能够正确地把握好一些建模的基本原则，多加思考和练习，相信读者亲手将跑车模型创建出来并不是一件难事

第1节 车头挡泥板设计

练习文件路径：examples\Ch10\Motorcycle. wire
演示视频路径：视频\Ch10\摩托车设计 . avi

本章将运用四边建面工具等多款常用工具进行建模，难点是多工具间的组合运用，以及复杂产品中各体块关系的把握。摩托车产品需分成几个部分分别建模，包括车身、车尾、车头和轮胎设计，摩托车产品造型如图 10-1 所示。

图 10-1 摩托车建模

操作步骤

01 选择【New Curve】工具，在右视窗中绘制如图 10-2、图 10-3 所示的两组曲线。

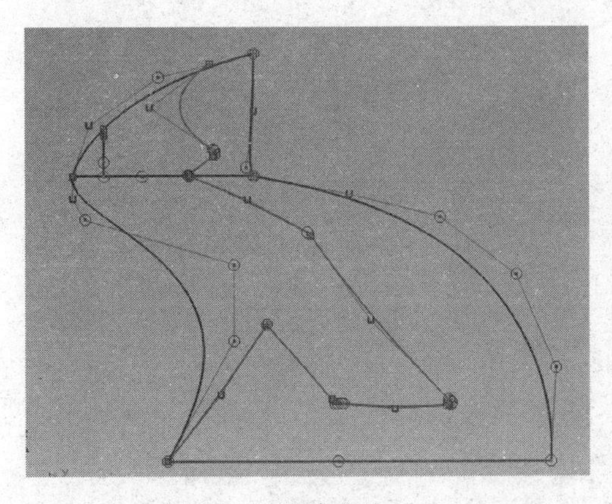

图 10-2 创建曲线

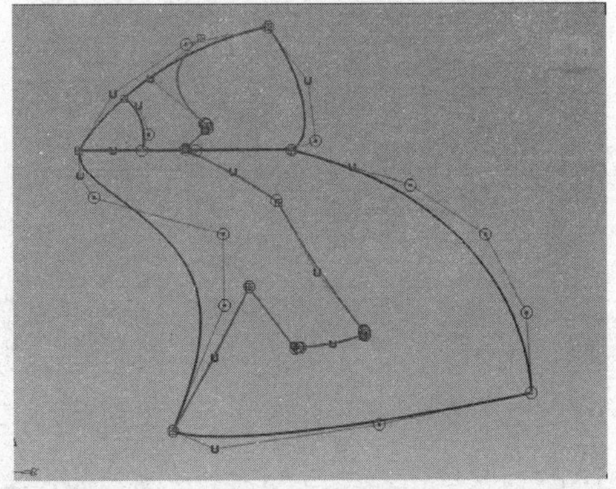

图 10-3 调整曲线

02 选择【Square Surface】工具及【N-Sided Surface】工具，选择上一步生成的相应曲线，生成如图 10-4 所示曲面。

03 选择【Project】工具，然后选择图 10-4 所示曲面，并单击视窗右下角【GO】按钮，再选择中央切割线，最后单击【GO】按钮，此时，曲面垂直于切割线的位置上形成 COS（Curve On Surface）线，选择生成选择工具【Trim】工具，把要剪切的部分舍弃，得到如图 10-5 所示曲面。

04 在图层中选择【symmetry】，可看到对称效果，如图 10-6 所示。重复上述三个步骤可得到另一体块，如图 10-7、图 10-8 和图 10-9 所示。

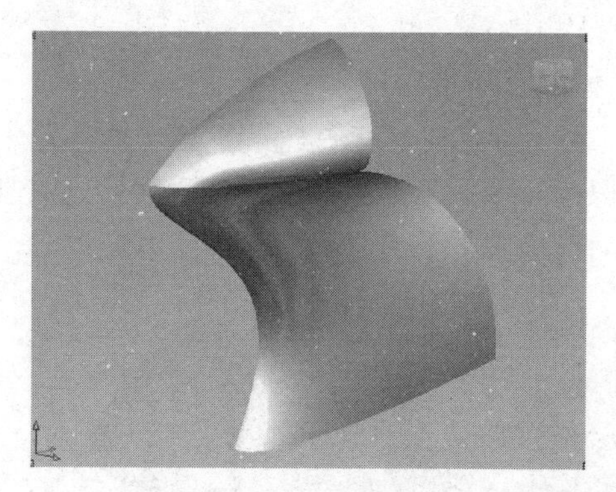

图 10-4 生成曲面

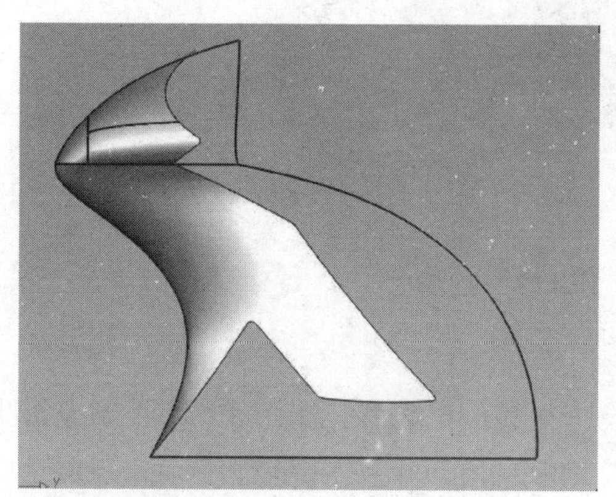

图 10-5 切割曲面

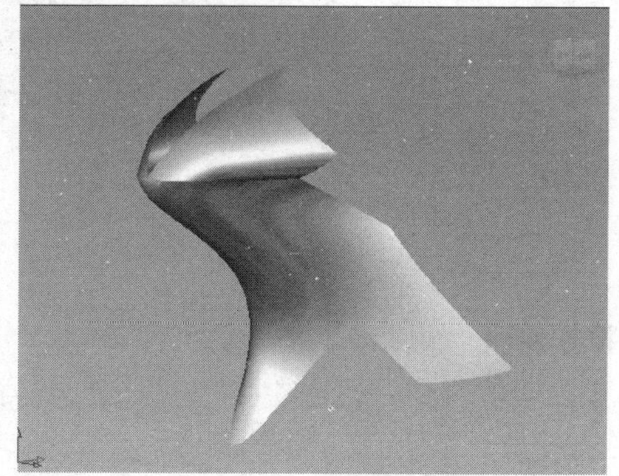

图 10-6 创建对称曲面

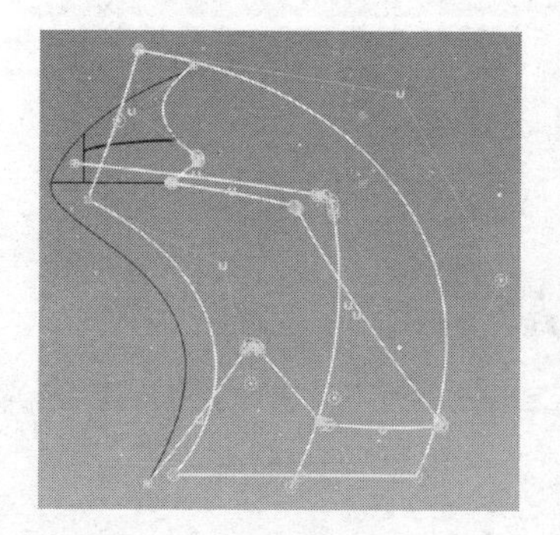

图 10-7 创建曲线

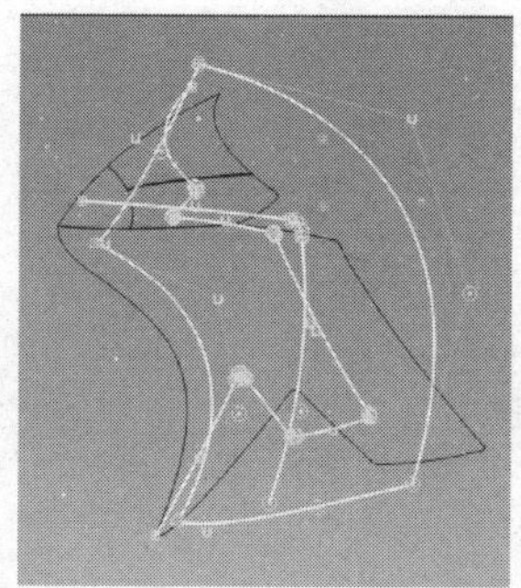

图 10-8 调整曲线

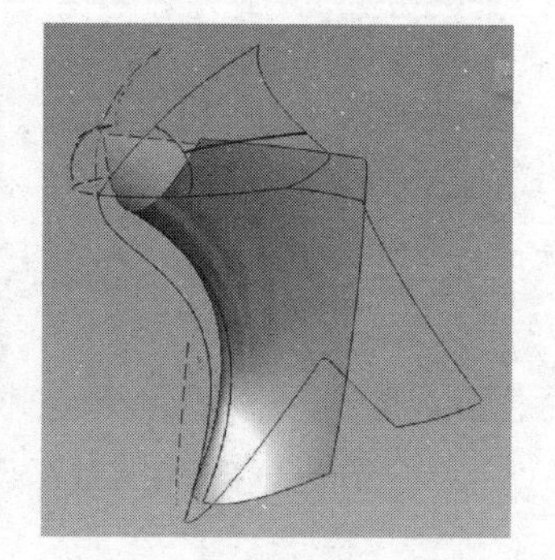

图 10-9 生成曲面

技巧点拨	裁剪后的曲面仍可以通过调整原曲线的 CV 点位置以调整曲面形状，但是调整时要注意已有裁剪所允许的调节范围，以免计算出错。

05 选择【Skin Surface】工具，依次选择图10-8中曲面的边缘线，使曲面封闭成体，并选择【Round】工具进行倒角，如图10-10所示，直径设置为2。

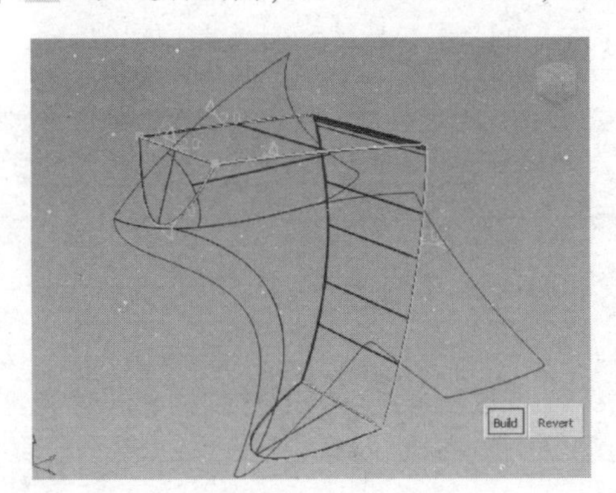

图10-10 对曲面倒角

第2节 座椅部分设计

下面设计摩托车座椅部分。

操作步骤

01 选择【New Curve】工具，绘制曲线，复制并粘贴一份，向下偏移，如图10-11所示。

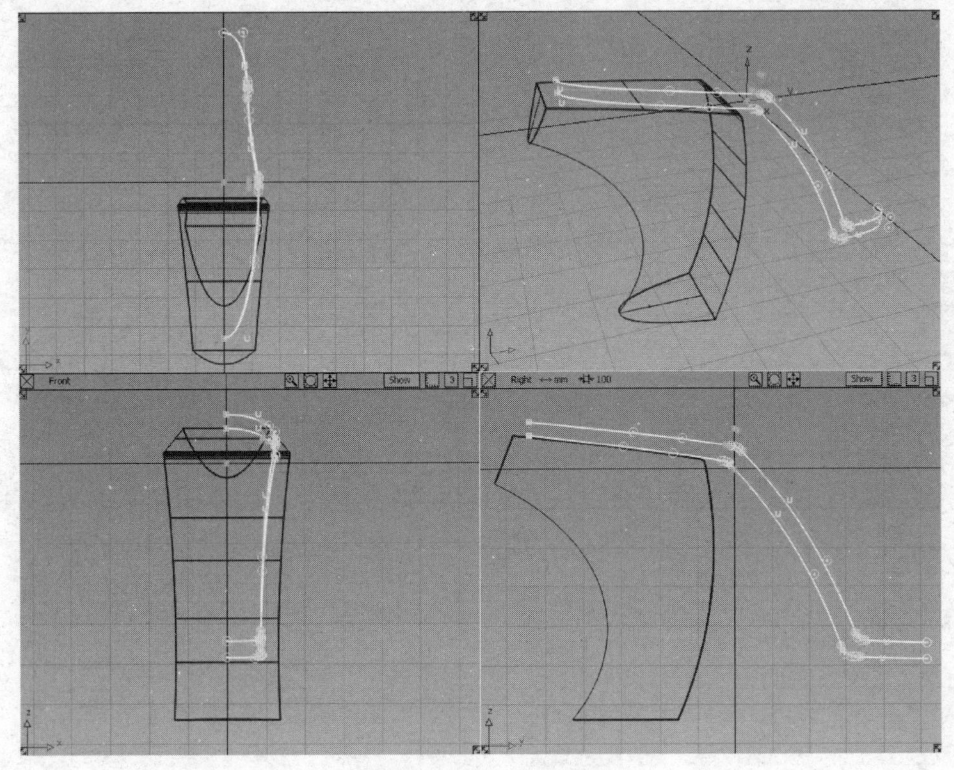

图10-11 创建并偏移曲线

02 选择【Skin Surface】工具，将图10-11中生成的曲线两两连接成面，如图10-12所示，再次选择【Skin Surface】工具，选择曲面边缘线连接封闭面，如图10-13所示，最后选择【Round】工具进行倒角，如图10-14所示，设置直径为2。

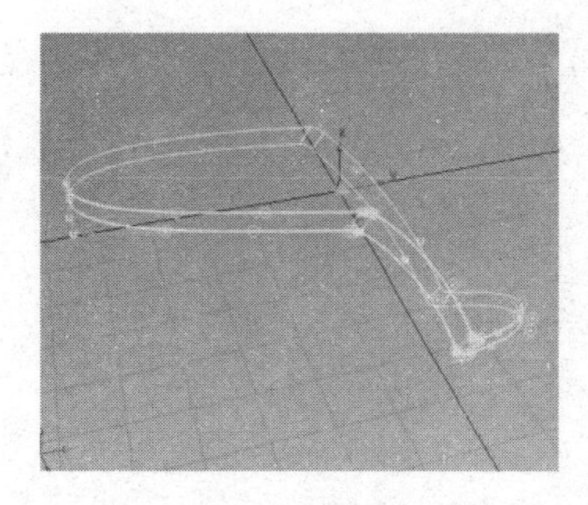

图10-12　创建连接曲面

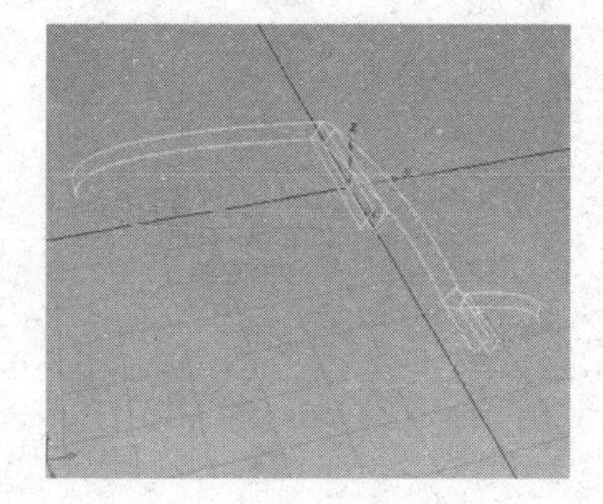

图10-13　创建连接曲面

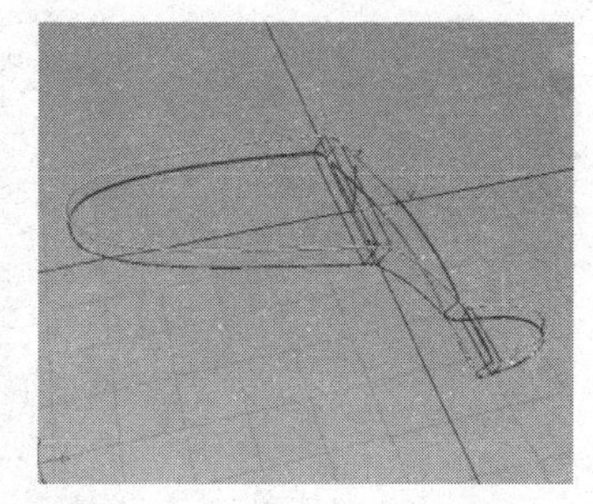

图10-14　对曲面倒角

03 选择【New Curve】工具，生成如图10-15所示椭圆线的一侧，然后选择菜单栏中【Edit】|【Duplicate】|【Mirror】命令生成对称曲线。选择【Attach】工具连接两曲线首尾形成成一整条曲线，并复制出图中所示的曲线，分别调整其位置、大小及形状，制作出摩托车油桶形状，如图10-15所示，选择【New Curve】工具生成图中所示切割线。

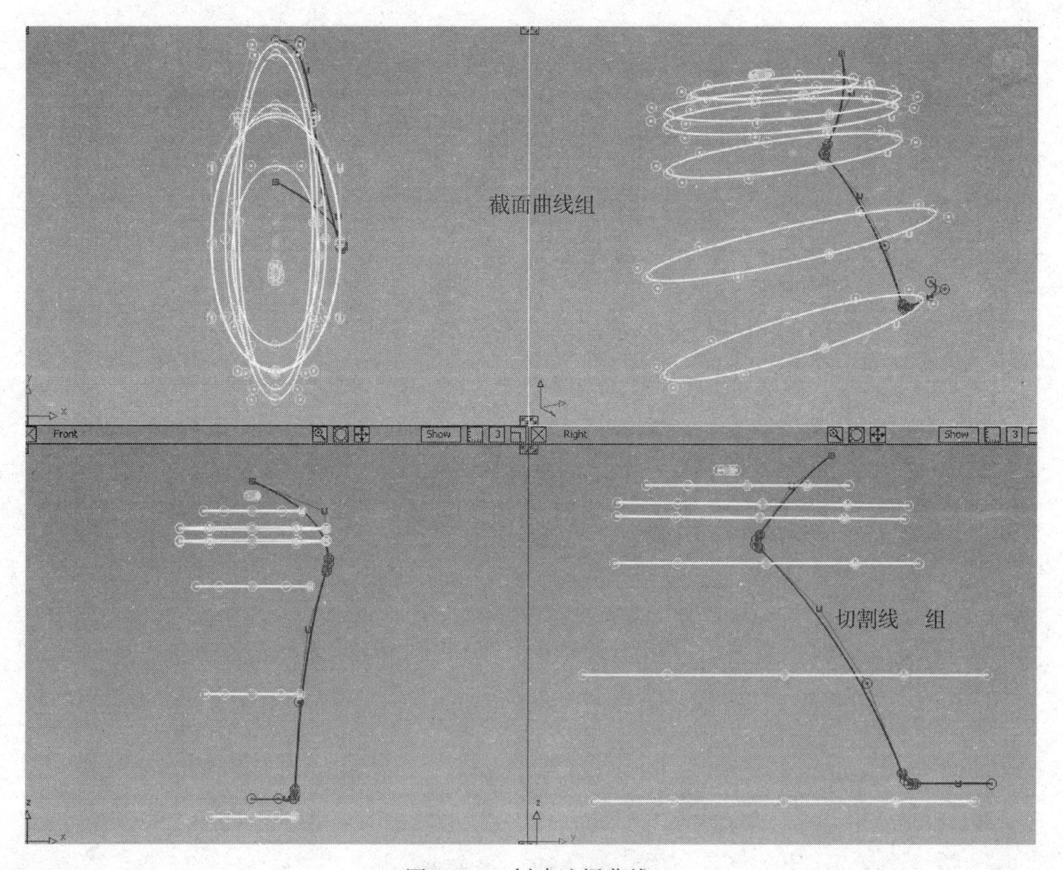

图10-15　创建油桶曲线

技巧点拨	选择【Circle】工具，在顶视窗绘制一条圆形线，选择右侧工具栏下方【Degree】处增加圆线CV点，并拖动CV点使圆形变为椭圆。

04 选择【Skin Surface】工具，按住【Shift】键，由上至下选择油桶曲线，得到如图10-16所示的曲面。

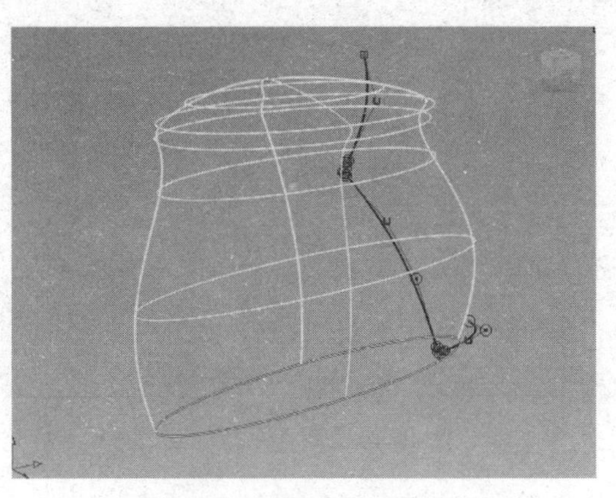

图10-16 创建曲面

05 选择【Project】工具，选择如图10-16所示的曲面，将生成的切割线投影到上一步生成的曲面上。选择【Trim】工具，选择需要分离的曲面，再选择曲面COS线的左侧部分，最后选择视窗右下方的【Devide】，曲面被分成左右两部分，如图10-17所示。

06 选择【Project】工具，在左部分曲面上投影图10-11中上方的曲线。选择【Trim】工具，把该投影线以下曲面裁去，如图10-18所示。

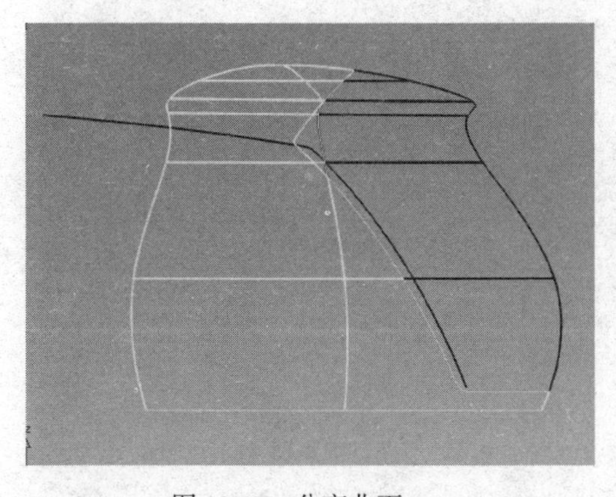

图10-17 分离曲面

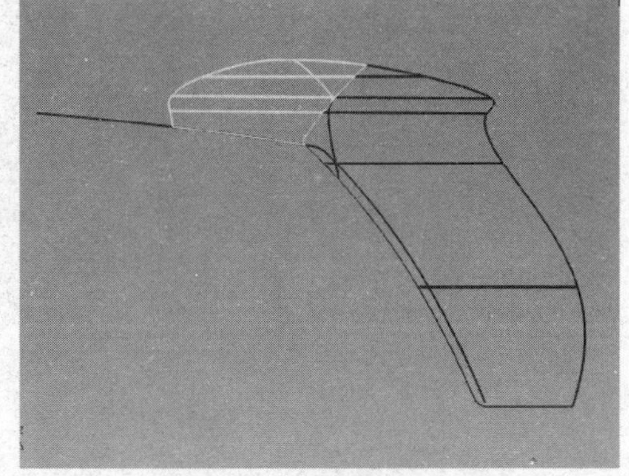

图10-18 剪裁曲面

技巧点拨	使用【Trim】工具时，裁剪后剩余部分仍保留一定的调整空间（面块线为绿色），而使用【Devide】功能时，被分离的部分将失去原生成曲线的调整形状特性（面块线变为蓝色）。

07 利用同样的方法创建图 10-19 所示的车尾体块，注意倒角时中间部分直径值偏大，制作出带弧度变化的车尾边缘。

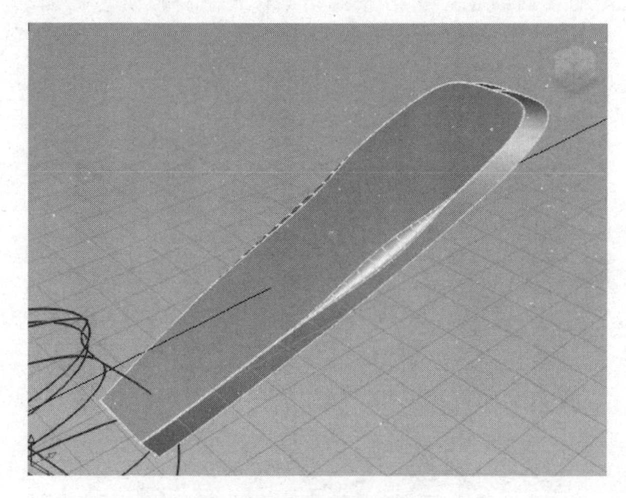

图 10-19　创建车尾体块

08 选择【Circle】工具，制作如图 10-20 所示的四个圆，注意形状由左到右稍变大及外偏。

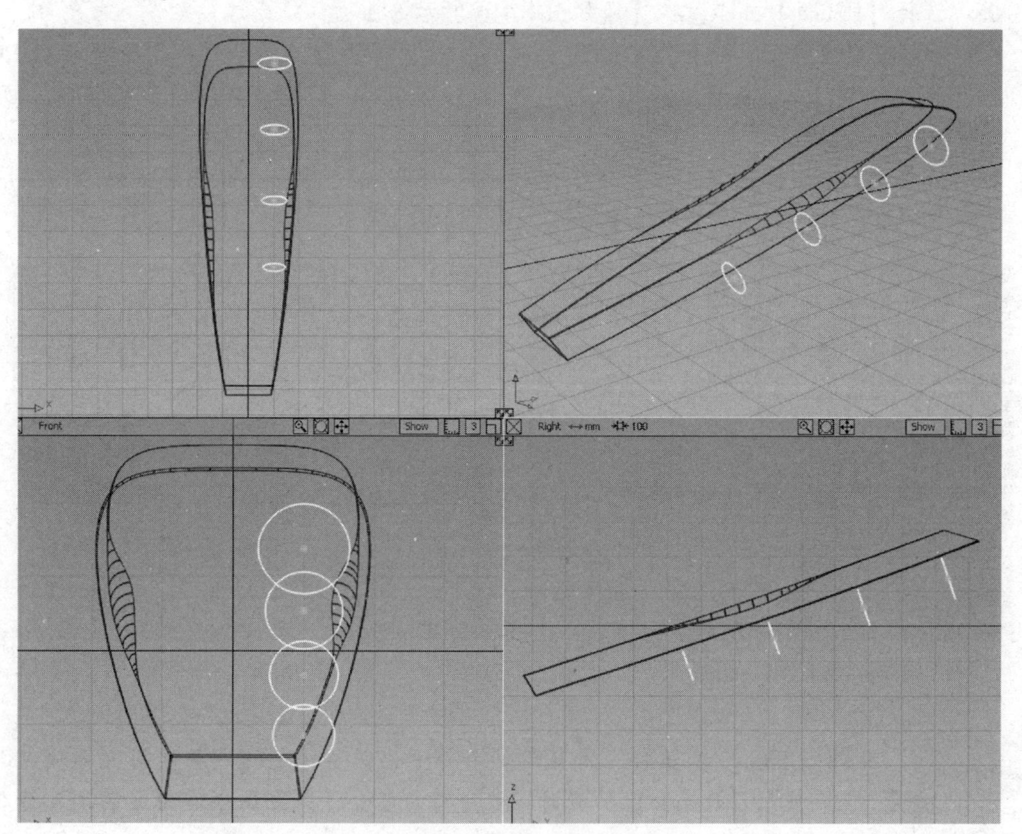

图 10-20　创建 4 个圆曲线

09 然后选择【Skin Surface】工具连线成筒状，如图 10-21 所示。

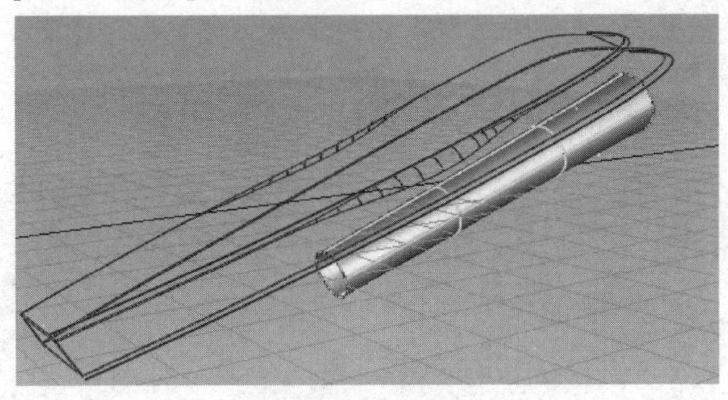

图 10-21　创建曲面

10 选择【New Curve】工具，制作如图 10-22 所示曲线，然后选择【Draft】工具，选择图 10-21 中两条弧线，拉伸出图中所示两块拉伸面，最后选择【Intersect】工具，得到拉伸面与圆筒的相交线，如图 10-23 所示。

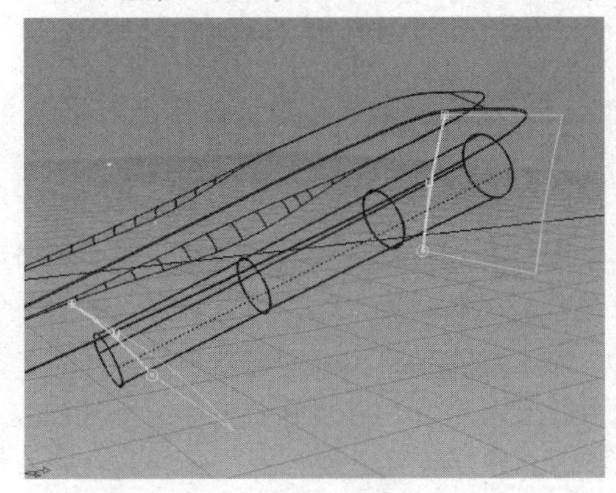

图 10-22　创建曲线

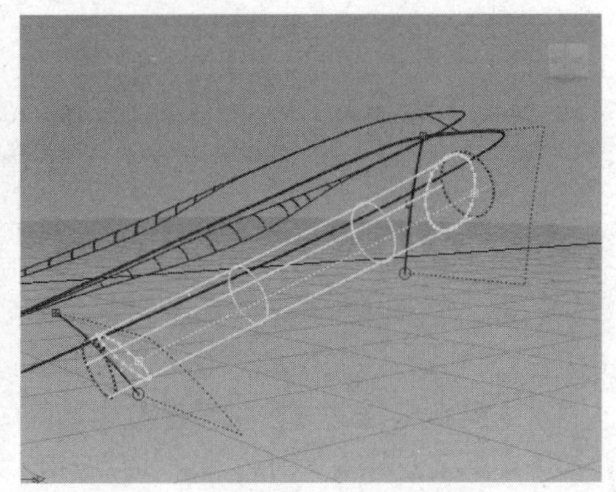

图 10-23　创建相交线

11 选择【Trim】工具，裁去不需要的面生成烟囱造型，如图 10-24 所示，最后适当倒角，如图 10-25 所示。

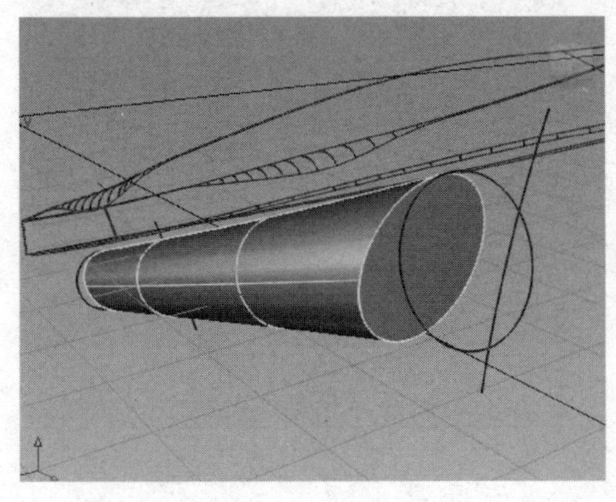

图 10-24　剪裁面

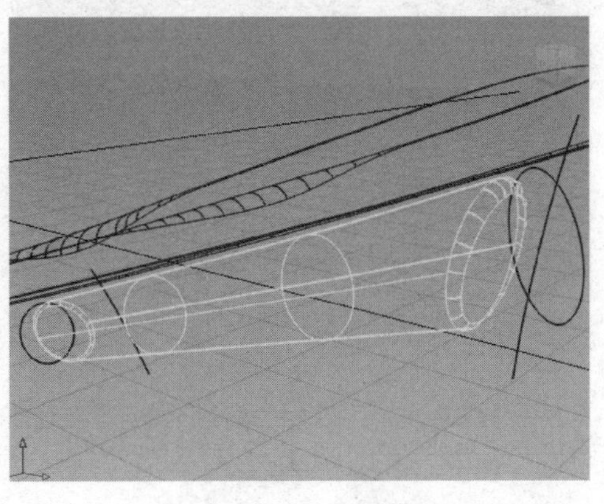

图 10-25　倒角

12 接下来制作连接摩托车尾部烟囱的部件。选择【New Curve】工具，生成如图10-26所示的在车尾下部的两条倒梯形线，然后选择【Skin Ssurface】工具，连接两线成面，在梯形面两端作两条切割线，使切割后梯形面与车尾形态保持流线一致，得到如图10-27所示闭合部件。

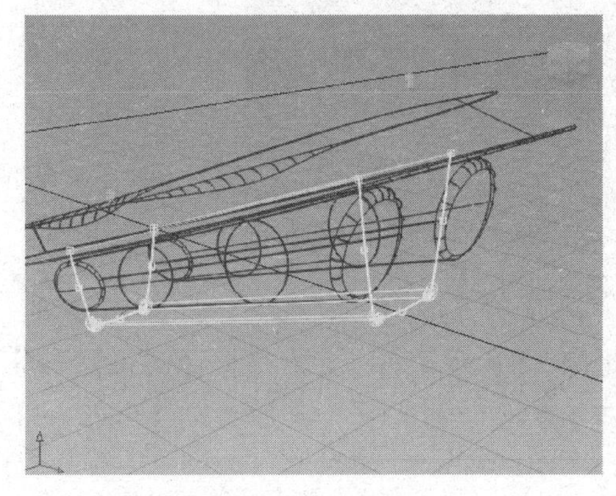

图10-26 创建曲线

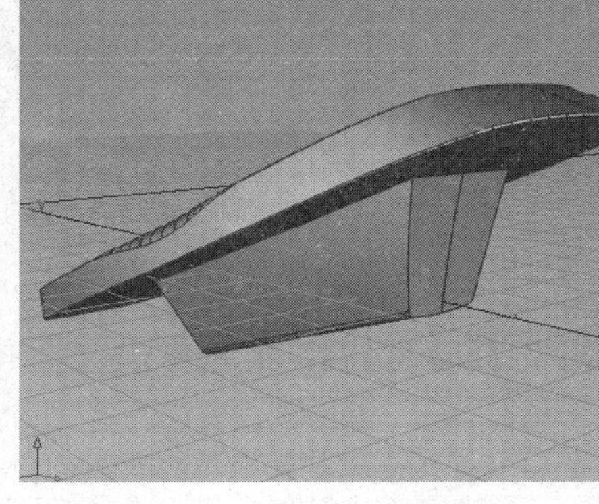

图10-27 生成曲面

13 选择【Intersect】工具及【Trim】工具，把连接部件与车尾部件及烟囱相交的部分剪裁掉，然后适当倒角，如图10-28所示。

技巧点拨

在连接部件与烟囱相交面时，如果直接相交，则其相交面与烟囱其实是同一面，即两部件是紧紧贴着的，这跟摩托车的实际构造不符，部件应当离开烟囱少许位置，仅靠伸出一些支架固定烟囱，而这些支架因为被烟囱遮挡了，可以不必表现在模型上。连接部件与烟囱的这种位置关系我们可这样实现：选择【Offset】工具，单击烟囱曲面，出现一个偏移面，修改其偏移量，量值为连接部件与烟囱之间的空隙点【Accept】，然后创建该偏移面与部件的相交面，如图10-29所示。

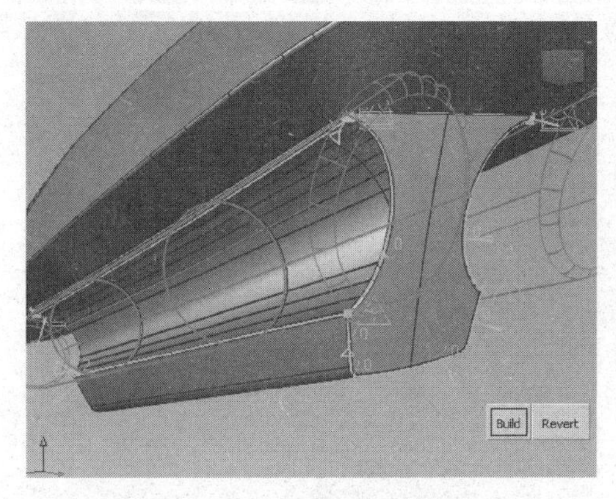

图10-28 剪裁曲面并倒角

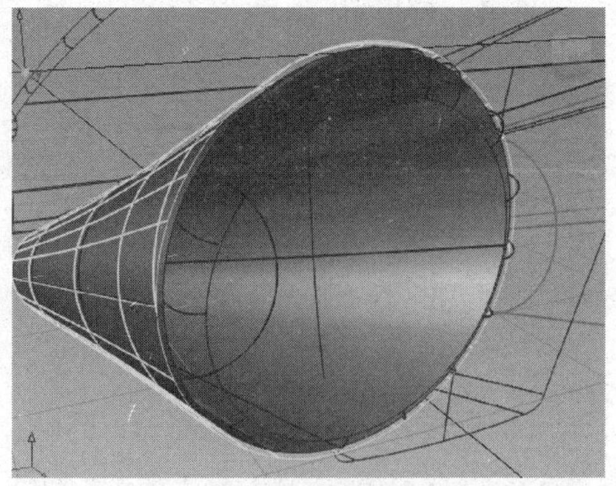

图10-29 创建相交面

第3节 车轮设计

下面设计摩托车车轮部分。

操作步骤

01 选择【Circle】工具，生成如图10-30所示两个圆形。

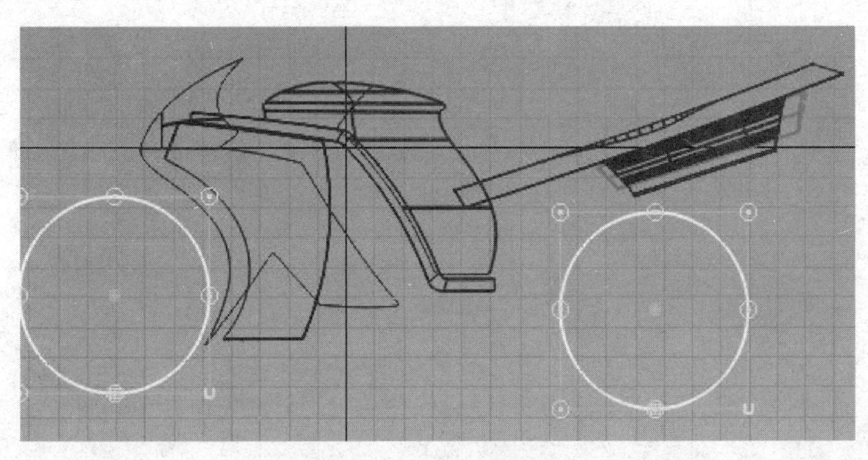

图10-30 创建两个圆形

02 选择【New Curve】工具，生成轮胎及轮毂的形状线，如图10-31所示。轮胎线最高端与上一步生成的定位圆最高点平齐。双击【Revolve Surface】工具，修改【Revolution Axis】为【X】，单击GO按钮，然后选择轮胎及轮毂的形状线，即旋转出轮胎及轮毂，如图10-32所示。

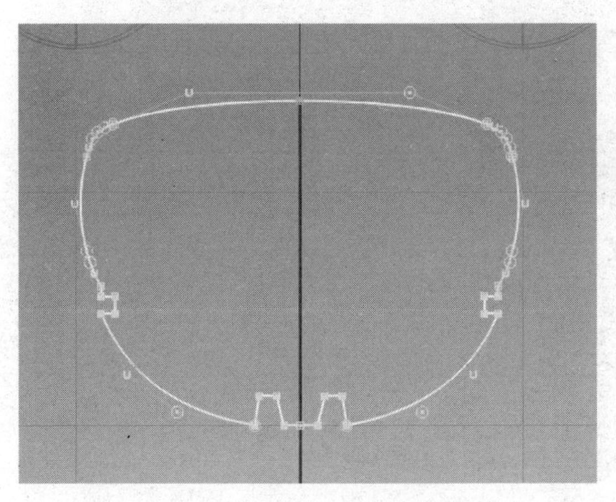

图10-31 创建轮胎形状曲线

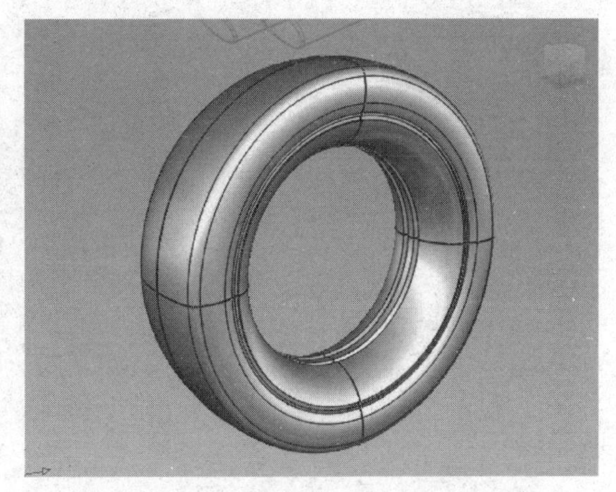

图10-32 创建轮胎曲面

03 下面制作车底及车轮连接件。选择【New Curve】工具，在车底部生成如图10-33形状线。

04 选择【Skin Surface】工具，选择上一步生成的曲线生成曲面，然后选择【Mirror】工具，镜像复制曲面，如图10-34所示。

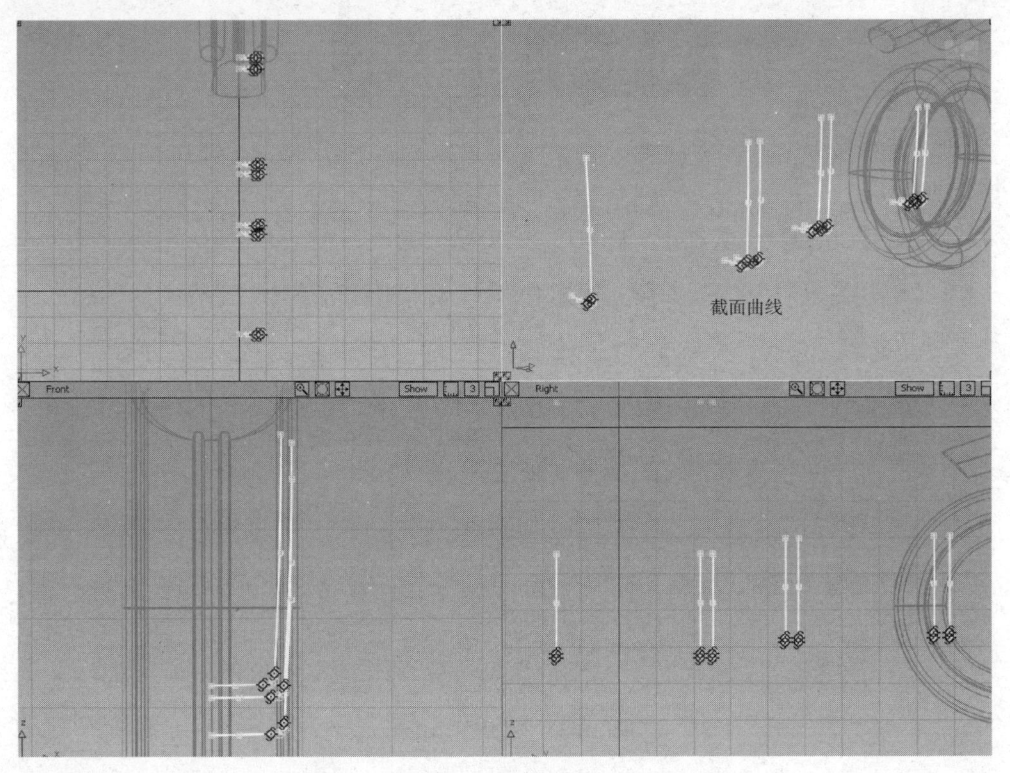

图 10-33　创建曲线

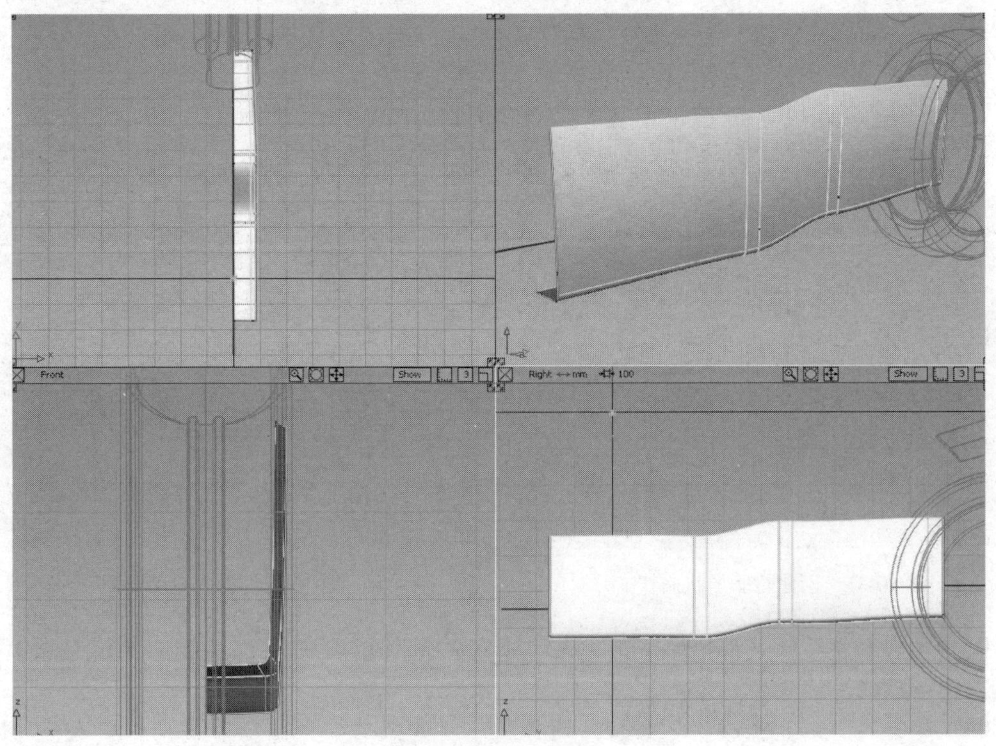

图 10-34　镜像曲面

05　选择【New Curve】工具，生成如图10-35所示切割线，然后选择【Project】工具和【Trim】工具，把曲面上部剪裁掉，最后利用【Intersect】工具和【Trim】工具把曲面部分裁去，如图10-36所示。

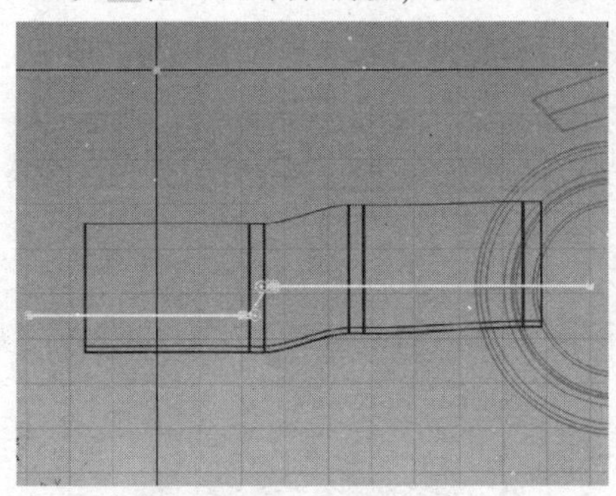

图10-35　创建切割线

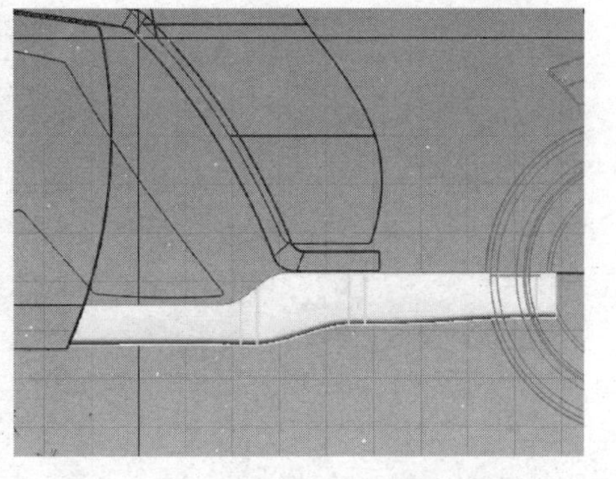

图10-36　剪裁曲面

06　选择【Skin Surface】工具，选择相应的曲面边界使曲面闭合，利用【New Curve】工具和【Draft/flange】工具，生成如图10-37所示曲线和曲面，最后利用【Intersect】工具和【Trim】工具将此连接部件与车后轮相交的部分裁掉，如图10-38所示。

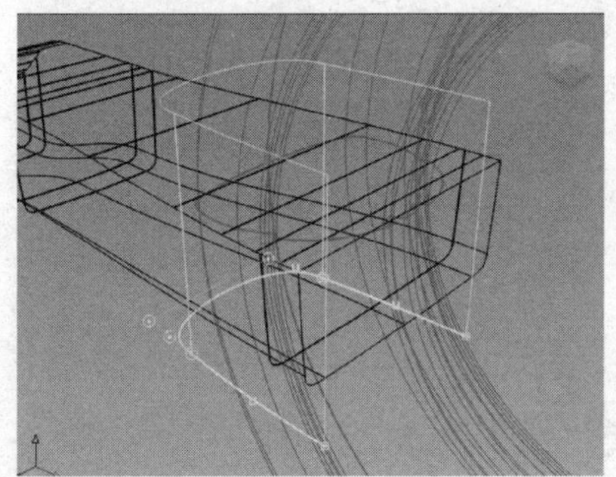

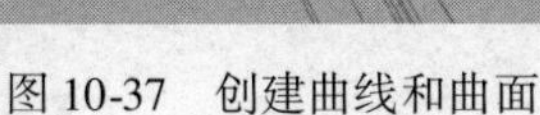

图10-37　创建曲线和曲面

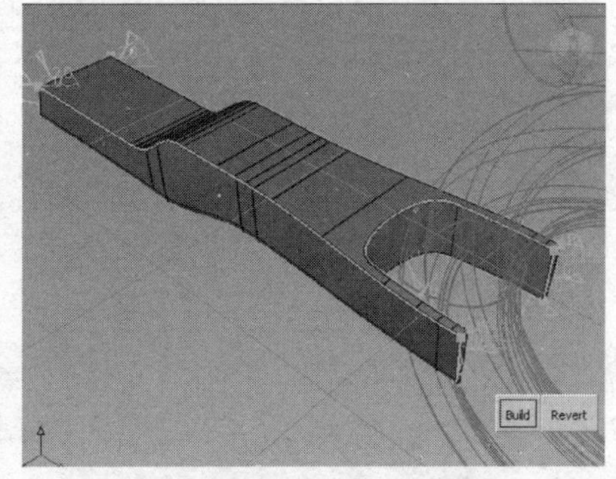

图10-38　剪裁曲面

07　选择【New Curve】工具，生成如图10-39、图10-40所示的4条曲面线及中间分割线。

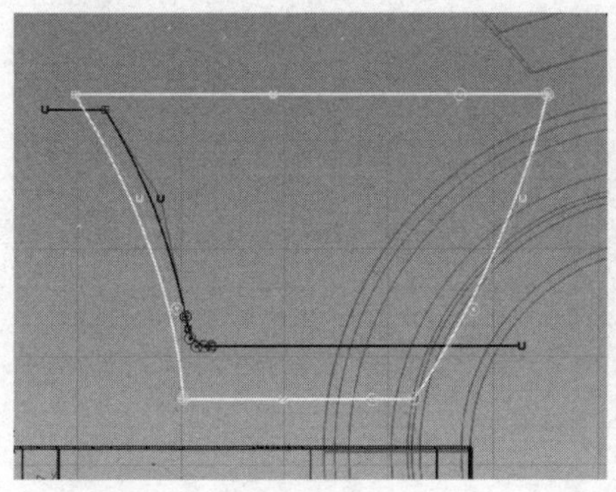

图10-39　创建4条曲线

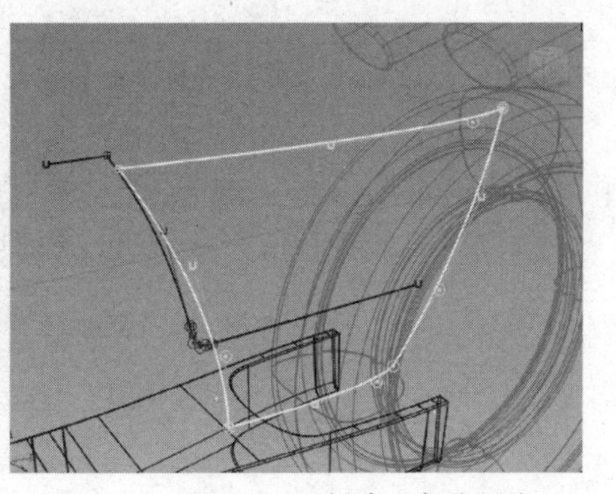

图10-40　创建1条分割线

08 选择【Square Surface】工具，以四条曲线生成曲面，然后利用【Project】工具及【Trim】工具剪裁出车身中部连接后轮的部件曲面，选择【Mirror】工具，镜像复制曲面，最后选择【Skin Surface】工具，选择相应的曲面边界闭合部件，如图 10-41、图 10-42 所示。

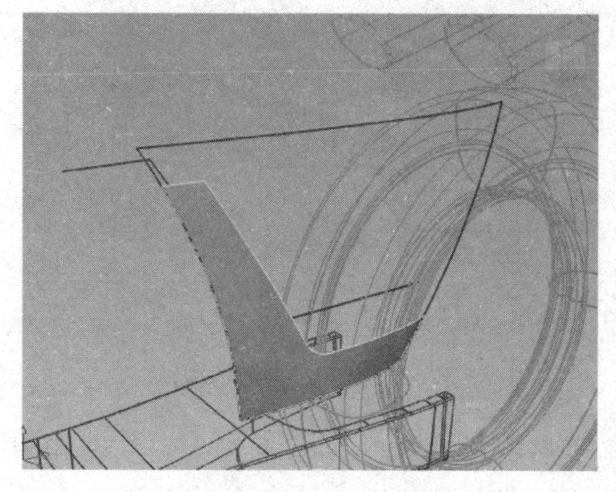

图 10-41　创建 4 边曲面

图 10-42　创建封闭的曲面

09 选择【New Curve】工具，生成如图 10-43 所示 U 形线，选择投影裁剪的方法剪去部件与车后轮相交部分，闭合并倒角，如图 10-44 所示。

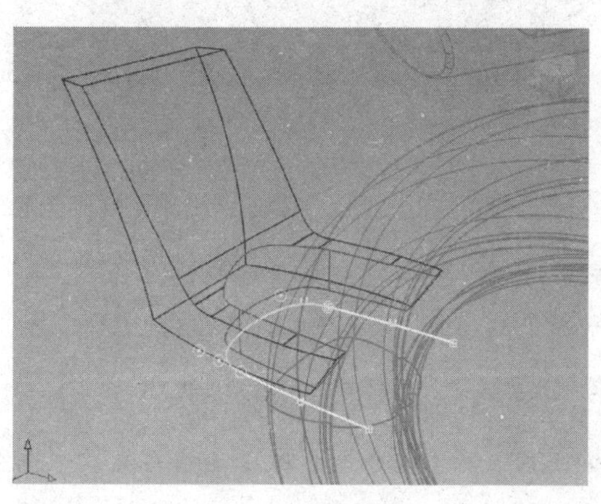

图 10-43　生成 U 形线

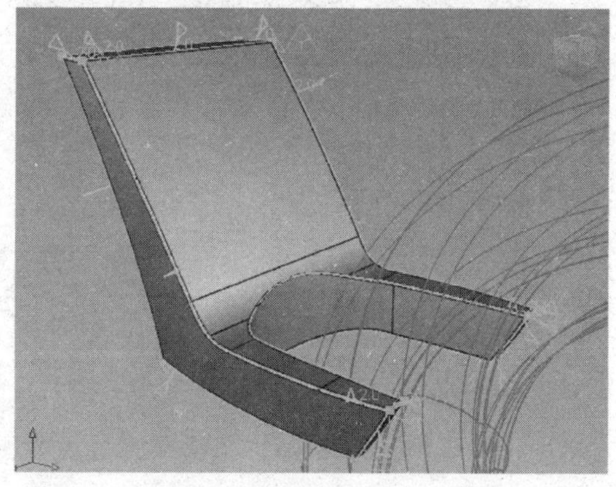

图 10-44　剪裁曲面并闭合

10 下面制作后轮的驱动包围。在轮毂下方制作如图 10-45 所示曲线，选择【Revolve Surface】工具，生成旋转曲面，设置【Revolution Axis】为【X】。

11 利用【Intersect】工具和【Trim】工具裁去连接部件与包围相交部分，并进行倒角，结果如图 10-46、图 10-47 所示。

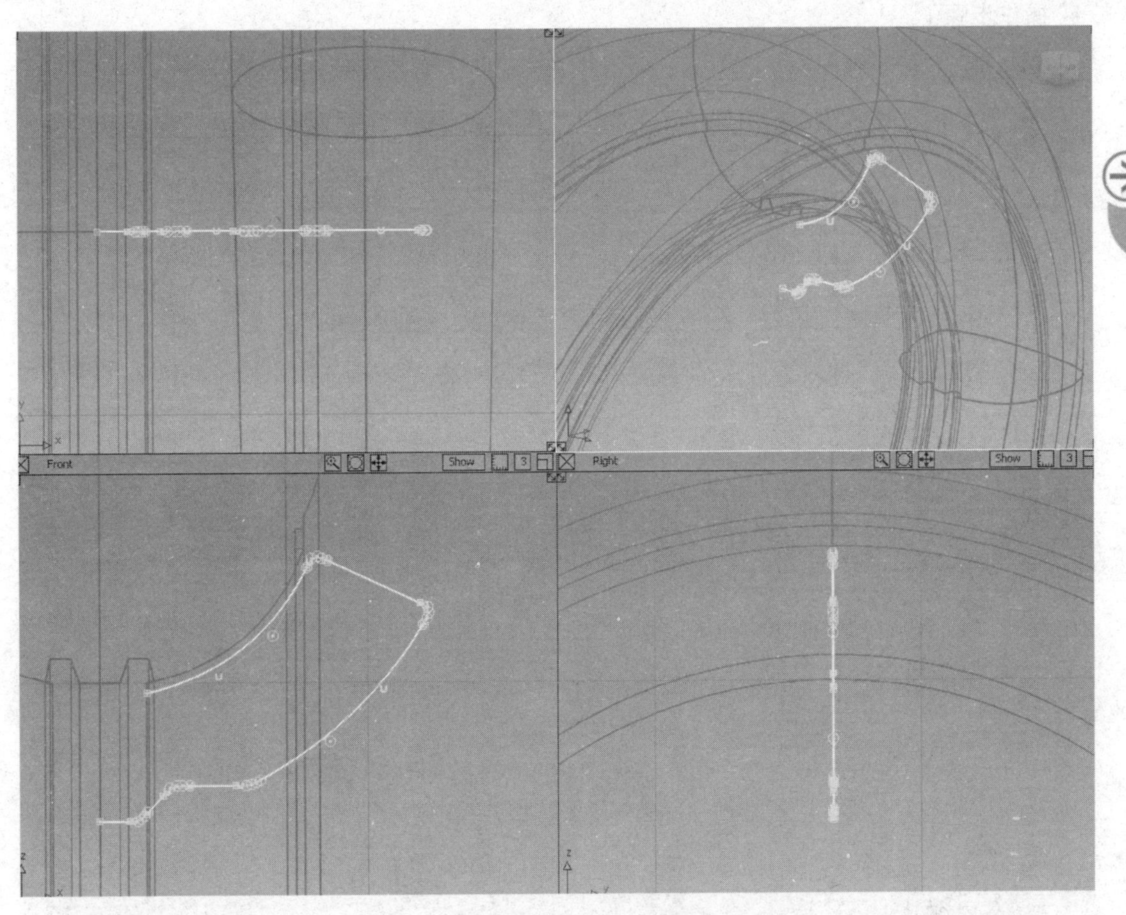

图 10-45　创建曲线并生成旋转曲面

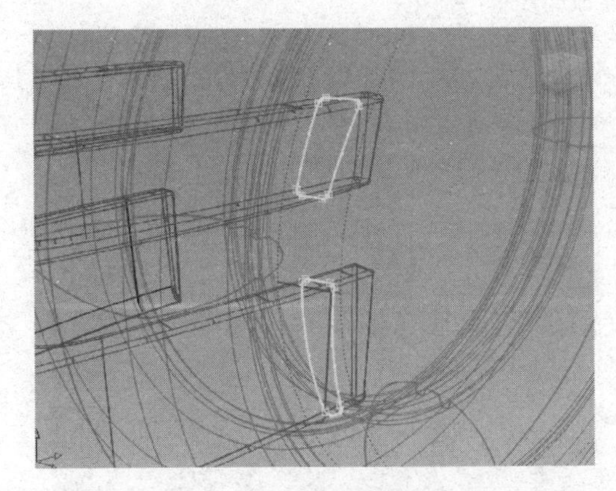

图 10-46　剪裁曲面

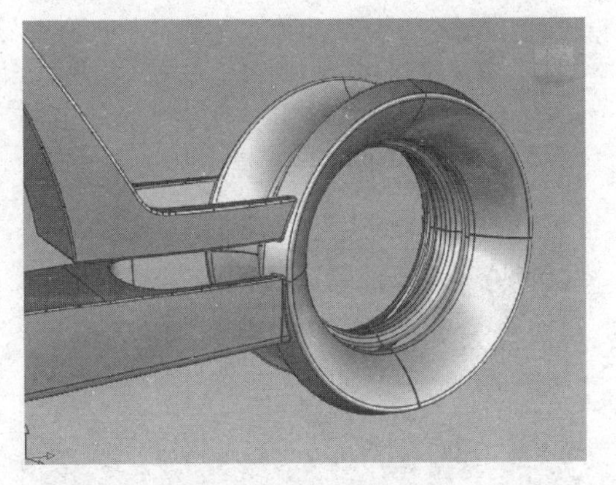

图 10-47　倒角曲面

第 4 节　发动机部分建模

下面制作摩托车车身的发动机等动力部分。

操作步骤

01 选择【New Curve】工具，生成如图 10-48 所示曲线组。

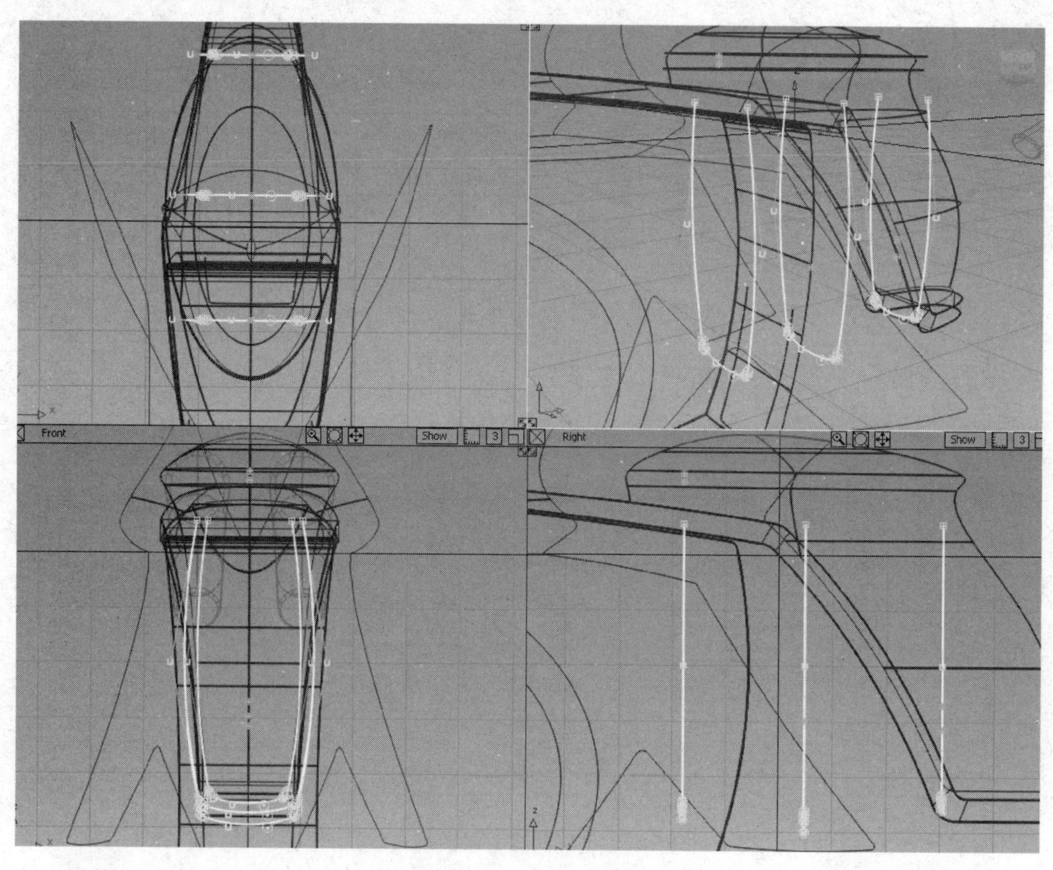

图 10-48 生成曲线组

02 选择【Skin Surface】工具，连接曲线，生成如图 10-49 所示曲面，然后选择【Intersect】工具使上一步生成的曲面与相应的曲面生成相交线，如图 10-50 所示，最后选择【Trim】工具裁去多余部分，如图 10-51 所示。

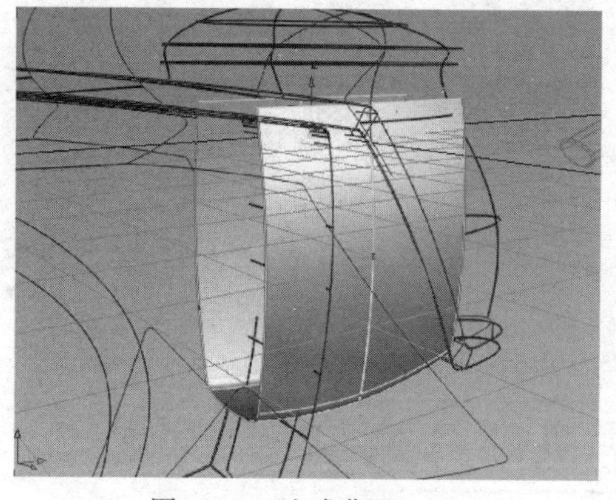

图 10-49 生成曲面

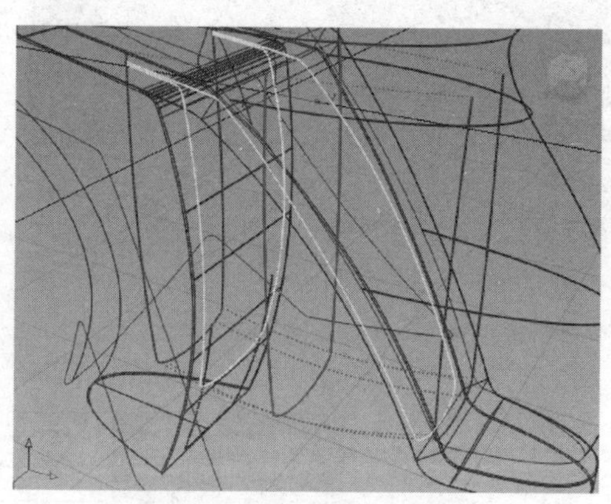

图 10-50 生成相交线

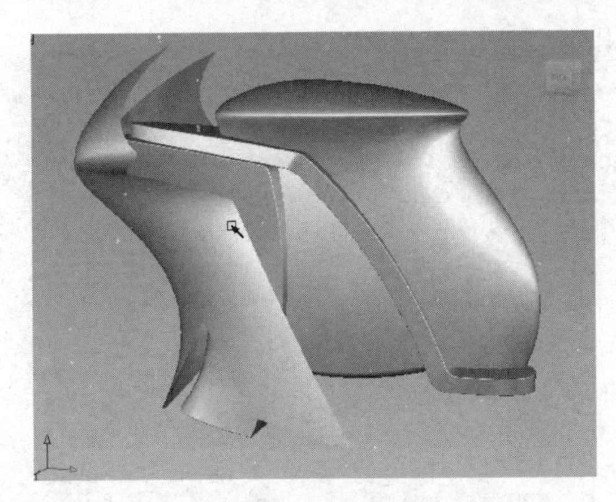

图 10-51 剪裁多余部分后的曲面

技巧点拨 建模时体块间相互穿插的情况时有出现，若需要剪裁相交部分生成相连面，常生成选择的方法有上述两种：一是使用【Project】与【Trim】工具，即投影剪裁法。二是使用【Intersect】与【Trim】工具，即相交剪裁法。

03 下面制作烟囱管及沙盖。选择【New Curve】工具，生成如图 10-52 所示烟囱管道出入口的截面圆，然后选择【Skin Surface】工具，选择烟囱管线生成曲面。

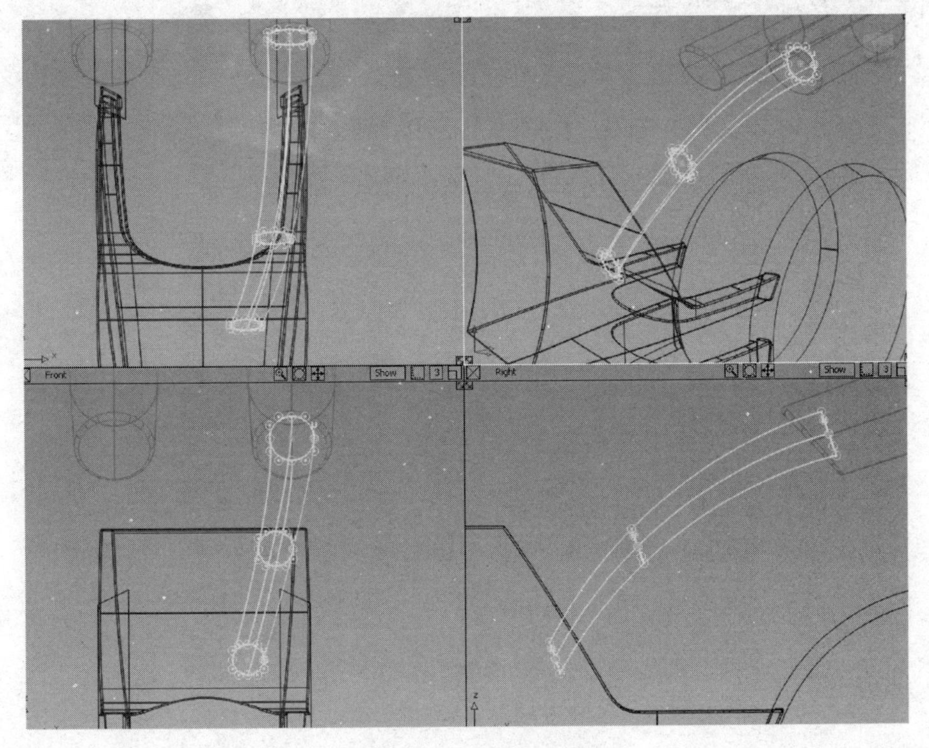

图 10-52 制作烟囱管

04 选择【New Curve】工具，生成如图 10-53 所示沙盖分段的曲线及投影曲线，然后选择【Skin Surface】工具生成曲面。

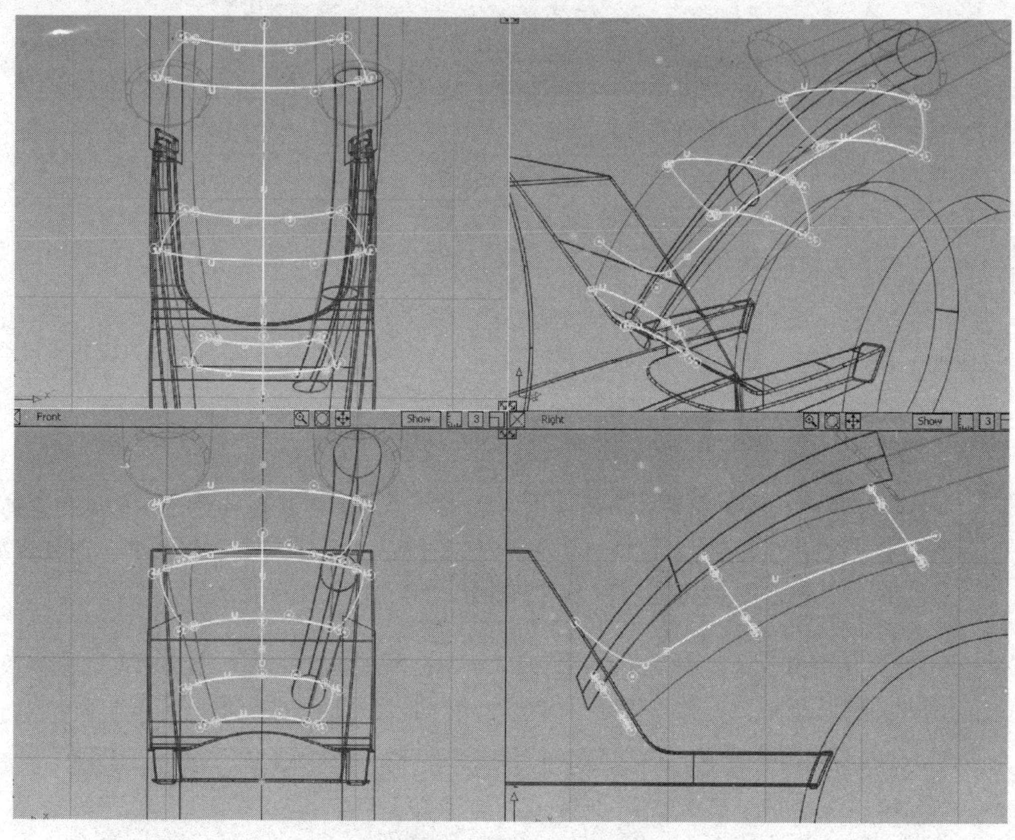

图 10-53　生成沙盖分段的曲线及投影曲线

05　利用投影剪裁法以分割线分割出沙盖表面，如图 10-54 所示。

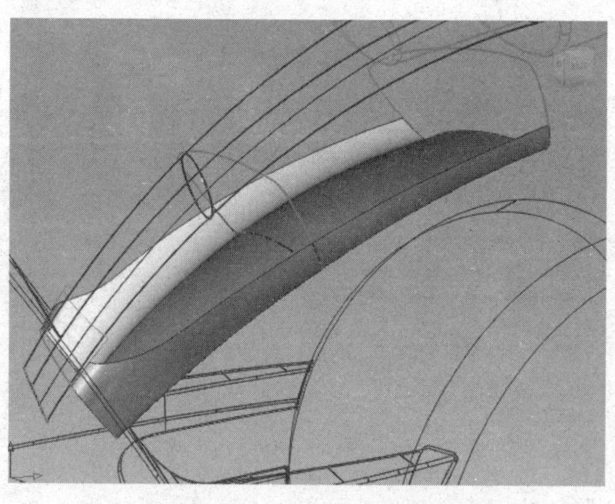

图 10-54　分割沙盖表面

06　选择【Offset】（偏移曲面）工具，设置【Distance】为 2，然后选择【Skin Surface】工具，生成如图 10-55 所示曲面，最后进行倒角，如图 10-56 所示。

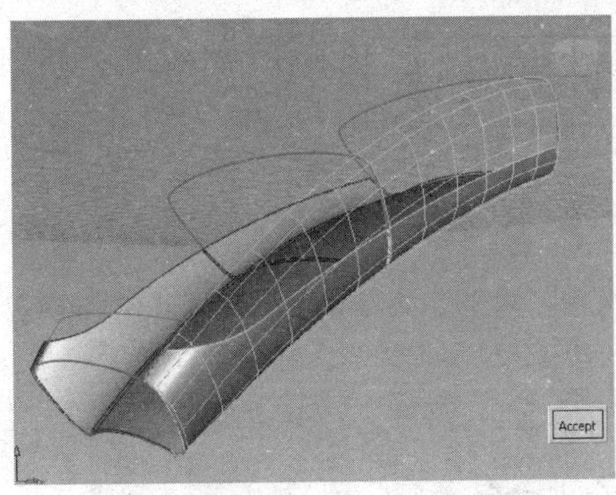

图 10-55 生成曲面

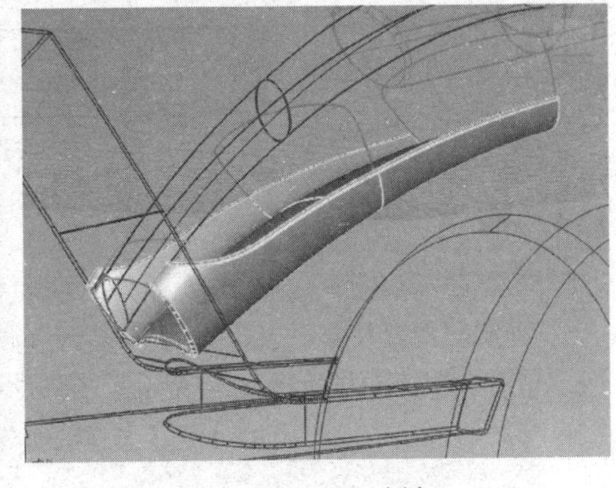

图 10-56 倒角

07 选择【Edit Point Curve】工具生成曲线，然后选择【Project】工具将生成的曲线投影到曲面上，最后选择【Trim】工具修剪曲面，如图 10-57 所示。

08 利用【Edit Point Curve】工具和【Blend curve create】工具调整边界曲线，最后选择【Square Surface】工具，生成如图 10-58 所示曲面。

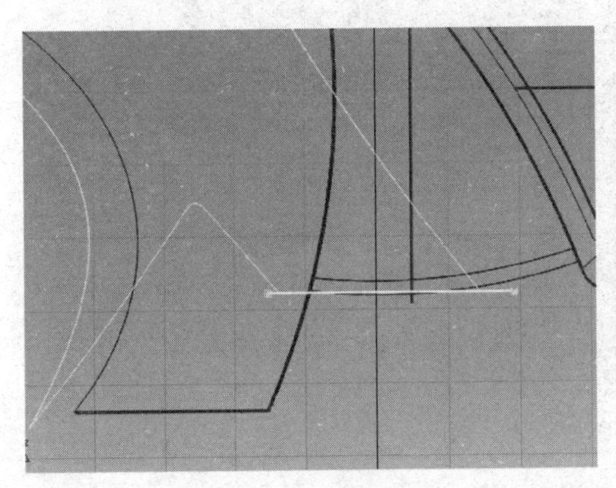

图 10-57 生成曲线

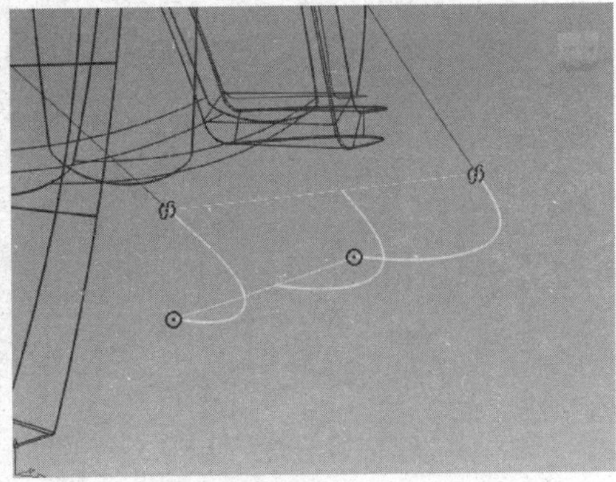

图 10-58 修剪曲面

09 选择【Offset】工具，选择曲面生成厚度曲面，设置厚度为 5，最后选择【Skin Surface】工具闭合厚度曲面，如图 10-59 所示。

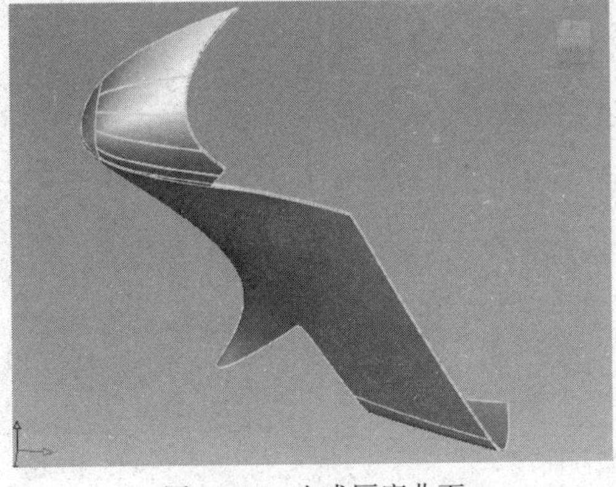

图 10-59 生成厚度曲面

第5节 车头设计

下面制作摩托车的车头部分。

操作步骤

01 车把手三圆管向上支撑起驾驶表盘和把手，向下连接车前轮。选择【Cylinder】工具生成圆柱体，然后将其调整到如图10-60所示位置。

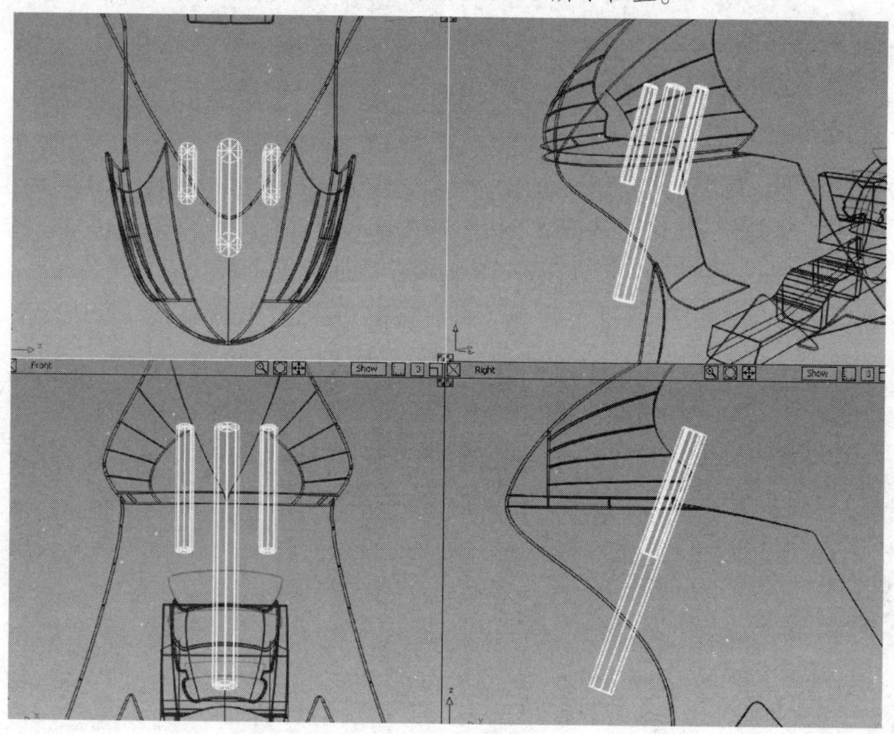

图10-60 生成圆柱体

02 选择【Edit Point Curve】工具，生成如图10-61所示的一组截面曲线，然后选择【Draft/flange】工具拉伸曲线成面，如图10-62所示。

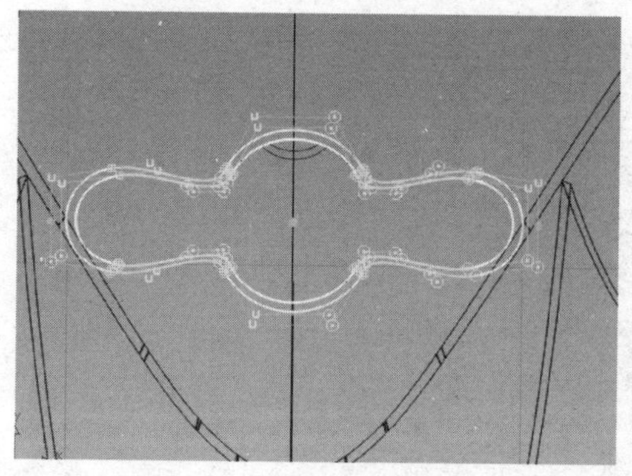

图10-61 生成截面曲线

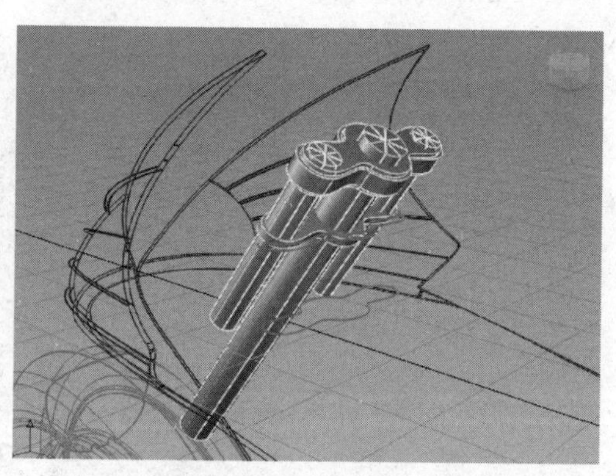

图10-62 拉伸曲线成面

03　以多个圆柱体拼出把手的形状，适当倒角，采用同样方法生成仪表盘，如图 10-63、图 10-64 所示。

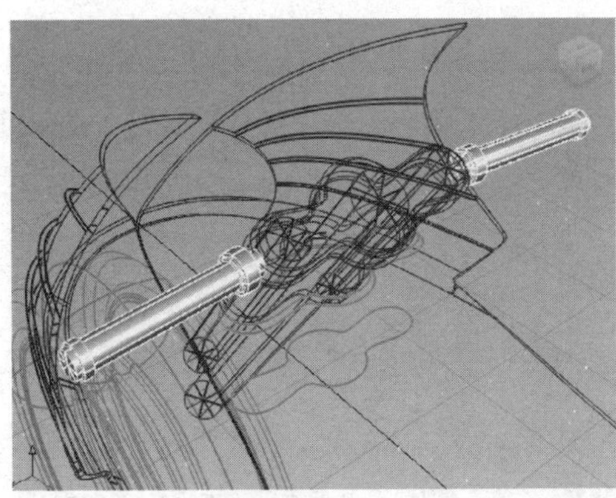

图 10-63　倒角

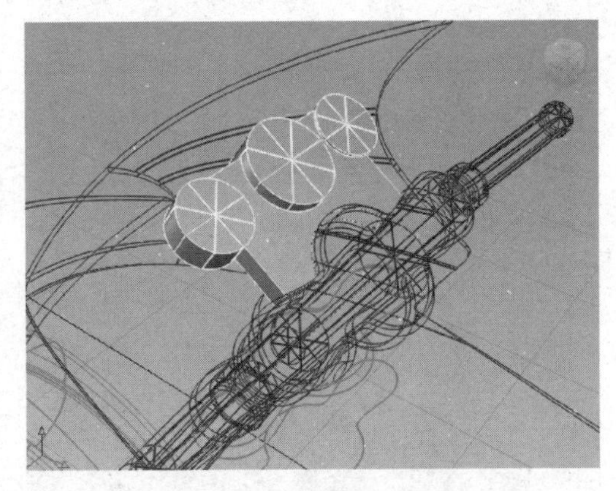

图 10-64　生成仪表盘

04　选择【Edit Point Curve】工具，生成如图 10-65 所示的手制动器截面曲线，然后选择【Draft/flange】工具拉伸出面，闭合并倒角，如图 10-66 所示。

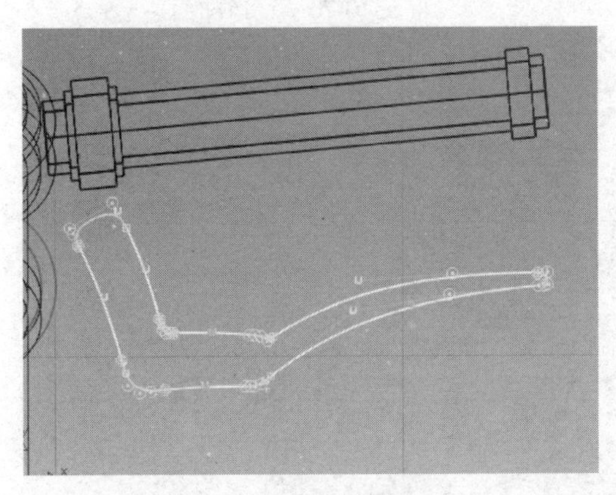

图 10-65　生成截面曲线

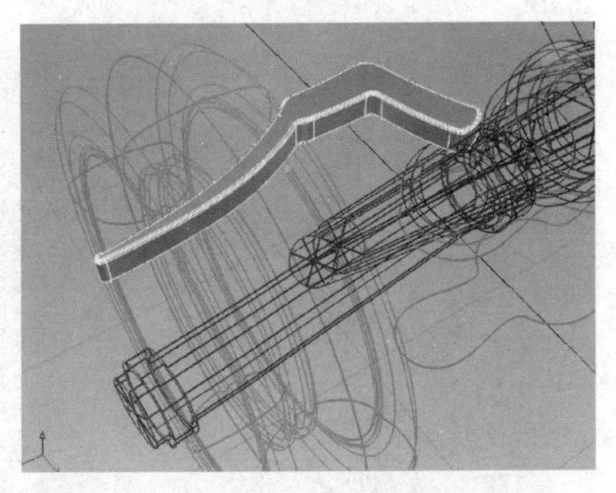

图 10-66　闭合并倒角

05　选择【Extend】工具，延长如图 10-67 所示前轮连接杆，然后选择【Edit Point Curve】工具，生成如图 10-68 所示前轮连接件的轮廓线和轨道曲线。

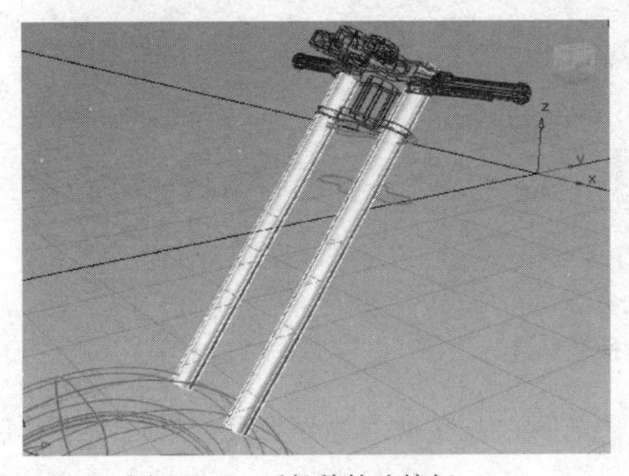

图 10-67　延长前轮连接杆

图 10-68　生成轮廓线和轨道曲线

技巧点拨	建模时，需要添加一些细节才显得真实，比如螺钉孔，边线凹角等，而有些细节则需要渲染时利用材质来突出，如把手的塑料质感与凹凸纹，这此材质在建模时不需要深入刻画。

06 选择【Edit Point Curve】工具，生成如图10-69所示曲线，然后选择【Square】工具，生成图中所示曲面，并对其进行倒角，最后镜像到另一边，如图10-70所示。

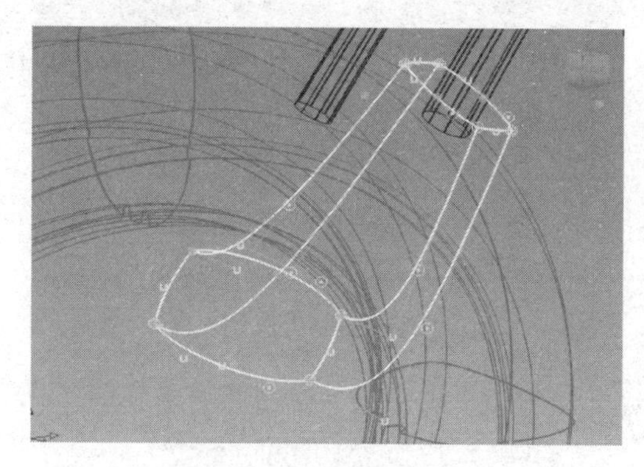

图10-69 生成曲线

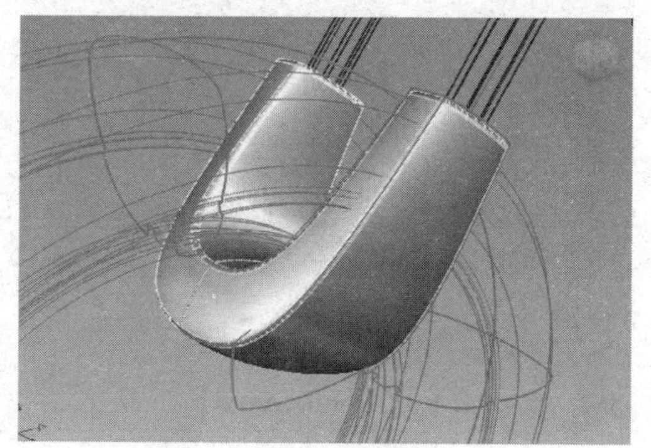

图10-70 镜像曲面

07 下面制作倒后镜。选择【Edit Point Curve】工具，生成如图10-71所示轮廓线。

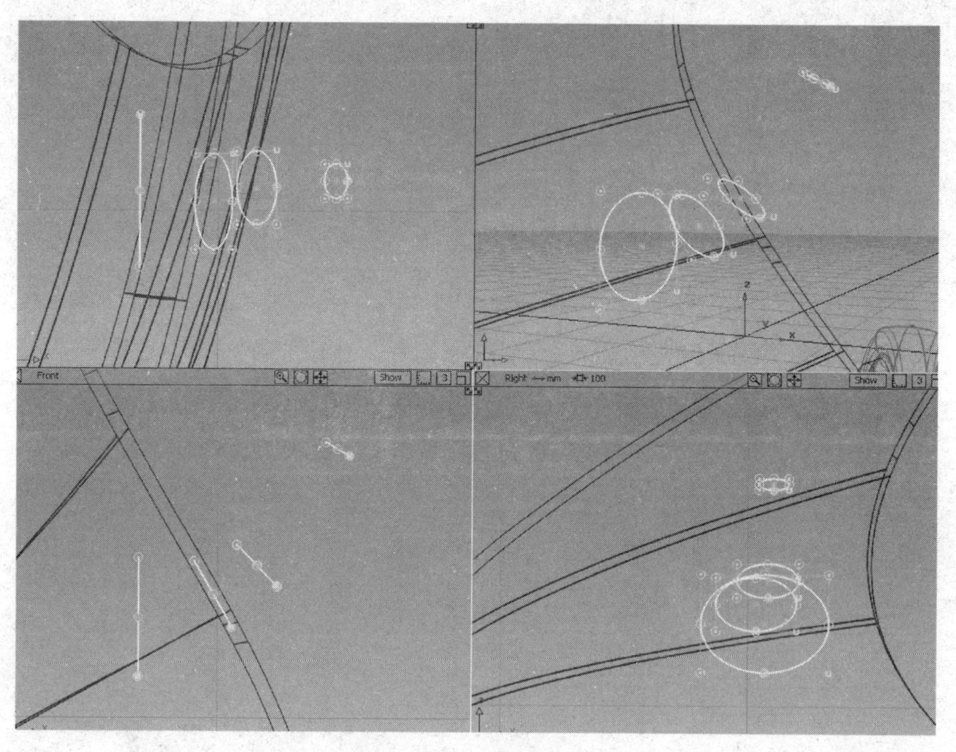

图10-71 生成轮廓线

08 然后选择【Skin Surface】工具，连接成面，并移动到适合位置，最后利用【Intersect】工具和【Trim】工具修剪边缘，如图10-72所示，然后利用同样的方法生成如图 10-73 所示，倒后镜曲面。

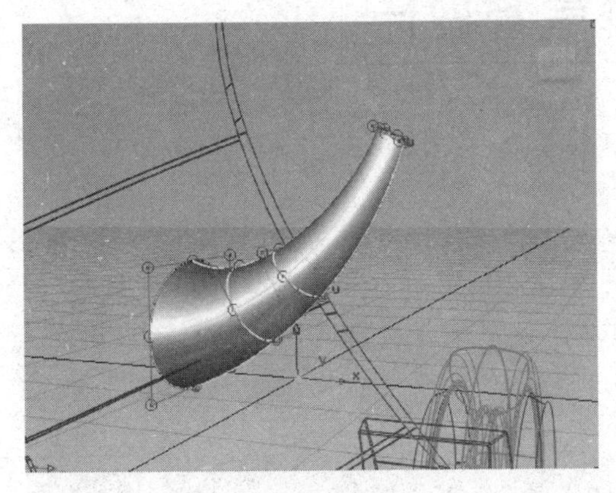

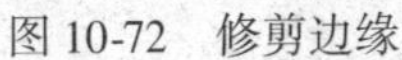

图 10-72 修剪边缘

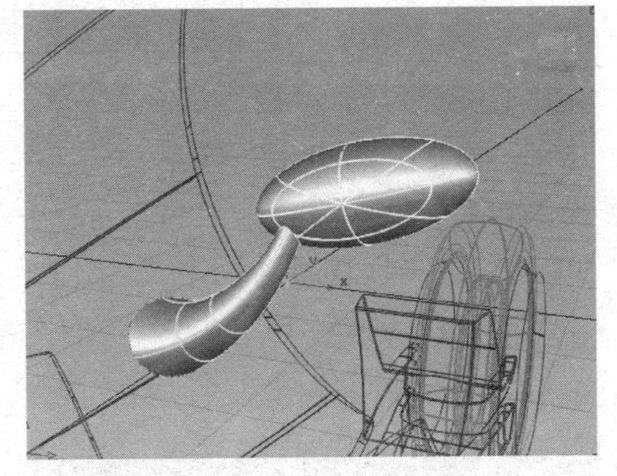

图 10-73 生成倒后镜曲面

09 至此，摩托车大体上就建造完毕了，如图 10-74 所示。

10 下面制作车灯。选择【Edit Point Curve】工具，生成如图 10-75 所示切割曲线线组，然后利用【Project】工具和【Trim】工具修剪出前大灯玻璃，并利用【Offset】工具和【Skin Surface】工具做出厚度。

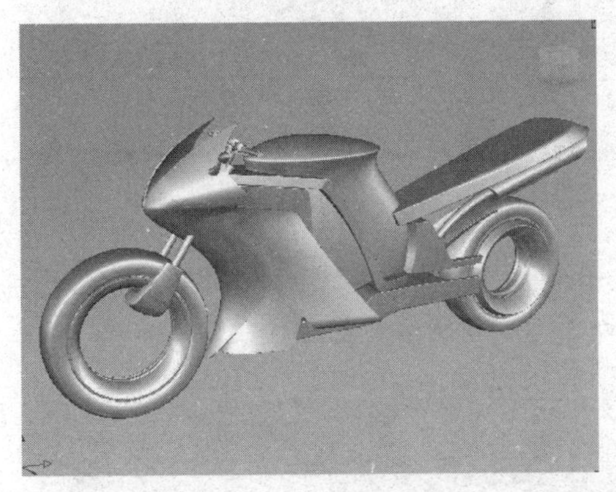

图 10-74 摩托车主体

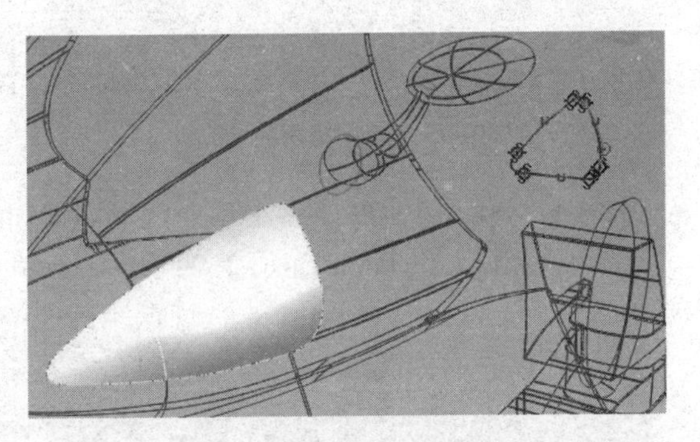

图 10-75 利用切割曲线线组裁剪前大灯玻璃曲面

11 利用【Cylinder】工具和【Sphere】工具，生成如图 10-76 所示前大灯反光碗。

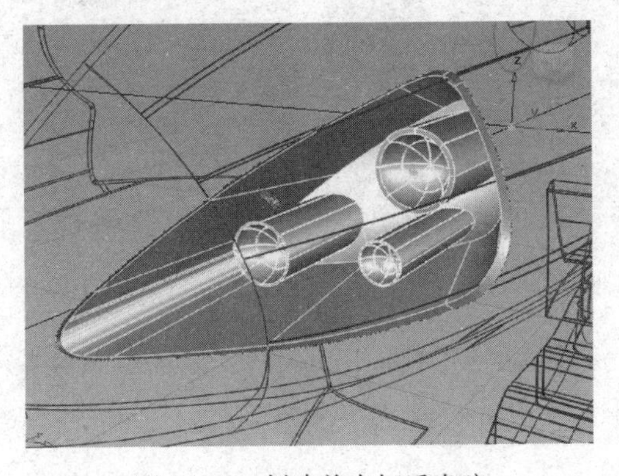

图 10-76 创建前大灯反光碗

第 6 节 排气管设计

下面制作摩托车排气管。

操作步骤

01 选择【Edit Point Curve】工具，生成如图 10-77 所示切割曲线，然后利用【Project】工具和【Trim】工具修剪曲面，最后选择【Skin Surface】工具闭合曲面，如图 10-78 所示。

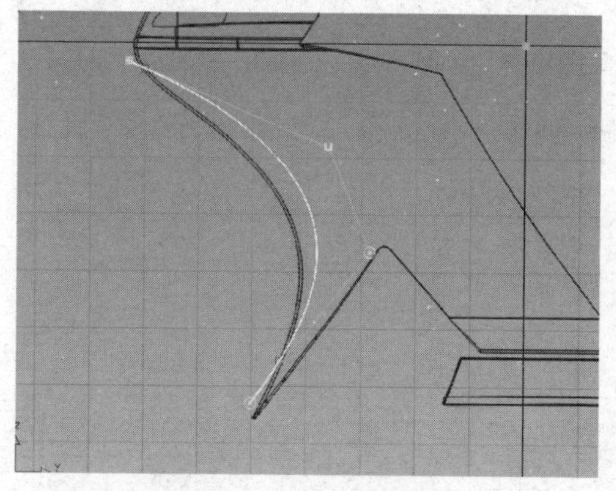

图 10-77 创建切割曲线

图 10-78 修剪曲面并闭合曲面

02 选择如图 10-79 所示曲面，选择【Draft/flange】工具，将曲面向内偏移 5，然后选择【Edit Point Curve】工具，生成如图 10-80 所示切割曲线。

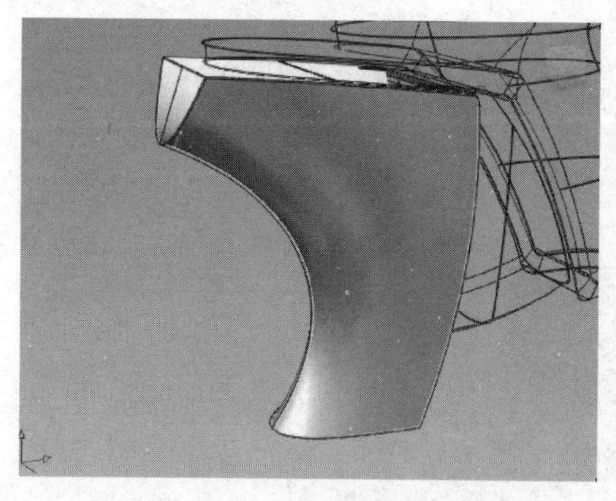

图 10-79 创建偏移曲面

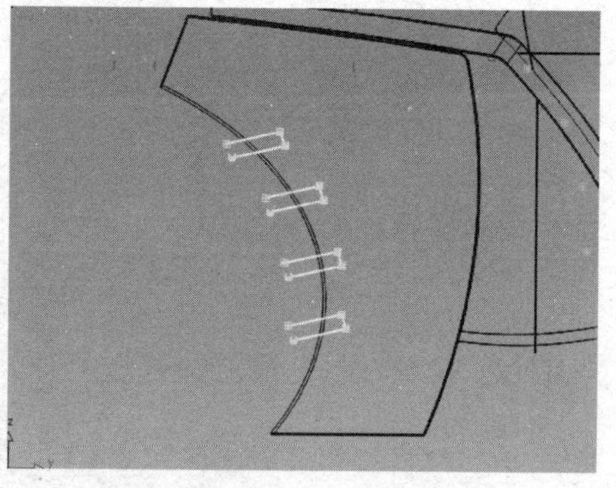

图 10-80 生成切割曲线

03 利用【Project】工具和【Trim】工具修剪上一步投影过的曲面，然后选择【Skin】工具封闭曲面，如图 10-81 所示。

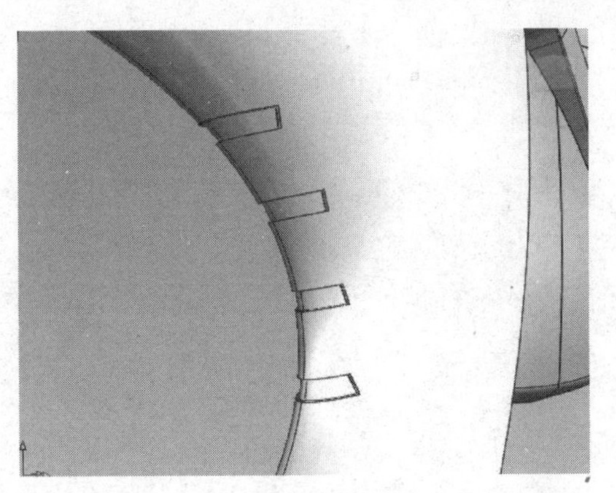

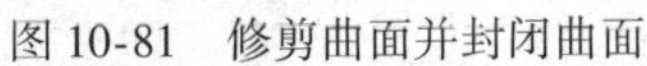

图 10-81 修剪曲面并封闭曲面

04 下面制作油箱盖。选择【Edit Point Curve】工具，生成图中所示切割曲线，然后利用【Project】工具和【Trim】工具修剪上一步投影过的曲面，如图 10-82 所示。选择【Draft/flange】工具选择修剪后的曲面边界，拉伸出如图 10-83 所示曲面。

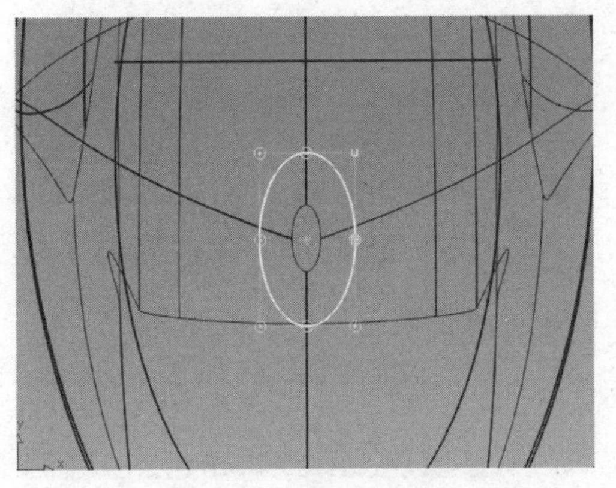

图 10-82 修剪曲面

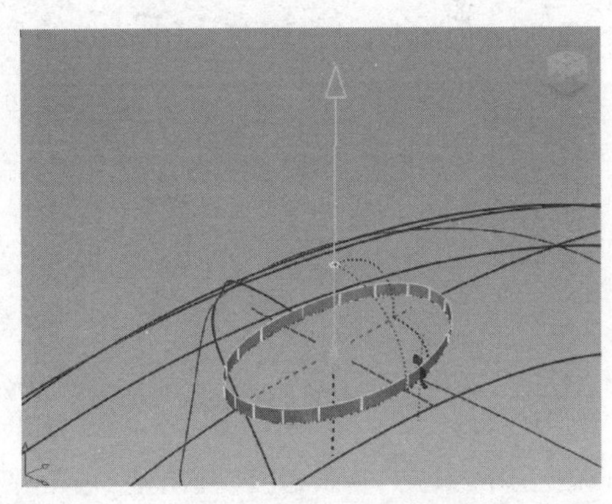

图 10-83 拉伸曲面

05 然后选择【Plane】工具，生成如图 10-84 所示平面，并调整其编辑点和位置，最后利用【Intersect】工具和【Trim】工具修剪曲面，如图 10-85 所示。

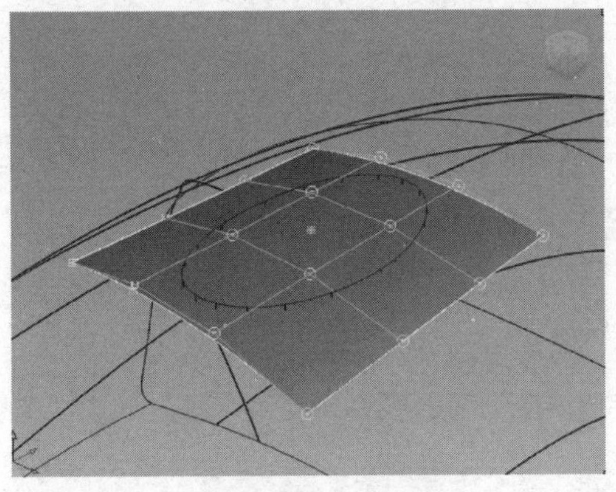

图 10-84 生成平面

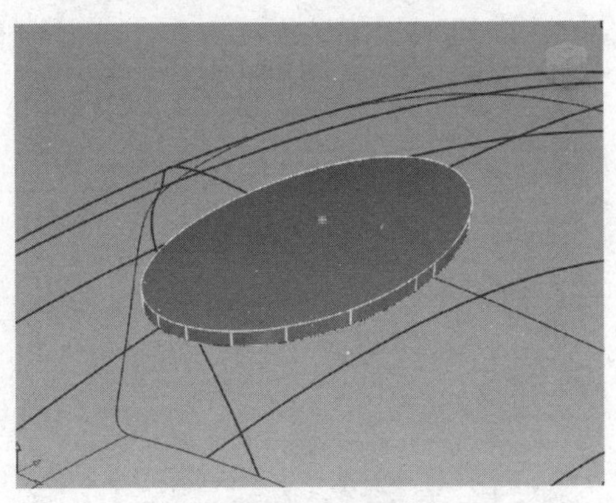

图 10-85 修剪曲面

06 下面制作转向灯。选择【Sphere】工具，生成图中所示圆球，然后将其变形，如图 10-86 所示。利用【Edit Point Curve】工具和【Circle】工具，生成如图 10-87 所示转向支架截面曲线和切割线。

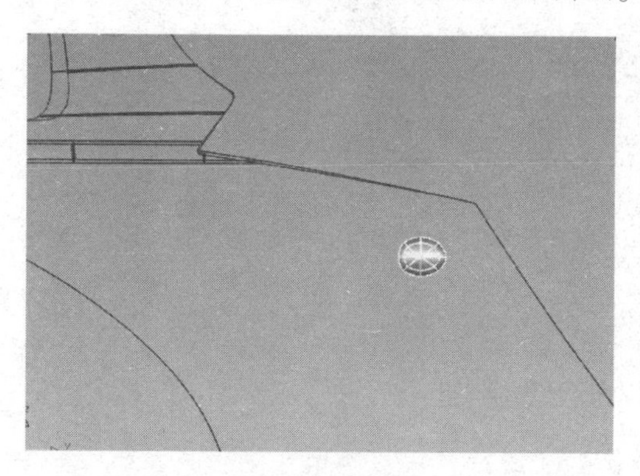

图 10-86 变形圆球

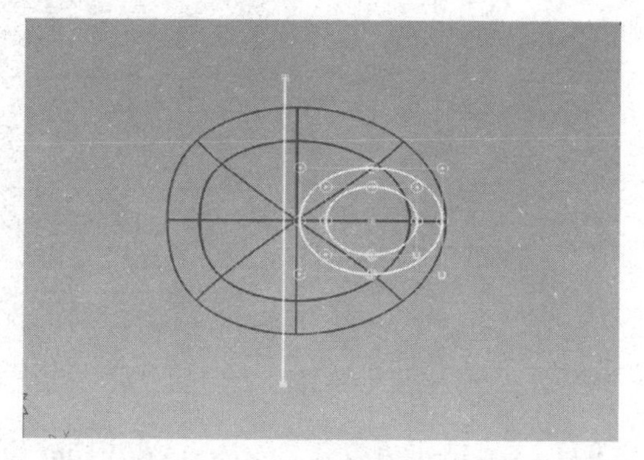

图 10-87 生成支架截面曲线和切割线

07 然后选择【Skin】工具，生成如图 10-88 所示曲面，最后利用【Project】工具、【Intersect】工具和【Trim】工具修剪曲面，如图 10-89 所示。

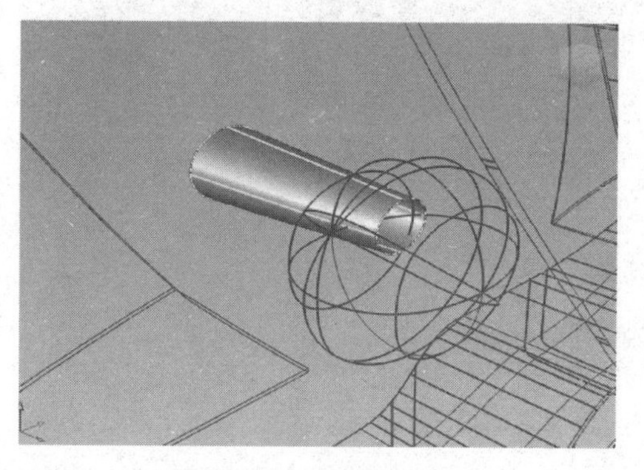

图 10-88 生成曲面

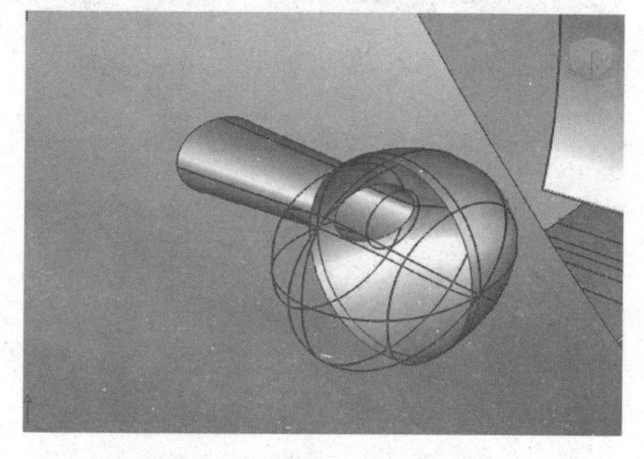

图 10-89 修剪曲面

08 下面制作烟囱孔。选择【Cylinder】工具，生成如图 10-90 所示的两个圆柱体，并调整到适当位置，然后利用【Intersect】工具和【Trim】工具修剪曲面，如图 10-91 所示。

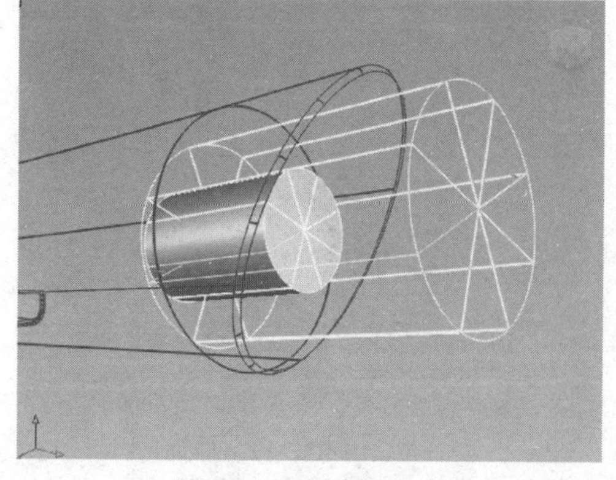

图 10-90 创建圆柱体

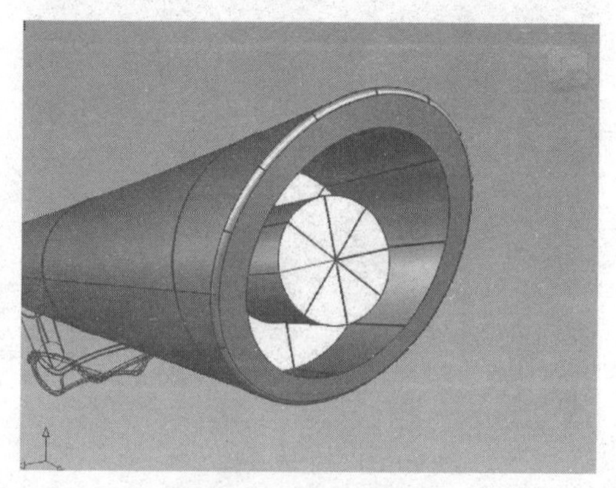

图 10-91 修剪曲面

09 下面制作尾灯与车牌挂架。选择【Cylinder】工具，生成如图10-92所示的圆柱体，通过对编辑点的调整得到如图10-92所示形状，然后选择【Mirror】工具将其镜像复制到另一边。选择【Cube】工具，生成如图10-93所示立方体，并调整其大小和位置。

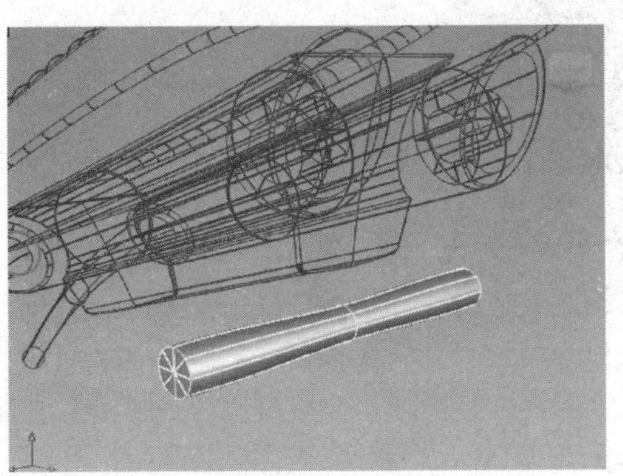

图10-92　制作尾灯

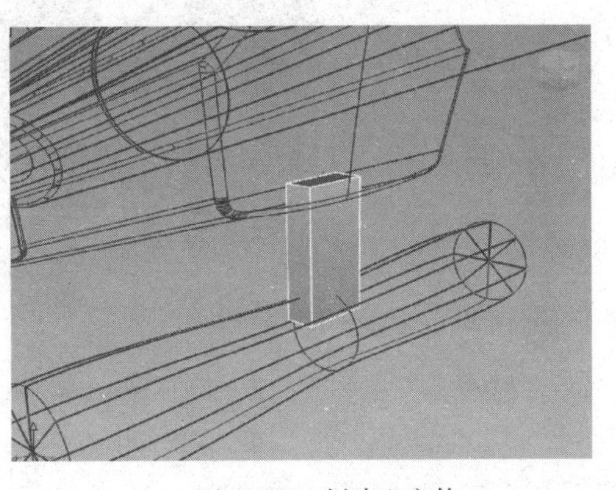

图10-93　创建立方体

10 选择【Edit Point Curve】工具，生成如图10-94所示截面曲线，选择生成的曲线，然后选择【Draft/flange】工具，生成如图10-95所示曲面，切换到后视窗，利用同样的方法生成如图10-96所示曲面，最后利用【Intersect】工具和【Trim】工具修剪曲面，如图10-97所示。

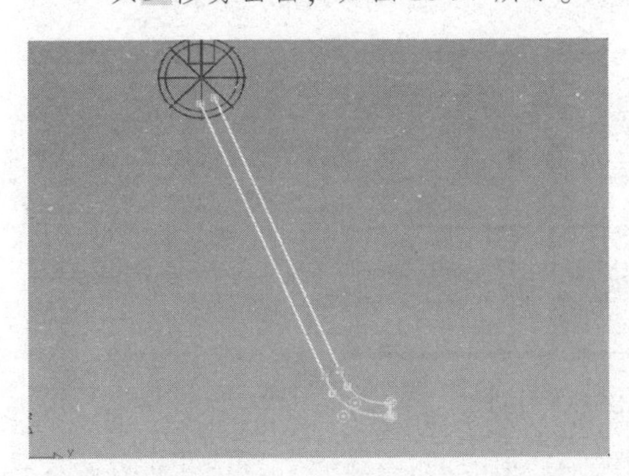

图10-94　生成截面曲线

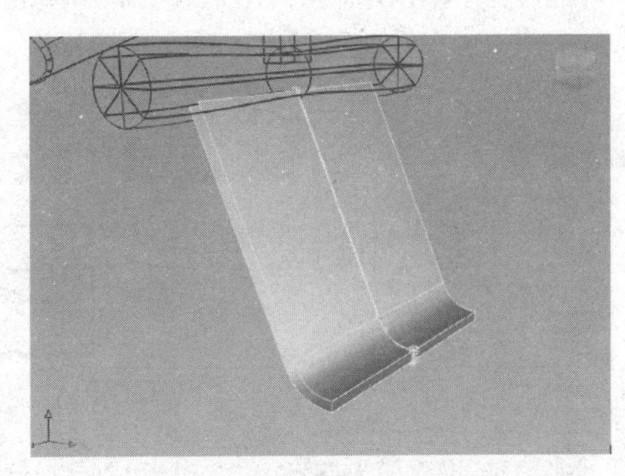

图10-95　生成曲面

图10-96　创建修剪曲面

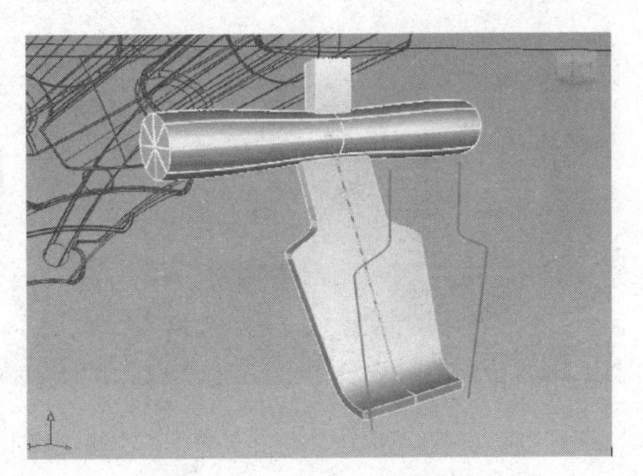

图10-97　修剪曲面得到牌照挂架

11 至此，摩托车的建模即已完成，如图 10-98 所示为渲染后的效果图。

图 10-98 摩托车渲染效果

设计练习 豪华跑车设计

下面练习对这款豪华跑车进行基本的建模操作。该跑车整体造型线条硬朗、棱角分明、极具跑车动感。这也为实际的建模过程带来了不小的挑战，不过只要能够正确地把握好一些建模的基本原则，多加思考和练习，相信读者亲手将跑车模型创建出来并不是一件难事。

在进行跑车建模前应该先大致了解建模的基本思路，如图 10-99 所示。

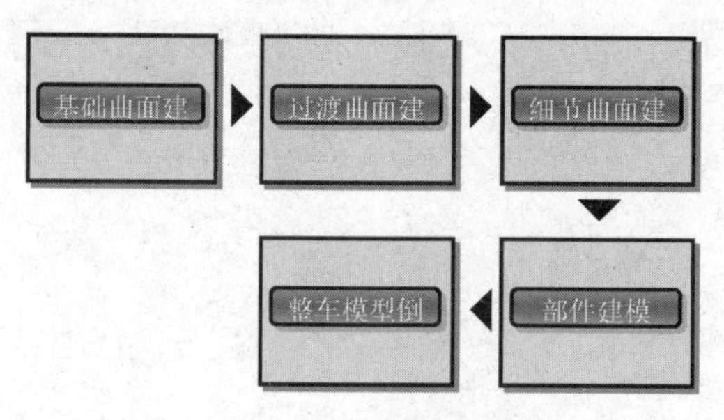

图 10-99 建模基本思路

掌握了基本建模思路后，在建模过程时还要把握好先后、主次顺序，尽量避免因为建模思路的混乱导致的部分甚至整车模型的重建工作。本例设计完成的跑车效果如图 10-100 所示。

图 10-100 跑车效果图